"十一五"国家重点图书

● 数学天元基金资助项目

俄罗斯数学教材选译

数值方法

（第5版）

□ Н. С. 巴赫瓦洛夫
　　Н. П. 热依德科夫　著
　　Г. М. 柯别里科夫

□ 陈阳舟　译

□ 蔡大用　王小群　校

SHUZHI FANGFA

高等教育出版社·北京

图字：01-2008-2627 号

©2007, БИНОМ Лаборатория знаний

Численные методы, авторы Н. С. Бахвалов, Н. П. Жидков, Г. М. Кобельков, 5-е издание, первоначально опубликовано на русском языке в 2007 г. Данный перевод публикуется в соответствии с договором с издательством БИНОМ. Лаборатория знаний.

N. S. Bakhvalov, N. P. Zhidkov, G. M. Kobelkov 的《数值分析》(第5版)俄文版于2007年出版，本翻译版的出版由 БИНОМ. Лаборатория знаний 授权许可。

图书在版编目（CIP）数据

数值方法：第5版 /（俄罗斯）巴赫瓦洛夫，（俄罗斯）热依德科夫，（俄罗斯）柯别里科夫著；陈阳舟译 . — 北京：高等教育出版社，2014.6（2022.3 重印）
ISBN 978-7-04-027249-9

I. ①数… II. ①巴… ②巴… ③柯… ④陈… III. ①计算方法—高等学校—教材 IV. ① O241

中国版本图书馆 CIP 数据核字（2010）第 060679 号

| 策划编辑 | 赵天夫 | 责任编辑 | 蒋青 | 封面设计 | 赵阳 | 责任印制 | 赵义民 |

出版发行	高等教育出版社	咨询电话	400-810-0598
社　　址	北京市西城区德外大街4号	网　　址	http://www.hep.edu.cn
邮政编码	100120		http://www.hep.com.cn
印　　刷	北京中科印刷有限公司	网上订购	http://www.landraco.com
开　　本	787mm×1092mm 1/16		http://www.landraco.com.cn
印　　张	30.5	版　　次	2014年6月第1版
字　　数	510 千字	印　　次	2022年3月第2次印刷
购书热线	010-58581118	定　　价	79.00 元

本书如有缺页、倒页、脱页等质量问题，请到所购图书销售部门联系调换
版权所有　侵权必究
物　料　号　27249-00

《俄罗斯数学教材选译》序

从上世纪50年代初起,在当时全面学习苏联的大背景下,国内的高等学校大量采用了翻译过来的苏联数学教材.这些教材体系严密,论证严谨,有效地帮助了青年学子打好扎实的数学基础,培养了一大批优秀的数学人才.到了60年代,国内开始编纂出版的大学数学教材逐步代替了原先采用的苏联教材,但还在很大程度上保留着苏联教材的影响,同时,一些苏联教材仍被广大教师和学生作为主要参考书或课外读物继续发挥着作用.客观地说,从解放初一直到文化大革命前夕,苏联数学教材在培养我国高级专门人才中发挥了重要的作用,起了不可忽略的影响,是功不可没的.

改革开放以来,通过接触并引进在体系及风格上各有特色的欧美数学教材,大家眼界为之一新,并得到了很大的启发和教益.但在很长一段时间中,尽管苏联的数学教学也在进行积极的探索与改革,引进却基本中断,更没有及时地进行跟踪,能看懂俄文数学教材原著的人也越来越少,事实上已造成了很大的隔膜,不能不说是一个很大的缺憾.

事情终于出现了一个转折的契机.今年初,在由中国数学会、中国工业与应用数学学会及国家自然科学基金委员会数学天元基金联合组织的迎春茶话会上,有数学家提出,莫斯科大学为庆祝成立250周年计划推出一批优秀教材,建议将其中的一些数学教材组织翻译出版.这一建议在会上得到广泛支持,并得到高等教育出版社的高度重视.会后高等教育出版社和数学天元基金一起邀请熟悉俄罗斯数学教材情况的专家座谈讨论,大家一致认为:在当前着力引进俄罗斯的数学教材,有助于扩大视野,开拓思路,对提高数学教学质量、促进数学教材改革均十分必要.《俄罗斯数学教材选译》系列正是在这样的情况下,经数学天元基金资助,由高等教育出版社组织出版的.

经过认真选题并精心翻译校订,本系列中所列入的教材,以莫斯科大学的教材为主,也包括俄罗斯其他一些著名大学的教材.有大学基础课程的教材,也有适合大学高年级学生及研究生使用的教学用书.有些教材虽曾翻译出版,但经多次修订重版,面目已有较大变化,至今仍广泛采用、深受欢迎,反射出俄罗斯在出版经典教材方面所作的不懈努力,对我们也是一个有益的借鉴.这一教材系列的出版,将中俄数学教学之间中断多年的链条重新连接起来,对推动我国数学课程设置和教学内容的改革,对提高数学素养、培养更多优秀的数学人才,可望发挥积极的作用,并起着深远的影响,无疑值得庆贺,特为之序.

李大潜

2005 年 10 月

第三版序言

本书第一版问世于大约 30 年前，那时国家经济正处于上升阶段，数值方法领域的专家在社会上备受尊敬．

老一代"计算人"对国家科技潜力和国防力量的发展做出了不可估量的贡献，其中许多人已经过世，包括尼古拉·彼得洛维奇·日德科夫在内．他们积极参与了我国核导弹防御系统的建立，为防止第三次世界大战发挥了作用．

在已经过去的这段时间内，需要数学家特别是数值方法专家来关注的问题，对数学水平的要求发生了变化．

原因在于，一方面，科学和生产水平有所下降①，另一方面，相当强大的计算机技术不断普及．在 30 年前需要创造性地应用数值方法理论才能解决的问题，现在常常仅凭先进的计算机就能解决，而不必运用复杂的计算方法．

但是，鉴于以下考虑，我们仍然保留了本书的一般理论框架．

1. 数值方法理论一旦产生，也会像数学的其他主要分支那样按照自身固有的规律发展．

2. 为恢复国家经济而采取的初步举措已经表明，对数值方法理论及应用领域的专家是有需求的．

3. 西方工业发达国家的经验表明，通信工具的发展、全球计算机化和大众文化的传播都伴随着数学素养水平的灾难性下降．在这些条件下，迫切需要开发出能够让数学水平不高的研究者使用的实用软件．假如没有数值方法专家的参与，没有数值方法理论的进一步发展，开发这样的软件是不可能的．

与此同时，开发这样的软件并不能解决与社会的数学素养下降有关的所有问题．在把实际问题交给数值方法理论及应用领域的专家之前，首先应当建立所研究问题的数学模型．而为了建立数学模型，为了正确解读并进一步应用计算结果，需要具有足够高数学素养 (以及最基本计算机知识) 的来自其他数学分支和其他领域的更多专家的参与，包

---

①指苏联解体后当地的情况 —— 译者注．

括经济学家、物理学家、化学家、力学家、生物学家、冶金学家、工艺学家,等等,其人数比前者多出何止百倍. 因此, 没有数学文化的广泛传播, 经济和科学就不可能取得应有的发展.

引言

在直接阐述数值方法理论之前,我们首先尝试给出该理论相对于其他知识领域的定位,并讲述一些在其应用过程中出现的问题.

数学作为一门科学之所以产生,是因为必须解决测地、航海之类的实际问题. 因此,数学曾经就是数值数学,其目的在于获得数值形式的解.

数学家一直对实际问题的数值解饶有兴趣. 过去的大数学家们在自己的工作中会同时分析自然现象,给出其数学描述,即有时所说的建立数学模型,并对它进行研究. 对复杂模型的研究要求建立专门的求解方法,通常是数值方法或渐近方法. 某些方法的名称,如牛顿法、欧拉法、罗巴切夫斯基法、高斯法、切比雪夫法、埃尔米特法、克雷洛夫法,见证着当时的大学者们所从事的研究.

当今时代以数学的应用范围显著扩展为特点,这主要与计算机技术的发明与发展有关. 由程序控制的电子计算机(即通常所说的计算机或电脑)的出现,使算术运算速度在不到 50 年之内就从手工计算的 0.1 次/秒提高到现代串行计算机上的 10^{12} 次/秒,即提高到 10^{13} 倍.

计算机技术的出现带来质的进步,这有时可以与蒸汽机的发明所导致的工业革命相提并论. 恰好可以回想一下,由于工业革命和随后持续两个世纪的科技发展,我们的移动速度从 6 千米/小时的步行速度提高到 30000 千米/小时的宇航速度,即提高到 5000 倍.

有一种广为流传的观点认为,现代计算机是无所不能的. 这常常造成一种印象,似乎数学家们已经摆脱了与问题的数值解有关的所有麻烦,于是研究新的求解方法已经不再那么重要. 事实并非如此,因为为了发展的需要而摆在科学面前的问题通常位于科学所能与所不能之间. 数学应用范围的扩展使化学、经济学、生物学、地质学、地理学、心理学、生态学、气象学、医学和诸多具体的技术科学分支的数学化成为可能. 数学化的本质在于建立过程和现象的数学模型并探索其研究方法.

例如,在物理学或力学中,传统上要建立数学模型来描述各种现象,要研究这些数学模型来解释旧效应或预测新效应.

但是，总体而言，这方面工作的进展往往相对缓慢，因为通常无法解决所产生的数学问题，从而不得不局限于研究最简单的模型. 计算机的应用和数学教育的拓展极大提高了建立并研究数学模型的可能性. 计算结果经常能够发现和预测以前从未观察到的现象，这为谈论数学实验奠定了基础. 在一些研究中，数值计算结果的可信度很高，以至于当计算和实验给出不一致的结果时，首先要在实验结果中寻找误差.

在解决小到原子大到宇宙的问题时所取得的最新进展，不利用计算机和数值方法是不可能实现的.

对新问题数值解的需求导致大量新方法的出现. 与此同时，在最近半个世纪中，对老方法也不断有理论上的重新认识，并对所有方法进行了系统整理. 这些理论研究对具体问题的解决有巨大帮助，而在当前计算机和整个数学的应用范围大为扩展的局面下，这些研究具有本质性的作用.

如上所述，在现代计算机的帮助下，一系列重要的科学技术问题得到成功解决. 一般人可能会有一个错误的印象，似乎只是运算速度的提高才使计算机应用大获成功. 实际情况并非如此，而是更加复杂.

更准确地说，计算机应用领域中的成就是一系列重要因素综合作用的结果. 假如这些因素没有获得相应的发展，这些成就便会逊色许多. 这些因素是:

(1) 计算机运算速度的提高，存储容量的增加，计算机结构的改进，算术运算和存储单元成本的持续下降;

(2) 人机交互工具的开发 (包括操作系统、编程语言、标准程序库和软件包的建立)，对数学和编程技能要求的降低 (针对个人计算机);

(3) 对科学、技术、自然和社会中的过程和现象的理解的不断深入，相应数学模型的建立;

(4) 传统数学问题和应用问题求解方法的完善，新问题求解方法的建立;

(5) 社会各界对计算机应用范围的理解的不断深入，计算机知识的普及，不同领域计算机专家的通力合作.

在 (3) 和 (5) 中列举的成就能够回答哪些任务应当利用计算机求解的问题，并且能够用来组织求解过程. 在 (2) 和 (4) 中列举的成就能够回答如何求解的问题，而 (1) 和 (2) 给出求解所用的硬件和软件.

如果查看一遍复杂实际问题的求解方法就会发现，改进数值方法所带来的效果在量级上通常与提高计算机运算速度所带来的效果相当. 很难提出一种判据来估计新数值方法的使用效果，更难给出其可靠的定量估计. 尽管如此，在解决实际的自然科学问题时，如果说应用新的数值方法能够达到应用新的计算机技术和数值方法所产生的总效果的 40% 的话 (在对数尺度下衡量)，这并不是一个过高的估计.

我们来举例说明这个论点. 求解偏微分方程组可以化为求解线性代数方程组，其矩阵中的每一行有 5~10 个非零元素. 在计算机出现之前，人们能够在未知数数目量级为 $10\sim 10^2$ 的情况下求解这样的方程组；现在，求解未知数数目量级达到 $10^5\sim 10^6$ 的方程组并不少见. 假如使用 30 年前的方法在现代计算机上求解这些问题, 就不得不限定方程组中未知数数目的量级在 $10^3 \sim 10^4$ 以内 (在同样的机时消耗下). 信号传播速度的有限性 (300000 千米/秒) 现在已经是单处理器计算机运算速度能够继续提高的一个本质性限制, 所以进一步发展数值方法理论的意义是很难被过高估计的. 特别地, 为多处理器计算机开发数值方法和软件成为越来越紧迫的问题.

数学模型及其研究方法可以立刻应用于在形式上具有类似结构的许多现象, 这是数学向许多知识领域快速渗透的一种解释. 描述某种现象的数学模型常常在具体研究该现象之前很久就出现了, 相应数学模型可能原本用于研究其他一些现象或抽象数学结构. 特别地, 同 "纯数学" 一样, 在数值方法理论中研究一般结构也是有益的. 但是, 在解决某个问题时, "纯数学" 观点和 "应用数学" 观点是有区别的. 用 "纯数学" 语言来说, "求解问题" 的概念意味着证明解的存在性并提出收敛于解的过程. 这些结果本身对实际工作者是有益的, 但除此之外, 实际工作者还要求获得近似解的过程不能有太大的代价, 例如不能消耗太多的机时或存储空间. 重要的不仅是过程收敛, 而且是其收敛速度有多快. 在求数值解时还会产生一些新问题, 它们与计算结果相对于初值的扰动和计算时所用舍入误差的稳定性有关.

由计算机直接催生的一系列其他数学分支也与计算方法理论一起经历了蓬勃发展阶段. 在求解自然科学问题时对计算方法和计算机的应用也影响着传统的数学分支.

数学作为自然知识的一部分产生并发展. 长期以来, 这种发展在本质上取决于物理学和力学的需求. 新的科学分支对数学化的要求不可避免地导致这些科学分支反过来也影响数学的发展, 从而必然在本质上改变数学本身的面貌.

数学的各个分支, 无论是理论分支还是应用分支, 其发展归根结底取决于社会的需求和社会对科学发展 (包括对教育) 的物质投入. 在几十年以前, 对科学的投入与国民经济投入之比不足百分之一. 现在, 对于工业发达国家, 这个比值已经高到不可能再有显著增加的程度. 因此就要重新分配对各个科学方向的投入, 而这决定了数学的应用方向影响其理论分支发展的另一条途径. 应用研究具有直接的效益, 这会加强社会对数学的信任, 拓展对数学问题的理解, 从而有助于提高投入来发展数学.

在应用数学领域的实际工作中有各式各样的大量复杂情况, 这些情况甚至经常与数学没有什么关系.

虽然难以期待某些理论说教能够取代个人工作经验, 但鉴于应用数学领域中的某些一般性质的问题对工作非常重要, 我们还是想尝试关注这些问题. 下面对这些问题的梳理是相当偶然的和有条件的, 并且大概还可以提出十几种类似的问题, 它们都有足够充分的存在理由.

1. 研究方向的选择具有头等重要的意义. 选择的自由度通常不太大, 因为研究方向的基本轮廓通常是由 "外部" 给定的.

在已有的可能范围内选择研究方向时, 参考下述 "三分法则" 是有益的, 虽然它看上去好像不够严肃. 问题可分为三类: I. 容易问题, II. 困难问题, III. 极困难问题. 问题 I

不值得研究, 因为即使没有您的干预, 这类问题也会在其出现过程中得到解决. 问题 III 在当前大概无法成功解决, 所以问题 II 值得关注.

2. 应当善于用数学语言表述具体的物理学、力学、经济学、工程等各种问题, 即应当善于建立所研究现象的数学模型.

在理论科学中, 能够正确表述 (即人们所说的正确提出) 新问题的研究者通常比仅能解决已被提出的问题的研究者更受推崇. 这样的学者在应用科学中起更大的作用.

刚开始一项工作的数学家常常抱怨很难同其他学科的人员进行交流, 因为他们甚至连摆在面前的一些问题都无法表述出来. 正确表述问题是不比解决问题本身简单的一个科学问题, 不应当期待别人会为您完成这项工作. 在提出问题时, 首先要注意明确研究目标. 对一个现象采用一种数学模型, 这并不表明它与该现象的关联是唯一的和一成不变的. 数学模型与研究目标有关. 在写出微分方程、选择求解方法并开始上机操作之前值得考虑的是, 所有计算结果是否都会毫无用处? 同时也要理所当然地认识到, 大部分计算结果一经产生, 立刻就会被扔掉. 其实, 这样的工作常常带有研究的性质, 很难预测将会以何种方式得到何种结果, 需要用何种方法寻求问题的数值解. 研究目标和对问题的描述通常会在具体学科人员或机构领导 (委托者) 与数学家 (研究者或实施者) 的交流过程中变得清晰.

3. 应用科学中的成功需要宽广的数学基础, 因为只有这样的基础才能保证适应所提问题类型的不断变化. 研究那些初步看来 "不实用的" 数学分支很有必要, 原因之一是为了更有信心更不受限制地掌握 "需要的" 数学分支.

严格的数学教育使数学家养成了刨根问底和怀疑一切的习惯, 这种习惯在建立和分析数学模型时常常比直觉和合理的想法更加重要. 受过数学教育的人一般善于抓住不同现象的共性, 这经常有助于提炼出现象的最本质特征并忽略次要因素.

4. 不应当认为, 只要掌握数学、数值方法和计算机操作技巧, 就能够立刻解决任何应用数学问题. 在许多情况下需要仔细调整计算方法, 使它们适用于求解具体问题. 典型的情况是, 所用方法没有得到理论上的证明, 或者对数值方法误差的理论估计因为繁琐而没有实际用处. 在选择解题方法和分析结果时不得不依靠以前的解题经验、直觉以及与实验的对比, 同时必须保证结果的可靠性. 所以, 为了成功完成任务, 必须拥有发达的非常规思维能力和类比推理能力, 这种类比是保证结果可靠的基础, 而从逻辑和数学的角度一般无法给出这种保证.

这个问题还有另外一面. 在用数值方法求解其他领域中的具体难题时, 数学家起着自然科学家的作用, 他们大多只能依靠经验和 "近乎合理" 的推理. 如果对计算方法的理论研究、对方法质量的细致检验 (利用具有已知解的检验题) 或与实验的部分对比能够加强上述经验性工作, 那就再好不过了. 如果某个方向在其长期发展过程中一直得不到这样的加强, 相应研究工作就会丧失前景, 所得结果的正确性也就令人怀疑. 好的理论家能够按所希望的方向解读任何计算结果和实验结果, 这个著名说法大部分是正确的.

5. 计算完成之后就进入计算结果的实际应用阶段. 更准确地说, 在提出和求解问题的过程中就已经在为计算结果的应用做准备了，并且从本质上讲，问题的全部求解过程都与结果的应用密不可分．在提出和求解问题的过程中，委托者与实施者互相完善问题的提法，从而为计算结果的应用创造环境．因为数学在与计算机相结合后会应用到各种各样的领域，所以常常必须与没有计算机应用经验的委托者打交道．在与这样的"菜鸟"委托者打交道的过程中，消除他们最初的不信任感特别重要，因为数学"侵占"了他们的研究领域．委托者只有在从自己的立场理解了计算结果，证实了确实能够并且需要使用这些结果之后，才会开始使用它们．只要相互沟通的方法正确，在解决问题的过程进入尾声时，"菜鸟"委托者就会理解，计算机和数学虽然不是万能的，但相当有用；"入门级"数学家也会明白，他们能够对委托者有所帮助，但还远远不能满足使问题真正解决的全部需求．

向委托者提交的阶段性和最终研究结果应直观易懂，可以采用表格、图像、在屏幕上输出信息等手段．这样做有重要意义，因为不能假设或要求委托者具备问题本质所需要的大量知识．与其让生物学家估计一种数值积分方法的误差，不如让他们运用自己所掌握的微分运算来建立和研究一个数学模型．

数学家应当关注其方法和程序的使用者的受教育程度和心理状态．例如，供广大非数学家群体在应用计算机研究具体问题时使用的简单数值积分程序，应当预设其用户的数学知识上限仅仅处于把积分直观地理解为面积的水平．为了不让用户为难，在简单程序的说明中甚至完全不提结果的精度．假设用户对结果精度的要求不高，并且程序在大多数情况下能够让结果的相对误差不超过一个精度，例如 1%（称之为图形精度）．

6. 实际工作中的一个重要因素是必须在一定期限内得到结果．研究和计算的委托者经常要求在一定期限内完成任务并在此基础上做出决定．即使研究者没有按期完成研究，委托者仍然也要做出决定，但只能基于更粗略的、凭经验的或"拍脑袋"的方法．委托者对研究者的信任这时就会消失，并且经常无法恢复．

在这样的情况下，按期给出一个尽可能满意的解，就好于追求一个虽然完美，但因为失去时效性而不再有用的解．因此，最好从最简单的模型开始研究新的问题，并且在数值求解过程中采用经过实践检验的方法．

7. 实际工作中的另一个重要因素是，工作通常是集体完成的．原因之一在于，建立数学模型、选择求解方法、操作计算机和分析结果需要各种各样的知识和技能．另一个原因在于，如上所述，任务必须按期完成．在这个要求下，即使是同一种类型的任务也必须分配给大量研究者同时完成，例如由他们各自独立编写一个程序的各个模块．同时可以在模型问题上研究不同的求解方法，在简化模型上进行计算，为编写最终的求解程序做准备．

可以举出大量实例来说明，导致大型计算任务和软件开发工作失败的一个原因是没有足够清晰地表述研究者之间的责任分配，即没有明确地描述每一个研究者的最终工作结果．这样一来，或者大部分时间消耗于持续不断地协调各部分工作，或者关键时间过后才发现各部分工作无法衔接．所以，在解决问题的过程中进行统筹管理的学者，其组织能力常常并不比数学能力次要.

上述讨论在一定程度上解释了应用数学领域的工作特点, 同时也说明, 这个领域的专家不仅应当拥有广博的数学知识, 而且应当具备反映一个人的智商和性格的另外一些重要特征.

目录

《俄罗斯数学教材选译》序

第三版序言

引言

第一章　问题数值解的误差 1
　§1. 误差的来源与分类 1
　§2. 数在计算机中的记录格式 4
　§3. 绝对误差与相对误差. 数据的记录格式 4
　§4. 关于计算误差 6
　§5. 函数的误差 8
　§6. 反问题 12

第二章　插值法与数值微分 15
　§1. 函数逼近问题的提法 15
　§2. 拉格朗日插值多项式 18
　§3. 拉格朗日插值多项式的余项估计 20
　§4. 差商及其性质 21
　§5. 带有差商的牛顿插值公式 22
　§6. 差商与具有多重节点的插值法 25
　§7. 有限差分方程 27
　§8. 切比雪夫多项式 33

§9. 插值公式余项估计的最小化 · 36
§10. 有限差分 · 38
§11. 带有常步长的函数表的插值公式 · 41
§12. 函数表的建立 · 43
§13. 关于插值的舍入误差 · 44
§14. 插值工具的应用. 反向插值 · 45
§15. 数值微分 · 46
§16. 关于数值微分公式的计算误差 · 51
§17. 有理插值 · 52

第三章　数值积分 · 54

§1. 最简单的一维求积公式. 待定系数法 · · · · · · · · · · · · · · · · · · 54
§2. 求积公式的误差估计 · 56
§3. 牛顿–科茨求积公式 · 60
§4. 正交多项式 · 64
§5. 高斯求积公式 · 70
§6. 基本求积公式的实际误差估计 · 75
§7. 快速振荡函数的积分 · 77
§8. 通过将区间划分为等距子区间来提高积分精度 · · · · · · 79
§9. 关于最优化问题的描述 · 83
§10. 求积公式的最优化问题的描述 · 86
§11. 求积公式节点分布的最优化 · 87
§12. 节点分布最优化的例子 · 91
§13. 误差的主项 · 94
§14. 实际误差估计的龙格法则 · 96
§15. 更高精度插值结果的修正 · 99
§16. 奇异情况的积分计算 · 101
§17. 建立有自动选择步长的标准程序的原则 · · · · · · · · · · · · · 106

第四章　函数逼近与相关问题 · 111

§1. 线性赋范空间中的最佳逼近 · 111
§2. 希尔伯特空间中的最佳逼近及其建立中出现的问题 · · · 112
§3. 三角插值. 离散傅里叶变换 · 116
§4. 快速傅里叶变换 · 119
§5. 最佳一致逼近 · 122
§6. 最佳一致逼近的例子 · 124

§7. 关于多项式的表达形式 · 129
　§8. 插值和样条逼近 · 132

第五章　多维问题 · 140
　§1. 待定系数法 · 140
　§2. 最小二乘法与正规化 · 142
　§3. 正规化的例子 · 144
　§4. 多维问题转化为一维问题 · 148
　§5. 三角形中的函数插值 · 154
　§6. 均匀网格上数值积分的误差估计 · · · · · · · · · · · · · · 156
　§7. 数值积分误差的下界估计 · 158
　§8. 蒙特卡罗方法 · 163
　§9. 问题求解的不确定性方法应用的合理性讨论 · · 166
　§10. 提高蒙特卡罗方法的收敛速度 · · · · · · · · · · · · · · · 168
　§11. 关于问题求解方法的选择 · 171

第六章　数值代数方法 · 176
　§1. 未知数依次消元法 · 178
　§2. 反射方法 · 185
　§3. 简单迭代方法 · 187
　§4. 简单迭代方法在计算机上实现的特点 · · · · · · · · · 190
　§5. 实际误差估计的 δ^2-过程和提高收敛速度 · · · · 192
　§6. 迭代过程收敛速度的最优化 · · · · · · · · · · · · · · · · · · · 195
　§7. 赛德尔方法 · 203
　§8. 最速梯度下降法 · 207
　§9. 共轭梯度法 · 209
　§10. 应用等效谱算子的迭代方法 · · · · · · · · · · · · · · · · · · 214
　§11. 方程组近似解的误差和矩阵的条件数. 正规化 217
　§12. 特征值问题 · 225
　§13. 借助 QR-算法的完全特征值问题的解 · · · · · · · · 229

第七章　非线性方程组和最优化问题的解 · · · · · · · · · · · · · · · · 233
　§1. 简单迭代方法和相关问题 · 234
　§2. 非线性方程组求解的牛顿方法 · · · · · · · · · · · · · · · · 238
　§3. 下降法 · 242
　§4. 将高维问题转化为低维问题的其他方法 · · · · · · · 246

§5. 用稳定化方法求解定常问题 · 249
§6. 什么是最优化以及怎样最优化? · 254

第八章 常微分方程柯西问题的数值方法 · · · · · · · · · · · · · · · · · · · 262

§1. 借助于泰勒公式求解柯西问题 · 262
§2. 龙格–库塔法 · 264
§3. 带有单步误差控制的方法 · 268
§4. 单步法的误差估计 · 269
§5. 有限差分方法 · 273
§6. 待定系数法 · 276
§7. 依据模型问题研究有限差分方法的性质 · · · · · · · · · · · · · · · · · · 279
§8. 有限差分方法的误差估计 · 283
§9. 方程组积分的特性 · 289
§10. 二阶方程的数值积分方法 · 298
§11. 积分节点分布的最优化 · 301

第九章 常微分方程边值问题的数值方法 · · · · · · · · · · · · · · · · · · · 305

§1. 二阶方程边值问题求解的简单方法 · 305
§2. 网格边值问题的格林函数 · 310
§3. 简单网格边值问题的解 · 314
§4. 数值算法的闭合 · 320
§5. 对一阶线性方程组边值问题情况的讨论 · · · · · · · · · · · · · · · · · · 326
§6. 一阶方程组边值问题的算法 · 330
§7. 非线性边值问题 · 334
§8. 特殊类型的近似 · 339
§9. 寻找特征值的有限差分方法 · 347
§10. 借助于变分原理建立数值方法 · 350
§11. 在奇异情况下提高变分方法的收敛性 · · · · · · · · · · · · · · · · · · · 357
§12. 与有限差分方程的书写形式相关的计算误差的影响 · · · · · · 359

第十章 偏微分方程的求解方法 · 365

§1. 网格方法理论的基本概念 · 366
§2. 最简单双曲型问题的逼近 · 372
§3. 冻结系数原理 · 384
§4. 带有不连续解的非线性问题的数值解 · 387
§5. 一维抛物型方程的差分格式 · 389

§6. 椭圆型方程的差分逼近 ·················· 400
　　§7. 带有多个空间参数的抛物型方程求解 ·········· 416
　　§8. 网格椭圆方程的求解方法 ················ 426

第十一章　求解积分方程的数值方法 ············ 441
　　§1. 替换为求积和式的积分方程求解方法 ·········· 441
　　§2. 借助于核退化变换求解积分方程 ············ 444
　　§3. 第一类弗雷德霍姆积分方程 ··············· 448

结束语 ································· 454

参考文献 ······························· 457

名词索引 ······························· 461

第一章 问题数值解的误差

本章解释求解问题时误差的来源，给出确定近似值的一些基本规则，并估计一些简单函数和更复杂的函数在自变量取近似值时的误差.

本章的具体误差估计在后续章节中其实没有用到，但相关讨论本身对于理解如何采用本书所阐述的方法求解实际问题是必要的.

§1. 误差的来源与分类

问题解的误差与下列因素有关:

1) 问题的数学描述是不精确的, 特别是描述问题的原始数据是不精确的;

2) 所采用的求解方法常常也是不精确的: 要获得数学问题的精确解需要进行无限次或者无法接受的大量算术运算. 因此, 需要寻找问题的近似解来替代其精确解;

3) 把数据输入计算机、完成算术运算和输出数据时要进行舍入操作.

由这些因素导致的误差相应地称为

1) 不可消除误差;

2) 方法误差;

3) 计算误差.

不可消除误差常分为两部分:

a) 仅仅由于在问题的数学描述中无法给出精确数据而产生的误差, 称为不可消除误差;

b) 由于问题的数学描述与实际情况有所偏离而产生的误差, 相应地称为数学模型误差.

我们来解释这些定义. 设我们有一个单摆 (图 1.1.1)[①], 它在时刻 $t = t_0$ 开始运动,

[①] 若图和公式的编号含有三个数, 则它们表示章、节和公式或图的序号; 含有两个数的编号仅用于公式, 表示节和公式的序号 (在本章内); 含有一个数的编号也仅用于公式, 表示其序号 (在本节内).

要求预测单摆在时刻 t_1 偏离竖直方向的角度 φ.

描述该单摆振动的微分方程具有形式
$$l\frac{d^2\varphi}{dt^2} + g\sin\varphi + \mu\frac{d\varphi}{dt} = 0, \tag{1}$$
其中 l 为摆长, g 为重力加速度, μ 为摩擦因子.

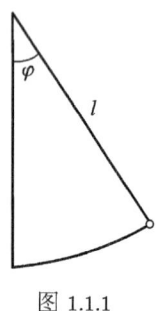

只要这样描述问题, 解就已经具有不可消除误差. 一个原因是, 实际摩擦力对速度的依赖关系不完全是线性的; 另一原因是, $l, g, \mu, \varphi(t_0)$, $\varphi'(t_0)$ 有测量误差. 这种误差之所以被称为不可消除的, 正是基于其本性: 它在问题的数值求解过程中是无法避免的, 只有更精确地描述物理问题, 更精确地测量参数, 才能减小这种误差. 微分方程 (1) 没有显式解, 其求解必须采用某种数值方法. 这也导致了方法误差的产生.

再如, 在运算过程中, 数字位数的有限性也可能导致计算误差.

图 1.1.1

我们来引入形式上的定义.

设 I 是待求参数的精确值 (本例中为时刻 t_1 的实际偏离角 φ), $\tilde{I}$ 为这个参数在所用数学描述中的值 (本例中为方程 (1) 的解 $\varphi(t_1)$), $\tilde{I}_h$ 为在没有进行数值舍入运算时用数值方法求出的解, $\tilde{I}_h^*$ 为实际计算中获得的近似解. 那么,

$$\rho_1 = \tilde{I} - I \quad \text{为不可消除误差,}$$
$$\rho_2 = \tilde{I}_h - \tilde{I} \quad \text{为方法误差,} \tag{2}$$
$$\rho_3 = \tilde{I}_h^* - \tilde{I}_h \quad \text{为计算误差.}$$

总误差 $\rho_0 = \tilde{I}_h^* - I$ 为实际所得到的解与精确解之差, 它满足等式
$$\rho_0 = \rho_1 + \rho_2 + \rho_3. \tag{3}$$

许多情况下, 这种或那种 "误差" 这个术语并未被理解为上述近似值之差, 而是它们之间接近程度的某种度量. 例如, 在标量情况下, 取
$$\rho_0 = |\tilde{I}_h^* - I|, \quad \rho_1 = |\tilde{I} - I|, \quad \rho_2 = |\tilde{I}_h - \tilde{I}|, \quad \rho_3 = |\tilde{I}_h^* - \tilde{I}_h|;$$
在此记号下, 我们得到取代 (3) 的以下不等式:
$$\rho_0 \leqslant \rho_1 + \rho_2 + \rho_3. \tag{4}$$

在另一些情况下, 解 I 及其近似 $\tilde{I}, \tilde{I}_h, \tilde{I}_h^*$ 为某些常常互不相同的函数空间中的元素. 例如, $\tilde{I}$ 可以是 $[0,1]$ 上连续函数空间 F 中的元素, 而 $\tilde{I}_h$ 可以是定义在点 $x_n = nh$ (其中 $n = 0, 1, \cdots, h^{-1}$, h^{-1} 为整数) 上的网格函数 f_h 的空间 F_h 中的元素. 那么, 引入表示接近程度的某种度量 $\rho(z_1, z_2)$ 作为误差的度量, 这里 z_1 和 z_2 可以是同一个或者不同空间中的元素. 对这个度量的要求是: 可以把它取为误差的一种自然的度量, 并且对任意 $z_1, z_2, z_3 \in F, F_h$ 成立三角不等式
$$\rho(z_1, z_3) \leqslant \rho(z_1, z_2) + \rho(z_2, z_3). \tag{5}$$

这时不要求满足如下条件: 如果 $\rho(z_1, z_2) = 0$, 则 $z_1 \equiv z_2$. 于是, 函数 $\rho(z_1, z_2)$ 不必是某个度量空间中的距离. 例如, 可以取
$$\rho(f_1, f_2) = \max_{0 \leqslant n \leqslant h^{-1}} |f_1(nh) - f_2(nh)|,$$

它与 f_1, f_2 属于怎样的空间无关.

在研究不可消除误差问题时, 可能会产生这样的疑问: 既然该误差是 "不可消除的", 为什么还要研究它? 如果数学家可以得到现成的方程来计算问题的数值解, 但不参加对问题的物理提法的讨论, 那么这种观点至少看似合理.

不能认为这种议论是合理的. 数学家本身也经常研究问题的提法, 要对所研究的方程进行分析和简化. 既然自然界一切现象都是相互关联的, 那么原则上不可能在数学上精确描述自然界中的任何实际过程. 但是, 如果分析产生误差的各种影响因素, 就可以在误差的容许范围内得到过程的最简单描述. 数学家通常对结果的最终精度要求有一定认识, 由此可以对原始问题进行必要的简化.

如果数学家没有参加关于问题的物理提法的讨论, 他仍然必须估计不可消除误差的值, 原因如下. 在求解大部分问题时, 所用求解方法的误差不必远小于不可消除误差, 否则是没有特别意义的. 因此, 有了关于不可消除误差的估计, 就可以合理地提出关于问题数值解的精度的要求.

客户过分要求结果精确常常是因为他过高估计了电子计算机的能力从而没有认真考虑其真正需求.

由于下列原因, 对精度的过分要求常常在讨论问题的过程中就会取消:

1) 在对问题做更细致的全面研究时发现, 并不需要这样高的精度;

2a) 现象的数学模型很粗糙, 以至于要求如此高的精度毫无意义;

2b) 无法高精度地确定模型参数;

3) 客户根本不需要定量的结果, 只需要定性的结果, 例如: 给定的装置能否按照指定方式运转.

我们来讨论我们曾经遇到的某些实际问题. 我们曾经面临一项任务, 需要求解一组带强振荡核的积分方程, 其中核振荡次数的量级为 $\lambda^{-1} = N = 10^6$, 要求得到相对误差 (见后面的定义) 量级为 10^{-6} 的解. 这组方程描述了某种光学仪器的工作状态. 这组积分方程的求解甚至对现代电子计算机来说也相当复杂, 因此我们对它进行了详细分析. 结果表明, 仪器的制造工艺决定了该系统的特征量只有量级为 10^{-4} 的相对误差, 因此, 最初要求如此高的精度是没有意义的. 于是, 对待求的解的精度要求可以降低到 10^{-4} 的相对误差. 但是, 即使这样的精度对机时消耗的要求也是过高的.

对问题的进一步分析表明, 客户只关心一个问题的答案: 该仪器是否能稳定地工作?

自然会出现下列两种可能性:

1) 在参数 $\lambda = 1/N$ 的值较小时, 解平稳地依赖于这个参数. 因此, 对于某个充分小的 λ_0, 当 λ 小于 λ_0 时, 系统将以一种状态工作. 即: 或者总是稳定的, 或者总是不稳定的;

2) 在参数 λ 的值较小时, 解会随着该参数的变化发生本质性改变, 从而使系统稳定工作的参数区间和使系统不稳定工作的参数区间交替出现.

因此, 我们从一个充分大的值 $\lambda = 1/10$ 开始计算, 并逐渐减小 λ 的值, 以便研究清楚, 究竟出现上述两种可能性中的哪一种.

计算表明, 当参数 λ 在 10^{-1} 到 10^{-2} 范围内变化时, 仪器处于稳定工作状态, 并得出了

当参数为 $\lambda = 10^{-6}$ 时也处于稳定工作状态的结论 (在仪器被真正制造出来之后，该结论获得了实验证实). 对于第二种可能，由于仪器制造的精度不够高，不太可能研究参数为 $\lambda = 10^{-6}$ 时仪器工作的稳定性问题.

另一个例子初看可笑，其实却非常典型. 数学家曾经面临如何建立特殊形式积分的快速算法 (计时小于 1 s) 和计算程序的问题，要求其相对误差达到 10^{-4}. 这问题已得到成功解决，即: 已经研究出了这类积分的数值方法，并在此基础上建立了标准程序. 在提出问题时如果不考虑机时，仅为检验数学家提出的方法的质量和程序的可靠性，研究人员自己也同样计算出一个近似积分，他们认为其相对误差达到了 10^{-6}. 但实际上，借助于数学家建立的程序来解决这个测试题并让误差小于 10^{-2} 的所有尝试最终都没有获得成功. 在测试题本身中也出现了导致误差的假设. 原来，数值 π 取为 3.14, 从而在测试题中引入了不可消除误差. 自然，无论数学家多么努力地去建立算法和程序，这一误差都是不可能消除的.

§2. 数在计算机中的记录格式

现代电子计算机所处理的数是按如下格式之一记录的.

第一个记录格式带有固定小数点: 计算机中所有数的绝对值都小于 1, 小数点后的符号个数是固定的. 于是，计算机所处理的数为

$$x = \pm \sum_{k=1}^{t} \alpha_k q^{-k} = \pm(\alpha_1, \cdots, \alpha_t), \tag{1}$$

这里 q 为整数，是计数系统的基数，$\alpha_1, \cdots, \alpha_t$ 为整数，满足 $0 \leqslant \alpha_k < q$.

在对满足 $|x| < 1$ 的数 x 进行运算时可能出现满足 $|y| \geqslant 1$ 的数 y, 这时计算机停止工作 ("停机" 或者 "溢出"). 为了避免这种情况，可以改变问题的尺度 (比例因子) —— 引入新的尺度. 有时事先无法给出需要的尺度; 在另外一些情况下，一开始就引入非常大的尺度会导致在原始数据中大量前面的 α_i 变成零，从而导致信息严重丢失. 因此, 在求解问题的过程中经常规定改变尺度.

第二个记录格式带有浮点小数, 它普遍用于以科学计算为目的的计算机: 计算机所处理的数为

$$x = \pm q^p \sum_{k=1}^{t} \alpha_k q^{-k} = \pm q^p(\alpha_1, \cdots, \alpha_t), \tag{2}$$

阶 p 满足不等式 $|p| \leqslant p_0$.

最普遍的情况是 $q = 2$ 时的二进制格式.

采用浮点小数对使用者来说更为方便, 因为不必关心尺度问题. 但这时计算机的运算速度有所下降.

§3. 绝对误差与相对误差. 数据的记录格式

如果 a 是某个量的精确值，而 a^* 为其已知的近似值，那么通常把某个满足下列式

子的量 $\Delta(a^*)$ 称为近似值 a^* 的绝对误差:
$$|a - a^*| \leqslant \Delta(a^*).$$
把某个满足下列式子的量 $\delta(a^*)$ 称为近似值 a^* 的相对误差:
$$\left|\frac{a - a^*}{a^*}\right| \leqslant \delta(a^*).$$
相对误差通常表示为百分数.

如果 a 为已知数, 例如 π, 我们有时分别以 $\Delta(a)$ 和 $\delta(a)$ 表示给出这个数时的绝对误差和相对误差, 即: 如果对于数 a 有 $|a^* - a| \leqslant \Delta(a)$ 和 $\left|\frac{a - a^*}{a}\right| \leqslant \delta(a)$, 则数 $\Delta(a)$ 和 $\delta(a)$ 相应地称为数 a 的绝对误差和相对误差.

在文献中有时把值 $a^* - a$ 称为绝对误差, 而 $\frac{a^* - a}{a^*}$ 称为相对误差. 我们将遵循最初的定义, 于是总有 $\Delta(a^*) \geqslant 0$, $\delta(a^*) \geqslant 0$.

在以后的叙述中我们将采用以下术语: 大数, 非常大数, 强增长函数.

如果 x 满足 $|x| \gg 1$, 并且容许问题求解结果的相对误差量级为 $|x|2^{-t}$, 则数 x 常称为大数; 而如果不容许量级为 $|x|2^{-t}$ 的相对误差, 则数 x 称为非常大数.

强增长函数这个术语通常表示, 这个函数增加的倍数是非常大数.

从左边第一个非零数字开始的所有数字称为有效数字.

例 在数 $a^* = 0.0\underline{3045}$ 和 $a^* = 0.0\underline{3045000}$ 中, 带下画线的数字为有效数字. 前者有 4 个有效数字, 后者有 7 个有效数字.

有效数字称为可靠的, 如果相应于这个数字的绝对误差不超过这个数字所在位的 1 个单位.

例 $a^* = 0.0\underline{3045}$, $\Delta(a^*) = 0.000003$; $a^* = 0.0\underline{3045000}$, $\Delta(a^*) = 0.0000007$; 画线的数字为可靠的.

有时约定: 有效数字称为可靠的, 如果相应于这个数字的绝对误差不超过这个数字所在位的半个单位.

如果所有的有效数字都是可靠的, 则说这个数被表示为完全可靠数字.

例 当 $a^* = 0.0\underline{3045}$, $\Delta(a^*) = 0.000003$ 时, 数 a^* 被表示为完全可靠数字.

有时也采用小数点后可靠数字的个数这样的术语, 即计算小数点后第一位到最后一位可靠数字的个数. 在上面最后的例子中, 该个数为 5.

关于某个量的信息经常由其测量范围给出:
$$a_1 \leqslant a \leqslant a_2. \tag{1}$$
例如
$$1.119 \leqslant a \leqslant 1.127.$$
在给出测量范围时, 习惯上在小数点后写出同样多个数字. 因为关于误差的信息通常相当粗略,所以在数 a_1, a_2 中经常按需要取若干个十进制数字,使得差 $a_1 - a_2$ 包含一到两位有效数字.

我们在下文中之所以专门使用词语 "经常"、"通常"、"习惯上",是为了避免造成在给出误差值时一定要采用某种标准形式的印象. 我们讨论这些标准形式的原因,仅仅在于它们最常用,从而也最便于交流.

绝对误差或相对误差通常被写成带有一个或两个有效数字的数值形式.

如果 a^* 是数 a 的近似值,绝对误差为 $\Delta(a^*)$,则有时将这样的信息写成
$$a = a^* \pm \Delta(a^*), \tag{2}$$
其中数 a^* 和 $\Delta(a^*)$ 习惯上被表示为小数点后带有同样多个数字的形式. 例如,
$$a = 1.123 \pm 0.004, \quad a = 1.123 \pm 4 \cdot 10^{-3}$$
是通用的写法,意思是
$$1.123 - 0.004 \leqslant a \leqslant 1.123 + 0.004.$$

相应地,如果 a^* 是数 a 的近似值,相对误差为 $\delta(a^*)$,则将这样的信息写成如下形式:
$$a = a^*(1 \pm \delta(a^*)). \tag{3}$$

例如,表达式
$$a = 1.123(1 \pm 0.003), \quad a = 1.123(1 \pm 3 \cdot 10^{-3}), \quad a = 1.123(1 \pm 0.3\%)$$
意指
$$(1 - 0.003)1.123 \leqslant a \leqslant (1 + 0.003)1.123.$$

在从一种写法转化为另一种时需要注意,新写法中的测量范围应大于旧写法中的测量范围,否则这样的转化不成立. 例如,从 (1) 到 (2) 的转化必须满足不等式
$$a^* - \Delta(a^*) \leqslant a_1, \quad a_2 \leqslant a^* + \Delta(a^*),$$
从 (2) 到 (3) 的转化必须满足不等式
$$a^*(1 - \delta(a^*)) \leqslant a^* - \Delta(a^*), \quad a^* + \Delta(a^*) \leqslant a^*(1 + \delta(a^*)),$$
而从 (3) 到 (2) 的转化必须满足相反的不等式 (即测量范围总是被放大!).

在讨论误差值的时候,应当把我们在上面所采用的纯数字语言同日常用语区别开来. 如果在问题的提法中要求找到误差为 10^{-2} 的解,那么经常不是指必须达到这一要求,而只是假定误差具有这样的量级. 例如,如果求得的解带有误差 $2 \cdot 10^{-2}$,那么结果也多半满足客户的要求.

§4. 关于计算误差

在电子计算机中对数值量级的限制 $|p| \leqslant p_0$ 有时导致计算终止;另外,电子计算机中相对不多的有效数字也会使结果因为计算误差而出现不可容许的偏差. (如果在一个

算法中因为表达式 (2.2) 中的 p 有界或 t 较小而出现类似效应, 这样的算法就称为 "不稳定的".)

建立 "稳定" 的算法是数值方法理论的重要组成部分, 在应用这样的算法时, 计算误差只会使最终结果在容许的范围内发生偏离.

我们来研究一个例子, 这个例子表明: 有时可借助于并不复杂的代数变换提高精度.

假设要寻找方程 $y^2 - 140y + 1 = 0$ 的最小根. 为确定起见, 我们提出下列四舍五入法则. 计算以十进制进行, 并且四舍五入后的尾数保留 4 位. 我们有

$$y = 70 - \sqrt{4899}, \quad \sqrt{4899} = 69.992\cdots,$$

四舍五入后得到

$$\sqrt{4899} \approx 69.99, \quad y \approx 70 - 69.99 = 0.0\underline{1}.$$

同样的, y 值也可以表示为 $y = 1/(70 + \sqrt{4899})$, 这样就可以避免在分子中出现无理数. 通过计算先后得到 $\sqrt{4899} \approx 69.99, 70 + 69.99 = 139.99$, 四舍五入后得到

$$70 + 69.99 \approx 140.0.$$

结果为

$$1/140 = 0.00714285\cdots,$$

四舍五入后有

$$y \approx 0.00\underline{7143}.$$

通过高精度计算可以验证, 在两种情况下, 计算结果中的下画线数字都是可靠的. 但是, 第二种情况下的结果有高得多的精度, 其实, 在第一种情况中必须计算两个大数的近似值之差, 而大数在四舍五入之后具有大的绝对误差, 这就导致结果也出现大的绝对误差. 这里在计算近似值时我们首先遇到有效数字损失现象 (或称为有效数字 "消失" 现象). 例如, 在求解线性代数方程组时, 这种现象经常会导致结果出现本质上的偏差.

我们来研究另一个典型的例子, 其中运算的顺序会影响结果的误差. 在带有浮点小数的计算机上计算下列和式的值:

$$S_{1000000} = \sum_{j=1}^{1000000} \frac{1}{j^2}.$$

可以按照如下递推公式计算:

$$S_n = S_{n-1} + \frac{1}{n^2}, \quad n = 1, \cdots, 1000000, \quad S_0 = 0,$$

也可以按照下列递推公式计算:

$$\sum_{n-1} = \sum_{n} + \frac{1}{n^2}, \quad n = 1000000, \cdots, 1, \quad \sum_{1000000} = 0, \quad \sum_{0} = S_{1000000}.$$

结果表明, 后者的计算误差要小得多.

这可解释如下: 在大多数情况下, 计算机上的加法运算是按照下述流程实现的. 两个数 a 和 b 首先绝对精确地相加, 然后对结果进行截断或四舍五入, 保留 t 或 $t-1$ 个有效数字. 结果得到和 $a+b$ 的近似值, 其误差不超过 $2^{-t}|a+b|$, 但在不利情况下误差可

能大于 $2^{-1-t}|a+b|$. 第一种情况下，在每次求和时和式的值大于 1，原则上可能达到的误差约为 $10^6 \cdot 2^{-t}$. 第二种情况下

$$\sum_n = O\left(\frac{1}{n}\right),$$

所以误差的积累要慢得多. 可以证明，最终结果的误差不超过 $100 \cdot 2^{-t}$.

在实际计算机上按照两种算法计算 $S_{1000000}$，第一种算法的误差约为 $2 \cdot 10^{-4}$，而第二种算法的误差约为 $6 \cdot 10^{-8}$.

我们指出，目前这类简单问题是通过双精度计算解决的.

§5. 函数的误差

下列问题特别常见. 设待求量 y 是参数 $a_1, \cdots, a_n$ 的函数：$y = y(a_1, \cdots, a_n)$，这些参数属于变量 $a_1, \cdots, a_n$ 的空间中的已知区域 G，需要获取 y 的近似值并估计误差.

如果 y^* 是 y 的近似值，那么在给定信息下对值 y^* 的误差的最好估计称为极限绝对误差 $A(y^*)$. 依据这样的定义，在上述情况中

$$A(y^*) = \sup_{(a_1, \cdots, a_n) \in G} |y(a_1, \cdots, a_n) - y^*|. \tag{1}$$

值 $\dfrac{A(y^*)}{|y^*|}$ 称为极限相对误差.

习题 1　证明极限绝对误差 $A(y^*)$ 当 $y^* = (Y_1 + Y_2)/2$ 时最小，其中 $Y_1 = \inf_G y(a_1, \cdots, a_n)$，$Y_2 = \sup_G y(a_1, \cdots, a_n)$.

研究当 G 是矩形时的最普遍的情况：

$$|a_j - a_j^*| \leqslant \Delta(a_j^*), \quad j = 1, \cdots, n.$$

近似值取为

$$y^* = y(a_1^*, \cdots, a_n^*).$$

如果函数 y 是其自变量的连续可微函数，则由多元函数的拉格朗日公式有

$$y(a_1, \cdots, a_n) - y^* = \sum_{j=1}^n b_j(\theta)(a_j - a_j^*), \tag{2}$$

这里

$$b_j(\theta) = \left.\frac{\partial y}{\partial a_j}\right|_{(a_1^* + \theta(a_1 - a_1^*), \cdots, a_n^* + \theta(a_n - a_n^*))}, \quad 0 \leqslant \theta \leqslant 1.$$

由此得出误差估计

$$|y(a_1, \cdots, a_n) - y^*| \leqslant A_0(y^*) = \sum_{j=1}^n B_j \Delta(a_j^*), \tag{3}$$

这里

$$B_j = \sup_G \left|\frac{\partial y(a_1, \cdots, a_n)}{\partial a_j}\right|.$$

设
$$\rho = \sqrt{\sum_{j=1}^{n}(\Delta(a_j^*))^2}.$$

如果导数 $\dfrac{\partial y(a_1,\cdots,a_n)}{\partial a_j}$ 连续, 则 $b_j(\theta) = b_j(0) + o(1)$, 且
$$B_j = \left|\frac{\partial y(a_1^*,\cdots a_n^*)}{\partial a_j}\right| + o(1).$$

这里表达式 $x = y + o(1)$ 理解为: 当 $\rho \to 0$ 时, $x - y \to 0$. 于是, $A_0(y^*) = A^0(y^*) + o(\rho)$, 这里
$$A^0(y^*) = \sum_{j=1}^{n}\left|\frac{\partial y(a_1^*,\cdots,a_n^*)}{\partial a_j}\right|\Delta(a_j^*).$$

在实际工作中, 通常使用更简单的但一般说来并不成立的 "估计"
$$|y(a_1,\cdots,a_n) - y^*| \leqslant A^0(y^*) \tag{4}$$
代替误差估计 (3), 这个估计称为误差的线性估计.

习题 2 证明 $A_0(y^*) - A(y^*) = o(\rho)$, $A^0(y^*) - A(y^*) = o(\rho)$.

我们来研究 $A(y^*)$, $A_0(y^*)$, $A^0(y^*)$ 的某些具体例子, 并进行比较.

1. $y = a^{10}$, $a^* = 1$, $\Delta(a^*) = 0.001$. 那么,
$$y^* = 1, \quad y_a' = 10\cdot a^9, \quad b(0) = 10, \quad B = \sup_{|a-1|\leqslant 0.001}|10\cdot a^9| = 10.09\cdots,$$
$$\left.\begin{array}{l} A(y^*) = \displaystyle\sum_{|a-1|\leqslant 0.001}|a^{10}-1| = 1.001^{10} - 1 = 0.010045\cdots, \\ A_0(y^*) = B\Delta(a^*) = 0.01009\cdots, \quad A^0(y^*) = |b(0)|\Delta(a^*) = 0.01. \end{array}\right\}$$

这里用值 $A_0(y^*)$ 估计误差、极限绝对误差 (1) 和线性估计 (4) 三者之间没有本质的差别.

2. $y = a^{10}$, $a^* = 1$, $\Delta(a^*) = 0.1$. 那么,
$$y^* = 1, \quad B = \sup_{|a-1|\leqslant 0.1} 10\cdot a^9 = 10\cdot 1.1^9 = 23.\cdots,$$
$$A(y^*) = \sum_{|a-1|\leqslant 0.1}|a^{10}-1| = 1.1^{10} - 1 = 1.5\cdots,$$
$$A_0(y^*) = B\Delta(a^*) = 2.3\cdots, \quad A^0(y^*) = |b(0)|\Delta(a^*) = 1.$$

这里各种估计间的差别更明显.

3. 现在考虑最简单函数值计算中误差的具体估计. 设
$$y = \gamma_1 a_1 + \cdots + \gamma_n a_n,$$
其中 $\gamma_1,\cdots,\gamma_n$ 的值取 $+1$ 或 -1. 假设估计 $|a_j - a_j^*| \leqslant \Delta(a_j^*)$ 已知. 在这个具体情况中 $b_j(\theta) = \gamma_j$, $|b_j(\theta)| = 1$. 于是
$$A(y^*) = A_0(y^*) = A^0(y^*) = \Delta(a_1^*) + \cdots + \Delta(a_n^*).$$

按照定义, 对 $y - y^*$ 的任何估计均可称为误差, 所以这个关系也可以写成
$$\Delta(\pm a_1^* \pm \cdots \pm a_n^*) = \Delta(a_1^*) + \cdots + \Delta(a_n^*). \tag{5}$$

这个等式有时被表述成下列法则:

和或差的极限绝对误差等于极限误差的和.

如果值 a_j^* 的误差是相关的, 则估计 (5) 经常可以被改善. 我们来看一个简单例子: $a_1 = a$, $a_2 = 1 - a$. 显然, 在两种情况下 a 是同样的, 则和式 $a_1 + a_2$ 与 a 的误差无关, 其和等于 1, 和的误差等于 0.

现在设 $y = a_1^{p_1} \cdots a_n^{p_n}$. 那么对所有的 j 有 $b_j(0) = p_j\left((a_j^*)^{-1} \cdot y^*\right)$ 且
$$A(y^*) \approx A^0(y^*) = \sum_{j=1}^{n} |p_j||a_j^*|^{-1}|y^*|\Delta(a_j^*).$$

两边除以 $|y^*|$ 得
$$\frac{A(y^*)}{|y^*|} \approx \frac{A^0(y^*)}{|y^*|} = \sum_{j=1}^{n} |p_j|\frac{\Delta(a_j^*)}{|a_j^*|} = \sum_{j=1}^{n} |p_j|\delta(a_j^*). \tag{6}$$

对于特例 $y = a_1 \cdot a_2$ 或 $y = a_1 \cdot a_2^{-1}$, 式 (6) 有时表述成法则:

积或商的极限相对误差近似等于极限相对误差的和.

4. 由如下方程表示的隐函数的误差估计问题特别常见:
$$F(y, a_1, \cdots, a_n) = 0. \tag{7}$$

将 (7) 式对 a_j 进行微分, 我们有
$$\frac{\partial F}{\partial y}\frac{\partial y}{\partial a_j} + \frac{\partial F}{\partial a_j} = 0,$$

由此可得
$$\frac{\partial y}{\partial a_j} = -\left(\frac{\partial F}{\partial a_j}\right)\left(\frac{\partial F}{\partial y}\right)^{-1}. \tag{8}$$

在 $a_1^*, \cdots, a_n^*$ 给定时可以求出方程 (7) 的根 y^*, 然后得到值
$$b_j(0) = -\left(\frac{\partial F}{\partial a_j}\right)\left(\frac{\partial F}{\partial y}\right)^{-1}\bigg|_{(y^*, a_1^*, \cdots, a_n^*)}. \tag{9}$$

借助这些值可以得到误差的线性估计 (4).

由于导数 $\frac{\partial y}{\partial a_j}$ 与 y 值本身的相关性, 得到精确估计 (1), (3) 的工作相当繁重.

问题的解与参数近似值的关系常常极其复杂, 以至于得到显式公式或者用显式公式给出解对这些参数的导数, 其繁琐和困难的程度无法接受. 在这样的情况下, 为了估计这些导数, 可适当地采用某个近似微分公式, 例如
$$f'(a) \approx \frac{f(a + \varepsilon) - f(a)}{\varepsilon}.$$

这样, 原则上可以根据初始条件来计算微分方程的解的导数, 只要对相应变分方程进行积分即可, 所得的解就是上述导数. 然而, 使用上述公式常常更为合理.

5. 我们来研究 4 中的一个最典型的情况. 设方程
$$f(y) = a$$

的根的近似值为 y^*, 要求估计其误差.

计算值
$$a^* = f(y^*).$$

当 $y^* - y$ 较小时, 从等式
$$f(y) - f(y^*) = a - a^*$$

推出
$$f'(y^*)(y - y^*) \approx a - a^*,$$

于是
$$y - y^* \approx \frac{a - a^*}{f'(y^*)} = \frac{a - f(y^*)}{f'(y^*)}.$$

对于经常碰到的情况 $a = 0$, 我们得到
$$y - y^* \approx -\frac{f(y^*)}{f'(y^*)}.$$

6. 下面来考虑二次方程
$$F(y, a_1, a_2) = y^2 + a_1 y + a_2 = 0 \tag{10}$$

根的误差估计, 设系数的近似值 a_1^*, a_2^* 及其误差 $\Delta(a_1^*), \Delta(a_2^*)$ 都是给定的.

设 y^* 是方程
$$y^{*2} + a_1^* y^* + a_2^* = 0$$

的解.

由式 (9) 我们有
$$b_1(0) = \left.\frac{\partial y}{\partial a_1}\right|_{(a_1^*, a_2^*)} = -\frac{y^*}{2y^* + a_1^*},$$
$$b_2(0) = \left.\frac{\partial y}{\partial a_2}\right|_{(a_1^*, a_2^*)} = -\frac{1}{2y^* + a_1^*},$$

从而有
$$A^0(y^*) = \frac{|y^*|\Delta(a_1^*) + \Delta(a_2^*)}{|2y^* + a_1^*|}. \tag{11}$$

研究系数 a_1, a_2 的某个变化区间 $|a_1| \leqslant b_1, |a_2| \leqslant b_2$. 从根的显式表示
$$y = -\frac{a_1}{2} \pm \sqrt{\frac{a_1^2}{4} - a_2}$$
推出根是系数的连续函数, 因此当 $(a_1, a_2), (a_1^*, a_2^*)$ 属于这个区间时有
$$|y(a_1, a_2) - y(a_1^*, a_2^*)| \leqslant \omega(|a_1 - a_1^*|, |a_2 - a_2^*|),$$
并且当 $\lambda_1, \lambda_2 \to 0$ 时 $\omega(\lambda_1, \lambda_2) \to 0$. 式 (11) 的右边部分当 $2y^* + a_1^* \to 0$ 时趋于 ∞. 因此, 误差的线性估计 (4) 在某些情况下可能远大于精确估计 (3). 其实, 先前已经假设 $y(a_1, \cdots, a_n)$ 对自变量 $(a_1, \cdots, a_n)$ 是连续可微的, 所以 y^* 的误差与自变量的误差 $\Delta(a_j^*)$ 是同阶量. 当值 y^* 不能显式地确定时, 它对某些参数值可能是自变量 a_j^* 的不可微函数, 所以估计的性质发生改变.

让 y^* 是方程 (7) 在 $a_1 = a_1^*$, $a_2 = a_2^*$ 时的二重根. 在点 (y^*, a_1^*, a_2^*) 的邻域内将 (7) 的左边展开为泰勒级数. 因为当 y^* 是方程 (7) 的二重根时,
$$F(y^*, a_1^*, a_2^*) = F_y(y^*, a_1^*, a_2^*) = 0,$$
那么 (7) 有形式
$$d_{200}(y - y^*)^2 + d_{010}(a_1 - a_1^*) + d_{001}(a_2 - a_2^*) + \cdots = 0,$$
这里
$$d_{ijk} = \frac{F_{y^i a_1^j a_2^k}(y^*, a_1^*, a_2^*)}{i! j! k!},$$
而省略的项具有量级 $o(\rho)$. 在方程 (10) 的情况下, 可以证明
$$y - y^* = \pm \sqrt{d_{010}(a_1 - a_1^*) + d_{001}(a_2 - a_2^*) + o(\rho)}.$$
这样, 根的近似值的误差具有量级 $O(\sqrt{\rho})$.

习题 3 证明, 当方程具有 k 重根时, 根的误差具有量级 $O(\sqrt[k]{\rho})$.

§6. 反问题

经常需要求解如下反问题: 应该以何种精度给出函数 $y(a_1, \cdots, a_n)$ 的自变量的值 $a_1^*, \cdots, a_n^*$, 才能使 $y(a_1^*, \cdots, a_n^*)$ 的误差不超过给定值 ε?

设点 $(a_1, \cdots, a_n)$ 和 $(a_1^*, \cdots, a_n^*)$ 分别为参数 a_j 的真实值和近似值, 且这些值属于某个凸集 G, $c_j = \sup\limits_{G} \left| \dfrac{\partial y}{\partial a_j} \right|$. 那么, 我们有误差估计
$$|y(a_1, \cdots, a_n) - y(a_1^*, \cdots, a_n^*)| \leqslant \sum_{j=1}^n c_j \Delta(a_j^*).$$
满足不等式
$$\sum_{j=1}^n c_j \Delta(a_j^*) \leqslant \varepsilon$$
的任意一组绝对误差 $(\Delta(a_1^*), \cdots, \Delta(a_n^*))$ 将保证要求的精度.

如果函数 y 仅仅与一个自变量有关 ($n = 1$), 则我们有不等式 $c_1 \Delta(a_1^*) \leqslant \varepsilon$, 所以只需取 $\Delta(a_1^*) = \varepsilon / c_1$ 即可达到要求的精度.

对于 $n > 1$ 的情况, 有时建议同等对待每个变量的误差, 即从条件 $c_j \Delta(a_j^*) = \varepsilon / n$ 来选择 $\Delta(a_j^*)$, 亦即 $\Delta(a_j^*) = \varepsilon / (c_j n)$. 在另一些情况下, 则建议尽可能将所有误差估计取为相等, 即取
$$\Delta(a_1^*) = \cdots = \Delta(a_n^*) = \delta, \text{ 其中 } \delta = \varepsilon / (c_1 + \cdots + c_n).$$

在简单情况下可以仿效这样的解决方案, 但是在更复杂的情况下应该适当地考虑这样的问题: 如何更精确地选取自变量的可能误差 $\Delta(a_j^*)$ 的上界. 问题在于: 在给出自变量 a_j 时, 达到一定的精度可能与下标 j 有重要关系. 于是, 需要引入代价函数 $F(\Delta(a_1^*), \cdots, \Delta(a_n^*))$, 即当以坐标的给定绝对误差 $\Delta(a_1^*), \cdots, \Delta(a_n^*)$ 给出点 $(a_1^*, \cdots, a_n^*)$ 时所应付出

的代价, 并在区域 $c_1x_1 + \cdots + c_nx_n \leqslant \varepsilon, 0 \leqslant x_1, \cdots, x_n$ 中找到函数 $F(x_1, \cdots, x_n)$ 的最小值. 设最小值在点 $x_1^0, \cdots, x_n^0$ 处达到. 下面应当取 $\Delta(a_j^*) = x_j^0, j = 1, \cdots, n$.

在许多典型情况下函数 $F(x_1, \cdots, x_n)$ 有形式
$$F(x_1, \cdots, x_n) = \sum_{j=1}^{n} D_j x_j^{-d_j}, \quad D_j, d_j > 0, \quad j = 1, \cdots, n.$$

显然, 要寻找的函数 $F(x_1, \cdots, x_n)$ 的最小值在平面 $c_1x_1 + \cdots + c_nx_n = \varepsilon$ 上某个点 $(x_1^0, x_2^0, \cdots, x_n^0)$ 达到.

下面来看 $n = 2$ 的情况. 构造拉格朗日函数
$$\Phi(x_1, x_2) = F(x_1, x_2) + \lambda(c_1x_1 + c_2x_2 - \varepsilon)$$
并让导数 $\partial\Phi/\partial x_j$ 为零, 则得到方程组
$$-d_1 D_1 x_1^{-d_1-1} + \lambda c_1 = 0, \quad -d_2 D_2 x_2^{-d_2-1} + \lambda c_2 = 0.$$
由此得到
$$x_1 = \left(\frac{D_1 d_1}{\lambda c_1}\right)^{1/(d_1+1)}, \quad x_2 = \left(\frac{D_2 d_2}{\lambda c_2}\right)^{1/(d_2+1)}. \tag{1}$$
把 x_j 代入等式 $c_1x_1 + c_2x_2 = \varepsilon$, 得到关于 λ 的方程
$$c_1\left(\frac{D_1 d_1}{\lambda c_1}\right)^{1/(d_1+1)} + c_2\left(\frac{D_2 d_2}{\lambda c_2}\right)^{1/(d_2+1)} = \varepsilon.$$
显然, 当 $\varepsilon \to 0$ 时 $\lambda \to \infty$. 设 $d_1 > d_2$, 那么当 λ 很大时, 上式左边第一项为主项. 因此有近似关系
$$c_1\left(\frac{D_1 d_1}{\lambda c_1}\right)^{1/(d_1+1)} \approx \varepsilon,$$
由此可得
$$\lambda \approx \left(\frac{D_1 d_1}{c_1}\right)\left(\frac{c_1}{\varepsilon}\right)^{d_1+1}.$$
把 λ 代入 (1) 得到
$$\begin{aligned}\Delta(a_1^*) &= x_1 \approx \frac{\varepsilon}{c_1}, \\ \Delta(a_2^*) &= x_2 \approx \left(\frac{D_2 d_2 c_1}{D_1 d_1 c_2}\right)^{1/(d_2+1)}\left(\frac{\varepsilon}{c_1}\right)^{(d_1+1)/(d_2+1)}.\end{aligned} \tag{2}$$
因为 $d_1 > d_2$, 所以在所研究的例子中, 给出第一个自变量所应付出的代价在 ε 很小时比给出第二个自变量所应付出的代价增长得更快. 相应地, 我们得到, 第二个自变量应当以 ε 的更高阶精度给出, 与此同时, 给出第一个自变量时的精度实际上由等式 $c_1\Delta(a_1^*) = \varepsilon$ 确定.

代价函数对自变量误差的依赖关系具有各种特性, 这取决于多种因素. 例如, 如果参数 a_j 由某些辅助问题的数值解给出, 那么项 $D_j\Delta(a_j)^{-d_j}$ 表征求解这些问题的不同难度. 在另一些情况下, 这种特性可能取决于获得实验数据的复杂性, 也可能取决于实际情况下某些参量达到所需精度的难度.

参考文献

1. Березин И.С., Жидков Н.П. Методы вычислений. Т. 1. —М.: Наука, 1966.
2. Крылов В.И., Бобков В.В., Монастырный П.И. Начала теории вычислительных методов. Интерполирование и интегрирование. — Минск: Наука и техника, 1983.
3. Крылов В.И., Бобков В.В., Монастырный П.И. Вычислительные методы. Т. 1. — М.: Наука, 1976.

第二章 插值法与数值微分

本章将阐述在函数及其导数的近似值计算中最广泛使用的一些方法,其中假定函数在某些固定点的值是已知的,这些点的集合有时由外部条件给出,有时则可以由我们按照自己的意愿来选择.

函数近似值和近似微分的这类计算问题经常独立出现,下面将讨论其中的一些问题.此外,在建立积分计算方法以及微分方程和积分方程求解方法时,这些问题的求解算法也被用作辅助算法. 在解决实际问题的过程中产生了大量求解方法, 这是由相应理论和实践的历史发展所导致的. 许多方法是作为已有方法的一种版本而出现的, 其中的记录格式和计算顺序有所变化, 以便降低计算中的舍入误差.

同时,随着计算技术和数值方法理论的发展,采用的方法不断被重新审视,其整体数量有所减少.

某些方法不再使用的原因如下. 计算机数字的字长有了提高, 于是与算术运算次序有关的计算误差不再有本质差别. 其结果是, 形式上简单的方法在实际计算中逐步得以巩固. 另一方面, 问题模型的复杂化和减小方法误差的需求通常也要求算术运算量有本质上的增加. 对于许多方法, 尽管计算机数字字长提高了, 但算术运算量的提高会导致不能容忍的巨大计算误差 (称之为不稳定性). 因此, 当对结果的精度要求提高时, 许多方法也在计算实践中被淘汰或停止使用. 尽管如此, 在求解每一个具体问题时, 仍然保留着可以使用相当多方法的情况.

§1. 函数逼近问题的提法

有时会出现下面的问题. 大量不同逼近方法的存在也许可以简单解释为缺乏提出和解决问题的科学途径. 假如存在这样的途径, 是否可以提出一个适用于任何情况的最佳逼近方法? 在研究数值分析的其他分支时, 也存在这样的问题. 尽管提出统一方法来解决所有问题具有吸引力, 但我们仍然应该承认, 方法的多样性是由事物的本质所引起的,即同一问题可以有各种不同的提法. 特别地, 逼近理论的各种理论分支, 例如插值法, 可以作为某些类型实际问题的抽象模型来研究.

1. 可转化为函数逼近的简单问题如下. 在离散时刻 $x_1, \cdots, x_n$ 观测函数值 $f(x)$, 要求确定它在另一些时刻 x 的函数值. 特别地, 类似问题也在如下情形中出现. 在计算机进行计算的过程中, 必须在不同的点多次计算同一个复杂函数. 有时不必直接计算这些值, 而代之以适当计算另一些点的函数值, 这些点是由我们按需要选择的, 而其他点的函数值则使用这些已知函数值通过计算某个简单公式来得到.

有时从某些附加关系可以得知, 最好按照如下形式寻求逼近函数:
$$f(x) \approx g(x; a_1, \cdots, a_n).$$
如果参数 $a_1, \cdots, a_n$ 可以从 $f(x)$ 与逼近函数在点 $x_1, \cdots, x_n$ 处的值相等的条件来确定, 则这个逼近方法称为插值法或内插法, 这些点称为插值节点.

2. 设 y_1 为插值节点 x_i 中的最小者, y_2 为其中的最大者. 如果要计算函数值 $f(x)$ 的点 x 位于区间 $[y_1, y_2]$ 的外部, 则使用术语外推法代替插值法.

例如, 已知某个变量直到当前时刻的行为, 要描述其未来的行为. 这个变量可能代表温度、某产品的生产与需求、人口的增长、农作物产量的增长等. 给定某些时刻, 建立插值函数, 并认为它在未来某个时刻的值就是所需的预测 (外推) 值.

如果选择的插值节点远离需要进行函数逼近的时刻, 则很难在后续时刻应用变量状况的当前信息. 如果选择的插值节点很接近需要进行函数近似的时刻, 则在使用信息时误差的作用会增大. 于是, 关于内推和外推节点的选择问题并不简单, 特别是当研究的函数值与许多偶然或者难以预估的因素有关时, 情况更复杂. 这样的问题包括天气预报、农作物产量预测、医学预测等, 通常要求采用更加复杂 (特别是统计上) 的预报方法.

3. 下面的多项式插值法是最常用的, 但它不是插值法的唯一可能形式. 有时用三角函数多项式来逼近函数更方便. 在另一些问题中更好的做法不是用多项式来逼近函数 $f(x)$, 而是来逼近函数 $\ln f(x)$, 或者不是用 x 的多项式来逼近 $f(x)$, 而是用 $\ln x$ 的多项式来逼近 $f(x)$.

经常使用有理分式
$$f(x) \approx g(x) = \frac{\sum_{j=0}^{n} a_j x^j}{\sum_{k=0}^{m} b_k x^k}$$
进行插值.

4. 在生物、物理、化学、地理、医学等科学领域的实验设计问题中产生了如下问题. 已知函数的好的逼近形式, 例如函数能很好地由二阶多项式来逼近. 同时, 函数的测量值有很大的误差. 要求用函数的最少的测量值得到一定范数意义下最好的逼近.

5. 在编写初等函数和特殊函数的标准计算程序时会出现逼近问题. 通常, 这些用于逼近的函数能大量减少计算量.

这里出现的问题可以表述如下. 研究所有这样的函数 $g(x)$, 其计算程序要求某个固定的计算机内存容量, 并且使得某个误差范数 $\|f - g\|$ 不超过 ε. 在所有这样的函数中需要选出一个函数, 其机时消耗最少.

在不同情况下可以按照不同方式选取范数. 大部分情况下取 $\|f\| = \sup_{[a,b]} |f|$, 这里 $[a, b]$ 是函数逼近的区间.

经常要求在个别点提高精度. 例如, $\sin x$ 的一个标准计算程序保证在范数

$$\|f\| = \sup_{[0,\pi/2]} |p(x)f(x)|, \quad p(x) = \min\{10^{19}, x^{-1}\}$$

下误差最小.

引入乘子 $p(x)$ 是为了满足当 x 很小时 $\sin x$ 的相对误差很小的要求.

同样也可以用不同方式解释机时消耗最小化的要求. 一般说来, 机时消耗可以与需要计算函数值的点有关, 将此点记为 $t(x)$. 如果不知道在各个子区间上以怎样的频率计算函数值, 则可以取

$$T = \sup_x t(x)$$

作为机时消耗的一般度量的一个例子. 如果知道这样的信息, 则可以取

$$T = M(t(x)),$$

这里 $M(t(x))$ 表示随机值 $t(x)$ 的数学期望.

6. 在用图像或者用复杂的解析表达式定义函数时, 会出现另外一种变型的问题. 例如, 将区间 $[a, b]$ 划分成 l 个子区间:

$$[a_{i-1}, a_i], \quad i = 1, \cdots, l, \quad a_0 = a, \quad a_l = b,$$

并且在每个子区间 $[a_{i-1}, a_i]$ 上用 n_i 次多项式来逼近函数. 在所有这样的逼近方法中寻找某种意义上最优的方法. 常常事先要求 $n_i \equiv n$, 并固定区间数 l, 然后对 $a_1, \cdots, a_{l-1}$ 进行方法的最优化.

$l = 1$ 的特殊情况就是最优多项式逼近问题. 这一问题将在第四章讨论.

7. 逼近函数的形式与实现逼近的目的有密切关系. 假定针对一定精度要求可以用 10 次多项式或者表达式 $a_1 \sin(\omega_1 x + \varphi_1) + a_2 \sin(\omega_2 x + \varphi_2)$ 来逼近函数. 如果所得逼近用于理论研究, 用于在模拟装置上或工艺过程中求解问题, 则第二种表示法可能更方便. 但是如果函数值是在计算机上计算的, 则第二种表示法可能要求大量的算术运算.

后面将具体研究多项式插值法. 我们之所以专门研究这种方法, 是因为它有大量直接应用, 此外还因为: 多项式插值法是数值分析的重要方法, 在其基础上可以建立大量其他问题的求解方法, 而且它在数值分析中的作用类似于泰勒公式在经典分析中的作用.

顺便还将研究另一些具有一般特性的问题, 这些问题对于数值分析的其他分支是有意义的.

§2. 拉格朗日插值多项式

在插值法中最常见的是线性插值情形: 逼近表达式取为

$$g(x; a_1, \cdots, a_n) = \sum_{i=1}^{n} a_i \varphi_i(x),$$

其中 $\varphi_i(x)$ 是固定函数, 系数值 a_i 由插值节点 x_j 处的函数值与逼近函数值相等这一条件来确定, 即:

$$f(x_j) = \sum_{i=1}^{n} a_i \varphi_i(x_j), \quad j = 1, \cdots, n. \tag{1}$$

直接通过方程组 (1) 确定系数 a_i 的求解方法称为待定系数法.

在待定系数法中, 给定条件的数量通常等于需要确定的自由 (未知) 参数的数量.

研究最多的是插值多项式

$$\sum_{i=1}^{n} a_i x^{i-1}. \tag{2}$$

那么,

$$\varphi_i(x) = x^{i-1}, \quad i = 1, \cdots, n,$$

方程组 (1) 形为

$$\sum_{i=1}^{n} a_i x_j^{i-1} = f(x_j), \quad j = 1, \cdots, n. \tag{3}$$

进而假定所有 x_j 互不相同. 方程组的行列式 (范德蒙德行列式) $\det[x_j^{i-1}]$ 不等于零. 于是, 方程组 (3) 总存在解, 并且解是唯一的. 这样, 证明了形如 (2) 的插值多项式的存在性和唯一性.

即使 n 相对不是很大, 例如 $n = 20$, 基于这个方程组直接求出的系数 a_i 就已经因为计算误差而有显著偏差. 此外, 在第四章将看到, 多项式的传统表示形式 (2) 本身就已经常常会使计算结果的误差较大. 在进行理论研究时, 例如在构造其他一些问题的求解算法时, 这些情况将不起作用. 但是, 在实际计算中, 计算误差的影响可能大到不能接受. 因此, 需要应用其他形式的插值多项式以及它们的其他表示方法.

不必直接求解方程组 (3) 就可以得到插值多项式 (2) 的显式表达式. 我们立刻指出, 在另一些情况下, 譬如对多变量函数进行插值时, 很难得到插值多项式的显式表达, 并且常常应该避免直接求解形如 (1) 的方程组.

设 δ_i^j 是克罗内克 (Kronecker) 符号, 其定义如下:

$$\delta_i^j = \begin{cases} 1, & i = j, \\ 0, & i \neq j. \end{cases}$$

如果能够建立次数不超过 $n-1$ 的多项式 $\Phi_i(x)$ 使得 $\Phi_i(x_j) = \delta_i^j, i, j = 1, \cdots, n$, 就可

§2. 拉格朗日插值多项式

以解决插值问题. 多项式
$$g_n(x) = \sum_{i=1}^{n} f(x_i)\Phi_i(x)$$
就是待求的插值多项式. 实际上,
$$g_n(x_j) = \sum_{i=1}^{n} f(x_i)\Phi_i(x_j) = \sum_{i=1}^{n} f(x_i)\delta_i^j = f(x_j).$$
此外, $g_n(x)$ 是 $n-1$ 次多项式.

因为当 $j \neq i$ 时 $\Phi_i(x_j) = 0$, 所以当 $j \neq i$ 时 $\Phi_i(x)$ 能被 $x - x_j$ 整除. 这样, 我们知道了 $n-1$ 次多项式的 $n-1$ 个因式, 所以
$$\Phi_i(x) = \mathrm{const} \prod_{j \neq i}(x - x_j).$$
从条件 $\Phi_i(x_i) = 1$ 得到
$$\Phi_i(x) = \prod_{j \neq i} \frac{x - x_j}{x_i - x_j}.$$

当插值多项式 (2) 写成形式
$$g_n(x) \equiv L_n(x) = \sum_{i=1}^{n} f(x_i) \prod_{j \neq i} \frac{x - x_j}{x_i - x_j} \tag{4}$$
时, 称之为拉格朗日插值多项式.

同样的插值多项式 (2) 还有其他一些表达形式, 例如后文中研究的牛顿插值公式及其不同表达形式. 精确计算时 (没有舍入), 按各种插值公式进行计算得到的值是相同的. 有舍入操作时, 按照这些公式所得的插值多项式的值存在差异. 写成拉格朗日形式的插值多项式通常导致较小的计算误差. 而写成牛顿形式的插值多项式则更直观, 且更便于与数学分析中的基本公式进行类比研究. 此外, 借助插值多项式值进行计算时, 不同形式的公式相应于不同的算术运算量.

我们使用了术语 "算术运算量". 解释如下. 研究多项式
$$P_n(x) = a_n x^n + a_{n-1} x^{n-1} + \cdots + a_1 x + a_0$$
在点 x 处的值的计算问题. 可以采用不同的方法进行计算. 例如, 可以提出下列方法. 首先计算值 $a_1 x$ 并与 a_0 相加, 然后计算值 $a_2 x^2$ 并与已有结果相加, 如此类推. 这样, 在第 j 步时, 计算值 $a_j x^j$ 并与已计算的和 $a_0 + a_1 x + \cdots + a_{j-1} x^{j-1}$ 相加. 值 $a_j x^j$ 的计算要求 j 次乘法运算. 因此, 上述算法对于多项式值的计算需要 $(1+2+\cdots+n) = n(n+1)/2$ 次乘法运算和 n 次加法运算. 此种情况下的算术运算 (操作) 量为 $\Phi_1 = n(n+1)/2 + n$.

显然, 为计算 $P_n(x)$ 的值所需要的算术运算量是可以减少的. 例如, 可以逐步计算并存储 $x^2, x^3, \cdots, x^n$. 为此需要 $n-1$ 次乘法运算, 进而计算值 $a_j x^j, j = 1, \cdots, n$. 这需要 n 次乘法运算. 把得到的值相加 (这要求 n 次加法运算), 得到 $P_n(x)$ 的值. 在这种情况下 $\Phi_2 = (2n-1) + n$, 当 $n > 2$ 时已有不等式 $\Phi_2 < \Phi_1$.

可以进一步寻找算法. 将 $P_n(x)$ 写成形式
$$P_n = (\cdots((a_n x + a_{n-1})x + a_{n-2})x + \cdots)x + a_0.$$

计算最里边的括号内的值 $a_nx + a_{n-1}$ 需要一次乘法和一次加法. 计算下一对括号内的值 $(a_nx+a_{n-1})x+a_{n-2}$ 也需要一次乘法和一次加法, 因为 a_nx+a_{n-1} 已计算过了, 如此类推. 这样, 借助于这个算法计算 $P_n(x)$ 需要 n 次乘法和 n 次加法, 即 $\Phi_3 = n + n$.

显然, 在 $n>2$ 时有 $\Phi_3 < \Phi_2 < \Phi_1$. 于是, 按照最后一个算法计算 $P_n(x)$ 需要较少的算术运算, 从而占用较少的机时. 为取得结果所需要的算术运算量是一个方法的重要指标之一, 按照这个指标可以比较各种方法.

有时在计算前还不能精确估计所需要的算术运算量, 而仅仅能相对于某个参数来估计算术运算量的量级. 在上面的例子中
$$\Phi_1 = O(n^2), \quad \Phi_2, \Phi_3 = O(n),$$
其中 n 是多项式的次数.

在后一种情况中 ($\Phi_2, \Phi_3 = O(n)$), 我们说方法具有同样的算术运算量级.

在寻找算术运算量级时, 找到主项中的常数通常也是很重要的. 例如,
$$\Phi_1 = \frac{1}{2}n^2 + o(n^2), \quad \Phi_2 = 3n + o(n), \quad \Phi_3 = 2n.$$
通常, 需要较少算术运算量的方法是更快的, 因此是更好的. 在选择复杂问题的求解方法时, 经常只比较各种方法的算术运算量级.

我们指出, 多项式 $P_n(x)$ 的值由参数 $a_0, a_1, \cdots, a_n$ 和值 x 确定, 所以在一般情况下计算 $P_n(x)$ 的算术运算量不会少于 n, 即我们对其算术运算量有下界估计. 这样, 计算 $P_n(x)$ 的第二和第三种方法按照算术计算量级是最优的, 因为 $\Phi_2, \Phi_3 = O(n)$, 且对于任意方法 $\Phi \geqslant n$.

由于多处理器计算机的出现, 需要较大算术运算量的方法可能快于需要较小算术运算量的另一种方法. 因此, 对于多处理器计算机不能仅根据算术运算量来评估方法的质量.

§3. 拉格朗日插值多项式的余项估计

假定 $f^{(n)}(x)$ 连续, 我们来估计 $f(x)$ 与上面构造出的插值多项式 $g_n(x)$ 之差. 让
$$\varphi(t) = f(t) - g_n(t) - K\omega_n(t),$$
这里 $\omega_n(t) = (t-x_1)\cdots(t-x_n)$, 而 K 根据条件 $\varphi(x) = 0$ 来选择, 其中 x 为需要估计误差的点. 从方程 $\varphi(x) = 0$ 得到
$$K = \frac{f(x) - g_n(x)}{\omega_n(x)}.$$
按照这种方式选择的 K 使得函数 $\varphi(t)$ 在 $(n+1)$ 个点 $x_1, \cdots, x_n, x$ 处的值等于零. 根据罗尔定理, 函数的导数 $\varphi'(t)$ 至少在 n 个点处的值等于零. 对 $\varphi'(t)$ 再次应用罗尔定理, 则有导数 $\varphi''(t)$ 至少在 $n-1$ 个点处的值等于零. 如此下去, 可得 $\varphi^{(n)}(t)$ 在区间 $[y_1, y_2]$ 内的至少 1 个点 ζ 处的值等于零, 这里
$$y_1 = \min\{x_1, \cdots, x_n, x\}, \quad y_2 = \max\{x_1, \cdots, x_n, x\}.$$
根据
$$\varphi^{(n)}(t) = f^{(n)}(t) - Kn!,$$

从条件 $\varphi^{(n)}(\zeta) = 0$ 将有
$$K = \frac{f^{(n)}(\zeta)}{n!}.$$
于是, 关系式 $\varphi(x) = 0$ 可以改写成
$$f(x) - g_n(x) = \frac{f^{(n)}(\zeta)\omega_n(x)}{n!}, \ \zeta \in [y_1, y_2], \tag{1}$$
这个公式给出了余项的表达式.

§4. 差商及其性质

随后将会要看到, 插值多项式可以看作泰勒级数截断的推广.

差商的概念是导数概念的推广. 零阶差商 $f(x_i)$ 就是函数值 $f(x_i)$, 一阶差商定义为等式
$$f(x_i; x_j) = \frac{f(x_j) - f(x_i)}{x_j - x_i}, \tag{1}$$
二阶差商定义由等式
$$f(x_i; x_j; x_k) = \frac{f(x_j; x_k) - f(x_i; x_j)}{x_k - x_i}$$
定义. 一般 k 阶差商由如下公式通过 $k-1$ 阶差商来定义:
$$f(x_1; \cdots; x_{k+1}) = \frac{f(x_2; \cdots; x_{k+1}) - f(x_1; \cdots; x_k)}{x_{k+1} - x_1}. \tag{2}$$
有时用 $(f)(x_1; \cdots; x_k)$ 或 $[x_1; \cdots; x_k]$ 来代替 $f(x_1; \cdots; x_k)$.

引理 成立等式
$$f(x_1; \cdots; x_k) = \sum_{j=1}^{k} \frac{f(x_j)}{\prod_{i \neq j}(x_j - x_i)}. \tag{3}$$

证明 采用数学归纳法. 当 $k=1$ 时这个等式变为 $f(x_1) = f(x_1)$, 当 $k=2$ 时这个等式同 (1). 假定当 $k < l$ 时 (3) 已被证明是正确的. 则
$$f(x_1; \cdots; x_{l+1}) = \frac{f(x_2; \cdots; x_{l+1}) - f(x_1; \cdots; x_l)}{x_{l+1} - x_1}$$
$$= \frac{1}{x_{l+1} - x_1} \left(\sum_{j=2}^{l+1} \frac{f(x_j)}{\prod_{\substack{i \neq j \\ 2 \leqslant i \leqslant l+1}}(x_j - x_i)} - \sum_{j=1}^{l} \frac{f(x_j)}{\prod_{\substack{i \neq j \\ 1 \leqslant i \leqslant l}}(x_j - x_i)} \right).$$
如果 $j \neq 1, l+1$, 则右边 $f(x_j)$ 的系数为
$$\frac{1}{x_{l+1} - x_1} \left(\frac{1}{\prod_{\substack{i \neq j \\ 2 \leqslant i \leqslant l+1}}(x_j - x_i)} - \frac{1}{\prod_{\substack{i \neq j \\ 1 \leqslant i \leqslant l}}(x_j - x_i)} \right)$$

$$= \frac{(x_j - x_1) - (x_j - x_{l+1})}{(x_{l+1} - x_1) \prod_{\substack{i \neq j \\ 1 \leq i \leq l+1}} (x_j - x_i)} = \frac{1}{\prod_{\substack{i \neq j \\ 1 \leq i \leq l+1}} (x_j - x_i)},$$

即具有要求的形式; 对于 $j = 1$ 或者 $j = l + 1$, 值 $f(x_j)$ 只出现在右边的一项中, 其系数也具有要求的形式. 证毕.

从 (3) 直接可得下列推论.

1. 对固定的 $x_1, \cdots, x_k$, 差商是函数 f 的线性泛函:
$$(\alpha_1 f_1 + \alpha_2 f_2)(x_1; \cdots; x_k) = \alpha_1 f_1(x_1; \cdots; x_k) + \alpha_2 f_2(x_1; \cdots; x_k).$$

2. 差商是其自变量 $x_1, \cdots, x_k$ 的对称函数 (当自变量的排列次序发生任意变化时差商值不变).

如果函数在点 $x_1, \cdots, x_n$ 处的值给定, 则称表

$$\begin{matrix} f(x_1) & & & & \\ & f(x_1; x_2) & & & \\ f(x_2) & & f(x_1; x_2; x_3) & & \\ & f(x_2; x_3) & & \ddots & \\ f(x_3) & & \vdots & & f(x_1; \cdots; x_n) \\ \vdots & & & \cdots & \\ & f(x_{n-1}; x_n) & \cdots & & \\ f(x_n) & & & & \end{matrix} \qquad (4)$$

为差分表.

§5. 带有差商的牛顿插值公式

借助于差商可以得到插值多项式 (2.4) 的另一表示形式.

等式
$$f(x) - L_n(x) = f(x) - \sum_{i=1}^{n} f(x_i) \prod_{j \neq i} \frac{x - x_j}{x_i - x_j}$$

$$= \prod_{i=1}^{n} (x - x_i) \left(\frac{f(x)}{\prod_{i=1}^{n}(x - x_i)} + \sum_{i=1}^{n} \frac{f(x_i)}{(x_i - x) \prod_{j \neq i}(x_i - x_j)} \right)$$

成立. 同 (4.3) 比较, 我们确信括号中的表达式即是 $f(x; x_1; \cdots; x_n)$. 这样
$$f(x) - L_n(x) = f(x; x_1; \cdots; x_n) \omega_n(x), \qquad (1)$$
其中多项式 $\omega_n(x)$ 已在 §3 中定义.

让 $L_m(x)$ 为以 $x_1, \cdots, x_m$ 为节点的拉格朗日插值多项式. 拉格朗日插值多项式 $L_n(x)$ 可以表示为
$$L_n(x) = L_1(x) + (L_2(x) - L_1(x)) + \cdots + (L_n(x) - L_{n-1}(x)). \qquad (2)$$

差 $L_m(x) - L_{m-1}(x)$ 是 $m - 1$ 次多项式, 它在点 $x_1, \cdots, x_{m-1}$ 处的值为零, 因为当

$1 \leqslant j \leqslant m-1$ 时 $L_{m-1}(x_j) = L_m(x_j) = f(x_j)$. 于是
$$L_m(x) - L_{m-1}(x) = A_{m-1}\omega_{m-1}(x), \quad \omega_{m-1}(x) = (x-x_1)\cdots(x-x_{m-1}),$$
其中 $A_{m-1} = \text{const}$. 取 $x = x_m$, 得到
$$f(x_m) - L_{m-1}(x_m) = A_{m-1}\omega_{m-1}(x_m).$$
另一方面, 在 (1) 中让 $n = m-1$ 且 $x = x_m$, 有
$$f(x_m) - L_{m-1}(x_m) = f(x_m; x_1; \cdots; x_{m-1})\omega_{m-1}(x_m).$$
这样, $A_{m-1} = f(x_1; \cdots; x_m)$, 因此
$$L_m(x) - L_{m-1}(x) = f(x_1; \cdots; x_m)\omega_{m-1}(x).$$
将这些值代入 (2), 得到
$$L_n(x) = f(x_1) + f(x_1; x_2)(x-x_1) + \cdots + f(x_1; \cdots; x_n)(x-x_1)\cdots(x-x_n). \quad (3)$$
写成这种形式的插值多项式称为带有差商的牛顿插值多项式. 比较 (1) 和 (3.1), 得到重要的等式
$$f(x; x_1; \cdots; x_n) = \frac{f^{(n)}(\zeta)}{n!}, \quad y_1 \leqslant \zeta \leqslant y_2. \quad (4)$$
特别地, 如果 $f(x)$ 为 $l \leqslant n$ 次的多项式
$$P_l(x) = \sum_{j=0}^{l} b_j x^j,$$
则基于这个公式, 对任意 $x_0, \cdots, x_n$ 有
$$P_l(x_0; \cdots; x_n) = \begin{cases} b_n, & l = n, \\ 0, & l < n. \end{cases}$$
假定点 $x_1, \cdots, x_n$ 按照下标序号是递增的: $x_1 < x_2 < \cdots < x_n$. 由 (4) 有
$$m! f(x_k; \cdots; x_{k+m}) = f^{(m)}(\zeta_k),$$
这里 $x_k \leqslant \zeta_k \leqslant x_{k+m}$. 因此, 值
$$M_m = \sup_{1 \leqslant k \leqslant n-k} m! |f(x_k; \cdots; x_{k+m})|$$
可以用作值
$$M^{(m)} = \sup_{[x_1, x_n]} |f^{(m)}(x)|$$
的近似估计.

习题 1 证明不等式
$$|M_m - M^{(m)}| \leqslant M^{(m+1)} h_m,$$
其中 $h_m = \max_{1 \leqslant k \leqslant n-m}(x_{k+m} - x_k)$.

为简化插值多项式的计算, 有时应用埃特金方法.

设 $L_{(k,k+1,\cdots,l)}(x)$ 是插值节点为 $x_k, \cdots, x_l$ 的插值多项式, 特别地, $L_{(k)}(x) = f(x_k)$. 那么, 成立等式
$$L_{(k,k+1,\cdots,l+1)}(x) = \frac{L_{(k+1,\cdots,l+1)}(x)(x-x_k) - L_{(k,\cdots,l)}(x)(x-x_{l+1})}{x_{l+1} - x_k}. \quad (5)$$

事实上, 右端为 $l-k+1$ 次多项式, 且在点 $x_k,\cdots,x_{l+1}$ 处与 $f(x)$ 有相同的值. 计算值 $L_{(1,\cdots,n)}(x)$ 的埃特金方法就是利用公式 (5) 依次计算表中的元素

$$\begin{array}{llll} L_{(1)}(x) & & & \\ L_{(2)}(x) & L_{(1,2)}(x) & & \\ L_{(3)}(x) & L_{(2,3)}(x) & L_{(1,2,3)}(x) & \\ \vdots & \vdots & & \ddots \\ & & & L_{(1,2,\cdots,n)}(x). \\ L_{(n)}(x) & L_{(n-1,n)}(x) & & \end{array}$$

这个方法是求解下列问题的标准程序的基础.

给定某个由函数 $f(x)$ 的取值表, 要求对每一个值 x 计算 $f(x)$ 的值, 并且其精度取给定值 ε 或在已有信息下取可能的最佳值.

很难明确定义标准程序这个术语. 按照已有的传统, 为求解某一类问题而专门编写的包含相应算法描述的程序称为求解这类问题的标准程序. 具体问题的求解是通过把这个问题的信息与标准程序相结合来实现的. 同时还要求标准程序可以用作求解更复杂问题的程序模块.

为了构造求解问题的算法, 下面要讨论一种对于实际情况相当典型的方法. 对于所提出的问题, 不可能提出一种有充分根据的普适算法, 即适用于所有函数的算法, 因为除了知道函数在给定点的值以外不知道任何其他信息. 但是, 若假定函数是光滑的, 我们将导出误差估计的实用判据, 且基于该判据建立求解问题的算法.

设 x 固定, 按照 $|x_i - x|$ 递增的顺序重新排列插值节点. 仍像通常那样将插值多项式 $L_{(1,\cdots,m)}(x)$ 表示为 $L_m(x)$.

上面已得到误差表达式 (1)

$$f(x) - L_m(x) = f(x;x_1;\cdots;x_m)\omega_m(x),$$

以及等式

$$L_{m+1}(x) - L_m(x) = f(x_1;\cdots;x_{m+1})\omega_m(x). \tag{6}$$

因为对于小的 $|x - x_k|$ 有

$$f(x;x_1;\cdots;x_m) \approx \frac{f^{(m)}(x)}{m!} \approx f(x_1;\cdots;x_{m+1}),$$

于是由此可得

$$f(x) - L_m(x) \approx L_{m+1}(x) - L_m(x). \tag{7}$$

因此, $\varepsilon_m = |L_{m+1}(x) - L_m(x)|$ 可以作为插值公式 $f(x) \approx L_m(x)$ 误差的近似估计. 依次计算值 $L_0(x), L_1(x), \varepsilon_1, L_2(x), \varepsilon_2, \cdots$. 如果对某个 m 有 $\varepsilon_m \leqslant \varepsilon$, 则停止计算并取

$$f(x) \approx L_m(x).$$

如果这个不等式对任意 m 都不满足, 则寻找 $\varepsilon_{m_0} = \min_m \varepsilon_m$ 并取 $f(x) \approx L_{m_0}(x)$. 如果这个最小值对多个 m 达到, 则取其中最小者. 如果从某个 m 开始, 值 ε_m 具有稳定上升的趋势, 则在这里停止计算值 $L_m(x), \varepsilon_m$.

§6. 差商与具有多重节点的插值法

假设要求建立满足下列条件的 $s-1$ 次多项式 $g_s(x)$:
$$g_s(x_1) = f(x_1), \cdots, g_s^{(m_1-1)}(x_1) = f^{(m_1-1)}(x_1),$$
$$\cdots\cdots\cdots\cdots \tag{1}$$
$$g_s(x_n) = f(x_n), \cdots, g_s^{(m_n-1)}(x_n) = f^{(m_n-1)}(x_n);$$

其中所有的 x_i 互不相同, $s = m_1 + \cdots + m_n$. 这样的多项式称为具有多重节点的插值多项式, 数 $m_1, \cdots, m_n$ 分别称为节点 $x_1, \cdots, x_n$ 的重数.

插值多项式 $g_s(x)$ 可唯一确定. 事实上, 假定存在两个满足条件 (1) 的 $s-1$ 次多项式. 则它们的差 $Q_s(x)$ 满足关系
$$Q_s(x_1) = \cdots = Q_s^{(m_1-1)}(x_1) = 0, \cdots, Q_s(x_n) = \cdots = Q_s^{(m_n-1)}(x_n) = 0;$$
点 $x_1, \cdots, x_n$ 分别是多项式 $Q_s(x)$ 的 $m_1, \cdots, m_n$ 重零点. 我们得到, $s-1$ 次多项式 $Q_s(x) \neq 0$ 有 s 个零点. 于是, $Q_s(x) \equiv 0$.

接下来假定函数 $f(x)$ 是 s 次连续可微的, 并通过寻找显式表达式来证明满足条件 (1) 的插值多项式 $g_s(x)$ 的存在性.

给定满足下列条件的点列 $x_{ij}^\varepsilon, 0 < \varepsilon < \varepsilon_0, i = 1, \cdots, n, j = 1, \cdots, m_i$: 当 $0 < \varepsilon < \varepsilon_0$ 时所有点 x_{ij}^ε 互不相同, 当 $\varepsilon \to 0$ 时 $x_{ij}^\varepsilon \to x_i$. 例如, 可以假定 $x_{ij}^\varepsilon = x_i + (j-1)\varepsilon$.

我们来建立 $s-1$ 次插值多项式 $g_s^\varepsilon(x)$, 它与 $f(x)$ 在点 x_{ij}^ε 的值相同. 这组节点所对应的差分表有形式

$$\begin{array}{l} f(x_{11}^\varepsilon) \\ f(x_{12}^\varepsilon) \quad f(x_{11}^\varepsilon; x_{12}^\varepsilon) \quad f(x_{11}^\varepsilon; x_{12}^\varepsilon; x_{13}^\varepsilon) \cdots \\ f(x_{13}^\varepsilon) \quad f(x_{12}^\varepsilon; x_{13}^\varepsilon) \\ \vdots \qquad\qquad\qquad\qquad\qquad\qquad\qquad f(x_{11}^\varepsilon; x_{12}^\varepsilon; \cdots; x_{nm_n}^\varepsilon). \\ f(x_{1m_1}^\varepsilon) \\ f(x_{21}^\varepsilon) \quad f(x_{1m_1}^\varepsilon; x_{21}^\varepsilon) \\ \vdots \\ f(x_{nm_n}^\varepsilon) \end{array} \tag{2}$$

写出带有差商的牛顿插值公式:
$$g_s^\varepsilon(x) = A_0^\varepsilon + A_1^\varepsilon(x - x_{11}^\varepsilon) + A_2^\varepsilon(x - x_{11}^\varepsilon)(x - x_{12}^\varepsilon) + \cdots$$
$$+ A_{s-1}^\varepsilon(x - x_{11}^\varepsilon)\cdots(x - x_{n,m_n-1}^\varepsilon),$$
其中
$$A_0^\varepsilon = f(x_{11}^\varepsilon), \quad A_1^\varepsilon = f(x_{11}^\varepsilon; x_{12}^\varepsilon),$$
$$A_2^\varepsilon = f(x_{11}^\varepsilon; x_{12}^\varepsilon; x_{13}^\varepsilon), \cdots, A_{s-1}^\varepsilon = f(x_{11}^\varepsilon; x_{12}^\varepsilon; \cdots; x_{n,m_n}^\varepsilon).$$

通过导数来表示差商,有
$$f(x_{il}^\varepsilon;\cdots;x_{im}^\varepsilon) = \frac{f^{(m-l)}(\overline{x}_{il_m}^\varepsilon)}{(m-l)!}.$$
取 $\varepsilon \to 0$ 时的极限,得到
$$\lim_{\varepsilon \to 0} f(x_{il}^\varepsilon;\cdots;x_{im}^\varepsilon) = \frac{f^{(m-l)}(x_i)}{(m-l)!}. \tag{3}$$

这样,从我们的讨论中得出,表 (2) 中所有形如 $f(x_{il}^\varepsilon;\cdots;x_{im}^\varepsilon)$ 的差分当 $\varepsilon \to 0$ 时有极限,其极限自然表示为 $f(\underbrace{x_i;\cdots;x_i}_{m-l+1})$. 由 (3) 得到

$$f(\underbrace{x_i;\cdots;x_i}_{p+1}) = \frac{f^{(p)}(x_i)}{p!}. \tag{4}$$

习题 1 对差商的阶应用数学归纳法,证明表 (2) 中的所有差商具有有限的极限.

如果表 (2) 中所有元素均有极限,则在任意区间上多项式 $g_s^\varepsilon(x)$ 当 $\varepsilon \to 0$ 时收敛于某个多项式

$$\begin{aligned} g_s(x) &= A_0 + A_1(x-x_1) + A_2(x-x_1)^2 + \cdots \\ &\quad + A_{s-1}(x-x_1)^{m_1}\cdots(x-x_{n-1})^{m_{n-1}}(x-x_n)^{m_n-1} \\ &= f(x_1) + f(x_1;x_1)(x-x_1) + f(x_1;x_1;x_1)(x-x_1)^2 + \cdots, \end{aligned} \tag{5}$$

其中 $A_i = \lim_{\varepsilon \to 0} A_i^\varepsilon$. 多项式 $g_s(x)$ 可写成如下形式:

$$g_s(x) = \sum_{i=1}^{m_1} \frac{f^{(i-1)}(x_1)}{(i-1)!}(x-x_1)^{i-1} + O((x-x_1)^{m_1}).$$

由此推出,它满足在点 x_1 给出的条件. 由于插值多项式的唯一性,多项式 $g_s^\varepsilon(x)$ 在按 $x_1 = x_j$, $x_j = x_1$ 改变记号后不变. 因此,极限多项式也满足在任意点 x_j 给出的条件. 于是,这个多项式正是所要求的.

习题 2 证明等式
$$f(x) - g_s(x) = \frac{f^{(s)}(\zeta)}{s!}\omega_s(x), \quad \omega_s(x) = \prod_{i=1}^{n}(x-x_i)^{m_i}, y_1 \leqslant \zeta \leqslant y_2, \tag{6}$$
其中 $y_1 = \min\{x,x_1,\cdots,x_n\}$, $y_2 = \max\{x,x_1,\cdots,x_n\}$.

由 (5.1) 知下列等式成立:
$$f(x) - g_s^\varepsilon(x) = f(x;x_{11}^\varepsilon;\cdots;x_{nm_n}^\varepsilon)\omega_s^\varepsilon(x),$$

这里 $\omega_s^\varepsilon(x) = \omega_s(x^\varepsilon)$. 取 $\varepsilon \to 0$ 时的极限,得到
$$f(x) - g_s(x) = f(x;x_1;\cdots;x_n)\omega_s(x).$$

将这个等式与 (6) 比较,我们有
$$f(x;x_1;\cdots;x_n) = \frac{f^{(s)}(\zeta)}{s!}.$$

当 $x \to x_j$, j 为任何值时取极限, 这个关系式仍然成立. 从这些关系式推出, 公式 (5.4)
$$f(x_1;\cdots;x_{N+1}) = \frac{f^{(N)}(\zeta)}{N!}$$
(改写为另外形式) 在 $x_1,\cdots,x_{N+1}$ 并非全部互不相同时也是成立的.

我们证明了满足条件 (1) 的插值多项式的存在性. 插值问题也可以按照以下方式提出.

给定数表 $a_{ij}, i=1,\cdots,n, j=1,\cdots,m_i$. 要求构造 $s-1$ 次多项式 $g_s(x)$, 使其满足条件
$$g_s^{(j-1)}(x_i) = a_{ij}, \quad i=1,\cdots,n, \quad j=1,\cdots,m_i.$$
这个问题等价于原问题, 因为总是可以给出一个光滑函数 $f(x)$, 使得
$$f^{(j-1)}(x_i) = a_{ij}.$$

§7. 有限差分方程

关于离散变量函数的方程称为**有限差分方程**. 特别地, 在对常微分方程和偏微分方程进行近似时就会产生这样的方程.

连续与离散情况之间存在深刻的类比. 特别, 成立格林公式的差分形式类比. 如果在某个问题中可以应用傅里叶方法, 在相应的差分问题就可以应用傅里叶方法的离散形式. 实际上, 对微分方程理论中的每个积分恒等式都可以建立相应的离散形式. 在有经验的数学家手中, 有限差分方程的求解方法是研究算法对计算误差的灵敏性 ("稳定性") 的最强大的工具. 如果需要研究某个问题的算法, 就选取结构相近并且相应有限差分问题具有显式解的问题 (例如, 遵循冻结系数原理 (看第十章)). 基于这个有限差分问题分析原问题求解算法, 得出关于其性质的初步结论. 通常, 在问题的实际求解过程中, 大部分情况下用这种方法得到的初步结论给出了算法性质的正确表述.

下一节在描述切比雪夫多项式时直接需要有限差分方程. 下面将给出常微分方程与单变量有限差分方程之间的类比.

考虑一元线性方程这种最简单的情况, 其中未知函数的自变量为整数:
$$ly = \sum_{i=0}^{k} a_i(n)y(n+i) = f(n). \tag{1}$$
这个方程称为 k 阶线性差分方程, 它是 k 阶线性微分方程
$$\bar{l}y = \sum_{i=0}^{k} b_i(x)y^{(i)}(x) = f(x) \tag{2}$$
的差分类比.

方程 (1) 和 (2) 都具有形式 $Ly = h$, 这里 L 为线性算子. 方程 $Ly = 0$ 称为齐次方

程. 如果代入参数 C_i 的值后可以得到所研究方程的任何解, 则公式
$$y = y(C_1, \cdots, C_l, n) \text{ 或 } y = y(C_1, \cdots, C_l, x)$$
给出方程 (1) 或 (2) 的通解. 如果 v 是非齐次方程 $Lv = h$ 的一个特解, 那么差 $y - v$ 是齐次方程 $L(y - v) = h - h = 0$ 的解. 于是, 非齐次方程的通解可以表示成非齐次方程的特解与齐次方程的通解之和的形式. 设 $y_1, \cdots, y_m$ 是齐次方程 $Ly = 0$ 的解. 如果存在不全为零的数 $C_1, \cdots, C_m$ 使得 $C_1 y_1 + \cdots + C_m y_m \equiv 0$, 则解 $y_1, \cdots, y_m$ 称为独立自变量的所研究变化区域中的线性相关解, 否则称为线性无关解. 如果函数 y_i 是齐次方程 $Ly = 0$ 的解, 则任何函数 $\sum_i C_i y_i$ 也是这个方程的解, 因为
$$L\left(\sum_i C_i y_i\right) = \sum_i C_i L y_i = 0.$$
下面平行地研究方程 (1) 和 (2), 以便强调这两个方程的共同特征, 这有助于通过与方程 (2) 的类比探索方程 (1) 的研究方法.

为确定起见, 在区域 $x \geqslant 0$ 中研究方程 (2), 在区域 $n \geqslant 0$ 中研究方程 (1).

定理

设在 $x \geqslant 0$ 时 $b_k(x) \neq 0$, 且在 $x \geqslant 0$ 时所有的 $b_i(x)$ 连续. | 设在 $n \geqslant 0$ 时 $a_k(n) \neq 0$.

则齐次方程 $Ly = 0$ 的通解可表示为如下形式:
$$y = \sum_{i=1}^{k} C_i y_i,$$
其中 $y_1, \cdots, y_k$ 为 $Ly = 0$ 的线性无关的解.

证明

由存在性定理, 对于任何初始条件 $y(0), \cdots, y^{(k-1)}(0), ly = 0$ 的解存在.

| 齐次方程 $ly = 0$ 可以表示成
$$y(n+k) = -\sum_{i=0}^{k-1} \frac{a_i(n)}{a_k(n)} y(n+i). \quad (3)$$
如果我们给定 $y(0), \cdots, y(k-1)$, 则从 (3) 可以依次计算 $y(k), y(k+1), \cdots$. 因此, 对任何 $y(0), \cdots, y(k-1)$, 方程 $ly = 0$ 有解.

由唯一性定理, 这个解是唯一的. | 这个解是唯一的, 因为任何解的值满足方程 (3), 而由此方程可以唯一确定值 $y(k), y(k+1), \cdots$.

以 $y_i(x)$ 记方程 $\bar{l}y = 0$ 在初始条件 $y_i^{(j-1)} = \delta_i^j, i, j = 1, \cdots, k$ 下的解. | 以 $y_i(n)$ 记方程 $ly = 0$ 在初始条件 $y_i(j-1) = \delta_i^j, i, j = 1, \cdots, k$ 下的解.

这些解构成线性无关的解系. 事实上, 如果

$$\sum_{i=1}^{k} C_i y_i(x) \equiv 0, \qquad\qquad \sum_{i=1}^{k} C_i y_i(n) \equiv 0,$$

则当 $j=1,\cdots,k$ 时有 （左） 则当 $j=1,\cdots,k$ 时有 （右）

$$0 = \sum_{i=1}^{k} C_i y_i^{(j-1)}(0) = \sum_{i=1}^{k} C_i \delta_i^j = C_j. \qquad 0 = \sum_{i=1}^{k} C_i y_i(j-1) = \sum_{i=1}^{k} C_i \delta_i^j = C_j.$$

于是, 在

$$\sum_{i=1}^{k} C_i y_i \equiv 0$$

的情况下, 所有的 C_i 一定等于零. 因此, 函数 $y_1,\cdots,y_k$ 线性无关.

设 $y(x)$ 为方程 $\bar{l}y=0$ 的某个解. 函数 ｜ 设 $y(n)$ 为方程 $ly=0$ 的某个解. 函数

$$z(x) = \sum_{j=1}^{k} y^{(j-1)}(0) y_j(x) \qquad\qquad z(n) = \sum_{j=1}^{k} y(j-1) y_j(n)$$

是这个方程在如下初始条件下的解:

$$y(0),\cdots,y^{(k-1)}(0). \qquad\qquad y(0),\cdots,y(k-1).$$

由方程

$$\bar{l}y = 0 \qquad\qquad ly = 0$$

的解的唯一性, 我们有

$$y(x) = \sum_{j=1}^{k} y^{(j-1)}(0) y_j(x). \qquad\qquad y(n) = \sum_{j=1}^{k} y(j-1) y_j(n).$$

定理证毕.

进一步, 在微分方程教程中建立了下列事实. 如果已知齐次方程 $\bar{l}y=0$ 的 k 个线性无关的解, 则求解非齐次方程 (2) 化为求解方程

$$\frac{dC_j}{dx} = g_j(x), \tag{4}$$

这里 $g_j(x)$ 为已知函数, 亦即化为求积分. 完全类似地, 当已知齐次方程 $ly = 0$ 的 k 个线性无关的解时, 求解非齐次方程化为求解类似于 (4) 的差分方程

$$C_j(n+1) - C_j(n) = g_j(n),$$

这里 $g_j(n)$ 为已知函数.

现在研究常系数方程

$$\bar{l}y = \sum_{i=0}^{k} b_i y^{(i)}(x) = f(x), \qquad (5)$$
$$b_k \neq 0$$

$$ly = \sum_{i=0}^{k} a_i y(n+i) = f(n), \qquad (6)$$
$$a_k \neq 0$$

和相应的齐次方程

$$\bar{l}y = \sum_{i=0}^{k} b_i y^{(i)}(x) = 0 \qquad (7)$$

$$ly = \sum_{i=0}^{k} a_i y(n+i) = 0 \qquad (8)$$

我们将寻找齐次方程的特解.

假设特解的形式为 $\exp(\lambda x)$, 代入 (7) 后得到方程

$$\left(\sum_{i=0}^{k} b_i \lambda^i\right) \exp(\lambda x) = 0.$$

在方程 (8) 的情况下, 方便的做法是将函数 $\exp(\lambda n)$ 写成 μ^n, $\mu = \exp \lambda$. 将其代入 (8), 得到方程

$$\left(\sum_{i=0}^{k} a_i \mu^i\right) \mu^n = 0.$$

这样, 对于特征方程

$$\sum_{i=0}^{k} b_i \lambda^i = 0. \qquad (9)$$

$$\sum_{i=0}^{k} a_i \mu^i = 0. \qquad (10)$$

的每一个根 (称为特征根), 相应的特解为

$$\exp(\lambda x).$$

$$\mu^n.$$

如果方程的所有特征根都是单根, 我们就得到 k 个互不相同的解. 我们来证明, 特征方程的每个 s 重特征根都对应着齐次方程的 s 个不同的解

$\exp(\lambda x), x\exp(\lambda x), \cdots, x^{s-1}\exp(\lambda x).$ | $\mu^n, C_n^1 \mu^{n-1}, \cdots, C_n^{s-1} x^{n-s+1}.$

为确定起见, 设 $\lambda_1 = \cdots = \lambda_s, \mu_1 = \cdots = \mu_s$. 对特征多项式做因式分解

$$\sum_{i=0}^{k} b_i \lambda^i = b_k \prod_{j=1}^{k}(\lambda - \lambda_j). \qquad \sum_{i=0}^{k} a_i \mu^i = a_k \prod_{j=1}^{k}(\mu - \mu_j).$$

我们引入实参数 $\varepsilon > 0, \varepsilon \to 0$.

取 $\lambda_{j\varepsilon}$ 满足条件 | 取 $\mu_{j\varepsilon}$ 满足条件

a) 当 $j=1, \cdots, s$ 时 $\lambda_{j\varepsilon}$ 互不相同; | a) 当 $j=1, \cdots, s$ 时 $\mu_{j\varepsilon}$ 互不相同;

b) 对任意 $j \leqslant k$, 当 $\varepsilon \to 0$ 时 $\lambda_{j\varepsilon}$ 趋于 λ_j. | b) 对任意 $j \leqslant k$, 当 $\varepsilon \to 0$ 时 $\mu_{j\varepsilon}$ 趋于 μ_j.

组成与这些特征根相应的特征方程:

$$0 = b_k \prod_{j=1}^{k}(\lambda - \lambda_{j\varepsilon}) = \sum_{i=0}^{k} b_{i\varepsilon} \lambda^i. \qquad 0 = a_k \prod_{j=1}^{k}(\mu - \mu_{j\varepsilon}) = \sum_{i=0}^{k} a_{i\varepsilon} \mu^i.$$

显然, 当 $\varepsilon \to 0$ 时有

$$b_{i\varepsilon} \to b_i. \qquad\qquad a_{i\varepsilon} \to a_i. \qquad (11)$$

与这些特征方程相应的方程为

$$\sum_{i=0}^{k} b_{i\varepsilon} y_\varepsilon^{(i)}(x) = 0. \quad (12) \qquad \sum_{i=0}^{k} a_{i\varepsilon} y_\varepsilon(n+i) = 0. \quad (13)$$

设当 $\varepsilon > 0$ 时我们可以指出

方程 (12) 的解 $y_\varepsilon(x)$, 使得对任意 $x \geqslant 0$ 存在极限 | 方程 (13) 的解 $y_\varepsilon(n)$, 使得对任意 $n \geqslant 0$ 存在极限

$$\lim_{\varepsilon \to 0} y_\varepsilon(x) = Y(x). \qquad \lim_{\varepsilon \to 0} y_\varepsilon(n) = Y(n).$$

并且在任意有限区间 $[x_1, x_2]$ 上 $y_\varepsilon(x)$ 及其直到 k 阶导数一致收敛于 $Y(x)$ 及其相应的导数. 对 (12) 求极限, 并考虑 (11), 得到极限函数 $Y(x)$ 满足方程 (7). | 对 (13) 求极限, 并考虑 (11), 得到极限函数 $Y(n)$ 满足方程 (8).

我们来构造序列 $y_\varepsilon(x)$ 和 $y_\varepsilon(n)$, 使它们收敛于 (7), (8) 的相应于重根的特解. 在构造这些序列时, 方便的做法是应用差分. 首先研究二重根的情况. 取

$$y_{2\varepsilon}(x) = \exp(\lambda x)(\lambda_{1\varepsilon}; \lambda_{2\varepsilon}) \qquad\qquad y_{2\varepsilon}(n) = \mu^n(\mu_{1\varepsilon}; \mu_{2\varepsilon})$$
$$= \frac{\exp(\lambda_{2\varepsilon} x) - \exp(\lambda_{1\varepsilon} x)}{\lambda_{2\varepsilon} - \lambda_{1\varepsilon}}. \qquad\qquad = \frac{\mu_{2\varepsilon}^n - \mu_{1\varepsilon}^n}{\mu_{2\varepsilon} - \mu_{1\varepsilon}}.$$

这些函数分别是方程 (12), (13) 的解. 将其写成如下形式:

$$y_{2\varepsilon}(x) = x \exp(\lambda_{1\varepsilon} x) \qquad\qquad y_{2\varepsilon}(n) = \mu_{2\varepsilon}^{n-1} + \mu_{2\varepsilon}^{n-2}\mu_{1\varepsilon} + \cdots$$
$$\times \frac{\exp((\lambda_{2\varepsilon} - \lambda_{1\varepsilon})x) - 1}{(\lambda_{2\varepsilon} - \lambda_{1\varepsilon})x}. \qquad\qquad + \mu_{1\varepsilon}^{n-1}. \tag{14}$$

取 $\varepsilon \to 0$ 时的极限, 得到

$$y_{2\varepsilon}(x) \to x \exp(\lambda_1 x). \qquad\qquad y_{2\varepsilon}(n) \to \mu_1^{n-1} + \cdots + \mu_1^{n-1} = n\mu_1^{n-1}.$$

于是, 我们构造出了相应于二重根的第二个线性无关的解.

对于更多重根的情况, 我们仅仅研究方程 (1). 由 (4.3), 我们有

$$y_{q\varepsilon} = \mu^n(\mu_{1\varepsilon}; \cdots; \mu_{q\varepsilon}) = \sum_{j=1}^{q} \frac{\mu_{j\varepsilon}^n}{\prod_{i \neq j}(\mu_{j\varepsilon} - \mu_{i\varepsilon})}.$$

作为函数 $\mu_{j\varepsilon}^n$ 的线性组合, 函数 $y_{q\varepsilon}$ 是方程 (13) 的解. 类似于 (14) 直接构造

$$y_{q\varepsilon} = \sum_{n_1 + \cdots + n_q = n+1-q} \mu_{1\varepsilon}^{n_1} \mu_{2\varepsilon}^{n_2} \cdots \mu_{q\varepsilon}^{n_q}.$$

相加的项数等于 C_n^{q-1}, 所以

$$y_{q\varepsilon} \to Y_q(x) = C_n^{q-1} \mu^{n+1-q}.$$

因为在 s 重根的情况下可以取 $q = 1, \cdots, s$, 所以得到 s 个特解

$$Y_1(n) = \mu^n, \quad Y_2(n) = C_n^1 \mu^{n-1}, \quad \cdots, \quad Y_s(n) = C_n^{s-1} \mu^{n+1-s}. \tag{15}$$

习题 1 证明, 相应于特征方程 (10) 的特征根的一组特解 (15) 构成基础解系 (即, 它们线性无关, 且方程 (8) 的解可以表示为它们的线性组合).

习题 2 设 $P_{s-1}(n)$ 为任意 $s-1$ 次多项式. 证明, 函数 $P_{s-1}(n)\mu^n$ 可以写成函数 (15) 的线性组合

$$P_{s-1}(n)\mu^n = \sum_{j=1}^{s} C_j Y_j(n).$$

这样, 可以取解系
$$Y_1(n) = \mu_1^n, \quad Y_2(n) = n\mu_1^n, \quad \cdots, \quad Y_s(n) = n^{s-1}\mu_1^n$$

来代替解系 (15).

习题 3　证明, 方程 (16) 有如下形式的特解:
$$\left(\sum_{j=s}^{s+m-1} d_j n^j\right) \sigma^n,$$

其中 d_j 可以由待定系数法得到.

现在研究差分方程

$$\sum_{i=0}^{k} a_i y(n+i) = \left(\sum_{j=0}^{m-1} C_j n^j\right) \sigma^n. \tag{16}$$

设 σ 是特征方程 (10) 的 s 重根. 特别地, 如果 σ 不是这个方程的根, 则 $s = 0$.

§8. 切比雪夫多项式

下面将要研究的切比雪夫多项式在数值方法的理论与实际应用中起着基本作用. 借助于它, 数值方法中大量的性能优化问题可以得到解决. 将多项式写成传统形式常常对计算误差产生很大影响, 在这些情况下更适宜将其写成切比雪夫多项式的线性组合的形式.

切比雪夫多项式 $T_n(x), n \geqslant 0$ 定义为
$$\begin{aligned} &T_0(x) = 1, \quad T_1(x) = x, \\ &T_{n+1}(x) = 2xT_n(x) - T_{n-1}(x), \quad n > 0. \end{aligned} \tag{1}$$

例如, 由递推公式 (1) 可以得到
$$T_2(x) = 2x^2 - 1, \qquad T_3(x) = 4x^3 - 3x,$$
$$T_4(x) = 8x^4 - 8x^2 + 1, \quad T_5(x) = 16x^5 - 20x^3 + 5x, \cdots$$

将 $T_n(x)$ 的首项乘 $2x$ 即得到多项式 $T_{n+1}(x)$ 的首项. 于是, 当 $n > 0$ 时, $T_n(x)$ 的首项等于 $2^{n-1}x^n$.

所有的多项式 $T_{2n}(x)$ 是偶函数, 而 $T_{2n+1}(x)$ 是奇函数.

当 $n = 0$ 时这个结论成立. 假定结论对某个 n 成立, 我们得到, $2xT_{2n+1}(x)$ 是偶函数, 并且由 (1), $T_{2n+2}(x)$ 也是偶函数. 于是由 (1), $2xT_{2n+2}(x)$ 和 $T_{2n+3}(x)$ 是奇函数.

对于任意 θ, 有
$$\cos((n+1)\theta) = 2\cos\theta\cos(n\theta) - \cos((n-1)\theta).$$

取 $\theta = \arccos x$, 得到
$$\cos((n+1)\arccos x) = 2x\cos(n\arccos x) - \cos((n-1)\arccos x).$$

函数 $\cos(n\arccos x)$ 如 $T_n(x)$ 一样满足变量 n 的同样的差分方程 (1). 当 $n=0$ 和 $n=1$ 时的初始条件也是同样的:
$$\cos(0\cdot\arccos x)=1=T_0(x),\quad \cos(1\cdot\arccos x)=x=T_1(x);$$
因此, 对于所有的 n 有
$$T_n(x)=\cos(n\arccos x). \tag{2}$$
于是,
$$\text{当 } |x|\leqslant 1 \text{ 时},\quad |T_n(x)|\leqslant 1. \tag{3}$$

不要认为对于所有实数 x 有 $|T_n(x)|\leqslant 1$. 如果 $|x|\geqslant 1$, 则 $\arccos x$ 不是实数, 它的余弦值大于 1.

递推关系式 (1) 是差分方程, 相应的特征方程为
$$\mu^2-2\mu x+1=0,$$
其根为
$$\mu_{1,2}=x\pm\sqrt{x^2-1}.$$
当 $x\neq\pm 1$ 时为两个单根, 因此
$$T_n(x)=c_1(x)\mu_1^n+c_2(x)\mu_2^n.$$
从初始条件 $T_0(x)=1, T_1(x)=x$ 得到 $c_1=c_2=1/2$, 这样
$$T_n(x)=\frac{(x+\sqrt{x^2-1})^n+(x-\sqrt{x^2-1})^n}{2}. \tag{4}$$

习题 1 当 $x=1$ 和 $x=-1$ 时验证这个公式的正确性.

从方程
$$T_n(x)=\cos(n\arccos x)=0$$
得到
$$x_m=\cos\left(\frac{\pi(2m-1)}{2n}\right),\quad m=1,\cdots,n$$
是 $T_n(x)$ 的零点. 由 (2), (3) 知 $T_n(x)$ 在 $[-1,1]$ 上的极值点是那些满足 $|T_n(x)|=1$ 的点. 解这个方程, 得到
$$x_{(m)}=\cos\left(\frac{\pi m}{n}\right),\quad m=0,\cdots,n,$$
并且
$$T_n(x_{(m)})=\cos\pi m=(-1)^m.$$
多项式
$$\overline{T}_n(x)=2^{1-n}T_n(x)=x^n+\cdots$$
称为偏离零点最小的多项式. 这个定义可以解释如下.

§8. 切比雪夫多项式

引理 如果 $P_n(x)$ 是首项系数为 1 的 n 次多项式, 则
$$\max_{[-1,1]} |P_n(x)| \geqslant \max_{[-1,1]} |\overline{T}_n(x)| = 2^{1-n}. \tag{5}$$

证明 假定相反. 多项式 $\overline{T}_n(x) - P_n(x)$ 的次数为 $n-1$. 同时
$$\operatorname{sign}(\overline{T}_n(x_{(m)}) - P_n(x_{(m)})) = \operatorname{sign}((-1)^m 2^{1-n} - P_n(x_{(m)})) = (-1)^m,$$
因为由假定, 对所有的 m 有 $|P_n(x_{(m)})| < 2^{1-n}$. 这样, 在每两个点 $x_{(m)}, x_{(m+1)}$ 之间多项式 $\overline{T}_n(x) - P_n(x)$ 改变符号. 非零的 $n-1$ 次多项式 $\overline{T}_n(x) - P_n(x)$ (因为它在点 $x_{(m)}$ 不为零) 有 n 个不同的零点. 得出矛盾.

习题 2 证明更强的结论: 如果
$$P_n(x) = x^n + \cdots \neq \overline{T}_n(x),$$
则
$$\max_{[-1,1]} |P_n(x)| > 2^{1-n}.$$

通过线性变换 $x' = \dfrac{b+a}{2} + \dfrac{b-a}{2}x$ 可将区间 $[-1,1]$ 变为给定区间 $[a,b]$. 在多项式 $\overline{T}_n\left(\dfrac{2x-(b+a)}{b-a}\right)$ 中首项系数等于 $(2/(b-a))^n$. 相应于引理可以断言, 首项系数为 1 的多项式
$$\overline{T}_n^{[a,b]}(x) = (b-a)^n 2^{1-2n} T_n\left(\frac{2x-(b+a)}{b-a}\right)$$
是区间 $[a,b]$ 上偏离零点最小的多项式. 这意味着, 对于任意首项系数为 1 的 n 次多项式 $P_n(x)$, 不等式
$$\max_{[a,b]} |P_n(x)| \geqslant \max_{[a,b]} |\overline{T}_n^{[a,b]}(x)| = (b-a)^n 2^{1-2n} \tag{6}$$
成立. 不难验证, 多项式 $\overline{T}_n^{[a,b]}(x)$ 的零点是
$$x_m = \frac{b+a}{2} + \frac{b-a}{2} \cos\left(\frac{\pi(2m-1)}{2n}\right), \quad m = 1, \cdots, n.$$

多项式 $\widetilde{T}_0(x) = 1/\sqrt{2}, \widetilde{T}_n(x) = T_n(x), n \geqslant 1$ 构成 $[-1,1]$ 上权重为 $2/(\pi\sqrt{1-x^2})$ 的正交函数系. 我们来验证这组函数的正交性. 做代换 $x = \cos\theta$ 后有
$$\int_{-1}^{1} \frac{2T_n(x)T_m(x)}{\pi\sqrt{1-x^2}} dx = \frac{1}{\pi} \int_{-\pi}^{\pi} \cos n\theta \cos m\theta \, d\theta$$
$$= \frac{1}{2\pi} \int_{-\pi}^{\pi} (\cos((n-m)\theta) + \cos((n+m)\theta)) d\theta = \delta_m^n + \delta_m^{-n}.$$
如果 $n^2 + m^2 \neq 0$, 则第二项当 $n, m \geqslant 0$ 时变为零. 由此推出要求的等式
$$\int_{-1}^{1} \frac{2\widetilde{T}_n(x)\widetilde{T}_m(x)}{\pi\sqrt{1-x^2}} dx = \delta_m^n.$$

设切比雪夫多项式由递推公式 (1) 计算. 在实际计算过程中, 得到代替值 $T_n(x)$ 的近似值 T_n^*, 它满足关系式
$$T_0^* = 1, \quad T_1^* = x + \delta_1, \quad T_{n+1}^* = 2xT_n^* - T_{n-1}^* + \delta_{n+1},$$

其中 δ_k 为舍入误差.

习题 3   得到误差表达式
$$T_N^*(x) - T_N(x) = \sum_{k=1}^{N} \delta_k \frac{\sin((N+1-k)\arccos x)}{\sqrt{1-x^2}}.$$

习题 4   应用习题 2 的解验证误差估计
$$|T_N^*(x) - T_N(x)| \leqslant \max_{1 \leqslant k \leqslant N} |\delta_k| \cdot N \cdot \min\left\{N, \frac{1}{\sqrt{1-x^2}}\right\}. \tag{7}$$

习题 5   直接验证, 在切比雪夫多项式的零点 $x_m = \cos\left(\dfrac{\pi(2m-1)}{2N}\right)$ 处下列等式成立:
$$|T_N'(x_m)| = \frac{N}{\sqrt{1-x_m^2}}.$$

由此断言, 如果在这些零点的邻域中以误差 δ 给出点 x, 则值 $T_n(x)$ 的计算误差约为 $\dfrac{n\delta}{\sqrt{1-x_m^2}}$. 这意味着不可能获得在本质上优于 (7) 的估计.

习题 6   设 N 为某个固定的数. 证明, 多项式 $\overline{T}_n(x), n < N$ 在 $T_N(x)$ 的零点处的值所构成的向量组成某个正交系, 即
$$\text{当 } 0 \leqslant n, m < N-1 \text{ 时,} \quad \frac{2}{N}\sum_{j=1}^{N} \overline{T}_n\left(\frac{\pi(2j-1)}{2N}\right) \overline{T}_m\left(\frac{\pi(2j-1)}{2N}\right) = \delta_n^m. \tag{8}$$

§9. 插值公式余项估计的最小化

设函数 $f(x)$ 在 $[a,b]$ 上由一个 $n-1$ 次插值多项式来逼近, 插值节点为 $x_1, \cdots, x_n \in [a,b]$. 由 (3.1), 若 $x \in [a,b]$, 则有
$$f(x) - L_n(x) = \frac{f^{(n)}(\zeta)\omega_n(x)}{n!},$$
其中 $\zeta \in [a,b]$. 由此得出插值误差估计
$$\|f - L_n\| \leqslant \frac{\|f^{(n)}\| \, \|\omega_n\|}{n!}, \tag{1}$$
这里 $\|\cdot\|$ 表示一致范数 $\|g(x)\| = \sup_{[a,b]} |g(x)|$.

适当选取节点 $x_1, \cdots, x_n$ 使估计 (1) 的右边最小. 多项式 $\omega_n(x) = (x-x_1)\cdots(x-x_n)$ 的首项系数为 1, 因此由 (8.6) 有 $\|\omega_n\| \geqslant (b-a)^n 2^{1-2n}$. 如果取插值节点
$$x_m = \frac{b+a}{2} + \frac{b-a}{2}\cos\left(\frac{\pi(2m-1)}{2n}\right), \quad m = 1, \cdots, n, \tag{2}$$
则
$$\omega_n(x) = (b-a)^n 2^{1-2n} T_n\left(\frac{2x - (b+a)}{b-a}\right)$$
且
$$\|\omega_n\| = (b-a)^n 2^{1-2n}.$$

§9. 插值公式余项估计的最小化

于是，在这样的节点分布下得到最好的误差估计：
$$\|f - L_n\| \leqslant \frac{\|f^{(n)}\|(b-a)^n 2^{1-2n}}{n!}, \tag{3}$$
它可以从 (1) 推出.

在得到估计 (1) 时，乘积的最大值被替换为因式最大值的乘积. 因此，似乎可以期待获得比 (3) 更好的误差估计. 但是，事实上并非如此. 如果 $f(x) = a_n x^n + \cdots + a_0$ 为 n 次多项式，则
$$f^{(n)}(\zeta) = a_n n! = \text{const},$$
因此不等式 (1) 变为等式. 那么，由 (8.6)，对任何插值节点有
$$\|f - L_n\| \geqslant \frac{\|f^{(n)}\|(b-a)^n 2^{1-2n}}{n!} = |a_n|(b-a)^n 2^{1-2n}.$$

如上所述，某类问题求解方法的最优化问题是计算数学的重要问题. 其一般提法如下.

给定需要求解的问题 p 的某个集合 P，也给定求解方法的某个集合 M. 设 $e(p, m)$ 是方法 m 在求解问题 p 时的误差. 值
$$e(P, m) = \sup_{p \in P} e(p, m)$$
称为问题集合 P 上的方法误差，而值
$$e(P, M) = \inf_{m \in M} e(P, m)$$
称为问题类集合 P 上的方法误差在集合 M 上的最优估计. 如果存在能够达到这个估计的 $m \in M$，即 $e(P, M) = e(P, m)$，则这个方法称为最优的.

可以用这些术语来表述插值公式节点最优化分布问题的解，我们在前面已经得到了这个解.

设函数 $f(x)$ 定义于 $[a, b]$ 且满足条件 $|f^{(n)}(x)| \leqslant A_n$, P 为 $f(x)$ 的逼近问题的集合，M 是用具有节点 $x_1, \cdots, x_n$ 的插值多项式 $L_n(x)$ 来逼近函数 $f(x)$ 的逼近方法的集合. 于是，求解方法 m 取决于给出插值节点 $x_1, \cdots, x_n$. 最后，设误差度量为 $e(p, m) = \|f - L_n\|$. 由 (1)，我们有
$$e(p, m) \leqslant \frac{A_n \|\omega_n\|}{n!}.$$
另一方面，对于多项式
$$P_{n+1}(x) = \frac{A_n}{n!} x^n + \cdots$$
在所研究的集合上的逼近问题，我们有
$$e(p, m) = \frac{A_n \|\omega_n\|}{n!}.$$
于是，
$$e(P, m) = \frac{A_n \|\omega_n\|}{n!}.$$
如前所述，
$$e(P, M) = \inf_m e(P, m) = \inf_{x_1, \cdots, x_n} \left(\frac{A_n \|\omega_n\|}{n!} \right) = \frac{A_n (b-a)^n 2^{1-2n}}{n!}.$$

这样, 按照切比雪夫多项式 (2) 的节点进行插值的方法在所考虑的意义下是最优的.

最后, 我们对估计 (3) 与表示为泰勒级数的误差估计进行比较. 由 §6 中的结果, 泰勒级数的部分和

$$t_n(x) = \sum_{j=0}^{n-1} \frac{f^{(j)}((a+b)/2)}{j!} \left(x - \frac{a+b}{2}\right)^j$$

与具有单一 n 重插值节点 $(a+b)/2$ 的拉格朗日插值多项式相同. 因此, 在最优分布的插值节点 (2) 的情况下, 我们自然应该有更好的估计. 实际上, 泰勒级数部分和的误差估计

$$\|f - t_n\| \leqslant \frac{\|f^{(n)}\|(b-a)^n 2^{-n}}{n!}$$

是估计 (3) 的 2^{n-1} 倍.

作为备注, 我们给出以切比雪夫多项式的零点作为插值节点的插值误差估计. 为简单起见, 我们取 $[a,b] = [-1,1]$.

估计 1 如果 $f(x)$ 满足不等式 $\sup|f^{(m)}(x)| < \infty$, 则当 $n \to \infty$ 时成立关系式 $\|f(x) - L_n(x)\| = O(n^{-m} \ln n)$.

估计 2 如果函数 $f(x)$ 在区间 $[-1, 1]$ 中的每一个点解析, 则 $\|f(x) - L_n(x)\| = O(q^n)$, 其中 $q < 1$.

后一个估计可以再具体化. 设 $f(z), z = x + iy$ 是 (x, y) 平面上以点 $-1, 1$ 为焦点的椭圆内的解析函数, 则 $\|f(x) - L_n(x)\| = O(c^{-n})$, 其中 $c > 1$ 为该椭圆半轴之和.

这样, 如果将算法应用到更光滑的函数, 则按照切比雪夫多项式节点进行插值时, 误差自然减小. 这些算法称为非饱和的.

如果插值节点的分布方式与此大不相同, 例如是等间距的, 那么其至对于解析函数, 插值误差也可能随着节点数的增加而趋向无穷大. 例如, 对于函数 $f(x) = (1 + 25x^2)^{-1}$ 有关系式

$$\|f(x) - L_n(x)\| \geqslant A a^n, \quad A > 0, \quad a > 1.$$

习题 1 应用公式 (8.8) 证明, 以切比雪夫多项式的零点为节点的插值多项式可以写成

$$L_n(x) = \sum_{j=0}^{n-1} a_j \overline{T}_j(x), \quad a_j = \frac{2}{n} \sum_{k=1}^{n} f(x_j) \overline{T}_j \left(\frac{\pi(2k-1)}{2n} \right).$$

插值多项式的这个写法允许快速地计算其值, 且使计算误差具有较小敏感性 (见 §4.8).

§10. 有限差分

设函数表中的节点 x_i 等间距分布: $x_i = x_0 + ih$, f_i 为相应的函数值. 值 h 称为函数表的步长.

§10. 有限差分

差 $f_{i+1} - f_i$ 称为一阶差分. 根据相应点的位置, 这个量的记号为: Δf_i 表示前向差分, ∇f_{i+1} 表示后向差分, $\delta f_{i+1/2} = f^1_{i+1/2}$ 表示中心差分. 这样,

$$f_{i+1} - f_i = \Delta f_i = \nabla f_{i+1} = \delta f_{i+1/2} = f^1_{i+1/2}. \tag{1}$$

高阶差分借助于递推关系来表示:

$$\Delta^m f_i = \Delta(\Delta^{m-1} f_i) = \Delta^{m-1} f_{i+1} - \Delta^{m-1} f_i,$$

$$\nabla^m f_i = \nabla(\nabla^{m-1} f_i) = \nabla^{m-1} f - \nabla^{m-1} f_{i-1},$$

$$\delta^m f_i = \delta(\delta^{m-1} f_i) = \delta^{m-1} f_{i+1/2} - \delta^{m-1} f_{i-1/2},$$

$$f_i^m = f_{i+1/2}^{m-1} - f_{i-1/2}^{m-1}.$$

差分表通常表示为如下形式:

x	f	f^1	f^2	f^3
x_0	f_0			
		$f^1_{1/2}$		
x_1	f_1		f^2_1	
		$f^1_{3/2}$		
				$f^3_{3/2}$
x_2	f_2		f^2_2	
		$f^1_{5/2}$		$f^3_{5/2}$
x_3	f_3		f^2_3	
		$f^1_{7/2}$		
x_4	f_4			

除了上面提到的值, 在某些插值公式中还使用同一列中两个相邻的值的算术平均值:

$$\mu f_i^m = (f^m_{i+1/2} + f^m_{i-1/2})/2, \quad \text{当 } m \text{ 为奇数时},$$

$$\mu f_{i+1/2}^m = (f^m_{i+1} + f^m_i)/2, \quad \text{当 } m \text{ 为偶数时}.$$

引理 1 m 阶差分可以按照下列公式通过函数值来表示:

$$\Delta^m f_i = \sum_{j=0}^m (-1)^j C_m^j f_{i+m-j}, \tag{2}$$

这里 C_m^j 是牛顿二项式的系数.

证明 采用数学归纳法. 由 (1), 当 $m = 1$ 时关系式 (2) 成立. 假设结论在 $m = l$ 时成立, 我们有

$$\Delta^{l+1} f_i = \Delta^l f_{i+1} - \Delta^l f_i = \sum_{j=0}^l (-1)^j C_l^j f_{i+1+l-j} - \sum_{j=0}^l (-1)^j C_l^j f_{i+l-j}.$$

合并同一 f_k 的系数且应用等式

$$C_l^j + C_l^{j+1} = C_{l+1}^{j+1},$$

对于 $\Delta^{l+1} f_i$ 得到所要求的表达式. 引理得证.

从 (2) 得知, 有限差分算子是线性的. 特别地, 由 (2) 有
$$\Delta^2 f_i = f_{i+2} - 2f_{i+1} + f_i,$$
$$\Delta^3 f_i = f_{i+3} - 3f_{i+2} + 3f_{i+1} - f_i,$$
$$\Delta^4 f_i = f_{i+4} - 4f_{i+3} + 6f_{i+2} - 4f_{i+1} + f_i.$$

引理 2 当 $x_i \equiv x_0 + ih$ 时, 下列等式成立
$$f(x_i; \cdots; x_{i+m}) = \frac{f^m_{i+m/2}}{h^m \cdot m!}. \tag{3}$$

证明 采用数学归纳法. 当 $m = 1$ 时有
$$f(x_i; x_{i+1}) = \frac{f_{i+1} - f_i}{x_{i+1} - x_i} = \frac{f^1_{i+1/2}}{h}.$$

假定 (3) 对于所有 $m \leqslant l$ 均成立, 我们有
$$f(x_i; \cdots; x_{i+l+1}) = \frac{f(x_{i+1}; \cdots; x_{i+l+1}) - f(x_i; \cdots; x_{i+l})}{x_{i+l+1} - x_i}$$
$$= \frac{f^l_{i+1+l/2} - f^l_{i+l/2}}{h^l l! h(l+1)} = \frac{f^{l+1}_{i+(l+1)/2}}{h^{l+1}(l+1)!}.$$

于是, (3) 对于 $m = l + 1$ 也成立. 引理得证.

由 (5.4), 我们有 $f(x_i; \cdots; x_{i+m}) = \dfrac{f^{(m)}(\zeta)}{m!}$, 这里 $x_i \leqslant \zeta \leqslant x_{i+m}$. 将此等式与 (3) 式比较, 得到
$$\Delta^m f_i = \nabla^m f_{i+m} = \delta^m f_{i+m/2} = f^m_{i+m/2} = h^m f^{(m)}(\zeta). \tag{4}$$

推论 n 次多项式的 n 次有限差分等于常数, 而更高价差分等于零.

我们来研究某个值 f_i 的误差对不同阶差分的影响. 以 $f_i + \varepsilon$ 代替 f_i, 则有差分表

f_{i-2}		
	$f^1_{i-3/2}$	
f_{i-1}		$f^2_{i-1} + \varepsilon$
	$f^1_{i-1/2} + \varepsilon$	
$f_i + \varepsilon$		$f^2_i - 2\varepsilon$
	$f^1_{i+1/2} - \varepsilon$	
f_{i+1}		$f^2_{i+1} + \varepsilon$
	$f^1_{i+3/2}$	
f_{i+2}		

我们看到, 按照 (2), 对于 m 阶差分, 误差以系数 $(-1)^j C^j_m$ 放大. 如果函数足够光滑, 那么其不很高阶的差分可能很小. 同时, 值 $C^j_m \varepsilon$ 将显得相当大. 通过观察差分表可以指出包含误差的函数值, 并对其进行修正.

建立差分表时同样可以发现误差. 例如, 设
$$f^3_{1/2} = 1 \cdot 10^{-5}, \quad f^3_{3/2} = 2 \cdot 10^{-5}, \quad f^3_{5/2} = 12 \cdot 10^{-5},$$
$$f^3_{7/2} = -23 \cdot 10^{-5}, \quad f^3_{9/2} = 11 \cdot 10^{-5}, \quad f^3_{11/2} = 1 \cdot 10^{-5}.$$

如果某个值 f_i 包含相对较大的误差 ε, 则在三阶差分中它一定以 $\varepsilon, -3\varepsilon, 3\varepsilon, -\varepsilon$ 的形式出现. 在所研究的情况下, 除 $f^3_{5/2}, f^3_{7/2}, f^3_{9/2}$ 外三阶差分实际上等于零, 而这些非零值近似具有形式 $\varepsilon, -2\varepsilon, \varepsilon$, 其中 $\varepsilon = 11 \cdot 10^{-5}$. 这使我们想到, 在计算值 $f^1_{7/2}$ 时有误差, 从而导致在计算三阶差分时也有误差. 这种方法被广泛用于手工计算时消除计算器的随机误

差, 也用于计算机应用的初期, 那时计算机的可靠性很低. 在计算机应用的初期, 消除不可靠性采用一般建议是两次求解问题, 在结果不同时应该重复计算, 直到两次计算的结果一致.

函数表的上述修正方法可以在这种情况下使计算量减半.

假设需要建立某个光滑函数表, 其每次计算的代价非常高. 为了避免两次计算每一个值, 我们首先一次计算出整个表格, 然后 (手工或借助于计算机) 建立差分表并找出需要修正的值 (或者再次计算, 或者采用上述修正方法). 当前, 所描述的方法可用于揭示测量结果的误差.

§11. 带有常步长的函数表的插值公式

带有常步长的函数表最常用, 我们给出具体的计算公式. 如果插值节点位于要计算其函数值的点 x 附近, 那么在 (3.1) 的余项估计中的中间点 ζ 也与 x 接近. 这样, 在点 x 的邻域内选择节点时值 $f^{(n)}(\zeta)$ 不会发生很大改变.

于是, 对误差值的影响起决定作用的是值
$$|\omega_n(x)| = \prod_{j=1}^{n} |x - x_j|,$$
即点 x 到插值节点距离的乘积. 如果我们取 n 个接近于 x 的点作为插值节点计算 $f(x)$, 则值 $|\omega_n(x)|$ 将很小. 为此, 当 $n = 2l$ 为偶数时, 应当在 x 的左边和右边各取 l 个节点. 当 $n = 2l + 1$ 为奇数时, 应当在 x 的左边和右边各取 l 个节点, 再在 x 附近取一个节点. 如果点 x 位于表的端点附近, 就要略微修改上述做法.

在表的起点或终点做插值时, 应该把插值多项式写成向前或向后插值牛顿公式. 设 $L_n(x)$ 为以 $x_0, \cdots, x_{n-1}$ 为节点的拉格朗日插值多项式. 由 (5.3), 我们有
$$L_n(x) = f(x_0) + f(x_0; x_1)(x - x_0) + \cdots + f(x_0; \cdots; x_{n-1})(x - x_0) \cdots (x - x_{n-2}).$$
做变量代换 $x = x_0 + ht$ 并按 (10.3) 化为有限差商, 我们得到
$$L_n(x_0 + ht) = f_0 + f_{1/2}^1 t + \cdots + f_{(n-1)/2}^{n-1} \frac{t(t-1) \cdots (t-(n-2))}{(n-1)!}. \tag{1}$$
余项 (3.1) 表示为
$$f(x) - L_n(x) = f^{(n)}(\zeta) \frac{t(t-1) \cdots (t-(n-1)) h^n}{n!}.$$
公式 (1) 称为向前插值牛顿公式. 如果我们在以 $x_0, x_{-1}, \cdots, x_{-(n-1)}$ 为节点的插值多项式中做同样的变量代换:
$$L_n(x) = f(x_0) + f(x_0; x_{-1})(x - x_0) + \cdots + f(x_0; \cdots; x_{-(n-1)})(x - x_0) \cdots (x - x_{-(n-2)}),$$
则得到向后插值牛顿公式
$$L_n(x_0 + ht) = f_0 + f_{-1/2}^1 t + \cdots + f_{-(n-1)/2}^{n-1} \frac{t(t+1) \cdots (t+(n-2))}{(n-1)!}, \tag{2}$$
它的余项为
$$f(x) - L_n(x) = f^{(n)}(\zeta) \frac{t(t+1) \cdots (t+(n-1)) h^n}{n!}.$$

特别地，可以用这些公式来建立微分方程的求解方法. 与差分表一样，有限差分表也用于导数的估计. 如果 $f^{(n)}(x)$ 连续，则成立等式 $\lim_{h\to 0}\sigma_n^h = M_n$，这里 $\sigma_n^h = \max_{a\leqslant x_m\leqslant b-nh}\left|\dfrac{\Delta^n f_m}{h^n}\right|$，$M_n = \max_{[a,b]}|f^{(n)}(x)|$. 因此，对于较小的 h 可以取 $M_n \approx \sigma_n^h$.

降低逼近函数多项式的次数具有特别重要的意义. 取插值多项式的线性组合，有时可以达到降低多项式的次数而又保持精度的目的. 我们来研究这种函数逼近方法的最简单情况.

要求在区间 $[x_q, x_{q+1}]$ 上用一个二次多项式来逼近一个函数. 取节点序列 $x_q, x_{q+1}, x_{q-1}, x_{q+2}$ 和 $x_{q+1}, x_q, x_{q+2}, x_{q-1}$，写出在节点为 $x_{q-1}, x_q, x_{q+1}, x_{q+2}$ 处的三次牛顿插值公式. 我们有

$$f(x) = P_3^1(x) + r^1(x), \tag{3}$$

$$P_3^1(x) = f(x_q) + f(x_q; x_{q+1})(x - x_q) + f(x_q; x_{q+1}; x_{q-1})(x - x_q)(x - x_{q+1})$$
$$+ f(x_q; x_{q+1}; x_{q-1}; x_{q+2})(x - x_q)(x - x_{q+1})(x - x_{q-1}), \tag{4}$$

$$r^1(x) = \frac{f^{(4)}(\zeta_1)}{4!}(x - x_{q-1})(x - x_q)(x - x_{q+1})(x - x_{q+2});$$

$$f(x) = P_3^2(x) + r^2(x),$$

$$P_3^2(x) = f(x_{q+1}) + f(x_{q+1}; x_q)(x - x_{q+1}) + f(x_{q+1}; x_q; x_{q+2})(x - x_{q+1})(x - x_q)$$
$$+ f(x_{q+1}; x_q; x_{q+2}; x_{q-1})(x - x_{q+1})(x - x_q)(x - x_{q+2}), \tag{5}$$

$$r^2(x) = \frac{f^{(4)}(\zeta_2)}{4!}(x - x_{q-1})(x - x_q)(x - x_{q+1})(x - x_{q+2}).$$

因为在四个节点处与函数相同的二次插值多项式唯一，所以

$$P_3^1(x) = P_3^2(x), \quad r^1(x) = r^2(x), \quad f^{(4)}(\zeta_1) = f^{(4)}(\zeta_2).$$

取等式 (4), (5) 的平均值. 因为 $P_3^1(x) = P_3^2(x)$，所以左边将是多项式 $P_3^1(x)$. 在计算右边时取相应项的平均值. 引入记号: $x_{q+1/2} = x_q + h/2$, $\mu f_{q+1/2}^{2n} = (f_q^{2n} + f_{q+1}^{2n})/2$，我们得到

$$P_3^1(x) = \mu f_{q+1/2} + f_{q+1/2}^1 h^{-1}(x - x_{q+1/2})$$
$$+ \frac{1}{2}\mu f_{q+1/2}^2 h^{-2}(x - x_{q+1})(x - x_q)$$
$$+ \frac{1}{6}f_{q+1/2}^3 h^{-3}(x - x_q)(x - x_{q+1})(x - x_{q+1/2}).$$

以 $B_2(x)$ 记右边的前三项，则关系式 (3) 写成

$$f(x) = B_2(x) + R(x),$$

$$B_2(x) = \mu f_{q+1/2} + f_{q+1/2}^1 h^{-1}(x - x_{q+1/2}) + \mu f_{q+1/2}^2 h^{-2}(x - x_q)(x - x_{q+1}), \tag{6}$$

$$R(x) = f_{q+1/2}^3 h^{-3}(x - x_q)(x - x_{q+1})(x - x_{q+1/2})$$
$$+ \frac{f^{(4)}(\zeta_1)}{24}(x - x_{q-1})(x - x_q)(x - x_{q+1})(x - x_{q+2}). \tag{7}$$

多项式 $B_2(x)$ 称为贝塞尔插值多项式. 从常规角度来看，这个二次多项式不是插值多项式，因为它与 $f(x)$ 仅仅在点 x_q, x_{q+1} 相同.

下一节将看到，同直接使用二阶插值多项式相比，使用贝塞尔多项式具有一定的优越性。

§12. 函数表的建立

我们来研究下列问题。要求建立某个函数表，使得在用给定的 m 次多项式对函数值进行插值时的误差不超过 ε。在这种情况下，我们说函数表达到 m 阶插值 (带有误差 ε)。对于广泛使用的函数表，通常只需要 1 阶插值即可，即线性插值。从中学课程就知道的布拉季斯 (Bradis) 表是这样的一个例子。今后我们将研究常值步长函数表的情况。

为借助于这样的函数表来计算函数值 $f(x)$，取点 x 的左节点 x_q 和右节点 x_{q+1}: $x_q < x < x_{q+1}$ (它们接近于 x); 然后用以它们为节点的一次插值多项式代替 $f(x)$ (为方便起见记 $x = x_q + th$):

$$f(x) \approx L_2(x) = f_q + f^1_{q+1/2}t.$$

这个公式的误差为

$$f''(\zeta)h^2 \frac{t(t-1)}{2},$$

其中

$$x_q \leqslant \zeta \leqslant x_{q+1}.$$

如果

$$\max|f''(\zeta)|h^2 \max_{[0,1]}\left|\frac{t(t-1)}{2}\right| \leqslant \varepsilon,$$

则这个误差值不超过 ε。当 $t = \dfrac{1}{2}$ 时 $\max\limits_{[0,1]}\left|\dfrac{t(t-1)}{2}\right|$ 达到最大值且最大值等于 $\dfrac{1}{8}$。这样，只需满足条件

$$\max|f''(\zeta)|h^2/8 \leqslant \varepsilon. \tag{1}$$

假定我们想在 $[0, \pi/2]$ 上给出函数表 $\sin x$ 或者把它输入计算机，使得线性插值的误差不超过 $0.5 \cdot 10^{-6}$。因为 $\max|(\sin x)''| \leqslant 1$，所以从 (1) 推出函数表步长的要求为

$$h^2/8 \leqslant 0.5 \cdot 10^{-6}, \text{ 或者 } h \leqslant 0.002.$$

达到线性插值的要求常常是相当强的，可以用二次插值 (即二次多项式插值) 来代替线性插值。二次插值的简单情况是基于三个节点的拉格朗日多项式插值。让 x_q 为接近 x 的节点，即 $|x - x_q| \leqslant h/2$。我们有

$$f(x) \approx L_3(x) = f_q + f^1_{q+1/2}t + f^2_q \frac{t(t-1)}{2}. \tag{2}$$

这个公式的余项为

$$f(x) - L_3(x) = f^{(3)}(\zeta)h^3 \frac{t(t^2-1)}{3!}.$$

为使函数表容纳二次插值 (2)，只需满足条件

$$\max\left|f^{(3)}(\zeta)\right|h^3 \max_{|t|\leqslant 1/2}\left|\frac{t(t^2-1)}{6}\right| \leqslant \varepsilon.$$

因为 $\max\limits_{|t|\leqslant 1/2}\left|\dfrac{t(t^2-1)}{6}\right|=\dfrac{1}{16}$，则对步长的要求可以写成
$$\max\left|f^{(3)}(\zeta)\right|h^3/16\leqslant\varepsilon. \tag{3}$$
在 $f(x)=\sin x$，$\varepsilon=0.5\cdot 10^{-6}$ 的具体情况中，我们得到 $h\leqslant 0.02$.

研究另一个用二次多项式代替函数的方法. 设 $x\in(x_q,x_{q+1})$，$x=x_q+ht$. 让
$$f(x)\approx B_2(x)=\mu f_{q+1/2}+f^1_{q+1/2}(t-1/2)+\mu f^2_{q+1/2}\dfrac{t(t-1)}{2}, \tag{4}$$
即用基于节点 $x_{q-1},x_q,x_{q+1},x_{q+2}$ 建立的二次贝塞尔多项式 (11.6) 代替函数 $f(x)$. 依据 (11.7)，(4) 的余项为
$$f^3_{q+1/2}\dfrac{t(t-1)(t-1/2)}{6}+f^{(4)}(\zeta)h^4\dfrac{t(t^2-1)(t-2)}{24}.$$
因为 $f^3_{q+1/2}=h^3f^{(3)}(\tilde\zeta)$，则为了按照公式 (4) 进行插值，只需要满足关系
$$\max\left|f^{(3)}(\zeta)\right|h^3\max\limits_{0\leqslant t\leqslant 1}\left|\dfrac{t(t-1)(t-1/2)}{6}\right|+\max\left|f^{(4)}(\zeta)\right|h^4\max\limits_{0\leqslant t\leqslant 1}\left|\dfrac{t(t^2-1)(t-2)}{24}\right|\leqslant\varepsilon.$$
因为
$$\max\limits_{0\leqslant t\leqslant 1}\left|\dfrac{t(t-1)(t-1/2)}{6}\right|=\dfrac{1}{72\sqrt{3}},\quad \max\limits_{0\leqslant t\leqslant 1}\left|\dfrac{t(t^2-1)(t-2)}{24}\right|=\dfrac{3}{128},$$
所以如果
$$\dfrac{\max|f^{(3)}(\zeta)|h^3}{72\sqrt{3}}+\dfrac{3\max|f^{(4)}(\zeta)|h^4}{128}\leqslant\varepsilon, \tag{5}$$
则插值公式 (4) 是容许的. 当 h 较小时，第一项是主要部分，它比 (3) 的左边部分小 $9\sqrt{3}/2\approx 7.794\cdots$ 倍. 于是，满足 (5) 的步长 h 可以取为满足 (3) 的步长的 $\sqrt[3]{9\sqrt{3}/2}\approx 1.98$ 倍. 在所研究的例子中，条件 (5) 具有形式
$$h^3/72\sqrt{3}+3h^4/128\leqslant 0.5\cdot 10^{-6}.$$
解这个不等式得，$h\leqslant h_0=0.038\cdots$. 注意：在手工计算情况下，由于这个数 "不够整齐"，步长 $h=0.038$ 不方便. 因此，在建立函数表时取更小但 "更整齐的" 数 0.03.

在多维情况中，有时适当提高使用的插值多项式的次数.

§13. 关于插值的舍入误差

假定选择了某种插值方法. 上面我们得到了用多项式替换函数时的误差表示. 但是还存在一种导致误差的原因，它是由这些函数值舍入产生的. 假定要求按照公式
$$f(x)\approx\sum_{j=1}^n f_j P_j(x)$$
计算函数值 $f(x)$，这是我们所研究的插值公式的一般形式. 因为实际上给定的值不是 f_j，而是其近似值 $f_j^*=f_j+\eta_j$，结果得到值
$$f^*(x)=\sum_{j=1}^n f_j P_j(x)+\sum_{j=1}^n \eta_j P_j(x).$$

如果已知 η_j 的变化范围,则可以估计误差

$$\varepsilon = \sum_{j=1}^{n} \eta_j P_j(x)$$

的上界. 例如, 在条件 $|\eta_j| \leqslant \eta$ 下我们有估计

$$|\varepsilon| \leqslant \eta \Lambda(x), \quad \Lambda(x) = \sum_{j=1}^{n} |P_j(x)|.$$

值 Λ 有可能相当大.

习题 1 对 $f(x)$ 按照节点 $x_j = -1 + 2\dfrac{j-1}{n-1}, j = 1, \cdots, n$ 进行插值. 证明

$$\max_{[-1,1]} \Lambda(x) \geqslant \text{const} \cdot \frac{2^n}{\sqrt{n}}.$$

习题 2 证明: 如果插值节点与切比雪夫多项式的零点相同, 则

$$\max_{[-1,1]} \Lambda(x) \leqslant \text{const} \cdot \ln n.$$

如果我们在 $x_0 < x < x_1$ 上通过以 x_0, x_1 为节点的插值来计算值 $f(x)$, 则

$$P_0(x) = \frac{x_1 - x}{x_1 - x_0}, \quad P_1(x) = \frac{x - x_0}{x_1 - x_0}, \quad \text{且 } \eta(|P_0(x)| + |P_1(x)|) = \eta.$$

这样, 对于线性插值, 由函数值的舍入引起的误差不会超过这些值的误差.

在手工计算时期应用的大量插值公式之所以存在, 其部分原因恰恰就是为了寻找产生最小计算误差的算法.

§14. 插值工具的应用. 反向插值

插值多项式可以用于解决下列问题.

假定要求寻找函数的极值和极值点. 首先以大步长建立函数表, 由此可以看出极值的位置. 在假定的极值所在区域内, 用插值多项式逼近函数并找到它的极值点 P_1. 在这个点的邻域内以更小的步长建立函数表, 由此可以修正极值的位置, 并不断重复. 插值多项式次数的选取要使得极值点能以显式确定. 在一维情况下可以选取二次拉格朗日插值多项式, 或者二次贝塞尔插值多项式, 或者三次插值多项式. 在多维情况下, 函数通常用二次多项式来近似.

在实际过程中, 从近似点 P_1 或者下一个近似点 P_2 的邻域开始不再建立详细的函数表, 而是在已有近似 P_n 的邻域内用最少量的点来建立插值多项式.

所描述的方法是寻找多元函数极值时最广泛使用的方法之一.

在一维的情况下, 有时在计算值 $f(P_n)$ 之后不再额外计算任何新的函数值, 而是使用这个值以及以前计算的值来进行插值.

另一个可以应用插值工具的典型问题是寻找方程 $f(x) = d$ 的根 X.

设这个问题的解法是相同的. 建立函数表, 由此粗略确定方程的根所在的位置, 然后以更小的步长建立函数表, 并不断重复.

如果函数的计算量相对不大，则在计算过程中不宜采用高于二次的插值多项式否则会出现寻找多项式根的问题，而这本身需要相当大的算术运算量. 如果函数的计算量大，则增加插值多项式的次数可能更有利.

当在 $y = d$ 的邻域内 $f(x)$ 的反函数 $g(y)$ 相当光滑时，应用反向插值可能更方便. 下列算法称为反向插值. 假设已知函数值 $y_i = f(x_i)$, $i = 1, \cdots, n$. 这个信息等价于已知反函数的值 $x_i = g(y_i)$. 在容许对变量 y 进行插值的条件下可以用满足下列条件的插值多项式 $L_n(y)$ 来替换反函数 $g(y)$:
$$L_n(y_i) = x_i, \quad i = 1, \cdots, n,$$
且让 $X = g(d) \approx L_n(d)$. 如果我们对方程当 d 充分大时的解感兴趣，或者期望获得方程 $f(x) = d$ 的解关于参数 d 的显式表达式，那么这个方法是特别方便的. 如果插值节点 $y_1, \cdots, y_n$ 不能保证需要的精度，则让 $x_{n+1} = L_n(d)$, $y_{n+1} = f(x_{n+1})$. 进而，根据情况适当用插值多项式的值来替代 $g(d)$，而插值多项式按照插值节点 $y_1, \cdots, y_{n+1}$ 或者其中的接近于 d 的一些节点来建立.

§15. 数值微分

对插值公式微分可以得到简单的数值微分公式.

假定已知函数在点 $x_1, \cdots, x_n$ 的值，要求计算导数 $f^{(k)}(x_0)$. 我们来建立插值多项式 $L_n(x)$ 并取 $f^{(k)}(x_0) \approx L_n^{(k)}(x_0)$. 也可以完全类似地用其他类型的插值多项式，比如贝塞尔多项式的导数来代替函数的导数.

建立数值微分公式的另一个方法是待定系数法，它可以导出同样的公式. 这个方法广泛应用于多维情况，这时插值多项式的计算并非总是那么简单. 在选取数值微分公式
$$f^{(k)}(x) \approx \sum_{i=1}^n c_i f(x_i) \tag{1}$$
的系数 c_i 时，应使公式对尽量高次的多项式精确成立. 取 $f(x) = \sum_{j=0}^m a_j x^j$，且要求关系式 (1) 对于这个多项式变成等式
$$\left.\sum_{j=0}^m a_j (x^j)^{(k)}\right|_{x_0} = \sum_{i=1}^n c_i \left(\sum_{j=0}^m a_j x_i^j\right).$$
使等式对次数为 m 的任意多项式成立的充分必要条件是左右两边关于 a_j 的系数相等. 因为
$$(x^j)^{(k)} = j(j-1)\cdots(j-k+1)x^{j-k},$$
则可得关于未知数 c_i 的线性方程组
$$j(j-1)\cdots(j-k+1)x_0^{j-k} = \sum_{i=1}^n c_i x_i^j, \quad j = 0, \cdots, m. \tag{2}$$
如果 $m = n - 1$，则方程的个数等于未知数的个数. 方程组的行列式是范德蒙德行列式，

因此不等于零. 这样, 总是可以建立具有 n 个节点的数值微分公式, 它对于 $n-1$ 次多项式恰好精确成立.

当 $m = n-1$ 且节点位于确定位置时, 等式 (2) 有时也对 $j = n$ 成立. 这通常出现于节点关于点 x_0 对称分布的情况.

在下列习题中, 为简单起见取 $x_0 = 0$. 让节点 x_i 关于 $x_0 = 0$ 对称分布, 即 $x_1 = -x_n$, $x_2 = -x_{n-1}$ 等等. 如果 $n = 2l+1$ 为奇数, 则 $x_{l+1} = x_0 = 0$.

习题 1 设 k 为偶数 (特别地, k 可以等于零, 于是问题变为插值问题). 证明 $c_n = c_1$, $c_{n-1} = c_2$, 一般的有 $c_{n+1-k} = c_k$.

由此对称性, 证明公式 (1) 对于任意奇函数自动变为等式. 特别地, 当 n 为奇数时, 公式 (1) 对于 x^n 成为等式. 因此, 它对于任意 n 次多项式也成为等式 (因为根据其构造方法, 它对于任意 $n-1$ 次多项式已经是等式).

习题 2 设 k 为奇数. 证明 $c_n = -c_1$, $c_{n-1} = -c_2, \cdots$, 一般的有 $c_{n+1-k} = -c_k$. 如果 $n = 2l+1$ 为奇数, 则当 $k = l+1$ 时有 $c_{l+1} = -c_{l+1}$, 于是 $c_{l+1} = 0$.

由于此对称性, 证明公式 (1) 对于任意偶函数自动变为等式. 特别地, 当 n 为偶数时, 公式 (1) 对于 x^n 成为等式. 因此, 它对于任意 n 次多项式也成为等式.

这样, 若节点关于 x_0 对称分布, 且 k 为偶数 n 为奇数, 或者 k 为奇数 n 为偶数, 则公式 (1) 对于高 1 次的多项式正好是等式.

数值微分公式的对称性可用于减少在建立公式时需要求解的方程的个数.

假定要求建立数值微分公式
$$f'(0) \approx c_1 f(-h) + c_2 f(0) + c_3 f(h),$$
它对于二次多项式成为等式. 在此情况下, 方程组 (2) 变为
$$0 = c_1 + c_2 + c_3,$$
$$1 = c_1(-h) + c_3(h),$$
$$0 = c_1(-h)^2 + c_3(h)^2,$$
求解后得到 $c_1 = -1/(2h)$, $c_2 = 0$, $c_3 = 1/(2h)$. 应用对称性, 并立即在公式中取 $c_3 = -c_1$, $c_2 = 0$, 则方程组的第一和第三个方程自动满足, 而第二个方程变为 $1 = 2c_3 h$, 即 $c_3 = 1/(2h)$. 于是, $f'(0) \approx (f(h) - f(-h))/(2h)$.

习题 3 设所有点 x_j 与点 x_0 之间的距离为 $O(h)$, 其中 h 为小量. 证明, 当 $f(x)$ 光滑时, 数值微分近似公式 (1) 的误差具有数量级 $O(h^m)$, 其中 $m = l+1-k$, l 为使得公式成为等式的最高次多项式的次数.

我们用同样的节点来建立二阶导数的近似计算公式:
$$f''(0) \approx \frac{c_1 f(-h) + c_2 f(0) + c_3 f(h)}{h^2}.$$

从公式对于 1, x, x^2 成为等式的条件可得到方程组
$$0 = c_1 + c_2 + c_3,$$
$$0 = \frac{c_1(-h) + c_3(h)}{h^2},$$
$$1 = \frac{c_1 \frac{h^2}{2} + c_3 \frac{h^2}{2}}{h^2}.$$

解这个方程组, 得到 $c_1 = c_3 = 1$, $c_2 = -2$ 以及相应的近似公式
$$f''(0) \approx \frac{f(h) - 2f(0) + f(-h)}{h^2}. \tag{3}$$

我们不必怀疑所获公式的正确性. 公式右边表达式为 $f_0^2/h^2 = \Delta^2 f_{-1}/h^2$, 依据 (10.4), 它等于值 $f''(\zeta)$. 二次多项式的二阶导数为常数, 所以对任意 x 有 $f_0^2/h^2 = f''(\zeta) \equiv f''(x)$, 特别地 $f_0^2/h^2 = f''(0)$.

所建立的公式对于任意三次多项式也恰好为等式. 如果在 (3) 的左边和右边分别代入函数 $f(x) = x^3$, 则两边都变成零.

我们来估计上面建立的近似公式 $f'(0) \approx (f(h) - f(-h))/(2h)$ 的误差. 在泰勒公式中取三个展开项和余项
$$f(h) = f(0) + hf'(0) + \frac{h^2}{2}f''(0) + \frac{h^3}{6}f'''(\xi_+), \quad 0 \leqslant \xi_+ \leqslant h,$$
$$f(-h) = f(0) - hf'(0) + \frac{h^2}{2}f''(0) - \frac{h^3}{6}f'''(\xi_-), \quad -h \leqslant \xi_- \leqslant 0.$$

引入记号 $R_k(f) = f^{(k)}(x_0) - \sum_{i=1}^{n} c_i f(x_i)$, 我们有
$$R_1(f) = f'(0) - \frac{f(h) - f(-h)}{2h}$$
$$= f'(0) - \left(f(0) + hf'(0) + \frac{h^2}{2}f''(0) + \frac{h^3}{6}f'''(\xi_+) \right.$$
$$\left. -(f(0) - hf'(0) + \frac{h^2}{2}f''(0) - \frac{h^3}{6}f'''(\xi_-)) \right) / (2h)$$
$$= f'(0) - \left(f'(0) + \frac{h^2}{6} \left(\frac{f'''(\xi_+) + f'''(\xi_-)}{2} \right) \right)$$
$$= -\frac{h^2}{6}\alpha, \quad \alpha = \frac{f'''(\xi_+) + f'''(\xi_-)}{2}.$$

值 α 位于 $f''(\xi_+)$ 与 $f''(\xi_-)$ 之间. 因此, 由罗尔定理, 在区间 $[\xi_-, \xi_+]$ 中可以找到 ξ, 使得 $\alpha = f'''(\xi)$. 这样, 最终有
$$R_1(f) = -\frac{h^2}{6}f'''(\xi), \quad -h \leqslant \xi \leqslant h.$$

我们来研究近似公式 (3). 首先假定我们不知道它是否对于任意三次多项式都成为等式. 取泰勒展开式中的三项
$$f(\pm h) = f(0) \pm hf'(0) + \frac{h^2}{2}f''(0) \pm \frac{h^3}{6}f'''(\xi_\pm),$$

得到
$$R_2(f) = f''(0) - \frac{f(h) - 2f(0) - f(-h)}{h^2}$$
$$= f''(0) - \left[f(0) + hf'(0) + \frac{h^2}{2}f''(0) + \frac{h^3}{6}f'''(\xi_+) - 2f(0) + f(0) - hf'(0) \right.$$
$$\left. + \frac{h^2}{2}f''(0) - \frac{h^3}{6}f'''(\xi_-) \right] h^{-2}$$
$$= -\frac{h}{6}(f'''(\xi_+) - f'''(\xi_-)).$$

如果 $f(x)$ 为三次多项式, 则 $f'''(x) = \text{const}$, 因此 $R_2(f) \equiv 0$. 这样, 从误差表达式中我们看到, 公式 (3) 对于所有三次多项式变为等式. 由拉格朗日定理有
$$f'''(\xi_+) - f'''(\xi_-) = (\xi_+ - \xi_-) f^{(4)}(\bar{\xi}),$$
其中 $\bar{\xi} \in [\xi_-, \xi_+]$. 同时 $\xi_+ \in [0, h]$, $\xi_- \in [-h, 0]$, 由此可得 $0 \leqslant \xi_+ - \xi_- \leqslant 2h$. 这样, $\xi_+ - \xi_- = \theta \cdot 2h$, 其中 $0 \leqslant \theta \leqslant 1$, 且
$$R_2(f) = -\theta \frac{h^2}{6} f^{(4)}(\bar{\xi}), \quad 0 \leqslant \theta \leqslant 1.$$

如果在泰勒展开式中取四项:
$$f(\pm h) = f(0) \pm hf'(0) + \frac{h^2}{2}f''(0) \pm \frac{h^3}{6}f'''(0) + \frac{h^4}{24}f^{(4)}(\xi_\pm),$$
则得到误差表达式
$$R_2(f) = -\frac{h^2}{12} \left(\frac{f^{(4)}(\xi_+) + f^{(4)}(\xi_-)}{2} \right).$$

与导出一阶导数误差估计的讨论一样, 我们有
$$R_2(f) = -\frac{h^2}{12} f^{(4)}(\xi), \quad -h \leqslant \xi \leqslant h.$$

在带有常值步长 $x_n = x_0 + nh$ 的网格上给定函数, 我们列出一系列数值微分公式
$$f'(x_0) \approx h^{-1} \sum_{j=1}^{n} \frac{(-1)^{j-1}}{j} f_{j/2}^{j}, \quad R_1(f) = \frac{(-1)^n}{n+1} f^{(n+1)}(\xi) h^n;$$
$$f'(x_0) \approx h^{-1} \sum_{j=1}^{n} \frac{1}{j} f_{-j/2}^{j}, \quad R_1(f) = \frac{1}{n+1} f^{(n+1)}(\xi) h^n. \tag{4}$$

我们称之为单向数值微分公式. 在 (4) 的第一个公式中, 所有节点满足条件 $x_k \geqslant x_0$, 在第二个公式中则满足 $x_k \leqslant x_0$. 在这些公式中, 最常用的是:
$$n = 1, \quad f'(x_0) \approx \frac{f_{1/2}^1}{h} = \frac{f(x_1) - f(x_0)}{h};$$
$$n = 2, \quad f'(x_0) \approx \frac{1}{h}(f_{1/2}^1 - \frac{1}{2}f_1^2) = \frac{-f(x_2) + 4f(x_1) - 3f(x_0)}{2h}$$
和
$$n = 1, \quad f'(x_0) \approx \frac{f_{-1/2}^1}{h} = \frac{f(x_0) - f(x_{-1})}{h};$$
$$n = 2, \quad f'(x_0) \approx \frac{1}{h}(f_{-1/2}^1 + \frac{1}{2}f_{-1}^2) = \frac{3f(x_0) - 4f(x_{-1}) + f(x_{-2})}{2h}.$$

这些微分近似公式常常用于求解近似处理边界条件时出现的微分方程. 给出对称公式的

例子:
$$f'\left(x_0+\frac{h}{2}\right) \approx h^{-1}\sum_{j=0}^{l-1}\frac{(-1)^j\left(\left(\frac{1}{2}\right)\cdot\left(\frac{3}{2}\right)\cdots\left(j-\frac{1}{2}\right)\right)^2}{(2j+1)!}f_{1/2}^{2j+1};$$

$$R_1(f) = (-1)^l\frac{\left(\left(\frac{1}{2}\right)\left(\frac{3}{2}\right)\cdots\left(l-\frac{1}{2}\right)\right)^2}{(2l+1)!}f^{(2l+1)}(\xi)h^{2l}.$$

最常用的特殊情况如下:
$$l=1, \quad f'\left(x_0+\frac{h}{2}\right) \approx \frac{f_{1/2}^1}{h} = \frac{f(x_1)-f(x_0)}{h}$$

(上面已用另外的记号表示),

$$l=2, \quad f'\left(x_0+\frac{h}{2}\right) \approx \frac{1}{h}\left(f_{1/2}^1 - \frac{1}{24}f_{1/2}^3\right) = \frac{-f(2h)+27f(h)-27f(0)+f(-h)}{24h}.$$

二阶导数公式写成
$$f''(x_0) \approx h^{-2}\sum_{j=1}^{l}\frac{2(-1)^{j-1}((j-1)!)^2}{(2j)!}f_0^{2j},$$

余项为
$$R_2(f) = \frac{2(-1)^l(l!)^2}{(2l+2)!}f^{(2l+2)}(\xi)h^{2l}.$$

最常用的特殊情况为:
$$l=1, \quad f''(x_0) \approx \frac{f_0^2}{h^2} = \frac{f(h)-2f(0)+f(-h)}{h^2},$$

$$l=2, \quad f''(x_0) \approx \frac{1}{h^2}\left(f_0^2 - \frac{1}{12}f_0^4\right)$$
$$= \frac{-f(2h)+16f(h)-30f(0)+16f(-h)-f(-2h)}{12h^2}.$$

对于高阶导数, 使用 (10.4) 可以得到简单的粗略逼近. 当 $0 \leqslant j \leqslant k$ 时, 我们有
$$R_k = f^{(k)}(x_j) - \frac{\Delta^k f_m}{h^k} = f^{(k)}(x_j) - f^{(k)}(\xi_{m,k}) = O(h).$$

最常用的特殊情况为: 单向数值微分公式
$$f^{(k)}(0) \approx \frac{\Delta^k f_0}{h^k} = \frac{f_{k/2}^k}{h^k}, \quad f^{(k)}(0) \approx \frac{\nabla^k f_0}{h^k} = \frac{f_{-k/2}^k}{h^k},$$

它们有 $O(h)$ 量级的误差, 以及对称的数值微分公式. 当 k 为偶数时
$$f^{(k)} \approx f_0^k/h^k,$$

当 k 为奇数时
$$f^{(k)} \approx \frac{f_{1/2}^k + f_{-1/2}^k}{2h^k}.$$

这些公式具有误差 $O(h^2)$. 当 $k=1,2$ 时, 这些公式正好是上面列出的公式.

在从近似等式
$$f^{(k)}(x_0) \approx L_n^{(k)}(x_0)$$

导出数值微分公式时, 对 (5.1) 中的余项进行微分, 同样可以得到误差估计:
$$f^{(k)} = L_n^{(k)}(x_0) + (f(x;x_1;\cdots;x_n)\omega_n(x))^{(k)}|_{x_0}.$$

为获得具体估计, 需要应用莱布尼茨法则并证明等式

$$(f(x;x_1;\cdots;x_n))^{(q)} = q! f(\underbrace{x;\cdots;x}_{q+1 \text{ 次}};x_1;\cdots;x_n).$$

§16. 关于数值微分公式的计算误差

在求解一个控制问题时会出现下面的情况. 对物体的控制的选择与它在给定时刻的速度有关, 而速度按照简单的数值微分公式计算, 即速度等于物体坐标增量与相应时间间隔 δt 之比 (为此需要测量物体在先后两个时刻的位置).

在直接构造控制系统之前, 借助计算机细致模拟了该系统的运行: 物体的坐标取成带有随机测量误差的值等等.

数值实验表明, 物体总是剧烈地改变运动方向, 需要的运动控制不能实现. 但是, 减小时间间隔 δt 不能改善情况. 在这个具体例子中, 若提高先前假定的时间间隔 δt 至 100 倍, 则问题得以解决, 但这降低了控制系统的价值.

问题在于, 减小方法误差 (在这里是减小数值微分公式的误差) 常伴随着原始数据误差和计算误差的影响的增加. 对于数值微分问题, 这些误差的影响在解题方法的误差达到适当值时就已经出现了.

为确定起见, 设值 $f'(x_0)$ 由如下关系式给出:

$$f'(x_0) \approx (f(x_1) - f(x_0))/h. \qquad (1)$$

根据 (15.4), 这个公式的余项具有形式

$$r_1 = -f''(\zeta)h/2.$$

设 $|f''(\zeta)| \leqslant M_2$, 则 $|r_1| \leqslant M_2 h/2$.

如果函数值 $f(x_i)$ 已知, 但带有误差 ε_i, $|\varepsilon_i| \leqslant E$, 则 $f'(x_0)$ 的误差将包含补充项

$$r_2 = -(\varepsilon_1 - \varepsilon_0)/h, \quad |r_2| \leqslant 2E/h.$$

为简单起见, 在实际计算 (1) 的右边时忽略四舍五入. 则有误差估计

$$|r| \leqslant |r_1| + |r_2| \leqslant g(h) = M_2 h/2 + 2E/h. \qquad (2)$$

为使误差较小, 必须使 h 较小, 但减小 h 的同时, 第二项增加 (图 2.16.1).

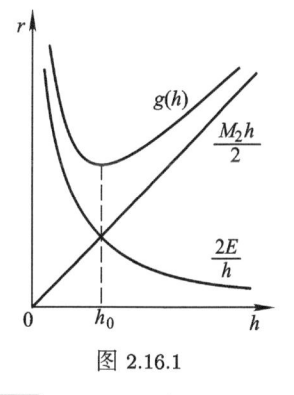

图 2.16.1

从方程 $g'(h) = 0$ 得到 $g(h)$ 的极值点 h_0: $h_0 = 2\sqrt{E/M_2}$, 然后得到值 $g(h_0) = 2\sqrt{M_2 E}$. 这样, 无论怎样的 h 都不能保证结果误差的量级为 $o(\sqrt{E})$.

误差 ε_i 的产生是由于所给的函数值存在误差, 例如函数值是通过测量或由某个近似公式计算得到的情况. 因为这些值在输入计算机时还要进行舍入, 所以应该认为 $E \geqslant \text{const} \cdot 2^{-t}$, 其中 t 是有效位数. 于是, 我们在最好情况下可以以一半的精确位数得到

$f'(x_0)$.

在应用更高阶精度公式时,情况会有所改善.假定导数 $y^{(k)}(x)$ 由公式

$$y^{(k)}(x) \approx \left(\sum_{j=1}^{n} c_j y_j\right)/h^k, \quad c_j = O(1) \tag{3}$$

计算,余项为 $O(h^l)$. 上面研究的所有数值微分计算公式可以写成这样的形式:分母为 h^k,而分子中的系数具有量级 $O(1)$. 由 (3) 式右边的误差所导致的误差可用量 $\mathrm{const} \cdot E/h^k$ 来估计. 这样,我们有

$$|r| \leqslant g_1(h) = A_1 h^l + A_2 E/h^k,$$

它取代 (2). 右边当 h 的量级为 $E^{1/(l+k)}$ 时达到最小值,在此情况下右边本身具有量级 $E^{l/(l+k)}$. 这样,随着 l 的增长,相对于 E 的误差阶增加.在此情况下,相对于最小误差估计的步长值变得越来越大.当然,应当注意 A_1 和 A_2 可能随 l 的增长而增加,所以只让 l 在一定范围内增加是明智的.

有时会有这样的情况,提高数值微分计算公式的精度不能导致期望的结果,这时可以应用预光滑方法.但是,有一组方法以数理统计思想为基础.对大量函数值进行研究,可以降低其值的随机误差.近来得到推广的另一组方法使用了正则化思想,在下文中将详细阐述.

§17. 有理插值

在许多情况下,使用有理插值可以得到高精度的近似. 给定 $f(x_1), \cdots, f(x_n)$,采用以下形式来逼近 $f(x)$:

$$R(x) = \frac{a_0 + a_1 x + \cdots + a_p x^p}{b_0 + b_1 x + \cdots + b_q x^q}, \quad p + q + 1 = n.$$

系数 a_i, b_i 得自关系式 $R(x_j) = f(x_j), j = 1, \cdots, n$,这一组关系式可以写成

$$\sum_{j=0}^{p} a_j x_i^j - f(x_i) \sum_{j=0}^{q} b_j x_i^j = 0, \quad i = 1, \cdots, n. \tag{1}$$

方程组 (1) 由包含 $n+1$ 个未知量的 n 个线性代数方程构成.

当 n 为奇数且 $p = q$ 和 n 为偶数且 $p - q = 1$ 时,函数 $R(x)$ 可以写成显式形式.

对于这种情况,应该计算由条件

$$f^-(x_l; x_k) = \frac{x_l - x_k}{f(x_l) - f(x_k)}$$

和递推关系

$$f^-(x_k; \cdots; x_l) = \frac{x_l - x_k}{f^-(x_{k+1}; \cdots; x_l) - f^-(x_k; \cdots; x_{l-1})}$$

定义的所谓反向差商. 插值有理函数写成连分式为

$$f(x) = f(x_1) + \cfrac{x - x_1}{f^-(x_1; x_2) + \cfrac{x - x_2}{f^-(x_1; x_2; x_3) + \cdots + \cfrac{x - x_{n-1}}{f^-(x_1; \cdots; x_n)}}}.$$

在函数具有奇异性 (在一些孤立点有剧烈变化或导数具有特殊性) 时,使用具有适当节点的有理插值常常比插值多项式更适合.

参考文献

1. Бабенко К.И. Основы численного анализа. — М.: Наука, 1986.
2. Бахвалов Н.С. Численные методы. — М.: Наука, 1975.
3. Крылов В.И., Бобков В.В., Монастырный П.И. Начала теории вычислительных методов. Интерполирование и интегрирование. — Минск: Наука и техника, 1983.
4. Крылов В.И., Бобков В.В., Монастырный П.И. Вычислительные методы. Т.1. — М.: Наука, 1976.
5. Локуциевский О.В., Гавриков М.Б. Начала численного анализа. — М.: ТОО 《Янус》, 1995.

第三章 数值积分

本章探讨近似计算一维积分的一些方法. 首先建立一些最简单的公式来近似计算区间上的积分. 这些公式称为一维求积公式. 多维情况 (积分的维数大于 1) 的积分近似计算公式叫作多维求积公式.

通过提高求积精度的阶 (即提高可以精确求积的多项式的次数)、区间的划分以及将带有 "奇异性" 的函数的积分转化为更光滑函数的积分, 研究了提高积分计算精度的问题.

以数值积分的案例解释了标准程序和算法的要求, 它们构成数值积分的基础. 给出了一系列数值积分标准程序的描述.

§1. 最简单的一维求积公式. 待定系数法

最简单的一维求积公式可以通过直观方法得到. 让我们计算积分

$$I = \int_a^b f(x)dx. \tag{1}$$

如果在所研究的区间 $[a,b]$ 上 $f(x) \approx \text{const}$, 则可以取 $I \approx (b-a)f(\zeta)$, ζ 为区间 $[a,b]$ 上的任意点. 自然地取区间的中点作为 ζ, 则得到矩形公式

$$I \approx (b-a)f\left(\frac{a+b}{2}\right).$$

假定函数 $f(x)$ 在区间 $[a,b]$ 上近似为线性的, 则自然地以高为 $(b-a)$, 两底为 $f(a)$ 和 $f(b)$ 的梯形的面积代替积分(图 3.1.1). 我们得到梯形公式

$$I \approx (b-a)\frac{f(a)+f(b)}{2}.$$

如果函数 $f(x)$ 近似为线性的, 则从直观的考虑可以看出, 矩形公式也应当给出不差的结果. 事实上, $(b-a)f\left(\frac{a+b}{2}\right)$ 是高为 $b-a$、中线为 $f\left(\frac{a+b}{2}\right)$ 的任意梯形的面积, 它等于以函数图像在点 $\left(\frac{a+b}{2}, f\left(\frac{a+b}{2}\right)\right)$ 的切线为一条边的梯形之面积 (图 3.1.2).

更复杂的一维求积公式如同数值微分公式一样也是借助于待定系数法或者插值工

图 3.1.1　　　　　　　　　　　图 3.1.2

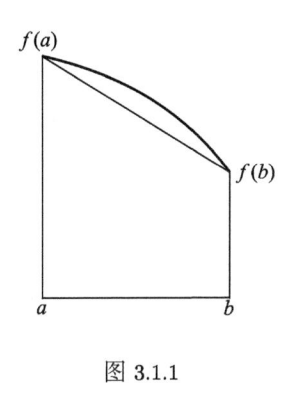

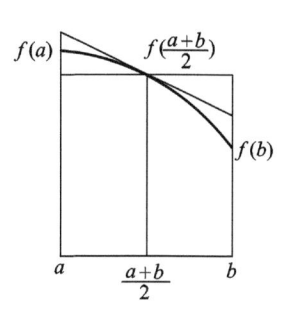

具建立起来的.

我们研究用待定系数法建立一维求积公式的一个最简单的实例. 建立一维求积公式

$$\int_{-1}^{1} f(x)dx \approx S(f) = c_1 f(-1) + c_2 f(0) + c_3 f(1),$$

它对于尽可能高次的多项式成为严格的等式. 求积误差

$$R(f) = \int_{-1}^{1} f(x)dx - S(f)$$

是一个线性泛函, 且当 $f = \sum_{j=0}^{m} a_j x^j$ 时有

$$R(f) = \sum_{j=0}^{m} a_j R(x^j).$$

因此, 需要在 l 值尽可能大的情况下满足下列等式:

$$R(1) = 0, \cdots, R(x^l) = 0.$$

我们得到方程

$$R(1) = 2 - (c_1 + c_2 + c_3) = 0,$$
$$R(x) = 0 - (-c_1 + c_3) = 0,$$
$$R(x^2) = \frac{2}{3} - (c_1 + c_3) = 0,$$
$$R(x^3) = 0 - (c_1 + c_3) = 0,$$
$$\cdots\cdots\cdots\cdots$$

因为需要确定 3 个自由参数, 所以一般说可能只需解前三个方程, 由此得到

$$c_1 = c_3 = \frac{1}{3}, \quad c_2 = \frac{4}{3}.$$

在这个具体情况中, 第四个方程自动满足, 且我们得到的一维求积公式对于三次多项式正好成为等式, 这个公式叫作辛普森公式.

一般说来, 要计算的积分并不定义在区间 $[-1,1]$ 上, 而是定义在任意区间 $[a,b]$ 上. 将积分区间转化为 $[-1,1]$ 的方便之处在于, 这时建立一维求积公式的算术运算更简洁.

有时被积函数不能很好地由多项式来近似, 而是由形如线性组合 $\sum_{j=0}^{m} b_j \varphi_j(x)$ 的所谓广义多项式来近似, 其中 $\varphi_j(x)$ 为某些具体的线性无关的函数. 于是, 由待定系数法建立的求积公式对这类函数正好成为等式.

当 $f(x)$ 能很好地用表示成某个固定函数 $p(x)$ 与多项式的乘积的函数来近似时, 即由形如

$$\sum_{j=0}^{m} a_j p(x) x^j$$

的函数来近似时, 经常用到这类求积公式. 在此情况下, 函数 $p(x)$ 叫作权或者权函数. 取 $F(x) = f(x)/p(x)$, 则原积分写成

$$\int_a^b F(x) p(x) dx. \tag{2}$$

建立求积公式

$$\int_a^b f(x) dx \approx \sum_{j=1}^{n} c_j f(x_j)$$

的问题替换成建立如下求积公式的问题:

$$\int_a^b F(x) p(x) dx \approx \sum_{j=1}^{n} C_j F(x_j).$$

前一个问题要求对于所有形如 $p(x) P_m(x)$ 的函数成立严格等式, 其中 $P_m(x)$ 为 m 次多项式. 后一个问题则要求对于所有的 m 次多项式成立等式. 当所有的 $p(x_j)$ 不等于零也不等于无穷大时, 这两个问题是等价的. 这些积分中的被积函数在下文中将被记为 $f(x) p(x)$.

我们来考虑求积公式的误差估计.

§2. 求积公式的误差估计

我们来计算积分 (1.2). 如果求积公式对于 m 次多项式 $P_m(x)$ 精确成立, 则

$$R(P_m) = I(P_m) - S(P_m) = 0,$$

因此, 对于任意 m 次多项式 $P_m(x)$ 有

$$R(f) = R(f - P_m) + R(P_m) = R(f - P_m).$$

在 $R(g)$ 中估计每一项, 得到估计值

$$|R(g)| \leqslant \int_a^b |g(x)||p(x)| dx + \sum_{j=1}^{n} |C_j||g(x_j)| \leqslant V \sup_{[a,b]} |g(x)|,$$

这里

$$V = \int_a^b |p(x)| dx + \sum_{j=1}^{n} |C_j|.$$

因此, 对于任意 m 次多项式 $P_m(x)$ 有

$$|R(f)| \leqslant |R(f - P_m)| \leqslant V \|f - P_m\|_C,$$

其中
$$\|f - P_m\|_C = \sup_{[a,b]} |f(x) - P_m(x)|.$$
在估计式的右边对所有 m 次多项式取下界，得到估计
$$|R(f)| \leqslant V E_m(f), \tag{1}$$
其中
$$E_m(f) = \inf_{P_m} \|f - P_m\|_C.$$

上面建立的简单求积公式和其他一系列更复杂的求积公式均满足条件：如果 $p(x) \geqslant 0$，则 $C_j \geqslant 0$。在我们所研究的例子中 $p(x) \equiv 1$。

对于零次多项式，即对于函数 $f \equiv 1$，求积公式精确成立的条件是
$$I(1) = \int_a^b p(x)dx = S(1) = \sum_{j=1}^n C_j.$$
当 $p(x) \geqslant 0$ 且 $C_j \geqslant 0$ 时有
$$\sum_{j=1}^n |C_j| = \sum_{j=1}^n C_j = \int_a^b p(x)dx. \tag{2}$$
因此，$V = 2\int_a^b p(x)dx$。利用 (1) 得到估计
$$|R(f)| \leqslant 2\left(\int_a^b p(x)dx\right) E_m(f) \leqslant 2\left(\int_a^b p(x)dx\right) \|f - P_m\|_C,$$
这里 P_m 为任意 m 次多项式。如果取多项式 P_m 为以切比雪夫多项式的零点为节点的插值多项式，则基于 (2.9.3) 有
$$\|f - P_m\|_C \leqslant \frac{\left(\dfrac{b-a}{2}\right)^{m+1}}{2^m(m+1)!} \|f^{(m+1)}\|_C.$$
对于权 $p(x) \equiv 1$ 和矩形公式、梯形公式、辛普森公式等具体情况，其中所有的 $C_j \geqslant 0$，有 $V = 2(b-a)$ 且
$$|R(f)| \leqslant \frac{(b-a)^{m+2}}{2^{2m}(m+1)!} \|f^{(m+1)}\|_C.$$
在一些特殊情况下，例如 $m = 1$ 时的矩形公式和梯形公式，由此有
$$|R(f)| \leqslant \frac{(b-a)^3}{8} \|f''\|_C;$$
对于辛普森公式，其中 $m = 3$，有
$$|R(f)| \leqslant \frac{(b-a)^5}{1\,536} \|f^{(4)}\|_C.$$

对于使确定次数多项式成为精确等式的所有求积公式，例如梯形公式和矩形公式，这些估计值是同样的。还可以得到这些求积公式更精确的误差估计。

我们描述一个得到最精确估计的通用方法。我们取函数 $f(x)$ 在区间 $[a,b]$ 上某个点 x_0 的泰勒展开式的前 $m+1$ 项之和作为 $P_m(x)$。为确定起见，我们取 $x_0 = a$ 并考虑所有

$x_i \in [a,b]$ 的情况. 让 $P_m(x)$ 是上述和式, $r_m(x)$ 为余项:

$$f(x) = P_m(x) + r_m(x).$$

我们有等式

$$R(f) = R(r_m(x)) = I(r_m(x)) - \sum_{j=1}^{n} C_j r_m(x_j).$$

取积分形式的泰勒公式余项

$$r_m(x) = \int_a^x \frac{(x-t)^m}{m!} f^{(m+1)}(t) dt.$$

在二重积分

$$I(r_m(x)) = \int_a^b p(x) \left(\int_a^x \frac{(x-t)^m}{m!} f^{(m+1)}(t) dt \right) dx$$

中, 积分顺序为外层对 t 进行积分, 内层对 x 进行积分. 我们得到

$$I(r_m(x)) = \int_a^b K_m(t) f^{(m+1)}(t) dt,$$

这里

$$K_m(t) = \int_t^b p(x) \frac{(x-t)^m}{m!} dx.$$

于是, 我们得到

$$R(f) = \int_a^b K_m(t) f^{(m+1)}(t) dt - \sum_{j=1}^{n} C_j \int_a^{x_j} \frac{(x_j-t)^m}{m!} f^{(m+1)}(t) dt.$$

让

$$(x_j - t)_+ = \begin{cases} x_j - t, & \text{当 } a \leqslant t \leqslant x_j \text{ 时,} \\ 0, & \text{对于其他的 } t. \end{cases}$$

使用这个记号将误差 $R(f)$ 表示为

$$R(f) = \int_a^b Q(t) f^{(m+1)}(t) dt, \quad Q(t) = K_m(t) - \sum_{j=1}^{n} C_j \frac{(x_j-t)_+^m}{m!}. \tag{3}$$

由此得到误差估计

$$|R(f)| \leqslant \left(\int_a^b |Q(t)| dt \right) \|f^{(m+1)}\|_C. \tag{4}$$

如果 $Q(t)$ 在区间 $[a,b]$ 上不改变符号, 则根据中值定理由 (3) 可得

$$|R(f)| = \left(\int_a^b Q(t) dt \right) f^{(m+1)}(\xi), \quad a \leqslant \xi \leqslant b. \tag{5}$$

今后为简单起见取 $p(x) \equiv 1$.

习题 1 取 $f(x)$ 在任意点 $x_0 \neq a$ 的泰勒级数展开式中前 $m+1$ 项的和为 $P_m(x)$. 证明在此情况下误差表达式 (3) 保持不变.

§2. 求积公式的误差估计

习题 2 设点 a 固定, $f^{(m+1)}(x)$ 在点 a 处连续. 证明当 $b \to a$, $C_j = O(b-a)$ 时
$$\int_a^b Q(t)dt = O((b-a)^{m+2}),$$
$$R(f) = \left(\int_a^b Q(t)dt\right) f^{(m+1)}(a) + o((b-a)^{m+2}),$$
其中 $Q(t)$ 由 (3) 定义.

作为实例, 我们来研究梯形公式. 于是
$$\int_t^b (x-t)dx = \frac{(b-t)^2}{2},$$
$$Q(t) = \frac{(b-t)^2}{2} - \frac{(b-a)}{2}(b-t) = \frac{(a-t)(b-t)}{2} \leqslant 0.$$

将 $Q(t)$ 代入 (5), 得到
$$\int_a^b Q(t)dt = -\frac{(b-a)^3}{12},$$
即
$$R(f) = -\frac{(b-a)^3}{12} f''(\xi_1).$$

对矩形公式有
$$Q(t) = \frac{(b-t)^2}{2} - (b-a)\left(\frac{a+b}{2}-t\right) = \frac{(t-(a+b)/2)^2}{2} \geqslant 0.$$

将 $Q(t)$ 代入 (5), 得到
$$R(f) = \frac{(b-a)^3}{24} f''(\xi_2).$$

在实际中感兴趣的常常不是误差估计 (5), 因为它不会带来改进, 而更感兴趣的是其主项 (当 $(b-a) \to 0$ 时)
$$f^{(m+1)}(a) \int_a^b Q(t)dt.$$

如果对于某个 m, 相应的积分 $\int_a^b Q(t)dt$ 等于零, 则这意味着求积公式对于 $m+1$ 次多项式是精确的. 在这种情况下需要将 m 提高 1 并对新的 m 验证类似的结论.

可以采用如下方式计算误差的主项. 将 $f(x)$ 表示为在某点 $x_0 \in [a,b]$ 的泰勒展开式中前 $m+2$ 项与余项的和的形式, 并且将前 $m+1$ 项结合在一起构成 m 次多项式, 得到
$$f(x) = T_{x_0}^m(x) + \frac{(x-x_0)^{m+1}}{(m+1)!} f^{(m+1)}(x_0) + r_{m+1}(x),$$
其中
$$T_{x_0}^m(x) = \sum_{i=0}^m \frac{(x-x_0)^i}{i!} f^{(i)}(x_0), \quad r_{m+1}(x) = o((x-x_0)^{m+1}).$$

由误差泛函的线性性质, 我们有等式
$$R(f) = R(T_{x_0}^m(x)) + \frac{f^{(m+1)}(x_0)}{(m+1)!}R((x-x_0)^{m+1}) + R(r_{m+1}(x)).$$
第一项等于零, 因为求积公式对于 m 次多项式是精确的. 又因为 (在 $V < \infty$ 的条件下)
$$|R(r_{m+1}(x))| \leqslant V\|r_{m+1}\|_C = o((b-a)^{m+2}),$$
所以
$$\frac{f^{(m+1)}(x_0)}{(m+1)!}R((x-x_0)^{m+1})$$
是误差 $R(f)$ 的主项. 为推导简单起见, 在具体计算 $R((x-x_0)^{m+1})$ 时做变量替换
$$x = (a+b)/2 + ht, \quad h = (b-a)/2,$$
并研究在点 $t=0$ 的泰勒展开式常常是方便的.

习题 3 验证
$$\frac{1}{(m+1)!}R((x-x_0)^{m+1}) = \int_a^b Q(t)dt.$$

习题 4 证明, $R((x-x_0)^{m+1})$ 与 x_0 的选取无关.

在特殊情况下, 对于梯形公式我们有
$$R\left((x-a)^2\right) = \frac{(b-a)^3}{3} - \frac{1}{2}(b-a)^3 = -\frac{1}{6}(b-a)^3,$$
因此, 带有高阶精度的误差 $R(f)$ 具有形式
$$R(f) \sim -\frac{1}{12}(b-a)^3 f''(a).$$

§3. 牛顿–科茨求积公式

借助插值多项式进一步研究一大类求积公式, 它们统称为牛顿–科茨 (Newton-Cotes) 求积公式. 给定某些 $d_1, \cdots, d_n \in [-1, 1]$ 并建立 $n-1$ 次插值多项式 $L_n(x)$, 使它与 $f(x)$ 在点 $x_j = \dfrac{a+b}{2} + \dfrac{b-a}{2}d_j$ 的值相同. 取
$$\int_a^b f(x)p(x)dx \approx \int_a^b L_n(x)p(x)dx.$$
我们有
$$R_n(f) = \int_a^b f(x)p(x)dx - \int_a^b L_n(x)p(x)dx = \int_a^b p(x)(f(x) - L_n(x))dx.$$
回顾拉格朗日插值多项式的误差估计, 差 $f(x) - L_n(x)$ 的估计为
$$|f(x) - L_n(x)| \leqslant \left(\max_{[a,b]}\left|f^{(n)}(x)\right|\right)\frac{|\omega_n(x)|}{n!},$$
其中 $\omega_n(x) = (x - x_1)\cdots(x - x_n)$. 由此得到
$$|R_n(f)| \leqslant \left(\max_{[a,b]}\left|f^{(n)}(x)\right|\right)\int_a^b \frac{|\omega_n(x)||p(x)|}{n!}dx.$$
在最后的积分中做变量代换 $x = X(t) = \dfrac{a+b}{2} + \dfrac{b-a}{2}t$, 则有
$$\frac{1}{n!}\int_a^b |\omega_n(x)p(x)|\,dx = D(d_1, \cdots, d_n)\left(\frac{b-a}{2}\right)^{n+1},$$

其中
$$D(d_1,\cdots,d_n) = \int_{-1}^{1} \frac{|\omega_n^0(t)p^0(t)|}{n!}dt,$$
$$\omega_n^0(t) = (t-d_1)\cdots(t-d_n), \quad p^0(t) = p\left(\frac{a+b}{2} + \frac{b-a}{2}t\right).$$
于是, 有下列估计
$$|R_n(f)| \leqslant D(d_1,\cdots,d_n)\left(\max_{[a,b]}\left|f^{(n)}(x)\right|\right)\left(\frac{b-a}{2}\right)^{n+1}. \tag{1}$$
让所有 d_j 互不相同, 则有
$$L_n(x) = \sum_{j=1}^{n} f(x_j) \prod_{i \neq j} \frac{x-x_i}{x_j - x_i}.$$
做变量代换 $x = X(t)$, 得到
$$\int_a^b p(x)L_n(x)dx = \left(\frac{b-a}{2}\right)\sum_{j=1}^{n} D_j f(x_j), \tag{2}$$
其中
$$D_j = \int_{-1}^{1} p^0(x) \prod_{i \neq j} \frac{t-d_j}{d_j - d_i} dt. \tag{3}$$
于是, 由此建立的求积公式具有形式
$$\int_a^b f(x)p(x)dx \approx \frac{b-a}{2}\sum_{j=1}^{n} D_j f\left(\frac{a+b}{2} + \frac{b-a}{2}d_j\right). \tag{4}$$

同数值微分一样, 可以观察到下列情况: 如果问题具有一定的对称性, 则带有同样类型对称性的方法经常别具优势.

如果 $f(x-x_0) = f(x_0-x)$, 则称函数 $f(x)$ 为相对于点 x_0 的偶函数. 如果 $f(x-x_0) = -f(x_0-x)$, 则称函数 $f(x)$ 为相对于点 x_0 的奇函数.

可以证明, 如果权函数 $p(x)$ 相对于区间 $[a,b]$ 的中点为偶函数, 且节点 x_j 也关于该区间中点对称分布, 即 $d_j = -d_{n+1-j}$, 则在求积公式中, 与对称节点相对应的系数相等:
$$D_j = D_{n+1-j}. \tag{5}$$
(请证明!)

这样的 "对称" 求积公式额外具有如下性质. 从常规角度说, 这些性质在公式建立时是不能预见到的. 对于相对于区间 $[a,b]$ 中点的任意奇函数, 即对于满足条件 $f\left(x - \frac{a+b}{2}\right) = -f\left(\frac{a+b}{2} - x\right)$ 的函数 $f(x)$, 公式是精确的. 事实上, 对于这样的函数, 由于 $p(x)$ 是偶函数, 所以 $\int_a^b p(x)f(x)dx = 0$, 而由 (5) 式有 $\sum_{j=1}^{n} D_j f(x_j) = 0$. 因此 $R_n(f) = 0$. 特别地, 求积公式对于形如 $\text{const} \cdot \left(x - \frac{a+b}{2}\right)^{2l+1}$ 的任意单项式精确成立. 对称性 (5) 在用待定系数法直接建立公式时也是有帮助的.

现在我们来研究相应于奇数 n 所对应的对称求积公式, 它对于 $f(x) = \text{const} \cdot$

$\left(x-\dfrac{a+b}{2}\right)^n$ 是精确的, 且由建立过程, 它对于任意 $n-1$ 次多项式也是精确的. 于是, 这样的求积公式也对任意 n 次多项式是精确的. 这样, 带有对称分布的 $2q-1$ 和 $2q$ 个节点的上述求积公式对于具有同一次数 $2q-1$ 的多项式是精确的 (对于高斯公式 (参看 §5), 这一次数更高).

对于带有奇数个节点的求积公式, 更精确的误差估计不是通过 $f^{(n)}(x)$ 而是通过 $f^{(n+1)}(x)$ 来表示. 为了获得该误差估计, 必须用带有二重插值节点 $(a+b)/2$ 的拉格朗日插值多项式代替被积函数. 下面对于 $p(x)\equiv 1$ 的情况建立一系列基本的求积公式, 且给出其误差估计. 当 $n=1$ 和 $n=3$ 时通过 $f^{(n+1)}(x)$ 导出对称公式的误差估计.

1. 矩形公式. 让 $n=1$, $d_1=0$, 则
$$D=\int_{-1}^{1}|t|dt=1,\quad D_1=\int_{-1}^{1}1\cdot dt=2,$$
于是有求积公式
$$\int_a^b f(x)dx\approx (b-a)f\left(\frac{a+b}{2}\right),\tag{6}$$
它的余项估计为
$$R(f)=\max_{[a,b]}|f'(x)|\frac{(b-a)^2}{4}.$$

2. 带有多重节点的矩形公式. 让 $n=2$, $d_1=d_2=0$, 则
$$D=\int_{-1}^{1}\frac{t^2}{2}dt=\frac{1}{3},$$
$$L_2(x)=f\left(\frac{a+b}{2}\right)+f'\left(\frac{a+b}{2}\right)\left(x-\frac{a+b}{2}\right),$$
$$\int_a^b L_2(x)dx=(b-a)f\left(\frac{a+b}{2}\right),$$
于是我们有同样的求积公式
$$\int_a^b f(x)dx\approx (b-a)f\left(\frac{a+b}{2}\right),$$
它的余项估计为
$$R(f)=\max_{[a,b]}|f''(x)|\frac{(b-a)^3}{24}.$$
在两种情况下得到同样的求积公式, 但余项估计不同.

3. 梯形公式. 让 $n=2$, $d_1=-1$, $d_2=1$. 则
$$D=\int_{-1}^{1}\frac{|t^2-1|}{2}dt=\frac{2}{3},\quad D_1=\int_{-1}^{1}\frac{1-t}{2}dt=1,\quad D_2=\int_{-1}^{1}\frac{1+t}{2}dt=1.$$
得到梯形公式
$$\int_a^b f(x)dx\approx \frac{(b-a)}{2}(f(a)+f(b)),\tag{7}$$
它的余项估计为
$$R(f)=\max_{[a,b]}|f''(x)|\frac{(b-a)^3}{12}.$$

4. 辛普森 (Simpson) 公式. 让 $n=4, d_1=-1, d_2=d_4=0, d_3=1$. 则
$$D = \int_{-1}^{1} \frac{t^2(1-t^2)}{4!} dt = \frac{1}{90}.$$

按照带有多重节点的插值公式, 可以写出
$$L_4(x) = L_3(x) + f\left(a; b; \frac{a+b}{2}; \frac{a+b}{2}\right)(x-a)(x-b)\left(x - \frac{a+b}{2}\right),$$
其中
$$L_3(x) = f(a) + f(a;b)(x-a) + f\left(a; b; \frac{a+b}{2}\right)(x-a)(x-b).$$

表达式 $L_4(x)$ 中的第二项是相对于区间 $[a,b]$ 中点的奇函数, 因此有
$$\int_a^b L_4(x)dx = \int_a^b L_3(x)dx.$$

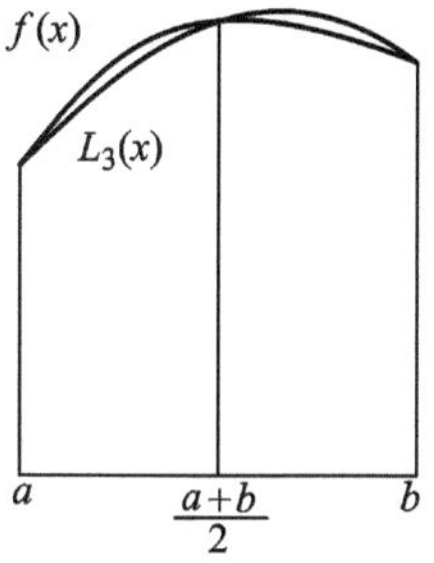

图 3.3.1

多项式 $L_3(x)$ 是相应于 $d_1=-1, d_2=0, d_3=1$ 的二阶插值多项式 (图 3.3.1). 相应于这些值 d_1, d_2, d_3 有 $D_1=1/3, D_2=4/3, D_3=1/3$. 结果得到辛普森求积公式
$$\int_a^b f(x)dx \approx \frac{b-a}{6}\left(f(a) + 4f\left(\frac{a+b}{2}\right) + f(b)\right), \tag{8}$$
它的余项估计为
$$R(f) = \max_{[a,b]}\left|f^{(4)}(x)\right|\frac{(b-a)^5}{2880}.$$

本章的基本目的在于研究具有解析表达式的函数的积分的计算方法, 提出计算这类函数的积分的标准程序的建立原则. 自然, 除了这些问题, 在求积公式理论中还存在其他的问题. 例如, 同实验资料研究相关的问题.

作为例子, 我们来关注切比雪夫求积公式, 它被广泛应用于船舶排水量的计算中. 这个问题在提法上相当接近于实验规划问题 (见第二章 §1), 它们都转化为建立这类求积公式. 计算积分 $\int_{-1}^{1} f(x)dx$, 并且已知带有容许精度的函数 $f(x)$ 由一个 q 次多项式近似. 通过测量方式得到 $f(x)$ 的每个值所花费的代价是十分昂贵的, 并且得到的值包含相当大的随机误差. 假定测量误差是独立的, 具有同样的方差 d, 且数学期望为零. 则按照求积公式
$$I(f) \approx S_n(f) = \sum_{j=1}^{n} c_j f(x_j)$$
计算的近似值 $S_n(f)$ 的方差等于 $d\sum_{j=1}^{n} c_j^2$. 当 $f=\text{const}$ 时条件 $I(f)=S_n(f)$ 具有形式
$$\sum_{j=1}^{n} c_j = 2. \tag{9}$$

不难验证, 在条件 (9) 之下 $d\sum_{j=1}^{n} c_j^2$ 的最小值在 $c_1=\cdots=c_n=2/n$ 处达到. 这些结论给出问题的以下提法: 在所有对于 q 次多项式成为等式的求积公式
$$I(f) \approx \frac{2}{n}\sum_{j=1}^{n} f(x_j)$$

中寻找 n 取最小值的求积公式. 当 $q = 0$ 和 $q = 1$ 时, 要找的求积公式是矩形公式 $I(f) = 2f(0)$; 当 $q = 2$ 和 $q = 3$ 时则是高斯求积公式 (参看 §5).

§4. 正交多项式

在研究一系列数学物理问题的解时, 常常需要把解按正交函数展开, 特别是按正交多项式展开. 关于一元正交函数系的研究最为详尽. 对于多元正交函数系, 通常只研究形如 $\varphi_{n_1}^1(x_1) \times \cdots \times \varphi_{n_s}^s(x_s)$ 的函数, 其中 $\varphi_{n_k}^k(x_k)$ 为某个一元正交多项式.

设 H 为定义在 $[a, b]$ 上的带有有界积分

$$\int_a^b |f(x)|^2 p(x) dx$$

的复值函数空间, 其内积由如下等式给出

$$(f, g) = \int_a^b f(x)\overline{g}(x) p(x) dx, \tag{1}$$

其中 $\overline{g}(x)$ 为 $g(x)$ 的复共轭函数, 在 $[a, b]$ 上几乎处处有 $p > 0$ 且 $\int_a^b p(x) dx < \infty$. 认为在测度为零的集合上取不同值的函数是相等的.

H 中非零元素构成的函数系 $\Phi_n = \{\varphi_1, \cdots, \varphi_n\}$ 称为正交的, 如果当 $i \neq j$ 时 $(\varphi_i, \varphi_j) = 0$. 函数系 $\Phi_n = \{\varphi_1, \cdots, \varphi_n\}$ 称为线性无关的, 如果仅当所有 $C_j = 0$ 时

$$\sum_{j=1}^n C_j \varphi_j = 0.$$

希尔伯特空间中给定元素系的正交化是许多研究的重要工具.

引理 1 在空间 H 中给定线性无关的元素系 $\Phi_n = \{\varphi_1, \cdots, \varphi_n\}$, 则可以建立如下形式的线性无关的正交元素系 $\Psi_n = \{\psi_1, \cdots, \psi_n\}$:

$$\psi_j = \sum_{i=1}^j b_{ji} \varphi_i, \quad j = 1, \cdots, n, \tag{2}$$

其中 $b_{jj} = 1$.

证明 我们采用归纳法来建立这样的元素系. 当 $n = 1$ 时我们有平凡的情况 $\psi_1 = \varphi_1$. 假定要求的元素系 Ψ_n 对于 $n = k$ 已建立, 则元素 ψ_{k+1} 按照如下形式寻找:

$$\psi_{k+1} = \varphi_{k+1} - \sum_{i=1}^k a_{ki} \psi_i. \tag{3}$$

系数 a_{ki} 从正交性条件 $(\psi_{k+1}, \psi_l) = 0$, $l \leqslant k$ 来确定. 由于 Ψ_k 的元素的正交性, 最后一个关系式表示为

$$(\varphi_{k+1}, \psi_l) - a_{kl}(\psi_l, \psi_l) = 0,$$

由此可得

$$a_{kl} = \frac{(\varphi_{k+1}, \psi_l)}{(\psi_l, \psi_l)}.$$

§4. 正交多项式

从而元素
$$\psi_{k+1} = \varphi_{k+1} - \sum_{i=1}^{k} \frac{(\varphi_{k+1}, \psi_i)}{(\psi_i, \psi_i)} \psi_i \tag{4}$$
将与前面所有元素正交. 将关系式
$$\psi_i = \sum_{q=1}^{i} b_{iq} \varphi_q, \quad i \leqslant k$$
代入 (3), 得到要求的关系. 引理得证.

在 $j \leqslant n$ 时, 所有关系式 (2) 可以表示成形式
$$\Psi_n = B_n \Phi_n,$$
其中
$$B_n = \begin{pmatrix} 1 & 0 & 0 & 0 & \cdots \\ b_{21} & 1 & 0 & 0 & \cdots \\ b_{31} & b_{32} & 1 & 0 & \cdots \\ \cdot & \cdot & \cdot & \cdot & \cdots \end{pmatrix},$$

Ψ_n, Φ_n 是相应元素的列向量. 同时, 将 (4) 的所有 ψ_i 从右边移动到左边, 得到
$$\Phi_n = A_n \Psi_n,$$
其中
$$A_n = \begin{pmatrix} 1 & 0 & 0 & 0 & \cdots \\ a_{21} & 1 & 0 & 0 & \cdots \\ a_{31} & a_{32} & 1 & 0 & \cdots \\ \cdot & \cdot & \cdot & \cdot & \cdots \end{pmatrix}; \tag{5}$$

矩阵 B_n 有时称为正交化矩阵. 因为 $\det B_n = 1$, 则由矩阵 B_n 给出的变换是非退化的, 从而将线性无关的元素系 Φ_n 变成线性无关的元素系 Ψ_n.

根据由函数系 Φ_n 的线性无关性, 由此可以得到 $B_n = A_n^{-1}$.

在建立正交多项式时, 取函数 $1, x, \cdots, x^{j-1}$ 作为函数系 Φ_j 的元素, 且在带有内积 (1) 的空间中按照上述过程进行正交化, 得到的多项式
$$\psi_j(x) = x^{j-1} + \sum_{i=1}^{j-1} b_{ji} x^{i-1}, \tag{6}$$
称为相应于权 $p(x)$ 和区间 $[a,b]$ 的正交多项式. 有时把多项式 $g_j(x) = \alpha_j \psi_j(x)$ 称为相应于权 $p(x)$ 的正交多项式, 这里值 α_j 根据某个附加的关系式来选择, 例如可以从条件 $\|g_j\| = \sqrt{(g_j, g_j)} = 1$ 来选择. 满足这个条件的正交函数系叫作标准正交函数系.

我们已经遇到过切比雪夫多项式系
$$T_n(x) = 2^{n-1} x^n + \cdots,$$

它对于权 $2/\left(\pi\sqrt{1-x^2}\right)$ 在区间 $[-1,1]$ 上是正交的. 如前所述, 这些多项式的值可以按照递推公式

$$T_{n+1}(x) = 2xT_n(x) - T_{n-1}(x) \tag{7}$$

进行计算.

借助公式 (7) 来计算切比雪夫正交多项式的值比直接按照它的显式表达式 (6) 来计算更具有优势, 其原因如下:

1. 按照公式 (7) 进行计算不要求寄存或计算系数 b_{ji}.

2. 通常要求在同一点同时计算所有多项式 $\psi_1(x),\cdots,\psi_n(x)$ 的值. 按照公式 (6) 独立计算每个多项式的值时, 所有多项式的计算要求 $\sim n^2$ 次算术运算. (这里及以后, 表达式 $a(n) \sim b(n)$ 意指 $a(n)$ 和 $b(n)$ 具有同样的量级, 即 $a(n) = O(b(n))$, $b(n) = O(a(n))$.)

在借助迭代公式 (7) 同时计算所有值时需要 $O(n)$ 次算术运算.

3. 按照公式 (6) 直接计算得到的值 $T_n(x)$ 可能包含大的计算误差.

这一事实可解释如下: 将 $T_n(x)$ 表示成单项式的和式形式

$$T_n(x) = \sum_{j=0}^{n} d_{nj} x^j. \tag{8}$$

这些单项式 $d_{nj}x^j$ 在写入计算机时可能引入 $|d_{nj}x^j|2^{-t}$ 量级的绝对误差, 这可能导致值 $T_n(x)$ 的绝对误差量级为 $D_n(x)2^{-t}$, 其中

$$D_n(x) = \sum_{j=0}^{n} |d_{nj}x^j|.$$

我们来估计 $D_n(x)$ 的下界. 从等式

$$T_n(|x|\mathbf{i}) = \sum_{j=0}^{n} d_{nj}(|x|\mathbf{i})^j$$

可以推出

$$|T_n(|x|\mathbf{i})| \leqslant \sum_{j=0}^{n} |d_{nj}x^j| = D_n(x),$$

其中 $\mathbf{i}$ 表示虚数单位. 同时, 由 (2.8.4), 对于实数 x 我们有

$$T_n(|x|\mathbf{i}) = \frac{\left(|x|+\sqrt{1+|x|^2}\right)^n + \left(|x|-\sqrt{1+|x|^2}\right)^n}{2}\mathbf{i}^n.$$

因为

$$\left(|x|+\sqrt{1+|x|^2}\right)\left(|x|-\sqrt{1+|x|^2}\right) = -1,$$

则由此得到

$$D_n(x) \geqslant |T_n(|x|\mathbf{i})| \geqslant \frac{\left(|x|+\sqrt{1+|x|^2}\right)^n - \left(|x|-\sqrt{1+|x|^2}\right)^{-n}}{2}.$$

这样，当 n 很大且 $x \neq 0$ 时，直接应用公式 (8) 的计算误差可以达到量级
$$\left(|x| + \sqrt{1+|x|^2}\right)^n 2^{-t}.$$

习题 1 证明等式
$$D_n(x) = |T_n(|x|\mathbf{i})|.$$

我们在此再次遇到有效数字丢失的现象：$|T_n(x)| \leqslant 1$，但在由 (8) 计算 $T_n(x)$ 的值时，它等于变号的且模很大的单项式之和，因此具有很大的误差.

同时可证明，按照递推公式 (7) 计算时，$T_n(x)$ 的误差具有 $\min\left\{n, \dfrac{1}{\sqrt{1-x^2}}\right\} \cdot O(n2^{-t})$ 的量级. 从叙述中可见获得形如 (7) 的递推关系式的重要性，这些关系式把其他权函数所对应的正交多项式的值联系起来.

下列定理成立：

定理 (省略证明) 正交多项式
$$\psi_j(x) = x^j + \sum_{i=0}^{j-1} b_{ji} x^{i-1}$$

满足如下关系式
$$\psi_{j+1}(x) = (2x + \alpha_j)\psi_j(x) - \beta_j \psi_{j-1}(x), \tag{9}$$

其中 $\beta_j > 0$.

当 $Q_n(x) = \dfrac{\psi_n(x)}{\|\psi_n(x)\|}$ 时，我们有以下关系式来代替 (9)：
$$D_{n+1}Q_{n+1}(x) = (2x + G_n)Q_n(x) - D_n Q_{n-1}(x).$$

如果区间 $[a,b]$ 有限，则可知当 $n \to \infty$ 时 $D_n \to 1$, $G_n \to 0$.

下面我们引入应用最广泛的与各种权函数相对应的正交多项式系.

1. 雅可比 (Jacobi) 多项式. 对于区间 $[-1, 1]$ 和权函数 $p(x) = (1-x)^\alpha (1+x)^\beta$, $\alpha, \beta > -1$, 雅可比多项式
$$P_n^{(\alpha,\beta)}(x) = \frac{(-1)^n}{2^n n!}(1-x)^{-\alpha}(1+x)^{-\beta}\frac{d^n}{dx^n}\left((1-x)^{\alpha+n}(1+x)^{\beta+n}\right)$$

构成正交系. 成立关系式
$$\left\|P_n^{(\alpha,\beta)}(x)\right\| = \left(\frac{2^{\alpha+\beta+1}\Gamma(\alpha+n+1)\Gamma(\beta+n+1)}{n!(\alpha+\beta+2n+1)\Gamma(\alpha+\beta+n+1)}\right)^{1/2},$$

$$(\alpha+\beta+2n)(\alpha+\beta+2n+1)(\alpha+\beta+2n+2)xP_n^{(\alpha,\beta)}(x)$$
$$= 2(n+1)(\alpha+\beta+n+1)(\alpha+\beta+2n)P_{n+1}^{(\alpha,\beta)}(x) \tag{10}$$
$$+ (\beta^2 - \alpha^2)(\alpha+\beta+2n+1)P_n^{(\alpha,\beta)}(x)$$
$$+ 2(\alpha+n)(\beta+n)(\alpha+\beta+2n+2)P_{n-1}^{(\alpha,\beta)}(x);$$

这里 Γ 为欧拉–伽玛函数.

雅可比多项式满足微分方程

$$L_{\alpha,\beta}\left(P_n^{(\alpha,\beta)}(x)\right) \equiv (1-x^2)\left(P_n^{(\alpha,\beta)}(x)\right)_{xx} + ((\beta-\alpha)-(\alpha+\beta+2)x)\left(P_n^{(\alpha,\beta)}(x)\right)_x$$
$$= -n(\alpha+\beta+n+1)P_n^{(\alpha,\beta)}(x).$$

换句话说, 它们是微分算子 $L_{\alpha,\beta}$ 的特征函数.

2. 勒让德 (Legendre) 多项式. 设 $\alpha = \beta = 0$, 即权函数 $p(x) \equiv 1$. 这个特殊情况下的雅可比多项式

$$L_n(x) = \frac{1}{2^n n!} \frac{d^n}{dx^n}(x^2-1)^n$$

叫作勒让德多项式, 其范数为

$$||L_n|| = \sqrt{2/(2n+1)},$$

该多项式满足递推关系

$$(n+1)L_{n+1}(x) - (2n+1)xL_n(x) + nL_{n-1}(x) = 0.$$

3. 第一类切比雪夫 (Chebyshev) 多项式. 当 $\alpha = \beta = -1/2$, $p(x) = 1/\sqrt{1-x^2}$ 时, 标准化后的雅可比多项式就变成了第一类切比雪夫多项式 $T_n(x)$.

4. 第二类切比雪夫多项式. 当 $\alpha = \beta = -1/2$, $p(x) = \sqrt{1-x^2}$ 时, 标准化后的雅可比多项式就变成了第二类切比雪夫多项式

$$U_n(x) = (\sin((n+1)\arccos x))/\sqrt{1-x^2} = T'_{n+1}(x)/(n+1), \quad n=0,1,\cdots,$$

其范数为 $||U_n|| = \pi/2$. 第二类切比雪夫多项式的递推关系与第一类切比雪夫多项式的一样.

5. 埃尔米特 (Hermite) 多项式. 当 $(a,b) = (-\infty, \infty)$ 且 $p(x) = e^{-x^2}$ 时, 埃尔米特多项式

$$H_n(x) = (-1)^n e^{x^2} \frac{d^n}{dx^n}\left(e^{-x^2}\right)$$

构成正交函数系, 其范数为

$$||H_n||\sqrt{2^n \cdot n! \sqrt{\pi}},$$

该多项式满足递推关系

$$H_{n+1}(x) - 2xH_n(x) + 2nH_{n-1}(x) = 0.$$

埃尔米特多项式还满足微分方程

$$H_n'' - 2xH_n' = -2nH_n.$$

6. 拉盖尔 (Laguerre) 多项式. 当 $[a,b] = [0,\infty)$ 且 $p(x) = x^\alpha e^{-x}$, $\alpha > -1$ 时, 拉盖尔多项式

$$L_n^{(\alpha)}(x) = (-1)^n x^{-\alpha} e^x \frac{d^n}{dx^n}\left(x^{\alpha+n} e^{-x}\right)$$

构成正交函数系,并且其范数为
$$\|L_n^{(\alpha)}\| = \sqrt{n!\Gamma(\alpha+n+1)}.$$

拉盖尔多项式满足递推关系
$$L_{n+1}^{(\alpha)}(x) - (x-\alpha-2n-1)L_n^{(\alpha)}(x) + n(\alpha+n)L_{n-1}^{(\alpha)}(x) = 0.$$

拉盖尔多项式还满足微分方程
$$x\left(L_n^{(\alpha)}(x)\right)_{xx} + (\alpha+1-x)\left(L_n^{(\alpha)}(x)\right)_x = -nL_n^{(\alpha)}(x).$$

对于某些具体的正交多项式导出的递推关系具有略微不同于 (9) 的形式,因为关系式 (9) 是对首项系数为 1 的标准化正交多项式写出的.

我们指出正交多项式的一系列性质. 让 $P_0(x), \cdots, P_n(x)$ 是定义在区间 $[a,b]$ 上的具有如下形式的正交多项式
$$P_n(x) = x^n + \sum_{j=0}^{n-1} p_{nj}x^j.$$

引理 2 每个多项式 $P_n(x)$ 在开区间 (a,b) 内恰好具有 n 个互相不同的零点.

证明 假定 $P_n(x)$ 在区间 (a,b) 上仅有 $l < n$ 个零点 $x_1, \cdots, x_l$,其重数为奇数. 则多项式
$$P_n(x) \prod_{j=1}^{l}(x-x_j)$$
在区间 $[a,b]$ 不改变符号,因此有
$$\int_a^b P_n(x) \prod_{j=1}^{l}(x-x_j)p(x)dx \neq 0.$$
另一方面,由于 $P_n(x)$ 正交于所有更低次数的多项式,所以这个积分等于零. 导出矛盾.

习题 2 让 $x_1^{(n)} < \cdots < x_n^{(n)}$ 为 $P_n(x)$ 的零点. 则多项式 $P_{n-1}(x)$ 和 $P_n(x)$ 的零点相互交替,即
$$a < x_1^{(n)} < x_1^{(n-1)} < \cdots < x_{n-1}^{(n-1)} < x_n^{(n)} < b.$$

正交多项式的这个性质被用来建立正交多项式的零点表,而这些零点是高斯求积公式的节点.

习题 3 让权函数是相对于区间 $[a,b]$ 的中点的偶函数,且为确定起见设 $[a,b] = [-1,1]$,于是有 $p(x) = p(-x)$. 证明,所有多项式 $P_{2n}(x)$ 是偶函数,而多项式 $P_{2n-1}(x)$ 是奇函数,即
$$P_j(x) = (-1)^j P_j\left((-1)^j x\right), \ \forall j$$
且递推关系 (9) 具有形式
$$P_{j+1}(x) - xP_j(x) + \beta_{j+1}P_{j-1}(x) = 0.$$

在对观察到的结果进行处理时会产生这样的问题, 这时要利用变量 x 的多项式来逼近在实数轴上的点 $x_1,\cdots,x_N$ 具有给定值的函数. 这个问题经常借助于离散变量的正交多项式来解决. 在这样的多项式理论中需要确定其性质, 这类似于连续变量正交多项式的性质, 也需要给出上述连续变量正交多项式的各种类型在离散情况下的类比.

我们指出正交多项式零点分布的一个重要性质. 让 $[a,b] = [-1,1]$, 权函数 $p(x)$ 在 $[-1,1]$ 上几乎处处为正. 以 $w_n(x_1,x_2)$ 记多项式 $P_n(x)$ 在区间 $[x_1,x_2]$ 上的零点个数. 则下列关系式成立:
$$\lim_{n\to\infty}\frac{w_n(x_1,x_2)}{n}=\int_{x_1}^{x_2}\frac{1}{\pi\sqrt{1-x^2}}dx.$$
这样, 不依赖于权函数 $p(x)$, 正交多项式的零点以密度 $1/(\pi\sqrt{1-x^2})$ 渐近均匀分布.

§5. 高斯求积公式

从估计 (2.1) 得知求积误差可以通过用多项式逼近函数的误差来估计. 用多项式来逼近函数时, 多项式次数越高, 精度也越高:
$$E_0(f)\geqslant E_1(f)\geqslant\cdots.$$
因此, 有理由将注意力放在这样的求积公式上, 它对尽可能高次的多项式是精确的.

我们来研究下列最优化问题. 当给定节点数 n 时建立求积公式
$$I(f)=\int_a^b f(x)p(x)dx\approx S_n(f)=\frac{b-a}{2}\sum_{j=1}^n D_j f(x_j), \tag{1}$$
它对于最高次的多项式是精确的. 这样的求积公式叫作高斯求积公式.

我们已经看到 (§2), 如果求积公式 (1) 对于所有函数 x^q, $q=0,\cdots,m$ 是精确的, 则它对于 m 次多项式是精确的. 于是, 应该满足如下关系式
$$R_n(x^q)=\int_a^b x^q p(x)dx-\frac{b-a}{2}\sum_{j=1}^n D_j x_j^q=0,\quad q=0,\cdots,m. \tag{2}$$
我们得到了关于未知量 $x_1,\cdots,x_n, D_1,\cdots,D_n$ 的 $m+1$ 个方程构成的方程组, 其中 $x_1,\cdots,x_n$ 为未知节点, $D_1,\cdots,D_n$ 为求积公式 (1) 的未知系数.

当 $m\leqslant 2n-1$ 时, 方程的个数不超过未知量的个数, 因此可以期望代数方程组 (2) 有解. 对于 $m=2n-1$, 可以通过求解这个方程组来尝试建立求积公式. 但是, 还不清楚从 (2) 得到的求积公式的节点是否位于区间 $[a,b]$ 内. 如果它们不属于该区间, 则函数 $f(x)$ 可能在积分节点上没有定义, 从而不可能应用求积公式.

在第八章中我们将注意到, 在建立常微分方程解的有限差分方法时会出现求积公式节点位于区间 $[a,b]$ 之外上的情况.

我们来建立与最大值 $m=2n-1$ 相对应的求积公式.

引理 1 如果 $x_1,\cdots,x_n$ 是求积公式 (1) 的节点, 且求积公式 (1) 对于所有 $2n-1$ 次多项式是精确的, 则对于 $\omega_n(x)=(x-x_1)\cdots(x-x_n)$ 和次数不超过 $n-1$ 的任意多

项式 $P_{n-1}(x)$ 有
$$\int_a^b \omega_n P_{n-1}(x) dx = 0.$$

证明 让 $P_{n-1}(x)$ 为某个次数不超过 $n-1$ 的多项式. 根据引理的条件, 求积公式对于 $2n-1$ 次多项式 $Q_{2n-1}(x) = \omega_n(x) P_{n-1}(x)$ 是精确的. 因此,
$$\int_a^b \omega_n P_{n-1}(x) p(x) dx = \int_a^b Q_{2n-1}(x) p(x) dx = \frac{b-a}{2} \sum_{j=1}^n D_j Q_{2n-1}(x_j) = 0.$$
最后一个关系从等式 $Q_{2n-1}(x_j) = 0, \forall j$ 推出. 引理得证.

进一步假定在区间 $[a,b]$ 上 $p(x) > 0$ 几乎处处成立.

从 §4 的结论推出, 如果给定内积
$$(f,g) = \int_a^b f(x) \overline{g}(x) p(x) dx,$$
则与所有低次多项式正交的多项式 $\psi_n(x) = x^n + \cdots$ 是唯一的. 因此, $\psi_n(x) = \omega_n(x)$, 且要寻找的求积公式的节点应该是多项式 $\psi_n(x)$ 的零点. 由 §4 中的结果可知, 多项式 $\psi_n(x)$ 在 (a,b) 上有 n 个不同的零点.

引理 2 让 $x_1, \cdots, x_n$ 为 n 次正交多项式 $\psi_n(x)$ 的零点, 且求积公式 (1) 对于 $n-1$ 次多项式是精确的, 则公式 (1) 对于 $2n-1$ 次多项式也是精确的.

证明 任意 $2n-1$ 次多项式 $Q_{2n-1}(x)$ 可以表示成如下形式
$$Q_{2n-1}(x) = \psi_n(x) g_{n-1}(x) + r_{n-1}(x),$$
其中 g_{n-1} 和 r_{n-1} 分别为 $n-1$ 次多项式. 因为由引理条件有 $R_n(r_{n-1}) = 0$, 所以我们有
$$R_n(Q_{2n-1}) = R_n(\psi_n g_{n-1}) + R_n(r_{n-1}) = R_n(\psi_n g_{n-1}).$$

进一步, 因为 $\psi_n(x)$ 与所有更低次数的多项式正交, 所以 $\int_a^b \psi_n(x) g_{n-1}(x) p(x) dx = 0$, 又由引理的假设知 $\psi_n(x_j) = 0$, 于是有
$$R_n(\psi_n g_{n-1}) = \int_a^b \psi_n(x) g_{n-1}(x) p(x) dx - \frac{b-a}{2} \sum_{j=1}^n D_j \psi_n(x_j) g_{n-1}(x_j) = 0.$$
从而有 $R_n(Q_{2n-1}) = 0$. 引理 2 得证.

现在可以建立所要求的求积公式. 为此, 给定插值节点 $x_1, \cdots, x_n$, 在这些节点处 $\psi_n(x_j) = 0$, 我们来建立 (例如按照 §3 中的方式) 求积公式, 使得它对于 $n-1$ 次多项式是精确的. 总之, 得到所要求的求积公式
$$\int_a^b f(x) p(x) dx \approx \frac{b-a}{2} \sum_{j=1}^n D_j f(x_j), \tag{3}$$
它对于 $2n-1$ 次多项式是精确的.

如果几乎处处 $p(x) > 0$, 则不存在对于所有 $2n$ 次多项式均精确成立的求积公式.

事实上, 取 $Q_{2n}(x) = (x-x_1)^2 \cdots (x-x_n)^2$, 则 (1) 式的左边为
$$\int_a^b ((x-x_1)\cdots(x-x_n))^2 p(x)dx > 0,$$
而右边等于 0.

引理 3 系数 D_j 为正的.

证明 函数 $\left(\dfrac{\psi_n(x)}{x-x_l}\right)^2$ 是 $2n-2$ 次多项式, 在所有的点 $x_j \neq x_l$ 处等于零. 求积公式 (3) 对于这个函数是精确的, 因此
$$\int_a^b \left(\frac{\psi_n(x)}{x-x_l}\right)^2 p(x)dx = \frac{b-a}{2} D_l \left(\frac{\psi_n(x)}{x-x_l}\right)^2 \bigg|_{x_l}.$$
展开表达式 $\psi_n(x)/(x-x_l)$, 得到
$$D_l = \frac{2}{b-a} \int_a^b \left(\prod_{j\neq l} \frac{x-x_j}{x_l-x_j}\right)^2 p(x)dx > 0.$$
引理得证.

因为所有的 $D_j > 0$, 所以应用 (2.1) 和 (2.2), 我们有
$$|R_n(f)| \leqslant 2 \left(\int_a^b p(x)dx\right) E_{2n-1}(f). \tag{4}$$
也可以通过 $f^{(2n)}(x)$ 来估计高斯求积公式的误差. 这个估计有如下形式
$$R_n(f) = f^{(2n)}(\overline{\zeta}) \int_a^b \frac{\psi_n^2(x)}{(2n)!} p(x)dx. \tag{5}$$
实际应用高斯公式时必须首先知道节点的分布和这些公式的系数. 可以证明, 当 $p(x)$ 为相对于点 $(a+b)/2$ 的偶函数时, 正交多项式的零点 (即高斯公式的节点) 相对于区间 $[a,b]$ 的中点是对称分布的. 由 (3.5), 高斯公式的系数将满足对称性条件 $D_j = D_{n+1-j}$. 这种情况将减少高斯公式系数表一半的容量.

如果 $p(x) \equiv 1$, 则系数 D_j 和数 $d_j = \dfrac{2x_j - (a+b)}{b-a}$ 与区间 $[a,b]$ 没有关系. 事实上, 如果多项式 $\psi_n(x) = (x-x_1)\cdots(x-x_n)$ 属于区间 $[a,b]$ 上权为 1 的正交多项式系, 则多项式 $(t-d_1)\cdots(t-d_n)$ 属于区间 $[-1,1]$ 上权为 1 的正交多项式系. 因此, 这个多项式本身, 其零点以及由 (3.3) 定义的系数 D_j 均是唯一确定的, 且与原始区间 $[a,b]$ 无关.

为便于查阅, 我们对于区间 $[-1,1]$ 和权函数 $p(x) \equiv 1$ 给出高斯求积公式的参数. 在此情况下, 求积公式 (3) 的余项 $R(f)$ 为
$$R(f) = f^{(2n)}(\zeta) \frac{2^{2n+1}(n!)^4}{(2n!)^3(2n+1)}.$$
由对称性, 我们仅给出非负的 d_j 及其系数 (表 1).

当前, 已经建立的高斯求积公式节点和权函数表至少已经达到 $n = 4096$ 和 20 位小数的规模. 由于数据量大, 从某个 n_0 开始, 仅对于 $n = 2^k$, $n = 3 \cdot 2^k$ 公布了相应的值.

有时可以适当改变高斯求积公式的构造思想, 即不要求它对尽可能高次的多项式是精确的. 例如, 假定要计算 $\int_0^1 f(x)dx$, 而值 $f(a)$ 的计算要比区间 $[0,1]$ 上其他点处的

表 1

	d_1 D_1	d_2 D_2	d_3 D_3
1	0.0000000000		
	2.0000000000		
2	0.5773502692		
	1.0000000000		
3	0.0000000000	0.7745966692	
	0.8888888888	0.5555555556	
4	0.8611363115	0.3399810436	
	0.3478548451	0.6521451549	
5	0.0000000000	0.9061798459	0.5384693101
	0.5688888888	0.4786286705	0.2369268851
6	0.9324695142	0.6612093864	0.2386191861
	0.1713244924	0.3607615730	0.4679139346

值的计算要快得多 (或者因为某种缘故预先已知), 则可以考虑建立如下求积公式:

$$\int_0^1 f(x)dx \approx \sum_{j=0}^n D_j f(d_j), \quad d_0 = a,$$

它对于 $2n$ 次多项式是精确的. 如果要求计算 $\int_{-1}^1 f(x)dx$, 而值 $f(1)$ 和 $f(-1)$ 的计算要比区间 $[-1,1]$ 上的点处的值的计算要快得多, 则可以考虑建立如下求积公式

$$\int_{-1}^1 f(x)dx \approx \sum_{j=0}^n l_j f(d_j), \quad d_0 = -1, \quad d_n = 1, \tag{6}$$

它对于 $2n-1$ 次多项式是精确的. 在后一种情况中对于所有的 j 有 $d_j = d_{n-j}$, $l_j = l_{n-j}$.

使求积公式保持精确的多项式的取决于求积公式自由参数的个数. 求积公式 (6) 叫作洛巴托 (Lobatto) 求积公式或者马尔可夫 (Markov) 公式. 当 $n=1$ 时它与梯形公式相同, 当 $n=2$ 时与辛普森公式相同.

习题 1 引入权函数和变量代换 $x = \varphi(t)$, 将建立公式 (6) 的问题变为建立某些高斯求积公式的问题.

习题 2 让 $[a,b] = [-1,1]$, $p(x) = \dfrac{1}{\sqrt{1-x^2}}$. 证明, 相应的高斯求积公式是默勒 (Meler) 求积公式 (常常称之为埃尔米特求积公式):

$$I(f) = \int_{-1}^1 \frac{f(x)}{\sqrt{1-x^2}}dx \approx S_n(f) = \frac{\pi}{n}\sum_{j=1}^n f(x_j),$$

这里 $x_j = \cos\dfrac{(2j-1)\pi}{2n}$ 是切比雪夫多项式 $T_n(x)$ 的零点.

提示 为了对 $2n-1$ 次多项式验证求积公式精确成立, 将多项式表示成

$$\sum_{m=0}^{2n-1} a_m T_m(x)$$

并证明求积公式对于次数 $m < 2n$ 的多项式 $T_m(x)$ 精确成立.

当前对高斯公式和洛巴托类型的公式已计算了许多相应的表格, 特别是对
$$[a, b] = [-1, 1], \quad p(x) = 1$$
的情况以及如下更一般的情况:
$$[a, b] = [-1, 1], \quad p(x) = (1+x)^\alpha (1-x)^\beta, \quad \alpha, \beta > -1$$
和
$$[a, b] = [0, \infty), \quad p(x) = x^\alpha e^{-x}, \quad \alpha > -1.$$

如果积分
$$I(f) = \int_0^\omega f(x) dx$$
的被积函数可以很好地由周期为 ω 的三角函数逼近, 就可以适当应用类似于高斯公式的求积公式
$$I(f) \approx S_N(f) = \frac{\omega}{N} \sum_{j=0}^{N-1} f\left(\frac{j\omega}{N}\right). \tag{7}$$

我们有等式
$$S_N\left(\exp\left\{2\pi m \mathrm{i} \frac{x}{\omega}\right\}\right) = \frac{\omega}{N} \sum_{j=0}^{N-1} \exp\left\{2\pi m \mathrm{i} \frac{j\omega}{N\omega}\right\}$$
$$= \begin{cases} \dfrac{\omega}{N} \sum_{j=0}^{N-1} 1 = \omega, & \text{当 } \dfrac{m}{N} \text{ 为整数}, \\ \dfrac{\exp\{2\pi m \mathrm{i}\} - 1}{\exp\{2\pi m \mathrm{i}/N\} - 1} = 0, & \text{当 } \dfrac{m}{N} \text{ 不为整数}. \end{cases}$$

同时,
$$I\left(\exp\left\{2\pi m \mathrm{i} \frac{x}{\omega}\right\}\right) = \begin{cases} \omega, & \text{当 } m = 0, \\ 0, & \text{当 } m \neq 0. \end{cases}$$

于是, 公式 (7) 对于 $m = 0$ 或者 m/N 不是整数的函数 $\cos(2\pi m x/\omega)$, 以及所有函数 $\sin(2\pi m x/\omega)$ 是精确的. 由此结果可得, 公式对于任意三角函数
$$t_N(x) = a_0 + \sum_{m=0}^{N-1} \left(a_m \cos\left(2\pi m \frac{x}{\omega}\right) + b_m \sin\left(2\pi m \frac{x}{\omega}\right)\right) + b_N \sin\left(2\pi N \frac{x}{\omega}\right) \tag{8}$$
是精确的. 于是有
$$R_N(f) = R_N(f - t_N) + R_N(t_N) = R_N(f - t_N).$$

类似于 (4) 得到估计
$$|R_N(f)| \leqslant 2\omega \inf_{t_N} \max_{[0,\omega]} |f(x) - t_N(x)|.$$
下确界在所有形如 (8) 的多项式集合上求取.

习题 3 证明, 不存在这样的求积公式, 它带有 N 个节点而对于所有 N 次三角多项式精确成立.

§6. 基本求积公式的实际误差估计

上面得到了一系列求积公式及其误差的严格估计, 但这并未解决数值积分的所有问题. 计算数学的最主要问题是建立算法和程序包, 以保证在最小的人工和机时消耗下以给定的精度获得问题的解. 在实际应用上述误差估计时需要进行解析运算, 研究者因此需要付出相当多劳动. 此外, 这些估计常常过于严格. 所以, 在建立这些算法和程序包时往往放弃应用类似的估计, 但常常也因此而丧失了近似解误差很小的严格保证.

可以说, 问题从产生到得到结果经历了某个过程, 这个过程既与解决问题的人有关, 也与计算机有关. 在计算机应用的初期, 这个过程中的最大阻碍是计算机的数量不足, 所以应用解析方法求解问题或估计误差是合理的.

但是现在, 随着计算技术的普及和它在社会活动各个层面中的应用, 情况发生了变化. 上述过程中的阻碍现在是, 选取数学模型和解题方法、编写程序以及在计算机上直接求解问题之前的其他一些步骤要占用很长时间. 当具体学科 (例如语言学、医学、经济学、地理学等) 的人员借助于计算机求解问题时, 这些步骤会变得尤其缓慢, 因为他们对数值方法或计算机程序设计所知甚少. 临时让他们去学数值方法理论中的各种细节是节外生枝, 最终导致相当高的社会成本, 毕竟他们本来只是要解决其学科内的一些基本问题. 所以, 在用户不太了解数值方法和计算机程序设计的假设下, 建立具有最简单操作方式的求解平台是当前最重要的问题. 例如, 自然应当要求带有给定精度的积分计算程序能够让仅仅知道积分的定义却既不会积分也不会微分的研究者使用.

当然, 在许多知识和技术领域的发展过程中, 数学的决定性作用在于建立现象的数学模型, 然后应用计算机进行研究. 在建立数学模型时, 相应知识领域的专家需要具有一定的数学修养, 我们的说法不应理解为建议完全回避数学.

众所周知的以下讨论是这一段讨论的内涵. 当我们正在解决某些问题时, 需要考虑我们工作的有效性, 为此仅仅根据解决这些问题所要付出的全部代价是不够的, 还要注意社会因为其他某些可能更加重要的问题没有被我们解决而遭受的损失.

在实际分析数值积分的误差时, 常常应用各种半经验方法, 其中最普及的方法如下. 设计算按照两个求积公式进行:

$$I(f) = \int_a^b f(x)dx \approx S^k(f) = \frac{b-a}{2} \sum_{j=1}^{N_k} D_j^k f(x_j^k), \quad k=1,2,$$

然后取这些积分值的某个线性组合 $S(f) = S^1(f) + \theta(S^2(f) - S^1(f))$ 作为积分的近似值, 而值 $\rho = |S^2(f) - S^1(f)|$ 作为近似公式 $I(f) \approx S(f)$ 的误差度量. 非常典型的情况是 $\theta = 0$.

上面描述的方法由于其不唯一性而并不完全合理.

例如, 让 $S^1(f)$ 为辛普森公式:

$$\int_{-1}^1 f(x)dx \approx S^1(f) = \frac{f(-1) + 4f(0) + f(1)}{3},$$

$S^2(f)$ 为梯形公式:
$$S^2(f) = f(-1) + f(1),$$
且 $\theta = 0$. 则值 $\rho = \frac{2}{3}|f(1) - 2f(0) + f(-1)|$ 是误差度量. 如果
$$S^2(f) = 2f(0)$$
是矩形公式, 则相应的值 $\rho = \frac{1}{3}|f(1) - 2f(0) + f(-1)|$. 这样, 对于同样的辛普森公式, 我们得到了两个不同的经验误差估计.

我们试着来解释这一情况. 表达式 $S(f)$ 为某个求积公式
$$S(f) = \frac{b-a}{2} \sum_{j=1}^{N} D_j f(x_j), \tag{1}$$
其中节点 x_j 由求积公式 $S^1(f)$ 和 $S^2(f)$ 的节点组成. 同时
$$\rho = |l(f)|,$$
其中
$$l(f) = \frac{b-a}{2} \sum_{j=1}^{N} B_j f(x_j). \tag{2}$$
取形如 (2) 的任意线性组合, 且让
$$S^1(f) = S(f), \quad S^2(f) = S(f) - \theta l(f),$$
则得到积分近似值 $I(f) \approx S(f)$, 其误差估计为 $\rho = \theta |l(f)|$. 我们看到, 按照这样的步骤, 对于同一个求积公式 (1) 可以得到误差估计的一个无穷集合.

所研究的问题可以详细叙述如下. 按照如下公式计算积分的近似值:
$$I(f) \approx S(f) = \frac{b-a}{2} \sum_{j=1}^{N} D_j f(x_j). \tag{3}$$
要求建立形如 (2) 的表达式, 以便给出积分公式 (3) 的误差估计.

假定求积公式 (3) 的误差表示成
$$R(f) = \overline{D}(b-a)^{m+1} f^{(m)}(\zeta). \tag{4}$$
我们来研究 $m < N$ 的情况. 那么作为 $l(f)$ 可以取值
$$l(f) = \overline{D}(b-a)^{m+1} m! f(x_{i_1}; \cdots ; x_{i_{m+1}}),$$
其中 $x_{i_1}, \cdots, x_{i_{m+1}}$ 为积分公式 (3) 的不同节点. 差商可以通过导数来表示, 因此有
$$l(f) = \overline{D}(b-a)^{m+1} f^{(m)}(\zeta), \quad a < \zeta < b.$$
从而当 $a = \text{const}$, $f^{(m)}(a) \neq 0$, $(b-a) \to 0$ 时成立关系式 $R(f) \approx l(f)$, 且值 $\rho = |l(f)|$ 可以作为误差的度量.

例如, 估计梯形公式的误差
$$\int_a^b f(x)dx \approx S(f) = \frac{b-a}{2}\left(f(a) + 0 \cdot f\left(\frac{a+b}{2}\right) + f(b)\right).$$
由 §3 中的估计, 我们有
$$R(f) = -\frac{(b-a)^3}{12} f''(\zeta).$$

这样，可以取如下值作为误差估计
$$\frac{b-a}{3}\left|f(b)-2f\left(\frac{a+b}{2}\right)+f(a)\right|.$$

另外的情况是 $m \geqslant N$，这时不能通过值 $f(x_1),\cdots,f(x_N)$ 得到 $f^{(m)}(\zeta)$ 的任何近似，于是不可能按照上述过程得到经验误差估计.

例如，我们不可能通过值 $f(a), f\left(\dfrac{a+b}{2}\right), f(b)$ 获得辛普森公式的误差估计的满意表示，但可以使误差估计得到某种程度的改善.

我们来研究一个方法以解决出现的问题. 假定我们得到了如下形式的误差估计：
$$|R(f)| \leqslant (b-a)^N \overline{D} \max_{[a,b]} \left|f^{(N-1)}(x)\right| = \sigma.$$
让
$$\rho = (b-a)^N \overline{D}(N-1)!|f(x_1;\cdots;x_N)|. \tag{5}$$

当 $a = \text{const}$, $f^{(N-1)}(a) \neq 0$, $(b-a) \to 0$ 时有 $\sigma \sim \rho$. 这样，可以取 ρ 作为公式 (3) 的近似误差估计. 这个估计极为粗略，因为在假定 $m \geqslant N$ 时有 $R(f) = O\left((b-a)^{N+1}\right)$. 但是，与通过 σ 得到的估计相比，对公式 (3) 似乎不可能提出更好的误差估计. 在辛普森公式情况下，当 $\overline{D} = \dfrac{1}{81}$ 时成立估计 (5). 这样，作为误差度量我们取值
$$\frac{4(b-a)}{81}\left|f(b)-2f\left(\frac{a+b}{2}\right)+f(a)\right|. \tag{6}$$

在多维积分情况下，所有实际的误差估计方法都建立于原始的、已得到充分评判的过程. 事实上，在多维情况下，误差通过被积函数的某些导数值来估计. 对于这些公式得到类似 (6) 的 "有充足理由" 的估计是相当困难的. 因此，需要研究原始过程，然后通过实验来验证应用结果.

§7. 快速振荡函数的积分

假定要求计算积分
$$\int_a^b f(x)\exp\{i\omega x\}dx,$$
其中 $\omega(b-a) \gg 1$, $f(x)$ 是光滑函数. 函数
$$\text{Re}(f(x)\exp\{i\omega x\}), \quad \text{Im}(f(x)\exp\{i\omega x\})$$
在所研究的区间上具有大约 $\omega(b-a)/\pi$ 个零点. 因为 n 次多项式的零点不超过 n 个，这样的函数只能用 $n \gg \omega(b-a)/\pi$ 次的多项式才能很好地逼近. 因此，要用对于高次多项式是精确的求积公式才能计算这类函数的积分.

将 $\exp\{i\omega x\}$ 作为权函数可能更有利.

如同在 §1 中一样，给定插值节点
$$x_j = \frac{b+a}{2} + \frac{b-a}{2}d_j, \quad j=1,\cdots,n$$

且以 $\int_a^b L_n(x)\exp\{i\omega x\}dx$ 代替原来的积分, 其中 $L_n(x)$ 为带有节点 x_j 的插值多项式. 最后的积分可以以显式的方式计算

$$\int_a^b L_n(x)\exp\{i\omega x\}dx = S_n^\omega(f) = \frac{b-a}{2}\exp\left\{i\omega\frac{b+a}{2}\right\}\sum_{j=1}^n D_j\left(\omega\frac{b-a}{2}\right)f(x_j),$$

其中

$$D_j(p) = \int_{-1}^1 \left(\prod_{k\neq j}\frac{\xi - d_k}{d_j - d_k}\right)\exp\{ip\xi\}d\xi. \tag{1}$$

得到求积公式

$$\int_a^b f(x)\exp\{i\omega x\}dx \approx S_n^\omega(f), \tag{2}$$

它带有余项

$$R_n(f) = \int_a^b (f(x) - L_n(x))\exp\{i\omega x\}dx.$$

相应于 (3.1) 有

$$R_n(f) \leqslant \int_a^b |f(x) - L_n(x)|dx \leqslant D(d_1,\cdots,d_n)\left(\max_{[a,b]}\left|f^{(n)}(x)\right|\right)\left(\frac{b-a}{2}\right)^{n+1}.$$

在把函数展开为傅里叶级数, 建立天线方向性图表等问题中, 计算这类积分是典型题目.

在快速振荡函数积分计算的标准程序中应用的公式 (1), (2) 对应以下情况: $n = 3, d_1 = -1, d_2 = 0, d_3 = 1$ (这个公式叫作菲朗 (Filon) 公式), 或者相应于情况 $n = 5, d_1 = -1, d_2 = -0.5, d_3 = 0, d_4 = 0.5, d_5 = 1$.

如果应用公式 (1), (2) 计算非快速振荡函数的积分, 则可能出现下列麻烦. 我们以 $n = 2, d_1 = -1, d_2 = 1$ 的情况来解释它. 在此情形下,

$$D_1(p) = \int_{-1}^1 \frac{1-\xi}{2}\exp\{ip\xi\}d\xi = \frac{\sin p}{p} + \frac{p\cos p - \sin p}{p^2}i,$$

$$D_2(p) = \int_{-1}^1 \frac{1+\xi}{2}\exp\{ip\xi\}d\xi = \frac{\sin p}{p} - \frac{p\cos p - \sin p}{p^2}i.$$

当 $p \to 0$ 时我们有

$$\frac{p\cos p - \sin p}{p^2} = -\frac{p}{3} + O(p^3) \to 0, \quad \frac{\sin p}{p} \to 1.$$

于是当 $p \to 0$ 时有 $D_1(p), D_2(p) \to 1$.

让 p 是一个小数. 函数 $\sin p$ 和 $p\cos p$ 由计算机计算, 其误差分别为 $O(2^{-t})$ 和 $O(p2^{-t})$. 由此, 系数 $D_1(p), D_2(p)$ 的误差为 $O(2^{-t}/p)$. 当 $n > 2$ 时, 由公式 (1) 计算的系数 $D_j(p)$ 的误差可能达到 $2^{-t}/p^{n-1}$ 的量级. 例如, 当 $t = 30, n = 5, p = 0.01$ 时, 这样的误差已经是不容许的了. 因此, 快速振荡函数积分计算的标准程序应该具有一个专门的模块, 用于在 p 很小时改变计算公式, 以避免显著影响计算误差.

如果 n 不是非常大, 例如 $n = 2$, 则可以按照下列步骤进行: 当 $|p| > p_n$ 时, 其中 p_n 是通过实验选择的, 我们按照公式 (1), (2) 来计算; 如果 $|p| \leqslant p_n$, 则将整个函

数 $f(x)\exp\{i\omega x\}$ 看作被积函数按照梯形公式 (3.7) 计算原始积分. 在所研究的情况下 $(n=2, d_1=-1, d_2=1)$, 公式 (3.7) 变成如下形式

$$\int_a^b f(x)\exp\{i\omega x\}dx \approx \frac{b-a}{2}[\exp\{i\omega a\}f(a)+\exp\{i\omega b\}f(b)]. \tag{3}$$

公式 (1), (3) 可以统一写成一个公式

$$\int_a^b f(x)\exp\{i\omega x\}dx = \frac{b-a}{2}\exp\left\{i\omega\frac{a+b}{2}\right\}[D_1(p)f(a)+D_2(p)f(b)], \tag{4}$$

其中

$$p=\omega\frac{b-a}{2},$$

$$D_{1,2}(p) = \begin{cases} \dfrac{\sin p}{p} \pm \dfrac{p\cos p-\sin p}{p^2}\mathbf{i}, & \text{当 } |p|>p_2, \\ \exp\{\mp p\mathbf{i}\}, & \text{当 } |p|\leqslant p_2. \end{cases} \tag{5}$$

在计算所研究类型积分的标准程序中采用的求积公式是 (4), (5). 问题来了: 为什么增加标准程序的复杂性? 也许, 按照公式 (2) 编写一个标准计算程序, 按照梯形公式编写另一个标准计算程序, 并给出指令: 当 $|p|$ 较大时转向前者, 当 $|p|$ 较小时转向后者, 这样做岂不更加简单? 我们来讨论这种方法的合理性. 我们的目的是向计算机用户提供最大的方便. 如果对标准程序使用规则的描述过于冗长, 用户就可能无法理解所写内容, 从而可能

1) 改用性能稍差但具有更好描述或更简单操作的其他程序;

2) 错误地使用程序并且没有得到结果; 例如, 在所研究的情况下, 取 $p=0$ 并应用由公式 (1), (2) 给出的计算方法, 将出现停机;

3) 假定程序可靠, 但不正确地使用程序且得到不可信的结果. 例如, 如果当 $2^{-t}/p^{n-1}$ 与 1 同阶时, 应用 (1), (2), 就会出现这样的情况.

显然, 最后的情况对于使用者来说导致的后果相当不愉快.

在选择编写标准程序的方法时应当使得以这个方法为基础的程序描述尽可能简短. 应当注意到, 所有附加的表述可能不会被正确地解释, 从而对程序的应用领域反而有害.

我们来讨论一个值得借鉴的实际例子. 在一个计算多重积分的标准程序的描述中写道: "如果所取的节点数大于 100 000, 则应用本程序是不适当的." 经过一段时间, 程序实际上停止应用. 其实, 在程序的早先应用过程中大多数情况下容许节点数超过 100 000, 在此情况下简单积分的计算也耗费太多的机时. 此消息传播开来, 人们很快不再关注此程序. 事实上, 利用它计算大量实际积分时, 时间节点数的量级为 1 000, 则计算精度是可以接受的. 100 000 个节点数仅仅表明粗略的上界值, 这时的计算误差还不至于对结果有灾难性影响.

§8. 通过将区间划分为等距子区间来提高积分精度

从估计式 (2.1) 得知, 积分的误差是通过由 m 次多项式逼近函数 $f(x)$ 的误差来估计. 因此, 通过提高使积分精确成立的多项式的次数, 自然就可以提高积分精度. 但是这

一步骤包含"暗礁". 在节点的选择不适当时, 可能恰好值 $\sum_{j=1}^{n} |C_j|$ 随着 n 同步增长. 于是在估计 (2.1) 中, 值 V 也随着 n 同步增长, 并且随着 n 的增长, $E_m(f)$ 的减少可能不会抵消 V 的增长.

例如, 对于简单均匀分布的节点
$$d_j^{(n)} = -1 + \frac{2(j-1)}{n-1}, \quad j = 1, \cdots, n, \quad [a,b] = [-1,1]$$
恰好在 $m = n - 1$ 时有 $\log_2 V \sim n$. 于是, 例如对于解析函数 $f(x) = (1 + 25x^2)^{-1}$, 当 $n \to \infty$ 时有
$$|R(f)| = \left| \int_{-1}^{1} f(x)dx - S_n(f) \right| \to \infty.$$

我们研究当积分区间是 $[-1,1]$ 时的情况, 并叙述一个一般定理, 它表明必须慎重对待对于非常高次多项式仍然精确成立的求积公式. 设对于每个 n 我们有求积公式
$$\int_{-1}^{1} f(x)dx \approx \sum_{j=1}^{n} C_j^{(n)} f(d_j^{(n)}), \tag{1}$$

它对 $n-1$ 次多项式是精确成立的. 以 $w_n(x_1, x_2)$ 表示公式 (1) 在区间 $[x_1, x_2]$ 中节点的数目.

定理 (省略证明) 设存在区间 $[x_1, x_2] \subseteq [-1, 1]$, 使得当 $n \to \infty$ 时
$$\frac{w_n(x_1, x_2)}{n} \not\to \int_{x_1}^{x_2} \frac{dx}{\pi \sqrt{1-x^2}},$$
则可以给出 $b \neq 0$ 和 a, 使得解析函数
$$\mathrm{Re}\left(\frac{1}{x - (a+b\mathrm{i})} \right) \quad \text{或者} \quad \mathrm{Im}\left(\frac{1}{x - (a+b\mathrm{i})} \right)$$
满足关系式
$$\lim_{n \to \infty} |R_n(f)| = \infty.$$

这样, 当 n 很大时, 对于 $n-1$ 次多项式精确成立的公式 (1), 其节点分布密度应该与正交多项式零点的情况相同, 亦即与高斯公式节点的情况相同. 否则, 这样的积分公式不能当作通用公式.

将高斯公式的误差估计 (5.4) 改写成
$$|R_n(f)| \leqslant 2 \left(\int_a^b p(x)dx \right) E_{2n-1}(f). \tag{2}$$
假设被积函数 $f(x)$ 连续, 则根据魏尔斯特拉斯定理, 对任意 $\varepsilon > 0$ 可以找到多项式 $P_q(x)$, 使得 $\max_{[a,b]} |f(x) - P_q(x)| \leqslant \varepsilon$, 由此可得当 $m \to \infty$ 时 $E_m(f) \to 0$. 这样, 对于任意连续函数 $f(x)$, 当 $n \to \infty$ 时, 高斯公式的误差 $R_n(f) \to 0$.

习题 1 设 $f(x)$ 为黎曼可积函数. 证明, 对于高斯公式, 当 $n \to \infty$ 时 $R_n(f) \to 0$.

§8. 通过将区间划分为等距子区间来提高积分精度

从上述可见, 高斯公式似乎可以作为具有给定精度的积分计算通用程序的基础. 这时必须在计算机中按照某种方式给出这些公式的节点和权函数.

在许多情况下会产生这样的积分计算问题, 其被积函数或其低阶导数具有剧烈改变的部分, 例如变为无穷大. 这样的函数很难直接在整个积分区间由多项式来逼近. 这里, 将原始区间划分为一些子区间, 并在每个子区间上分别应用高斯公式或者其他求积公式常常更有利.

假设计算积分 $I = \int_A^B f(x)dx$. 将区间 $[A, B]$ 划分成 M 个子区间 $[a_{q-1}, a_q]$, 其中 $a_0 = A, a_M = B$. 为了计算每个子区间上的积分, 我们应用 §1, §3 中的某个求积公式

$$I_q = \int_{a_{q-1}}^{a_q} f(x)dx \approx s_q = \frac{a_q - a_{q-1}}{2} \sum_{j=1}^n C_j f\left(\frac{a_{q-1} + a_q}{2} + \frac{a_q - a_{q-1}}{2} d_j\right), \quad (3)$$

它的余项估计为

$$R_q(f) \leqslant D \left(\max_{[a_{q-1}, a_q]} \left|f^{(m)}(x)\right|\right) \left(\frac{a_q - a_{q-1}}{2}\right)^{m+1}.$$

结果整个区间上的积分近似于和式

$$S_M^n(f) = \sum_{q=1}^M s_q = \sum_{q=1}^M \frac{a_q - a_{q-1}}{2} \sum_{j=1}^n C_j f\left(\frac{a_{q-1} + a_q}{2} + \frac{a_q - a_{q-1}}{2} d_j\right), \quad (4)$$

其余项估计为

$$|R_M^n(f)| = |I - S_M^n(f)| \leqslant D \sum_{q=1}^M \left(\max_{[a_{q-1}, a_q]} \left|f^{(m)}(x)\right|\right) \left(\frac{a_q - a_{q-1}}{2}\right)^{m+1}. \quad (5)$$

表达式 (4) 常称为复合求积公式或者广义求积公式.

我们来研究最简单的等距子区间的情况, 这时 $a_q - a_{q-1} \equiv H$. 于是, 误差估计 (5) 在将 $\max\limits_{[a_{q-1}, a_q]} \left|f^{(m)}(x)\right|$ 换成 $A_m = \max\limits_{[A, B]} \left|f^{(m)}(x)\right|$ 后变为

$$|R_M^n(f)| \leqslant \overline{D} A_m (B - A) H^m, \quad \text{其中} \quad \overline{D} = 2^{-(m+1)} D, \quad (6)$$

或者

$$|R_M^n(f)| \leqslant D A_m \frac{(B - A)^{m+1}}{M^m}. \quad (7)$$

对于公式 (3) 的特殊情况, 我们给出一些具体的求积公式及其误差估计.

1. 带有常值积分步长的复合梯形公式. 在这一情况下, 常值步长 $a_q - a_{q-1} \equiv H$, 公式 (3) 变成

$$\int_{a_0}^{a_M} f(x)dx \approx H\left(\frac{f(a_0)}{2} + f(a_1) + \cdots + f(a_{M-1}) + \frac{f(a_M)}{2}\right),$$

而余项估计如下:

$$|R_M^2(f)| \leqslant A_2 \frac{(a_M - a_0) H^2}{12} = A_2 \frac{(a_M - a_0)^3}{12 M^2}. \quad (8)$$

2. 带有常值积分步长的复合辛普森公式. 当常值步长 $a_q - a_{q-1} \equiv H = 2h$ 时, 公

式 (3) 变成
$$\int_{a_0}^{a_M} f(x)dx \approx H\left(\frac{1}{6}f(a_0) + \frac{4}{6}f(a_{1/2}) + \frac{1}{3}f(a_1) + \frac{4}{6}f(a_{3/2})\right.$$
$$\left. + \frac{1}{3}f(a_2) + \cdots + \frac{1}{3}f(a_{M-1}) + \frac{4}{6}f(a_{M-1/2}) + \frac{1}{6}f(a_M)\right),$$
其中 $a_j = a_0 + jH$. 对于余项, 成立下列估计:
$$|R_M^4(f)| \leqslant \frac{A_4(a_M-a_0)H^4}{2880} = \frac{A_4(a_M-a_0)^5}{2880M^4} = \frac{A_4(a_M-a_0)}{180}h^4, \quad h = \frac{H}{2}.$$
最后一个误差估计式最便于使用.

相对于插值节点总数 $N = Mn$ 来说, 在假设 $|f^{(m)}(x)|$ 有界的情况下, 我们得到的求积公式的误差量级为 $O(N^{-m})$. 注意到, 在梯形公式和辛普森公式情况下, 节点总数 N 小于 Mn, 这是由于子区间 $[a_{q-1}, a_q]$ 的端点是插值节点, 而在这些端点的函数值也被用来计算两个相邻子区间上的积分.

习题 2 设 $\int_A^B |f^{(q)}(x)|dx < \infty$, $q \leqslant 2$. 推导梯形公式的误差估计
$$|R_M^2(f)| \leqslant \gamma_q \left(\int_A^B |f^{(q)}(x)|dx\right) H^q, \tag{9}$$
其中 γ_q 为绝对常数.

习题 3 设 $\int_A^B |f^{(q)}(x)|dx < \infty$, $q \leqslant 4$. 推导辛普森公式的误差估计
$$|R_M^4(f)| \leqslant \beta_q \left(\int_A^B |f^{(q)}(x)|dx\right) H^q,$$
其中 β_q 为绝对常数.

例如, 计算积分
$$\int_0^1 (\sin x)^\alpha dx, \quad 0 < \alpha < 1.$$
因为当 $x \to 0$ 时 $((\sin x)^\alpha)'_x \to \infty$, 我们不可能通过 $\max |f'(x)|$ 得到任何误差估计. 同时, 由于函数 $(\sin x)^\alpha$ 在区间 $[0,1]$ 上单调, 所以
$$\int_0^1 |((\sin x)^\alpha)'|dx = (\sin x)^\alpha \big|_0^1 \leqslant 1.$$
于是, 如果 $m = 2$, 常值步长 $a_q - a_{q-1} \equiv H$, 则在应用求积公式 (4) 时, 由 (9) 式有误差估计 $O(1/N)$.

在这个例子中, 从估计 (6) 不能推出误差很小. 同时, 基于 (9) 我们可以断言, 这个误差具有 $O(1/N)$ 的量级.

不应该认为, 对于带有低阶有界导数的函数, 与高斯公式相比, 应用复合公式计算数值积分具有更好的收敛性. 我们假定被积函数具有 q 阶有界导数. 那么, 应用复合公式 (4), 在 $n = q$ 时得到带有误差 $O(N^{-q})$ 的积分近似值. 另一方面, 对于这样的函数已知 $E_{2n-1}(f) = O(N^{-q})$. 因此, 从 (5.4) 得到带有 N 个节点的高斯公式的误差估计
$$R_N(f) = O(N^{-q}).$$

这样，两种情况下估计的量级是一样的.

我们将注意力转向对所有积分区间直接应用高斯公式. 不必估计被积函数有界导数的次数 q_0，并相应地按照区间划分选取最合适的积分计算公式，在应用高斯公式时误差量级 $O(N^{-q_0})$ 自动保证. 当然，对于具体的节点数来说，不必认为具有更高收敛速度的公式总是比具有更低收敛速度的公式更精确.

§9. 关于最优化问题的描述

我们已经得到了一系列数值积分计算公式，还可以得到更多这样的公式. 问题是：对于被积函数同样的假定下是否可以就误差估计的量级而言得到最好的公式，或者更加优化这些估计式中的常数? 研究这个问题归结为建立具有最优误差估计的求积公式，或者如通常所说的那样，建立最优求积公式. 与此相关的问题是：问题求解的方法越多，越难从中做出合适的选择，因为每个方法都有其自身的优势，比如编程简单、较少的计算机运行时间、较少的存储消耗、误差估计简单、可用于更广的范围等. 应该看到，关于求解方法的大量特性的多余信息可能也会妨碍问题的实际解决. 求解方法及其选择的系统化是必要的. 自然要求试图使用最好的和最优的方法解决问题. 在函数值计算例子中我们已经研究了某些模型描述. 同时产生了所要求解问题的明确的数学表述.

在研究每个新问题时，期望得到它的最简单和最好的描述，然后以最好的方式求解出现的问题. 但是，这通常不能成功做到，从而退而求其次：以最好的方式描述问题而以满意的方式解决它，或者以满意的方式描述问题然后完全解决所出现的问题. 在对如何选择最优方法这一问题进行研究时，可以在一类接近实际的满意求解方法中进行选择，或者对类似于下节中所研究的一类标准数学问题的完全解中进行选择. 可能对某类"方法最优化问题的满意解"这种说法困惑不解 —— 难道对某类问题的方法最优化问题可以完全转化为某个具体的数学问题，并且问题看起来可以得到最终解决而非"满意解决".

原则上这一说法是可信的，但在实际可接受的时间内完全解决问题通常不一定能成功，因为通常在最优方法建好之前，对所研究问题类型的新的更精确的描述就会出现. 也应该看到，不总是能给出实际问题类型的精确数学描述：关于类型可以有某个定性描述，也有一些不错的数值方法，且直觉上在实际规划中达到了方法的最优性. 同时，问题类型的形式描述甚至是不精确的. 例如，实际要求计算分段光滑函数的积分，但在很长一段时间内不能成功提出这类函数集合的相应于实际情况的描述. 同样的例子有，在对物理模型进行分析时可以借助复杂微分方程组来描述问题且以较小精度来求解它，或者借助简单微分方程组来粗略描述问题而以更高的精度来求解它.

常常在各种具体问题的求解中适当选择这样或那样的方法. 有可能对于应用科学更重要的常常不是对变分问题的彻底解决，而是给出问题的某种合理提法. 通常对合理建立的具有实际意义的变分问题给出满意的解比对不包含原始问题本质特征的简化问题给出完全的解有效.

什么是问题求解的最优方法?

问题求解的最优方法可以理解为这样的方法,即要求最少的机时消耗.但是这种提法不合理,因为原则上所有问题都可以不用计算机来解决,而为此会消耗大量的时间.

问题求解的最优方法可以理解为要求最少的时间消耗(或者相应的材料消耗).对此应该理解为在求解问题过程中为搜寻最优算法而付出的时间和代价.

当我们提出以最优方式进行求解这一问题时,我们将不考虑研究者的各种可能性.而若与研究者个人的可能性相关联,当考虑计算机、图书馆、实验员、具有解决类似问题经验的同事等时,最优解一般说来是不同的.

对于每个具体问题我们谈到最优解.由于下列原因这个提法也不完全合理.事实上,全体研究者和整个问题的目标会有冲突.我们可以提出以最短时间解决第一个问题、第二个问题等的目标.但是,如果我们提出以最优消耗求解问题为目标,而非以问题的全体为目标,则问题的提法会发生根本上的改变.我们可以以最优方法求解第一个问题,第二个问题等等,但在这段时间里科学会不断向前发展,而如果我们不去研究着眼于解决未来问题的新方法,建立新算法和新的标准程序,我们就会从整体上受影响.当存在大量的不要求即刻解决的问题时,更有益的是首先进行理论上的研究,并提出新算法,然后再解决这些问题.

对于谁应该进行最优解的寻找这样的问题,其回答也不是唯一的.如果我们仅有一个具体问题,明显地不要求新的算法和大量机时消耗,那么委托低熟练程度者完成研究.当问题数量及其复杂性提高时则要求高熟练程度的研究者介入,因为此时他的贡献将更大.当然,重要的是对类似类型既要尝试研究复杂的问题,也要研究简单的问题.为使方法的最优化问题可以作为纯粹数学问题来研究,必须定义研究的目标函数以及所考虑问题的类和研究者的可能性.

对于基于问题类的某个算法的性能,我们可以以这类问题中最"糟糕"的问题的性能来作为其表征.因此,类中研究问题越少,针对这类问题的算法性能就越好.

也许也应该对于大量的问题类的求解建立最优算法.但是,多余的细节对于寻求解的最优方法会耗费太多的精力.在这样的情况下,可以不去花费精力和时间在这些问题的实际解上,而研究和建立标准程序.当然,反对细化的提法在较小的程度上与专用计算机和设备有关,而对此情况应该最大限度缩减研究问题的类.

咋看起来可能实际计算时总是针对具体问题,且有时不研究问题类.这样看来可以提出下列说法:形式上在选择问题的求解方法时研究者不将其与某个类相联系;但选择求解的方法总是同问题的某些典型性质有关:微分方程的类型,解的特性,有限导数的阶等.在选择算法时,研究者考虑这些性质且自觉不自觉地将研究的问题同具有这些性质的类联系起来.

在对问题进行分析并对其分类时常常会出现这样的情况:首先要把注意力放在怎样的问题类上,特别是在建立数值积分的标准程序时应该考虑怎样的问题类?例如,要求借助大约具有同一频率的程序来计算光滑的以及不太光滑的函数积分. 在针对这个程序选择算法时需要基于怎样的函数? 可以基于下面的观点回答这一问题. 对光滑函数, 算法工作起来更有效, 因此求解所花费的时间将少于对非光滑函数花费的时间. 计算光滑函数积分节省 50%时间比计算非光滑函数节省 50% 时间带来较少的收益. 于是, 适当将注意力放到非光滑函数算法的有效性上. 当然, 如果对于非光滑函数所获得的收益也很小, 则另当别论.

在对一类问题的求解寻找最优方法时, 假定实际计算中直接应用算法, 那么常常会出现下列问题: 我们不能马上成功找到这类问题求解的最优方法. 在工作一段时间以后, 我们找到某个方法, 有时是近似最优的, 有时只是比以前已知的要好些, 然后逐步完善它. 应该在什么时候停止方法的完善, 而转向建立所求解问题类的标准程序? 要回答这个问题应当考虑下列观点. 如果我们急于马上开始采用所得到的算法, 可能由于这个算法的某些不好的特性而不得不要马上建立新的算法. 建立标准程序的时间延误也是不适当的. 为此, 在按照已有标准程序求解问题时, 我们将容许计算机有大的超时.

"建立完美的标准程序将带来节约大量机时" 这一说法存在异议. 但是, 在分析这一异议时, 本身也应该考虑到机时将变得更廉价. 此外, 越早解决这样或那样的问题, 整个社会就越能获得更多实际利益.

也需要考虑对于搜寻最优方法问题建立的算法的快速应用的重要性. 事实上, 计算结果的分析可以表明改变研究问题类型的必要性, 并且停止研究新理论的步伐. 我们将看到, 最优化问题的方法应该具有动态特性: 对于所有新的问题类型, 无论它是由科学技术提出, 有可能改变, 还是由计算机赋予, 都应该建立最优或者近似最优的方法.

为此, 不仅当前工作是必要的, 而且以前从建立到最终解决所进行的工作也是必要的. 对于应用数学来说, 如同所有其他应用科学一样, 具有如下特征. 通常新类型问题开始时提出的量较少, 并且马上要求不计代价地得到它的解. 在第一阶段可以将就采用最先出现的可以接受的方法. 接下来这些问题将大量出现, 建立多少过得去的方法最优化问题并找到某个解. 然后问题转变为流水作业, 即这类问题的求解借助于相应标准包来进行. 不应该认为在这一阶段这类问题的研究完全结束 —— 为了建立新问题解的有效方法, 需要理解以前留下的这些问题并进行理论研究. 有时常常在为快速解决先出现的问题而进行适当研究的同时, 从一开始就平行地为建立有效方法而进行前瞻性的研究.

当前与未来工作之间的关系也是任意学术组织具有生命力的重要因素. 在组织的每个时刻会提出某些要求, 为了生存必须完成这些要求: 经济核算组织的自负盈亏, 年度计划的事实上报等等. 但是, 当对工作提出更高要求时也存在危急时刻. 例如, 必须适时解决新的一类问题. 因此, 在做工作计划时必须提前考虑某些已有的理论研究、人力储备和机时等.

我们回到方法最优化问题.

建立最优或近似最优方法的数学家常常抱怨说这些方法在实际计算时运用得不好. 对这个问题的回答可能各不相同. 这常常由于实际研究的保守性造成的, 人们愿意以老的习惯的方法进行工作. 有时也可以解释为由于方法本身的缺陷的原因. 例如, 可能除了 (甚至代替) 方法的最优性, 方法的简单性和所得到结果的期望精度控制的可能性是人们期待的更重要方面. 也可能所研究问题的类型本身与出现的要解决的问题类型不一致.

当然, 也需要考虑这样的问题, 即所要解决的问题类的可能范围有些宽泛. 如果现在和将来预计要解决的研究类型的问题数量不大, 则这类问题的最优算法研究和标准程序建立所花的代价不可能得以补偿. 同时, 由于求解时产生新的方法并寻找其应用, 以及求解另外类型问题, 所以针对各种类型的方法最优化问题的研究是有益的.

§10. 求积公式的最优化问题的描述

在 §9 中的讨论指出对一类函数研究优化方法不同提法的重要性. 我们来研究积分计算问题

$$I(f) = \int_\Omega f(P)p(P)dP.$$

假定积分区域 Ω 和权函数 $p(P)$ 固定. 定义所研究的问题类为给定的被积函数类. 将值

$$R_N(F) = \sup_{f \in F} |R_N(f)|$$

称为求积公式

$$I(f) \approx S_N(f) = \sum_{j=1}^{N} D_j f(P_j)$$

在函数类 F 上的误差, 其中如通常一样有

$$R_N(f) = I(f) - S_N(f).$$

下确界

$$W_N(F) = \inf_{D_j, P_j} R_N(F)$$

称为求积公式在所研究类上的最优误差估计. 如果存在求积公式使得 $R_N(F) = W_N(F)$, 则这样的公式叫作最优的, 或者在所研究类上最好的.

在 §2 中得到求积公式的误差估计 (2.4), 它对于 m 次多项式是精确的, 并通过 $m+1$ 阶导函数来表示. 这个估计不是最好的 (参见 §2 的习题 3). 于是, 对于函数类

$$F: \ |f^{(m+1)}(x)| \leqslant A, \quad x \in [a, b]$$

值 $R_N(F)$ 已知, 且最优求积公式的建立问题变成寻找系数和节点使得下界 $R_N(F)$ 可达到. 对于一些函数类, 这个问题可以成功解决. 例如, 当 $m = 0$ 时, 这样的求积公式是复合矩形公式

$$\int_0^1 f(x)dx \approx \frac{1}{N} \sum_{j=1}^{N} f\left(\frac{j - 1/2}{N}\right),$$

其误差估计为

$$|R_N(f)| \leqslant A/(4N). \tag{1}$$

(自行证明!)

当前, 对于数量不大的一组单变量函数类得到了最优求积公式. 这些公式直接应用的意义不大, 但并不意味着不需对它们进行研究.

建立最优求积公式并进一步推出高光滑度和多维变量情况的价值不在于得到具体的求积公式, 而是阐明问题的一些特征: 怎样的方法更好, 在应用被积函数的确定信息时可以按照怎样的精度来计算, "好的" 求积公式中节点分布的稠密性怎样等等.

例如, 在对问题进行初步分析时, 我们决定应用一阶导数有界性的信息 $|f'(x)| \leqslant A$. 误差估计 (1) 不适合我们, 因为为达到需要的精度 ε 需要太多的节点数: 如果 $A/(4N) \leqslant \varepsilon$, 则 $N \geqslant A/(4\varepsilon)$. 估计 (1) 的最优性指出要用考虑被积函数的附加信息的方法缩小所研究问题的类型 (二阶导数的有界性, 被积函数奇异点的类型, 解析性等等), 或者拓宽可使用的求积方法集合.

§11. 求积公式节点分布的最优化

可以按照如下途径发展积分数值方法: 在各种类 $C_r(A;[a,b])$ 上建立最优方法, 然后基于这些方法进行编程. 这里及以后用 $C_r(A;[a,b])$ 表示具有分段连续 r 阶导数且满足如下条件的函数类

$$|f^{(r)}(x)| \leqslant A, \quad x \in [a,b].$$

当着手研究方法最优化问题时就已经知道, 误差估计 (8.7) 的已知这类方法已经离最优的方法不远. 正如在第五章 §7 中将看到, 考虑求积公式的最优化时在所研究的类上的误差估计 (8.7) 不可能在阶上得到进一步改善. 也已经明确的是, 某些方法实际上与欧拉和格雷戈里 (Gregory) 方法 (参看 §13) 相同, 它们按照误差的主项估计是渐近最优的. 应注意到下列情况. 在相应函数类上, 对于这些方法得到了误差估计

$$c_r/N^r + c_{r+1}/N^{r+1},$$

同时对于在这些函数类上的最优方法, 其误差估计有如下形式

$$c_r/N^r + O(1/N^{r+1}).$$

看起来既然是几乎最优的方法, 下一阶段应该应用这些方法着手编译的所有积分软件包.

但是, 此种观点不能看作是无可争辩的. 由于有大量各种各样需要求解的问题, 在实践中的方法付诸实施的阶段总是应该表现出应有的谨慎. 我们不能完全保证所采取的问题类的描述以最好的方式对应于实际问题的类型. 例如, 应该承认类 C_r 对实际问题的描述并不太好. 当然, 由于习惯于传统方法, 新的方法的使用要求来自相信它的人士积极推动的积极行动. 同时, 应该看到, 旧的方法经历了时间的检验, 可能对于某些类型问题的求解更适用, 因此抛弃旧方法之前应该进行充分的理论和实践分析.

完全理解方法的最优化问题之后有如下结论.

在对原始积分区间划分为等长 $a_q - a_{q-1} \equiv H$ 的基本区间时我们将得到被积函数

在所有积分区间上同样的信息. 但是, 被积函数可能在部分积分区间上更光滑, 因此在这些区间上应该设置相对较少的节点, 即对于实际上的最优方法在划分积分区间时应该适合被积函数的性质特点.

我们来考察与被积函数导数性质相关的节点分布问题的可能的提法. 这种提法是非常一般的, 但对于具体问题来说某种其他的处理方法有时可能更方便. 为叙述简单起见我们将以梯形公式作为例子来讨论.

假定计算积分

$$I(f) = \int_0^1 f(x)dx$$

且被积函数在区间 $[B_{l-1}, B_l], l = 1, \cdots, q$ 上满足条件 $|f''(x)| \leqslant A_l$, 其中 $0 = B_0 < B_1 < \cdots < B_q = 1$. 为计算积分

$$I_l(f) = \int_{B_{l-1}}^{B_l} f(x)dx$$

采用带有区间长度为 $H_l = b_l/N_l$ 的等长区间划分的复合梯形公式

$$I_l(f) \approx S_l(f) = H_l \left(\frac{f(B_{l-1})}{2} + f(B_{l-1} + H_l) + \cdots + \frac{f(B_l)}{2} \right),$$

其中 $b_l = B_l - B_{l-1}$. 从 §3 中的结果推出余项由值 $A_l b_l^3/(12N_l^2)$ 来估计. 那么, 将 $I(f)$ 用和式 $\sum_{l=1}^{q} S_l(f)$ 代替时误差不超过值

$$\Phi = \sum_{l=1}^{q} \frac{A_l b_l^3}{12 N_l^2}.$$

我们提出如下问题: 在划分的区间数 $N = N_1 + \cdots + N_q$ 给定时, 选择值 N_l 使得误差和式估计 Φ 达到极小.

我们将在条件 $\Psi = N_1 + \cdots + N_q - N = 0$ 下寻找最小值 Φ, 且暂时不假定 N_l 是整数. 让拉格朗日函数 $\Phi + \lambda\Psi$ 的导数等于零, 得到方程组

$$\frac{\partial(\Phi + \lambda\Psi)}{\partial N_l} = -\frac{A_l b_l^3}{6 N_l^3} + \lambda = 0.$$

由此可得

$$N_l = b_l \sqrt[3]{\frac{A_l}{6\lambda}}. \tag{1}$$

从条件 $\Psi = 0$ 得到下列关于 λ 的方程

$$\sum_{l=1}^{q} b_l \sqrt[3]{\frac{A_l}{6\lambda}} = N.$$

从这个方程确定 λ, 然后从 (1) 式找到 N_l. 因为 N_l 应该为整数, 则可以取

$$N_l = N_l^0 = \left[b_l \sqrt[3]{\frac{A_l}{6\lambda}} \right]. \tag{2}$$

于是

$$N - q \leqslant N_1^0 + \cdots + N_q^0 \leqslant N.$$

按照满足条件 $N_1 + \cdots + N_q = N$ 的所有可能的整数 $N_1, \cdots, N_q$ 我们没有找到真正的最小值 Φ, 但是进一步更明确的说明未必一定是明智的.

通常实际上更有兴趣的是另一个问题: 找到最小值 $N = N_1 + \cdots + N_q$ 使得误差估计不超过给定的 ε. 因为 Φ 随着值 N_l 的增加单调减小, 则只需限制考虑情况 $\Phi = \varepsilon$. 取拉格朗日函数如下

$$N_1 + \cdots + N_q + \lambda^{-1}(\Phi - \varepsilon).$$

让它对于 $N_l, l = 1, 2, \cdots, q$ 的导数等于零, 也得到方程 (1). 将值 $N_l = b_l \sqrt[3]{\dfrac{A_l}{6\lambda}}$ 代入方程 $\Phi = \varepsilon$, 得到

$$\lambda^{2/3} \sum_{l=1}^{q} \left(\frac{A_l}{48}\right)^{1/3} b_l = \varepsilon.$$

定义 λ, 然后确定相应的 N_l. 在研究这两个问题时得到的有关 N_l 的关系式具有同样的形式. 因此, 为了推断关于节点最优分布的定性结论, 只需要研究其中的一个问题.

我们的目的是研究求解的最优方法和以此为基础的典型数学问题的求解程序. 可以提出按照下列流程研究带有给定精度的积分计算程序. 在某个网格 $x_1, \cdots, x_n$ 上算出函数值计算表格. 按照这个表格建立差分表 $f(x_0; x_1; x_2), \cdots, f(x_{n-2}; x_{n-1}; x_n)$. 从这个表的研究中得出关于区间划分为子区间 $[B_{l-1}, B_l]$ 的最合适的划分以及相应于这些子区间的值 A_l 的结论. 然后, 相应于 (1) 选择 N_l 并算出积分.

在实际使用的标准程序中, 大多数算法不是直接应用所得到的关系, 而是基于由 (1) 导出的某个定性结论. 为此, 将等式 (1) 写成

$$\frac{1}{12} A_l (b_l / N_l)^3 = \frac{\lambda}{2}.$$

这个表达式的左边部分等于在以 b_l/N_l 为长度的基本区间上所得的误差估计, 其中基本区间由 $[B_l, B_{l-1}]$ 划分而来. 这样, 这个关系意味着, 在积分节点为最优分布时在基本积分区间上得出的误差估计应该是同样的.

为得到这个结论只需限制考虑情况 $q = 2$. 这个情况强调了求解方法定性特征的一般性质 (不一定是数学上的): 为得到它们只需要考虑现象的基本方面, 并仅研究简单模型.

通常, 基于最优化问题解的定性性质的算法比上述类似的基于数量关系的算法具有更广的应用范围. 基于这些定性结论描述的积分计算程序可以以高的收敛速度计算带有形如 $x^\alpha, \alpha > -1$ 的正则奇性函数的积分.

我们来研究积分节点分布最优化问题的一个近似提法. 为了不使读者困惑于一些次要细节, 我们在误差估计中将不引入详尽的高阶项估计.

设积分区间 $[0, 1]$ 被划分成子区间 $[a_{q-1}, a_q]$, $q = 1, \cdots, N$, $a_0 = 0, a_N = 1$, 且每个子区间上的积分由梯形公式来计算

$$I_q(f) = \int_{a_{q-1}}^{a_q} f(x)dx \approx s_q(f) = \frac{a_q - a_{q-1}}{2} \left(f(a_{q-1}) + f(a_q)\right).$$

则在整个区间 $[0,1]$ 上的积分由下列公式计算

$$I(f) = \sum_{i=1}^{q} I_q(f) \approx \sum_{q=1}^{N} s_q(f),$$

余项的估计为

$$r = \sum_{q=1}^{N} \max_{[a_{q-1}, a_q]} |f''(x)| \frac{(a_q - a_{q-1})^3}{12}. \tag{3}$$

假设已知在 $[0,1]$ 上 $|f''(x)| \leqslant F(x)$, 其中 $F(x)$ 连续, 且取满足条件 $\varphi(0) = 0, \varphi(1) = 1$ 的连续可微函数 φ 的值 $\varphi\left(\frac{q}{N}\right)$ 为 a_q. 因为

$$a_q - a_{q-1} = \varphi\left(\frac{q}{N}\right) - \varphi\left(\frac{q-1}{N}\right) = \varphi'\left(\frac{q}{N}\right) \frac{1}{N} + o\left(\frac{1}{N}\right), \quad N \to \infty,$$

则

$$\max_{[a_{q-1}, a_q]} |f''(x)| \leqslant \max_{[a_{q-1}, a_q]} F(x) = F(a_q) + o(1) = F\left(\varphi\left(\frac{q}{N}\right)\right) + o(1).$$

从这些关系式我们得到

$$\max_{[a_{q-1}, a_q]} |f''(x)| \frac{(a_q - a_{q-1})^3}{12} \leqslant \varepsilon_q = \left(\varphi'\left(\frac{q}{N}\right)\right)^3 \frac{F\left(\varphi\left(\frac{q}{N}\right)\right)}{12 N^3} + o\left(\frac{1}{N^3}\right).$$

将最后关系式代入 (3) 我们有

$$r \leqslant \bar{r} = \frac{1}{N^2} \left\{ \sum_{q=1}^{N} \frac{1}{N} \left(\varphi'\left(\frac{q}{N}\right)\right)^3 \frac{F\left(\varphi\left(\frac{q}{N}\right)\right)}{12} \right\} + o\left(\frac{1}{N^2}\right).$$

大括号中的表达式是连续函数积分

$$\int_0^1 (\varphi'(t))^3 \frac{F(\varphi(t))}{12} dt$$

的黎曼求和公式. 于是,

$$\bar{r} = \frac{1}{N^2} \left(\int_0^1 (\varphi'(t))^3 \frac{F(\varphi(t))}{12} dt \right) + o\left(\frac{1}{N^2}\right). \tag{4}$$

我们来研究第一项, 表达式 (4) 的主项最小化问题. 为便于求解欧拉方程我们取函数 φ 作为自变量. 则误差的主项中 $1/N^2$ 的系数写成

$$\int_0^1 (t'(\varphi))^{-2} \frac{F(\varphi)}{12} d\varphi.$$

对于使泛函

$$\int_0^1 G(\varphi, t, t') d\varphi$$

达到极小的函数, 其欧拉方程具有形式

$$\frac{d}{d\varphi} \left(\frac{\partial G}{\partial t'} \right) - \frac{\partial G}{\partial t} = 0. \tag{5}$$

在所研究的情况中 $\partial G/\partial t = 0$, 因此从 (5) 我们有 $\partial G/\partial t' = \text{const}$. 代入函数 G 的具体值, 我们得到

$$(t'(\varphi))^{-3} \frac{F(\varphi)}{6} = \text{const}$$

或者
$$F(\varphi)(\varphi'(t))^3 = C_1. \tag{6}$$

这个方程的一般解与 C_1 有关,且还与某个常数 C_2 有关. 可以从边界条件 $\varphi(0) = 0$, $\varphi(1) = 1$ 来确定这些常数. 所研究的变分问题的解实际上可以以各种方式来应用. 例如, 在 $f(x)$ 为光滑函数情况下, 程序在步长大于 $1/N$ 的网格上实现数值积分 (6), 然后相应于得到的解对节点进行分布.

从关系式 (6) 可以推出关于在最优节点分布情况下基本积分区间上的误差估计的同样结论. 事实上, 将 (6) 乘以 $\dfrac{1}{12N^3}$, 设 $t = \dfrac{q}{N}$ 且用相应的等价的值 $\max\limits_{[a_{q-1},a_q]} F(x)$, $a_q - a_{q-1}$ 代替 $F\left(\varphi\left(\dfrac{q}{N}\right)\right)$ 和 $\dfrac{1}{N}\varphi'\left(\dfrac{q}{N}\right)$. 结果得到
$$\max\limits_{[a_{q-1},a_q]} F(x)\frac{(a_q - a_{q-1})^3}{12} \approx \frac{C_1}{12N^3}. \tag{7}$$

从方程 (6) 可能的实际应用途径中可以得到另一个结论. 假定要计算大量的具有同样特性的被积函数的积分. 找出简单的模型函数, 对于这些函数, 其节点的最优化问题可以显式求解, 然后以相应于这些函数的节点分布来求积分. 如果从所研究的函数中函数特性改变与某个参数有关, 则在选择模型函数时应当考虑这个参数. 自然地, 模型函数不一定要相应于所研究的函数类. 需要求解问题的量越大, 在模型问题的成功选择和研究上付出的代价也应更大.

§12. 节点分布最优化的例子

我们来对于一些具体问题研究求解方程 (11.6) 的例子.

例 1 计算一个积分束
$$\int_0^1 f(b,x)dx,$$
其中 b 为参数, $f(b,x) = x^b g(b,x)$, $-1 < b < 2$, $g(b,x)$ 为光滑函数, $g(b,0) \neq 0$. 如果 $b \neq 0, 1$, 则二阶导数 $f_{xx}(b,x)$ 在点 0 的邻域内无界, 因此在选择模型问题时应当考虑被积函数的这个特性. 在点 $x = 0$ 的邻域内有
$$f_{xx}(b,x) = b(b-1)x^{b-2}g(b,0) + O(x^{b-1}).$$
这样, 点 $x = 0$ 的邻域内二阶导数 f_{xx} 近似正比于函数 $y = x^b$ 的二阶导数, 因此函数 $y = x^b$ 自然可以看作模型. 取 $F(x)$ 的值为 $|b(b-1)|x^{b-2}$, 则方程 (11.6) 可写成
$$|b(b-1)|\varphi^{b-2}\left(\frac{d\varphi}{dt}\right)^3 = C_1,$$
由此可得
$$\left(\frac{3\sqrt[3]{|b(b-1)|}}{b+1}\right)\varphi^{\frac{b+1}{3}} = C_1 t + C_2.$$

从条件 $\varphi(0) = 0$ 可得 $C_2 = 0$, 而从条件 $\varphi(1) = 1$ 则得到 $\varphi^{\frac{b+1}{3}} = t$. 这样,
$$\varphi(t) = t^{\frac{3}{1+b}}, \tag{1}$$
且对于积分 $\int_0^1 x^b dx$ 的模型问题, 按照我们最后所说的思想, 最优节点分布为 $a_q = \left(\frac{q}{N}\right)^{\frac{3}{1+b}}$.

上面的描述一般来说不适合所研究的情况, 因为在得到估计 (11.4) 时假定了二阶导数 $F(x)$ 的有界性, 这在本问题中并不满足. 但是可以对所研究的情况论证估计 (11.4) 的适用性.

习题 1   对于函数
$$f_b(x) = \begin{cases} 0, & x = 0, \\ x^b, & x \in (0, 1], \end{cases}$$
其中 $-1 < b < 1$, 按照固定步长 $a_q - a_{q-1} = 1/N$ 利用梯形公式计算积分
$$\int_0^1 f_b(x)dx. \tag{2}$$
证明, 误差之和满足关系式 $R_N(f) \sim D_1(b)/N^{1+b}$, 其中 $D_1(b) \neq 0$.

习题 2   按照由 (1) 定义的节点分布 $a_q = \varphi(q/N)$, $\varphi(t) = t^{\frac{3}{1+b}}$ 利用梯形公式来计算积分 (2). 证明, 误差之和满足关系式 $R_N(f) \sim D_2(b)/N^2$.

习题 3   按照节点分布 $a_q = \varphi(q/N)$, $\varphi(t) = t^a$ 利用梯形公式来计算积分 (2). 证明, 当 $a > 2(b+1)$ 时, 误差之和满足关系式 $R_N(f) \sim D(a,b)/N^2$. 验证 $D(a,b) > D_2(b)$.

对这些问题解的结果进行比较表明, 在奇点附近提高节点的分布密度, 特别是节点最优化, 将导致收敛速度量级的提高.

例 2   计算积分束
$$\int_0^1 x^b (\ln x) g(b, x) dx,$$
其中 $g(b, x)$ 是光滑函数, $g(b, 0) \neq 0$, b 为函数束的参数. 因为 $\ln x$ 以点 0 为奇异点, 则自然地取 $y = x^b \ln x$ 为模型函数. 其二阶导数为
$$y'' = x^{b-2}(b(b-1)\ln x + (2b-1)).$$
当 $F(x) = |(x^b \ln x)''|$ 时方程 (11.6) 没有积分形式的解, 因此要对问题进行简化. 当 $x \to 0$ 时函数 $\ln x$ 比任意幂函数 $y = x^{-\varepsilon}, \varepsilon > 0$ 增长要慢. 由此, 在方程 (11.6) 中取 $F(x) = \text{const} \cdot x^{b-2}$.

例 3   计算积分束
$$\int_0^1 \exp\left\{-\frac{x}{b}\right\} g(b, x) dx, \tag{3}$$
其中 $g(b, x)$ 是光滑函数, $g(b, 0) \neq 0$, b 为函数束的参数, 其值可以取得非常小. 对于小的 b, 当考虑因子 $\exp\{-x/b\}$ 时被积函数及其导数在 $x = 0$ 的邻域内突然改变, 因此可

考虑在计算积分 $\int_0^1 \exp\{-x/b\}dx$ 的模型问题基础上对积分节点进行优化. 取 $F(x) = |(\exp\{-x/b\})''|$. 则方程 (11.6) 变成
$$\frac{1}{b^2}\exp\left\{-\frac{\varphi}{b}\right\}\left(\frac{d\varphi}{dt}\right)^3 = C_1.$$
由此可得
$$1 - \exp\left\{-\frac{\varphi}{3b}\right\} = C_3 t + C_4.$$
从条件 $\varphi(0) = 0$ 推出 $C_4 = 0$, 而从条件 $\varphi(1) = 1$ 得到
$$1 - \exp\left\{-\frac{\varphi}{3b}\right\} = \left(1 - \exp\left\{-\frac{1}{3b}\right\}\right)t,$$
由此可得
$$\varphi(t) = 3b\ln\left[1 - \left(1 - \exp\left\{-\frac{1}{3b}\right\}\right)t\right]^{-1}.$$

例 4 计算积分束
$$\int_0^1 \exp\{-x^2/b^2\} g(b,x)dx, \tag{4}$$
其中 $g(b,x)$ 是光滑函数, $g(b,0) \neq 0$, b 为函数束的参数, 其值可以取得非常小. 对于小的 b, 当考虑因子 $\exp\{-x^2/b^2\}$ 时被积函数及其导数在 $x = 0$ 的邻域内突然改变. 因此以积分 $\int_0^1 \exp\{-x^2/b^2\}dx$ 的计算作为模型问题. 取 $F(x) = |(\exp\{-x^2/b^2\})''|$, 则方程 (11.6) 变成
$$|1 - 2\varphi^2/b^2|\exp\{-\varphi^2/b^2\}(d\varphi/dt)^3 = C_1 b^2/2,$$
由此可得
$$\int \sqrt[3]{|1 - 2\varphi^2/b^2|}\exp\{-\varphi^2/3b^2\}d\varphi = \int \sqrt[3]{C_1 b^2}/\sqrt[3]{2}\,dt.$$

这个积分的计算不能得到显式表示, 因此尝试进行简化. 例如, 可以将 $\sqrt[3]{|1 - 2\varphi^2/b^2|}$ 换成 1. 对于很大的值 φ/b, 当这种替换的误差很大时, 由于较小的因子 $\exp\{-\varphi^2/(3b^2)\}$, 其影响不会变得过大. 进行这样的简化后函数 $\varphi(t)$ 将通过求 $\int_0^\varphi \exp\{-v^2\}dv$ 的反函数来选择.

例 3, 例 4 中所详细研究的问题经常会出现. 例如, 天线定向曲线计算时要在参数 b 的大的变化范围内计算积分束 $\int_0^1 \exp\{ibg(b,x)\}h(b,x)dx$, 其中函数 $g(b,x)$ 和 $h(b,x)$ 是充分光滑的. 当 b 不是非常大时这个积分可以借助于简单求积公式来计算. 随着 b 的增长被积函数的导函数也增大, 因此要求的节点数也增加. 在 b 非常大时可以应用回路方法或者别的渐近方法. 但是对于"中间"值 b 这两种方法都不太好: 第一种方法比较困难, 而第二种方法则精度较低. 因此有时应用下面的方法: 正如应用回路方法一样, 改变积分回路使得它按照函数 $\exp\{ibg(b,x)\}$ 下降最快的路径进行. 求突变函数的积分类似于所研究的例 3, 例 4.

从引入的例子可以看出, 基于方程 (11.6) 的积分节点分布的最优化要求研究者具有很高的技巧. 因此, 将在 §17 中研究这些函数转化为计算机求解的问题.

§13. 误差的主项

应用 §2, §3 中得到的误差估计公式时要求研究者具有充分高的技能,例如,要得到所需的导数估计. 在得到这些估计时,对于梯形和辛普森复合公式的估计可能实质上是粗糙的,因为一般的误差估计等于各个相互独立区间上误差估计的范数之和.

这些情况促使我们获得误差估计主项的表示. 按照误差主项的信息进行方法的比较是更有价值的.

正如将看到的一样,误差里存在主项这个事实的本身就允许判断误差的实际值,而无需求助于理论估计. 我们来讨论积分 $I(f) = \int_A^B f(x)dx$ 的带有常值步长 H 的复合梯形计算公式. 为方便起见,记 $H = (B-A)/M$, $a_q = A + qH$,特别有 $a_0 = A$, $a_M = B$. 我们有

$$I(f) \approx S_M(f) \equiv S_M^2(f) = H\left(\frac{f(a_0)}{2} + f(a_1) + \cdots + f(a_{M-1}) + \frac{f(a_M)}{2}\right).$$

由 §3.2 有下列等式

$$\int_{a_{q-1}}^{a_q} f(x)dx = H\frac{f(a_{q-1}) + f(a_q)}{2} - \frac{f''(\zeta_q)H^3}{12}, \quad \zeta_q \in [a_{q-1}, a_q].$$

对 q 求和得到

$$\int_{a_0}^{a_M} f(x)dx = S_M(f) + R(f), \quad R(f) = -\sum_{q=1}^M f''(\zeta_q)\frac{H^3}{12}.$$

误差值 $R(f)$ 可以写成

$$R(f) = -\frac{H^2}{12}i(f), \quad i(f) = \sum_{q=1}^M Hf''(\zeta_q).$$

右边的表达式是积分 $\int_{a_0}^{a_M} f''(x)dx$ 的求积公式,因此当 $H \to 0$ 时有

$$i(f) \to \int_{a_0}^{a_M} f''(x)dx.$$

于是,

$$R(f) = -\frac{H^2}{12}\int_{a_0}^{a_M} f''(x)dx + R_1(f), \quad R_1(f) = o(H^2).$$

习题 1 设在 $[A, B]$ 上 $|f^{(3)}(x)| \leqslant M_3$. 证明,在此情况下
$$|R_1(f)| \leqslant c_3 M_3(B-A)H^3.$$

习题 2 设在 $[A, B]$ 上 $|f^{(4)}(x)| \leqslant M_4$. 证明 $|R_1(f)| \leqslant c_4 M_4(B-A)H^4$.

所得到的 $R(f)$ 的关系式可用于各种目的. 例如,可以表示成形式

$$R(f) = -\frac{H^2}{12}(f'(B) - f'(A)) + o(H^2). \tag{1}$$

在计算 $f'(B) - f'(A)$ 之后得到误差主项之值. 假定达到的精度不满意. 将 (1) 写成

$$I(f) = S_M^4(f) + o(H^2),$$

其中
$$S_M^4(f) = S_M^2(f) - \frac{H^2}{12}(f'(B) - f'(A)).$$

从问题 2 的解中可推出, 当 $|f^{(4)}(x)| \leqslant M_4$ 时表达式 $S_M^4(f)$ 正好是带有误差 $O((B-A)H^4)$ 的积分和式, 即与辛普森公式具有同样的阶.

可以尝试分离所得公式的误差主项. 我们有等式
$$S_M^4(f) = \sum_{q=1}^M s_q^2(f),$$
$$s_q^2(f) = \frac{H}{2}(f(a_{q-1}) + f(a_q)) - \frac{H^2}{2}(f'(a_q) - f'(a_{q-1})).$$
值 $s_q^2(f)$ 将作为如下积分的近似值
$$I_q(f) = \int_{a_{q-1}}^{a_q} f(x)dx.$$
在差 $I_q(f) - s_q^2(f)$ 中代入 $f(x)$ 的泰勒级数表示的一段, 可得到基本区间上误差估计形如 $\frac{H^5}{720}f^{(4)}(\zeta_q^4)$ 的主项等等.

继续误差主项分离的过程, 我们得到欧拉求积公式序列
$$I(f) \approx S_M^{2l}(f), \quad S_M^{2l}(f) = S_M^2(f) - \sum_{j=1}^{l-1} \gamma_{2j} H^{2j} \left(f^{(2j-1)}(B) - f^{(2j-1)}(A)\right),$$
其误差估计为
$$I(f) - S_M^{2l}(f) = -\gamma_{2l} f^{(2l)}(\zeta^{2l})(B-A)H^{2l}. \tag{2}$$

数 γ_j 满足下列关系
$$\frac{x}{e^x - 1} = \sum_{j=0}^\infty \gamma_j x^j.$$
按通常惯例将 γ_j 写成 $B_j/j!$, 其中 B_j 称为伯努利 (Bernulli) 数.

在此给出数 γ_j 的几个值:
$$\gamma_2 = \frac{1}{12}, \quad \gamma_4 = -\frac{1}{720}, \quad \gamma_6 = \frac{1}{30240}, \quad \gamma_8 = -\frac{1}{1209600}, \quad \gamma_{10} = \frac{1}{47900160}.$$

欧拉公式的应用不太方便, 因为不仅需要计算函数值, 还要计算它的导数值.

但是, 如果在表达式 $S_M^{2p}(f)$ 中以相应于节点 $a_0, \cdots, a_l$ 和 $a_N, \cdots, a_{N-l}$ 的 l 阶插值多项式来替换导数 $f^{(2k-1)}(A)$ 和 $f^{(2k-1)}(B)$, 则当 $l = 2p-3$ 和 $l = 2p-2$ 时在引入中间变换后得到格雷戈里数值求积公式
$$I(f) \approx G_M^l(f),$$
$$G_M^l(f) = S_M^2(f) - H \sum_{k=1}^l \beta_k(\nabla^k f(a_M) - (-1)^k \Delta^k f(a_0)),$$
其中
$$\beta_k = (-1)^{k+1} \int_0^1 \frac{x(x-1)\cdots(x-k)}{(k+1)!} dx.$$

特别,
$$\beta_1 = \frac{1}{12}, \quad \beta_2 = \frac{1}{24}, \quad \beta_3 = \frac{19}{720}, \quad \beta_4 = \frac{3}{160}, \quad \beta_5 = \frac{863}{60480}, \quad \beta_6 = \frac{275}{24192}.$$

在被积函数带有奇性的情况下,如同 §11 中研究的类型,欧拉和格雷戈里公式的应用无效,因为高阶导数或者无界或者非常大. 因此,直接计算定积分时,目前很少应用这些公式. 但是,它们可以用于计算以表格方式给定的函数的积分、沃尔泰拉 (Volterra) 积分方程求解以及其他一些问题,其中被积函数值的计算实质上正是基于均匀网格.

习题 3 证明,格雷戈里求积公式 $I(f) \approx G_M^l(f)$ 的误差主项是
$$\beta_{l+1} H^{l+2} (f^{(l+1)}(B) - (-1)^{l+1} f^{(l+1)}(A)).$$

习题 4 假设按照变步长 $a_q = \varphi(q/N)$ 的复合梯形公式计算积分 $\int_0^1 f(x)dx$,其中 φ 为光滑函数. 证明,误差主项是
$$-\frac{1}{12N^2} \int_0^1 f''(\varphi(t))(\varphi'(t))^3 dt.$$

提示 看 §11 中的一些讨论.

§14. 实际误差估计的龙格法则

我们已经得到了定常步长的梯形公式误差主项为
$$-\frac{1}{12} H^2 (f'(B) - f'(A)).$$
可以通过高阶导数得到更高精度的求积公式误差估计的主项. 由于要求微分运算,直接应用这些表示估计误差主项有时可能不方便. 在另一些问题中误差的主项表示可能相当复杂以至于要通过另外一些数值积分来计算它. 因此,在计算实践中采用的误差估计方法,不是误差主项的实际表达式,而仅仅考虑主项存在的事实. 对于简单类型的数值积分问题,这个方法归属于龙格 (Runge) 的工作,而更复杂的情况则由理查森 (Richardson) 和菲利波夫 (Filippov) 进行了研究. 这种方法建立用两个不同步长计算的结果得到误差主项的基础上.

我们来研究这个规则应用的简单情况. 分别用步长 $H_1 = (B-A)/M_1$ 和 $H_2 = (B-A)/M_2$ 的梯形公式实现积分 $I(f) = \int_A^B f(x)dx$ 的近似计算,其中 $M_2 = 2M_1$,即 $H_2 = H_1/2$. 由 (3.1) 我们有等式
$$I(f) - S_{M_1}(f) = -\frac{H_1^2}{12} (f'(B) - f'(A)) + o(H_1^2),$$
$$I(f) - S_{M_2}(f) = -\frac{H_2^2}{12} (f'(B) - f'(A)) + o(H_2^2). \tag{1}$$

我们力求不使用具体表达式来建立计算误差主项的算法. 为此将 (1) 写成一组近似等式

§14. 实际误差估计的龙格法则

$$I(f) - S_{M_1}(f) \approx CH_1^2,$$
$$I(f) - S_{M_2}(f) \approx CH_2^2. \tag{2}$$

值 $S_{M_1}(f)$ 和 $S_{M_2}(f)$ 由计算结果来确定,因此我们有相应于两个未知量 $I(f)$ 和 C 的两个近似等式. 第一个等式减去第二个, 得到

$$S_{M_2}(f) - S_{M_2}(f) \approx CH_1^2 - CH_2^2 = 3CH_2^2.$$

这样有

$$CH_2^2 \approx \frac{1}{3}\left(S_{M_2}(f) - S_{M_1}(f)\right). \tag{3}$$

将近似表示 CH_2^2 代入 (2) 得到近似等式

$$I(f) - S_{M_2}(f) \approx \frac{1}{3}\left(S_{M_2}(f) - S_{M_1}(f)\right). \tag{4}$$

于是, 值 $\frac{1}{3}(S_{M_2}(f) - S_{M_1}(f))$ 是积分近似值 $S_{M_2}(f)$ 的误差主项. 将 (4) 中的 $S_{M_2}(f)$ 移到右边, 得到比 $S_{M_2}(f)$ 更接近 $I(f)$ 的公式

$$I(f) \approx S_{M_2}(f) + \frac{1}{3}\left(S_{M_2}(f) - S_{M_1}(f)\right). \tag{5}$$

这样, 所描述的建立误差主项的方法给出了带有更高精度的求积公式.

习题 1 证明, (5) 式右边部分与复合辛普森公式相同.

关于误差主项值的信息常常被近似地用来确定为达到给定精度所需的最少节点数目. 从 (3) 我们找到

$$C \approx \frac{1}{3H_2^2}\left(S_{M_2}(f) - S_{M_1}(f)\right),$$

然后从如下条件选择积分步长

$$|CH^2| \leqslant \varepsilon \quad \text{或者} \quad |CH^2| \leqslant \varepsilon|S_{M_2}(f)|, \tag{6}$$

其中 ε 为给定的结果的绝对或相对误差.

上面描述的公式 (2)—(5) 具有近似特征, 因为从 (3) 找到的值 C 仅仅对充分小的 H_2 是可靠的 (即近似于真实值). 在以满足条件 (6) 的步长 H 求解问题的情况下, 为了控制精度先以步长 $2H$ 求解问题, 然后再相应于 H 确定误差主项.

上面描述了两种数值方法来使结果更精确, 我们把它应用到任意精度的方法上来, 并且不要求取 $M_2 = 2M_1$.

习题 2 有某个有如下误差的求解方法

$$I(f) - S_M(f) \sim C/M^m.$$

按照区间划分以 M_1 和 $M_2 = \lambda M_1$ 完成积分计算. 证明

$$I(f) - S_{M_2}(f) \sim \frac{S_{M_2}(f) - S_{M_1}(f)}{\lambda^m - 1};$$

当 $M_2 \to \infty$ 时是指极限过程, 且 $\lambda = \text{const}$.

习题 3 设

$$I(f) - S_M(f) = \frac{C}{M^m} + O\left(\frac{1}{M^{m+1}}\right).$$

证明当 $M_1, M_2 - M_1 \to \infty$ 时

$$I(f) - S_{M_2}(f) \sim \frac{S_{M_2}(f) - S_{M_1}(f)}{(M_2/M_1)^m - 1}.$$

习题 4 设

$$I(f) - S_M(f) = \frac{C}{M^m} + O\left(\frac{1}{M^{m+2}}\right).$$

证明当 $M_1 \to \infty, M_2 > M_1$ 时

$$I(f) - S_{M_2}(f) \sim \frac{S_{M_2}(f) - S_{M_1}(f)}{(M_2/M_1)^m - 1}.$$

当计算大量具有同一类型奇性的积分时, 没有严格的理论分析就无法确定这类积分方法的收敛的阶 (由于导数的无界性我们没有理由应用误差主项的存在性结果). 另一些情况下误差的阶可能是已知的, 但实际可用的 M 值如何并不明了.

对于实际容许的值 M 我们研究关系式 $R(f) \sim CM^{-m}$ 是否可实现的验证问题.

可以尽量挑选模型问题使得它尽可能近似所研究的问题, 且具有已知的答案. 那么, 在进行计算后我们有近似值 S_m 和误差 $R_m = I - S_m$. 可以对这个量的特性进行某种猜测, 例如,

$$R_m \sim \text{const} \cdot M^{-m}. \tag{7}$$

在这种情况下可以对某个序列 M_k 计算值 $M_k^m R_{M_k}$ 且看看随着 M 的增长这些值是否稳定. 如果在给定情况下对误差特性不做假定, 则可以使用下列方法.

取坐标平面 $\ln M, \ln\left(\frac{1}{|R|}\right)$ (图 3.14.1), 在其中描出点

$$\left(\ln M_k, \ln \frac{1}{|R_{M_k}|}\right). \tag{8}$$

如果这些点分布不混乱, 则意味着数 M_k 不是太大, 以至于误差主项不能分离. 假定渐近不等式 (7) 在参数 M 给定的变化范围内以高的精度满足. 从 (7) 得到

$$\ln\left|\frac{1}{R_m}\right| \sim m \ln M;$$

微分以后有

$$\frac{d \ln\left|\dfrac{1}{R_m}\right|}{d \ln M} \sim m. \tag{9}$$

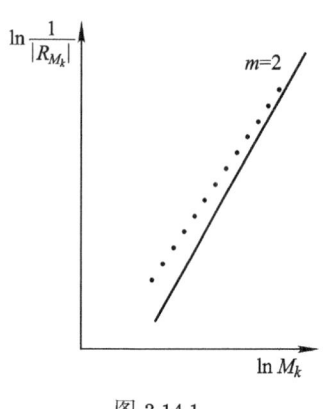

图 3.14.1

注意到, 渐近等式的微分运算一般来说不合规范.

当 (7) 以相当精确的程度满足时, 由 (9) 式, 通过计算机实验得到的点 $(\ln M_k, \ln(1/|R_{M_k}|))$ 应该位于一条斜线上, 其倾斜角的正切值趋近于 m. 如果斜线的倾斜角突然改变, 则应用龙格法则还缺乏基础.

关于误差特性假设的正确性检验还可以按如下步骤进行. 如果等式成立
$$R_M \sim c/M^m, \tag{10}$$
则
$$S_{M\lambda} - S_M \sim c(1 - \lambda^{-m})/M^m. \tag{11}$$
另一方面, 如果当 $M \geq M_0$ 时 (11) 满足, 则 (10) 也将满足. 因此, 代替验证 (10) 是否实际满足可以变为验证 (11) 是否实际满足. 特别, 可以借助于研究函数 $g(M) = (S_{M\lambda} - S_M)M^m$ 的图像或者下列点的分布
$$\left(\ln M_k, \ln \frac{1}{|S_{M_k\lambda} - S_{M_k}|}\right). \tag{12}$$

注意到, 按照数值实验的途径定义值 m 以及一般地验证条件 (10) 的可能性会受到限制. 例如, 情况 $R_m \sim \text{const} \cdot \frac{\ln M}{M}$ 和 $R_m \sim \text{const} \cdot \frac{1}{M}$ 在研究中是难以区分的, 因此在两种情况下当 $M \to \infty$ 时有 $d\ln\left|\frac{1}{R_m}\right| \Big/ d\ln M \to 1$.

§15. 更高精度插值结果的修正

如果被积函数足够光滑, 则如通常一样, 求积公式的误差可以表示为
$$I(f) - S_M(f) = R_M(f) = \sum_{k=1}^{l} D_k(f) M^{-i_k} + r(M), \tag{1}$$
这里 $i_1 < \cdots < i_l$, $r(M) = o(M^{-i_l})$. 通常, 对光滑被积函数有 $i_2 - i_1 = \cdots = i_l - i_{l-1} = s$, 其中 $s = 1$ 或 $s = 2$. 例如, 假定 $f^{(2m+2)}(x)$ 有界, 由 (13.2), 梯形公式的误差表示为
$$R_M(f) = -\sum_{k=1}^{m} \gamma_{2k} \left(\frac{B-A}{M}\right)^{2k} \left(f^{(2k-1)}(B) - f^{(2k-1)}(A)\right) + O\left(\left(\frac{B-A}{M}\right)^{2m+2}\right).$$
假定在 $M = M_0, \cdots, M_l$ 时计算 $S_M(f)$. 我们有等式
$$I(f) = S_{M_j}(f) + \sum_{k=1}^{l} D_k(f) M_j^{-i_k} + r(M_j), \quad j = 0, \cdots, l.$$
取这些关系式的线性组合, 组合系数为满足下面条件的 c_j
$$\sum_{j=0}^{l} c_j = 1. \tag{2}$$
我们得到关系式
$$I(f) = \sum_{j=0}^{l} c_j S_{M_j}(f) + \sum_{k=1}^{l} D_k(f) \left(\sum_{j=0}^{l} c_j M_j^{-i_k}\right) + \sum_{j=0}^{l} c_j r(M_j).$$
假定满足等式
$$\sum_{j=0}^{l} c_j M_j^{-i_k} = 0, \quad k = 1, \cdots, l, \tag{3}$$
则
$$I(f) = \sum_{j=0}^{l} c_j S_{M_j}(f) + \sum_{j=0}^{l} c_j r(M_j). \tag{4}$$

如果值 $\sum_{j=0}^{l} c_j r(M_j)$ 可以忽略, 则有

$$I(f) \approx \sum_{j=0}^{l} c_j S_{M_j}(f). \tag{5}$$

关系式 (2), (3) 具有 $l+1$ 个线性代数方程, 且有 $l+1$ 个未知量, 因此有理由期望它有解.

在所研究的问题和插值问题之间做类比可以以显式的方式找到 c_j. 将 (1) 式改写为

$$Q_l(M^{-l}) = S_M(f) - r(M), \quad \text{其中} \quad Q_l(y) = I(f) - \sum_{k=1}^{l} D_k y^k \tag{6}$$

从关系式 (6) 看出, 寻找 $I(f)$ 的问题可以叙述如下. 给定多项式 $Q_l(y)$ 在 $y = M_0^{-1}, \cdots, M_l^{-1}$ 处的值, 要求确定值 $Q_l(0) = I(f)$. 按照拉格朗日插值公式 (参见第二章 §2) 我们有

$$Q_l(y) = \sum_{j=0}^{l} Q_l(y_j) \prod_{i \neq j} \frac{y - y_i}{y_j - y_i},$$

因此

$$Q_l(0) = \sum_{j=0}^{l} c_j Q_l(y_j), \quad \text{其中} \quad c_j = \prod_{i \neq j} \frac{y_i}{y_i - y_j}, \quad y_j = M_j^{-1}, \tag{7}$$

于是

$$I(f) = Q_l(0) = \sum_{j=0}^{l} c_j Q_l(y_j) = \sum_{j=0}^{l} c_j S_{M_j}(f) + \sum_{j=0}^{l} c_j r(M_j).$$

我们得到了关系式 (4), 其中值 c_j 可以明确表示出来.

上述方法有时叫作龙贝格 (Romberg) 方法, 它可以有效应用于如下情况. 假设给定某个求积公式, 在计算机上计算并打印出值 $S_{M_0 2^i}(f), i = 0, \cdots, l$, 但所要求的精度没有达到. 那么, 可以尝试对某组值 $S_{M_0 2^{s+1}}(f), \cdots, S_{M_0 2^{p+1}}(f)$ 应用龙贝格规则求近似积分.

有时应用下列数值积分过程. 给定某个数 M_0 且按照梯形公式 $I(f) \approx S_{M_k}^{(1)}(f)$ 对划分的 M_k 个区间计算积分近似值, 其中 $M_k = M_0 \cdot 2^k$. 按照下列公式计算总是更方便

$$S_{M_k}^{(1)}(f) = \frac{1}{2} S_{M_{k-1}}^{(1)}(f) + \frac{B-A}{M_k} \sum_{j=0}^{M_{k-1}} f\left(A + \frac{2j-1}{M_k}(B-A)\right).$$

对每一个 k 在计算 $S_{M_k}^{(1)}(f)$ 后按照如下递推公式计算 $S_{M_k}^{(1)}(f), \cdots, S_{M_k}^{(k+1)}(f)$:

$$S_{M_k}^{(i)}(f) = S_{M_k}^{(i-1)}(f) + \frac{1}{2^i - 1} \left(S_{M_k}^{(i-1)}(f) - S_{M_{k-1}}^{(i-1)}(f) \right).$$

这样, 计算的序列由如下图表定义

$$\begin{array}{ccccccc}
S_{M_0}^{(1)} & \to & S_{M_1}^{(1)} & \to & S_{M_2}^{(1)} & \to & S_{M_3}^{(1)} \\
& \searrow & \downarrow & \searrow & \downarrow & \searrow & \downarrow \\
& & S_{M_1}^{(2)} & \to & S_{M_2}^{(2)} & \to & S_{M_3}^{(2)} \\
& & & \searrow & \downarrow & \searrow & \downarrow \\
& & & & S_{M_3}^{(3)} & \to & S_{M_3}^{(3)} \\
& & & & & \searrow & \downarrow \\
& & & & & & S_{M_4}^{(4)}
\end{array}$$

值 $S_{M_k}^{(i)}(f)$ 的计算通常持续直到某个 k 使得 $\min_i \left| S_{M_k}^{(i)}(f) - S_{M_{k-1}}^{(i)}(f) \right| < \varepsilon$ 满足.

通常, 龙贝格方法实质上在有效性方面不如高斯公式和带有自动步长选择的求积方法 (参看§17).

习题 1 证明, $S_{M_k}^{(i)}(f)$ 是将龙贝格规则应用到值 $S_{M_k}^{(1)}(f), \cdots, S_{M_{k-i+1}}^{(1)}(f)$ 的结果.

§16. 奇异情况的积分计算

实际遇到的重要函数是那些带有某些特点的函数, 这些特点可能包含在函数中, 或者包含在其导数甚至高阶导数中. 如果被积函数具有的这些奇异性不表现为振荡特性, 则带有自动步长选择的标准程序可以给出不错的结果, 我们将在 §17 中讨论. 在考虑少量的带有奇异性的积分时, 利用标准程序求解问题可能是最好方式. 对于大量带有奇异性的积分计算, 必须要有高水平研究者的参与. 我们来给出一些例子, 它们对于这些问题的研究是有益的.

1. 分离权函数. 假设计算积分 $\int_a^b f(x)dx$, 其中积分上下限 a 和 b 可能无限. 将被积函数表示为 $f(x) = g(x)p(x)$, 其中 $p(x)$ 足够简单, 而 $g(x)$ 为光滑函数. 进一步, 应用先前讨论的带有权函数的积分数值方法. 我们来研究几个例子.

假设计算积分 $\int_{-1}^{1} \dfrac{dx}{\sqrt{1-x^4}}$. 将 $f(x)$ 表示为 $\dfrac{1}{\sqrt{1+x^2}} \cdot \dfrac{1}{\sqrt{1-x^2}}$, 其中函数 $\dfrac{1}{\sqrt{1+x^2}}$ 为光滑函数. 函数 $\dfrac{1}{\sqrt{1-x^2}}$ 可以看作权函数. 默勒公式 (见 §5 习题 2) 适合于这个权函数.

假设计算积分 $\int_0^1 f(x)dx$, 并且 $f(x)$ 可以表示成 $g(x)x^\alpha$, 其中 $-1 < \alpha < 1$, $g(x)$ 为光滑函数, $g(0) \neq 0$. 按照带有常值步长 $H = M^{-1}$ 的梯形公式计算积分时, 误差以慢于 M^{-2} 的速度收敛于零. 一个可能的积分数值方法就是转化成相应于给定权函数的高斯求积公式.

2. 可以将积分划分为几部分, 并借助于 §7 中的方法计算每个部分的积分. 将积分表示为

$$I = \sum_{q=1}^{M} I_q, \quad I_q = \int_{(q-1)H}^{qH} g(x)x^\alpha dx, \quad H = \frac{1}{M}.$$

将函数 $g(x)$ 换为插值多项式

$$P_{(q)}(x) = g((q-1)H) + (x-(q-1)H)\frac{g(qH) - g((q-1)H)}{H},$$

得到
$$I_q \approx \int_{(q-1)H}^{qH} P_{(q)}(x) x^\alpha dx$$
$$= H^{\alpha+1} q^{\alpha+2} \left(\left(\frac{1-(1-1/q)^{\alpha+1}}{\alpha+1} - \frac{1-(1-1/q)^{\alpha+2}}{\alpha+2} \right) g(qH) \right. \quad (1)$$
$$\left. + \left(\frac{1-(1-1/q)^{\alpha+2}}{\alpha+2} - \frac{1-1/q-(1-1/q)^{\alpha+2}}{\alpha+1} \right) g((q-1)H) \right).$$

对 (1) 的右边部分按 q 求和, 得到原来积分的计算公式. 许多情况下取 $g(qH) = (qH)^{-\alpha} f(qH)$ 更方便, 这样可得到如下形式的求积公式
$$I \approx \sum_{q=0}^{M} D(q,H) f(qH). \quad (2)$$

习题 1 推导公式 (2) 的误差估计
$$\text{const} \cdot \max_{[0,1]} |g''(x)| M^{-2}.$$

进一步将研究形式上更简单的带有特点的函数积分数值方法. 上面描述积分近似方法是针对固定网格, 特别是在均匀网格上的函数值进行的, 当复杂积分计算被表示为部分积分计算时具有一定优势. 例如, 积分方程的求解转化为线性代数方程的求解. 有时, 把函数在划分的区间上用常数代替时必要的精度就已经达到. 在这样的情况下, 我们取
$$\int_{a_{q-1}}^{a_q} g(x) p(x) dx \approx g(\zeta_q) \int_{a_{q-1}}^{a_q} p(x) dx$$
且计算原始积分的公式变为
$$\int_0^1 g(x) p(x) dx \approx \sum_{q=1}^{N} g(\zeta_q) \int_{a_{q-1}}^{a_q} p(x) dx. \quad (3)$$

习题 2 计算积分
$$I = \int_0^1 \frac{g(x) b}{b^2 + x^2} dx, \quad \text{其中 } b \text{ 为一小数}.$$
证明, 应用定常步长 $a_q - a_{q-1} \equiv H = M^{-1}$ 的梯形公式, 误差估计为
$$\text{const} \cdot \min \left\{ \frac{1}{Mb}, \frac{1}{(Mb)^2} \right\}. \quad (4)$$

习题 3 当 $a_q - a_{q-1} \equiv H$ 时这个积分的计算公式 (3) 具有形式
$$I \approx \sum_{q=1}^{M} g(\zeta_q) \left(\arctan\left(\frac{qH}{b}\right) - \arctan\left(\frac{(q-1)H}{b}\right) \right),$$
其中 $(q-1)H \leqslant \zeta_q \leqslant qH$. 推导误差估计
$$|R_M| \leqslant \text{const} \cdot \max_{[0,1]} |g'(x)| M^{-1}.$$

在上面研究的情况中求积公式的系数具有形式
$$\int_{a_{q-1}}^{a_q} P_i(x) p(x) dx,$$
其中 $P_i(x)$ 为某个多项式, 并且以显式形式计算这些积分. 对于一系列不能以显式形式计算

的问题类, 可以合理地借助于数值积分求得其值. 如果所得的公式多次重复应用, 则这个附加的工作是值得的, 例如, 一个大的积分束计算, 多重积分的多次重复计算 (参看第五章) 以及积分方程的求解等.

3. 现在假设要计算积分
$$I_\omega(f) = \int_0^1 f(x)\exp\{i\omega x\}dx,$$
其中 ω 为一个大数, $f(x)$ 为足够光滑的函数. 我们将把 $\exp\{i\omega x\}$ 看作权函数. 将积分表示为
$$I = \sum_{q=1}^M I_q, \quad I_q = \int_{(q-1)H}^{qH} f(x)\exp\{i\omega x\}dx,$$
对于积分 I_q 的计算我们应用形如 (7.2) 的公式.

4. 在某些情况下, 被积函数可以表示成 $f(x) = G(x) + g(x)$, 并且 $\int_A^B G(x)dx$ 将取成显式表达形式, 而 $g(x)$ 为光滑函数. 假设计算积分
$$I = \int_0^1 f(x)dx, \quad f(x) = \frac{\ln x}{1+x^2}. \tag{5}$$
我们取 $G(x) = \ln x$. 那么函数 $g(x)$ 有形式
$$g(x) = -\frac{x^2 \ln x}{1+x^2}.$$
值 $\int_0^1 |g''(x)|dx$ 将是有限的, 可以证明按照带有常值步长 $a_q - a_{q-1} = M^{-1}$ 的梯形公式计算积分 $\int_0^1 g(x)dx$ 的误差具有量级 $O(M^{-2})$. 要使得辛普森公式的误差有量级 $O(M^{-4})$, 应该取 $G(x) = (1-x^2)\ln x$.

在 $f(x) = (x^2 + b^2)^{-1}e^x$ 情况下, 其中 b 为一小的数, 可以适当取
$$G(x) = (\text{Res}_{bi} f(z))\ (x - bi)^{-1} + (\text{Res}_{-bi} f(z))\ (x + bi)^{-1}.$$
这里所得到的被积函数解析区域的扩展在应用高斯公式时特别有效.

5. 另外的消除被积函数奇异性的方法是积分变量替换. 通过变量替换 $x = \varphi(t)$, $\varphi(0) = 0$, $\varphi(1) = 1$, 原积分 $I = \int_0^1 f(x)dx$ 变为
$$\int_0^1 g(t)dt, \tag{6}$$
这里
$$g(t) = f(\varphi(t))\varphi'(t).$$
因子 $\varphi'(t)$ 的出现可使得被积函数在孤立点的奇异性被消除. 在积分 (5) 中引入变量代换 $x = t^k$, 得到
$$I = \int_0^1 \frac{k^2 t^{k-1} \ln t}{1+t^{2k}}dt.$$

在 $k>2$ 时积分 $\int_0^1 |g''(t)|dt$ 有限, 因此梯形公式的误差有 $O(M^{-2})$ 的量级. 随着 k 的增加, 使积分 $\int_0^1 |g^{(n)}(t)|dt$ 有界的导数 $g^{(n)}(t)$ 的次数也增加, 因此可以应用更高精确度的求积公式.

如果 k 非常大, 则导函数 $g(t)$ 即便是有限的, 也会非常大. 于是, 应当在值 k 和节点数 N 之间保持一定的均衡. 下面也可看出应用非常大的 k 要保持必要的谨慎. 在积分 (6) 中的常值步长 $t_q - t_{q-1} = 1/M$ 相应于原始积分中的积分节点 $a_q = \varphi(q/M) = (q/M)^k$. 因此, 在大的 k 时在区间 $[0,1]$ 的右边部分只应用了少量被积函数值 (图 3.16.1).

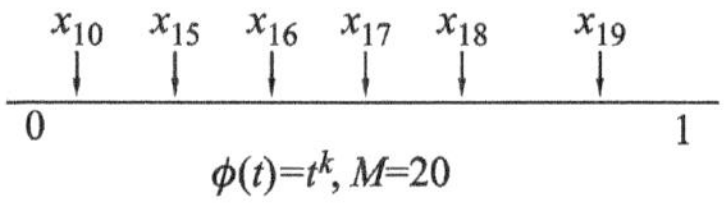

x_{10} x_{15} x_{16} x_{17} x_{18} x_{19}

0 ———————————————— 1

$\phi(t)=t^k, M=20$

图 3.16.1

6. 正如在 §11 中已看到, 计算带有奇异性的函数的积分时提高收敛速度也要考虑积分节点的分布.

7. 在某些情况下把几种描述过的方法组合起来应用. 假设计算积分
$$\int_0^1 g(x) x^\alpha \exp\{i\omega x\} dx,$$
其中 ω 为一大数, $g(x)$ 为光滑函数, $g(0) \neq 0, |\alpha| < 1$. 因子 $\exp\{i\omega x\}$ 的存在要求将其看作权函数. x^α 的存在要求对零点邻域内的积分选择特殊的处理方法. 变量替换 $x = \varphi(t)$ 在此情况下是不能接受的, 因为对于相应的权函数 $\exp\{i\omega x\}$ 求积公式的系数不可能以显式形式来计算. 这里, 首先适当地将积分区间划分为不相等的子区间, 它们对应于计算函数 x^α 的积分时的最优节点分布. 然后在每个子区间上相应于权函数 $\exp\{i\omega x\}$ 应用插值求积公式 (§3). 对形如 $\int_0^1 g(x) x^{-\alpha} \sin \omega x dx$ 的积分, 其中 $\alpha > 1$, $g(x)$ 为光滑函数, $g(0) \neq 0$, 这样的方法是无法应用的, 因为在 $x = 0$ 的邻域内不可积函数 $x^{-\alpha}$ 不能由多项式来逼近. 这里可适当将积分分为两部分 $\int_0^\varepsilon$ 和 $\int_\varepsilon^1$, 其中 $\varepsilon \sim 1/\omega$. 可以合理地应用前面描述的过程计算第二个积分. 在第一个积分中函数 $\sin \omega x$ 没有起到振荡因子的作用, 因为对于如此选择的 ε, 它在 $[0, \varepsilon]$ 上具有有限次振荡. 因此, 这个积分可以计算, 例如, 对被积函数 $g(0) \omega x^{1-\alpha}$ 用相应地最优节点分布来积分, 这个函数在 ωx 较小时逼近被积函数.

8. 我们回顾龙贝格方法. 用定步长梯形公式计算光滑函数 $g(x)$ 的积分
$$\int_0^1 g(x) x^\alpha dx$$
时, 其中 $g(0) \neq 0$, $-1 < \alpha < 1$, 计算误差为 $D_1 N^{-1-\alpha} + D_2 N^{-2-\alpha} + \cdots$, 且这样的方法具有应用的基础, 它也是龙贝格方法的基础.

9. 一系列问题的解转化为如下类型的奇异积分的计算

$$I(a) = \int_A^B \frac{g(x)}{x-a} dx,$$

其中 $a \in (A,B)$, $g(a) \neq 0$. 积分理解为主值，即为如下极限

$$\lim_{\varepsilon \to 0} \left(\int_A^{a-\varepsilon} \frac{g(x)}{x-a} dx + \int_{a+\varepsilon}^B \frac{g(x)}{x-a} dx \right).$$

积分可以写成关于点 a 对称的子区间上积分以及光滑函数在其余部分积分的和式. 为简单起见假定第一个积分变换成形式 $\int_{-b}^{b} \frac{g(x)}{x} dx$. 如果函数 $g(x)$ 在点 $x=0$ 满足赫尔德 (Hölder) 条件，即 $|g(x) - g(0)| \leqslant A|x|^\alpha, \alpha > 0$, 则最后积分等于一个非奇异积分 $\int_0^b \frac{g(x) - g(-x)}{x} dx$. 特别，如果函数 $g(x)$ 为光滑的，则新的被积函数 $\frac{g(x) - g(-x)}{x}$ 也是光滑的.

在一些情况下，例如在带有奇异核的积分方程的求解过程中，会出现下列情况. 在某个固定网格上给定函数 $g(x)$ 的值，要求从这些值计算在另外的点 a 处的积分值 $I(a)$. 如果函数 $g(x)$ 足够光滑，则可以按照如下方式进行. 将区间 $[A,B]$ 划分为子区间 $[A_0, A_1], \cdots, [A_{M-1}, A_M]$, $A_0 = A$, $A_M = B$. 在每个子区间 $[A_{q-1}, A_q]$ 上用插值多项式 $L^q(x)$ 来近似函数 $g(x)$. 对此要求对所有的 q 满足条件

$$L^q(A_q) = L^{q+1}(A_q) = g(A_q).$$

原积分可替换为下列积分的和

$$i_q = \int_{A_{q-1}}^{A_q} \frac{L^q(x)}{x-a} dx.$$

我们以显式方式计算积分 i_q. 如果 $a \in (A_{q-1}, A_q)$, 则应该将相应的积分 i_q 看作奇异的. 如果 $a = A_q$, 则应该合并 (发散的) 积分 i_q 和 i_{q+1} 成一个奇异积分

$$i_q + i_{q+1} = \int_{A_{q-1}}^{A_{q+1}} \frac{\tilde{L}^q(x)}{x - A_q} dx,$$

$$\tilde{L}^q(x) = \begin{cases} L^q(x), & x < A_q \\ L^{q+1}(x), & x > A_q \end{cases}.$$

以显式方式计算所得的积分.

习题 4 积分区间被划分为长度为 H 的相等子区间，在每个子区间上函数 $g(x)$ 通过线性插值来近似. 这样，原始积分近似为积分和

$$\sum_{q=1}^{M} \int_{A+(q-1)H}^{A+qH} \frac{g((q-1)H) + (x-(q-1)H) \frac{g(qH) - g((q-1)H)}{H}}{x-a} dx,$$

这里 $H = (B-A)M^{-1}$. 在 $|g''(x)|$ 的有界性假定下得到误差估计 $O(M^{-2} \ln M)$.

指出下列实际上重要的细节是有益的. 如果问题的解包含某些不明的奇异性，它使方法的收敛性变坏，则最好立刻分离出包含这些奇异性的最简易的模型问题，然后选择

方法并对这个模型问题检验各种近似判据的可用性. 这一步骤常常使我们能更快理解问题的实质, 从而避免不必要的在同一问题上多次反复的数值实验. 特别, 节省数学家在问题编程时的劳动量和机时, 并且当可以利用内涵丰富的误差特性的图示表示时, 可以简化问题的研究. 这里我们有可能得到更多的点 (14.8) 或 (14.12), 因为对于简单的问题获得这些点并不很费力.

§17. 建立有自动选择步长的标准程序的原则

在 §12 中注意到, 对带有 x^b 类型特征的函数的积分, 如果节点以最优方式分布, 则可以很好地利用变步长方法来计算. 这样看来, 也许另一些类型特征的函数积分也可以很好地计算. 因此, 这诱使我们建立数值积分的标准程序, 使得对于任意函数其节点分布是最优或接近最优的.

在 §11 中已指出, 在研究了被积函数在稀疏网格上的特性后, 得到接近最优的节点分布的可能性. 但是, 在函数突然改变的情况下, 例如形如 x^b 的函数, 这种可能的实现不能导出完全满意的结果.

因此, 在研究标准程序时对节点分布进行另外处理, 以保证对于带有奇异特点的函数更好地接近最优节点分布. 我们来研究其中的一些情况.

为了按照划分的基本区间 $[a_{q-1}, a_q]$ 上计算积分, 取求积公式

$$I_q(f) \approx \frac{a_q - a_{q-1}}{2} \sum_{j=1}^{m} D_j f\left(\frac{a_{q-1} + a_q}{2} + \frac{a_q - a_{q-1}}{2} d_j\right), \tag{1}$$

误差度量为

$$\rho_q(f) = \left|\frac{a_q - a_{q-1}}{2} \sum_{j=1}^{m} B_j f\left(\frac{a_{q-1} + a_q}{2} + \frac{a_q - a_{q-1}}{2} d_j\right)\right|. \tag{2}$$

假设要计算积分

$$\int_A^B f(x)dx, \quad A = a_0.$$

程序的第一段自然地称为横向的, 它由参数值 $\beta, \sigma < 1, h_0$ 和 ε_0 确定. 设 $\varepsilon_1 = \varepsilon_0 \beta$. 假定通过某种方式已计算出积分 $\int_{a_0}^{a_q} f(x)dx$ 的近似值. 程序在每个时刻有某个值 h_q, 应该以它开始计算积分的剩余部分. 相应于区间 $[a_q, a_q + h_q]$ 计算 $\rho_q(f)$. 如果恰好 $\rho_q(f) \leqslant \varepsilon_0$, 则按照公式 (1) 计算近似值 $\int_{a_q}^{a_q + h_q} f(x)dx$, 并取 $a_{q+1} = a_q + h_q$. 我们得到近似值 $\int_{a_0}^{a_{q+1}} f(x)dx$. 在 $\varepsilon_1 < \rho_q(f)$ 情况下, 取 $h_{q+1} = h_q$, 相反情况下则取 $h_{q+1} = h_q/\sigma$. 现在转向下一步. 如果恰好 $\rho_q(f) > \varepsilon_0$, 则取 σh_q 作为新的值 h_q 并回到起始位置: 计算积分 $\int_{a_0}^{a_q} f(x)dx$ 并给定步长 h_q. 应用该程序的初始条件为

$$q = 0, \quad \int_{a_0}^{a_q} f(x)dx = 0, \quad h_0.$$

§17. 建立有自动选择步长的标准程序的原则

程序也应该有结束工作的程序段: 如果恰好 $a_q + h_q > B$, 则应该取 $h_q = B - a_q$. 实际计算中固定取 $\sigma = 0.5$.

另一段程序可以叫作纵向的, 它由数 ε_0 确定. 归纳如下: 假设在某一步必须按照划分的区间 $[c,d]$ 计算积分, 即 $\int_c^d f(x)dx$. 对应于这个区间计算 $\rho(f)$. 如果它正好小于 ε_0, 则这个积分按照相应的公式 (1) 计算, 且程序转到划分的下一个右边的区间. 在相反的情况下, 区间 $[c, (c+d)/2]$ 和 $[(c+d)/2, d]$ 作为划分的区间, 且程序转向从这些区间左边开始计算积分. 工作开始时, 程序转向原始积分 $\int_A^B f(x)dx$ 的计算.

实现这一过程的节点不是按照 §11 中定义的意义下渐近最优的. 其原因如下: 值 $\rho_q(f)$ 不是求积公式 (1) 的误差主项, 而如通常一样是某个粗略的、精度阶提高了的估计; 其区间可能是相当稀的序列值 (对第一段程序它们具有形式 $h_0 \sigma^k$, 而对第二段则为 $(B-A)2^{-k}$).

我们来考察实际应用上面描述过程的某些情况.

为了在独立情况下完成更接近最优的节点分布, 有时相应于区间划分的值 $\rho_q(f)$ 不是与 ε_0 而是与 $\varepsilon_0 h_q^\gamma$ 进行比较, 其中 γ 要特别选择. 在应用计算机的最初阶段习惯于将值 $\rho_q(f)$ 同 $\varepsilon_0 h_q$ 进行比较, 即取 $\gamma = 1$. 这对于突变的函数所得到的节点分布可能远非最优的, 而在函数不连续情况下程序不可能计算积分. 实际上, 例如设

$$f(x) = \begin{cases} 0, & x < c, \\ 1, & x \geqslant c. \end{cases}$$

如果对某个 q 值 $\rho_q(f)$ 同时包含节点处的值 $f = 0$ 和 $f = 1$, 则 $\rho_q(f)$ 具有量级 h^q, 因此没有理由期望对于小的 h_q 满足不等式 $|\rho_q(f)| \geqslant \varepsilon_0 h_q$. 程序将使步长细分到机器零. 如果函数在一小段区间上剧烈变化, 则步长将无节制地细分. 使用者已注意到这种情况, 并且理论分析后的结果表明可以解决节点分布最优化问题, 除非有特别的反对理由, 常常取 $\gamma = 0$.

在函数变化剧烈情况下应该看到程序可能不会检测到函数剧烈变化的区间段. 当 $f(x) = P_s(x)$ 为 s 次多项式时, 设 $\rho(f) = 0$, 且设实际的被积函数为

$$f(x) - P_s(x) + g(x),$$

其中 $g(x)$ 实际上仅仅在小的区间上不等于零, 例如 (图 3.17.1)

$$g(x) = \frac{1}{\sqrt{2\pi\varepsilon}} \exp\left\{\frac{(x-C)^2}{2\varepsilon}\right\}.$$

图 3.17.1

为明确起见, 我们转到上面描述的第一个程序段. 如果划分的区间 $[a_{q-1}, a_q]$ 远离点 C, 则 $\rho(f) \approx \rho(P_s) = 0$, 程序将增加步长. 在靠近点 C 的过程中步长可能如此之大, 以至于函数 $g(x)$ 大于 0 的邻域正好位于节点之间的内部. 那么, 在包含点 C 的区间上 $\rho(f)$ 也将近似于 0. 结果我们得到值 $I(P_s)$ 作为值 $I(f)$. 这个近似值的误差接近于 1. 为了控制精度可以尝试以另外一些 ε_0 进行积分, 非常有可能得到同样的结果.

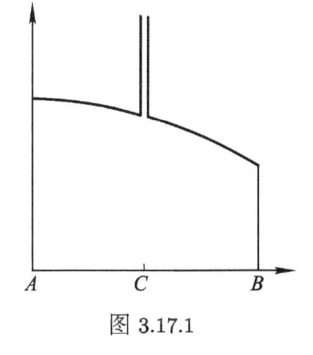

不应该认为这个不足是带有自动步长选择的积分方法所固有的. 如果按照常值步长 H 进行计算, 则当 $H \gg \sqrt{\varepsilon}$ 时一样可能会出现在所有积分节点处 $g(x) \approx 0$, 并且得到近似值 $I(f) \approx I(P_s)$. 按照几个步长数值积分并按照龙格规则进行误差估计可能导致不正确的结论, 即积分近似值 $I(f) \approx I(P_s)$. 从整体上可以说, 在应用自动步长选择的积分算法时得到类似不正确结论的可能性要稍微大一些.

在建立标准程序时总是要在两个极端情况之间进行平衡: 对任意被积函数保证要求的精度或者对于大部分要求解的问题以需要的精度进行快速积分计算.

看来我们可以提出某个针对高效率方法的不确定性原则: 进一步提高工作速度伴随着可靠性的减小. 为了避免 "跳过" 函数剧烈变化的区域, 可以事先在程序中看看是否存在区间, 其积分步长被强制细分. 例如, 在标准程序描述中可能包含某个区间 $[\alpha, \beta]$ 的端点. 如果划分的区间 $[a_{q-1}, a_q]$ 与 $[\alpha, \beta]$ 相交, 则下一个区间划分按照更复杂的规则进行. 应该给出某个使得被积函数剧烈变化的区间作为 $[\alpha, \beta]$.

我们将注意力转到另外的阶段. 假设对于光滑函数 $f(x)$ 有

$$\rho(f) = c_s \left| f^{(s)} \left(\frac{a_{q-1} + a_q}{2} \right) \right| (a_q - a_{q-1})^{s+1} + \varepsilon(a_{q-1}, a_q),$$

$$|\varepsilon(a_{q-1}, a_q)| \leqslant \overline{c}_s \max_{A,B} |f^{(s+1)}(x)| (a_q - a_{q-1})^{s+2}.$$

(3)

为了理解步长改变机理, 我们假设 $f^{(s)}(x)$ 为分段常值函数. 在常数区域有

$$\rho(f) = c_s |f^{(s)}(x)| (a_q - a_{q-1})^{s+1}.$$

给定某个数 $\beta < 1$. 研究 $\beta < \sigma^{s+1}$ 的情况. 设步长为 h_0, 我们在导数为常值的区间上进行积分, 其中函数满足关系 $c_s|f^{(s)}(x)|h_0^{s+1} \leqslant \varepsilon_0$. 那么, 步长在不超过 ε_1 时每次增加 σ^{-1} 倍. 因为在步长变小 σ^{-1} 倍时, 满足关系式 $\rho(f) \leqslant \varepsilon_1$, 则积分将以最小步长 $h = h_0\sigma^k$ 来实现, 这个步长满足条件 $c_s|f^{(s)}(x)|h^{s+1} > \varepsilon_1$. 如果在这个区域内的起始步长也满足关系 $c_s|f^{(s)}(x)|h_0^{s+1} > \varepsilon_0$, 则步长从 $h = h_0\sigma^k$ 变成最大, 其中 h 满足条件 $c_s|f^{(s)}(x)|h^{s+1} \leqslant \varepsilon_0$. 如果如所假定的一样有 $\varepsilon_1/\varepsilon_0 = \beta < \sigma^{s+1}$, 则可能与函数的特性相关当 x 较小时在所研究的区域内选择不同的步长. 我们看到, 积分步长期望如此分布, 使得在整个划分的区间上误差估计近似相同. 从上所述我们给出关于期望要求 $\beta \geqslant \sigma^{s+1}$ 的结论.

我们研究 $\beta > \sigma^{s+1}$ 的情况. 可以指出步长 $h = h_0^k$ 使得

$$\varepsilon_0 \sigma^{s+1} < c_s |f^{(s)}(x)| h^{s+1} \leqslant \varepsilon_0.$$

(4)

如果恰好有

$$\varepsilon_1 < c_s |f^{(s)}(x)| h^{s+1} \leqslant \varepsilon_0,$$

(5)

则对于在所考虑的区间上的积分可以选择这个步长. 但是, 当满足下列条件时

$$\varepsilon_0 \sigma^{s+1} < c_s |f^{(s)}(x)| h^{s+1} \leqslant \varepsilon_1 = \varepsilon_0 \beta,$$

(6)

程序按照步长 h/σ 工作. 对于这个步长, 由于 (6) 有 $\varepsilon_0 < \rho(f)$, 因此步长 h/σ 被认为是不适用的. 程序将取步长 h; 由于对于它条件 (6) 满足, 则按照当前区间的积分将结束, 且进一

步计算取 h/σ 作为原始步长. 这样, 定积分以步长 h 进行计算, 且在每一步以步长 h/σ 尝试进行积分. 如果以步长 h 和 h/σ 的计算不相关, 则在每一步工作量将增加.

已知下列实验事实: 如果给定任意数 $\lambda > 1$, 且从各种不相关的数中得到某些数 y, 则数 $\{\log_\lambda y\}$ 将在区间 $[0,1]$ 上近似一致分布.

习题 1 假设 $f^{(s)}(x)$ 是由不相关的随机数据源得到的数. 证明, 当 $\beta > \sigma^{s+1}$ 时工作费用的数学期望正比于 $2 - \log_{\sigma^{s+1}} \beta$ (由此应该适当选择 $\beta = \sigma^{s+1}$).

我们的讨论是在假定 $f^{(s)}(x) = \mathrm{const}$ 进行的, 因此要求实验验证. 从这样的实验结果作为实际的 β 通常取等于或者略大于 σ^{s+1}, 例如, 一个通用的标准程序中取 $s = 4, \sigma = 1/2, \beta = 1/10$.

正如常值步长的积分一样, 也有误差实际估计问题. 我们转到具有更简单描述的第二段程序. 同以前一样, 我们以分段常值导数 $f^{(s)}(x)$ 为例进行讨论. 对这段程序, 在 $f^{(s)}(x)$ 的常值区域内的积分步长 h 由如下条件确定: 取形如 $(B-A)2^{-k}$ 且满足条件

$$c_s |f^{(s)}(x)| h^{s+1} \leqslant \varepsilon_0 \tag{7}$$

的最大步长 h. 显然, 对于这个最大步长下列关系式是对的

$$\varepsilon_0 2^{-(s+1)} < c_s |f^{(s)}(x)| h^{s+1}.$$

以某个 $\varepsilon_0' < \varepsilon_0$ 进行积分. 在满足条件

$$\varepsilon_0' < c_s |f^{(s)}(x)| h^{s+1} \leqslant \varepsilon_0$$

的区域中 "原有的" 步长将不再适用, 因此进行不小于两倍的步长细分. 在满足条件

$$\varepsilon_0 2^{-(s+1)} < c_s |f^{(s)}(x)| h^{s+1} \leqslant \varepsilon_0'$$

的区域中不进行步长细分. 这样, 当 $\varepsilon_0 2^{-(s+1)} < \varepsilon_0'$ 时可能发生积分步长的细分仅仅在部分区间上进行, 一般可能不需要. 对带有 ε_0 和 ε_0' 的计算结果进行比较, 如果步长没有进行细分, 则对这样的区域我们不能得到积分误差的信息. 在条件

$$\varepsilon_0' \leqslant \varepsilon_0 2^{-(s+1)} \tag{8}$$

之下步长总是会细分, 但由此不能得出结论: 对以 ε_0 和任意满足 (8) 的 ε_0' 的计算结果进行比较给出期望的精度保证.

习题 2 设 $\varepsilon_0' \leqslant \varepsilon_0 2^{-(s+1)}$. 取常数 c_1, c_2, C 使得当

$$f^{(s)}(x) = \begin{cases} c_1, & x \in [A, C], \\ c_2, & x \in [C, B] \end{cases}$$

相应于 ε_0 和 ε_0' 的积分近似值 $S_{\varepsilon_0}(f)$ 和 $S_{\varepsilon_0'}(f)$ 是相同的, 而误差不等于零.

如果 $f^{(s)}(x)$ 连续, 则当 $\varepsilon_0' = \varepsilon_0 2^{-(s+1)}$ 且在算法中引入减小正比于 $\varepsilon_0^{1/(s+1)}$ 的最大步长的条件, 可以假定和建立类似的误差估计的龙格规则

$$I(f) - S_{\varepsilon_0'}(f) \sim \frac{S_{\varepsilon_0'}(f) - S_{\varepsilon_0}(f)}{2^m - 1}, \quad \varepsilon_0 \to 0;$$

这里 $m+1$ 为 (当 $\max\limits_q (a_q - a_{q-1}) \to 0$ 时) 公式 (1) 的误差估计主项的阶.

参考文献

1. Крылов В.И., Бобков В.В., Монастырный П.И. Начала теории вычислительных методов. Интерполирование и интегрирование. — Минск: Наука и техника, 1983.
2. Крылов В.И., Шульгина А.Т. Справочная книга по численному интегри- рованию. — М.: Наука, 1966.
3. Крылов В.И., Бобков В.В., Монастырный П.И. Вычислительные методы. Т.1. — М.: Наука, 1976.
4. Мысовских И.П. Интерполяционные кубатурные формулы. — М.: Наука, 1981.
5. Никифоров А.Ф., Суслов С.К., Уваров В.Б. Классические ортогональные полиномы дискретной переменной. — М.: Наука, 1985.
6. Никифоров А.Ф., Уваров В.Б. Специальные функции. — М.: Наука, 1979.
7. Никольский С.М. Квадратурные Формулы. — М.: Наука, 1979.
8. Stroud A.H. and Secrest D. Gaussian Quadrature Formulas. — Englewood Cliffs, N. Y.: Prentice-Hall, 1966.

第四章 函数逼近与相关问题

连续函数不总是能很好地由拉格朗日插值多项式来逼近. 特别, 即使对无限次可微的函数, 具有等间距节点的拉格朗日插值多项式序列也不一定收敛于它. 在收敛性成立的情况下, 得到充分好的逼近常常要求高次多项式. 同时, 如果对于逼近函数成功选择了合适的插值节点, 则带有给定精度的插值多项式的阶可能相当低.

在一系列具体情况中, 不是按照插值多项式的途径来对函数进行适当逼近, 而是要建立所谓的最佳逼近. 本章将研究与函数最佳逼近相关的问题.

§1. 线性赋范空间中的最佳逼近

我们以抽象语言来阐述如何建立最佳逼近问题. 假设在线性赋范空间 R 中给定元素 f. 也给定线性无关的元素 $g_1, \cdots, g_n \in R$, 要求找到 f 的最优线性组合 $\sum_{j=1}^{n} c_j g_j$. 这意味着, 寻找元素 $\sum_{j=1}^{n} c_j^0 g_j$ 使得

$$\left\| f - \sum_{j=1}^{n} c_j^0 g_j \right\| = \Delta = \inf_{c_1, \cdots, c_n} \left\| f - \sum_{j=1}^{n} c_j g_j \right\|.$$

换句话说, 意味着

$$\sum_{j=1}^{n} c_j^0 g_j = \arg \inf_{c_1, \cdots, c_n} \left\| f - \sum_{j=1}^{n} c_j g_j \right\|.$$

如果这样的元素存在, 则称之为最佳逼近元素.

定理 最佳逼近元素一定存在.

证明 由关系式 (从三角不等式推出)

$$\left| \|f - \sum_{j=1}^n c_j^1 g_j\| - \|f - \sum_{j=1}^n c_j^2 g_j\| \right| \leqslant \left\| \sum_{j=1}^n (c_j^1 - c_j^2) g_j \right\| \leqslant \sum_{j=1}^n |c_j^1 - c_j^2| \|g_j\|,$$

函数

$$F_f(c_1, \cdots, c_n) = \left\| f - \sum_{j=1}^n c_j g_j \right\|$$

对于任意 $f \in R$ 是变量 c_j 的连续函数. 让 $|\mathbf{c}|$ 是向量 $\mathbf{c} = (c_1, \cdots, c_n)$ 的欧几里得范数. 函数 $F_0(c_1, \cdots, c_n) = \|c_1 g_1 + \cdots + c_n g_n\|$ 在单位球面 $|\mathbf{c}| = 1$ 上连续, 于是在球面上某点 $(\tilde{c}_1, \cdots, \tilde{c}_n)$ 达到其在球面上的下界 $\tilde{F}$, 并且 $\tilde{F} \neq 0$, 这是因为等式 $\tilde{F} = \|\tilde{c}_1 g_1 + \cdots + \tilde{c}_n g_n\| = 0$ 与元素 $g_1, \cdots, g_n$ 的线性无关性矛盾. 对于任意的 $\mathbf{c} = (c_1, \cdots, c_n) \neq (0, \cdots, 0)$, 下列估计是对的

$$\|c_1 g_1 + \cdots + c_n g_n\| = F_0(c_1, \cdots, c_n) = |\mathbf{c}| F_0\left(\frac{c_1}{|\mathbf{c}|}, \cdots, \frac{c_n}{|\mathbf{c}|}\right) \geqslant |\mathbf{c}| \tilde{F}.$$

让 $\gamma > 2\|f\|/\tilde{F}$. 函数 $F_f(c_1, \cdots, c_n)$ 在球 $|\mathbf{c}| \leqslant \gamma$ 内连续; 于是, 在球内某个点 $(c_1^0, \cdots, c_n^0)$, 它达到其在球内的下界 F^0. 我们有 $F^0 \leqslant F_f(0, \cdots, 0) = \|f\|$. 在球的外部, 满足关系式

$$F_f(c_1, \cdots, c_n) \geqslant \|c_1 g_1 + \cdots + c_n g_n\| - \|f\|$$
$$> \left(2\|f\|/\|\tilde{F}\|\right) \|\tilde{F}\| - \|f\| > F^0.$$

这样, 在球的外部对于所有可能的 $c_1, \cdots, c_n$ 有

$$F_f(c_1, \cdots, c_n) \geqslant F^0 = F_f(c_1^0, \cdots c_n^0).$$

定理证毕.

最佳逼近元素一般说来可能有多个.

空间 R 称为严格赋范的, 如果从条件

$$\|f + g\| = \|f\| + \|g\|, \quad \|f\|, \|g\| \neq 0$$

推出 $f = \alpha g, \alpha > 0$.

习题 1 证明, 在严格赋范空间情况下, 最佳逼近元素是唯一的.

习题 2 证明, 带有范数

$$\|f\|_p = \sqrt[p]{\int_0^1 |f(x)|^p q(x) dx}$$

的空间 $L_p((0,1), q(x))$ 当 $1 < p < \infty$ 时是严格赋范空间, 其中 $q(x) \geqslant 0$ 几乎处处成立.

单独研究 $p = 2$ 时的希尔伯特空间的简单情况.

§2. 希尔伯特空间中的最佳逼近及其建立中出现的问题

对于希尔伯特空间来说最佳逼近元素是唯一的 (见 §1 习题 2), 并且寻找最佳逼近

§2. 希尔伯特空间中的最佳逼近及其建立中出现的问题

元素的问题形式上变成了线性方程组的求解问题.

获得解的最简单方法如下. 按定义, 最佳逼近元素的系数 a_j 通过如下表达式的最小化来实现

$$\delta^2 = \left\| f - \sum_{j=1}^{n} a_j g_j \right\|^2 = \left(f - \sum_{j=1}^{n} a_j g_j, \overline{f - \sum_{j=1}^{n} a_j g_j} \right).$$

让它对于 $\operatorname{Re} a_j$ 和 $\operatorname{Im} a_j$ 的导数等于零, 得到用于确定 a_j 的方程组. 由于最佳逼近的存在性和唯一性, 这个方程组有唯一的解.

我们来建立这个方程组并按照另外方法研究其解的唯一性.

为叙述简单起见, 我们限制考虑当 f 和 g_j 为实函数的情况. 让 $a_j = \alpha_j + \mathrm{i}\beta_j$, α_j, β_j 为实数. 我们有 $f - \sum_{j=1}^{n} a_j g_j = \left(f - \sum_{j=1}^{n} \alpha_j g_j \right) - \mathrm{i} \sum_{j=1}^{n} \beta_j g_j$. 设

$$\Phi(a_1, \cdots, a_n) = \left\| f - \sum_{j=1}^{n} a_j g_j \right\|^2.$$

如果 f_1 和 f_2 为实的, 则
$\|f_1 + \mathrm{i}f_2\|^2 = (f_1 + \mathrm{i}f_2, \overline{f_1 + \mathrm{i}f_2}) = (f_1, f_2) + \mathrm{i}(f_2, f_1) - \mathrm{i}(f_1, f_2) + (f_2, f_2) = \|f_1\|^2 + \|f_2\|^2.$
因此

$$\left\| f - \sum_{j=1}^{n} a_j g_j \right\|^2 = \left\| f - \sum_{j=1}^{n} \alpha_j g_j \right\|^2 + \left\| \sum_{j=1}^{n} \beta_j g_j \right\|^2. \tag{1}$$

由 (1) 我们有等式

$$\Phi(a_1, \cdots, a_n) = \Phi(\alpha_1, \cdots, \alpha_n) + \left\| \sum_{j=1}^{n} \beta_j g_j \right\|^2.$$

由此可得

$$\inf_{a_1, \cdots, a_n} \Phi(a_1, \cdots, a_n) \geqslant \inf_{\alpha_1, \cdots, \alpha_n} \Phi(\alpha_1, \cdots, \alpha_n). \tag{2}$$

同时又有

$$\inf_{\alpha_1, \cdots, \alpha_n} \Phi(\alpha_1, \cdots, \alpha_n) \geqslant \inf_{a_1, \cdots, a_n} \Phi(a_1, \cdots, a_n), \tag{3}$$

这是因为右边部分是在所有可能的参数 $a_1, \cdots, a_n$ 的更宽泛的集合中取下界, 而左边则只在实参数集合中取下界. 从 (2) 和 (3) 得知, 原问题变为求解

$$\inf_{\alpha_1, \cdots, \alpha_n} \Phi(\alpha_1, \cdots, \alpha_n).$$

在极小值点处应该满足条件 $\partial \Phi / \partial \alpha_k = 0$. 我们有

$$\frac{\partial \Phi}{\partial \alpha_k} = \left(-g_k, f - \sum_{j=1}^{n} \alpha_j g_j \right) + \left(f - \sum_{j=1}^{n} \alpha_j g_j, -g_k \right) = -2 \left(f - \sum_{j=1}^{n} \alpha_j g_j, g_k \right) = 0.$$

由此得到相应于最佳逼近元素的关于系数 $\alpha_j = a_j$ 的线性方程组

$$\sum_{j=1}^{n} a_j (g_j, g_k) = (f, g_k), \quad k = 1, \cdots, n. \tag{4}$$

习题 1 证明, 当 f 和 g_j 不一定是实的情况下, 相应的最佳逼近元素的系数 a_j 也是方程组 (4) 的解.

矩阵 $G_n = G(g_1, \cdots, g_n) = [(g_j, g_k)]$ 叫作元素组 $g_1, \cdots, g_n$ 的格拉姆 (Gram) 矩阵. 因为 $(g_j, g_k) = \overline{(g_k, g_j)}$, 则格拉姆矩阵是埃尔米特矩阵.

引理 如果元素 $g_1, \cdots, g_n$ 线性无关, 则矩阵 G_n 正定.

证明 让 $\mathbf{c} = (c_1, \cdots, c_n)^T$ 为有实分量的任意向量. 我们有等式

$$\left\|\sum_{j=1}^{n} c_j g_j\right\|^2 = \left(\sum_{j=1}^{n} c_j g_j, \sum_{k=1}^{n} c_k g_k\right) = \sum_{j,k=1}^{n} c_j c_k (g_j, g_k). \tag{5}$$

最后的表达式同 $(G_n \mathbf{c}, \mathbf{c})$, 因此有

$$(G_n \mathbf{c}, \mathbf{c}) = \left\|\sum_{j=1}^{n} c_j g_j\right\|^2 \geqslant 0.$$

如果元素 g_j 线性无关, 则当且仅当所有的 $c_j = 0$ 时有 $\left\|\sum_{j=1}^{n} c_j g_j\right\|^2 = 0$. 这样, 如果 $\mathbf{c} \neq 0$ 就有 $(G_n \mathbf{c}, \mathbf{c}) > 0$, 根据定义矩阵 G_n 为正定的. 因为矩阵 G_n 为正定的, 则其行列式不等于零, 于是方程组 (4) 有唯一的解.

习题 2 证明不等式

$$G(g_1, \cdots, g_{n+1}) \leqslant G(g_1, \cdots, g_n)(g_{n+1}, g_{n+1}).$$

在实际逼近函数时需要谨慎地选择函数组 g_j. 当这个函数组没能成功选择时, 系数 a_j 的计算误差可能达到严重的程度, 并且加入新函数 g_n 后得到的 "更好的" 逼近可能总是更糟糕地逼近给定的函数.

事实如下. 当选择函数组 g_j 不成功时, 矩阵 G_n 的特征值有很大的偏离, 即按模最大特征值与按模最小特征值比值很高. 在求解带有这样系数矩阵的方程组时计算误差至少随这个偏差成比例地增长. 例如, 在区间为 $[-1, 1]$, 权函数为 $p(x) \equiv 1$ 时, 对于函数组 $g_j = x^{j-1}$ 矩阵 G_n 的特征值的偏差超过 $a(\sqrt{2}+1)^{2n}/n^b$, 其中 a, b 为某个正常数. 函数的内积更详细的分析表明, 可以适当选择正交规一函数组作为函数组 g_j, 正交性可能由不同的函数的内积来定义, 或者按照某种类似思想来选择.

如果元素 g_k 构成正交规一系, 即有 $(g_k, g_j) = \delta_k^j$, 则方程组 (4) 变成

$$a_j = (f, g_j). \tag{6}$$

那么, 最佳逼近可以表示成

$$g = \sum_{j=1}^{n} (f, g_j) g_j,$$

§2. 希尔伯特空间中的最佳逼近及其建立中出现的问题

且对于 $\|f-g\|^2$ 有下面更方便的表示

$$\|f-g\|^2 = (f-\sum_{j=1}^n a_j g_j, f-\sum_{j=1}^n a_j g_j) = (f,f) - \sum_{j=1}^n |a_j|^2 = (f,f) - \sum_{j=1}^n |(f,g_j)|^2.$$

因为 $\|f-g\|^2 \geqslant 0$, 则从等式

$$\|f-g\|^2 = (f,f) - \sum_{j=1}^n |(f,g_j)|^2$$

推出已知的贝塞尔 (Bessel) 不等式

$$(f,f) \geqslant \sum_{j=1}^n |(f,g_j)|^2.$$

如果初选的元素不构成正交规一系, 则一般说来, 可以借助于第三章研究的正交化算法来对它们进行正交化. 但是, 这个算法的应用常常导致不满意的结果. 例如, 在区间 $[-1,1]$ 上从上面给出的函数系 x^j 建立带有权 $p(x)>0$ 的正交函数系时得到某个正交函数系 $P_j(x)$, 其系数的模之和的增长速度不低于 $(\sqrt{2}+1)^n n^a$, 其中 a 通过 $p(x)$ 来确定. 如果进而多项式的值通过显式表示 $P_j(x) = \sum_{k=0}^l a_{kj} x^k$ 来计算, 则由于系数的模之和很大, 同样的多项式的误差也很大. 为了能稳定地计算多项式的值, 需要应用另外的某个算法, 例如按照递推公式计算, 或者在切比雪夫多项式情况下按照形如 $T_n(x) = \cos(n\arccos x)$ 的显式公式计算. 这一问题的更详细推导将在 §8 中进行.

假设要逼近二元函数 $f(x,y)$, 它定义在平面 (x,y) 中的某个区域 G 内. 正交多项式的显式表达仅对于简单区域是已知的. 可以应用下列方法. 取某个区域 $\Omega \subseteq G$, 在这个区域内正交函数系已知, 且将 f 拓展到区域 $\Omega \backslash G$ 中. 接下来借助于这个函数系在区域 G 中逼近 f. 这个方法有时是无效的, 因为不容易成功地在区域 $\Omega \backslash G$ 中建立足够光滑的函数 f, 而在不足够光滑的情况下, 逼近效果可能不好. 由于这种情况, 也由于逼近是在大的区域中寻找, 所以为达到给定的精度, 值 n 常常会高到无法容忍的程度.

另一个导出已知正交函数系的方法如下. 取某个区域 Ω, 它带有已知正交函数系 $\varphi_1(\zeta,\eta), \cdots, \varphi_n(\zeta,\eta)$. 假设映射 $x=x(\zeta,\eta), y=y(\zeta,\eta)$ 将区域 Ω 变换为 G. $\zeta = \zeta(x,y), \eta = \eta(x,y)$ 是其逆映射. 将用线性组合 $\sum_{j=1}^n c_j \varphi_j(\zeta(x,y),\eta(x,y))$ 来逼近区域 Ω 中的函数 $f(x(\zeta,\eta),y(\zeta,\eta))$.

在多变量函数逼近时, 不存在适用于所有情况的方法. 在每个具体情况下, 应该考虑问题的特殊性 (函数的形式、区域的集合特征等等).

为解释上述情况我们研究另一类问题, 其解引入了上述结构. 假设要建立带有插值节点 $x_1^N, \cdots, x_N^N$ 的 $N-1$ 阶插值多项式. 假设这些节点是正交规一多项式系 $\{Q_n(x)\}$ 中 N 次多项式 $Q_N(x)$ 的零点, 其中正交多项式系相应于权函数 $p(x)$. 例如, 可以按照切比雪夫多项式的零点建立插值多项式, 参见第二章的讨论. 将以如下线性组合形式寻

找插值多项式
$$P_{N-1}(x) = \sum_{j=0}^{N-1} a_j Q_j(x).$$

当 $m,n < N$ 时，多项式 $Q_m(x)Q_n(x)$ 的阶不超过 $2N-2$. 因此，带有 N 个节点的高斯公式对于这个多项式是精确的：
$$\frac{b-a}{2}\sum_{q=1}^{N} D_q^N Q_m(x_q^N)Q_n(x_q^N) = \int_a^b Q_m(x)Q_n(x)p(x)dx = \delta_n^m. \tag{7}$$

这样，向量 $\mathbf{Q}_m = \{Q_m(x_1^N), \cdots, Q_m(x_N^N)\}$ 当 $m < N$ 时构成相应于如下数量积的正交系：
$$(\mathbf{y},\mathbf{z}) = \sum_{q=1}^{N} D_q^N y_q z_q \tag{8}$$

且向量 $\mathbf{f} = (f(x_1^N), \cdots, f(x_N^N))^T$ 可以按照这个向量组展开：
$$\mathbf{f} = \sum_{j=0}^{N-1} d_j \mathbf{Q}_j,$$

其中 $d_j = (\mathbf{f}, \mathbf{Q}_j)$. 要寻找的多项式为
$$P_{N-1}(x) = \sum_{j=0}^{N-1} d_j Q_j(x). \tag{9}$$

这样，以某个正交多项式的根为插值节点的插值多项式的建立转变成计算函数按照正交多项式展开的系数 d_j. 所要寻找的插值多项式由公式 (9) 计算. 这个算法同直接建立拉格朗日插值多项式相比，相对于舍入误差而言具有更高的稳定性.

§3. 三角插值. 离散傅里叶变换

离散傅里叶变换应用于许多实际问题的求解. 三角插值、函数卷积计算、模式识别等许多问题与此相关. 在建立了快速傅里叶变换以后，离散傅里叶变换成为求解实际问题的一个特别有效的方法 (参看 §4).

设 $f(x)$ 为周期 1 的周期函数，其傅里叶级数展开为
$$f(x) = \sum_{q=-\infty}^{\infty} a_q \exp\{2\pi \mathrm{i} qx\}, \tag{1}$$

并且
$$\sum_{q=-\infty}^{\infty} |a_q| < \infty. \tag{2}$$

这里 i 为虚数单位.

我们研究这个函数在由点 $x_l = l/N$ 构成的网格上的函数值，其中 l, N 为整数，N 固定，且记 $f(x_l) = f_l$. 如果 $q_2 - q_1 = kN$，其中 k 为整数，则 $q_2 x_l - q_1 x_l = kN x_l = kl$，其中 kl 为整数. 于是，在网格节点处有
$$\exp\{2\pi \mathrm{i} q_1 x\} = \exp\{2\pi \mathrm{i} q_2 x\}. \tag{3}$$

因此, 如果仅仅考虑函数 $f(x)$ 在节点 x_l 处的值, 则在关系式 (1) 中合并同类项有

$$f_l = \sum_{q=0}^{N-1} A_q \exp\{2\pi iq x_l\}, \qquad (4)$$

其中

$$A_q = \sum_{s=-\infty}^{\infty} a_{q+sN}. \qquad (5)$$

引理 对于由 (5) 定义的 A_q, 如果将求和的上下限 $[0, N-1]$ 替换为 $[m, N-1+m]$, 则关系式 (4) 仍保持是正确的, 其中 m 为任意整数.

证明 事实上, 如果 $q' = q + kN$, 则

$$A_{q'} = \sum_{m=-\infty}^{\infty} a_{q+kN+mN}.$$

取 $k+m$ 作为新的求和变量 m', 得到

$$A_{q'} = \sum_{m'=-\infty}^{\infty} a_{q+m'N} = A_q.$$

因为在网格节点处同 (3) 一样 $\exp\{2\pi iq' x_l\} = \exp\{2\pi iq x_l\}$, 则总体上有

$$A_q \exp\{2\pi iq x_l\} = A_{q'} \exp\{2\pi iq' x_l\}.$$

这样, 对由 (5) 定义的 A_q, 以 q 为变量的函数 $A_q \exp\{2\pi iq x_l\}$ 以 N 为周期, 于是和式

$$\sum_{q=m}^{N-1+m} A_q \exp\{2\pi iq x_l\}$$

与 m 无关, 且与 f_l 相同. 引理证毕.

如果从一开始就仅仅给定定义在网格上的函数, 则在这个网格上它也能表示成式 (1). 实际上, 通过线性插值途径可以补充定义它在网格节点之间的值, 从而将这个函数延伸到整个直线上. 对于连续分段可微函数式 (2) 成立, 因此在网格节点处合并同类项后得到式 (4).

我们定义函数在网格上的数量积如下:

$$(f, g) = \frac{1}{N} \sum_{l=0}^{N-1} f_l \overline{g}_l.$$

(因子 $1/N$ 的引入是为了使所得到的关系式与连续情况保持一致: 如果 $f(x)$ 和 $g(x)$ 为区间 $[0,1]$ 上的连续函数, 则由于 $f(x)g(x)$ 黎曼可积, 所以当 $N \to \infty$ 有

$$(f, g) \to \int_0^1 f(x)\overline{g}(x)dx.)$$

函数 $g_q(x_l) = \exp\{2\pi iq x_l\}$ 当 $0 \leqslant q < N$ 时相应于这样定义的数量积构成正交规一系. 实际上,

$$(g_q, g_j) = \frac{1}{N} \sum_{l=0}^{N-1} \exp\left\{2\pi i \frac{q-j}{N} l\right\}.$$

当 $q \neq j$ 时, 几何级数求和得到
$$(g_q, g_j) = \frac{1}{N} \frac{\exp\{2\pi \mathrm{i}(q-j)\} - 1}{\exp\left\{2\pi \mathrm{i}\dfrac{q-j}{N}\right\} - 1} = 0$$
(当 $0 \leqslant q, j < N, q \neq j$ 时分母不等于 0). 因为 $(g_q, g_q) = 1$, 则总体上有
$$(g_q, g_j) = \delta_q^j, \quad 0 \leqslant q, j < N. \tag{6}$$
将 (4) 与 g_j 做数量积得到
$$A_j = (f, g_j) = \frac{1}{N} \sum_{l=0}^{N-1} f_l \exp\{-2\pi \mathrm{i} j x_l\}. \tag{7}$$
右边的表达式构成了如下积分的积分和式:
$$\int_0^1 f(x) \exp\{-2\pi \mathrm{i} j x\} dx,$$
因此, 当 $N \to \infty$ 时对于固定的 j 有
$$A_j \to a_j = \int_0^1 f(x) \exp\{-2\pi \mathrm{i} j x\} dx.$$
我们指出, 在一般情况下下面的关系式不成立
$$f(x) \approx \sum_{j=0}^{N-1} A_j \exp\{2\pi \mathrm{i} j x\}. \tag{8}$$
设 $f(x) = a_0 + a_{-1}\exp\{-2\pi \mathrm{i} x\}$. 从 (4) 得到 $A_0 = a_0, A_{N-1} = a_{-1}$, 其余的项 $A_j = 0$. 这样, (8) 式的右边部分是 $a_0 + a_{-1}\exp\{2\pi \mathrm{i}(N-1)x\}$. 它与 $f(x)$ 在点 x_l 处相同, 但如通常一样, 在其他点它们之间则相距甚远.

回顾引理的结论, 将 (4) 改写为形式
$$f_l = \sum_{-N/2 < q \leqslant N/2} A_q \exp\{2\pi \mathrm{i} q x_l\}. \tag{9}$$
如果 $f(x)$ 足够光滑, 则值 $|a_j|$ 随着 j 的增长快速减小, 因此对于小的 q 有 $A_q \approx a_q$. 此外, 对于光滑函数 $f(x)$, 当 q 很大时值 A_q 和 a_q 很小.

习题 1 设 $f(x)$ 连续可微. 证明, 当 $N \to \infty$ 时有
$$\max_{[0,1]} \left| f(x) - \sum_{-N/2 < q \leqslant N/2} A_q \exp\{2\pi \mathrm{i} q x\} \right| \to 0.$$

回顾这个逼近等式在网格点处变成精确等式. 函数逼近方法
$$f(x) \approx \sum_{-N/2 < q \leqslant N/2} A_q \exp\{2\pi \mathrm{i} q x\}$$
称为三角插值. 关系式 (9) 叫作有限或者离散傅里叶级数, 而系数 A_q 称为离散傅里叶系数.

在满足条件 $q_1 - q_2 = kN$ 时, 函数 $\exp\{2\pi \mathrm{i} q_1 x\}$ 和 $\exp\{2\pi \mathrm{i} q_2 x\}$ 在网格节点处相等, 忽略这个事实常常导致得到错误的关系式.

在求解一个工程问题时, 要求首先确定结构振荡的第一个固有频率. 通常解出描述振荡过程的运动方程, 绘出其图形, 并从图形中确定频率. 我们在一定条件下写出相应的方程

$x'' = F(x)$, 应用有限差分方法进行求解. 为了检查结果的可靠性以减小一半的步长进行重复计算. 计算结果得到的曲线图以 10% 的精度重合. 但是, 从实验比较来看, 所得到的频率与真实情况的差异达数十倍. 误差的原因在于, 解的图形是以步长 $1/N$ 建立的, 它实际上大于问题解的振荡周期. 解可能逼近于函数 $\text{const} \cdot \exp\{2\pi\mathbf{i}qt\}$, 其中 q/N 靠近偶数 $2k$. 因此, 既在以步长 $1/N$ 的网格上, 也在以步长 $1/(2N)$ 的小一半的网格上得到了同一个函数 $\text{const} \cdot \exp\{2\pi\mathbf{i}(q-2kN)t\}$ 的图形. 与理性想法不相吻合的另外情况出现在天线方向曲线图的计算中. 事先企图在程序、求解方法或者问题的物理描述中寻找失策之处不能得到肯定的结果. 这可解释如下: 剧烈振荡的函数图像出现在非常稀的网格上. 在图 4.3.1 中, 实线表示天线方向图截面的实际曲线, 虚线为按照所得到的计算值 x 插值得到的曲线, 与实验结果矛盾.

在基于切比雪夫多项式线性组合的函数逼近问题与基于三角多项式方法的函数逼近问题之间存在对应关系. 设在区间 $[-1,1]$ 上函数 $f(x)$ 由线性组合 $\sum_{j=0}^{m-1} a_j T_j(x)$ 来逼近. 变量代换 $x = \cos t$ 将原来的问题变为函数 $f(\cos t)$ 由线性组合

$$\sum_{j=0}^{m-1} a_j T_j(\cos t) = \sum_{j=0}^{m-1} a_j \cos(jt)$$

来逼近的问题.

成立如下等式

$$(f,g)_1 = \int_{-1}^{1} \frac{f(x)\overline{g}(x)}{\sqrt{1-x^2}} dx = \int_{0}^{\pi} f(\cos\theta)\overline{g}(\cos\theta) d\theta.$$

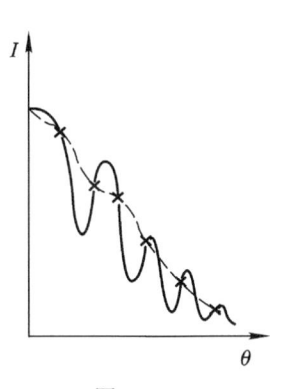

图 4.3.1

于是, 函数 $f(x)$ 的最佳逼近问题 (相应于由数量积 $(f,g)_1$ 定义的范数) 等价于函数 $f(\cos\theta)$ 的最佳逼近问题 (相应于由数量积 $(f,g)_2 = \int_0^\pi f(\cos\theta)\overline{g}(\cos\theta) d\theta$ 定义的范数). 插值问题和最佳逼近问题在同一度量下也确实存在对应关系. 在进行这样的变换以后, 按照节点 $x_j = \cos\left(\pi\dfrac{2j-1}{2m}\right)$ (切比雪夫多项式 $T_m(x)$ 的零点) 的多项式函数插值问题变成函数 $f(\cos\theta)$ 借助于三角多项式 $\sum_{j=0}^{m-1} a_j \cos(jt)$ 的插值问题, 后者的节点为 $t_j = \pi\dfrac{2j-1}{2m}$, 它构成均匀分布的网格.

§4. 快速傅里叶变换

实现正和逆的离散傅里叶变换

$$(f_0, \cdots, f_{N-1}) \Leftrightarrow (A_0, \cdots, A_{N-1})$$

是许多问题求解的组成部分. 按照公式 (3.4) 和 (3.7) 的直接实现这些变换要求 $O(N^2)$

算术运算. 我们来研究减小运算次数的可能性问题. 为确定起见我们按照给定的函数值讨论系数 A_q 的计算. 建立快速傅里叶变换算法依赖于如下思想: 在 (3.7) 右边部分的 N 个加项中可以分组表示各个不同的系数 A_q. 每个组仅计算一次, 这样可以大大减少运算次数.

我们首先来研究情况 $N = p_1 p_2$; $p_1, p_2 \neq 1$. 将满足条件 $0 \leqslant q, j < N$ 的 q, j 表示成 $q = q_1 + p_1 q_2, j = j_2 + p_2 j_1$, 其中 $0 \leqslant q_1, j_1 < p_1, 0 \leqslant q_2, j_2 < p_2$. 我们有关系式

$$A_q = A(q_1, q_2) = \frac{1}{N} \sum_{j=0}^{N-1} f_j \exp\left\{-2\pi \mathrm{i} \frac{qj}{N}\right\}$$

$$= \frac{1}{N} \sum_{j_1=0}^{p_1-1} \sum_{j_2=0}^{p_2-1} f_{j_2+p_2 j_1} \exp\left\{-2\pi \mathrm{i} \frac{(q_1+p_1 q_2)(j_2+p_2 j_1)}{p_1 p_2}\right\}.$$

从等式

$$\frac{(q_1 + p_1 q_2)(j_2 + p_2 j_1)}{p_1 p_2} = q_2 j_1 + \frac{q j_2}{N} + \frac{j_1 q_1}{p_1}$$

和前一个关系式得到

$$A(q_1, q_2) = \frac{1}{p_2} \sum_{j_2=0}^{p_2-1} A^{(1)}(q_1, j_2) \exp\left\{-2\pi \mathrm{i} \frac{q j_2}{N}\right\},$$

其中

$$A^{(1)}(q_1, j_2) = \frac{1}{p_1} \sum_{j_1=0}^{p_1-1} f_{j_2+p_2 j_1} \exp\left\{-2\pi \mathrm{i} \frac{j_1 q_1}{p_1}\right\}.$$

直接计算所有 $A^{(1)}(q_1, j_2)$ 需要 $O(p_1^2 p_2)$ 次算术运算, 而接下来计算 $A(q_1, q_2)$ 又需要 $O(p_1 p_2^2)$ 运算. 因此, 当 $p_1, p_2 = O(\sqrt{N})$ 时, 一般的运算次数为 $O(N^{3/2})$. 同样地, 当 $N = p_1 \cdots p_r$ 时可以建立整个 A_q 计算算法, 其算术运算次数不超过 $CN(p_1 + \cdots + p_r)$, 这里 C 为与 N 无关的常数. 我们来写出 $p_1 = \cdots = p_r = 2$ 时的最常用情况下相应的计算公式. 将 q, j 表示成如下形式

$$q = \sum_{k=1}^{r} q_k 2^{k-1}, \quad j = \sum_{m=1}^{r} j_{r+1-m} 2^{m-1},$$

其中 $q_k j_{r+1-m} = 0, 1$. 数 $qj 2^{-r}$ 表示成

$$qj 2^{-r} = \sum_{m=1}^{r} q j_{r+1-m} 2^{m-1-r} = \sum_{m=1}^{r} \left(\sum_{k=1}^{r} q_k 2^{k+m-r-2}\right) j_{r+1-m}$$

$$= \sum_{m=1}^{r} \left(\sum_{k=1}^{r-m+1} q_k 2^{k+m-r-2}\right) j_{r+1-m} + s,$$

这里 s 为整数, 它等于所有满足条件 $k + m - r - 2 \geqslant 0$ 的形如 $q_k j_{r+1-m} 2^{k+m-r-2}$ 的项之和. 显然,

$$\exp\left\{-2\pi \mathrm{i} \frac{qj}{N}\right\} = \exp\left\{-2\pi \mathrm{i} \left(\frac{qj}{N} - s\right)\right\},$$

因此
$$A(q_1,\cdots q_r)$$
$$= A_q = \frac{1}{N} \sum_{j=0}^{N-1} f_j \exp\left\{-2\pi\mathrm{i}\frac{qj}{N}\right\}$$
$$= \frac{1}{2}\sum_{j_r=0}^{1}\cdots\frac{1}{2}\sum_{j_1=0}^{1} f_{j_r+2j_{r-1}+\cdots+2^{r-1}j_1} \exp\left\{-2\pi\mathrm{i}\sum_{m=1}^{r}\left(\sum_{k=1}^{r-m+1} q_k 2^{k+m-r-2}\right) j_{r+1-m}\right\}.$$

对各项重新分组后有
$$A(q_1,\cdots q_r) = \frac{1}{2}\sum_{j_r=0}^{1} \exp\left\{-2\pi\mathrm{i}j_r 2^{-r}\sum_{k=1}^{r} q_k 2^{k-1}\right\}$$
$$\times\left(\frac{1}{2}\sum_{j_{r-1}=0}^{1} \exp\left\{-2\pi\mathrm{i}j_{r-1} 2^{1-r}\sum_{k=1}^{r-1} q_k 2^{k-1}\right\}\right.$$
$$\left.\times\cdots\times\left(\frac{1}{2}\sum_{j_1=0}^{1} \exp\left\{-2\pi\mathrm{i}j_1 2^{-1} q_1\right\} f_{j_r+2j_{r-1}+\cdots+2^{r-1}j_1}\right)\cdots\right).$$

这个关系式可以写成递推关系序列
$$A^{(m)}(q_1,\cdots,q_m;j_{m+1},\cdots,j_r)$$
$$= \frac{1}{2}\sum_{j_m=0}^{1} \exp\left\{-2\pi\mathrm{i}j_m 2^{-m}\sum_{k=1}^{m} q_k 2^{k-1}\right\} A^{(m-1)}(q_1,\cdots,q_{m-1};j_m,\cdots,j_r),$$
$$m=1,\cdots,r,$$
其中
$$A^{(0)}(j_1,\cdots,j_r) = f_{j_r+2j_{r-1}+\cdots+2^{r-1}j_1},$$
$$A^{(r)}(q_1,\cdots,q_r) = A(q_1,\cdots,q_r).$$

从每个分量 $A^{(m-1)}$ 到分量 $A^{(m)}$ 的转换需要 $O(N)$ 次算术运算与逻辑运算. 总共有 r 步, 因此一般运算次数有数量级 $O(Nr) = O(N\log_2 N)$.

同 (3.7) 相比较, 借助于 $A^{(m)}$ 的计算具有较小的误差积累. 在计算公式中指数的计算也具有一定的方便性. 计算 $A^{(m)}$ 时应用了值 $\exp\{-2\pi\mathrm{i}j 2^{-m}\}$, $j=0,1,\cdots,2^m-1$. 特别, 当 $m=1$ 时 $\exp\{-\pi\mathrm{i}j\}$ 取值 $+1$ 或 -1. 为计算 $A^{(m+1)}$ 也要求值 $\exp\{-2\pi\mathrm{i}j 2^{-(m+1)}\}$, 其中 j 为满足 $0 \leqslant j < 2^{m+1}$ 的奇数. 它的计算可以通过已计算出的值来进行, 特别, 可以借助于如下关系式 ($m \geqslant 2$)

$$\exp\{-2\pi\mathrm{i}j 2^{-(m+1)}\} = \frac{\exp\{-2\pi\mathrm{i}\frac{j+1}{2} 2^{-m}\} + \exp\{-2\pi\mathrm{i}\frac{j-1}{2} 2^{-m}\}}{2\cos(\pi 2^{-m})},$$

其中当 $m \geqslant 1$ 时, 本身也有关系式

$$\cos(\pi 2^{-m}) = \sqrt{\frac{1}{2}(1+\cos(\pi 2^{1-m}))}.$$

在一些情况下也能成功减少运算次数. 上面已提到了其中的一种方法: 给定实函数 $f(t) = g(\cos t)$, 以及其在点 $t_l = \pi(2l-1)/(2N)$ 的值, 要求找到如下插值多项式的系数

$$\sum_{j=0}^{N-1} A_j \cos jt.$$

另一种情况是: 当 N 为偶数时, 给定函数

$$\sum_{j=1}^{N/2-1} A_j \sin 2\pi jt$$

在点 $t = 1/N$ 的值, 其中 $0 < l < N/2$, 需要确定系数 A_j.

习题 1 寻找两个多项式乘积的系数 c_j:

$$\left(\sum_{j=0}^{N-1} a_j x^j\right)\left(\sum_{j=0}^{N-1} b_j x^j\right) = \sum_{j=0}^{2N-2} c_j x^j.$$

证明, 对于它的寻找只需 $O(N \log_2 N)$ 次运算.

§5. 最佳一致逼近

如果线性赋范空间中的范数不是通过数量积来定义, 则寻找最佳逼近元素实际上更复杂. 我们来研究遇到的典型问题, 特别是在建立函数计算的标准程序时遇到的问题.

设 R 为定义在区间 $[a,b]$ 上的有界实函数空间, 范数为

$$\|f\| = \sup_{[a,b]} |f(x)|.$$

寻找如下形式的最佳逼近

$$Q_n(x) = \sum_{j=0}^{n} a_j x^j.$$

由 §1 中的定理知存在最佳逼近元素, 即存在多项式 $Q_n^0(x)$ 使得对任意 n 次多项式 $Q_n(x)$ 有

$$E_n(f) = \|f - Q_n^0\| \leqslant \|f - Q_n\|.$$

这样的多项式 $Q_n^0(x)$ 称为最佳一致逼近多项式. 接下来讨论连续函数的最佳一致逼近多项式的充分必要条件.

瓦利-巴森 (Valli-Bussen) 定理 设在区间 $[a,b]$ 上存在 $n+2$ 个点 $x_0 < \cdots < x_{n+1}$ 使得

$$\text{sign}\,(f(x_i) - Q_n(x_i))(-1)^i = \text{const},$$

即从点 x_i 转向点 x_{i+1} 时 $f(x) - Q_n(x)$ 的函数值改变符号, 则有

$$E_n(f) \geqslant \mu = \min_{i=0,\cdots,n+1} |f(x_i) - Q_n(x_i)|. \tag{1}$$

证明 当 $\mu = 0$ 时定理结论显然成立. 设 $\mu > 0$. 假定矛盾, 即对于最佳逼近多项式 $Q_n^0(x)$ 有
$$\|Q_n^0 - f\| = E_n(f) < \mu.$$
于是, 我们有
$$\text{sign}\,(Q_n(x) - Q_n^0(x)) = \text{sign}\,((Q_n(x) - f(x)) - (Q_n^0(x) - f(x))).$$
在点 x_i 处第一项的模大于第二项的模, 所以 $\text{sign}(Q_n(x_i) - Q_n^0(x_i)) = \text{sign}(Q_n(x_i) - f(x_i))$. 于是, n 次多项式 $Q_n(x) - Q_n^0(x)$ 改变 $n+1$ 次符号. 得出矛盾.

切比雪夫定理 多项式 $Q_n(x)$ 是连续函数 $f(x)$ 的最佳一致逼近多项式的充分必要条件是在区间 $[a,b]$ 上至少存在 $n+2$ 个点 $x_0 < \cdots < x_{n+1}$ 使得
$$f(x_i) - Q_n(x_i) = \alpha(-1)^i \|f - Q_n\|,$$
其中 $i = 0, \cdots, n+1$, 对于所有的 i 同时 $\alpha = 1$ (或者 $\alpha = -1$).

满足定理条件的点 $x_0, \cdots, x_{n+1}$ 常常称为切比雪夫交替点.

证明 充分性. 以 L 记 $\|f - Q_n\|$. 应用 (1) 我们有 $L = \mu \leqslant E_n(f)$, 但由值 $E_n(f)$ 的定义有 $E_n(f) \leqslant \|f - Q_n\| = L$. 于是, $E_n(f) = L$, 从而此多项式是最佳一致逼近多项式.

必要性. 设给定的多项式 $Q_n(x)$ 是最佳一致逼近多项式. 以 y_1 记区间 $[a,b]$ 上使得 $|f(x) - Q_n(x)| = L$ 的点 x 的下界. 从 L 的定义推出这样的点存在. 由 $f(x) - Q_n(x)$ 的连续性我们有 $|f(y_1) - Q_n(y_1)| = L$. 为确定起见将研究 $f(y_1) - Q_n(y_1) = +L$ 的情况. 以 y_2 记区间 $(y_1, b]$ 上使得 $f(x) - Q_n(x) = -L$ 的点 x 的下界. 如此类似地, 以 y_{k+1} 记区间 $(y_k, b]$ 上使得 $f(x) - Q_n(x) = (-1)^k L$ 的点 x 的下界, $\cdots$. 由函数 $f(x) - Q_n(x)$ 的连续性, 对所有的 k 有 $f(y_{k+1}) - Q_n(y_{k+1}) = (-1)^k L$. 继续这个过程直到 $y_m = b$, 或者直到 y_m 满足: 当 $y_m < x \leqslant b$ 时 $|f(x) - Q_n(x)| < L$. 如果 $m \geqslant n+2$, 则定理结论成立.

假定有 $m < n+2$. 由函数 $f(x) - Q_n(x)$ 的连续性, 对所有的 k $(1 < k \leqslant m)$ 可以指出一个点 z_{k-1} 使得当 $z_{k-1} \leqslant x < y_k$ 时有 $|f(x) - Q_n(x)| < L$. 取 $z_0 = a, z_m = b$. 由上面的描述可知, 在区间 $[z_{i-1}, z_i]$, $i = 1, \cdots, m$ 中存在点 y_i 使得 $f(x) - Q_n(x) = (-1)^{i-1} L$, 且不存在点使得 $f(x) - Q_n(x) = (-1)^i L$. 令
$$v(x) = \prod_{j=1}^{m-1}(z_j - x), \quad Q_n^d(x) = Q_n(x) + dv(x), \quad d > 0,$$
并研究区间 $[z_{j-1}, z_j]$ 上如下差值的特性:
$$f(x) - Q_n^d(x) = f(x) - Q_n(x) - dv(x).$$
作为例子我们考虑区间 $[z_0, z_1]$. 在 $[z_0, z_1]$ 上有 $v(x) > 0$, 因此
$$f(x) - Q_n^d(x) \leqslant L - dv(x) < L.$$
此外, 在这个区间上满足不等式 $f(x) - Q_n(x) > -L$. 因此, 对于充分小的 d, 例如对满

足条件

$$d < d_1 = \frac{\min\limits_{[z_0,z_1]} |f(x) - Q_n(x) + L|}{\max\limits_{[z_0,z_1]} |v(x)|}$$

的 d, 在 $[z_0, z_1)$ 上有 $f(x) - Q_n(x) > -L$. 同时,

$$|f(z_1) - Q_n^d(z_1)| = |f(z_1) - Q_n(z_1)| < L.$$

这样, 对于充分小的 d, 在这个区间上有 $|f(x) - Q_n^d(x)| < L$. 在对其他区间 $[z_{i-1}, z_i]$ 进行类似的讨论后, 我们可以指出最小的 d_0 使得在所有的区间上满足不等式 $|f(x) - Q_n^{d_0}(x)| < L$. 这与 $Q_n(x)$ 为最佳逼近多项式而 $m < n + 2$ 的假定矛盾. 定理证毕.

唯一性定理 连续函数的最佳一致逼近多项式是唯一的.

证明 假定存在两个 n 次最佳一致逼近多项式:

$$Q_n^1(x) \neq Q_n^2(x), \quad \|f - Q_n^1\| = \|f - Q_n^2\| = E_n(f).$$

由此可得

$$\left\| f - \frac{Q_n^1 + Q_n^2}{2} \right\| \leqslant \left\| \frac{f - Q_n^1}{2} \right\| + \left\| \frac{f - Q_n^2}{2} \right\| = E_n(f),$$

即多项式 $\frac{1}{2}[Q_n^1(x) + Q_n^2(x)]$ 也是最佳一致逼近多项式. 让 $x_0, \cdots, x_{n+1}$ 是相应于这个多项式的切比雪夫交替点, 那么

$$\left| \frac{1}{2} [Q_n^1(x_i) + Q_n^2(x_i)] - f(x_i) \right| = E_n(f), \quad i = 0, \cdots, n+1,$$

或者

$$|(Q_n^1(x_i) - f(x_i)) + (Q_n^2(x_i) - f(x_i))| = 2E_n(f).$$

因为 $|Q_n^k(x_i) - f(x_i)| \leqslant E_n(f), k = 1, 2$, 所以上面最后的关系式仅在如下条件满足时成立:

$$Q_n^1(x_i) - f(x_i) = Q_n^2(x_i) - f(x_i).$$

我们得到了两个 n 次多项式 $Q_n^1(x)$ 和 $Q_n^2(x)$ 在点 $x_0, \cdots, x_{n+1}$ 处的值相同, 即导出矛盾.

习题 1 在区间 $[0, \pi]$ 上对函数 $f(x) = \sin 100x$ 进行逼近. 寻找 $Q_{90}(x)$.

§6. 最佳一致逼近的例子

1. 在 $[a, b]$ 上连续的函数由零次多项式逼近. 设

$$\sup_{[a,b]} f(x) = f(x_1) = M, \quad \inf_{[a,b]} f(x) = f(x_2) = m$$

多项式 $Q_0(x) = (M + m)/2$ 是最佳逼近多项式, 而 x_1, x_2 为切比雪夫交替点.

习题 1 证明, 若 $f(x)$ 不一定连续, 则零次最佳逼近多项式具有形式 $Q_0(x) = (M + m)/2$.

§6. 最佳一致逼近的例子

2. 区间 $[a,b]$ 上连续严格凸函数 $f(x)$ 由一次多项式 $Q_1(x) = a_0 + a_1 x$ 逼近. 由 $f(x)$ 的严格凸性, 差 $f(x) - (a_0 + a_1 x)$ 在 (a,b) 内有且仅有一个极值点, 因此点 a,b 是切比雪夫交替点. 设 d 为第三个切比雪夫交替点. 由切比雪夫定理, 有等式

$$f(a) - (a_0 + a_1 a) = \alpha L,$$
$$f(d) - (a_0 + a_1 d) = -\alpha L,$$
$$f(b) - (a_0 + a_1 b) = \alpha L.$$

从第 3 式减去第 1 式得到 $f(b) - f(a) = a_1(b-a)$. 由此找到 $a_1 = (f(b) - f(a))/(b-a)$. 为确定未知数 d, L, a_0, a_1, 以及 $\alpha = +1$ 或 $\alpha = -1$ 总共得到了三个方程. 但是注意到 d 是函数 $f(x) - (a_0 + a_1 x)$ 的极值点. 如果函数 $f(x)$ 可微, 则为确定 d 我们有方程 $f'(d) - a_1 = 0$. 现在从第 1 和第 2 个方程的和中确定 a_0.

几何上这一过程可以描述如下 (图 4.6.1). 通过点 $(a, f(a))$ 和 $(b, f(b))$ 做割线. 其倾斜角的正切等于 a_1. 做曲线 $y = f(x)$ 的切线平行于该割线, 再做与该割线和切线等距的直线.

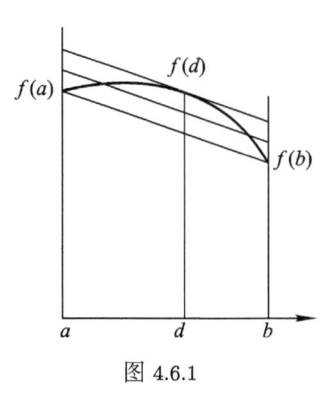

图 4.6.1

习题 2 给出一个区间 $[a,b]$ 上的函数例子及其相应的一次最佳一致逼近多项式使得其切比雪夫交替点不包含点 a, b.

习题 3 给出一个函数例子 (自然是不连续的) 使得其最佳一致逼近多项式不满足切比雪夫定理条件.

习题 4 设 $f(x) = |x|, [a,b] = [-1, 5]$. 建立其一次最佳一致逼近多项式.

3. 假设函数 $f(x)$ 的导数 $f^{(n+1)}$ 在区间 $[a,b]$ 上不变号时, 若它在 $[a,b]$ 上由 n 次最佳一致逼近多项式来逼近, 要求估计值 $E_n(f)$. 在第二章 §9 中我们有以切比雪夫多项式的零点

$$x_k = \frac{a+b}{2} + \frac{b-a}{2} \cos\left(\frac{\pi(2k-1)}{2(n+1)}\right)$$

为节点的插值误差估计, 即

$$|f(x) - P_n(x)| \leqslant \left(\max_{[a,b]} |f^{(n+1)}(x)|\right) \frac{(b-a)^{n+1}}{2^{2n+1}(n+1)!}. \tag{1}$$

由此得出不等式

$$E_n(f) \leqslant \left(\max_{[a,b]} |f^{(n+1)}(x)|\right) \frac{(b-a)^{n+1}}{2^{2n+1}(n+1)!}.$$

设 $Q_n(x)$ 为最佳一致逼近多项式. 由切比雪夫定理的结论, 差值 $f(x) - Q_n(x)$ 当从一个切比雪夫交替点转向另一个切比雪夫交替点时改变符号, 则它在 $n+1$ 个点 $y_1, \cdots, y_{n+1}$ 处的值变为零. 因此多项式 $Q_n(x)$ 可以看做插值节点为 $y_1, \cdots, y_{n+1}$ 的插

值多项式. 由 (2.3.1) 我们有如下形式的插值误差表示
$$f(x) - Q_n(x) = f^{(n+1)}(\zeta)\frac{\omega_{n+1}(x)}{(n+1)!},$$
其中 $\omega_{n+1}(x) = (x-y_1)\cdots(x-y_{n+1})$, $\zeta = \zeta(x) \in [a,b]$. 设
$$\max_{[a,b]}|\omega_{n+1}(x)| = |\omega_{n+1}(x_0)|.$$
我们有
$$E_n(f) = \|f(x) - Q_n(x)\| \geqslant |f(x_0) - Q_n(x_0)|$$
$$= |f^{(n+1)}(\zeta(x_0))|\frac{|\omega_{n+1}(x_0)|}{(n+1)!} \geqslant \left(\min_{[a,b]}|f^{(n+1)}(x)|\right)\left(\max_{[a,b]}\frac{|\omega_{n+1}(x)|}{(n+1)!}\right).$$
由 (2.8.6) 下列不等式成立
$$\max_{[a,b]}|\omega_{n+1}(x)| \geqslant (b-a)^{n+1}/2^{2n+1}.$$
由此可得估计
$$E_n(f) \geqslant \left(\min_{[a,b]}|f^{(n+1)}(x)|\right)\frac{(b-a)^{n+1}}{2^{2n+1}(n+1)!}. \tag{2}$$

这样, 如果 $f^{(n+1)}(x)$ 保持符号不变并且变化不是很剧烈, 则最佳一致逼近多项式与按切比雪夫多项式零点为节点的插值多项式之间的差别不是本质的.

习题 5 证明, 当 $f^{(n+1)}(x)$ 在区间 $[a,b]$ 上保持符号不变时, 切比雪夫交替点包含点 a 和 b.

4. 我们来研究当
$$f(x) = P_{n+1}(x) = a_0 + \cdots + a_{n+1}x^{n+1}, a_{n+1} \neq 0$$
时寻找其 n 次最佳逼近多项式问题. 那么, $f^{(n+1)}(x) = a_{n+1}(n+1)!$ 且 $E_n(f)$ 的上界估计 (1) 和下界估计 (2) 相同:
$$E_n(f) = |a_{n+1}|(b-a)^{n+1}2^{-2n-1}.$$
这样, 最佳逼近多项式恰好是带有如下节点的插值多项式 $Q_n(x)$:
$$x_k = \frac{a+b}{2} + \frac{b-a}{2}\cos\left(\frac{\pi(2k+1)}{2(n+1)}\right), \quad k=1,\cdots,n+1.$$
可以获得这个最佳逼近多项式的另外形式的表示:
$$Q_n(x) = P_{n+1}(x) - a_{n+1}T_{n+1}\left(\frac{2x-(a+b)}{b-a}\right)\frac{(b-a)^{n+1}}{2^{2n+1}}. \tag{3}$$
事实上, 由于 x^{n+1} 的系数等于零, 所以上式右边部分的表达式是 n 次多项式. 点 $x_i = \frac{a+b}{2} + \frac{b-a}{2}\cos\frac{\pi i}{n+1}, i = 0, \cdots, n$ 构成切比雪夫交替点.

5. 设 $[a,b] = [-1,1]$ 且 $f(x)$ 为关于 $x=0$ 奇对称的连续函数. 我们来证明其任意阶的最佳逼近多项式为奇函数, 即可以写成 x 的奇数次的和式. 事实上, 设 $Q_n(x)$ 为 $f(x)$ 的最佳逼近多项式. 我们有 $|f(x) - Q_n(x)| \leqslant E_n(f)$. 把 x 替换成 $-x$, 并在绝对值内乘以 -1 得到
$$|-f(-x) - (-Q_n(-x))| \leqslant E_n(f).$$

或者
$$|f(x) - (-Q_n(-x))| \leqslant E_n(f).$$
于是, 多项式 $-Q_n(-x)$ 也是最佳一致逼近多项式. 由唯一性定理得 $Q_n(x) = -Q_n(-x)$, 即得所要证明的结论.

6. 假设要对区间 $[-1,1]$ 上的函数 $f(x) = x^3$ 求其一次最佳逼近多项式. 可以以两种方式应用上述结果. 第一种方式: 因为要寻找的最佳逼近多项式是奇函数, 所以只需要在形如 $Q_1(x) = \alpha_1 x$ 的多项式中寻找. 第二种方式: 因为此问题的二阶最佳逼近多项式恰好就是一阶多项式, 则问题等价于建立二阶最佳逼近多项式问题. 对后一个最佳多项式逼近问题, 我们已经研究过用低一次的多项式来做逼近的问题.

习题 6 设 $f(x)$ 为相对于区间 $[-1,1]$ 的中点的偶函数, 即 $f(x) = f(-x)$. 证明, 最佳逼近多项式 $Q_n(x)$ 也是偶函数.

习题 7 求函数 $f(x) = \exp\{x^2\}$ 在区间 $[-1,1]$ 上的三阶最佳逼近多项式.

注记 从上述问题的解得出这个多项式具有形式 $a_0 + a_2 x^2$. 问题等价于区间 $[0,1]$ 上函数 $f_1(y) = e^y$ 形如 $a_0 + a_2 y$ 的多项式的最佳逼近问题.

7. 经常会出现最佳一致逼近多项式不能成功地精确找到的情况. 在这样的情况下, 寻找逼近的最佳逼近多项式. 我们来研究一类这样的例子. 为简单起见, 研究区间 $[-1,1]$ 上的逼近情况.

将函数 $f(x)$ 按照切比雪夫正交函数系展开成级数:
$$f(x) \sim \sum_{j=0}^{\infty} d_j T_j(x).$$
由这个级数的低次项拼成的一段
$$\sum_{j=0}^{n} d_j T_j(x)$$
常常能保证较好的一致逼近. 有时常常很难显式地计算出系数 d_j, 但却已知泰勒展开
$$f(x) = \sum_{j=0}^{\infty} a_j x^j$$
在 $|x| \leqslant 1$ 时收敛. 那么, 应用下列方法 (有时称之为连套式方法). 选出某个 n 使得公式
$$f(x) \approx P_n(x) = \sum_{j=0}^{n} a_j x^j$$
的误差足够小. 然后用最佳一致逼近多项式 $P_{n-1}(x)$ 来逼近 $P_n(x)$. 由公式 (3) 有
$$P_{n-1}(x) = P_n(x) - a_n T_n(x) 2^{1-n}.$$
因为在区间 $[-1,1]$ 上 $|T_n(x)| \leqslant 1$, 则
$$|P_{n-1}(x) - P_n(x)| \leqslant |a_n| 2^{1-n}.$$

进一步, 再用最佳一致逼近多项式 $P_{n-2}(x)$ 来对多项式 $P_{n-1}(x)$ 逼近, 等等. 如此继续, 直到这一串逼近的误差保持很小为止.

所讨论的方法也可叙述如下. 按照切比雪夫多项式展开 $P_n(x)$:
$$P_n(x) = \sum_{j=0}^{n} d_j T_j(x).$$

引入记号 $Q_m(x) = \sum_{j=0}^{m} d_j T_j(x)$, 其中 $m \leqslant n$.

所有的多项式 $Q_m(x)$ 都是多项式 $Q_{m+1}(x)$ 的 m 阶最佳一致逼近多项式, 于是
$$E_m(Q_{m+1}) = \|Q_{m+1} - Q_m\| = |d_{m+1}|. \tag{4}$$

这可以从公式 (3) 或者直接由切比雪夫定理推出. 由此可得 $Q_{n-1}(x) = P_{n-1}(x)$, $Q_{n-2}(x) = P_{n-2}(x)$, 等等. 这样, 所描述方法的本质可以总结如下. 原始函数由其泰勒级数的一段 $P_n(x)$ 来逼近. 然后多项式 $P_n(x)$ 被展开为切比雪夫多项式并去掉展开式的最后一些项. 因为
$$|P_n(x) - P_m(x)| \leqslant \sum_{j=m+1}^{n} |d_j|,$$

则一般误差估计为
$$|f(x) - P_m(x)| \leqslant \max |f(x) - P_n(x)| + \sum_{j=m+1}^{n} |d_j|.$$

我们来研究区间 $\left[-\tan \dfrac{\pi}{8}, \tan \dfrac{\pi}{8}\right]$ 上的函数 $f(x) = \arctan x$ 的逼近问题, 要求的精度为 $0.5 \cdot 10^{-5}$. 为达到这样的精度, 在用一段泰勒级数逼近时要取
$$\arctan x \approx -\frac{x^3}{3} + \frac{x^5}{5} - \frac{x^7}{7} + \frac{x^9}{9} - \frac{x^{11}}{11}.$$

得到的多项式用更低阶的最佳逼近多项式来做逼近. 重复这一过程 3 次, 得到的多项式
$$P_5(x) = 0.9999374x - 0.3303433x^3 + 0.1632823x^5$$

也保持了要求的精度. 注意到, 由于原多项式的奇性, 多项式阶每次下降 2 阶.

习题 8 设函数 $f(x)$ 在区间 $[-1, 1]$ 上连续,
$$Q_{n+1}(x) = a_{n+1} x^{n+1} + \cdots + a_0.$$

证明
$$E_n(f) \geqslant |a_{n+1}| 2^{-n} - \|f - Q_{n+1}\|.$$

习题 9 设
$$f(x) = \sum_{j=0}^{\infty} d_j T_j(x).$$

证明
$$E_n(f) \geqslant |d_{n+1}| - \sum_{j=n+2}^{\infty} |d_j|.$$

在计算初等以及特殊函数的标准程序中,最佳一致逼近多项式或者它的逼近被作为重要组成元部分使用. 函数常常以非常复杂的显式形式来表示, 而在问题的具体求解过程中. 要在相当多的点计算其函数值. 这种情况下, 更有利的方式常常是, 代替直接计算函数值, 而按照表格使用其值的插值, 或者用多项式来逼近函数. 为达到这样的目的, 有时应用基于 L_2 范数的最佳逼近多项式或者最佳一致逼近多项式. 当然, 在每个具体情况下, 看看建立逼近多项式的花费是否值得也是有益的.

§7. 关于多项式的表达形式

当用非高次多项式逼近时, 最佳一致逼近的标准程序之一曾经被调整并被加入到标准程序包中. 但是, 在程序的实际应用中, 在许多情况下若用高次多项式来逼近函数, 则程序给出的逼近不能保证期望的精度, 或者迭代过程不收敛, 计算延续无限长时间, 以致不得不中断计算.

在对出现的现象进行实际和理论分析后, 已成功查明了产生的原因.

为明确起见, 将讨论区间 $[-1,1]$ 上函数的逼近.

已知当函数不是足够光滑时, 其高精度逼近的多项式的系数一定非常大. 除极少遇到的情况下这些系数不做舍入输入进电子计算机, 多项式都会引入误差, 从而它不能很好地逼近所研究的函数. 即使这些系数不做舍入输入计算机, 当 $|x|$ 接近于 1 时多项式的值一样以很大的计算误差得到.

我们来更详细地研究相应的结论. 假定存在多项式序列
$$P^m(x) = \sum_{j=0}^{n(m)} a_j^m x^j,$$
它在 $[-1,1]$ 上满足条件
$$|f(x) - P^m(x)| \leqslant 2^{-m} \tag{1}$$
($P^m(x)$ 不必是最佳一致逼近多项式). 也假定这些多项式的系数增长的不是很快:
$$l_m = \sum_{j=0}^{n(m)} |a_j^m| \leqslant M 2^{qm}, q \geqslant 0. \tag{2}$$
以 G_φ 记由一些弧段界定的开区域, 从弧段上的任何点到区间 $[-1,1]$ 的视角为 φ. 已知下列定理.

定理 设多项式序列 $P^m(x)$ 满足关系式 (1), (2). 那么, 函数 $f(x)$ 可以在复平面开区域 G_φ 内解析延拓, 其中 $\varphi = \pi(2q+1)/(2q+2)$.

注记 如果代替条件 (1) 有条件 $|f(x) - P^m(x)| \leqslant 1/m^l$, 则可以指出对任意 $\delta > 0$ 有 $\max\limits_{[-1+\delta, 1-\delta]} |f^{(l)}(x)| < \infty$.

从这个定理中我们可以推出怎样的实用结论? 如果数 a 被写成带有 t 个二进制数位的浮点数, 则其误差可能大于 $|a|2^{-t-1}$. 在系数 a_j^m 的误差同号的糟糕情况下, 由此导

出的值
$$P^m(1) = \sum_{j=0}^{n(m)} a_j^m$$
的误差可能超过值
$$\left(\sum_{j=0}^{n(m)} |a_j^m|\right) 2^{-t-1} = l_m 2^{-t-1}.$$

为了定性地表示这个误差特性, 我们认为条件 (1), (2) 中的数 m 和数 t 很大. 设函数 $f(z)$ 在某个区域 G_{φ_0} 内解析, 且在任意区域 G_φ 内不解析, 这里 $\varphi < \varphi_0$. 让 q_0 由关系式 $q_0 = [2\varphi_0 - \pi]/[2(\pi - \varphi_0)]$ 来确定. 任取数 $q < q_0$. 假如对于所有的 m 满足不等式 $l_m \leqslant 2^{qm}$, 则由上面叙述的定理, $f(z)$ 将在相应的区域 G_φ 内解析, 其中 $\varphi < \varphi_0$, 于是得到与函数 $f(z)$ 假定的性质矛盾. 这样, 将会出现无论多大的 m, 都有 $l_m \geqslant 2^{qm}$. 于是, 在恰恰不利的巧合情况下, 值 a_j^m 的舍入误差可能大于 $2^{qm}2^{-t-1}$. 同时, 不能计算出比 (1) 更好的误差估计. 对于从 $f(x)$ 变到 $P^m(x)$ 所产生的误差以及多项式系数获得的误差之和, 我们不能得出比 $\varepsilon(m) = 2^{qm}2^{-t-1} + 2^{-m}$ 更好的估计. 函数 $\varepsilon(m)$ 极值点 $\overline{m}$ 的方程具有形式
$$\varepsilon'(\overline{m}) = q \ln 2 \cdot 2^{q\overline{m}} 2^{-t-1} - \ln 2 \cdot 2^{-\overline{m}}.$$
由此推出 $2^{\overline{m}} = \left(\dfrac{2}{q}\right)^{1/(q+1)} 2^{t/(q+1)}$. 将这个值代入 $\varepsilon(\overline{m})$ 的表达式得到
$$\varepsilon'(\overline{m}) = \left(\frac{2}{q}\right)^{q/(q+1)} 2^{-t/(q+1)} 2^{-1} + \left(\frac{2}{q}\right)^{-1/(q+1)} 2^{-t/(q+1)}$$
$$= \frac{q+1}{2} \left(\frac{2}{q}\right)^{q/(q+1)} 2^{-t/(q+1)}.$$
这样, 在 t 位二进制的计算机上计算时不能期望得到比 $t/(q+1)$ 位二进制更精确的函数逼近. 例如, 对于函数 $f(x) = (1+25x^2)^{-1}$, 使函数 $f(z)$ 在区域 G_φ 内解析的 φ 的下界为 $\varphi_0 = \arctan 0.2$. 相应的值 $q + 1 \approx 3.2$. 这样, 在最好的情况下在带有 60 个二进制位的计算机上计算函数值时可以得到大约 20 个可靠二进制位的逼近值.

如果 l 不很大, 导数 $f^{(l)}(x)$ 在区间的某个内点处不存在, 则由定理的注记可知结果的精确度也有大的损失.

> 如下理由说明可以排除类似情况. 通常要逼近整函数或者其奇点在单位圆外并远离单位圆的函数. 那么, 从上面的讨论中不会得出如此令人难以接受的结论. 形式上这是对的, 但这类解析整函数随着变量虚部的增加非常快速地增长. 虽然对于这样的函数, 值 l_n 对 n 保持一致有界, 但它们可能取如此大的值以至于实际上 $|l_n|2^{-t-1}$ 大于容许误差. 类似函数的例子有 $\varphi(\lambda) = \int_0^1 \exp\{\mathrm{i}\lambda t^2\} dt$, 其中 λ 为很大的数.

这些情况促使我们寻找多项式的另外一些简单书写形式和值的计算.

§7. 关于多项式的表达形式

回顾最佳逼近多项式表示为切比雪夫多项式之和的形式

$$P_n(x) = \sum_{j=0}^{n} d_j T_j(x). \tag{3}$$

我们有

$$\frac{2}{\pi} \int_{-1}^{1} \frac{T_n(x)T_m(x)}{\sqrt{1-x^2}} dx = \begin{cases} 2, & n = m = 0, \\ \delta_n^m, & n^2 + m^2 > 0. \end{cases}$$

因此

$$\frac{2}{\pi} \int_{-1}^{1} \frac{P_n^2(x)}{\sqrt{1-x^2}} dx = \frac{2}{\pi} \sum_{j=0}^{n} |d_j|^2 \int_{-1}^{1} \frac{T_j^2(x)}{\sqrt{1-x^2}} dx = 2d_0^2 + \sum_{j=1}^{n} d_j^2 \geqslant \sum_{j=0}^{n} d_j^2.$$

应用柯西–布尼亚科夫斯基 (Cauchy-Bunyakovskiĭ) 不等式, 有

$$\sum_{j=0}^{n} |d_j| = \sum_{j=0}^{n} 1 \cdot |d_j| \leqslant \sqrt{\left(\sum_{j=0}^{n} 1\right) \cdot \left(\sum_{j=0}^{n} d_j^2\right)} = \sqrt{(n+1) \sum_{j=0}^{n} d_j^2}.$$

由此得出结论

$$\sum_{j=0}^{n} |d_j| \leqslant \sqrt{\frac{2}{\pi}(n+1) \int_{-1}^{1} \frac{p_n^2(x)}{\sqrt{1-x^2}} dx}.$$

如果 $\|P_n - f\|_C \to 0$, 则

$$\frac{2}{\pi} \int_{-1}^{1} \frac{P_n^2(x)}{\sqrt{1-x^2}} dx \to \frac{2}{\pi} \int_{-1}^{1} \frac{f^2(x)}{\sqrt{1-x^2}} dx.$$

这样, 在这种情况下值 $\sum_{j=0}^{n} |d_j|$ 的增长速度不会快于 $\sqrt{n}$. 因为 $|T_n(x)| \leqslant 1$, 则由 d_j 导致的多项式值的误差不超过量级 $\left(\sum_{j=0}^{n} |d_j|\right) 2^{-t} = O(\sqrt{n} 2^{-t})$. 这个误差估计在实际计算中是可以接受的.

当然, 不一定要把函数的逼近多项式表示成切比雪夫多项式的线性组合形式 (3). 取决于具体情况, 有时更方便地将其表示成另外一些正交多项式组的线性组合, 例如勒让德多项式的线性组合. (由于切比雪夫多项式的计算有最简单的递推关系, 我们对其已讨论过.)

对于区间 $[-1, 1]$ 上多项式 $P_n(x)$ 的值的计算, 我们来给出一些与函数最佳逼近问题无关的建议.

如通常一样将多项式写成 $\sum_{j=0}^{n} a_j x^j$, 且容许误差量级为 $\left(\sum_{j=0}^{n} |a_j|\right) 2^{-t}$. 于是, 应当应用霍纳 (Horner) 方法

$$P_n(x) = a_0 + x(a_1 + x(\cdots + x(a_{n-1} + x a_n) \cdots)).$$

相反的情况下将这个多项式表示为适当的正交多项式的线性组合的形式, 例如切比雪夫

多项式的线性组合:
$$P_n(x) = \sum_{j=0}^{n} d_j T_j(x).$$

为了减小运算量, 在计算值 $P_n(x)$ 时适当采用下列方式. 设
$$D_0 = d_0 - d_2/2, \quad D_j = (d_j - d_{j+2})/2, j = 1, \cdots, n-2,$$
$$D_{n-1} = d_{n-1}/2, \quad v_n = d_n/2.$$

在必须计算 $P_n(x)$ 时, 取 $y = 2x$, $v_{n-1} = yv_n + D_{n-1}$, 然后按照递推公式 $v_k = yv_{k+1} - v_{k+2} + D_k$ 逐步寻找 $v_{n-2}, \cdots, v_0 = P_n(x)$. 已知这个算法的计算误差为
$$O\left(n \min\left\{n, \frac{1}{\sqrt{1-x^2}}\right\} \max_{[-1,1]} P_n(x) 2^{-t}\right).$$

习题 1 验证确实有 $v_0 = P_n(x)$.

§8. 插值和样条逼近

为明确起见我们将讨论在区间 $[0,1]$ 上的函数逼近. 将该区间划分为子区间 $[x_0, x_1]$, $\cdots, [x_{N-1}, x_N]$, $x_0 = 0, x_N = 1$, 且以 Δ 记这个划分. 我们称 $S_\Delta^m(f, x)$ 为 m 阶样条函数, 它为定义在每个区间 $[x_{n-1}, x_n]$ 上的 m 阶多项式
$$S_\Delta^m(f, x) = P_{nm}(x) = a_{n0} + \cdots + a_{nm} x^m, \quad x_{n-1} \leqslant x \leqslant x_n, \tag{1}$$
且在点 $x_1, \cdots, x_{N-1}$ 处具有直到 $m-1$ 阶连续导数:
$$P_{nm}^{(k)}(x_n) = P_{n+1,m}^{(k)}(x_n), \quad k = 0, \cdots, m-1, n = 1, \cdots, N-1. \tag{2}$$
在表达式中总共有 $Q = N(m+1)$ 个未知系数, 且关系式 (2) 构成有 $(N-1)m$ 个方程的线性方程组. 关于系数的另一些方程从样条函数对被逼近函数的逼近性以及某些补充条件得到.

我们来研究简单的线性样条 ($m = 1$) 逼近问题. 那么, 自由参数的数量 Q 等于 $2N$. 我们提出建立样条函数 $S_\Delta^1(f, x)$ 的问题, 它在点 $x_0, \cdots, x_N$ 处的值与函数 $f(x)$ 的值相同, 由此得到方程组
$$P_{n1}(x_{n-1}) = f(x_{n-1}), \quad n = 1, \cdots, N,$$
$$P_{n1}(x_n) = f(x_n), \quad n = 1, \cdots, N.$$
这个方程组展开为相应于各个多项式系数的方程组
$$P_{n1}(x_{n-1}) = a_{n0} + a_{n1} x_{n-1} = f(x_{n-1}),$$
$$P_{n1}(x_n) = a_{n0} + a_{n1} x_n = f(x_n).$$
由此得到
$$a_{n1} = (f(x_n) - f(x_{n-1}))/(x_n - x_{n-1}),$$
$$a_{n0} = f(x_{n-1}) - a_{n1} x_{n-1}.$$
多项式 $P_{n1}(x)$ 是多次研究过的以 x_{n-1}, x_n 为节点的一阶插值多项式.

§8. 插值和样条逼近

样条函数在许多方面得到广泛流传, 是由于它们在一定意义下是所有指定意义函数中最光滑的函数. 高于一阶的样条函数在 $f(x)$ 光滑的情况下不仅很好地逼近函数本身, 也能很好地逼近其导数.

一次样条函数 $S_\Delta^1(f,x)$ 出现在下列变分问题的研究中. 研究分段可微函数 $s(x)$ 的集合 S_1, 它们满足条件

$$s(x_n) = f(x_n), \quad n = 0, \cdots, N; \quad I_1(s) = \int_0^1 (s'(x))^2 dx < \infty.$$

我们提出下列最优化问题, 即寻找函数 $s_1(x) \in S_1$ 使得

$$\inf_{s \in S_1} I_1(s).$$

这个泛函的欧拉方程具有形式 $s''(x) = 0$. 这样, $s_1(x)$ 在每个区间 $[x_{n-1}, x_n]$ 上是线性的, 于是 $s_1(x) = S_\Delta^1(f, x)$.

这个样条函数 $S_\Delta^1(f,x)$ 的产生是自然的, 可以对这个函数逼近方法做各种推广. 例如, 考虑满足下列条件的连续、连续可微并且二次分段连续可微的函数 $s(x)$ 的集合 S_2:

$$s(x_n) = f(x_n), \quad n = 0, \cdots, N; \quad I_2(s) = \int_0^1 (s''(x))^2 dx < \infty.$$

要求寻找函数 $s_2(x) \in S_2$ 实现 $\inf_{s \in S_2} I_2(s)$. 这个问题的解恰好是满足条件 $P''(x_0) = 0$, $P''(x_N) = 0$ 的三次样条函数.

这个结论的正确性直接从相应的变分计算结果推出. 但为了叙述的完整性, 下面将给出它的建立过程.

所研究泛函的欧拉方程是

$$\frac{d^2}{dx^2} \frac{\partial}{\partial s''} (s'')^2 = 0,$$

即 $s^{(4)} = 0$. 因此, 自然假定极值在某个函数 $s_2(x) \in S_2$ 处达到, 它的一阶导数连续, 且在每个区间 $[x_{n-1}, x_n]$ 上为三次多项式 $P_{n3}(x) = a_{n0} + a_{n1}x + a_{n2}x^2 + a_{n3}x^3$. 让 $\eta(x) \in S_2$ 为满足如下条件的函数

$$\eta(x_0) = \cdots = \eta(x_N) = 0. \tag{3}$$

取

$$F(t) = \int_0^1 (s_2''(x) + t\eta''(x))^2 dx$$

$$= \int_0^1 (s_2''(x))^2 dx + 2t \int_0^1 s_2''(x)\eta''(x)dx + t^2 \int_0^1 (\eta''(x))^2 dx.$$

因为由假定有 $F(t) \geqslant F(0)$, 则

$$F'(0) = 2 \int_0^1 s_2''(x)\eta''(x)dx = 0.$$

将值 $B(\eta) = F'(0)/2$ 表示成 $B = b_1 + \cdots + b_N$,

$$b_n = \int_{x_{n-1}}^{x_n} s_2''(x)\eta''(x)dx = \int_{x_{n-1}}^{x_n} P_{n3}''(x)\eta''(x)dx,$$

且在 b_n 的表达式中进行两次分部积分, 得到

$$b_n = \int_{x_{n-1}}^{x_n} P_{n3}^{(4)}(x)\eta(x)dx + (P_{n3}''(x)\eta'(x) - P_{n3}'''(x)\eta(x))|_{x_{n-1}}^{x_n}.$$

由 (3) 和等式 $P_{n3}^{(4)}(x) = 0$ 我们有
$$b_n = P_{n3}''(x)\eta'(x)|_{x_{n-1}}^{x_n}.$$
在对 n 求和以后，得到对于所研究类型的任意函数 $\eta(x)$ 有
$$B(\eta) = P_{N3}''(x_N)\eta'(x_N) + \sum_{n=1}^{N-1}(P_{n3}''(x_n) - P_{n+1,3}''(x_n))\eta'(x_n) - P_{13}''(x_0)\eta'(x_0). \quad (4)$$
对任意 l 可以适当选择函数 $\eta_l(x)$ 使得 $\eta_l'(x_l) = 1$，且当 $n \neq l, 0 \leqslant n \leqslant N$ 时 $\eta_l'(x_n) = 0$。

注意到，我们不能直接在原始积分 $B(\eta)$ 中进行分部积分运算，因为不清楚在点 $x_1, \cdots, x_N$ 处函数 $s_2(x)$ 的高于一阶的导数是否存在。

将这样的 $\eta_l(x)$ 代入等式
$$B(\eta_l(x)) = 0, \quad l = 0, \cdots, N,$$
得到 $N+1$ 个方程
$$P_{13}''(0) = P_{N3}''(1) = 0, \quad P_{n3}''(x_n) - P_{n+1,3}''(x_n) = 0, \quad n = 1, \cdots, N-1. \quad (5)$$
最小值函数在点 x_n 取给定的值，由这个条件得到 $2N$ 个方程
$$\begin{aligned} P_{n3}(x_n) = P_{n+1,3}(x_n) = f(x_n), \quad n = 1, \cdots, N-1, \\ P_{13}(x_0) = f(x_0), \quad P_{N3}(x_N) = f(x_N), \end{aligned} \quad (6)$$
而 $s_2'(x)$ 在点 x_n 处的连续性条件导出方程
$$P_{n3}'(x_n) = P_{n+1,3}'(x_n), \quad n = 1, \cdots, N-1. \quad (7)$$
这样总共得到了 $4N$ 个方程 (5)—(7)，它们相应于多项式 $P_{n3}(x)$ 的 $4N$ 个未知系数。

我们来研究方程组 (5)—(7) 的可解性和实际求解问题。为方便起见，我们引入值 $M_n = s_2''(x_n)$。因为函数 $s_2''(x)$ 在 $[x_{n-1}, x_n]$ 上是线性的，则在 $[x_{n-1}, x_n]$ 上有
$$s_2''(x) = M_{n-1}\frac{x_n - x}{h_n} + M_n\frac{x - x_{n-1}}{h_n},$$
这里 $h_n = x_n - x_{n-1}$。由这个关系式以及条件
$$s_2(x_{n-1}) = f(x_{n-1}), \quad s_2(x_n) = f(x_n)$$
可得在 $[x_{n-1}, x_n]$ 上有
$$\begin{aligned} s_2(x) = P_{n3}(x) &= M_{n-1}\frac{(x_n - x)^3}{6h_n} + M_n\frac{(x - x_{n-1})^3}{6h_n} + \left(f(x_{n-1}) - \frac{M_{n-1}h_n^2}{6}\right)\frac{x_n - x}{h_n} \\ &+ \left(f(x_n) - \frac{M_n h_n^2}{6}\right)\frac{x - x_{n-1}}{h_n}. \end{aligned} \quad (8)$$
由条件
$$P_{n3}'(x_n) = P_{n+1,3}'(x_n), \quad n = 1, \cdots, N-1$$
导出方程
$$\frac{h_n}{6}M_{n-1} + \frac{h_n + h_{n+1}}{3}M_n + \frac{h_{n+1}}{6}M_{n+1} = \frac{f(x_{n+1}) - f(x_n)}{h_{n+1}} - \frac{f(x_n) - f(x_{n-1})}{h_n}. \quad (9)$$
此外，我们有条件
$$P_{13}''(x_0) = 0, \quad P_{N3}''(x_N) = 0,$$

或者 $M_0 = 0, M_N = 0$. 将 $M_0 = 0$ 和 $M_N = 0$ 分别代入 (8) 的第一个和最后一个方程得到带有 $N-1$ 个变量 $N-1$ 个方程的方程组

$$CM = d, \tag{10}$$

其中

$$\mathbf{M} = (M_1, \cdots, M_{N-1})^T, \quad \mathbf{d} = (d_1, \cdots, d_{N-1})^T.$$

根据 (9), 矩阵 C 的元素 $c_{ij}, i, j = 1, \cdots, N-1$ 由如下关系给出

$$c_{ij} = \begin{cases} h_i/6, & j = i-1, \\ (h_i + h_{i+1})/3, & j = i, \\ h_{i+1}/6, & j = i+1, \\ 0, & |i-j| > 1, \end{cases} \tag{11}$$

而列向量 $\mathbf{d}$ 的元素 d_i 由如下关系给出

$$d_i = \frac{f(x_{i+1}) - f(x_i)}{h_{i+1}} - \frac{f(x_i) - f(x_{i-1})}{h_i}.$$

这个方程组可以按照大约 $8N$ 次算术运算的追赶法求解 (参看第九章). 在通过 (9) 求得 M_j 以后再确定多项式 $P_{n3}(x)$.

我们来证明, 方程组 (10) 唯一可解. 因为方程的个数等于未知数的个数, 所以只需证明齐次方程组

$$CM = 0 \tag{12}$$

仅仅有零解. 假定相反, 即 (12) 存在非零解 $\mathbf{M}^0 = (M_1^0, \cdots, M_{N-1}^0)^T$. 让 n_0 为使得 $\max\limits_{1 \leqslant n < N} |M_n^0|$ 达到极大值的 n, 即

$$|M_{n_0}^0| = \max_{1 \leqslant n < N} |M_n^0| \neq 0.$$

将方程 $\sum\limits_{j=1}^{N-1} c_{n_0 j} M_j^0 = 0$ 中除了 $c_{n_0 n_0} M_{n_0}^0$ 外其余项移到右边. 我们得到

$$c_{n_0 n_0} M_{n_0}^0 = \sum_{j \neq n_0} c_{n_0 j} M_j^0. \tag{13}$$

从定义 c_{ij} 的关系式 (11) 推出对任意 i 下列关系式是正确的:

$$\frac{1}{2} c_{ii} > \sum_{j \neq i} |c_{ij}| > 0,$$

因此有如下不等式

$$|c_{n_0 n_0} M_{n_0}^0| \leqslant \sum_{j \neq n_0} |c_{n_0 j}| |M_j^0| \leqslant \frac{1}{2} |c_{n_0 n_0}| \max_j |M_j^0|$$
$$= \frac{1}{2} |c_{n_0 n_0}| |M_{n_0}^0| = \frac{1}{2} |c_{n_0 n_0} M_{n_0}^0|.$$

从最终得到的不等式
$$|c_{n_0 n_0} M_{n_0}^0| \leqslant \frac{1}{2}|c_{n_0 n_0} M_{n_0}^0|$$

两边减去其右边表达式. 得到 $\frac{1}{2}|c_{n_0 n_0} M_{n_0}^0| \leqslant 0$. 因为 $c_{n_0 n_0} \neq 0$, 所以 $M_{n_0}^0 = 0$. 这与假定方程组 (12) 存在非零解矛盾.

我们对所引入的描述做一个总结. 证明了方程组 (10) 解的存在性. 由关系式 (8) 确定三次样条函数, 它就是要寻找的满足条件 (5)—(7) 的样条函数.

引理 得到的样条函数 $s_2(x)$ 实现了 $\inf\limits_{s \in S_2} I_2(s)$.

证明 设 $s(x)$ 为 S_2 中任意一个函数. 让 $\eta(x) = s(x) - s_2(x)$. 我们有
$$\begin{aligned} F(1) &= \int_0^1 (s''(x))^2 dx = \int_0^1 (s_2''(x) + \eta''(x))^2 dx \\ &= \int_0^1 (s_2''(x))^2 dx + 2B(s(x) - s_2(x)) + \int_0^1 ((s(x) - s_2(x))'')^2 dx. \end{aligned} \tag{14}$$

因为 $s_2(x)$ 满足条件 (5), 则在式 (14) 中有 $B(s(x) - s_2(x)) = 0$. 这样, 对任意函数 $s(x) \in S_2$, 下列关系式是正确的:
$$\begin{aligned} I_2(s) &= \int_0^1 (s''(x))^2 dx = \int_0^1 (s_2''(x))^2 dx + \int_0^1 ((s(x) - s_2(x))'')^2 dx \\ &= I_2(s_2) + \int_0^1 ((s(x) - s_2(x))'')^2 dx. \end{aligned}$$

由此推出引理结论的正确性.

从最后一个关系式也可推出, 样条函数 $s_2(x)$ 是所研究的函数类中唯一使得 $I_2(s)$ 达到其最小值的函数.

习题 1 证明, 方程组 (10) 的解满足不等式
$$\max_{1 \leqslant n \leqslant N-1} |M_n| \leqslant \frac{3}{\min\limits_{1 \leqslant n \leqslant N-1} h_n} \max_{1 \leqslant n \leqslant N-1} |d_n|,$$
由此得到方程 (5)—(7) 的唯一可解性.

在研究过程中所得到的样条函数在任一节点处与 $f(x)$ 相同. 这样的样条函数叫作插值样条函数.

习题 2 设点 x_n 等距分布: $x_{n+1} - x_n \equiv h$. 三次插值样条函数 $s_2(x)$ 通过函数值 f_n 表示成某个公式
$$s_2(x) = \sum_{n=0}^N C_n(x) f_n.$$

推导估计
$$|C_n(x)| \leqslant a_3 e^{-b_3 \frac{|x-nh|}{h}}, \tag{15}$$
其中 a_3, b_3 为绝对常数, 与 f, N, h 无关.

从估计 (15) 推出, 样条函数 $s_2(x)$ 在点 x 处的值当 $|(x-nh)/h|$ 很大时与值 f_n 的相关性很弱.

上面描述的建立三次样条函数的方法有如下缺陷. 从式 (5) 推出 $s_2''(0) = s_2''(1) = 0$, 但是一般 $f''(0), f''(1) \neq 0$, 因此, 逼近公式 $f^{(k)}(x) \approx s_2^{(k)}(x)$ 的精度在边界点会变差. 如果 $f''(0)$ 和 $f''(1)$ 已知, 则在 (9) 中当 $n=1$ 和 $n=N-1$ 时应该让 $M_0 = f''(0)$ 和 $M_N = f''(1)$. 为提高精度可适当给出点 x_0, x_N 处的一阶导数值. 对 (8) 式微分, 有

$$s_2'(x_0) = -\frac{M_0 h_1}{3} - \frac{M_1 h_1}{6} + \frac{f(x_1) - f(x_0)}{h_1}.$$

如果值 $f'(x_0)$ 已知, 我们让右边部分等于 $f'(x_0)$, 并得到与 M_0 和 M_1 有关的附加的方程. 通常值 $f'(x_0)$ 未知, 因此采取如下方法. 定义三次插值多项式 $Q_0(x)$, 它在点 x_0, x_1, x_2, x_3 处与 $f(x)$ 相同. 值 $f'(x_0)$ 用 $Q_0'(x_0)$ 代替. 最终得到

$$\frac{h_1}{3} M_0 + \frac{h_1}{6} M_1 = \frac{f(x_1) - f(x_0)}{h_1} - Q_0'(x_0).$$

最后的公式可以写成

$$\frac{h_1}{3} M_0 + \frac{h_1}{6} M_1 = \frac{h_1}{3} Q_0''(x_0) + \frac{h_1}{6} Q_0''(x_1).$$

类似地我们建立三次插值多项式 $Q_N(x)$, 它在点 $x_N, x_{N-1}, x_{N-2}, x_{N-3}$ 处与 $f(x)$ 相同.

系数 M_j 将从相应的 $n = 1, \cdots, N-1$ 时的方程组 (9) 和如下的方程组中寻找:

$$\begin{aligned}\frac{h_1}{3} M_0 + \frac{h_1}{6} M_1 &= \frac{h_1}{3} Q_0''(x_0) + \frac{h_1}{6} Q_0''(x_1), \\ \frac{h_N}{6} M_{N-1} + \frac{h_N}{3} M_N &= \frac{h_N}{3} Q_N''(x_N) + \frac{h_N}{6} Q_N''(x_{N-1}).\end{aligned} \quad (16)$$

常常代替 Q_0 和 Q_N, 最好取四阶多项式, 它在五个边界点处与 $f(x)$ 相同.

习题 3 设 $h_n \equiv h = 1/N$, $|f^{(4)}(x)| \leqslant A_4$. 证明, 对于由方程组 (9), (16) 定义的样条函数, 下列估计成立

$$\max_{[0,1]} |f^{(q)}(x) - s_2^{(q)}(x)| \leqslant \text{const} \cdot A_4 h^{4-q}, \quad q \leqslant 3.$$

由于其自身的非局部性, 上面描述的样条函数常常是不方便的: 样条函数在点 x 处的值与在所有节点处的值 $f(x_n)$ 有关. 如果在处理样条函数的过程中 (常常在交互环境下进行, 结果显示在屏幕上) 要求校正一个值, 那么必须重新求解方程组 (9). 这一过程在用多维样条函数逼近多变量函数时是特别麻烦的.

为了避免出现这种情况, 我们应用所谓局部 (逼近) 样条函数.

一次局部样条函数与上面建立的样条函数 $s_1(x)$ 相同.

更高阶的局部样条函数如通常一样在节点 x_n 处与 $f(x)$ 不相同. 但是, 这种情况不具有原则上的特性. 如通常一样, 值 $f(x_n)$ 都有某种误差 δ_n, 即我们有值 $f_n = f(x_n) + \delta_n$.

我们以常值步长 $h_n \equiv h = 1/N$ 情况作为例子来说明三次局部样条函数的建立. 为

此应用三次标准样条函数 $B(x)$, 它由如下关系式定义

$$B(x) = \begin{cases} \dfrac{2}{3} - x^2 + \dfrac{1}{2}|x|^3, & |x| \leqslant 1, \\ \dfrac{1}{6}(2-|x|)^3, & 1 \leqslant |x| \leqslant 2, \\ 0, & 2 \leqslant |x|. \end{cases}$$

三次局部样条函数 $B_2^{(1)}$ 和 $B_2^{(2)}$ 写成

$$B_2^{(i)}(x) = \sum_{n=-1}^{N+1} \alpha_n^{(i)} B\left(\frac{x-nh}{h}\right), \quad i=1,2,$$

其中 $\alpha_n^{(i)}$ 的选择方法将在下面给出.

习题 4 证明, 对任意 $\alpha_n^{(i)}$ 函数 $B_2^{(i)}$ 是三次样条函数, 并且在区间 $[-3h, 1+3h]$ 之外 $B_2^{(i)} \equiv 0$.

当 $i=1$ 时, 相应地按照值 f_0, f_1 和 f_N, f_{N-1} 的线性插值补充定义值 f_{-1} 和 f_{N+1}, 即有 $f_{-1} = 2f_0 - f_1$, $f_{N+1} = 2f_N - f_{N-1}$, 且当 $-1 \leqslant n \leqslant N+1$ 时取 $\alpha_n = f_n$.

当 $i=2$ 时, 相应地按照值 f_0, f_1, f_2, f_3 和 $f_N, f_{N-1}, f_{N-2}, f_{N-3}$ 的三次插值补充定义值 f_{-2}, f_{-1} 和 f_{N+1}, f_{N+2}, 且取

$$\alpha_n = (8f_n - f_{n+1} - f_{n-1})/6.$$

计算值 f_{-1}, f_{-2} 和 f_{N+1}, f_{N+2} 的具体公式有如下形式

$$f_{-1} = 4f_0 - 6f_1 + 4f_2 - f_3,$$
$$f_{-2} = 10f_0 - 20f_1 + 15f_2 - 4f_3,$$
$$f_{N+1} = 4f_N - 6f_{N-1} + 4f_{N-2} - f_{N-3},$$
$$f_{N+2} = 10f_N - 20f_{N-1} + 15f_{N-2} - 4f_{N-3}.$$

习题 5 证明, 值 $B_2^{(1)}(x)$ 仅仅与值 f_n 在最接近 x 的四个点 x_n 有关, 而 $B_2^{(2)}(x)$ 则仅仅与六个点有关.

在误差 δ_n 很大的情况下, 经常使用样条函数 $B_2^{(1)}(x)$, 而在误差 δ_n 很小的情况下, 则经常使用样条函数 $B_2^{(2)}(x)$. 事实在于样条函数 $B_2^{(1)}(x)$ 具有某种更好地消除 $f(x_n)$ 中误差的性质, 但在 $\delta_n \equiv 0$ 和 $f(x)$ 为光滑函数的情况下则提供较小的精度.

习题 6 证明

$B_2^{(1)}(x_0) = f_0, \quad B_2^{(1)}(x_N) = f_N,$
$B_2^{(2)}(x_0) = f_0, \quad B_2^{(2)}(x_1) = f_1, \quad B_2^{(2)}(x_{N-1}) = f_{N-1}, \quad B_2^{(2)}(x_N) = f_N.$

样条函数 $B_2^{(1)}(x)$ 和 $B_2^{(2)}(x)$ 与 $f(x)$ 在端点处的值相同, 这实际上使这些样条函数在计算机绘图问题的应用中更简单.

习题 7 设在 $k=2,3,4$ 时 $|f^{(k)}(x)| \leqslant A_k$. 证明

当 $k \leqslant 1$ 时, $\max\limits_{[0,1]} |(B_2^{(1)}(x))^{(k)} - f^{(k)}(x)| \leqslant \mathrm{const} \cdot h^{2-k}$,

当 $k \leqslant 3$ 时, $\max\limits_{[0,1]} |(B_2^{(2)}(x))^{(k)} - f^{(k)}(x)| \leqslant cA_4 h^{4-k}$.

我们基于正规化的思想来研究建立样条函数的过程. 假设已知误差 δ_n 是带有数学期望 $M\delta_n = 0$ 和方差 δ 的随机数. 在如下条件下寻找 $I_2(s)$ 的极小值

$$\sum_{n=0}^{N} (s(x_n) - f_n)^2 \leqslant c(N+1)\delta^2, \quad (17)$$

其中与 1 同阶的常数 c 通过实验方法选取.

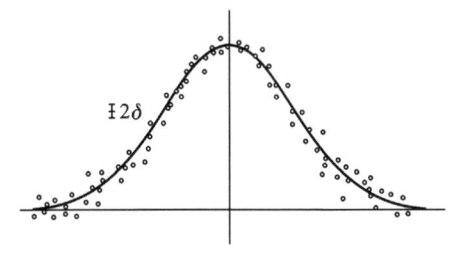

图 4.8.1

如通常一样, 条件 (17) 的左右两部分在 $I_2(s)$ 的极小值点处相等. 因此, 通常代替原始问题我们研究无约束条件的如下泛函关于 λ 和 s 的极小值问题

$$J_2(\lambda, s) = I_2(s) + \lambda \left(\sum_{n=0}^{N} (s(x_n) - f_n)^2 - c(N+1)\delta^2 \right).$$

图 4.8.1 相应于 $N = 100$ 和 $c = 0.9$ 时逼近的某个具体情况. 在每一个固定的 λ, 值 $J(\lambda) = \inf\limits_{s} J_2(\lambda, s)$ 借助于线性方程组的解来确定. 为寻找 $\inf\limits_{\lambda} J(\lambda)$ 应用某个单变量函数的极小值方法 (参看第七章).

参考文献

1. Бабенко К.И. Основы численного анализа. — М.: Наука, 1986.
2. Бейкер Дж., Грейвс-Моррис П. Аппроксимации Паде. — М.: Мир, 1986.
3. Завьялов Ю.С., Квасов Б.И., Мирошниченко В.Л. Методы сплайн-функций. — М.: Наука, 1980.
4. Стечкин С.Б., Субботин Ю.Н. Сплайны в вычислительной математике. — М.: Наука, 1976.
5. Васильев Ф.П. Численные методы решения зкстремальных задач. — М.: Наука, 1980.
6. Васильев Ф.П. Методы решения зкстремальных задач. — М.: Наука, 1981.

第五章　多维问题

如前面所见, 单变量函数的逼近、插值、数值积分和数值微分已经进行了相当充分而详细的研究. 当前, 基于理论研究的结果已建立了相当完善的一维问题求解的标准程序体系. 一维情况中一些重要的理论研究结果可以推广到两个及更多变量函数的情况. 但是, 有些情况下方法实际上不十分有效.

在建立理论问题时将问题分类, 例如, 分离出带有界导数的函数积分计算这样一类问题, 然后对其进行研究. 当然, 所采用的描述有时不总是 (甚至极少) 能很好地描述实际遇到的问题, 但是现代计算机的运算速度已达到如此高的水平, 以至于一维问题的描述无论多粗略, 使用理论研究结果中的标准方法都能成功解决其中的大部分问题.

问题求解的困难性随着维数的增加急剧增长, 因此通常不能以同一维情况同样高的精度成功得到更广泛的多维问题的标准求解方法.

下列情况能给人一些安慰. 多维数学问题通常出现在对复杂过程的描述中. 这些描述已经是相当粗略的了, 通常很少提出以一维情况同样的精度要求来求解多维问题. 例如, 气体动力学方程解的精度要求实际上低于弹道学和天体力学方程的精度要求.

但是, 不应该认为求解多维问题是几乎没希望的事情. 多维问题求解方法的理论发展和计算机运算速度的提高毫无疑问会导致建立这类问题求解的标准方法, 由此可以降低使用者技能的要求. 当前, 多维问题的困难性要求吸引具有更高技能的专家参与研究.

本章将研究几个空间变量情况下的函数插值问题、函数数值积分和数值微分问题.

§1. 待定系数法

一系列多维问题的解常常归结为求解下列基本问题.

在 s 维空间中的某个区域 G 内给定点 $P_1, \cdots, P_N$ 以及这些点处的函数值. 要求:

1) 求出函数 $f(P)$ 的近似值;

2) 计算点 P 处某个导数 Df 的近似值;

3) 计算积分
$$I(f) = \int_G f(P)p(P)dP,$$
其中 $p(P)$ 为某个权函数.

在具体情况下反复运用待定系数法是求解这些问题的一个简单方法. 假设从某个初步方案中已知函数 $f(P)$ 能很好地由如下线性组合近似:
$$\sum_{j=1}^{N} B_j \omega_j(P).$$
我们要求这个线性组合在给定的节点处与函数 $f(P)$ 相同, 即满足等式
$$\sum_{j=1}^{N} B_j \omega_j(P_q) = f(P_q), \quad q = 1, \cdots, N. \tag{1}$$
假定 $\det \|\omega_j(P_q)\| \neq 0$[①]. 那么, 矩阵 $\|\omega_j(P_q)\|$ 有逆 $A = \|a_{jq}\|$ 且方程组 (1) 的解可以写成
$$B_j = \sum_{q=1}^{N} a_{jq} f(P_q). \tag{2}$$
函数
$$g(P) = \sum_{j=1}^{N} B_j \omega_j(P)$$
与函数 $f(P)$ 在点 P_q 处相同. 将 (2) 中的关系式 B_j 代入上面的表达式得到 $g(P)$ 的另外表示, 即
$$g(P) = \sum_{q=1}^{N} z_q(P) f(P_q), \text{ 其中 } z_q(P) = \sum_{j=1}^{N} a_{jq} \omega_j(P). \tag{3}$$
这个插值函数的公式的写法类似于拉格朗日公式中的插值多项式. 同一维情况一样, 可以期望在成功选择节点 P_q 和函数 $\omega_j(P)$ 的情况下使得如下近似式的误差很小:
$$f(P) \approx g(P) = \sum_{q=1}^{N} z_q(P) f(P_q), \tag{4}$$
$$Df(P) \approx Dg(P) = \sum_{q=1}^{N} Dz_q(P) f(P_q), \tag{5}$$
$$I(f) \approx I(g) = \sum_{q=1}^{N} C_q f(P_q), \tag{6}$$
其中 $C_q = I(z_q)$.

正如第二章对于一维情况提到的注记一样, 在不能成功选择大量插值节点时, 近似式 (4) 的误差可能相当大. 因为近似式 (5) 和 (6) 是近似式 (4) 推出的结果, 所以其中的误差也可能是很大的. 因此应用 (4)—(6) 要有依据并对应用它的合理性做出解释.

[①] 俄文文献中有时用 ∥ ∥ 表示矩阵 —— 译者注.

§2. 最小二乘法与正规化

正如已提到的一样, 上面描述的方法常常导致不满意的结果.

可以用各种方法提高近似性能. 我们来研究其中之一, 称为最小二乘法. 对函数 $\omega_j(P)$ 重新编号, 使得最小值 j 相应于最光滑的函数. 按照如下公式来寻找近似

$$g(P) = \sum_{j=1}^{n} B_j \omega_j(P),$$

其中 $n \ll N$. 参数 B_j 由条件

$$\min_{B_1, \cdots, B_n} \Phi(g)$$

确定, 其中

$$\begin{aligned}\Phi(g) = \Phi(B_1, \cdots, B_n) &= \sum_{q=1}^{N} p_q (g(P_q) - f(P_q))^2 \\ &= \sum_{q=1}^{N} p_q \left(\sum_{j=1}^{n} B_j \omega_j(P_q) - f(P_q) \right)^2 \end{aligned} \quad (1)$$

最小二乘法以下列思想作为基础. 对值 $\Phi(g)$ 的最小化保证函数 $g(P)$ 与 $f(P)$ 在点 P_q 接近. 当 $n \ll N$ 时函数 $g(P)$ 是更光滑函数的线性组合, 因此同情况 $n = N$ 比较, 在节点之外 $g(P)$ 不同于 $f(P)$ 的可能性较小.

相应于点 P_q 的分布密度来适当选取权函数 $p_q > 0$. 如果值 $f(P_q)$ 包含随机误差, 则 p_q 的选取也与测量值误差的方差有关. 在点 P_q 分布较密的地方, 数 p_q 取得更小; 值 $f(P_q)$ 的误差的方差越大, 相应的 p_q 取得越小. 这样的建议看来还不是十分令人满意, 因为不能提出适用所有问题的一般规则. 对于具体类型的问题, p_q 和 $n = n(N)$ 的选取原则要在统计特性和数值实验基础上考虑问题的特殊性质.

让导数 $\partial \Phi / \partial B_i$ 等于零, 得到关于 B_j 的线性方程组

$$\frac{1}{2} \frac{\partial \Phi}{\partial B_i} = \sum_{j=1}^{n} d_{ij} B_j - d_i = 0, \quad (2)$$

$$d_{ji} = d_{ij} = \sum_{q=1}^{N} p_q \omega_i(P_q) \omega_j(P_q), \quad d_i = \sum_{q=1}^{N} p_q \omega_i(P_q) f(P_q).$$

将 (1) 的括号去掉, 得到

$$\Phi(B_1, \cdots, B_n) = \sum_{i,j=1}^{n} d_{ij} B_i B_j - 2 \sum_{j=1}^{n} d_j B_j + d_0,$$

其中

$$d_0 = \sum_{q=1}^{N} p_q (f(P_q))^2.$$

因为 $\Phi(B_1,\cdots,B_n) \geqslant 0$，则对称矩阵 $D = \|d_{ij}\|$ 非负[①]. 与此相关，在多数最小二乘的标准程序中用平方根方法求解方程组 (2). 有时可以适当地使用某个迭代方法直接最小化 Φ 来适当寻找 B_j.

在 (2) 中先通过 d_i，然后通过 $f(P_q)$ 来表示 B_j，我们得到
$$B_j = \sum_{q=1}^{N} a_{jq} f(P_q).$$
于是
$$g(P) = \sum_{q=1}^{N} z_q(P) f(P_q), \tag{3}$$
其中
$$z_q(P) = \sum_{i=1}^{n} a_{iq} \omega_i(P).$$

利用 (3) 也可以得到数值微分公式 $Df \approx Gg$ 和求积公式 $I(f) \approx I(g)$.

逼近函数光滑化的思想可以直接作为正规化方法的基础. 正规化方法广泛使用的公式如下. 按照如下形式寻找逼近函数
$$g(P) = \sum_{j=1}^{n} B_j \omega_j(P),$$
而系数 B_j 从如下表达式的极小化条件中得出
$$\Phi(\lambda, g) = \Phi(g) + \lambda \Psi(g), \quad \lambda > 0. \tag{4}$$
泛函 $\Psi(g)$ 的选择满足如下条件: 如果这个泛函的值不是很大，则 g 具有一定的光滑性. 例如，泛函 $\Psi(g)$ 可以是积分 $\int_G |\operatorname{grad} g(P)|^2 dP$ 的某个近似. 在应用中常使用 $n = N$ 的情况，我们来讨论这种情况. 设 $\Phi(\lambda, g)$ 的最小值在某些值 $B_1^\lambda, \cdots, B_N^\lambda$ 达到，并且
$$g^\lambda(P) = \sum_{j=1}^{N} B_j^\lambda \omega_j(P).$$
我们研究两种极端情况: $\lambda = 0$ 和 λ 非常大. 我们有等式
$$\Phi(0, g) = \sum_{j=1}^{N} p_q \left(\sum_{j=1}^{N} B_j \omega_j(P_q) - f(P_q) \right)^2.$$
如果 $\det \|\omega_j(P_q)\| \neq 0$，则方程组 (1.1) 有解，且在其解上这个等式的右边部分变为零. 同时，表达式 $\Phi(0, g)$ 总是非负的. 因此，下界在方程组 (1.1) 的解 B_j 处达到. 那么，$g^0(P)$ 与带有节点 P_j 的插值多项式相同. 对于大的 λ，在泛函 $\Phi(\lambda, g)$ 中起决定作用的是第二项，其下界在光滑函数处达到. 于是，有理由期望，对于某些中间值 λ 函数 $g^\lambda(P)$ 将是光滑的，且同时不是完全不同于在给定节点处的近似函数.

我们的讨论看起来还相当不清晰. 但是，缺乏对函数组 ω_j、节点 P_q 的分布以及所研究的函数类的具体描述，对这样一个一般的函数逼近问题未必能给出确定的结果. 类

[①] 作者在这里用 "非负" 代表了 "非负定" 而不是严格意义下的非负矩阵. —— 译者注

似粗略的"物理上"的思想常常有助于在问题本身的信息不充分的条件下构造求解问题的新方法.

下面通过一些具体例子来解释当应用了正规化方法时所达到的效果的实质.

§3. 正规化的例子

设 $f(x)$ 为带有周期 1 的实周期函数. 假定已知当 $x_q = qh, q = 0, \cdots, N-1$ 时 $f(x_q)$ 的值为 $f_q, Nh = 1$. 近似值误差 $f_q - f(x_q) = d_q$ 是数学期望为零, 方差为 d^2 的独立随机变量. 要求得到导数 $f'(x_q)$ 近似值的表格. 误差由如下数量积的范数来估计:
$$(f, g) = \sum_{q=0}^{N-1} f_q \bar{g}_q h.$$
今后 $f(x)$ 作为周期延拓函数来研究.

为寻找导数, 我们应用简单的数值微分公式
$$f'(x_q) \approx Df_q = \frac{f_{q+1} - f_{q-1}}{2h}. \tag{1}$$
假定函数 $f(x)$ 足够光滑, 且步长 h 足够小以至于当函数值没有误差时, 数值微分公式
$$f'(x_q) \approx \frac{f(x_{q+1}) - f(x_{q-1})}{2h} \tag{2}$$
的误差可忽略不计. 那么, 导数值的误差表示成如下形式
$$\begin{aligned} R_q &= \frac{f_{q+1} - f_{q-1}}{2h} - f'(x_q) \\ &= \left(\frac{f(x_{q+1}) - f(x_{q-1})}{2h} - f'(x_q) \right) + \frac{d_{q+1} - d_{q-1}}{2h} \\ &\approx \frac{d_{q+1} - d_{q-1}}{2h} = r_q. \end{aligned}$$
用符号 M 表示数学期望, 我们有等式[①]
$$\begin{aligned} M\|R_q\|^2 &\approx M\|r_q\|^2 = M\left(\sum_{q=0}^{N-1} h \left(\frac{d_{q+1} - d_{q-1}}{2h} \right)^2 \right) \\ &= \frac{N}{4} \sum_{q=0}^{N-1} \left(Md_{q+1}^2 - 2M(d_{q-1}d_{q+1}) + Md_{q-1}^2 \right). \end{aligned}$$
由上面指出的随机数 d_q 的性质, 有
$$Md_q d_p = d^2 \delta_p^q. \tag{3}$$
这样, $M\|R_q\|^2 = N^2 d^2 / 2$, 即误差的范数的均方根等于 $Nd/\sqrt{2}$. 我们看到, 近似公式 (1) 的误差随着 $h = 1/N$ 的减小而增大, 同时在原始信息没有误差的假定下如果要使误差很小则要求 h 充分小.

为解释减小误差的方法, 我们进行更详细的研究. 设 A_j^0 为函数 $f(x_q)$ 的离散傅里叶

[①]在这里 $\|\cdot\|$ 又被作者用于代表向量的 2 范数. —— 译者注.

系数:
$$f(x_q) = \sum_{-N/2 < j \leqslant N/2} A_j^0 \exp\{2\pi \mathrm{i} j x_q\},$$

而 A_j 为函数 f_q 的离散傅里叶系数. 值 $a_j = A_j - A_j^0$ 是函数 $d_q = f_q - f(x_q)$ 的离散傅里叶系数. 我们有
$$d_q = \sum_{-N/2 < j \leqslant N/2} a_j \exp\{2\pi \mathrm{i} j x_q\}, \tag{4}$$

$$a_j = h \sum_{q=0}^{N-1} d_q \exp\{-2\pi \mathrm{i} j x_q\}.$$

为计算 r_q 的离散傅里叶系数, 对函数 $\exp\{2\pi \mathrm{i} j x_q\}$ 应用数值微分算子 D:
$$D \exp\{2\pi \mathrm{i} j x_q\} = \frac{\exp\{2\pi \mathrm{i} j x_{q+1}\} - \exp\{2\pi \mathrm{i} j x_{q-1}\}}{2h} = \frac{\mathrm{i}\sin(2\pi j h)}{h} \exp\{2\pi \mathrm{i} j x_q\}.$$

对 (4) 的两边应用微分算子 D, 得到
$$r_q = \sum_{-N/2 < j \leqslant N/2} \frac{\mathrm{i}\sin(2\pi j h)}{h} a_j \exp\{2\pi \mathrm{i} j x_q\}.$$

从帕塞瓦尔 (Parseval) 等式
$$\|r_q\|^2 = \sum_{-N/2 < j \leqslant N/2} \left(\frac{\sin(2\pi j h)}{h}\right)^2 |a_j|^2$$

推出
$$M\|r_q\|^2 = \sum_{-N/2 < j \leqslant N/2} \left(\frac{\sin(2\pi j h)}{h}\right)^2 M|a_j|^2.$$

我们有
$$|a_j|^2 = a_j \bar{a}_j = h^2 \sum_{q,p=0}^{N-1} d_q d_p \exp\{2\pi \mathrm{i} j (x_p - x_q)\}.$$

注意到 d_p 为实数, 我们已将 $\bar{d}_p$ 换成了 d_p. 这样就有
$$M|a_j|^2 = h^2 \sum_{q,p=0}^{N-1} \exp\{2\pi \mathrm{i} j (x_p - x_q)\} M(d_q d_p) = h^2 \sum_{q,p=0}^{N-1} d^2 \delta_p^q = h d^2$$

且有
$$M\|r_q\|^2 = \sum_{-N/2 < j \leqslant N/2} \left(\frac{\sin(2\pi j h)}{h}\right)^2 h d^2. \tag{5}$$

取某个函数 $\mu(j)$, 且让
$$f^\mu(x) = \sum_{-N/2 < j \leqslant N/2} A_j^0 \mu(j) \exp\{2\pi \mathrm{i} j x\},$$

$$f_q^\mu = \sum_{-N/2 < j \leqslant N/2} A_j \mu(j) \exp\{2\pi \mathrm{i} j x_q\}.$$

当给定值 f_q 时可以计算系数 A_j, 然后计算 f_q^μ. 设 r_q^μ 为数值微分公式由于误差 d_q 导致的误差分量:

$$r_q^\mu = Df_q^\mu - Df^\mu(x_q).$$

类似 (5) 我们有

$$M\|r_q^\mu\|^2 = \sum_{-N/2 < j \leqslant N/2} \left(\frac{\sin(2\pi jh)}{h}\right)^2 \mu^2(j)hd^2.$$

如果

$$Df(x_q) \approx Df^\mu(x_q), \quad M\|r_q^\mu\|^2 \ll M\|r_q\|^2, \tag{6}$$

则可以考虑让 $D(x_q) \approx Df_q^\mu$. 为满足 (6) 的第一个式子, 函数 $f(x)$ 和 $f^\mu(x)$ 的傅里叶系数近似是必要的; 而要使 (6) 的第二个式子满足, 则要求当 j 较大时 $\mu(f)$ 较小, 即 $f(x)$ 具有一定的光滑性.

我们来尝试通过正规化的方法使函数 f_q 平滑. 研究泛函

$$\Phi_1^h(\lambda, g) = h\sum_{q=0}^{N-1}(g_q - f_q)^2 + \lambda^2 h \sum_{q=0}^{N-1}\left(\frac{g_{q+1} - g_q}{h}\right)^2,$$

其中 $g_N = g_0$. 如果 g_q 是光滑函数 $g(x)$ 的值 $g(x_q)$, 则值

$$h\sum_{q=0}^{N-1}\left(\frac{g_{q+1} - g_q}{h}\right)^2$$

收敛于积分 $\int_0^1 (g'(x))^2 dx$. 这个积分值不很大的条件保证了函数 $g(x)$ 具有一定的光滑性. 这样, 有理由认为泛函 $\Phi_1^h(\lambda, g)$ 满足使用正规化方法所应具备的要求. 我们从泛函 $\Phi_1^h(\lambda, g)$ 的极小化条件中定义网格函数 g_q^λ, 且让

$$f'(x_q) \approx (g_{q+1}^\lambda - g_{q-1}^\lambda)/(2h).$$

我们将看到, 对于连续变量函数, 正规化也是类似的. 让

$$f(x) = \sum_{j=-\infty}^{\infty} A_j^0 \exp\{2\pi \mathrm{i} jx\}$$

且 g_1^λ 是使下列泛函取得极小值的函数

$$\Phi_1(\lambda, g) = \int_0^1 (g(x) - f(x))^2 dx + \lambda^2 \int_0^1 (g'(x))^2 dx.$$

对于这个泛函, 其欧拉方程写成如下形式

$$\lambda^2 g'' - (g - f) = 0.$$

直接验证可以确信函数

$$g_1^\lambda(x) = \sum_{j=-\infty}^{\infty} \frac{A_j^0}{1 + (2\lambda\pi j)^2} \exp\{2\pi \mathrm{i} jx\}$$

是这个方程的解. 对于较小的 λ 将 $g_1^\lambda(x)$ 和 $f(x)$ 进行比较. 如果 $|2\lambda\pi j| \ll 1$, 则这些函数的傅里叶系数 $A_j^0/(1 + (2\lambda\pi j)^2)$ 和 A_j^0 彼此接近. 如果 $|2\lambda\pi j| \gg 1$, 则 $g_1^\lambda(x)$ 的傅里叶系数大大小于函数 $f(x)$ 的傅里叶系数. 这样, 用技术术语来说, 正规化等价于某个"滤波": 带有较小振荡频率的谐波失真不重要, 正规化极大地削弱带有较大频率的谐波.

§3. 正规化的例子

如果也要求带有较小频率的谐波的幅值 A_j^0 变化较小, 且更好地 "滤除" 高频振荡, 则可以考虑泛函

$$\Phi_n(\lambda, g) = \int_0^1 (g(x) - f(x))^2 dx + \lambda^{2n} \int_0^1 (g^{(n)}(x))^2 dx.$$

这个泛函的欧拉方程具有形式

$$\lambda^{2n} g^{(2n)} + (-1)^n (g - f) = 0,$$

由此推出

$$g_n^\lambda(x) = \sum_{j=-\infty}^{\infty} \frac{A_j^0}{1 + (2\lambda \pi j)^{2n}} \exp\{2\pi \mathrm{i} j x\}.$$

我们来研究因子 $1/(1 + (2\lambda \pi j)^{2n})$ 的图形. 当 $|j| < 1/(2\pi\lambda)$ 且 $n \to \infty$ 时, 该因子趋向于 1, 于是当 n 越来越大时相应谐波的幅值变化越来越小. 同时, 当 $|j| > 1/(2\pi\lambda)$ 时, 该因子趋向于 0, 这样相应的谐波乘以更小的因子 (图 5.3.1). 那么, 当 $n \to \infty$ 且 $1/(2\pi\lambda)$ 不是整数时

$$g_n^\lambda(x) \to \tilde{g}^\lambda(x) = \sum_{|j| < 1/(2\pi\lambda)} A_j^0 \exp\{2\pi \mathrm{i} j x\}.$$

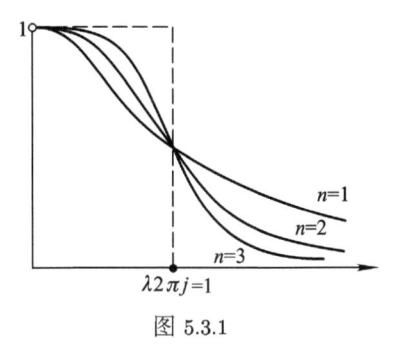

图 5.3.1

回到离散情况. 在表达式 $\Phi_1^h(\lambda, g)$ 中值 g_q 仅仅出现在项

$$h(g_q - f_q)^2 + \lambda^2 h \left(\left(\frac{g_{q+1} - g_q}{h}\right)^2 + \left(\frac{g_q - g_{q-1}}{h}\right)^2 \right)$$

的和式中. 我们有在极值点关于 g_q 的方程组:

$$\frac{1}{2h} \frac{\partial \Phi_1^h}{\partial g_q} = (g_q - f_q) - \frac{\lambda^2}{h^2}(g_{q+1} - 2g_q + g_{q-1}) = 0. \tag{7}$$

将 (7) 的解记为 g_q^λ. 相应于未知量 g_q 的方程组 (7) 的矩阵与如下正定二次型的矩阵相同:

$$\sum_{q=0}^{N-1} g_q^2 + \frac{\lambda^2}{h^2} \sum_{q=0}^{N-1} (g_{q+1} - g_q)^2,$$

因此其行列式不等于零, 方程组 (7) 有唯一的解.

设

$$f_q = \sum_{-N/2 < j \leqslant N/2} A_j \exp\{2\pi \mathrm{i} j x_q\}.$$

将寻找如下形式的周期函数

$$g_q^\lambda = \sum_{-N/2 < j \leqslant N/2} A_j^\lambda \exp\{2\pi \mathrm{i} j x_q\}.$$

首先计算关于函数 $\exp\{2\pi \mathrm{i} j x_q\}$ 的二阶差分运算 $\delta^2 f_q = f_{q+1} - 2f_q + f_{q-1}$:

$$\delta^2 \{\exp\{2\pi \mathrm{i} j x_q\}\} = \exp\{2\pi \mathrm{i} j x_{q+1}\} - 2\exp\{2\pi \mathrm{i} j x_q\} + \exp\{2\pi \mathrm{i} j x_{q-1}\}$$

$$= [\exp\{2\pi \mathrm{i} j h\} - 2 + \exp\{-2\pi \mathrm{i} j h\}] \exp\{2\pi \mathrm{i} j x_q\}$$

$$= (2\cos(2\pi j h) - 2) \exp\{2\pi \mathrm{i} j x_q\}.$$

由此可得
$$\delta^2\{\exp\{2\pi \mathrm{i} j x_q\}\} = -4\sin^2(\pi j h)\exp\{2\pi \mathrm{i} j x_q\}. \tag{8}$$

把 f_q 和 g_q 的傅里叶和式的表达式代入 (7), 考虑 (8) 式变换二阶差分 $\delta^2 g_q$, 合并同类项得到
$$\sum_{-N/2 < j \leqslant N/2}\left(A_j^\lambda - A_j + 4\lambda^2\left(\frac{\sin(\pi j h)}{h}\right)^2 A_j^\lambda\right)\exp\{2\pi \mathrm{i} j x_q\} = 0.$$

当
$$A_j^\lambda = A_j\left[1 + 4\lambda^2\left(\frac{\sin(\pi j h)}{h}\right)^2\right]^{-1}$$

时上面等式将成立. 这样就有
$$g_q^\lambda = \sum_{-N/2 < j \leqslant N/2}\frac{A_j}{1 + 4\lambda^2\left(\frac{\sin(\pi j h)}{h}\right)^2}\exp\{2\pi \mathrm{i} j x_q\},$$

因子 $\left[1 + 4\lambda^2\left(\frac{\sin(\pi j h)}{h}\right)^2\right]^{-1}$ 随着 j 的增加而减小. 于是, 应用泛函 $\Phi_1^h(\lambda, g)$ 的正规化也导致函数的高频振荡减弱.

与泛函 $\Phi_n(\lambda, g)$ 类似可以借助于如下泛函实现正规化:
$$\Phi_n^h(\lambda, g) = h\sum_{q=0}^{N-1}(g_q - f_q)^2 + \lambda^{2n}h\sum_{q=0}^{N-1}\left(\frac{\Delta^n g_q}{h^n}\right)^2.$$

方程 (7) 和泛函 $\Phi_n^h(\lambda, g)$ 极小化得到的线性方程组可以借助于周期网格边值问题的追赶法求解 (参看第九章), 大约花费 $O(n^2 N)$ 次算术运算.

和 $n > 1$ 情况下的泛函 $\Phi_n^h(\lambda, g)$ 的正规化相比较, 泛函 $\Phi_1^h(\lambda, g)$ 的 n 重正规化常常更方便.

§4. 多维问题转化为一维问题

上面研究了多维问题的求解方法, 其中没有要求知道有关函数值的节点 $x_1, \cdots, x_N$ 分布的附加信息. 这种方法适用于不可能选择节点分布的情况.

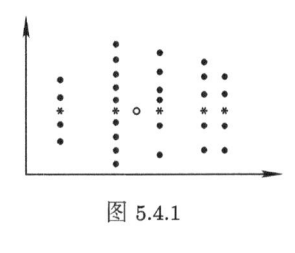

如果所研究的函数解析地给出, 则节点可以按照愿望来选择. 在成功选择了节点分布后, 多变量函数的逼近、插值、数值微分和数值积分可以简化成一系列单变量函数相应运算. 我们研究图 5.4.1 中由黑点 · 表示的节点分布情况. 这里所有节点的集合 Ω 被划分为一些子集 $\Omega_1, \cdots, \Omega_{m_1}$ (本例中 $m_1 = 5$), 这些子集中的点相应地位于直线 $x_1 = x_1^1, \cdots, x_1 = x_1^{m_1}$ 上.

图 5.4.1

我们来研究某个算子的值的计算问题
$$\mathcal{D}f(P^0) = f^{(r_1, r_2)}(x_1^0, x_2^0).$$

点 (x_1^0, x_2^0) 在图 5.4.1 中由符号 ○ 表示. 特殊情况 $r_1 = r_2 = 0$ 相应于函数值的计算问题.

我们利用节点 $x_1^{j_1}$ 处的函数值应用某个公式计算导数 $g^{(r_1)}(x_1^0)$:

$$g^{(r_1)}(x_1^0) \approx \sum_{j_1=1}^{m_1} A_{j_1} g(x_1^{j_1}). \tag{1}$$

在此并不意味着使用函数 g 在所有点 $x_1^{j_1}$ 处的值. 例如, 在数值微分情况下, 我们可能仅仅讨论简单数值微分公式, 它只要求接近 x_1^0 的两个节点.

代入 $g(x_1) = f^{(0,r_2)}(x_1, x_2^0)$, 得到

$$f^{(r_1,r_2)}(x_1^0, x_2^0) \approx \sum_{j_1=1}^{m_1} A_{j_1} f^{(0,r_2)}(x_1^{j_1}, x_2^0)$$

(点 $(x_1^{m_1}, x_2^0)$ 在图 5.4.1 中用符号 $*$ 表示).

两个变量的函数 $f(x_1, x_2)$ 的数值微分问题简化为单变量函数 $f(x_1^{m_1}, x_2)$ 的数值微分问题. 这个问题前面已研究过.

设 $(x_1^m, x_2^{m,1}), \cdots, (x_1^m, x_2^{m,n(m)})$ 为构成集合 Ω_m 的节点. 对每个 j_1 应用某个计算公式按照在节点 $x_2^{j_1 j_2}$ 的函数值来计算导数 $g^{(r_2)}(x_2^0)$:

$$g^{(r_2)}(x_2^0) \approx \sum_{j_2=1}^{n(j_1)} A_{j_1 j_2} g(x_2^{j_1 j_2}).$$

将 $g = f(x_1^{j_1}, x_2)$ 代入其中, 类似于 (1) 得到

$$f^{(0,r_2)}(x_1^{j_1}, x_2^0) \approx \sum_{j_2=1}^{n(j_1)} A_{j_1 j_2} f(x_1^{j_1}, x_2^{j_1 j_2}). \tag{2}$$

应用这些关系式, 从 (1) 得到

$$f^{(r_1,r_2)}(x_1^0, x_2^0) \approx \sum_{j_1=1}^{m_1} A_{j_1} \sum_{j_2=1}^{n(j_1)} A_{j_1 j_2} f(x_1^{j_1}, x_2^{j_1 j_2}).$$

注意到仅仅需要对使得 $A_{j_1} \neq 0$ 的值 j_1 建立公式 (2).

通常结点分布在一个网格上, 它是几个一维网格之积

$$\Omega = \Omega_1 \times \cdots \times \Omega_s, \tag{3}$$

换句话说, Ω 由点 $(x_1^{j_1}, \cdots, x_s^{j_s})$ 构成, 其中 $j_1 = 1, \cdots, N_1, \cdots, j_s = 1, \cdots, N_s$. 当节点分布在网格顶点处时, 如果调换数值微分中变量 x_1, x_2 的位置, 则可以得到同样的数值微分公式, 即首先得到某个公式

$$f^{(r_1,r_2)}(x_1^0, x_2^0) \approx \sum_{m_2} A_{m_2} f^{(r_1,0)}(x_1^0, x_2^{m_2}),$$

然后应用公式

$$f^{(r_1,0)}(x_1^0, x_2^{m_2}) \approx \sum_{m_1} A_{m_1 m_2} f(x_1^{m_1 m_2}, x_2^{m_2}).$$

高维多变量函数的数值微分 (积分) 类似地逐次转化为低维多变量函数的数值微分.

多变量函数进行数值微分时需要特别关注可去掉的余项值. 例如, 我们研究这样一个问题, 利用上面描述的数值微分的逐次转化方法可能导致不正确的公式. 设函数 $f(x_1, x_2)$

在网格节点 (m_1h_1, m_2h_2) 处的值已知. 要求计算值 $f_{x_1x_2}(0,0)$. 写出单变量函数的简单数值微分公式如下
$$f'(x) \approx \frac{f(x+h_1) - f(x)}{h_1}.$$
由泰勒公式
$$f(x+h) = f(x) + f'(x)h + f''(x+\theta h)\frac{h^2}{2}, \quad 0 \leqslant \theta \leqslant 1,$$
我们有
$$f'(x) = \frac{f(x+h) - f(x)}{h} - f''(x+\theta h)\frac{h}{2}.$$
因此, 可以写出
$$f_{x_1x_2}(0,0) = \frac{f_{x_2}(h_1,0) - f_{x_2}(0,0)}{h_1} - f_{x_1^2 x_2}(\theta h_1, 0)\frac{h_1}{2}. \tag{4}$$
再随便取一种导数 $f_{x_2}(h_1, 0)$, $f_{x_2}(0,0)$ 的近似. 我们有等式
$$f_{x_2}(h_1, 0) = \frac{f(h_1, h_2) - f(h_1, 0)}{h_2} - f_{x_1 x_2}(h_1, \theta_1 h_2)\frac{h_2}{2}, \tag{5}$$
$$f_{x_2}(0,0) = \frac{f(0,0) - f(0,-h_2)}{h_2} + f_{x_1 x_2}(0, \theta_2 h_2)\frac{h_2}{2}. \tag{6}$$
将 (5), (6) 代入 (4) 得到
$$f_{x_1 x_2}(0,0) = \frac{f(h_1, h_2) - f(h_1, 0) - f(0,0) + f(0, -h_2)}{h_1 h_2}$$
$$- f_{x_1^2 x_2}(\theta h_1, 0)\frac{h_1}{2} - \frac{1}{2}f_{x_2 x_2}(0, \theta_1 h_2) - \frac{1}{2}f_{x_2 x_2}(h_1, \theta_2 h_2). \tag{7}$$
这里在建立数值微分公式时同时考虑了余项.

关系式 (7) 可以改写成
$$f_{x_1 x_2}(0,0) = \frac{f(h_1, h_2) - f(h_1, 0) - f(0,0) + f(0, -h_2)}{h_1 h_2} - f_{x_2 x_2}(0,0) + O(h),$$
$$h = \max\{h_1, h_2\}.$$
这样, 如果我们不考虑近似误差值, 则可以得到带有有限误差的近似公式
$$f_{x_1 x_2}(0,0) \approx \frac{f(h_1, h_2) - f(h_1, 0) - f(0,0) + f(0, -h_2)}{h_1 h_2},$$
在此情况下, 得到的近似不是要求的导数值, 而是表达式 $f_{x_1 x_2}(0,0) + f_{x_2 x_2}(0,0)$.

如果在 (5), (6) 中对变量 x_2 应用同一个数值微分公式, 则代替 (7) 得到当 $h \to 0$ 时误差趋于零的公式. 例如, 代替 (6) 应用等式
$$f_{x_2}(0,0) = \frac{f(0, h_2) - f(0,0)}{h_2} - f_{x_2 x_2}(0, \theta_3 h_2)\frac{h_2}{2}. \tag{8}$$
将 (5) 和 (8) 代入 (4) 得到
$$f_{x_1 x_2}(0,0) = \frac{f(h_1, h_2) - f(h_1, 0) - f(0, h_2) + f(0,0)}{h_1 h_2}$$
$$- f_{x_1^2 x_2}(\theta h_1, 0)\frac{h_1}{2} - \frac{1}{2}f_{x_2 x_2}(h_1, \theta_1 h_2) + \frac{1}{2}f_{x_2 x_2}(0, \theta_3 h_2).$$
如果导数 $f_{x_2 x_2}$ 在初值的邻域内连续可微, 则 $\frac{1}{2}f_{x_2 x_2}(0, \theta_3 h_2) - \frac{1}{2}f_{x_2 x_2}(h_1, \theta_1 h_2) =$

$O(h)$. 因此有
$$f_{x_1 x_2}(0,0) = \frac{f(h_1, h_2) - f(h_1, 0) - f(0, h_2) + f(0, 0)}{h_1 h_2} + O(h).$$
我们得到的数值微分的近似公式
$$f_{x_1 x_2}(0,0) \approx \frac{f(h_1, h_2) - f(h_1, 0) - f(0, h_2) + f(0, 0)}{h_1 h_2} \tag{9}$$
有误差 $O(h)$.

我们来看看怎样用待定系数法得到公式 (9). 给定如下形式的数值微分公式
$$f_{x_1 x_2}(0,0) \approx l(f) = \frac{af(h_1, h_2) + bf(h_1, 0) + cf(0, h_2) + df(0, 0)}{h_1 h_2}. \tag{10}$$
右边形式的选取基于量纲要求. 设 $[x]$ 为某个值的量纲表示. 例如, 如果 x 为速度, 则 $[x] =$ m/s. 导数 $f_{x_1 x_2}$ 具有量纲 $[f]/([x_1] \cdot [x_2])$, 函数 f 的量纲为 $[f]$, h_1 的量纲为 $[x_1]$, h_2 的量纲为 $[x_2]$. 于是, 值 $f(P)/(h_1 h_2)$ 与 $f_{x_1 x_2}$ 具有同样的量纲. 因此, 有理由期望在合理的数值微分公式 (10) 中系数 a, b, c, d 是无量纲的, 且与网格步长无关.

让 $R(f) = f_{x_1 x_2}(0,0) - l(f)$. 将 $f(x_1, x_2)$ 写成相应于点 $(0, 0)$ 的泰勒表示, 使其精度达到二阶项:
$$f(x_1, x_2) = P_2(x_1, x_2) + r(f),$$
$$P_2(x_1, x_2) = f(0,0) + x_1 f_{x_1}(0,0) + x_2 f_{x_2}(0,0)$$
$$+ \frac{1}{2} x_1^2 f_{x_1 x}(0,0) + x_1 x_2 f_{x_1 x_2}(0,0) + \frac{1}{2} x_2^2 f_{x_2 x_2}(0,0).$$

假定 f 三次连续可微, 则可以指出如下关系式是正确性的: $(r(f))_{x_1 x_2}|_{(0,0)} = 0$, 且在 $l(f)$ 的表达式中在网格节点处 $r(f) = O(h^3)$. 因此, 在假定 $a, b, c, d = O(1)$ 的情况下, 我们有
$$R(f) = R(P_2) + R(r) = R(P_2) - O(h^3)/(h_1 h_2).$$

如果 $R(P_2) = 0$ 且 h_1, h_2 具有同样量级, 则 $R(f) = O(h)$ 且数值微分公式 (10) 具有量级 $O(h)$. 表达式 $R(f)$ 是函数 f 的线性泛函, 因此如果
$$R(1) = R(x_1) = R(x_2) = R(x_1^2) = R(x_1 x_2) = R(x_2^2) = 0,$$
则对于任意二次多项式 P_2 有 $R(P_2) = 0$. 我们得到方程组
$$R(1) = -(a + b + c + d)/(h_1 h_2) = 0,$$
$$R(x_1) = -(d + b)/h_2 = 0,$$
$$R(x_2) = -(d + c)/h_1 = 0,$$
$$R(x_1^2) = -(d + b)h_1/h_2 = 0,$$
$$R(x_2^2) = -(d + c)h_2/h_1 = 0,$$
$$R(x_1 x_2) = 1 - d = 0.$$

这是一个带有四个未知量六个方程的线性方程组, 它有解 $a = d = 1, b = c = -1$, 这个解相应于近似公式 (9).

利用同样的方式可以建立数值积分公式. 假设要计算积分

$$I_0 = \int_G f(y_1, \cdots, y_s) dy_1 \cdots dy_s.$$

它可以表示成

$$I_0 = \int_{G_0} I_1(y_1) dy_1, \quad I_1(y_1) = \int_{G_1(y_1)} I_2(y_1, y_2) dy_2,$$

$$I_2(y_1, y_2) = \int_{G_2(y_1, y_2)} I_3(y_1, y_2, y_3) dy_3, \cdots,$$

$$I_{s-1}(y_1, \cdots, y_{s-1}) = \int_{G_{s-1}(y_1, \cdots, y_{s-1})} I_s(y_1, \cdots, y_s) dy_s.$$

这里 $I_s(y_1, \cdots, y_s) = f(y_1, \cdots, y_s)$, G_0 为 G 在 y_1 轴上的投影, $G_k(\bar{y}_1, \cdots, \bar{y}_k)$ 为集合 G 与平面 $y_1 = \bar{y}_1, \cdots, y_k = \bar{y}_k$ 的交集. 应用某个求积公式计算第一个积分

$$I_0 \approx \sum_{m_1=1}^{n_1} D^{m_1} I_1(y_1^{m_1}).$$

原始积分转变成了维数更低的积分计算. 现在让

$$I_1(y_1^{m_1}) \approx \sum_{m_2=1}^{n_2(m_1)} D^{m_1 m_2} I_2(y_1^{m_1}, y_2^{m_1 m_2}),$$

$$\cdots \cdots \cdots \cdots \quad (11)$$

$$I_{s-1}(y_1^{m_1}, \cdots, y_{s-1}^{m_1 \cdots m_{s-1}}) \approx \sum_{m_s=1}^{n_s(m_1, \cdots, m_{s-1})} D^{m_1 \cdots m_s} f(y_1^{m_1}, \cdots, y_s^{m_1 \cdots m_s}).$$

最终得到

$$I_0 \approx \sum_{m_1=1}^{n_1} D^{m_1} \sum_{m_2=1}^{n_2(m_1)} D^{m_1 m_2} \cdots \sum_{m_s=1}^{n_s(m_1, \cdots, m_{s-1})} D^{m_1 \cdots m_s} f(y_1^{m_1}, \cdots, y_s^{m_1 \cdots m_s}). \quad (12)$$

在一维情况对于所有数值分析运算通过所研究函数的导数获得误差估计. 我们来讨论对于多维问题从这些估计能导出怎样的误差估计. 函数的某个算子的值由另一些算子的值来近似, 并且这个变换的误差可以由一维误差估计公式来进行估计. 但是, 这些新的值本身也包含误差, 因此这些误差将以某种乘积的形式进入误差总和中.

我们回到积分问题. 设

$$I_{k-1}(y_1^{m_1}, \cdots, y_{k-1}^{m_1 \cdots m_{k-1}}) = \sum_{m_k=1}^{n_k(m_1, \cdots, m_{k-1})} D^{m_1 \cdots m_k} I_k(y_1^{m_1}, \cdots y_k^{m_1 \cdots m_k}) + E_{m_1 \cdots m_{k-1}}^{k-1}.$$

将表达式 $I_1, I_2, \cdots$ 逐次代入等式

$$I_0 = \sum_{m_1=1}^{n_1} D^{m_1} I_1(y_1^{m_1}) + E^0,$$

我们得到一系列关系式

$$I_0 = E^0 + \sum_{m_1=1}^{n_1} D^{m_1} I_1(y_1^{m_1})$$

$$= E^0 + \sum_{m_1=1}^{n_1} D^{m_1} \left(E_{m_1}^1 + \sum_{m_2=1}^{n_2(m_1)} D^{m_1 m_2} I_2(y_1^{m_1}, y_2^{m_1 m_2}) \right)$$

$$= \cdots$$

$$= R + \sum_{m_1=1}^{n_1} D^{m_1} \left(\sum_{m_2=1}^{n_2(m_1)} D^{m_1 m_2} \left(\cdots \left(\sum_{m_s=1}^{n_s(m_1,\cdots,m_{s-1})} D^{m_1 \cdots m_s} f(y_1^{m_1}, \cdots, y_s^{m_1 \cdots m_s}) \right) \cdots \right) \right),$$

其中

$$R = E^0 + \sum_{m_1=1}^{n_1} D^{m_1} E_{m_1}^1 + \sum_{m_1=1}^{n_1} D^{m_1} \sum_{m_2=1}^{n_2(m_1)} D^{m_1 m_2} E_{m_1 m_2}^2 + \cdots$$

$$+ \sum_{m_1=1}^{n_1} D^{m_1} \sum_{m_2=1}^{n_2(m_1)} D^{m_1 m_2} \cdots \sum_{m_{s-1}=1}^{n_{s-1}(m_1,\cdots,m_{s-2})} D^{m_1 \cdots m_{s-1}} E_{m_1 \cdots m_{s-1}}^{s-1}. \quad (13)$$

从最后一个等式看到,如果系数 $D^{m_1 \cdots m_k}$ 很大,则近似误差可能实质上比一维情况更大.

多维情况向一维情况的转化对于数值微分 (插值) 以及数值积分具有形式上同样的特征. 但是, 在这些问题之间也存在差别: 数值微分 (插值) 问题常变成寻找某个函数算子的问题, 其中已知函数在某个给定的节点集合 Ω 上的值. 对于积分问题, 更典型的是处理节点选取的可能性.

对于多维函数数值微分 (插值和积分) 的运算的实现, 当函数值定义的网格为一维网格的乘积时, 更明智的做法是, 对中间值的近似使用同样的公式. 例如, 这意味着公式 (11) 应该具有形式

$$I_{k-1}(y_1^{m_1}, \cdots, y_{k-1}^{m_{k-1}}) \approx \sum_{m_k=1}^{N_k} D_{k,N_k}^{m_k} I_k(y_1^{m_1}, \cdots, y_k^{m_k}), \quad (14)$$

即 $D_{k,N_k}^{m_k}$ 和 $y_k^{m_k}$ 仅与 m_k 有关. 那么, (12) 的右边部分变为形式

$$\sum_{m_1=1}^{N_1} \cdots \sum_{m_s=1}^{N_s} D_{1,N_1}^{m_1} \cdots D_{s,N_s}^{m_s} f(y_1^{m_1}, \cdots, y_s^{m_s}).$$

在建立这个求积公式时, 隐含着假定积分区域为正多面体, 其边平行于坐标轴.

这些数值积分 (插值、微分) 公式叫作相应一维数值积分 (插值、微分) 公式的直积.

在 §11 中将讨论更复杂的例子, 即将在区间上求积公式的直积引入在球上的积分. 在应用这些近似时, 正如按照 (9) 计算导数 $f_{x_1 x_2}$ 一样, 某些误差成分可以得到补偿.

在积分问题中可能出现这样的情况: 对于光滑的被积函数, 可能中间积分 $I_k(y_1, \cdots, y_k)$ 不具有足够的光滑性.

假定对光滑函数 $f(y_1, y_2)$ 在单位圆上计算积分

$$I = \int_{-1}^{1} \left(\int_{-\sqrt{1-y_1^2}}^{\sqrt{1-y_1^2}} f(y_1, y_2) dy_2 \right) dy_1.$$

如果 $f(\pm 1, 0) \neq 0$, 则函数

$$I_1(y_1) = \int_{-\sqrt{1-y_1^2}}^{\sqrt{1-y_1^2}} f(y_1, y_2) dy_2$$

在点 ± 1 处的导数无界, 因此在对 y_1 进行数值积分计算时应该使用计算这类函数积分的特殊方法 —— 变步长积分法, 特别是带有自动步长选择的积分法、奇点分离法等等. 更适当地将这个积分写成

$$I = \int_0^1 r I_1(r) dr, \quad I_1(r) = \int_0^{2\pi} f(r\cos\varphi, r\sin\varphi) d\varphi,$$

这里所有的被积函数都是光滑的, 内部被积函数还是周期的, 因此可考虑应用求积公式 (3.5.7)

$$\int_0^{2\pi} g(\varphi) d\varphi \approx \frac{2\pi}{n} \sum_{m=0}^{n-1} g\left(\frac{2\pi m}{n}\right).$$

习题 1 给定网格节点 $(m_1 h_1, m_2 h_2)$ 处的函数值. 建立公式来计算值 $f_{x_2}(h_1/2, 0)$, 其近似误差分别为 $O(h_1^2 + h_2^2)$, $O(h_1^4 + h_2^4)$.

§5. 三角形中的函数插值

在使用变分-差分方法求解偏微分方程时出现下列问题. 存在某个三角形 $\triangle$, 其每条边被划分成 l 个相等的部分, 且通过分割点做平行于三角形边的直线 L_q. 三角形的边也包含在直线 L_q 的集合中. 以 Ω 记这些直线的位于闭的三角形 $\triangle$ 内的交叉点构成的集合. (于是, Ω 也包含三角形边上的分割点以及顶点.) 这些点的个数等于 $n = 1 + 2 + \cdots + (l+1)$ $= (l+1)(l+2)/2$. 将这些点分别记为 $Q_1(x_1^1, x_2^1), \cdots, Q_n(x_1^n, x_2^n)$.

提出建立如下 l 次多项式的问题

$$P(x_1, x_2) = \sum_{m_1 + m_2 \leq l} a_{m_1 m_2} x_1^{m_1} x_2^{m_2},$$

它在点 $Q_j(x_1^j, x_2^j)$ 处取给定的值

$$P(x_1^j, x_2^j) = f_j, \quad j = 1, \cdots, n. \tag{1}$$

未知系数 $a_{m_1 m_2}$ 的个数也等于 n, 于是关系式 (1) 构成 n 个未知数 n 个方程的方程组. 如果方程组 (1) 可解, 则从中可以求得系数 $a_{m_1 m_2}$. 为了找到它不必采取上面描述的待定系数法, 而可以以显式方式写出所求的多项式 $P(x)$.

取某个固定点 Q_1. 可以指出, 在直线 L_q 中恰好存在 l 条直线满足下列条件. 三角形至多存在一个三角形顶点使得点 Q_1 和这个顶点位于这些直线的同一边. 由此, Ω 中的每一个不同于 Q_1 的点位于这些直线中的某一条上. 图 5.5.1 中这些直线由粗线段表示.

设 $L_{j,1}(x_1,x_2)=0,\cdots,L_{j,l}(x_1,x_2)=0$ 为这组直线的方程. 函数

$$\varphi_j(x_1,x_2)=\prod_{i=1}^{l}\frac{L_{j,i}(x_1,x_2)}{L_{j,i}(x_1^j,x_2^j)}$$

是 l 次多项式, 在点 Q_1 处等于 1, 而在其余的点 Q_i 处等于 0. 因此, 将要寻找的 l 次多项式为

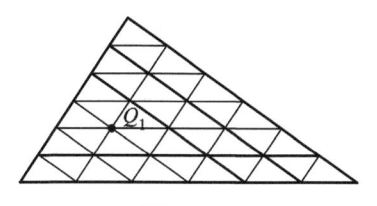

图 5.5.1

$$P(x_1,x_2)=\sum_{j=1}^{n}f_j\varphi_j(x_1,x_2).$$

当对所有 j 让 $f_j=f(x_1^j,x_2^j)$ 时, 多项式 $P(x_1,x_2)$ 将是相应于函数 $f(x_1,x_2)$ 的插值多项式.

习题 1 证明, 多项式 $P(x_1,x_2)$ 在三角形的每条边上的值与相应于这条边的点 Q_j 处的值 f_j 相关.

习题 2 设 H 为三角形 $\triangle$ 的边的最大长度, $f_j=f(Q_j)$, f 为某个光滑函数,

$$M_{l+1}=\max_{r_1+r_2=l+1}\max_{\triangle}|f^{(r_1,r_2)}(x_1,x_2)|,$$

α 为三角形的最小角. 推导估计

$$\max_{\triangle}|f(x_1,x_2)-P(x_1,x_2)|\leqslant C(l,\alpha)M_{l+1}H^{l+1},$$

这里 C 是仅与 l 和 α 相关的常数.

习题 3 在满足习题 2 的条件时, 对于 $0<r_1+r_2\leqslant l+1$, 推导估计

$$\max_{\triangle}|f^{(r_1,r_2)}(x_1,x_2)-P^{(r_1,r_2)}(x_1,x_2)|\leqslant C(l,r_1,r_2,\alpha)M_{l+1}H^{l+1-r_1-r_2}.$$

习题 4 分别研究当 $\alpha\to 0$ 时习题 2 和习题 3 中常数 $C(l,\alpha)$ 和 $C(l,r_1,r_2,\alpha)$ 的性质.

描述的插值方法广泛应用于两个变量函数的逼近. 函数逼近的区域 G 被划分成带有最大边长充分小的三角形. 在每个三角形内, 函数由相应的 l 阶插值多项式 $P(x_1,x_2)$ 来逼近. 如果建立的划分使得一个三角形的顶点不可能是另外一个三角形边的内点, 则这样方式得到的近似函数在 G 内是连续的 (最后结论的正确性从习题 1 的解中得到).

由于 $\alpha\to 0$ 时常数 $C(l,r_1,r_2,\alpha)$ 无限增长 (参看习题 4), 区域 G 的明智的划分不应该包含带有相当小角度的三角形.

习题 5 采用上述类似方法对于四面体中的函数插值问题建立其插值函数.

注记 若三角形的两条边或者四面体的三条棱边平行于坐标轴, 则插值多项式可以借助于多变量函数插值得到显式表达式.

§6. 均匀网格上数值积分的误差估计

我们来对于二阶连续可微函数的如下二重数值积分给出具体误差估计:
$$I = \int_0^1 \int_0^1 f(x_1, x_2) dx_1 dx_2.$$
将原始积分写成二步积分的形式
$$I = \int_0^1 I_1(x_1) dx_1, \tag{1}$$
其中
$$I_1(x_1) = \int_0^1 f(x_1, x_2) dx_2.$$
记
$$A_k = \max_{0 \leqslant x_1, x_2 \leqslant 1} \left| \frac{\partial^2 f}{\partial x_k^2} \right|.$$
为计算积分 (1) 我们应用带有常值步长划分 $H_1 = 1/N_1$ 的复合梯形公式:
$$I \approx S_{N_1} = \frac{I_1(0) + I_1(1)}{2N_1} + \sum_{j_1=1}^{N_1-1} \frac{I_1(j_1/N_1)}{N_1}.$$
因为
$$\frac{\partial^2 I_1(x_1)}{\partial x_1^2} = \int_0^1 \frac{\partial^2 f(x_1, x_2)}{\partial x_1^2} dx_2,$$
则
$$\left| \frac{\partial^2 I_1(x_1)}{\partial x_1^2} \right| \leqslant A_1.$$
因此, 当 $E^0 = I - S_{N_1}$ 时, 由复合梯形公式第三章 §8 (8) 的误差估计, 我们有
$$|E^0| \leqslant A_1/(12N_1^2). \tag{2}$$
为计算积分 $I_1(j_1/N_1)$ 我们应用复合梯形公式, 有
$$I_1\left(\frac{j_1}{N_1}\right) \approx S_{N_2}\left(\frac{j_1}{N_1}\right) = \frac{f(j_1/N_1, 0) + f(j_1/N_1, 1)}{2N_2} + \sum_{j_2=1}^{N_2-1} \frac{f(j_1/N_1, j_2/N_2)}{N_2}.$$
对于误差
$$E_{j_1}^1 = I_1(j_1/N_1) - S_{N_2}(j_1/N_1),$$
由第三章 §8 (8) 有
$$|E_{j_1}^1| \leqslant A_2/(12N_2^2). \tag{3}$$
将 $I_1(j_1/N_1) = E_{j_1}^1 + S_{N_2}(j_1/N_1)$ 代入等式 $I = E^0 + S_{N_1}$, 得到关系式
$$I = E^0 + \frac{(S_{N_2}(0) + E_0^1) + (S_{N_2}(1) + E_{N_1}^1)}{2N_1} + \sum_{j_1=1}^{N_1-1} \frac{S_{N_2}(j_1/N_1) + E_{j_1}^1}{N_1} = S_{N_1 N_2} + R,$$

其中
$$S_{N_1N_2} = \frac{S_{N_2}(0) + S_{N_2}(1)}{2N_1} + \sum_{j_1=1}^{N_1-1} \frac{S_{N_2}(j_1/N_1)}{N_1},$$
$$R = E^0 + \frac{E_0^1 + E_{N_1}^1}{2N_1} + \sum_{j_1=1}^{N_1-1} \frac{E_{j_1}^1}{N_1}. \qquad (4)$$

表达式 $S_{N_1N_2}$ 是函数 f 在 $(N_1+1)(N_2+1)$ 个点 $(j_1/N_1, j_2/N_2)$ 的积分和式, 而 R 为数值积分的误差.

从 (4) 推出
$$|R| \leqslant |E^0| + \max_{0 \leqslant j_1 \leqslant N_1} |E_{j_1}^1|,$$
且由 (2), (3) 我们有
$$|R| \leqslant A_1/(12N_1^2) + A_2/(12N_2^2).$$

当 $N_1 = N_2 = n$ 时, 得到
$$|R| \leqslant (A_1 + A_2)/(12n^2), \qquad (5)$$
且相应于一般的插值节点数 $N = (N_1+1)(N_2+1) = (n+1)^2$ 误差具有量级 $O(N^{-1})$.

假定要求保证误差不超过 ε. 为此只需满足不等式
$$A_1/(12N_1^2) + A_2/(12N_2^2) \leqslant \varepsilon. \qquad (6)$$

如果 A_1 和 A_2 没有很大的不同, 则可以取 $N_1 = N_2 = n$, 且由估计 (5) 从如下条件定义最小的 n:
$$(A_1 + A_2)/(12n^2) \leqslant \varepsilon.$$

如果 A_1 和 A_2 本质上不同, 则考虑花费一定时间对计算工作进行最小化, 即寻找 N_1 和 N_2 在满足如下条件的基础上最小化 $(N_1+1)(N_2+1)$:
$$A_1/(12N_1^2) + A_2/(12N_2^2) \leqslant \varepsilon.$$

以 $C_\mathbf{r}(\mathbf{A}) = C_{r_1,\cdots,r_s}(A_1,\cdots,A_s)$ 记这样的函数类, 其中的每个函数在其定义域内导数 $f_{x_k^{r_k-1}}, k = 1,\cdots,s$ 连续, 而导数 $f_{x_k^{r_k}}(x_1,\cdots,x_s)$ 分段连续, 且满足条件 $|f_{x_k^{r_k}}(x_1,\cdots,x_s)| \leqslant A_k$.

习题 1 假设为了计算积分
$$\int_0^1 \cdots \int_0^1 f(x_1,\cdots,x_s) dx_1 \cdots dx_s$$
应用按照每个轴的精度为 $O(N_k^{-r_k})$ 的复合公式, 其中 N_k 为相应于轴 x_k 的节点数. 推导出误差估计
$$O\left(\sum_1^k A_k N_k^{-r_k}\right). \qquad (7)$$

在给定一般节点数 $N_1,\cdots,N_s = N$ 时最小化估计式 (7), 推导出误差估计 $O(N^{-r})$, $1/r = 1/r_1 + \cdots + 1/r_s$.

研究如下特殊情况: $r_1 = \cdots = r_s = r_0$, $A_1 = \cdots = A_s = A_0$. 那么, $1/r = 1/r_1 + \cdots + 1/r_s = s/r_0$. 于是, 所研究的积分保证性误差估计 $O(A_0 N^{-r_0/s})$. 实际的被积函数, 有界导数的次数 r 常不是很高, 因此对于大的 s, 正如所得到的估计所表明的那样, 收敛速度可能是糟糕的.

多维函数类上的最优求积问题由此出现. 由于对于任何实际函数类都不知道这样的求积公式, 所以我们仅限于对最优求积公式的误差下界进行估计.

§7. 数值积分误差的下界估计

我们回忆在函数类上求积公式的最优化问题的提法. 设积分近似值由如下公式计算

$$I(f) = \int_G f(P)p(P)dP \approx S_N(f) = \sum_{j=1}^N D_j f(P_j).$$

值

$$R_N(f) = I(f) - S_N(f)$$

称为求积误差, 值

$$R_N(F) = \sup_{f \in F} |R_N(f)|$$

称为在函数类 F 上的求积误差, 值

$$W_N(F) = \inf_{D_j, P_j} R_N(F)$$

称为在类 F 上求积误差的最优估计. 下确界可达的求积公式 (如果存在) 称为最优的. 我们假定下列条件满足: 存在某个立方体 $\Delta \subseteq G$ 使得在其中 $p(P) \geqslant \gamma > 0$.

定理 1 $W_N(C_{\mathbf{r}}(\mathbf{A})) \geqslant d(\Delta, \mathbf{r}, \mathbf{A})\gamma N^{-r}$, 其中 $d(\Delta, \mathbf{r}, \mathbf{A}) > 0$, $r = (r_1^{-1} + \cdots + r_s^{-1})^{-1}$.

证明 按照如下方式进行. 我们来证明, 对于任意一组节点 $P_1, \cdots, P_N$ 可以建立所研究类 $C_{\mathbf{r}}(\mathbf{A})$ 的函数 $f_{P_1,\cdots,P_N}(P)$, 它在这些节点处为零, 且使得 $I(f) \geqslant d(\Delta, \mathbf{r}, \mathbf{A})\gamma N^{-r}$. 此时常数 $d > 0$ 与点 $P_1, \cdots, P_N$ 无关. 那么, 利用这些节点的任意求积公式有

$$R_N(C_{\mathbf{r}}(\mathbf{A})) \geqslant \left| I(f_{P_1,\cdots,P_N}) - \sum_{j=1}^N D_j f_{P_1,\cdots,P_N}(P_j) \right|$$

$$= |I(f_{P_1,\cdots,P_N})| \geqslant d(\Delta, \mathbf{r}, \mathbf{A})\gamma N^{-r}.$$

值 $R_N(C_{\mathbf{r}}(\mathbf{A}))$ 的下界估计是一个与求积公式节点 P_j 和权函数 D_j 无关的常数, 因此针对所有可能的求积公式的集合的下确界 $W_N(C_{\mathbf{r}}(\mathbf{A}))$ 也有这个常值下界 $d(\Delta, \mathbf{r}, \mathbf{A})\gamma N^{-r}$. 这样, 定理的证明就变成对于每一组节点 $P_1, \cdots, P_N$ 建立相应的函数 $f_{P_1,\cdots,P_N}(P)$.

为简单起见, 函数 $f_{P_1,\cdots,P_N}(P)$ 的建立和定理结论的证明将只对 $\mathbf{r} = (1, \cdots, 1)$, $A_1 = \cdots = A_s = A_0$ 的情况进行, 并只考虑带有分段连续导数 $\partial f/\partial x_j$, 且范数有常数界 A_0 的连续函数类.

为推导简单,考虑 Δ 为单位立方体 $0 \leqslant x_i \leqslant 1, i = 1, \cdots, s$ 的情况. 设 $n = [(2N)^{1/s}] + 1$, 且将立方体 Δ 分解为 n^s 个正多面体 $\Pi_{n_1, \cdots, n_s}$: $(n_s - 1)/n \leqslant x_k \leqslant n_k/n$, $0 < n_k \leqslant n, k = 1, \cdots, s$. 设 (参看图 5.7.1)
$$\varphi(x) = \begin{cases} 0, & \text{当 } x \leqslant 0 \text{ 或者 } x \geqslant 1, \\ 1 - 2|x - 0.5|, & \text{当 } 0 \leqslant x \leqslant 1. \end{cases}$$

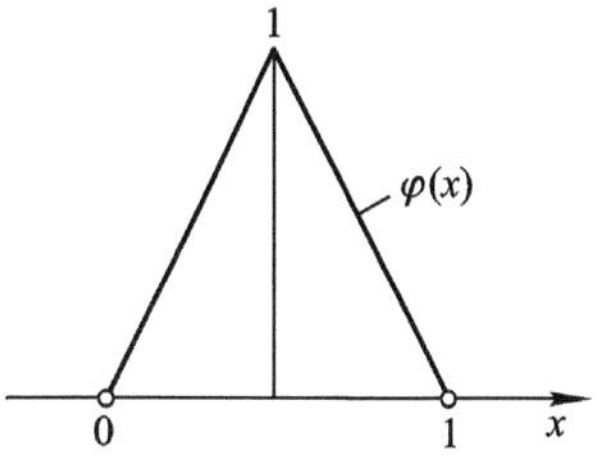

图 5.7.1

从 n 的定义推出 $(2N)^{1/s} \leqslant n \leqslant 2(2N)^{1/s}$, 因此
$$2N \leqslant n^s \leqslant 2^{s+1} N \tag{1}$$

按照如下方式建立函数 $f_{P_1, \cdots, P_N}(P) = f_0(P)$. 在不包含 $P_1, \cdots, P_s$ 中任何点的多面体 $\Pi_{n_1, \cdots, n_s}$ 中, 让
$$f_0(P) = \frac{A_0}{2n} \prod_{k=1}^{s} \varphi(nx_k - (n_k - 1)). \tag{2}$$
在所有其他的多面体内取 $f_0(P) = 0$.

上面定义的函数 $f_0(P)$ 在每个多面体 $\Pi_{n_1, \cdots, n_s}$ 内是连续的, 且在边界上变为零, 因此它也在 Δ 内连续. 在函数 $f_0(P)$ 可微且不等于 0 的点, 我们有
$$\frac{\partial f_0}{\partial x_1} = \frac{A_0}{2} \varphi'(nx_1 - (n_1 - 1)) \prod_{k=1}^{s} \varphi(nx_k - (n_k - 1)).$$
因为 $|\varphi| \leqslant 1$, $|\varphi'| \leqslant 2$, 所以 $\dfrac{\partial f_0}{\partial x_1} \leqslant A_0$. 同样地得到估计 $\dfrac{\partial f_0}{\partial x_k} \leqslant A_0$, $k = 1, 2, \cdots, s$. 由函数 $f_0(P)$ 的建立可知导数 $\partial f_0/\partial x_k$ 仅仅在平面上的点 $x_k = m/(2n)$ 间断, 其中 m 为整数. 因此函数 $f_0(P)$ 属于所研究的函数类. 从其建立的过程中还可推出函数 $f_0(P)$ 及其导数在所有的节点 $P_1, \cdots, P_N$ 处变为零.

我们估计值 $I(f_0)$ 的下界. 应用不等式 $p(P) \geqslant \gamma$, 在进行变量替换 $x_k = (n_k - 1 + y_k)/n$ 后得到一组关系式
$$\int_{\Pi_{n_1, \cdots, n_s}} p(x_1, \cdots, x_s) \frac{A_0}{2n} \prod_{k=1}^{s} \varphi(nx_k - (n_k - 1)) dx_1 \cdots dx_s$$
$$\geqslant \frac{A_0 \gamma}{2n^{s+1}} \int_0^1 \cdots \int_0^1 \prod_{k=1}^{s} \varphi(y_k) dy_1 \cdots dy_k = \frac{d_1 A_0 \gamma}{n^{s+1}},$$
其中
$$d_1 = \frac{1}{2} \left(\int_0^1 \varphi(y) dy \right)^s = \frac{1}{2^{s+1}}. \tag{3}$$

每一个点 P_j 只可能处于一个多面体 $\Pi_{n_1, \cdots, n_s}$ 内. 于是, 至少在 $n^s - N$ 个多面体 $\Pi_{n_1, \cdots, n_s}$ 内函数 $f_0(P)$ 不恒等于零, 且函数值由 (2) 式定义. 由 (1) 有 $N \leqslant n^s/2$, 因此这些多面体不少于 $n^s/2$ 个. 考虑到 (3) 我们得到估计
$$I(f_0) \geqslant \frac{n^s}{2} \frac{d_1 A_0 \gamma}{n^{s+1}} = \frac{d_1 A_0 \gamma}{2n} \geqslant \frac{d_1 A_0 \gamma}{2 \cdot 2 \cdot (2N)^{1/s}} = \frac{d_2 A_0 \gamma}{N^{1/s}}, \tag{4}$$
其中 $d_2 = d_1/(4 \cdot 2^{1/s})$.

这样，建立的函数属于所研究的类，并且对于它条件 (4) 满足，其中的常数 d_2 与节点分布无关，而且这个函数在所有节点 P_j 处变为零。于是，给出了对于任意一组节点 $P_1, \cdots, P_N$ 建立要求的函数的方法。证明结束。

上面导出了如下积分公式的误差下界估计
$$I(f) \approx \sum_{j=1}^{N} D_j f(P_j),$$
其中节点 P_j 和权 D_j 与具体的被积函数无关。对于许多问题，当积分节点的选择与计算的函数值的信息相关时，积分方法实际上更有效，例如带有自动步长选择的方法。

假设有某个积分方法，其被积函数的信息仅仅考虑它在某些孤立点的函数值的信息。这个方法的任务就是给出第一个积分节点，确定后续节点的搜寻规则以及描述积分近似值的数值方法。这样，所有这类方法归结为下列流程：给出某个节点 P_1，定义用于后续节点选择的函数
$$Q_q = \Phi_q(Q_1, \cdots, Q_{q-1}; y_1, \cdots, y_{q-1}), \quad q = 2, \cdots, N,$$
其中这些函数的选择与先前累积的关于被积函数的信息有关，最后给定函数
$$S_N(Q_1, \cdots, Q_N; y_1, \cdots, y_N),$$
这里 Q_i 为区域 G 中的点，y_i 为数值。具体近似积分计算时依次计算下列值
$$f(P_1),\ P_2 = \Phi_2(P_1; f(P_1)),\ f(P_2),$$
$$P_3 = \Phi_3(P_1, P_2; f(P_1), f(P_2)),\ f(P_3),\ \cdots,\ f(P_N)$$
然后取
$$I(f) \approx S_N(P_1, \cdots, P_N; f(P_1), \cdots, f(P_N)).$$
因为同时给定点 P_1 以及函数 Φ_j 和 S_N，这些函数与 P_1 的相关性可以忽略。

与求积公式的情况一样，在计算给定积分时可以确定方法误差为
$$\tilde{R}_N(f) = I(f) - S(P_1, \cdots, P_N; f(P_1), \cdots, f(P_N)),$$
在函数类上的方法误差为
$$\tilde{R}_N(F) = \sup_{f \in F} \left| \tilde{R}_N(f) \right|,$$
且在所有可能的积分方法集合上的最优误差估计为
$$Z_N(F) = \inf_{P_1, \Phi_2, \cdots, \Phi_N, S_N} \tilde{R}_N(F).$$

定理 2 (略去证明) 设函数类 F 为凸中心对称紧集，其对称中心 $f \equiv 0$，该类中所有函数是一致有界的。那么，在所有可能的求积公式集合上的最优估计与在所有的积分方法集合上的误差估计是一样的：
$$W_N(F) = Z_N(F).$$

集合 F 的凸性条件意味着对任意函数 $f_1, f_2 \in F$ 和任意 $0 < \theta < 1$，所有函数 $f = \theta f_1 + (1-\theta) f_2$ 也属于集合 F。函数类以 $f \equiv 0$ 为对称点中心对称的条件意味着，对任意函数 $f \in F$，函数 $-f$ 也属于这个集合。

特别, 所有类 $C_\mathbf{r}(\mathbf{A})$ 满足定理条件, 且看起来更广泛的积分方法集合的研究没有意义. 但这并不意味着该结论是正确的. 积分节点选择时若考虑积分过程中得到的相关信息, 则相应的积分方法同带有预先固定的节点相比在实际中具有更高的有效性. 因此, 更好的结论是: 实际上遇到的问题更精确地由某些非凸函数类来描述. 例如, 应用中遇到的典型函数类是分段解析函数类. 我们将注意力放在一维情况. 在凸的函数类情况下, 该类中两个函数的凸组合也属于这个类. 具有 l 个非解析点的函数的凸组合可能具有 $2l$ 个非解析的点. 于是, 具有不超过 l 个非解析点的解析函数类不是凸的. 如果非解析点的数量无上界, 则函数类不是闭的: 带有无限增长的非解析点个数的分段解析函数序列的极限可能不再是一个分段解析函数.

上面按照函数类误差估计的上界对积分方法进行了比较. 但是, 可能出现下列情况. 两种方法在函数类上具有同样的误差, 同时对于类中大多数函数, 其中的一种方法具有较小的误差. 显然, 这种方法更可取, 并且在此情况下按照函数类上误差上界来对方法进行比较不能给出一般描述.

如上所述我们导出下列有待解决的问题.

习题 1 如何正确描述实际遇到的函数类?

习题 2 如何正确引入实际遇到的被积函数空间中的度量? (已知的函数空间度量定义表明其中没有一个能正确地描述适合应用特点的情况.)

我们引入几个积分算法的例子, 其节点选择与先前得到的信息有关. 多维积分按照重复积分的方法描述如下:

$$I(f) = \int_{a_0}^{b_0} I_1(x_1) dx_1,$$

$$I_1(x_1) = \int_{a_1(x_1)}^{b_1(x_1)} I_2(x_1, x_2) dx_2,$$

$$\cdots\cdots\cdots$$

$$I_{s-1}(x_1, \cdots, x_{s-1}) = \int_{a_{s-1}(x_1, \cdots, x_{s-1})}^{b_{s-1}(x_1, \cdots, x_{s-1})} f(x_1, \cdots, x_s) dx_s,$$

并且对于变量 x_j 的数值积分按照带有自动步长选择的单变量积分算法进行.

下列多维积分算法具有另外的结构. 在带有自动积分节点选择的已知的算法中, 这个算法对于函数或者它的导数带有孤立奇异点的积分计算问题是最有效的.

假设计算积分

$$\int_\Omega f(X) dX, \quad \Omega = [a_1 \leqslant x_1 \leqslant b_1, \cdots, a_s \leqslant x_s \leqslant b_s], \quad X = (x_1, \cdots, x_s).$$

进行如下变量代换

$$x_i = 0.5(a_i + b_i) + 0.5(a_i - b_i) t_i, \quad i = 1, \cdots, 2,$$

积分变成按正立方体进行积分

$$\int_\Omega f(X) dX = \int_G g(t) dt,$$

$$G = [-1 \leqslant t_1 \leqslant 1, \cdots, -1 \leqslant t_s \leqslant 1], \quad t = (t_1, \cdots, t_s).$$

取如下求积公式作为方法的基础

$$\int_G g(t)dt \approx Q_q^s(g), \quad q = 1, 2, 3.$$

为计算积分 $\int_G g(t)dt$ 要计算 $Q_1^s(g)$ 和 $Q_2^s(g)$, 并验证条件

$$|Q_1^s(g) - Q_2^s(g)| \leqslant \varepsilon, \tag{5}$$

这里 ε 为某个假定的误差度量. 如果这个条件满足, 则应用按照求积公式 Q_3^s 计算得到的值作为对 G 求积分的近似值, 而 Q_3^s 通常是公式 Q_1^s 和 Q_2^s 的线性组合. 如果条件 (5) 不满足, 则将立方体 G 划分成 2^s 个相等的立方体, 且描述的方法应用到其中的每个立方体. 进行这样的划分直到条件 (5) 满足为止. 如果在等分步长 h 时出现 h^s 变成机器零的情况, 则计算停止. 标准程序中应用的积分公式 Q_q^s 具有如下形式.

I. $s = 2$:

$$Q_1^2 = A_1 \sum_{|i|+|j|=1} g(i\alpha, j\alpha) + A_2 \sum_{|i|+|j|=1} g(i\beta, j\beta) + A_3 \sum_{|i|,|j|=1} g(i\gamma, j\gamma),$$

$$Q_2^2 = B_1 \sum_{|i|+|j|=1} g(i\alpha, j\alpha) + B_2 \sum_{|i|+|j|=1} g(i\beta, j\beta)$$

$$+ B_3 \sum_{|i|,|j|=1} g(i\gamma, j\gamma) + B_4 \sum_{|i|,|j|=1} g(i\nu, j\nu),$$

其中

$$\alpha = 0.658149897623035910, \quad \beta = 0.549119831921783496,$$
$$\gamma = 0.894427190999915878, \quad \nu = 0.316227766016837933,$$
$$A_1 = 1.061362067905412240, \quad A_2 = -0.234973179016523356,$$
$$A_3 = 0.173611111111111111,$$
$$B_1 = 3.99942795838189963, \quad B_2 = -6.29803906949301074,$$
$$B_3 = 0.124007936507936507, \quad B_4 = 3.17460317460317460,$$
$$Q_3^2 = Q_2^2.$$

公式 Q_1^2 对于所有次数不超过 5 的多项式是精确的. 公式 Q_2^2 对于所有次数不超过 7 的多项式是精确的.

II. $s = 3$:

$$Q_1^3 = \frac{8}{225}\left(44g(0,0,0) + \frac{121}{8}\sum_{|i|,|j|,|k|=1} g\left(i\sqrt{\frac{5}{11}}, j\sqrt{\frac{5}{11}}, k\sqrt{\frac{5}{11}}\right)\right.$$

$$\left. + 10\sum_{|i|+|j|+|k|=1} g(i,j,k)\right),$$

$$Q_2^3 = \frac{8}{1125}\left(-\frac{1552}{5}g(0,0,0) + \frac{1573}{40}\sum_{|i|,|j|,|k|=1} g\left(i\sqrt{\frac{5}{11}}, j\sqrt{\frac{5}{11}}, k\sqrt{\frac{5}{11}}\right)\right.$$
$$\left. + \frac{784}{5}\sum_{|i|+|j|+|k|=1} g\left(i\sqrt{\frac{5}{14}}, j\sqrt{\frac{5}{14}}, k\sqrt{\frac{5}{14}}\right) + 15T_h\right),$$
$$T_h = \sum_{|i|,|j|=1} g(i,j,0) + \sum_{|i|,|k|=1} g(i,0,k) + \sum_{|j|,|k|=1} g(0,j,k),$$
$$Q_3^3 = \frac{4}{9}Q_1^3 + \frac{5}{9}Q_2^3.$$

公式 Q_1^3 和 Q_2^3 对于所有次数不超过 5 的多项式是精确的. 公式 Q_3^3 对于所有次数不超过 7 的多项式是精确的.

§8. 蒙特卡罗方法

在建立求积公式的同时通常得到其在某个函数类上的误差估计. 例如, 对于一维梯形公式, 在带有二阶导数且范数具有常数界 A_2 的函数类上, 得到了形如 $\text{const} \cdot A_2 N^{-2}$ 的误差估计, 这里 N 为插值节点数. 这类误差估计称作函数类上的保证性误差估计. 基于这个估计可以保证, 对于这个类中的所有被积函数, 其积分近似值的误差不会超过给定的值. 方法的误差估计是对一类函数做出的, 在估计具体的积分误差时, 我们被限制在所研究函数类中 "最坏" 函数的积分所得到的值. 对于一系列函数类, 这个基于函数类的误差估计可能如此糟糕, 以至于不能期望得到具有要求精度的积分近似值. 例如, 由§7 中的定理, 在函数类 $C_{1,\cdots,1}(A,\cdots,A)$ 上不存在这样的方法, 其误差估计好于 $dAN^{-1/s}$ (这里 s 为所计算积分的重数).

假定要求保证性误差估计小于 $0.01dA$. 那么, 节点数 N 应该满足不等式 $dAN^{-1/s} \leqslant 0.01dA$, 即应该满足不等式 $N \geqslant 100^s$. 因为被积函数的每一个值的计算在 $s=6$ 时通常要求很多的算术运算次数, 实际上是无法满足对节点数的这个要求.

我们实际上处于这样的境地, 即基于上述误差估计不可能以 $0.01dA$ 的保证性误差估计来计算积分值, 因为这要求太多的计算机时间消耗. 要解决所产生的矛盾, 方法之一在于更详细地描述被积函数类. 解决所产生的问题的另一个出路是不要求得到严格的保证性误差估计, 而仅要求达到一定可靠程度的误差估计. 特别, 在第三章和在§7 中构造积分方法时, 我们没有按照严格的误差估计途径进行: 通过在各种积分方法下的积分近似值的结果之差来估计误差.

如果不要求达到保证性误差估计而是仅要求具有某种程度的可靠性, 则蒙特卡罗 (Monte Carlo) 方法 就是这样一种积分近似数值方法.

假定计算如下积分
$$I(f) = \int_G f(P)dP$$
的近似值. 为计算简单起见, 假定区域 G 的测度 $\mu(G)$ 等于 1. 这个条件通常能满足, 因为蒙特卡罗方法在实际实现时积分区域通常构成单位立方体. 假定通过某种方式得到 N 个两两独立的随机点 $P_1, \cdots, P_N$, 它们在 G 中均匀分布. 进一步以 $M(s)$ 记随机变量 s 的数学期望, 而 $D(s)$ 记它的方差. 随机变量 $s_j = f(P_j)$ 两两不相关且均匀分布, 并且有

$$M(s_j) = \int_G f(P)dP = I(f)$$

和

$$D(s_j) = M(s_j^2) - (M(s_j))^2 = D(f),$$

这里

$$D(f) = I(f^2) - (I(f))^2.$$

假设

$$S_N(f) = \frac{1}{N} \sum_{j=1}^{N} s_j.$$

由于值 s_j 的上述性质, 我们有

$$M(S_N(f)) = \frac{1}{N} \sum_{j=1}^{N} M(s_j) = I(f),$$

$$D(S_N(f)) = \frac{1}{N^2} \sum_{j=1}^{N} D(s_j) = \frac{1}{N} D(f).$$

下列不等式 (切比雪夫不等式) 以概率 $1 - \eta$ 成立:

$$|S_N(f) - I(f)| \leqslant \sqrt{D(f)/(\eta N)}. \tag{1}$$

让 $\eta = 0.01$, 我们得到: 下列不等式以 99% 的概率成立

$$|S_N(f) - I(f)| \leqslant 10\sqrt{D(f)/N}.$$

如果假定点 P_j 不仅两两独立而且总体独立, 则还可以得到更好的估计. 那么, 由中心极限定理, 随机变量

$$(S_N(f) - I(f))/\sqrt{D(f)/N}$$

渐近正态分布, 其分布函数为

$$\Phi(y) = \frac{1}{\sqrt{2\pi}} \int_{-\infty}^{y} \exp\left\{-\frac{t^2}{2}\right\} dt.$$

带有这样分布函数的随机变量, 其模不超过值 y 的概率渐近等于

$$p_0(y) = 1 - \frac{\sqrt{2}}{\sqrt{\pi}} \int_{y}^{\infty} \exp\left\{-\frac{t^2}{2}\right\} dt.$$

这样, 对于概率近似于 $p_0(y)$ 的大的 N, 下列不等式成立

$$|S_N(f) - I(f)| \leqslant y\sqrt{D(f)/N}.$$

取 $y = 3$ 和 $y = 5$, 得到不等式

$$|S_N(f) - I(f)| \leqslant 3\sqrt{D(f)/N} \text{ 和 } |S_N(f) - I(f)| \leqslant 5\sqrt{D(f)/N}$$

成立的相应概率分别为 0.997 和 0.99999. 上面叙述的结论有时相应地叫作 "3Σ" 和 "5Σ" 法则.

这些估计的右边部分含有未知数 $D(f) = I(f^2) - (I(f))^2$，它可以基于计算值 $f(P_j)$ 的信息来估计.

习题 1 证明
$$D(f) = \frac{N}{N-1} M\left(s_j(f) - S_N(f)\right)^2. \tag{2}$$

因为基于大数定律，下列近似式以大概率成立
$$M\left(s_j(f) - S_N(f)\right)^2 \approx \frac{1}{N} \sum_{j=1}^{N} \left(s_j(f) - S_N(f)\right)^2,$$

则近似式
$$D(f) \approx D^{(N)}(f)$$

也以大概率成立，其中
$$D^{(N)}(f) = \frac{1}{N-1} \sum_{j=1}^{N} \left(s_j(f) - S_N(f)\right)^2.$$

我们引入当 $\mu(G) = 1$ 时蒙特卡罗方法的应用流程. 让 $(1-\eta)$ 为希望得到的积分近似值的水平，ε 为给定的精度. 从如下等式定义 y
$$\eta = \frac{\sqrt{2}}{\sqrt{\pi}} \int_y^\infty \left\{-\frac{t^2}{2}\right\} dt.$$

依次当 $n = 1, \cdots$ 时得到随机点 P_n，并应用递推关系
$$t_n(t) = t_{n-1}(f) + f(P_n), \quad S_n(f) = t_n(f)/n,$$
$$d_n(f) = d_{n-1}(f) + \frac{n}{n-1}\left(f(P_n) - S_n(f)\right)^2, \quad D_n(f) = d_n(f)/(n-1)$$

计算值 $t_n(f), S_n(f), d_n(f), D_n(f)$，同时也计算值
$$\lambda_n = y\sqrt{D_n(f)/n}.$$

递推的初始条件为
$$t_1(f) = S_1(f) = f(P_1), \quad d_1(f) = D_1(f) = 0.$$

如果恰好 $\lambda_n \leqslant \varepsilon$，则计算停止. 取 $I(f) \approx S_N(f)$ 且认为不等式 $|I(f) - S_N(f)| \leqslant \varepsilon$ 以概率 $1 - \eta$ 成立.

注意到，实际上不等式 $|I(f) - S_N(f)| \leqslant \varepsilon$ 以某个小于但接近于 $1 - \eta$ 的概率成立.

习题 2 验证 $D_n(f) = D^{(n)}(f)$.

为了减小蒙特卡罗方法的误差，随机的积分节点选取应该不是均匀分布的，而是具有某个分布密度 $p(P) \neq 1, \int_G p(P) dP = 1$. 在这种情况下取
$$I(f) \approx S_N(f) = \frac{1}{N} \sum_{j=1}^{N} f(P_j)/p(P_j).$$

习题 3 证明
$$M(S_N(f)) = I(f), \quad D(f) = I(f^2/p) - (I(f))^2.$$

证明随机变量选择的如此转化特别适合于 $f(P)/p(P) \approx \text{const}$ 的情况.

在应用蒙特卡罗方法的指南中常常有如下说法. 蒙特卡罗方法是高维积分计算的通用方法. 蒙特卡罗方法的收敛速度估计为 $O(1/\sqrt{N})$, 且与积分的维数无关, 同时收敛速度的保证性估计的阶随着维数的增加而变差. 对于蒙特卡罗方法, 对每个 n 有效的误差估计由值 $\sqrt{D_n(f)/n}$ 来表示. 这样, 当计算达到所要求的精度时就停止.

我们将谨慎地对待这种现象, 并且研究蒙特卡罗方法的各种"肯定"和"否定"的建议.

§9. 问题求解的不确定性方法应用的合理性讨论

部分使用者对蒙特卡罗方法抱有成见, 并否认其应用的合理性, 因为仅仅以一定概率保证方法具有较小的误差.

上面我们已经描述了计算高维积分的情形, 这种情形要想以较小保证性误差得到积分近似值几乎是无指望的. 这种情况因此导致蒙特卡罗方法的应用.

计算单重积分时, 小的误差保证仅仅在使用严格的理论估计时得到. 这些估计的应用要求使用者具有较高的数学技能, 付出的智力劳动不可能转交给计算机来完成. 于是, 关注于带保证性误差估计的积分数值方法与计算机应用的一般趋势相矛盾.

此外, 所有问题求解时, 在问题的提法以及编程等方面可能出现误差. 由于这样或那样的原因很难百分之百地保证计算结果相对于实际模型具有较小误差. 计算结果的某种可能的误差在任何情况下总是存在. 这就表明, 仅仅由于其概率属性而完全拒绝蒙特卡罗方法是无正当理由的.

另一方面, 在应用蒙特卡罗方法时需要考虑如下负面影响.

应用蒙特卡罗方法时, 必须掌控一系有已知分布规律彼此独立的点的序列 P_j. 通常使用者拥有获得随机或者伪随机数的发生器, 它们给出在区间 $[0,1]$ 上均匀分布的随机数序列. 这些随机数经过变换以后可以得到给定概率分布的随机数. 在最初的计算机上, 随机数发生器是某些装置, 例如应用放射性衰变现象的装置, 这些装置给出随机数序列, 有时甚至满足完全独立性的要求. 但是, 这些装置工作速度慢, 因此随着计算机产量的提高这些装置不再使用. 使用伪随机数发生器来代替随机数发生器. 伪随机数发生器是能给出数列的某些程序, 它给出的数可以看作随机数. 伪随机数发生器的使用是逐步出现的, 其中广泛使用了概率方法. 但是这些发生器在应用时总是需要注意它给出的数列具有怎样的性质. 例如, 某些伪随机数发生器给出的数列仅仅可以看作两两独立的, 而不能看作完全相互独立的. 在这种情况下, 应用基于中心极限定理的误差估计是不合理的.

假设采用蒙特卡罗方法计算积分

$$I(f) = \int_0^1 \cdots \int_0^1 f(x_1, \cdots, x_s) dx_1 \cdots dx_s.$$

我们期望选择单位立方体上独立均匀分布的序列点作为积分节点. 如果伪随机数发生器给出数列 $\xi_1, \cdots$, 它在区间 $[0,1]$ 上均匀分布, 则可以尝试取点 $(\xi_1, \cdots, \xi_s)$, $(\xi_{s+1}, \cdots, \xi_{2s}), \cdots$ 作为积分节点.

§9. 问题求解的不确定性方法应用的合理性讨论

为合理应用切比雪夫不等式，需要满足任意点 P_j 分布的独立性假设，即组合

$$(\xi_{(j-1)s+1}, \cdots, \xi_{js}), \quad (\xi_{(i-1)s+1}, \cdots, \xi_{is})$$

的独立性. 当 s 增长时这个条件对伪随机数发生器提出了更严格的要求. 已知许多实际例子在 s 很大的情况下应用蒙特卡罗方法不成功的原因如下. 在方法应用和误差估计时对伪随机数做这样或那样的标准性质假定，而同时这些假定实际上并不满足. 其结果是，做出误差值很小的结论实际上是不正确的.

这样，蒙特卡罗方法在应用时的危险大部分情况不是在于误差估计的概率特性，而在于给出的误差概率估计的前提常是假定随机数发生器具有某些性质，而这些性质实际上并不成立.

习题 1 设 ξ_1, ξ_2 为独立随机数，在区间 $[0,1]$ 上均匀分布. 让 $\{y\}$ 为数 y 的小数部分，即 $\{y\} = y - [y]$, 其中 $[y]$ 为 y 的整数部分. 假设 $\xi_n = \{\xi_1 + (n-1)(\xi_2 - \xi_1)\}$. 证明，点 ξ_n 两两独立，在 $[0,1]$ 上均匀分布，且由前一节建立的公式有

$$I(f) = \int_0^1 f(x)dx \approx S_N(f) = \frac{1}{N}\sum_{j=1}^N f(\xi_j).$$

习题 2 假设要计算二重积分

$$I(f) = \int_0^1 \int_0^1 f(x_1, x_2) dx_1 dx_2.$$

证明，若 $P_n = (\xi_{2n-1}, \xi_{2n})$, 其中 ξ_k 在习题 1 中定义，则关系式 $M(S_N(f)) = I(f)$ 是正确的. 计算极限

$$\lim_{N \to \infty} D(S_N(f)) = d(f),$$

并且如通常一样验证 $d(f) \neq 0$, 因此 $S_N(f)$ 与 $I(f)$ 相差很大.

习题 3 假设要计算三重积分

$$I(f) = \int_0^1 \int_0^1 \int_0^1 f(x_1, x_2, x_3) dx_1 dx_2 dx_3.$$

当 $P_n = (\xi_{3n-2}, \xi_{3n-1}, \xi_{3n})$ 时计算 $M(S_N(f)) = i(f)$, 并验证通常 $i(f) \neq I(f)$, 因此 $S_N(f)$ 与 $I(f)$ 相差很大.

提示 利用 $(\xi_{3n} - 2\xi_{3n-1} + \xi_{3n-2})$ 在区间 $[-1,1]$ 是整数的性质.

设 $\xi_1^k, \cdots, \xi_s^k, k = 1, \cdots, l$ 是 $[0,1]$ 上完全独立的均匀分布的随机变量，且 $P_k^0 = (\xi_1^k, \cdots, \xi_s^k), k = 1, \cdots, l$. 设 $\xi_j^n = \{\xi_j^1 + C_{n-1}^1 \Delta \xi_j^1 + \cdots + C_{n-1}^{l-1} \Delta^{l-1} \xi_j^1\}$, 这里 $\{y\} = y - [y]$ 是数 y 的小数部分，$\Delta^q \xi_j^1 = \xi_j^{q+1} - C_q^1 \xi_j^q + \cdots + (-1)^q C_q^q \xi_j^1$ 为 q 阶有限差分，C_q^p 为从 q 中选出 p 个的组合数，当 $p > q$ 时它等于零.

设 $P_n = (\xi_1^n, \cdots, \xi_s^n)$.

习题 4 验证

$$P_n = P_n^0, \quad n = 1, \cdots, l.$$

习题 5 证明点 $P_1,\cdots,P_N$ 在单位立方体上均匀分布, 且其中任意 l 个点完全独立.

估计的阶与被计算积分的维数无关是蒙特卡罗方法的优势. 但仅讨论方法收敛的阶可能会导致忽略下面相当重要的细节. 我们已得到如下形式积分近似值的误差估计
$$|S_N(f) - I(f)| \leqslant \text{const} \cdot \sqrt{D(f)/N}.$$
实际上典型的情况是要求积分近似值的相对误差很小, 在此情况下意味着要求值 $\sqrt{D(f)}/(|I(f)|\sqrt{N})$ 很小. 实际提出的积分计算的统计结果表明, 值 $\sqrt{D(f)}/|I(f)|$ 随着积分维数的增加呈现剧烈增长的趋势. 我们以如下积分来做解释
$$I(f_s) = \int_0^1 \cdots \int_0^1 \exp\{-32(x_1^2 + \cdots + x_s^2)\}dx_1\cdots dx_s,$$
对于这个积分有 $\sqrt{D(f_s)}/|I(f_s)| > 10^{s/2} - 1$.

于是, 蒙特卡罗方法的实际上的困难本质上随着维数的增加而增加 (针对相同的相对误差而言). 使用蒙特卡罗方法进行多重积分计算时, 在直接应用前为减小值 $\sqrt{D(f)}/|I(f)|$ 经常要对被积函数的性质进行充分细致的研究, 包括进行变量替换或基于其他方法进行积分变换, 这要求研究者具有相当高的技能.

§10. 提高蒙特卡罗方法的收敛速度

我们来研究一些方法以提高蒙特卡罗方法的实际效果.

1. 函数 $f(P)$ 表示成
$$f(P) = F(P) + g(P),$$
其中函数 $F(P)$ 可显式求积分, 且包含 $f(P)$ 的所有剧烈改变的成分, 而 $g(P)$ 为平稳变化的函数, 带有不大的方差 $D(g)$. 有时积分区域被划分成更小的子区域, 且在每个子区域中取某个插值多项式作为 $F(P)$, 其节点在这个子区域中.

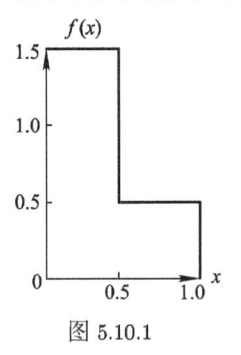

2. 一组合适的节点分布的密度 (参看 §8 中习题 3) 也导致偏差的减小. 我们研究过当所有节点 P_j 具有同样的分布函数 $p(P)$ 的情况. 在一些情况下可以适当选择积分节点使得每一个节点具有自己的分布函数 $p_j(P)$.

图 5.10.1

3. 下列方法是方法 1 和 2 的特殊情况. 原来的积分被表示成积分和
$$I(f) = \int_G f(P)dP = \sum_{l=1}^n I_l(f), \quad I_l(f) = \int_{G_l} f(P)dP,$$
积分节点数 N 表示成 $N = N_1 + \cdots + N_n$, 且每一个积分 $I_l(f)$ 按照带有 N_l 个节点的蒙特卡罗方法来计算. 我们来考虑图 5.10.1 中表示的函数的积分计算. 对原始积分在 $p(P) \equiv 1$ 时直接计算有 $D(f) = 1/4$. 如果 $G_1 = [0, 1/2]$, $G_2 = [1/2, 1]$, 则对任意 $N_1, N_2 \neq 0$, 两个积分 $I_l(f)$ 均能精确计算, 从而原始积分也能精确计算.

§10. 提高蒙特卡罗方法的收敛速度

当然, 原始积分区域能成功划分为一些子区域使得每个子区域上被积函数为常数, 这样的情况是很少的. 但是, 如果能成功划分区域使在每个子区域上函数改变很小, 则在这样的区域内计算积分可以本质上提高精度.

积分区域划分成子区域以减小蒙特卡罗方法的方差, 这一方法特别广泛地应用于自然科学的信息处理中. 假设要测定某条河流流域中雪的含水量. 直接应用蒙特卡罗方法时以均匀分布密度选择几个点, 在这些点处含水量以表面单位进行测量. 同样自然条件下 (海拔高度, 云层水平, 林面率, 山坡方向, 沉陷, 恒风向) 各表面地段具有大约同样的含水量. 因此, 划分该流域为一些具有同等条件的小块并按照这些小块应用蒙特卡罗方法计算积分, 可以实质上提高精度.

当被积函数光滑时, 积分区域划分为子区域导致收敛速度阶的提高. 假设要计算
$$I(f) = \int_0^1 \cdots \int_0^1 f(x_1, \cdots, x_s) dx_1 \cdots dx_s.$$
让 $N = n^s$ 且将原始区域划分成相等的立方体
$$\Pi_{n_1, \cdots, n_s} : (n_1 - 1)/n \leqslant x_1 \leqslant n_1/n, \cdots, (n_s - 1)/n \leqslant x_s \leqslant n_s/n.$$
在每个立方体中随机选择点 $P_{n_1, \cdots, n_s}$. 我们认为它的分布密度为常数 n^s, 并且在任意两个立方体中选择的点相互独立. 设
$$\overline{S}_N(f) = \frac{1}{n^s} \sum_{n_1, \cdots, n_s = 1}^n f(P_{n_1, \cdots, n_s}).$$

习题 1   证明, $D(\overline{S}_N(f)) \leqslant D(S_N(f)) = D(f)/N$.

假定函数 $f(P)$ 对每个变量满足带有常数 A 的利普希茨 (Lipschitz) 条件, 我们来导出方差估计. 下列等式是正确的
$$D(\overline{S}_N(f)) = \sum_{n_1, \cdots, n_s = 1} D\left(\frac{1}{n^s} f(P_{n_1, \cdots, n_s})\right) = \sum_{n_1, \cdots, n_s = 1}^n \frac{1}{n^{2s}} D(f(P_{n_1, \cdots, n_s})). \quad (1)$$
我们有等式
$$M(f(P_{n_1, \cdots, n_s})) = \sigma_{n_1, \cdots, n_s} = \int_{\Pi_{n_1, \cdots, n_s}} n^s f(P) dP.$$
根据中值定理, 有 $\sigma_{n_1, \cdots, n_s} = f(\overline{P}_{n_1, \cdots, n_s})$, 其中 $\overline{P}_{n_1, \cdots, n_s} \in \Pi_{n_1, \cdots, n_s}$, 因此
$$M(f(P_{n_1, \cdots, n_s})) = f(\overline{P}_{n_1, \cdots, n_s}).$$

同时,
$$f(x_1 + \Delta_1, \cdots, x_s + \Delta_s) - f(x_1, \cdots, x_s)$$
$$= (f(x_1 + \Delta_1, \cdots, x_s + \Delta_s) - f(x_1 + \Delta_1, \cdots, x_{s-1} + \Delta_{s-1}, x_s))$$
$$+ (f(x_1 + \Delta_1, \cdots, x_{s-1} + \Delta_{s-1}, x_s) - f(x_1 + \Delta_1, \cdots, x_{s-2} + \Delta_{s-2}, x_{s-1}, x_s))$$
$$+ \cdots + (f(x_1 + \Delta_1, x_2, \cdots, x_s) - f(x_1, \cdots, x_s)).$$
由此推出, 对于所研究的函数类有
$$|f(x_1 + \Delta_1, \cdots, x_s + \Delta_s) - f(x_1, \cdots, x_s)| \leqslant A(|\Delta_1| + \cdots + |\Delta_s|).$$

如果点 $P_{n_1,\cdots,n_s}$ 属于 $\Pi_{n_1,\cdots,n_s}$,则其每一个分量与点 $\overline{P}_{n_1,\cdots,n_s}$ 的相应分量的差别不超过 n^{-1}. 因此,从上面最后一个不等式推出当 $P_{n_1,\cdots,n_s} \in \Pi_{n_1,\cdots,n_s}$ 时有估计
$$|f(P_{n_1,\cdots,n_s}) - f(\overline{P}_{n_1,\cdots,n_s})| \leqslant Asn^{-1},$$
从而
$$|f(P_{n_1,\cdots,n_s}) - \sigma_{n_1,\cdots,n_s}| \leqslant Asn^{-1}. \tag{2}$$
所有随机数 ξ 满足不等式
$$|M(\xi)| \leqslant \sup|\xi|.$$
于是,
$$D(f(P_{n_1,\cdots,n_s})) = M(f(P_{n_1,\cdots,n_s}) - \sigma)^2$$
$$\leqslant \sup_{P_{n_1,\cdots,n_s} \in \Pi_{n_1,\cdots,n_s}} (f(P_{n_1,\cdots,n_s}) - \sigma_{n_1,\cdots,n_s})^2 \leqslant \left(\frac{As}{n}\right)^2.$$
借助于这个估计我们断定等式 (1) 的右边部分不超过
$$n^s n^{-2s}(As/n)^2 = (As)^2/n^{s+2}.$$
以 N 记一般节点数 n^s,得到估计
$$D(\overline{S}_N(f)) \leqslant A^2 s^2 / N^{1+2/s}. \tag{3}$$
由此并基于切比雪夫不等式 (8.1),我们断言下列不等式以概率 $1-\eta$ 成立
$$|\overline{S}_N(f) - I(f)| \leqslant As N^{-1/s}/\sqrt{\eta N}.$$
所得到的误差估计在量级上好于蒙特卡罗方法的误差估计 $O(1/\sqrt{N})$.

我们得到了按照概率的误差估计. 对于所研究的方法还可能得到保证性误差估计. 将 (2) 乘以 n^{-s} 得到不等式
$$\left|\frac{1}{n^s}f(P_{n_1,\cdots,n_s}) - \int_{\Pi_{n_1,\cdots,n_s}} f(P)dP\right| \leqslant As/n^{s+1}.$$
值 $\overline{S}_N(f) - I(f)$ 可以表示成如下这些项的和的形式
$$\sum_{n_1,\cdots,n_s=1}^{n} \left(\frac{1}{n^s}f(P_{n_1,\cdots,n_s}) - \int_{\Pi_{n_1,\cdots,n_s}} f(P)dP\right).$$
对这些项的估计求和,得到
$$|\overline{S}_N(f) - I(f)| \leqslant As/n = As/N^{1/s}.$$
将这个估计同 §7 中定理做比较,我们断定所研究的方法是具有保证性的误差估计,在所研究的函数类上有最优量级.

可能出现这样的问题,即在这个类上是否可改进方差估计 (3). 蒙特卡罗方法,以及另一些积分近似值与某些随机常数有关的类似方法称为不确定性方法. 设 $S_N(f)$ 为积分 $I(f)$ 的应用某个不确定方法得到的近似值.

定理 1 (略去证明)　存在 $d_1(\mathbf{r},\mathbf{A}), d_2$,满足如下关系. 对于任意积分数值方法,当被积函数可利用的信息仅仅是其在 N 个点的值时,可以找到函数 $f \in C_{\mathbf{r}}(\mathbf{A})$ 使得不等式
$$|S_N(f) - I(f)| > d_1(\mathbf{r},\mathbf{A})/N^{r+1/2} \tag{4}$$

以概率 d_2 成立, 其中 $1/r = 1/r_1 + \cdots + 1/r_s$, 而 $S_N(f)$ 为积分的近似值.

由不等式 (4) 可导出不等式
$$\sqrt{D(S_N(f))} \geqslant d_3(\mathbf{r}, \mathbf{A})/N^{r+1/2}, \tag{5}$$
特别, 这个不等式意味着估计 (3) 的量级不可能进一步优化.

定理 2 (略去证明) 可以指出这样的积分方法, 其保证性误差估计满足如下关系
$$|S_N(f) - I(f)| \leqslant d_4(\mathbf{r}, \mathbf{A})/N^r, \tag{6}$$
同时对于所有 $f \in C_{\mathbf{r}}(\mathbf{A})$ 有
$$M(S_N(f)) = I(f), \quad \sqrt{D(S_N(f))} \leqslant d_5(\mathbf{r}, \mathbf{A})/N^{r+1/2}. \tag{7}$$

我们建立了这个方法当 $r_1 = \cdots = r_s = 1$ 的情况. 这个方法建立的思想在于将原始积分区域划分为小的子区域并在小的区域上借助于某些 "随机积分计算公式" 进行积分计算.

习题 2 设 $P_{n_1,\cdots,n_s}$ 为立方体 $\Pi_{n_1,\cdots,n_s}$ 中的随机点 (同习题 1 一样, 点 $P_{n_1,\cdots,n_s}$ 具有同样的分布和独立性条件). 以 $P^*_{n_1,\cdots,n_s}$ 记 $P_{n_1,\cdots,n_s}$ 的相对于立方体 $\Pi_{n_1,\cdots,n_s}$ 中心的对称点, 且让
$$s_{n_1,\cdots,n_s}(f) = \frac{1}{2n^s}(f(P_{n_1,\cdots,n_s}) + f(P^*_{n_1,\cdots,n_s})), \quad S_N(f) = \sum_{n_1,\cdots,n_s=1}^{n} s_{n_1,\cdots,n_s}(f).$$
证明, 对于类 $C_{2,\cdots,2}(\mathbf{A})$ 中的函数同时满足估计 (6), (7). (注意, 这里 $r = 2/s$.)

§11. 关于问题求解方法的选择

我们来讨论问题求解的途径, 这些问题适合用前节中讨论的蒙特卡罗方法求解. 假设针对各种参数值 $\alpha_1, \alpha_2, \alpha_3$ 要计算下列积分束
$$I(\alpha_1, \alpha_2, \alpha_3) = \int_G f(P; \alpha_1, \alpha_2, \alpha_3) dP.$$
积分区域 G 包含在三维单位立方体中, 并且属于集合 G 的点满足的条件由烦琐的不等式组给出. 显然不能用独立变量替换将积分区域 G 转换成可以应用精确的高阶求积公式的标准形式. 因此, 在区域 G 的外部假定 f 为零, 且以如下积分计算问题代替研究原始问题
$$\overline{I}(\alpha_1, \alpha_2, \alpha_3) = \int_0^1 \int_0^1 \int_0^1 \overline{f}(P; \alpha_1, \alpha_2, \alpha_3) dx_1 dx_2 dx_3,$$
其中
$$\overline{f}(P; \alpha_1, \alpha_2, \alpha_3) = \begin{cases} f(P; \alpha_1, \alpha_2, \alpha_3), & \text{当 } P \in G, \\ 0, & \text{当 } P \notin G. \end{cases}$$

被积函数现在是不连续的. 为计算积分我们应用矩形公式或高斯公式. 为达到控制精度的目的, 以不同的积分节点数进行计算. 计算结果稳定缓慢 (节点数改变时剧烈变化) 表明得到的近似值精度较小. 直接应用蒙特卡罗方法时得到的近似值的稳定性更糟

糕. 因此, 通常采用上面描述的通过划分区域来减小方差的方法求解. 对上面描述的两种方法进行了实验. 积分区域 $0 \leqslant x_1, x_2, x_3 \leqslant 1$ 被划分成边长为 $1/n$ 的大小相等的立方体, 然后应用上节研究的两种方法. 如其他方法一样, 研究其计算结果的稳定性. 结果表明在计算机容许的时间消耗情况下两种方法可以保证要求的计算精度.

在许多情况下, 要成功实施多重积分或者一系列积分的计算, 仅仅需要考虑对同一计算的重复过程进行修改即可. 这样求解所研究的问题首先是难以成功的, 因为验证节点 P 是否属于 G 的计算量很大, 而计算每一个值 $f(P; \alpha_1, \alpha_2, \alpha_3)$ 只要求小得多的计算量. 因为所有的积分按照同样的区域进行计算, 则通常应用如下方法进行求解. 立方体 $0 \leqslant x_1, x_2, x_3 \leqslant 1$ 被划分成边长为 $1/n$ 的大小相等的小立方体, 在每个小立方体中随机选择点 $P_{n_1,\cdots,n_s}$ 且验证点 $P_{n_1,\cdots,n_s}$ 是否属于 G, 所有点 $P_{n_1,\cdots,n_s} \in G$ 的分量被写入计算机内存. 接下来序列积分由如下带有同样节点的和式代替

$$\sum_{P_{n_1,\cdots,n_s} \in G} \frac{1}{n^3} f(P; \alpha_1, \alpha_2, \alpha_3).$$

在计算每个积分时不验证条件 $P_{n_1,\cdots,n_s} \in G$ 可以使得对机时消耗要求降低大约 100 倍.

另一个可以很大程度地降低机时消耗的事实如下. 被积函数具有形式

$$g(x_1, \alpha_1) h(x_1, x_2; \alpha_1, \alpha_2, \alpha_3),$$

其中函数 h 的每个值的计算同函数 g 的函数值计算相比要求相对少量的基本计算机运算. 因此, 应用下列计算流程. 相对于同一参数值 α_1 的所有积分 $\overline{T}(\alpha_1, \alpha_2, \alpha_3)$ 同时计算. 由此在计算整个积分序列时每个值 $g(x_1, \alpha_1)$ 只计算一次. 如此进行计算可以使计算的计算机耗费时间达到容许范围内. 积分序列计算结束后, 对问题求解过程的分析表明存在一些没用到过的可能性, 它们无论对使用者还是客户都可能提供另外的便利. 以减少机时消耗为目的, 客户力图减少积分计算要求的参数组 $(\alpha_1^i, \alpha_2^i, \alpha_3^i)$ 的全体数量 M. 计算时最困难的部分在于计算函数值 $g(x_1, \alpha_1)$. 因此, 一般的机时消耗不是与数 M 成正比, 而是与不同的值 α_1^i 的数量成正比. 这样, 通过成功地选择参数组 $(\alpha_1^i, \alpha_2^i, \alpha_3^i)$ 可以降低一般的时间消耗.

在所研究的问题中还有一个没用到的提高精度的潜在方法. 所研究方法的困难性同各种参数值 α 的个数与节点分量 x_1 各种值的个数的乘积成正比. 为减小这个数, 我们可以采用如下步骤: 按照如下矩形公式近似原始积分

$$I(\alpha_1, \alpha_2, \alpha_3) \approx \sum_{q=1}^{m} \frac{1}{m} \overline{I}\left(\alpha_1, \alpha_2, \alpha_3; \frac{q-1/2}{m}\right),$$

其中

$$\overline{I}\left(\alpha_1, \alpha_2, \alpha_3; \frac{q-1/2}{m}\right) = \int_0^1 \int_0^1 f\left(\alpha_1, \alpha_2, \alpha_3; \frac{q-1/2}{m}, x_2, x_3\right) dx_2 dx_3,$$

且仅对于积分 $\overline{I}(\alpha_1, \alpha_2, \alpha_3; x_1)$ 应用带有区域划分的蒙特卡罗方法. 另一种求解方法是: 划

分区间 $[0,1]$ 为子区间 $[(q-1)/m, q/m]$. 在每个子区间上选择随机点 ξ_q, 且让

$$I(\alpha_1, \alpha_2, \alpha_3) = \frac{1}{m} \sum_{q=1}^{m} \overline{I}(\alpha_1, \alpha_2, \alpha_3; \xi_q).$$

上面提出的两种方法同已使用的方法相比具有更差的收敛速度, 但是在这些方法中本质上计算较少的函数值 $g(x_1, \alpha_1)$.

从最后的讨论中可以看出, 在计算大的积分束时 (也如其他大的问题束一样) 更有效的常常不是对问题束中每个问题求解提高方法的质量, 而在于更好地组织计算结构.
在应用§4 中描述的过程时, 高维积分计算转变成多个低维积分的计算. 因此, 高维的积分有时可以应用上面指出的备用方法来提高积分束计算的有效性.

我们来关注在得到问题束的结果的同时出现的如下危险性.

需要求解的全体问题应该对应于某个实际现象. 可能会出现这样的情况, 即现象一开始无法在计算机上 "计算", 且提出的数学模型不能令人满意. 那么, 当同时求解一组问题时, 所有的计算结果是无效的. 在得到初步结果后继续求解问题时发现数学模型与现象的一般状况不相匹配. 这种不匹配在求解新问题时是典型的, 并且不能马上消除它, 需要经过大量实验性计算, 也需要客户与使用者共同对模型进行讨论.

使用者特别有理由关注问题提法的讨论. 如果问题最初的提法不合理, 他就会耗费许多时间在新的算法选择和新的程序描述上. 通过参与讨论, 使用者可以明白改变问题提法的可能情况, 并在建立求解程序时做预先研究. 与此相关, 在求解新类型问题时, 将程序要分解为一些独立功能块是特别重要的, 这使得它们可以独立地进行改变.

客户 (详细模型的计算) 和使用者 (最小工作量) 之间出发点的冲突导致建立简化模型, 而对简化模型的快速计算有助于解决用更复杂模型进行研究的合理性问题.

我们来研究另外一个例子, 它与重积分的积分方法选择时的工作程序有关. 复杂区域上的积分计算经常转化成简单类型的直积区域上的积分计算. 这些简单区域包括: 区间、平行六面体、射线、直线、圆、球面、球体等. 对于这些标准区域已有大量的成熟的积分方法, 在进行这样的积分区域变换以后可以应用§4 中描述的过程或者某个类似过程.

假设计算积分

$$I(f) = \int_{1 \leqslant x_1^2 + x_2^2 + x_3^2 \leqslant 4} f(x_1, x_2, x_3) dx_1 dx_2 dx_3.$$

将其方便地写成

$$I(f) = \int_1^2 \int_{S_1} g(l, \omega) d\omega dl,$$

其中 S_1 为半径为 l 的球面, $d\omega$ 为其面上的元素,

$$g(l, \omega) = l^2 f(l\omega_1, l\omega_2, l\omega_3), \quad \omega = (\omega_1, \omega_2, \omega_3), \quad \omega_1^2 + \omega_2^2 + \omega_3^2 = 1.$$

假定借助于按区间 $[1,2]$ 和按球面 S_1 的求积公式的直积计算积分. 公式

$$\int_1^2 h(l) dl \approx \sum_{j=1}^{n} d_j h(l_j) \tag{1}$$

和公式
$$\int_{S_1} p(\omega)d\omega \approx \sum_{q=1}^{m} k_q p(\omega_q) \tag{2}$$

的直积理解为公式
$$\int_1^2 \int_{S_1} g(l,\omega) d\omega dl \approx \sum_{j=1}^{n}\sum_{q=1}^{m} d_j k_q g(l_j,\omega_q).$$

我们来研究积分误差与积分方法和节点数的关系. 为了研究沿轴 l 数值积分的误差特性, 我们选择某个单位球面上的 "基底" 公式:
$$\int_{S_1} p(\omega)d\omega \approx \sum_{q=1}^{m_0} k_q^0 p(\omega_q^0), \tag{3}$$

这意味着节点数 m_0 小, 且同时表达式
$$G(l) = \int_{S_1} g(l,\omega)d\omega \text{ 和 } G^0(l) = \sum_{q=1}^{m_0} k_q^0 g(l,\omega_q^0)$$

对 l 有同样的特性. 例如, 可以尝试将 (3) 取为如下公式
$$\int_{S_1} p(\omega)d\omega \approx \frac{2\pi}{3} \sum p(\omega_1,\omega_2,\omega_3),$$

其中和式按照单位球面与坐标轴 x_1, x_2, x_3 的六个交点来取.

假定对轴 l 的积分计算采用高斯公式或者辛普森公式. 接下来分别取 $n = n_1, n_2, \cdots$ 个节点应用高斯公式
$$\int_1^2 h(l)dl \approx \sum_{j=1}^{n} d_j^m h(l_j^n)$$

得到某些值
$$G_{n_i}^0 = \sum_{j=1}^{n_i} d_j^{n_i} G^0(l_j^{n_i}).$$

同样对于节点数 $n = n_1', n_2', \cdots$ 得到辛普森公式的近似 $S_{n_i'}^0$.

从所有这些值的特性研究中可以看出它们收敛于极限值 I^0. 进一步, 对每一个 n 在所有近似 $G_{n_i}^0$ 和 $S_{n_i'}^0$ 中, 其中 $n_i, n_i' \leqslant n$, 选择有最好精度的近似 Γ_n, 且引入针对轴 l 的数值积分误差函数 $\varphi_l(n) = |\Gamma_n - I^0|$.

同样, 对变量 l 固定某个基底公式 (这个公式通常是带两个节点的高斯公式) 并建立按照球面 ω 的数值积分误差函数 $\varphi_\omega(m)$. 假定误差和是 $R = \varphi_l(n) + \varphi_\omega(m)$. 如果函数值 f 的计算是独立的, 则方法的困难性与 nm 成正比. 在给定的满足 $\varphi_l(n) + \varphi_\omega(m) \leqslant \varepsilon$ 的精度要求下最小化 nm, 得到要寻找的节点数 n_0 和 m_0. 给定 n 使适合于某个公式 —— 高斯公式或者辛普森公式, 选择相应的公式. 在对使用的方法的合理性有疑义时, 引入带有几个不同于 n_0 和 m_0 的值 n 和 m 的辅助积分, 仍然可以验证结果的正确性.

对于 s 维单位立方体上大的积分束, 我们用典型例子来说明如何类似地选取沿每个轴的积分方法. 针对每个轴应用高斯公式, 在按照每个轴选择节点数时, 作为对剩余轴

的基底公式选择带有两个节点的高斯公式. 针对所讨论的每一个轴, 继续细分节点数直到两个相邻的近似之差不小于 $\varepsilon \cdot s^{-1}$. 通过这样的方法确定了相应于每个轴的所需要的节点数 $n^{(i)}$ 之后, 针对每个轴计算带有 $n^{(i)}$ 个节点数的积分.

由于描述的算法可能出现某种不可靠性, 通常要验证其在给定积分束情况下应用的正确性: 只需选择有代表性的子积分束, 将按照给定算法计算的结果与按照轴来改变某些节点数的计算结果相比较.

参考文献

1. Бахвалов Н.С. Об оптимальных оценках скорости сходимости квадратурных процессов и методов интегрирования типа Монте-Карло на классах функций. // В кн.: Численные методы решения дифференциальных и интегральных уравнений и квадратурные формулы. — М.: Наука, 1964. С. 5–63.
2. Бахвалов Н.С. Численные методы. — М.: Наука, 1975.
3. Лоусон Ч., Хенсон Р. Численное решение задач метода наименыших квадратов. — М.: Наука, 1986.
4. Мысовских И.П. Интерполяционные кубатурные формулы. — М.: Наука, 1981.
5. Никифоров А.Ф., Суслов С.К., Уваров В.Б. Классические ортогональные полиномы дискретной переменной. — М.: Наука, 1985.
6. Никольский С.М. Квадратурные формулы. — М.: Наука, 1979.
7. Соболев С.Л. Введение в теорию кубатурных формул. — М.: Наука, 1974.

第六章　数值代数方法

数值代数方法传统上是指线性代数方程组的求解、矩阵求逆、行列式计算、求矩阵特征值和相应的特征向量, 以及寻找多项式的零点等的数值方法.

这些问题的求解在形式上不会遇到困难: 将行列式按克拉默公式展开可以找到方程组的解; 寻找矩阵特征值只需要写出它的特征方程并求其根. 但是, 这些建议遇到了来自多方面的异议.

直接展开行列式时, 带有 m 个未知数的方程组的求解要求 $m!m$ 量级的算术运算. 当 $m = 30$ 时这个运算次数就已经在现代计算机上无法实现了. 对于更大的 m, 应用有这样运算量的方法在可以预见的未来也将是不可能的.

这些经典的方法甚至对于小的 m 也无法应用的另一个原因是计算时舍入误差对最终结果有严重影响. 即使 $m = 20$, 在现代计算机上计算时, 由于数值量级的溢出使得计算紧急停止的情况是常有的. 即使这样的停止不发生, 由于计算误差的影响, 计算结果也远非真实. 同样的情况也会出现在应用特征多项式的显式表达式来计算矩阵的特征值.

代数问题的求解方法分为精确方法、迭代方法和概率方法. 通常应用这三种方法求解的问题类型可以相应地叫作带有少量、中等数量和大量未知量的问题. 计算机容量和存储结构的变化, 运算速度的提高和数值方法的发展导致方法的应用范围扩展到更高阶的方程组. 当前, 精确方法通常用于求解方程数目在 10^4 量级以内的方程组, 而迭代方法可用于求解方程数目在 10^7 量级以内的方程组.

在迭代过程的研究中我们需要矩阵和向量的范数概念. 回顾向量和矩阵空间中基本范数的定义. 如果在向量 $\mathbf{x} = (x_1, \cdots, x_m)^T$ 的空间中引入范数 $\|\mathbf{x}\|$, 则基于这个范数, 矩阵空间中矩阵 A 的范数为

$$\|A\| = \sup_{\mathbf{x} \neq \mathbf{0}} \|A\mathbf{x}\|/\|\mathbf{x}\|. \tag{1}$$

向量空间中最常用的范数有

$$\|\mathbf{x}\|_\infty = \max_{1 \leqslant j \leqslant m} |x_j|, \tag{2}$$

$$\|\mathbf{x}\|_1 = \sum_{j=1}^{m} |x_j|, \tag{3}$$

$$\|\mathbf{x}\|_2 = \sqrt{\sum_{j=1}^{m} |x_j|^2} = \sqrt{(\mathbf{x}, \mathbf{x})}. \tag{4}$$

相应地, 矩阵范数为

$$\|A\|_\infty = \max_{1 \leqslant i \leqslant m} \left(\sum_{j=1}^{m} |a_{ij}| \right), \tag{5}$$

$$\|A\|_1 = \max_{1 \leqslant j \leqslant m} \left(\sum_{i=1}^{m} |a_{ij}| \right), \tag{6}$$

$$\|A\|_2 = \sqrt{\max_{1 \leqslant i \leqslant m} \lambda^i_{A^*A}}, \tag{7}$$

这里及今后 λ^i_D 表示矩阵 D 的特征值.

我们对实数情况推导这些关系. 由 (2) 式有

$$\|A\mathbf{x}\|_\infty = \max_i \left| \sum_j a_{ij} x_j \right| \leqslant \max_i \left(\sum_j |a_{ij}| \max_j |x_j| \right) \leqslant \max_i \left(\sum_j |a_{ij}| \right) \max_j |x_j|,$$

则

$$\frac{\|A\mathbf{x}\|_\infty}{\|\mathbf{x}\|_\infty} \leqslant \max_i \left(\sum_j |a_{ij}| \right).$$

让 $\max_i \left(\sum_j |a_{ij}| \right)$ 在 $i = l$ 处达到. 对向量

$$\mathbf{x} = (\mathrm{sign}(a_{l1}), \cdots, \mathrm{sign}(a_{lm}))^T$$

我们有 $\|\mathbf{x}\|_\infty = 1$, 且

$$\|A\mathbf{x}\|_\infty \geqslant \left| \sum_j a_{lj} x_j \right| = \sum_j |a_{lj}| = \left(\max_i \sum_j |a_{lj}| \right) \|\mathbf{x}\|_\infty.$$

从这些关系式可以导出 (5).

同样, 对于由 (3) 定义的向量范数, 我们有

$$\|A\mathbf{x}\|_1 = \sum_i \left| \sum_j a_{ij} x_j \right| \leqslant \left(\max_j \sum_i |a_{ij}| \right) \sum_j |x_j|,$$

即

$$\frac{\|A\mathbf{x}\|_1}{\|\mathbf{x}\|_1} \leqslant \max_j \left(\sum_i |a_{ij}| \right).$$

让 $\max\limits_{j}\left(\sum\limits_{i}|a_{ij}|\right)$ 在 $j=l$ 处达到. 对仅仅有一个分量 x_l 不为零的向量 $\mathbf{x}$, 我们有

$$\|A\mathbf{x}\|_1 = \sum_i \left|\sum_j a_{ij}x_j\right| = \sum_i |a_{il}||x_l| = \left(\sum_i |a_{il}|\right)|x_l|$$
$$= \left(\max_j \sum_i |a_{ij}|\right) \sum_j |x_j| = \left(\max_j \sum_i |a_{ij}|\right) \|\mathbf{x}\|_1,$$

由此推出 (6).

由 $\|A\|_2$ 的定义和 (4) 我们有

$$\|A\|_2 = \sup_{\mathbf{x}} \frac{\|A\mathbf{x}\|_2}{\|\mathbf{x}\|_2} = \sup_{\mathbf{x}} \sqrt{\frac{(A\mathbf{x}, A\mathbf{x})}{(\mathbf{x},\mathbf{x})}} = \sqrt{\sup_{\mathbf{x}} \frac{(A^T A\mathbf{x}, \mathbf{x})}{(\mathbf{x},\mathbf{x})}}.$$

矩阵 $A^T A$ 是对称的, 因为 $(A^T A)^T = A^T (A^T)^T = A^T A$.

设矩阵 B 为对称的, $\mathbf{e}_1, \cdots, \mathbf{e}_m$ 为相应于特征值 $\lambda_1, \cdots, \lambda_m$ 的正交特征向量组. 将任意向量 $\mathbf{x}$ 表示成 $\sum\limits_{i=1}^{m} c_i \mathbf{e}_i$. 我们有

$$(B\mathbf{x}, \mathbf{x}) = \left(\sum_i \lambda_i c_i \mathbf{e}_i, \sum_i c_i \mathbf{e}_i\right) = \sum_i \lambda_i |c_i|^2,$$

因此

$$(B\mathbf{x}, \mathbf{x}) \leqslant (\max_i \lambda_i) \sum_i |c_i|^2 = (\max_i \lambda_i)(\mathbf{x}, \mathbf{x}) \tag{8}$$

且

$$(B\mathbf{x}, \mathbf{x}) \geqslant (\min_i \lambda_i)(\mathbf{x}, \mathbf{x}). \tag{9}$$

同时 $(B\mathbf{e}_i, \mathbf{e}_i)/(\mathbf{e}_i, \mathbf{e}_i) = \lambda_i$. 从这些关系式推出

$$\sup_{\mathbf{x}} \frac{|(B\mathbf{x}, \mathbf{x})|}{(\mathbf{x}, \mathbf{x})} = \max_i |\lambda_i|. \tag{10}$$

因为 $(A^T A\mathbf{x}, \mathbf{x}) = (A\mathbf{x}, A\mathbf{x}) \geqslant 0$, 则所有 $\lambda^i_{A^T A} \geqslant 0$. 在 (10) 中取 $B = A^T A$ 得到

$$\sup_{\mathbf{x}} \frac{|(A^T A\mathbf{x}, \mathbf{x})|}{(\mathbf{x}, \mathbf{x})} = \max_i |\lambda^i_{A^T A}| = \max_i \lambda^i_{A^T A}.$$

从最后关系式得到 (7).

我们也注意到一个重要的特殊情况.

如果 A 为对称矩阵, 则 $\lambda^i_{A^T A} = \lambda^i_{A^2} = |\lambda^i_A|^2$, 因此有

$$\|A\|_2 = \max |\lambda^i_A|. \tag{11}$$

如果 $A\mathbf{x} = \lambda \mathbf{x}$, 则 $\|A\| \|\mathbf{x}\| \geqslant \|\lambda\mathbf{x}\| = |\lambda| \|\mathbf{x}\|$. 于是, 矩阵 A 的任意特征值的模不会超过该矩阵的任意范数.

§1. 未知数依次消元法

我们研究求解方程组 $A\mathbf{x} = \mathbf{b}$ 的精确方法, 其中 $A = [a_{ij}]$ 为 $m \times m$ 矩阵, $\det A \neq 0$, $\mathbf{b} = (a_{1,m+1}, \cdots, a_{m,m+1})^T$.

如果假定没有进行舍入时在有限多次算术和逻辑运算后某个方法能给出精确解, 则该方法属于精确方法类型. 如果方程组矩阵的非零元素个数具有 m^2 量级, 则对于当前用于求解这些方程组的大多数精确方法, 要求的运算次数有 m^3 量级. 因此, 为使精确方法可用, 这样的运算次数对于所给计算机必须是可接受的; 另外的限制在于计算机存储结构和容量.

关于 "当前使用的方法" 的说法具有如下含义. 为了求解上述方程组, 还存在一些方法, 其运算次数的量级更小, 但是由于结果对计算误差很敏感, 这些方法未被积极采用.

线性方程组求解的最著名的方法是高斯消元法. 我们来研究它的一个可能的实现. 假定 $a_{11} \neq 0$, 方程组

$$\sum_{j=1}^{m} a_{ij} x_j = a_{i,m+1}, \quad i = 1, \cdots, m \tag{1}$$

的第一个方程除以系数 a_{11} 得到

$$x_1 + \sum_{j=2}^{m} a_{1j}^1 x_j = a_{1,m+1}^1.$$

然后, 从其余的每个方程中减去第一个方程乘相应系数 a_{i1}. 结果这些方程变成形式

$$\sum_{j=2}^{m} a_{ij}^1 x_j = a_{i,m+1}^1, \quad i = 2, \cdots, m.$$

第一个未知量除第一个方程外从所有其他方程中消去了. 进一步假定 $a_{22}^1 \neq 0$, 第二个方程除以系数 a_{22}^1, 且从第二个方程开始消除未知量 x_2, 如此下去. 结果逐次消除未知量, 方程组变成了带三角形矩阵的形式

$$x_i + \sum_{j=i+1}^{m} a_{ij}^i x_j = a_{i,m+1}^i, \quad i = 1, \cdots, m. \tag{2}$$

把原始问题变成形式 (2) 的整个计算过程称为高斯方法的正过程.

从方程组 (2) 的第 m 个方程中确定 x_m, 从第 $m-1$ 个方程确定 x_{m-1}, 等等直到 x_1. 这样的整个计算过程称为高斯方法的逆过程.

不难验证, 高斯方法正过程的实现要求 $N \sim 2m^3/3$ 次算术运算, 而逆过程则有 $N \sim m^2$ 次算术运算.

为方便起见, 今后引入记号 $a_{ij}^0 = a_{ij}$. 下列运算的结果消除 x_i: 1) 第 i 个方程除以 a_{ii}^{i-1}, 2) 从编号 $k = i+1, \cdots, m$ 的方程中减去第 i 个方程除以 a_{ii}^{i-1} 再乘 a_{ik}^{i-1} 后所得到的方程. 第一个运算等价于方程组左乘对角矩阵

$$C_i = \begin{pmatrix} 1 & & & & & & \\ & \ddots & & & & & \\ & & 1 & & & & \\ & & & (a_{ii}^{i-1})^{-1} & & & \\ & & & & 1 & & \\ & & & & & \ddots & \\ & & & & & & 1 \end{pmatrix},$$

第二个运算等价于左乘矩阵

$$C'_i = \begin{pmatrix} 1 & & & & & & \\ & \ddots & & & & & \\ & & 1 & & & & \\ & & -a_{i+1,i}^{i-1} & 1 & & & \\ & & \vdots & & \ddots & & \\ & & -a_{m,i}^{i-1} & \cdots & & 1 \end{pmatrix}.$$

这样, 进行这些变换后得到的方程组 (2) 写成如下形式

$$CA\mathbf{x} = C\mathbf{b}, \quad \text{其中 } C = C_m \cdots C'_1 C_1.$$

左 (右) 三角形矩阵的乘积还是左 (右) 三角形矩阵[1], 因此矩阵 C 是左三角形矩阵.

从逆矩阵元素的公式

$$(A^{-1})_{ij} = A_{ji}/\det A$$

推出左 (右) 三角形矩阵的逆矩阵也是左 (右) 三角形矩阵. 于是, 矩阵 $B = C^{-1}$ 是左三角形矩阵.

引入记号 $CA = D$. 由建立过程, $d_{ii} = 1$ 且矩阵 D 是右三角形矩阵. 由此可得矩阵 A 可表示成左右三角形矩阵的乘积:

$$A = C^{-1}D = BD.$$

等式 $A = BD$ 与条件 $d_{ii} = 1, i = 1, \cdots, m$ 一起构成相对于三角形矩阵 B 和 D 的元素的方程组: $\sum_{j=1}^{m} b_{ij}d_{jk} = a_{ik}$. 因为当 $i < j$ 时 $b_{ij} = 0$, 且当 $k < j$ 时 $d_{jk} = 0$, 这个方程组可以写成

$$\sum_{j=1}^{\min\{i,k\}} b_{ij}d_{jk} = a_{ik} \qquad (3)$$

或者等价地写成

$$\sum_{j=1}^{k} b_{ij}d_{jk} = a_{ik}, \quad \text{当 } k \leqslant i \text{ 时,}$$

$$\sum_{j=1}^{i} b_{ij}d_{jk} = a_{ik}, \quad \text{当 } i < k \text{ 时.}$$

回顾条件 $d_{ii} = 1$, 我们得到一组定义元素 b_{ij} 和 d_{ij} 的递推关系:

$$b_{ik} = a_{ik} - \sum_{j=1}^{k-1} b_{ij}d_{jk}, \quad \text{当 } k \leqslant i \text{ 时,}$$

$$d_{ik} = \frac{a_{ik} - \sum_{j=1}^{i-1} b_{ij}d_{jk}}{b_{ii}}, \quad \text{当 } i < k \text{ 时.} \qquad (4)$$

---

[1] 左、右三角形矩阵也称为下、上三角形矩阵 —— 译者注.

计算对于整个 $(i,k) = (1,1), \cdots, (1,m), (2,1), \cdots, (2,m), \cdots, (m,1), \cdots, (m,m)$ 逐步进行. 从今往后当求和的上界小于下界时, 认为整个和式等于零.

于是, 代替将 (1) 变为 (2) 所进行的变换可以直接借助公式 (4) 来计算 B 和 D. 如果所有的 b_{ii} 不等于零, 则这些计算可以实现. 设 A_k, B_k, D_k 为矩阵 A, B, D 的 k 阶主子式. 由 (3), $A_k = B_k D_k$. 因为 $\det D_k = 1$, $\det B_k = b_{11} \cdots b_{kk}$, 则 $\det A_k = b_{11} \cdots b_{kk}$. 于是,

$$b_{kk} = \det A_k / \det A_{k-1}.$$

这样, 为实现公式 (4) 的计算当且仅当如下条件满足

$$\det A_k \neq 0, \quad k = 1, \cdots, m. \tag{5}$$

在一系列情况下事先已知条件 (5) 满足. 例如, 许多数学物理问题转变成求带有正定矩阵 A 的方程组的解. 但是, 在一般情况下不可能事先知道这个条件. 也可能出现这样的情况: 所有的 $\det A_k \neq 0$, 但在 b_{kk} 中存在非常小的数且除以它将得到带有大的绝对误差的大数. 其结果导致解严重失真.

记 $C\mathbf{b} = \mathbf{d} = (d_{1,m+1}, \cdots, d_{m,m+1})^T$. 因为 $C^{-1} = B$ 且 $CA = D$, 则成立等式 $B\mathbf{d} = \mathbf{b}, D\mathbf{x} = \mathbf{d}$. 于是, 原始方程的矩阵被分解成左、右三角形矩阵的乘积, 原方程组的求解变成逐次解两个带有三角形矩阵的方程组 $B\mathbf{d} = \mathbf{b}, D\mathbf{x} = \mathbf{d}$. 这要求大约 $N \sim 2m^2$ 次算术运算.

矩阵 A 分解为三角形矩阵和定义向量 $\mathbf{d}$ 的操作次序可以更方便地统一起来. 方程组 $B\mathbf{d} = \mathbf{b}$ 的方程

$$\sum_{j=1}^{i} b_{ij} d_{j,m+1} = a_{i,m+1}$$

可以写成形式 (3), 即

$$\sum_{j=1}^{\min\{i,m+1\}} b_{ij} d_{j,m+1} = a_{i,m+1}.$$

于是, 值 $d_{i,m+1}$ 可以按照公式 (4) 与其余值 d_{ij} 同时计算.

在求解实际问题时常常出现需要求解这样的方程组, 其矩阵包含大量零元素. 通常这些矩阵具有所谓的带状结构. 更准确地说, 如果矩阵 A 当 $|i-j| > q$ 时 $a_{ij} = 0$, 则矩阵 A 叫作 $(2q+1)$-对角的, 或者具有带状结构. 数 $(2q+1)$ 叫作带宽. 在应用高斯方法求解带有带状矩阵的方程组时算术运算次数和存储量要求可以实质地减少.

习题 1 研究高斯方法的特性, 以及借助于带状矩阵分解为左右三角形矩阵乘积的方程组求解方法的特性. 证明, 为找到解 (当 $m, q \to \infty$ 时) 需要 $O(mq^2)$ 次算术运算. 在条件 $1 \ll q \ll m$ 下寻找运算次数的主项.

习题 2 对于带状矩阵, 估计应用高斯方法时计算机消耗的存储量.

不借助于计算机进行计算时, 随机误差概率很高. 为了消除这些误差, 有时引入方程组

的检验列 $\mathbf{a}_{m+2} = (a_{1,m+2}, \cdots, a_{m,m+2})^T$, 它由方程组的检验元素 $a_{i,m+2} = \sum_{j=1}^{m+1} a_{ij}$ 构成. 在对方程进行变换时, 对检验元素的运算与对方程自由项的运算相同. 运算结果是, 每个新方程的检验元素应该等于这个方程的系数之和. 如果两者相差较大, 这就表明, 计算误差较大, 或者算法对计算误差不稳定.

例如, 借助公式 (4) 将方程组 $A\mathbf{x} = \mathbf{b}$ 转化成 $D\mathbf{x} = \mathbf{d}$ 时, 方程组 $D\mathbf{x} = \mathbf{d}$ 的每个方程的检验元素 $d_{i,m+2}$ 按照同样的公式 (4) 计算. 固定 i 计算所有的元素 d_{ij} 以后, 通过验证

$$\sum_{j=i}^{m+1} d_{ij} = d_{i,m+2}$$

实现检验. 高斯方法的逆过程也带来方程组行检验元素的计算.

为避免计算误差的严重影响, 应用带主元选择的高斯方法. 它与上面描述的高斯方法的区别如下. 假设通过未知量的消元过程得到方程组

$$x_i + \sum_{j=i+1}^{m} a_{ij}^i x_j = a_{i,m+1}^i, \quad i = 1, \cdots, k,$$

$$\sum_{j=k+1}^{m} a_{ij}^k x_j = a_{i,m+1}^k, \quad i = k+1, \cdots, m.$$

将寻找 l 使得 $|a_{k+1,l}^k| = \max_j |a_{k+1,j}^k|$ 且进行变量互换 $x_{k+1} = x_l$ 和 $x_l = x_{k+1}$. 进一步, 从第 $k+2$ 个方程开始的所有方程中消去未知量 x_{k+1}. 这样的变量交换导致消元次序的改变, 在许多情况下实质上减小了解对舍入误差的敏感性.

常常要求求解几个带有同样矩阵 A 的方程组 $A\mathbf{x} = \mathbf{b}_q, q = 1, \cdots, p$. 按照下列方式进行则更方便: 引入记号

$$\mathbf{b}_q = (a_{1,m+q}, \cdots, a_{m,m+q})^T,$$

按公式 (4) 进行计算, 并计算 $i < k \leqslant m+p$ 时的元素 d_{ik}. 结果得到 p 个带三角形矩阵的相应于原问题的方程组

$$D\mathbf{x} = \mathbf{d}_q, \quad \mathbf{d}_q = (d_{1,m+q}, \cdots, d_{m,m+q})^T, \quad q = 1, \cdots, p.$$

分别独立求解方程组中的每一个. 用这种方式求解 p 个方程组的算术运算次数为 $N \sim 2m^3/3 + 2pm^2$.

上面描述的方法有时用于不额外增加巨大代价时得到解的误差判断, 其中误差来源于计算舍入. 给定向量 $\mathbf{z}$, 其分量与解的分量尽可能具有同样的次序和符号. 在缺乏充分信息的情况下常常取 $\mathbf{z} = (1, \cdots, 1)^T$. 计算向量 $\mathbf{c} = A\mathbf{z}$, 与原方程组同时求解方程组 $A\mathbf{z} = \mathbf{c}$.

设 $\mathbf{x}'$ 和 $\mathbf{z}'$ 为这些方程组实际得到的解. 可以得到的解的误差判断 $\mathbf{x}' - \mathbf{x}$, 这个判断基于假定: 具有同样矩阵和不同右边部分的方程组应用消元法求解时的相对误差, 即 $\|\mathbf{x} - \mathbf{x}'\|/\|\mathbf{x}'\|$ 和 $\|\mathbf{z} - \mathbf{z}'\|/\|\mathbf{z}'\|$, 不会相差很大的倍数.

为得到计算过程中舍入时产生的实际误差值判断, 另一个方法是通过改变尺度来改变计算误差的积累. 与原方程组同时采用同样方法求解方程组

$$(\alpha A)\mathbf{x}' = \beta \mathbf{b}, \quad \text{其中 } \alpha, \beta \text{ 为标量}.$$

当 α 和 β 不是 2 的整数次幂时,比较向量 $\mathbf{x}$ 和 $\alpha\beta^{-1}\mathbf{x}'$ 给出计算误差值的表示. 例如, 可以取 $\alpha=\sqrt{2}, \beta=\sqrt{3}$.

许多问题的研究导致必须求解带对称正定矩阵的线性方程组. 例如, 这样的方程组出现在用有限元方法或者有限差分方法求解微分方程的过程中. 在这些情况中方程组的矩阵也具有带状结构.

对于这样的方程组以及更一般的带有不一定为正定的埃尔米特矩阵的方程组可以应用平方根方法 (霍列茨基方法). 将矩阵 A 表示成

$$A = S^*DS, \tag{6}$$

其中 S 为右三角形矩阵, 即

$$S = \begin{pmatrix} s_{11} & s_{12} & \cdots \\ 0 & s_{22} & \cdots \\ \cdots & \cdots & \cdots \end{pmatrix},$$

S^* 为 S 的共轭矩阵, 并且所有的 $s_{ii} > 0$, D 为带有元素 d_{ii} 等于 $+1$ 或 -1 的对角矩阵. 矩阵等式 (6) 构成方程组

$$a_{ij} = \sum_{k=1}^{i} \bar{s}_{ki} s_{kj} d_{kk} = \bar{s}_{1i} s_{1j} d_{11} + \cdots + \bar{s}_{ii} s_{ij} d_{ii}, \quad i \leqslant j.$$

当 $i > j$ 时类似的方程可省略, 因为相应于下标对 (i,j) 和 (j,i) 的方程等价. 由此得到定义元素 d_{ii} 和 s_{ij} 的递推公式

$$d_{ii} = \operatorname{sign}\left(a_{ii} - \sum_{k=1}^{i-1} |s_{ki}|^2 d_{kk}\right), \quad s_{ii} = \sqrt{\left|a_{ii} - \sum_{k=1}^{i-1} |s_{ki}|^2 d_{kk}\right|},$$

$$s_{ij} = \frac{a_{ij} - \sum_{k=1}^{i-1} \bar{s}_{ki} s_{kj} d_{kk}}{s_{ii} d_{ii}}, \quad i < j.$$

因矩阵 S 是右三角形的, 于是在获得表达式 (6) 后原方程组的解转化成依次求解两个带三角形矩阵的方程组的解. 注意到在 $A > 0$ 时, 所有 $d_{ii} = 1$ 且 $A = S^*S$.

习题 3 用平方根方法求解带实正定矩阵 A 的方程组时, 估计算术运算次数和计算机存储量 (满足条件 $a_{ij} = a_{ji}$ 时存储矩阵 A 时所需要的容量减少).

用有限元方法求解数学物理边值问题的许多实际程序包按如下流程构造. 在对矩阵 A 进行行和列换位 (同时交换第 i 行和第 j 行以及第 i 列和第 j 列) 的变形以后, 方程组变成带有最小带宽的形式. 接下来应用平方根方法. 为此, 以减小计算量为目的, 在求解带有另外右边部分的方程组 $A\mathbf{x} = \mathbf{b}$ 时, 存储矩阵 S.

注记 这个方法在有效性上不如迭代方法.

习题 4 对于带状结构的矩阵, 估计平方根方法的算术运算次数和需要的存储量.

如果怀疑实际得到的解 $\mathbf{x}^1$ 由于计算误差严重失真, 则可以采取如下方法. 定义向量 $\mathbf{b}^1 = \mathbf{b} - A\mathbf{x}^1$. 误差 $\mathbf{r}^1 = \mathbf{x} - \mathbf{x}^1$ 满足方程组
$$A\mathbf{r}^1 = A\mathbf{x} - A\mathbf{x}^1 = \mathbf{b}^1. \tag{7}$$
在实际舍入条件下解这个方程组, 得到 $\mathbf{r}^1$ 的近似值 $\mathbf{r}^{(1)}$. 设 $\mathbf{x}^2 = \mathbf{x}^1 + \mathbf{r}^{(1)}$. 如果对新的近似的精度不满意, 则重复这样的操作. 求解方程组 (7) 时对其右边分量按照求解方程组 (1) 时的右边分量进行同样的操作. 因此, 在计算机上以浮点方式进行计算时自然期望这些方程组解的相对误差具有同样的量级. 因为舍入误差通常很小, 则 $\|\mathbf{b}^1\| \ll \|\mathbf{b}\|$, 从而 $\|\mathbf{r}^1\| \ll \|\mathbf{x}^1\|$, 且 (7) 的解通常比 (1) 的解具有小得多的绝对误差. 于是, 应用上述方法能提高近似解的精度.

当计算过程中计算机存储包含矩阵 B 和 D 时, 特别适合应用这个方法. 那么, 每次提高精度要求都要找到向量 $\mathbf{b}^k = \mathbf{b} - A\mathbf{x}^k$ 并求解两个带三角形矩阵的方程组. 则总共要求 $N_1 \sim 4m^2$ 算术运算, 远小于将矩阵 A 表示为 $A = DB$ 时所要求的运算量 $N_0 \sim 2m^3/3$.

上面描述的逐步提高近似解精度的方法常常按照如下形式来实现. 设矩阵 B 在某种意义下近似矩阵 A, 但求解方程组 $B\mathbf{x} = \mathbf{c}$ 比求解方程组 $A\mathbf{x} = \mathbf{b}$ 要求更少的计算量. 以方程组 $B\mathbf{x} = \mathbf{b}$ 的解作为解的第一次近似 $\mathbf{x}^1$. 差 $\mathbf{x} - \mathbf{x}^1$ 满足方程组
$$A(\mathbf{x} - \mathbf{x}^1) = \mathbf{b} - A\mathbf{x}^1.$$

代替求解这个方程组, 我们寻找如下方程组的解
$$B\mathbf{r}^1 = \mathbf{b} - A\mathbf{x}^1,$$

且让 $\mathbf{x}^2 = \mathbf{x}^1 + \mathbf{r}^1$. 于是, 每次近似按照如下公式从前一次近似得到
$$\mathbf{x}^{n+1} = \mathbf{x}^n + B^{-1}(\mathbf{b} - A\mathbf{x}^n) = (E - B^{-1}A)\mathbf{x}^n + B^{-1}\mathbf{b}.$$

如果矩阵 A 与 B 充分接近, 则矩阵 $E - B^{-1}A$ 具有小的范数且这样的迭代过程快速收敛 (也参看 §10).

远不如求解方程组常见的问题是矩阵求逆问题. 对逆矩阵 $X = A^{-1}$ 我们有等式 $AX = BDX = E$. 于是, 为寻找矩阵 X 只需逐次求解两个矩阵方程 $BY = E, DX = Y$. 不难计算, 按照这一步骤寻找逆矩阵 A^{-1} 时, 一般计算量为 $N_2 \sim 2m^3$ 次算术运算.

在必须提高逆矩阵近似精度时可以借助迭代过程 $X_k = X_{k-1}(2E - AX_{k-1})$ 进行. 为研究迭代过程收敛性, 我们来讨论矩阵 $G_k = E - AX_k$. 我们有
$$G_k = E - AX_k = E - AX_{k-1}(2E - AX_{k-1}) = (E - AX_{k-1})^2 = G_{k-1}^2.$$
由此得到一串等式
$$G_k = G_{k-1}^2 = G_{k-2}^4 = \cdots = G_0^{2^k}.$$
因为
$$A^{-1} - X_k = A^{-1}(E - AX_k) = A^{-1}G_k = A^{-1}G_0^{2^k},$$

所以我们有估计
$$\|A^{-1} - X_k\| \leqslant \|A^{-1}\| \cdot \|G_0\|^{2^k}.$$
于是, 当初始近似充分好时, 即如果 $\|E - AX_0\| \leqslant 1$, 则这个迭代过程以比几何级数更快的速度收敛.

§2. 反射方法

当前已经研究了如此多的线性代数方程组的精确求解方法, 以至于简单列举这些方法也很困难. 与高斯消元法一样, 这些方法中的大多数都是基于将方程组 $A\mathbf{x} = \mathbf{b}$ 转化成新的方程组 $CA\mathbf{x} = C\mathbf{b}$ 使得方程组 $B\mathbf{x} = \mathbf{d}$ 比原方程组求解更简单, 其中 $B = CA$, $\mathbf{d} = C\mathbf{b}$. 在选择合适的矩阵 C 时需要至少考虑下列两个因素. 第一, 它的计算不应该很复杂和困难. 第二, 乘矩阵 C 不应该在某种意义下损害矩阵 A (矩阵的条件数不应该发生严重改变 (参看 §11)).

下面描述的反射方法在一定程度上满足这些条件. 在要求 $N \sim 4m^3/3$ 次运算的方法中, 这个方法在当前是计算误差稳定性最好的方法之一. 在要求 $N \sim 2m^3$ 次运算的方法中, 计算误差最稳定的方法是追赶法.

我们研究 A 为实矩阵的情况. 如果 $\mathbf{w}$ 为某个单位长度的列向量, 即 $(\mathbf{w}, \mathbf{w}) = 1$, 则矩阵
$$U = E - 2\mathbf{w}\mathbf{w}^T$$
称为反射矩阵. 这里 $\mathbf{w}\mathbf{w}^T$ 理解为列向量 $\mathbf{w}$ 与行向量 $\mathbf{w}^T$ 的乘积所得的矩阵, 即 $\mathbf{w}\mathbf{w}^T = (w_{ij})$, 其中 $w_{ij} = w_i w_j$. 从定义得出 $\mathbf{w}\mathbf{w}^T$ 是对称矩阵.

直接验证可知: $U = U^T$ 且
$$UU^T = (E - 2\mathbf{w}\mathbf{w}^T)(E - 2\mathbf{w}\mathbf{w}^T)^T = E - 2\mathbf{w}\mathbf{w}^T - 2\mathbf{w}\mathbf{w}^T + 4\mathbf{w}\mathbf{w}^T\mathbf{w}\mathbf{w}^T = E,$$
这里我们提请注意
$$\mathbf{w}^T\mathbf{w} = (\mathbf{w}, \mathbf{w}) = 1. \tag{1}$$
于是, 矩阵 U 为对称且正交的.

> 回顾代数学中的一个事实. 设 U 和 B 为两个 m 阶矩阵, B 为 U 的多项式, $B = P_l(U)$. 那么, 可以重新调整其特征值的顺序使得 $\lambda_j^B = P_l(\lambda_j^U), j = 1, \cdots, m$.

因为 U 是对称的且 $U^2 = UU^T = E$, 而 E 的所有特征值为 1, 则矩阵 U 的所有特征值满足条件 $\lambda_U^2 = 1$, 即它们或者等于 $+1$, 或者等于 -1.

相应于特征值 -1 的特征向量为 $\mathbf{w}$. 事实上
$$U\mathbf{w} = \mathbf{w} - 2\mathbf{w}\mathbf{w}^T\mathbf{w} = \mathbf{w} - 2\mathbf{w} = -\mathbf{w}. \tag{2}$$
所有的与 $\mathbf{w}$ 正交的向量是特征向量. 相应的特征值为 $+1$. 事实上, 设 $(\mathbf{v}, \mathbf{w}) = 0$, 那么, 我们有
$$U\mathbf{v} = \mathbf{v} - 2\mathbf{w}\mathbf{w}^T\mathbf{v} = \mathbf{v} - 2\mathbf{w}(\mathbf{w}, \mathbf{v}) = \mathbf{v}. \tag{3}$$

将任意向量 **y** 表示成 **y** = **z** + **v**, 其中 **z** = γ**w**, (**v**, **w**) = 0. 为此, 应该取向量 **y** 在向量 **w** 上的投影作为 **z**, 即 **z** = (**y**, **w**)**w**, 且 **v** = **y** − (**y**, **w**)**w**. 由 (2) 和 (3) 我们有 $U\mathbf{y} = -\mathbf{z} + \mathbf{v}$. 于是, $U\mathbf{y}$ 是向量 **y** 的相对于垂直于向量 **w** 的超平面的镜面反射.

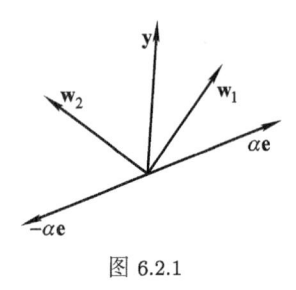

应用反射矩阵的几何性质, 不难解决下列问题: 在反射矩阵中适当选择向量 **w** 使得给定向量 **y** ≠ **0** 通过反射矩阵 $U = E - 2\mathbf{w}\mathbf{w}^T$ 变换后的结果 $U\mathbf{y}$ 具有给定的单位向量 **e** 的方向.

因为 U 是正交矩阵, 而正交变换保持向量长度不变, 所以我们应该有 $U\mathbf{y} = \alpha\mathbf{e}$ 或者 $U\mathbf{y} = -\alpha\mathbf{e}$, 其中 $\alpha = \sqrt{(\mathbf{y}, \mathbf{y})}$. 因此, 平行于反射平面的方向或者由向量 $\mathbf{y} - \alpha\mathbf{e}$ 或者向量 $\mathbf{y} + \alpha\mathbf{e}$ 来确定 (参看图 6.2.1).

图 6.2.1

于是, 将寻找向量 $\mathbf{w}_1 = \pm\rho_1^{-1}(\mathbf{y} - \alpha\mathbf{e})$ 或者 $\mathbf{w}_2 = \pm\rho_2^{-1}(\mathbf{y} + \alpha\mathbf{e})$, 其中 $\rho_1 = \sqrt{(\mathbf{y} - \alpha\mathbf{e}, \mathbf{y} - \alpha\mathbf{e})}$, $\rho_2 = \sqrt{(\mathbf{y} + \alpha\mathbf{e}, \mathbf{y} + \alpha\mathbf{e})}$. 显然, 这一过程总是可实现的. 如果向量 **y** 和 **e** 共线, 而此时或者 ρ_1 或者 ρ_2 等于零, 则不应该做任何反射.

反射矩阵在线性代数的各种问题的数值求解中有着广泛的应用 (特别, 在我们所研究的问题中方程组的矩阵变成三角形式).

引理 任意方阵可以表示成正交矩阵与上三角形矩阵 (或称为右三角形矩阵) 的乘积.

证明 设给定 m 阶方阵. 我们将按照依次左乘一些正交矩阵的途径将其化为右三角形矩阵. 在转化的第一步中取矩阵 A 的第一个列向量作为前面讨论的向量 **y**:

$$\mathbf{y}_1 = (a_{11}, \cdots, a_{m1})^T.$$

如果 $a_{21} = a_{31} = \cdots = a_{m1} = 0$, 则让 $A^{(1)} = A, U_1 = E$ 且引入记号 $a_{ij}^{(1)} = a_{ij}$, 我们转向下一步. 在相反的情况下, 矩阵 A 左乘反射矩阵 $U_1 = E_m - 2\mathbf{w}_1\mathbf{w}_1^T$, 其中 $\mathbf{w}_1$ 的选择使得向量 $U_1\mathbf{y}_1$ 与向量 $\mathbf{e}_1 = (1, 0, \cdots, 0)^T$ 共线. 此处及以后 E_q 表示 q 阶单位矩阵.

至此第一步结束, 且下一步将研究带有元素 $a_{ij}^{(1)}$ 的矩阵 $A^{(1)}$, 如果是第一种情况, 则这个矩阵等于 A, 如果是第二种情况, 则 $A^{(1)} = U_1A$.

假设我们已经完成了 $l - 1 > 0$ 步, 现在转向带有元素 $a_{ij}^{(l-1)}$ 的矩阵 $A^{(l-1)}$, 其中当 $i > j, j = 1, 2, \cdots, l - 1$ 时 $a_{ij}^{(l-1)} = 0$. 在 $m - l + 1$ 维向量空间 R_{m-l+1} 中我们研究向量

$$\mathbf{y}_l = (a_{l,l}^{(l-1)}, a_{l+1,l}^{(l-1)}, \cdots, a_{m,l}^{(l-1)})^T.$$

如果 $a_{l+1,l}^{(l-1)} = a_{l+2,l}^{(l-1)} = \cdots = 0$, 则让 $A^{(l)} = A^{(l-1)}$, $U_l = E$, 转向下一步. 否则建立反射矩阵 $V_l = E_{m-l+1} - 2\mathbf{w}_l\mathbf{w}_l^T$ (矩阵 V_l 和向量 $\mathbf{w}_l$ 的维数等于 $m - l + 1$), 变换向量 $\mathbf{y}_l$ 成与向量 $\mathbf{e}_l = (1, 0, \cdots, 0)^T \in R_{m-l+1}$ 共线的向量, 且考虑矩阵

$$A^{(l)} = U_lA^{(l-1)},$$

其中 $U_l = \begin{pmatrix} E_{l-1} & 0 \\ 0 & V_l \end{pmatrix}$. 显然这一过程总能实现, 且在第 $(m-1)$ 步之后, 我们转向矩阵

$$A^{(m-1)} = U_{m-1} U_{m-2} \cdots U_1 A,$$

这个矩阵具有右三角形式.

如果记 $U_{m-1} U_{m-2} \cdots U_1 = U$, 则从最后一个等式推出 $A = U^T A^{(m-1)}$, 其中 U^T 为正交矩阵, 而 $A^{(m-1)}$ 为右三角形矩阵. 引理得证.

回到方程组 $A\mathbf{x} = \mathbf{b}$ 的求解. 借助于指出的反射变换, 我们将其化为等价形式
$$A^{(m-1)} \mathbf{x} = U\mathbf{b},$$
其中 $A^{(m-1)}$ 为右三角形矩阵. 如果矩阵 $A^{(m-1)}$ 的所有对角线元素不等于零, 则依次寻找 $x_m, \cdots, x_1$. 如果对角线上出现等于零的元素, 则最后的方程组与原方程组的表示等价.

习题 1 推导 $m \to \infty$ 时反射方法近似的运算次数.

我们来研究带有复矩阵 A 和复向量 $\mathbf{b}$ 的方程组 $A\mathbf{x} = \mathbf{b}$. 设
$$A = A_1 + iA_2, \quad \mathbf{b} = \mathbf{b}_1 + i\mathbf{b}_2, \quad \mathbf{x} = \mathbf{x}_1 + i\mathbf{x}_2.$$
原方程组等价于方程组
$$C\mathbf{y} = \mathbf{d}, \tag{4}$$
其中实矩阵 C 和实向量 $\mathbf{d}$ 表示如下:
$$C = \begin{pmatrix} A_1 & -A_2 \\ A_2 & A_1 \end{pmatrix}, \quad \mathbf{d} = \begin{pmatrix} \mathbf{b}_1 \\ \mathbf{b}_2 \end{pmatrix}, \quad \mathbf{y} = \begin{pmatrix} \mathbf{x}_1 \\ \mathbf{x}_2 \end{pmatrix}.$$
因此, 代替直接求解原问题可以转向求解问题 (4), 并且可应用上面的反射方法.

但是也可以有另外的途径, 即直接将反射方法应用于原方程组 $A\mathbf{x} = \mathbf{b}$. 这里反射矩阵 $U = E - 2\mathbf{w}\mathbf{w}^*$ 是带有特征值 $\lambda_U = e^{i\varphi}$ 的酉矩阵, $\mathbf{w}^* = (\overline{w}_1, \cdots, \overline{w}_m)^T$. (以 $\overline{z}$ 记复数 z 的共轭复数.)

习题 2 导出复数矩阵情况的反射方法.

习题 3 研究反射方法对求解带有带状矩阵的方程组的应用情况.

§3. 简单迭代方法

线性方程组求解的一个迭代方法是简单迭代法. 将方程组
$$A\mathbf{x} = \mathbf{b} \tag{1}$$
变成形式
$$\mathbf{x} = B\mathbf{x} + \mathbf{c}, \tag{2}$$

并且它的解是序列

$$\mathbf{x}^{n+1} = B\mathbf{x}^n + \mathbf{c} \tag{3}$$

的极限.

每一个方程组

$$\mathbf{x} = \mathbf{x} - D(A\mathbf{x} - \mathbf{b}) \tag{4}$$

都具有形式 (2), 且当 $\det D \neq 0$ 时等价于方程组 (1). 同时每一个等价于 (1) 的方程组 (2) 可以写成带有矩阵 $D = (E - B)A^{-1}$ 的形式 (4).

定理 1 (关于简单迭代法收敛性的充分条件) 如果 $\|B\| < 1$, 则方程组 (2) 有唯一的解, 且迭代过程 (3) 以几何级数速度收敛于解.

证明 对于方程组 (2) 的每一个解有 $\|\mathbf{x}\| \leqslant \|B\|\,\|\mathbf{x}\| + \|\mathbf{c}\|$, 因此成立不等式 $\|\mathbf{x}\|(1 - \|B\|) \leqslant \|\mathbf{c}\|$ 或 $\|\mathbf{x}\| \leqslant (1 - \|B\|)^{-1}\|\mathbf{c}\|$. 由此推出齐次方程组 $\mathbf{x} = B\mathbf{x}$ 解的存在性和唯一性, 于是, 方程组 (2) 的解同样存在且唯一. 设 $\mathbf{X}$ 为方程组 (2) 的解. 从 (2) 和 (3) 得到关于相对误差 $\mathbf{r}^n = \mathbf{x}^n - \mathbf{X}$ 的方程:

$$\mathbf{r}^{n+1} = B\mathbf{r}^n. \tag{5}$$

从 (5) 得到等式

$$\mathbf{r}^n = B^n \mathbf{r}^0. \tag{6}$$

由此推出 $\|\mathbf{r}^n\| \leqslant \|B\|^n \|\mathbf{r}^0\| \to 0$. 定理得证.

为了表征迭代过程的性能, 比较方便的一种指标是第 n 次迭代以后的误差与初始误差之比的下降速度:

$$s_n = \sup_{\mathbf{x}^0 \neq \mathbf{X}} \frac{\|\mathbf{r}^n\|}{\|\mathbf{r}^0\|} = \sup_{\mathbf{r}^0 \neq \mathbf{0}} \frac{\|B^n \mathbf{r}^0\|}{\|\mathbf{r}^0\|} = \|B^n\|.$$

可以保证, 如果 $\|B^n\| \leqslant \varepsilon$, 即

$$n \geqslant n_\varepsilon = \ln(\varepsilon^{-1})/\ln(\|B\|^{-1}), \tag{7}$$

则有 $s_n \leqslant \varepsilon$.

如果存在常数 $\gamma_{\alpha\beta}, \gamma_{\beta\alpha}$ 使得当 $\mathbf{x} \neq \mathbf{0}$ 时

$$\|\mathbf{x}\|_\beta / \|\mathbf{x}\|_\alpha \leqslant \gamma_{\alpha\beta}, \quad \|\mathbf{x}\|_\alpha / \|\mathbf{x}\|_\beta \leqslant \gamma_{\beta\alpha},$$

则范数 $\|\mathbf{x}\|_\alpha$ 和 $\|\mathbf{x}\|_\beta$ 称为等价的. 我们有

$$\|\mathbf{r}^n\|_\beta \leqslant \gamma_{\alpha\beta}\|\mathbf{r}^n\|_\alpha \leqslant \gamma_{\alpha\beta}\|B\|_\alpha^n \|\mathbf{r}^0\|_\alpha \leqslant \gamma_{\alpha\beta}\gamma_{\beta\alpha}\|B\|_\alpha^n \|\mathbf{r}^0\|_\beta.$$

于是, 如果证明定理的条件对于范数 $\|\cdot\|_\alpha$ 满足, 则结论相对于任意等价范数也成立.

有限维空间中的任意两个范数是等价的. 特别, 本章中引入的相应于公式 (2), (3), (4) 计算的范数 $\|\mathbf{x}\|_1, \|\mathbf{x}\|_2, \|\mathbf{x}\|_\infty$ 相互等价, 这是因为有不等式

$$\|\mathbf{x}\|_\infty \leqslant \|\mathbf{x}\|_2 \leqslant \|\mathbf{x}\|_1 \leqslant m\|\mathbf{x}\|_\infty.$$

引理 假设矩阵 B 的所有特征值 λ_i 位于圆 $|\lambda| \leqslant q$ 内, 并且模等于 q 的特征值相应的若尔当块维数为 1. 则存在矩阵 $\Lambda = D^{-1}BD$, 其范数为 $\|\Lambda\|_\infty \leqslant q$.

证明 设 $\eta = q - \max\limits_{|\lambda_i|<q} |\lambda_i|$. 矩阵 $\eta^{-1}B$ 的特征值为 $\eta^{-1}\lambda_i$. 将矩阵 $\eta^{-1}B$ 变成若尔当型

$$D^{-1}(\eta^{-1}B)D = \begin{pmatrix} \eta^{-1}\lambda_1 & \alpha_{12} & 0 & \cdots \\ 0 & \eta^{-1}\lambda_2 & \alpha_{23} & \cdots \\ \cdot & \cdot & \cdot & \cdots \end{pmatrix},$$

其中 $\alpha_{i,i+1}$ 取值 0 或者 1. 在乘 η 之后得到

$$\Lambda = D^{-1}BD = \begin{pmatrix} \lambda_1 & \alpha_{12}\eta & 0 & \cdots \\ 0 & \lambda_2 & \alpha_{23}\eta & \cdots \\ \cdot & \cdot & \cdot & \cdots \end{pmatrix}.$$

如果 $|\lambda_i| = q$, 则由引理条件有 $\alpha_{i,i+1} = 0$. 由此推出 $|\lambda_i| + |\alpha_{i,i+1}\eta| = q$. 如果 $|\lambda_i| < q$, 则

$$|\lambda_i| + |\alpha_{i,i+1}\eta| \leqslant \max\limits_{|\lambda_i|<q} |\lambda_i| + \eta = q.$$

于是, $\|\Lambda\|_\infty = \max\limits_i (|\lambda_i| + |\alpha_{i,i+1}\eta|) \leqslant q$.

定理 2 (关于简单迭代方法收敛性的充分必要条件) 假设方程组 (2) 有唯一的解. 迭代过程 (3) 对任意初始近似收敛于方程组 (2) 的解当且仅当矩阵 B 的所有特征值的模小于 1.

证明 **充分性** 取满足 $\max\limits_i |\lambda_i| < q < 1$ 的任意的 q. 相应于这个 q 引理条件满足, 因此存在矩阵 D 使得当 $\Lambda = D^{-1}BD$ 时 $\|\Lambda\|_\infty \leqslant q$. 由于 $B = D\Lambda D^{-1}$, 则

$$B^n = D\Lambda D^{-1}D \cdots D^{-1}D\Lambda D^{-1} = D\Lambda^n D^{-1}.$$

因此当 $n \to \infty$ 时

$$\|B^n\|_\infty \leqslant \|D\|_\infty \|D^{-1}\|_\infty q^n \to 0$$

且

$$\|\mathbf{x}^n - \mathbf{X}\|_\infty \leqslant \|D\|_\infty \|D^{-1}\|_\infty q^n \|\mathbf{x}^0 - \mathbf{X}\|_\infty \to 0. \tag{8}$$

于是, 也有 $\|\mathbf{x}^n - \mathbf{X}\|_1 \to 0$, $\|\mathbf{x}^n - \mathbf{X}\|_2 \to 0$.

如果 χ_i 为坐标向量, $\mathbf{x} = (x_1, \cdots, x_m)^T$, 则 $\mathbf{x} = \sum\limits_i x_i \chi_i$. 设 $\|\cdot\|$ 为某个范数, 则

$$\|\mathbf{x}\| \leqslant \sum\limits_i |x_i| \|\chi_i\| \leqslant \|\mathbf{x}\|_\infty \sum\limits_i \|\chi_i\|.$$

所以对任意范数 $\|\cdot\|$ 我们有

$$\|\mathbf{x}^n - \mathbf{X}\| \leqslant \left(\sum\limits_i \|\chi_i\| \right) \|D\|_\infty \|D^{-1}\|_\infty q^n \|\mathbf{x}^0 - \mathbf{X}\|_\infty \to 0. \tag{9}$$

关系式 (8) 和 (9) 也意味着误差的任意范数减小速度快于任意的分母大于 $\max\limits_{i}|\lambda_i|$ 的几何级数.

必要性. 设 $|\lambda_i| \geqslant 1$ 且 $\mathbf{e}_1$ 为矩阵 B 的相应的特征向量. 那么, 对于初始近似 $\mathbf{x}^0 = \mathbf{X} + c\mathbf{e}_1, c \neq 0$, 我们有

$$\mathbf{r}^0 = c\mathbf{e}_1 \text{ 且当 } n \to \infty \text{ 时 } \mathbf{r}^n = \lambda_l^n c\mathbf{e}_1 \not\to 0.$$

习题 1 假设矩阵 B 除了单特征值 $\lambda_1 = 1$ 外所有其他的特征值均位于单位圆内部, 且方程组 (2) 有解 $\mathbf{X}$. 所有的 $\mathbf{x} = \mathbf{X} + c\mathbf{e}_1$ 也是方程组的解. 证明, 迭代过程 (3) 收敛于其中的一个解.

§4. 简单迭代方法在计算机上实现的特点

如果矩阵 B 的所有特征值位于单位圆的内部, 则似乎可以证明, 在计算机中数的量级有限和存在舍入的实际条件下, 方法的性能不会出现任何问题. 有时列出以下理由: 对每一个近似而言, 舍入导致的扰动等价于迭代过程的初始条件扰动. 因为过程收敛, 是"可自校正的", 所以这些扰动终究会消失, 且将得到原问题很好的近似解.

但是, 在解某些方程组时出现如下情况. 矩阵 B 的所有特征值位于圆 $|\lambda| \leqslant 1/2$ 内, 而由于计算机中数字阶码溢出, 在经过某个迭代次数以后迭代过程中断. 另外的情况下这种溢出不发生, 但计算时得到的向量 $\mathbf{x}^n$ 不收敛于解. 由于如下原因后一种情况是特别危险的. 可以无根据地决定, 在条件 $\max|\lambda_i| \leqslant 1/2$ 下某个确定的迭代次数, 例如迭代 100 次, 已经足以获得满足精度要求的解. 然后进行这 100 次迭代, 并将所得到的结果看作是所要求的解. 因此, 类似现象的出现推动了对迭代过程的更详细研究和算子理论中新概念的形成.

为了理解现象的本质, 给出某些例子是有益的. 在例子中可以以一种明显的形式探索这类现象. 作为模型, 我们选择相应于如下两对角矩阵的迭代过程

$$B_0 = \begin{pmatrix} \alpha & \beta & 0 & \cdots & 0 \\ 0 & \alpha & \beta & \cdots & 0 \\ \cdot & \cdot & \cdot & \cdots & \cdot \\ 0 & 0 & 0 & \cdots & \alpha \end{pmatrix}$$

求矩阵 B_0 的 n 次方, 得到三角形矩阵

$$B_0^n = (b_{ij}^{(n)}) = \begin{pmatrix} \alpha^n & C_n^1 \alpha^{n-1}\beta & C_n^2 \alpha^{n-2}\beta^2 & \cdots \\ 0 & \alpha^n & C_n^1 \alpha^{n-1}\beta & \cdots \\ \cdot & \cdot & \cdot & \cdots \end{pmatrix},$$

其中元素 $b_{ij}^{(n)} = C_n^{j-i} \alpha^{n-(j-i)} \beta^{j-i}$. 如果 $\mathbf{r}^0 = (0, \cdots, 0, 1)^T$, 则

$$\mathbf{r}^n = B_0^n \mathbf{r}^0 = (b_{1m}^{(n)}, \cdots, b_{mm}^{(n)})^T, \quad \|\mathbf{r}^n\|_1 = \sum_{i=1}^{m} |b_{im}^{(n)}|.$$

当 $n < m$ 时最后的表达式可以简化为
$$\|\mathbf{r}^n\|_1 = \sum_{i=1}^{m} C_n^{m-i} |\alpha|^{n-(m-i)} |\beta|^{m-i}$$
$$= \sum_{k=0}^{m-1} C_n^k |\alpha|^{n-k} |\beta|^k = \sum_{k=0}^{n} C_n^k |\alpha|^{n-k} |\beta|^k = (|\alpha| + |\beta|)^n.$$

研究情况 $|\alpha| < 1, |\alpha| + |\beta| > 1, |\beta/(1-\alpha)| < 1$. 设 $\mathbf{c} = \mathbf{c}^0 = (0, \cdots, 0, 1)^T$. 直接验证可知，对这样的 $\mathbf{c}$，所研究的方程组的解为
$$\mathbf{X}^0 = \left(\frac{1}{1-\alpha}\left(\frac{\beta}{1-\alpha}\right)^{m-1}, \cdots, \frac{1}{1-\alpha}\right)^T.$$

估计
$$\|\mathbf{X}^0\|_1 \leqslant \omega,$$
是正确的，其中
$$\omega = \frac{1}{|1-\alpha|} \sum_{k=0}^{\infty} \left|\frac{\beta}{1-\alpha}\right|^k = \frac{1}{|1-\alpha|\left(1 - \left|\frac{\beta}{1-\alpha}\right|\right)}.$$

在初始近似 $\mathbf{x}^0 = \mathbf{X}^0 + \mathbf{c}^0$ 时我们有 $\mathbf{r}^0 = \mathbf{c}^0$，且由上面所导出的结果，当 $n < m$ 时有
$$\|\mathbf{r}^n\|_1 = (|\alpha| + |\beta|)^n.$$

选择 m 使得数 $\sigma = [(|\alpha| + |\beta|)^{m-1} - \omega]/m$ 超过计算机容许的界限. 从先前所得的关系式推出
$$\|\mathbf{x}^{m-1}\|_\infty \geqslant \|\mathbf{x}^{m-1}\|_1/m \geqslant \left(\|\mathbf{r}^{m-1}\|_1 - \|\mathbf{x}^0\|_1\right)/m \geqslant \sigma.$$

因此，所给出的例子具有如下特性：初始近似的范数不大，迭代过程在没有舍入和计算机数量级限制的情况下收敛，但由于近似分量的值大到无法容忍，迭代过程在 $n = m - 1$ 步之前就会停止.

我们转向在某一步对计算进行舍入操作的实际情况，来更详细地研究什么情况下不会发生溢出. 代替 $\mathbf{x}^n$ 通过如下关系式得到 $\mathbf{x}^{*n}$:
$$\mathbf{x}^{*n+1} = B\mathbf{x}^{*n} + \mathbf{c} + \rho^n,$$
其中 ρ^n 为迭代过程中舍入误差之和.

由此以及 (3.2) 式得到关于误差 $\mathbf{r}^{*n} = \mathbf{x}^{*n} - \mathbf{X}$ 的方程
$$\mathbf{r}^{*n+1} = \rho^n + B\mathbf{r}^{*n}. \tag{1}$$

通过前一项来表示每个 $\mathbf{r}^{*n}$ 得到
$$\begin{aligned}\mathbf{r}^{*n} &= \rho^{n-1} + B\mathbf{r}^{*n-1} = \rho^{n-1} + B(\rho^{n-2} + \mathbf{r}^{*n-2}) \\ &= \rho^{n-1} + B\rho^{n-2} + \cdots + B^{n-1}\rho^0 + B^n \mathbf{r}^{*0}.\end{aligned} \tag{2}$$

正如已看到的一样，当 $|\alpha| < 1, |\alpha| + |\beta| > 1$ 时范数 $\|B_0^n\|$ 有如下特性：对于小的 n，它具有增长的趋势，对于大的 n 则趋向于零. (可以证明最大值 $\varphi(B_0) = \max_n \|B_0^n\|$ 在与 m 同阶的值 $n = n_0$ 处达到.) 在范数 $\|B^n\|$ 的这一特性下可能出现下列情况. 值

$\max_n \|\mathbf{x}^{*n}\|$ 不会如此之大以至于发生溢出且计算停止. 同时 $\varphi(B)2^{-t} \gg R$, 其中 R 为解的最大容许误差. 因此, 通常当 $n > n_0$ 时在 (2) 的右边部分的项中出现范数远大于 R 的项 $B^{n_0}\rho^{n-1-n_0}$. 结果不能建立带有容许精度的近似 $\mathbf{x}^n$.

对上述说法进行如下总结. 高阶矩阵具有本质上不同于低阶矩阵的性质. 除了这些矩阵的特征值外, 还存在近似特征值, 即使得 $\|A\mathbf{x} - \lambda\mathbf{x}\| \leqslant \varepsilon\|\mathbf{x}\|$ 成立的值 λ, 其中 $\|\mathbf{x}\| \neq 0$ 且 ε 非常小.

例如, 矩阵 B_0 当任意特征值 λ 位于圆 $|\alpha - \lambda| < |\beta|$ 内时可以建立向量 $\mathbf{x}_\lambda$ 使得 $\|B_0\mathbf{x}_\lambda - \lambda\mathbf{x}_\lambda\|_\infty \leqslant \varepsilon_\lambda\|\mathbf{x}_\lambda\|_\infty$, 其中 $\varepsilon_\lambda = |\beta| \, |(\lambda - \alpha)/\beta|^m$.

当 n 与 m 同阶时幂次矩阵 B^n 的特性在许多情况下由这样的 "近似特征向量" $\mathbf{x}_\lambda$ 和 "近似特征值" λ 确定.

习题 1 建立相应于上面引入的值 ε_λ 的 "近似特征向量" $\mathbf{x}_\lambda$.

累积计算误差 $\rho_n = \sum_{j=0}^{n-1} B^{n-1-j}\rho^j$ 很大的原因可能不仅是由于个别项的值很大, 也由于项数很多造成.

设 B 为对称矩阵, 且 $\|B\|_2 = \max_i |\lambda_B^i| = \lambda_B^1 < 1$, $\mathbf{e}^1$ 为相应于 λ_B^1 的标准化特征向量. 假定在第 j 步进行舍入 $\rho^j = \rho\mathbf{e}^1$, 其中 ρ 具有阶 2^{-t}. 我们有等式

$$\rho_n = \rho\sum_{j=0}^{n-1}(\lambda_B^1)^j\mathbf{e}^1 = \rho\frac{1-(\lambda_B^1)^n}{1-\lambda_B^1}\mathbf{e}^1.$$

因为迭代次数取成使得 $\|B^n\| \ll 1$ 成立, 而 $\|B^n\| = (\lambda_B^1)^n$, 则可以认为 $\|\rho_n\| \approx \rho/(1-\lambda_B^1)$. 于是, 如果 λ_B^1 接近于 1, 则迭代步骤中舍入的累积影响可以是相当大的.

我们来说明这样量级的计算误差是不可避免的. 假定代替方程组 (3.2) 我们来求解方程组 $\mathbf{X} = B\mathbf{X} + \mathbf{c} + \rho\mathbf{e}_1$. 这个方程组解的差 $\mathbf{X} - \mathbf{x}$ 满足关系式 $(\mathbf{X} - \mathbf{x}) = B(\mathbf{X} - \mathbf{x}) + \rho\mathbf{e}_1$, 由此 $\mathbf{X} - \mathbf{x} = (E-B)^{-1}\rho\mathbf{e}_1 = (1-\lambda_B^1)^{-1}\rho\mathbf{e}_1$. 因此, 量级 $(1-\lambda_B^1)^{-1}\rho$ 的误差是不可消除的. 迭代过程中的近似扰动相当于不可消除误差.

§5. 实际误差估计的 δ^2-过程和提高收敛速度

我们来研究方程组近似解的误差估计问题. 如果 $\mathbf{X}^*$ 为方程组 $A\mathbf{X} = \mathbf{b}$ 的近似解, 而 $\mathbf{X}$ 为精确解, 则可以写出等式

$$\|\mathbf{X}^* - \mathbf{X}\| = \|A^{-1}(A\mathbf{X}^* - \mathbf{b})\| \leqslant \|A^{-1}\| \, \|A\mathbf{X}^* - \mathbf{b}\|,$$

由于估计 $\|A^{-1}\|$ 的复杂性这个不等式很少应用. 因此, 在迭代方法所得到的近似值的误差实际分析中, 通常代替这个估计应用下面不严谨但更简单的误差估计, 它建立在由计算过程所得到的附加信息的基础上.

应用下列实用误差估计的合理性判据: 如果当 $n \to \infty$ 时

$$\|\mathbf{v}^n - (\mathbf{x}^n - \mathbf{X})\|/\|\mathbf{x}^n - \mathbf{X}\| \to 0, \tag{1}$$

则 $\mathbf{v}^n$ 用作近似值 $\mathbf{x}^n$ 的实际误差, 其中当 $n \to \infty$ 时 $\mathbf{x}^n \to \mathbf{X}$. 显然, 有 $\|\mathbf{v}^n\| \sim \|\mathbf{x}^n - \mathbf{X}\|$.

研究简单的迭代方法 $\mathbf{x}^{n+1} = B\mathbf{x}^n + \mathbf{c}$. 为叙述简单起见, 我们限制当 B 具有简单结构的情况 (即它的若尔当标准型为对角矩阵, 因此它具有完备的特征向量组).

设 $\lambda_i, i = 1, \cdots, m$ 为矩阵 B 的特征值, 按照 $|\lambda_i|$ 递减的方式排序, 并且 $1 > |\lambda_1| > |\lambda_2| \geqslant |\lambda_3| \geqslant \cdots \geqslant |\lambda_m|$, 而 $\mathbf{e}_i$ 为相应的特征向量且 $\|\mathbf{e}_i\| = 1$, 它们构成一个完备的向量组. 将向量 $\mathbf{r}^0$ 按照基底 $\mathbf{e}_i$ 展开: $\mathbf{r}^0 = \sum c_i \mathbf{e}_i$. 则有

$$\mathbf{r}^0 = \mathbf{x}^n - \mathbf{X} = B^n \mathbf{r}^0 = \sum c_i \lambda_i^n \mathbf{e}_i = c_1 \lambda_1^n \mathbf{e}_1 + O(|\lambda_2|^n). \tag{2}$$

这里及今后表达式 $\mathbf{x}^n = \mathbf{y}^n + O(\varepsilon_n)$ 具有如下含义: 当 $n \to \infty$ 时

$$\|\mathbf{x}^n - \mathbf{y}^n\| = O(\varepsilon_n).$$

进一步, 在本节中 $\|\mathbf{x}\|$ 总是指 $\|\mathbf{x}\|_2$.

我们来基于计算过程中得到的信息建立向量 $\mathbf{w}^n = c_1 \lambda_1^n \mathbf{e}_1$ 的近似. 由 (2) 我们有

$$\mathbf{x}^{n-2} - \mathbf{X} = \mathbf{w}^n \lambda_1^{-2} + O(|\lambda_2|^n),$$
$$\mathbf{x}^{n-1} - \mathbf{X} = \mathbf{w}^n \lambda_1^{-1} + O(|\lambda_2|^n),$$
$$\mathbf{x}^n - \mathbf{X} = \mathbf{w}^n + O(|\lambda_2|^n).$$

相邻的关系式相减, 得到

$$\mathbf{x}^{n-1} - \mathbf{x}^{n-2} = \mathbf{w}^n (1 - \lambda_1^{-1}) \lambda_1^{-1} + O(|\lambda_2|^n),$$
$$\mathbf{x}^n - \mathbf{x}^{n-1} = \mathbf{w}^n (1 - \lambda_1^{-1}) + O(|\lambda_2|^n). \tag{3}$$

由此可得

$$(\mathbf{x}^n - \mathbf{x}^{n-1}, \mathbf{x}^n - \mathbf{x}^{n-1}) = \|\mathbf{w}^n\|^2 |1 - \lambda_1^{-1}|^2 + O(\|\mathbf{w}^n\| |\lambda_2|^n),$$
$$(\mathbf{x}^{n-1} - \mathbf{x}^{n-2}, \mathbf{x}^n - \mathbf{x}^{n-1}) = \|\mathbf{w}^n\|^2 |1 - \lambda_1^{-1}|^2 \lambda_1^{-1} + O(\|\mathbf{w}^n\| |\lambda_2|^n). \tag{4}$$

设

$$\lambda_1^{(n)} = \frac{(\mathbf{x}^n - \mathbf{x}^{n-1}, \mathbf{x}^n - \mathbf{x}^{n-1})}{(\mathbf{x}^{n-1} - \mathbf{x}^{n-2}, \mathbf{x}^n - \mathbf{x}^{n-1})}.$$

应用关系式 (4) 且在假定 $c_1 \neq 0$ 之下在 $\lambda_1^{(n)}$ 的表达式的分子和分母分别除以 $\|\mathbf{w}^n\|^2 |1 - \lambda_1^{-1}|^2 \lambda_1^{-1}$, 得到

$$\lambda_1^{(n)} = \frac{\lambda_1 + O\left(\dfrac{|\lambda_2|^n}{\|\mathbf{w}^n\|}\right)}{1 + O\left(\dfrac{|\lambda_2|^n}{\|\mathbf{w}^n\|}\right)}.$$

因为

$$\|\mathbf{w}^n\| = |c_1| |\lambda_1|^n, \tag{5}$$

则有

$$\lambda_1^{(n)} = \lambda_1 + O\left(|\lambda_2/\lambda_1|^n\right). \tag{6}$$

将 (3) 中的第二个式子除以 $1-\left(\lambda_1^{(n)}\right)^{-1}$, 得到

$$\frac{\mathbf{x}^n-\mathbf{x}^{n-1}}{1-\left(\lambda_1^{(n)}\right)^{-1}}=\mathbf{w}^n\frac{1-\lambda_1^{-1}}{1-\left(\lambda_1^{(n)}\right)^{-1}}+O(|\lambda_2|^n)=\mathbf{w}^n+\mathbf{w}^n\frac{\lambda_1-\lambda_1^{(n)}}{\lambda_1(\lambda_1^{(n)}-1)}+O(|\lambda_2|^n).$$

从 (5) 和 (6) 推出 $\|\mathbf{w}^n(\lambda_1-\lambda_1^{(n)})\|=O(|\lambda_2|^n)$. 因此,

$$\frac{\mathbf{x}^n-\mathbf{x}^{n-1}}{1-\left(\lambda_1^{(n)}\right)^{-1}}=\mathbf{w}^n+O(|\lambda_2|^n).$$

由此和 (2) 式可得

$$\mathbf{x}^n-\mathbf{X}=\mathbf{v}^n+O(|\lambda_2|^n),$$

其中 $\mathbf{v}^n=(\mathbf{x}^n-\mathbf{x}^{n-1})/(1-(\lambda_1^{(n)})^{-1})$. 注意到由 (3), (6) 有 $\|\mathbf{v}^n\|=|c_1|\,|\lambda_1|^n+O(|\lambda_2|^n)$. 从这些等式推出 $\mathbf{v}^n$ 满足判据 (1), 因此它可以作为近似值 $\mathbf{x}^n$ 的实际误差估计.

当 $c_1=\cdots=c_l=0, c_{l+1}\neq 0$ 时, 如果 $|\lambda_{l+1}|>|\lambda_{l+2}|$, 则上述讨论仍然保持正确. 需要在所有的关系式中当 $i=1,2$ 时用 $\lambda_{l+i}, c_{l+i}, \mathbf{e}_{l+i}$ 代替 $\lambda_i, c_i, \mathbf{e}_i$. 所描述的获得近似解估计的方法称为 δ^2-过程.

如果设 $\mathbf{y}^n=\mathbf{x}^n-\mathbf{v}^n$, 则 $\mathbf{y}^n-\mathbf{X}=O(|\lambda_2|^n)$. 因此, 一般来说同 $\mathbf{x}^n$ 相比, $\mathbf{y}^n$ 是后续迭代中更好的初始条件. 按这样的方式逐步进行精确化, 有时能成功减少一般的迭代次数.

为使下列近似式正确:

$$\mathbf{x}^n-\mathbf{X}\approx \mathbf{v}^n, \tag{7}$$

必须在等式

$$\mathbf{x}^n-\mathbf{X}=\sum_i c_i\lambda_i^n \mathbf{e}_i$$

的右边有一项占据主导地位. 如果这样, 则向量 $\mathbf{x}^n-\mathbf{x}^{n-1}, \mathbf{x}^{n-1}-\mathbf{x}^{n-2}$ 近似地成正比, 且

$$\mu_n=\frac{|(\mathbf{x}^{n-1}-\mathbf{x}^{n-2}, \mathbf{x}^{n-1}-\mathbf{x}^n)|}{\|\mathbf{x}^{n-1}-\mathbf{x}^{n-2}\|\,\|\mathbf{x}^{n-1}-\mathbf{x}^n\|}\approx 1.$$

于是, 条件 $\mu_1\approx 1$ 是使得先前导出的结论正确的必要条件. 因此, 也可取它作为实际可行性条件 (7).

例如, 下列应用 δ^2-过程的简单迭代方法的流程可以加快收敛速度. 给定某个满足 $1>\eta'>0$ 的数 η' 和小的数 $\eta>0$. 如果迭代过程中出现 $\mu_n\geqslant 1-\eta$, 则计算 $\mathbf{v}^n$, 并且向量 $\mathbf{y}^n$ 被用作下次迭代的初始近似. 如果 $\mu_n\geqslant 1-\eta'$ 且 $\|\mathbf{v}^n\|\leqslant \varepsilon$, 则迭代过程停止, 其中 ε 为要求的精度.

如果 η 非常小, 则条件 $\mu_n\geqslant 1-\eta$ 将只在非常大的迭代次数以后满足, 从而不能加快收敛速度. 当 η 较大时, 我们的结论所依据的关系式大体满足. 因此不排除应用收敛的 δ^2-过程时迭代过程速度减慢的情况. 当存在舍入误差时迭代情况也会变得更复杂. 这样, 上面描述的流程实际上要求研究大量的例子以便选择最优的 η, η' 并且要指出使算法可用的值 ε 的下界. 如果对同样的迭代过程进行改变 (在我们的情况中是从 $\mathbf{x}^n$ 变到 $\mathbf{y}^n$), 则有时验证这种

改变是否导致情况变坏是有益的. 作为改变的合理性判据, 可以取某种同 $\mathbf{x}^n$ 和 $\mathbf{y}^n$ 的误差范数相关的关系式, 例如取如下类型的不等式:

$$\|(E-B)\mathbf{y}^n - \mathbf{c}\| \leqslant q\|(E-B)\mathbf{x}^n - \mathbf{c}\|.$$

下列情况促使我们要说明必须指出值 ε 的下界. 为了明确起见, 假设 $\lambda_1 > 0$. 当给定 $\mathbf{x}^{n-1}$ 计算 $\mathbf{x}^n$ 时舍入误差出现扰动值 $\delta\mathbf{x}^n$, 其范数具有阶 ρ. 范数具有阶 $(1-\lambda_1)^{-1}\rho$ 的扰动 $\delta\mathbf{v}^n$ 可能是这个结果的推论. 由此推出当 $\varepsilon < (1-\lambda_1)^{-1}\rho$ 时迭代过程有时可能不能结束. 得出的结论表明, 方法实现时出现许多这样的时刻, 其分析要求严格的数学推导和进行大量数值实验. 因此, 不管简单迭代方法怎样 "简单", 建立这个方法的标准程序是完全有理由的.

§6. 迭代过程收敛速度的最优化

我们来研究求解方程组 $A\mathbf{x} = \mathbf{b}$ 的简单迭代方法:

$$\mathbf{x}^{n+1} = \mathbf{x}^n - \alpha(A\mathbf{x}^n - \mathbf{b}).$$

我们已看到, 这个迭代过程的收敛速度实质上与矩阵 $B = E - \alpha A$ 的特征值的最大模有关. 如果 $\lambda_1, \cdots, \lambda_n$ 为矩阵 A 的特征值, 则 $\max_i |\lambda_i(B)| = \max_i |1 - \alpha\lambda_i|$. 从图 6.6.1 可以看出, 对不同符号的实特征值, 这个最大值大于 1, 且迭代过程发散.

我们来考虑经常遇到的情况, 即所有的 $\lambda_i > 0$. 值 λ_i 已知的情况是相当少有的, 但典型的情况是对所有的 i 知道这些值的形如 $0 < \mu \leqslant \lambda_i \leqslant M < \infty$ 的估计. 迭代过程的收敛速度可以由值

$$\rho(\alpha) = \max_{\mu \leqslant \lambda \leqslant M} |1 - \alpha\lambda|$$

来描述. 我们来研究如何选择 α 来极小化 $\rho(\alpha)$ 的问题.

为寻找 $\min_\alpha \rho(\alpha)$ 利用几何图形更方便 (图 6.6.2). 显然, 当 $\alpha \leqslant 0$ 时 $\rho(\alpha) \geqslant 1$. 当 $0 < \alpha \leqslant M^{-1}$ 时函数 $1 - \alpha\lambda$ 在区间 $[\mu, M]$ 上非负且单调递减, 因此 $\rho(\alpha) = 1 - \alpha\mu$. 当

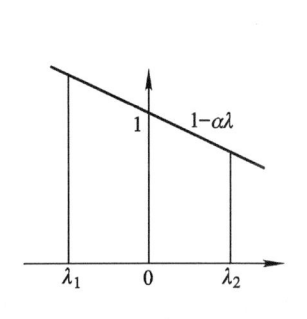

图 6.6.1

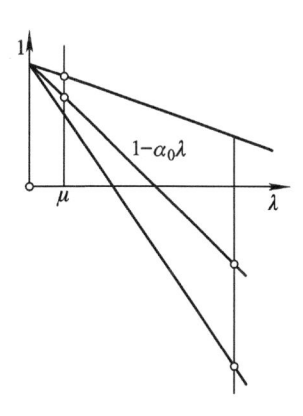

图 6.6.2

$M^{-1} < \alpha$ 时值 $1 - \alpha M$ 为负, 且它的模随着 α 的增加而增加. 在某个 $\alpha = \alpha_0$ 出现
$$1 - \alpha_0 \mu = -(1 - \alpha_0 M), \tag{1}$$
从而 $\rho(\alpha_0) = |1 - \alpha_0 \mu|$. 若 $\alpha < \alpha_0$, 则 $\rho(\alpha) = 1 - \alpha\mu > 1 - \alpha_0\mu = \rho(\alpha_0)$. 若 $\alpha_0 < \alpha$, 则 $\rho(\alpha) \geqslant |1 - \alpha M| = M\alpha - 1 \geqslant M\alpha_0 - 1 = \rho(\alpha_0)$. 于是, 值 $\alpha = \alpha_0$ 是所要寻找的. 解关于 α_0 的方程 (1) 得到 $\alpha_0 = 2/(M + \mu)$. 由此可得
$$\rho(\alpha_0) = (M - \mu)/(M + \mu).$$

习题 1 证明当 $\alpha = \|A\|^{-1}$ 时迭代过程是收敛的.

作为矩阵 $A > 0$ 的方程组的例子 (此处及以后不等式 $A > 0$ 意思是 A 为对称正定矩阵), 我们研究迭代过程收敛速度最优化问题的更加形式化的描述.

如果矩阵非零元素的个数远大于其维数, 则矩阵与向量乘积运算比向量的数乘或向量加法运算更困难. 因此, 在估计迭代过程及其最优化的困难性时我们可以取矩阵 A 与向量的乘积次数作为困难性的度量.

一般说来, 所有满足 $\det A \neq 0$ 的方程组 $A\mathbf{x} = \mathbf{b}$ 可以在两边同乘矩阵 A^T 转化为 (如通常所说的对称化) 带有对称正定矩阵的方程组. 事实上, 方程组 $A^T A\mathbf{x} = A^T \mathbf{b}$ 等价于原方程组, 矩阵 $A^T A$ 是对称的, 因为 $(A^T A)^T = A^T A$, 并且矩阵 $A^T A$ 是正定的, 因为当 $\mathbf{x} \neq \mathbf{0}$ 时 $(A^T A\mathbf{x}, \mathbf{x}) = \|A\mathbf{x}\|^2 > 0$. 尽可能避免对称化, 因为如我们将看到的一样, 对称化经常会导致迭代过程收敛性变差.

我们来研究几个比简单迭代更一般的迭代方法. 也就是在简单迭代
$$\mathbf{x}^{k+1} = \mathbf{x}^k - \tau(A\mathbf{x}^k - \mathbf{b})$$
的方法中, 我们将认为迭代参数 τ 可以随着迭代过程而改变. 于是, 方法变成形式
$$\mathbf{x}^{k+1} = \mathbf{x}^k - \tau_{k+1}(A\mathbf{x}^k - \mathbf{b}), \quad k = 0, 1, \cdots, \tag{2}$$
其中 $\mathbf{x}^0$ 为某个初始近似.

给定某个整数 $n > 0$ 并按照公式 (2) 进行 n 次迭代. 由 (2), 误差 $\mathbf{r}^k = \mathbf{x}^k - \mathbf{X}$ 满足关系式
$$\mathbf{r}^{k+1} = \mathbf{r}^k - \tau_{k+1} A\mathbf{r}^k = (E - \tau_{k+1}A)\mathbf{r}^k. \tag{3}$$

那么, 通过迭代方法 (2) 的 n 次迭代, 误差 $\mathbf{r}^n$ 将由初始误差 $\mathbf{r}^0$ 表示为
$$\mathbf{r}^n = (E - \tau_n A)\mathbf{r}^{n-1} = \cdots = (E - \tau_n A)\cdots(E - \tau_1 A)\mathbf{r}^0, \tag{4}$$
其中 $\mathbf{r}^0 = \mathbf{x}^0 - \mathbf{X}$ 为初始近似的误差.

引入记号 $Q_n(A) = (E - \tau_n A)\cdots(E - \tau_1 A)$. 于是, 算子 (矩阵) $Q_n(A)$ 将迭代过程第零步和第 n 步近似的误差联系起来. 由 (4) 我们有
$$\|\mathbf{r}^n\|_2 \leqslant \|Q_n(A)\|_2 \|\mathbf{r}^0\|_2. \tag{5}$$
(本节中范数符号 $\|\cdot\|$ 将总是指范数 $\|\cdot\|_2$.)

我们来研究下面的最优化问题. 寻找这样的迭代参数 $\tau_1, \cdots, \tau_n$, 使得范数 $\|Q_n(A)\|$ 最小. 只要矩阵 A 是对称的, 则矩阵 $Q_n(A)$ 也是对称的. 由此推出, 如果

λ 为 A 的特征值, 则 $Q_n(\lambda)$ 是矩阵 $Q_n(A)$ 的特征值. 于是有
$$\|Q_n(A)\| = \max_j |Q_n(\lambda_j)|, \tag{6}$$
其中 λ_j 为矩阵 A 的特征值. 假定 $\lambda_j \in [\mu, M], \mu > 0$. 因为 (6) 中的特征值未知, 而仅仅已知其变化区间, 寻找算子 $Q_n(A)$ 的范数的问题被算子范数的估计问题代替, 已知条件是 A 的谱所属的区间, 即 $\|Q_n(A)\| = \max_{\mu \leqslant \lambda \leqslant M} |Q_n(\lambda)|$. 注意到多项式 $Q_n(\lambda)$ 具有形式 $Q_n(\lambda) = 1 + \cdots$. 我们引入次数不超过 n 的多项式类 K_n, 每个多项式在零点处等于 1. 于是, 可以按照如下方式重新叙述原最优化问题. 要求在类 K_n 上寻找多项式 $Q_n^0(\lambda)$ 使得
$$Q_n^0(\lambda) = \arg\min_{Q_n \in K_n} \|Q_n(A)\| = \arg\min_{Q_n \in K_n} \max_{\mu \leqslant \lambda \leqslant M} |Q_n(\lambda)|, \tag{7}$$
这里符号 arg 通常指自变量, 即寻找多项式 $Q_n^0 \in K_n$ 使得等式 $\min_{Q_n \in K_n} \|Q_n(A)\| = \|Q_n^0(A)\|$ 成立.

实际上, 类 K_n 的引入拓宽了多项式的类, 因为在原问题中假定在区间 $[\mu, M]$ 上搜寻的多项式应该有 n 个根. 此外, 如我们将看到的一样, 这个类的拓宽不会改变最优化问题的求解结果.

引理 等式
$$Q_n^0(\lambda) = t_n^{-1} T_n\left(\frac{M + \mu - 2\lambda}{M - \mu}\right) \tag{8}$$
成立, 其中 T_n 为 n 次切比雪夫多项式, 而 $t_n = T_n\left(\frac{M + \mu}{M - \mu}\right)$.

证明 假定引理结论不正确, 即存在多项式 $Q_n \in K_n$, 其范数小于 Q_n^0 的范数. 因为在区间 $[-1, 1]$ 上 $|T_n| \leqslant 1$, 则按照假定我们有严格不等式
$$\max_{\mu \leqslant \lambda \leqslant M} |Q_n(\lambda)| < \max_{\mu \leqslant \lambda \leqslant M} |Q_n^0(\lambda)| = t_n^{-1}. \tag{9}$$
我们来研究多项式 $S_n(\lambda) = Q_n^0(\lambda) - Q_n(\lambda)$. 设
$$\lambda^j = \frac{M + m}{2} - \frac{M - m}{2} \cos\frac{\pi j}{n}, \quad j = 0, \cdots, n.$$
从等式 $T_n(x) = \cos(n \arccos x)$ 我们有
$$Q_n^0(\lambda^j) = (-1)^j t_n^{-1}.$$
因为 $\lambda^j \in [\mu, M]$, 则由 (9) 式有
$$|Q_n(\lambda^j)| < t_n^{-1}.$$
由此推出 $\operatorname{sign} S_n(\lambda^j) = \operatorname{sign} Q_n^0(\lambda^j)$.

点 $\lambda^0, \cdots, \lambda^n$ 在区间 $[\mu, M]$ 上单调分布. 因为当从这些点中的一个变到另一个时 $S_n(\lambda)$ 改变符号, 所以 $S_n(\lambda)$ 在 $[\mu, M]$ 上有 n 个根. 此外,
$$S_n(0) = Q_n^0(0) - Q_n(0) = 1 - 1 = 0.$$
我们得到了一个 n 次多项式, 它有 $n+1$ 个零点. 于是, $S_n(\lambda) \equiv 0$, $Q_n(\lambda) \equiv Q_n^0(\lambda)$,
$$\max_{[\mu, M]} |Q_n(\lambda)| = t_n^{-1}.$$
我们得出与 (9) 式矛盾的结果. 引理得证.

注意到, 因为由建立过程知 $Q_n^0(\lambda)$ 在区间 $[\mu, M]$ 上有 n 个零点, 所以多项式 $Q_n^0(\lambda)$ 也是原来最优化问题的解.

我们来估计所得方法的收敛速度. 应用切比雪夫多项式的显式表达
$$T_n(x) = (\lambda_1^n + \lambda_2^n)/2, \quad \lambda_{1,2} = x \pm \sqrt{x^2 - 1}.$$
当 $x = \dfrac{M+\mu}{M-\mu}$ 时有
$$x \pm \sqrt{x^2-1} = \frac{M+\mu}{M-\mu} \pm \sqrt{\left(\frac{M+\mu}{M-\mu}\right)^2 - 1} = \frac{(\sqrt{M} \pm \sqrt{\mu})^2}{(\sqrt{M}+\sqrt{\mu})(\sqrt{M}-\sqrt{\mu})}. \tag{10}$$
引入记号 $\lambda_0 = (\sqrt{M}+\sqrt{\mu})/(\sqrt{M}-\sqrt{\mu})$. 从 (10) 可得 $\lambda_1 = \lambda_0$, $\lambda_2 = \lambda_0^{-1}$. 因为 $\lambda_2 < 1$, 所以对于大的 n 有
$$t_n = T_n\left(\frac{M+\mu}{M-\mu}\right) \sim \frac{1}{2}\lambda_0^n.$$
由于 λ_1^n 和 λ_2^n 的符号相同, 则
$$t_n \geqslant \lambda_1^n/2 = \lambda_0^n/2. \tag{11}$$
基于上述可以提出几个典型的迭代过程.

一种情况是给定序列值 $n_0 = 0 < n_1 < n_2 \cdots$, 近似 $\mathbf{x}^{n_i}$ 由迭代公式
$$\mathbf{x}^{n_{i+1}} = \mathbf{x}^{n_i} - P_{q_i-1}^0(A)(A\mathbf{x}^{n_i} - \mathbf{b}) \tag{12}$$
定义, 其中 $q_i = n_{i+1} - n_i$ 且 $P_{q_i-1}^0(\lambda) = \lambda^{-1}(Q_{q_i}^0(\lambda) - 1)$. 我们有
$$\mathbf{r}^{n_{i+1}} = Q_{q_i}^0(A)\mathbf{r}^{n_i}, \quad \|\mathbf{r}^{n_{i+1}}\|_2 \leqslant \sigma_{q_i}\|\mathbf{r}^{n_i}\|_2,$$
其中 $\sigma_{q_i} = |t_{q_i}|^{-1}$, 且最终有
$$\|\mathbf{r}^{n_p}\|_2 \leqslant \sigma_{q_0}\cdots\sigma_{q_{p-1}}\|\mathbf{r}^0\|_2.$$
我们来看 $q_i \equiv k$, 即 $n_i = ik$ 的情况. 那么, 记 $\mathbf{x}^{n_i} = \mathbf{y}^i$, 可以将迭代公式 (12) 写成
$$\mathbf{y}^{i+1} = \mathbf{y}^i - P_{k-1}^0(A)(A\mathbf{y}^i - \mathbf{b}).$$
相应的误差估计为
$$\|\mathbf{y}^i - \mathbf{X}\|_2 \leqslant (\sigma_k)^i \|\mathbf{y}^0 - \mathbf{X}\|_2.$$
这个迭代过程称为 (按迭代次数) 最优线性 k-步迭代过程. 对 $k = 1$ 时的特殊情况, 由 (5), 关系
$$P_1^0(\lambda) = 1 - \lambda Q_0^0(\lambda) = \frac{\dfrac{M-\mu-2\lambda}{M-\mu}}{\dfrac{M+\mu}{M-\mu}} = 1 - \lambda\frac{2}{M+\mu},$$
$$t_1 = \frac{1}{\dfrac{M+\mu}{M-\mu}}, \quad \sigma_1 = \frac{1}{t_1} = \frac{M-\mu}{M+\mu}$$
成立. 于是, 最优线性一步迭代过程具有形式
$$\mathbf{y}^{i+1} = \mathbf{y}^i - \frac{2}{M+\mu}(A\mathbf{y}^i - \mathbf{b}),$$
而误差由下列方式估计:
$$\|\mathbf{y}^i - \mathbf{X}\|_2 \leqslant \left(\frac{M-\mu}{M+\mu}\right)^i \|\mathbf{y}^0 - \mathbf{X}\|_2 \tag{13}$$

§6. 迭代过程收敛速度的最优化

(我们已经在本节中建立了这个方法).

可以验证, 多项式 $P_{k-1}^0(A)$ 的系数随着 k 的增加快速增长, 因此对于大的 k 当应用这些系数值的信息计算 $\mathbf{x}^n$ 的算法对计算误差十分敏感. 由此, 为了计算 $\mathbf{x}^n$ 应该用方法 (2).

由于从 (4) 可推出
$$Q_k(\lambda) = (1-\tau_k\lambda)\cdots(1-\tau_1\lambda) = Q_k^0(\lambda),$$
则 τ_i 是多项式 $Q_k^0(\lambda)$ 的根的倒数. 但由上面的证明有 $Q_k^0(\lambda) = t_k^{-1}T_k\left(\dfrac{M+\mu-2\lambda}{M-\mu}\right)$, 即这个多项式的根等于
$$\lambda_j = \frac{M+\mu}{2} - \frac{M-\mu}{2}\cos\frac{(2j-1)\pi}{2k}, \quad j=1,\cdots,k. \tag{14}$$
由此推出值 τ_i 应该从集合
$$\left\{\frac{2}{M+\mu-(M-\mu)\cos\dfrac{(2j-1)\pi}{2k}}\right\}, \quad j=1,\cdots,k \tag{15}$$
中选择. 固定序列 $\tau_1 = \lambda_{j_1}^{-1}, \cdots, \tau_k = \lambda_{j_k}^{-1}$, 我们有由 $\mathbf{y}^i$ 计算 $\mathbf{y}^{i+1}$ 的算法 (2).

对于大的 k 和任意选择的 $j_1, \cdots, j_k$ 按公式 (2), (15) 的算法舍入误差也是不稳定的. 例如, 如果取 $\tau_i = \lambda_i^{-1}$, 则由 (3) 误差方程有形式 $\mathbf{r}^i = (E-\tau_iA)\mathbf{r}^{i-1}$. 当存在舍入时它可以写成
$$\mathbf{r}^i = (E-\tau_iA)\mathbf{r}^{i-1} + \rho^{i-1}.$$
依次由前一项表示 $\mathbf{r}^i$, 得到等式
$$\mathbf{r}^k = \prod_{i=1}^{k}(E-\tau_iA)\mathbf{r}^0 + \sum_{i=0}^{k-1}\prod_{i+2\leqslant j\leqslant k}(E-\tau_jA)\rho^i.$$
这里对 $\mathbf{r}^0$ 取带有范数 $\sigma_k = |t^k|^{-1} < 1$ 的算子 $Q_k^0(A)$, 同时作为针对 ρ_i 的算子可以取带有非常大的范数.

在实际计算时为了保证算法对于舍入的稳定性人们对 τ_i 实行 "混合". 当 $k = 2^l$ 时的混合算法描述如下. 对 $j = 1, \cdots, l$ 依次建立数 $1, \cdots, 2^j$ 的 "最大混合" 排列. 当 $j = 1$ 时它由两个数 $2, 1$ 构成. 假设已建立了一个排列 $(b_1^{j-1}, \cdots, b_{2^{j-1}}^{j-1})$, 接下来的排列取为 $(2^j+1-b_1^{j-1}, b_1^{j-1}, 2^j+1-b_2^{j-1}, b_2^{j-1}\cdots)$. 例如, 当 $l = 4$ 时这个排列具有形式 $(11, 6, 14, 3, 10, 7, 15, 2, 12, 5, 13, 4, 9, 8, 16, 1)$. 对于具有这样的迭代参数的算法, 转换算子的范数总是不会超过 1. 给定 $k = 2^l$, 建立数表 $b_1^l, \cdots, b_{2^l}^l$ 并以如下值按 (2) 进行迭代:
$$\tau_i = 2 \left/ \left(M+\mu - (M-\mu)\cos\frac{\pi(2b_i^l-1)}{2k}\right)\right.. \tag{16}$$

正如上面已提到的一样, k-步最优过程有不足之处, 即迭代次数一定要是 k 的倍数. 当 k 值较大时 (而这在实际中常常出现, 因为在此情况下可以提高收敛速度), 这在方程组求解时导致额外的花费.

我们来讨论迭代过程的建立问题, 它对任意 k 如同 k-步最优过程一样给出同样的

误差估计. 为建立这样的问题, 我们要求对任意 k 误差向量 $\mathbf{r}^k$ 满足方程
$$\mathbf{r}^k = t_k^{-1} T_k \left(\frac{(M+\mu)E - 2A}{M - \mu} \right) \mathbf{r}^0. \tag{17}$$
对 $k = n-1, k = n, k = n+1$ 依次写出关系式 (17), 得到
$$\mathbf{r}^{n-1} = t_{n-1}^{-1} T_{n-1} \left(\frac{(M+\mu)E - 2A}{M - \mu} \right) \mathbf{r}^0,$$
$$\mathbf{r}^n = t_n^{-1} T_n \left(\frac{(M+\mu)E - 2A}{M - \mu} \right) \mathbf{r}^0, \tag{18}$$
$$\mathbf{r}^{n+1} = t_{n+1}^{-1} T_{n+1} \left(\frac{(M+\mu)E - 2A}{M - \mu} \right) \mathbf{r}^0.$$
切比雪夫多项式由递推关系
$$T_{n+1}(x) - 2T_n(x) + T_{n-1}(x) = 0 \tag{19}$$
给出. 式 (18) 的第一个方程两边乘 t_{n-1}, 第三个方程两边乘 t_{n+1}, 而第二个方程两边乘矩阵 $-2t_n \dfrac{(M+\mu)E - 2A}{M - \mu}$. 将所得结果相加, 得到
$$t_{n-1}\mathbf{r}^{n-1} - 2t_n \frac{(M+\mu)E - 2A}{M - \mu} \mathbf{r}^n + t_{n+1}\mathbf{r}^{n+1}$$
$$= \left\{ T_{n-1}\left(\frac{(M+\mu)E - 2A}{M - \mu} \right) + T_{n+1}\left(\frac{(M+\mu)E - 2A}{M - \mu} \right) \right. \tag{20}$$
$$\left. -2\frac{(M+\mu)E - 2A}{M - \mu} T_n\left(\frac{(M+\mu)E - 2A}{M - \mu} \right) \right\} \mathbf{r}^0.$$
根据 (19), 在 (20) 式花括号内的表达式等于零. 于是, 迭代过程要寻找的误差 $\mathbf{r}^n$ 应该满足关系式
$$t_{n-1}\mathbf{r}^{n-1} - 2t_n \frac{(M+\mu)E - 2A}{M - \mu} \mathbf{r}^n + t_{n+1}\mathbf{r}^{n+1} = 0. \tag{21}$$
因为 $\mathbf{r}^n = \mathbf{x}^n - \mathbf{X}$, 将这个关系式代入 (21) 得到
$$t_{n-1}\mathbf{x}^{n-1} - 2t_n \frac{(M+\mu)E - 2A}{M - \mu} \mathbf{x}^n + t_{n+1}\mathbf{x}^{n+1}$$
$$= \left(t_{n-1}E - 2t_n \frac{(M+\mu)E - 2A}{M - \mu} + t_{n+1}E \right) \mathbf{X}. \tag{22}$$
由 (19) 式和等式 $t_n = T_n\left(\dfrac{M+\mu}{M-\mu} \right)$ 有
$$t_{n+1} - 2\left(\frac{M+\mu}{M-\mu} \right) t_n + t_{n-1} = 0, \tag{23}$$
且关系式 (22) 可以改写成
$$t_{n+1}\mathbf{x}^{n+1} - 2\left(\frac{M+\mu}{M-\mu} \right) t_n \mathbf{x}^n + t_{n-1}\mathbf{x}^{n-1} = 4\frac{-t_n}{M - \mu}(A\mathbf{x}^n - \mathbf{b}). \tag{24}$$
我们得到了所要求的递推关系. 现在来将其变成更一般的形式. 由 (23), 等式 (24) 可以改写成
$$t_{n+1}\mathbf{x}^{n+1} - (t_{n+1} + t_{n-1})\mathbf{x}^n + t_{n-1}\mathbf{x}^{n-1} = -\frac{2}{M+\mu}(t_{n+1} + t_{n-1})(A\mathbf{x}^n - \mathbf{b})$$
或者
$$\mathbf{x}^{n+1} = \mathbf{x}^n + \omega_n \omega_{n-1}(\mathbf{x}^n - \mathbf{x}^{n-1}) - \frac{2}{M+\mu}(1 + \omega_n \omega_{n-1})(A\mathbf{x}^n - \mathbf{b}), \tag{25}$$

其中 $\omega_n = t_n/t_{n+1}$. (23) 式两边除以 t_{n+1} 得到
$$1 - 2\frac{M+\mu}{M-\mu}\omega_n + \omega_n\omega_{n-1} = 0,$$
由此可得
$$\text{当 } n > 0 \text{ 时 } \omega_n = 1\bigg/\left(2\frac{M+\mu}{M-\mu} - \omega_{n-1}\right), \quad \omega_0 = t_0/t_1. \tag{26}$$

于是，可以从 (26) 递推计算值 ω_n，然后从 (25) 计算向量 $\mathbf{x}^{n+1}$. 为得到整个向量 $\mathbf{x}^1,\cdots,\mathbf{x}^n$ 要求进行 n 次矩阵与向量的乘法，$O(n)$ 次向量数乘、向量加法和数值运算. 为此，对于所有的 k，由 (5), (9), 估计
$$\|\mathbf{x}^k - \mathbf{X}\|_2 \leqslant t_k^{-1}\|\mathbf{x}^0 - \mathbf{X}\|_2 \tag{27}$$
成立. 二次方程
$$\omega^2 - 2\frac{M+\mu}{M-\mu}\omega + 1 = 0$$
有两个正根
$$\omega = \frac{M+\mu}{M-\mu} \pm \sqrt{\left(\frac{M+\mu}{M-\mu}\right)^2 - 1}.$$
将其中较小的根
$$\frac{M+\mu}{M-\mu} - \sqrt{\left(\frac{M+\mu}{M-\mu}\right)^2 - 1} = \frac{\sqrt{M}-\sqrt{\mu}}{\sqrt{M}+\sqrt{\mu}} = \frac{1}{\lambda_0}$$
记为 ω.

迭代过程 (25), (26) 称为 (按迭代量) 最优线性迭代过程. 在实现迭代过程 (25) (26) 时当矩阵 A 应用了任意 k 次后我们得到 (6) 式意义下的最优结果. 由上所述可以看出，迭代过程 (25), (26) 的收敛速度比 (12) 更快. 但是，当考虑到节省计算机存储量时则公式 (12) 更有利.

我们来推导所建立的迭代过程的更直观的收敛速度估计. 由 (27) 和 (11)，对于最优的迭代过程估计
$$\|\mathbf{x}^n - \mathbf{X}\|_2 \leqslant 2\lambda_0^{-n}\|\mathbf{x}^0 - \mathbf{X}\|_2$$
成立. 如果 $2\lambda_0^{-n} \leqslant \varepsilon$，则误差 $\mathbf{r}^n$ 的范数减小至少 ε^{-1} 倍. 由此得到保证解的精度达到 ε 的迭代次数估计
$$n \geqslant n_1 = \log_{\lambda_0}(2/\varepsilon) = (\ln\lambda_0)^{-1}\ln(2/\varepsilon).$$

对于许多问题数 M/μ 可能非常大. 因此，当 $M/\mu \to \infty$ 时有
$$\lambda_0 = 1 + 2\sqrt{\mu/M} + O(\mu/M).$$
于是
$$\ln\lambda_0 \sim 2\sqrt{\mu/M}, \quad n_1 \sim 0.5\sqrt{M/\mu}\ln(2/\varepsilon).$$

为进行比较，我们来研究最优线性一步过程，根据 (13) 其误差估计为
$$\|\mathbf{x}^n - \mathbf{X}\|_2 \leqslant \left(\frac{M+\mu}{M-\mu}\right)^n\|\mathbf{x}^0 - \mathbf{X}\|_2.$$

由此得到迭代次数估计
$$n \geqslant n_2 = \left(\ln \frac{M+\mu}{M-\mu}\right)^{-1} \ln \frac{1}{\varepsilon}.$$

当 $M/\mu \to \infty$ 时有
$$\ln \frac{M+\mu}{M-\mu} \sim \frac{2\mu}{M} \quad \text{且} \quad n_2 \sim \frac{1}{2}\frac{M}{\mu} \ln \frac{1}{\varepsilon}.$$

于是, 比较而言, 最优迭代过程在迭代次数方面减少大约 $\sqrt{M/\mu}$ 倍.

习题 2 研究迭代过程
$$\mathbf{x}^i = \mathbf{x}^{i-1} - \tau_{i-1}(A\mathbf{x}^{i-1} - \mathbf{b}), \quad i = 1, 2 \cdots.$$
设 p 为奇数, 且对所有的 $k, \tau_0, \cdots, \tau_{p^k-1}$ 与下列数值相同:
$$\gamma_{i-1} = 2\left(M + \mu - (M-\mu)\cos\frac{\pi(2i-1)}{2p^k}\right)^{-1}, \quad i = 1, \cdots, p^k.$$
验证对任意 $i = p^k$ 近似 $\mathbf{x}^i$ 与由最优线性迭代过程得到的近似相同.

习题 3 设 $\tau_0 = 2/(M+\mu)$, $\tau_1 = 1/M$, $\tau_2 = 1/\mu$ 且对每个 $k > 1$ 值 $\tau_{2^k+1}, \cdots$, $\tau_{2^{k+1}}$ 与下列值相同:
$$\gamma_i = 2\left(M + \mu - (M-\mu)\cos\frac{\pi(2i-1)}{2^{k+1}}\right)^{-1}, \quad i = 1, \cdots, 2^k.$$
证明对于这一迭代过程对任意 $n = 2^{k+1}$ 成立估计
$$\|\mathbf{x}^n - \mathbf{X}\|_2 \leqslant \frac{4}{(\lambda_0^{n-1} - \lambda_0^{1-n})(\lambda_0 - \lambda_0^{-1})}\|\mathbf{x}^0 - \mathbf{X}\|_2,$$
即
$$\|\mathbf{x}^n - \mathbf{X}\|_2 = O(\lambda_0^{-n})\|\mathbf{x}^0 - \mathbf{X}\|_2.$$

我们来研究典型的数学物理问题, 这个问题转化成求解带有大比值 M/μ 的线性方程组. 设在矩形 $0 \leqslant x_1, x_2 \leqslant 1$ 内求解泊松 (Poisson) 方程 $-\Delta u = f$, 其边界条件为零. 给定带有步长 $h = 1/l$ 的网格并近似微分问题的方程组: 当 $0 < m, n < l$ 时

$$-\frac{u_{m+1,n} - 2u_{mn} + u_{m-1,n}}{h^2} - \frac{u_{m,n+1} - 2u_{mn} + u_{m,n-1}}{h^2} = f_{mn}, \tag{28}$$

若 $m(l-m)(l-n)n = 0$, 则 $u_{mn} = 0$.

这个方程组的矩阵是正定的, 且对于它有
$$\mu = \min \lambda_i = 8l^2 \sin\left(\frac{\pi h}{2}\right) \sim 2\pi^2,$$
$$M = \max \lambda_i = 8l^2 \cos\left(\frac{\pi h}{2}\right) \sim 8l^2,$$

即 $\sqrt{M/\mu} \sim 2l/\pi$. 例如, 当步长 $l = 30$ 时迭代次数大约节省 20 倍.

本节开始时曾指出, 当方程组对称化时, 它的性质可能变坏. 事实上, 假设这个过程应用到 A 已是对称矩阵的方程组, 即由方程组 $A\mathbf{x} = \mathbf{b}$ 变为 $A^2\mathbf{x} = A\mathbf{b}$. 如果原方程组中最大最小特征值之比等于 M/μ, 则在新的方程组中它将是 $(M/\mu)^2$ 且迭代过程的收敛速度将变慢.

注记 当 $n \to \infty$ 时有
$$\omega_n = \frac{T_n\left(\frac{M+\mu}{M-\mu}\right)}{T_{n+1}\left(\frac{M+\mu}{M-\mu}\right)} \to \omega = \frac{\sqrt{M}-\sqrt{\mu}}{\sqrt{M}+\sqrt{\mu}}.$$

于是, 对于大的 n, 迭代公式 (25) 近似于公式
$$\mathbf{z}^{n+1} = \mathbf{z}^n + \omega^2(\mathbf{z}^n - \mathbf{z}^{n-1}) - \frac{2}{M+\mu}(1+\omega^2)(A\mathbf{z}^n - \mathbf{b}). \tag{29}$$

如果当 $n > 1$ 时按照这个公式进行迭代, 则在条件 $\mathbf{z}^0 = \mathbf{x}^0, \mathbf{z}^1 = \mathbf{y}^1$ 下这个迭代过程要求大约与迭代过程 (25) 同样的迭代次数.

习题 4 对迭代过程 (29) 证明其误差估计满足
$$\frac{\|\mathbf{r}^{n+1}\|_2}{\|\mathbf{r}^0\|_2} \leqslant \frac{2+(n-1)(1-\lambda_0^{-2})}{1+\lambda_0^{-2}}\lambda_0^{-n}. \tag{30}$$

提示 将误差表示为 $\mathbf{r}^n = \sum_{k=1}^{m} z_k^m \mathbf{e}_k$, 其中 $\{\mathbf{e}_k\}$ 为矩阵 A 的特征向量构成的完备正交系. 代入 (29) 得到将 $z_k^{n-1}, z_k^n, z_k^{n+1}$ 联系起来的差分方程. 得到关于 z_k^n 的显式表示, 基于此得到要求的估计 (30).

习题 5 证明, 估计 (30) 在满足条件 $S(A) \subset [\mu, M]$ 的矩阵集合上不可能更好.

§7. 赛德尔方法

假定要求解方程组 $A\mathbf{x} = \mathbf{b}$, 其矩阵的对角线上的所有元素不等于零. 在赛德尔 (Seidel) 迭代方法中依次使解的分量精确化, 并且第 k 个分量从第 k 个方程找到. 也就是, 如果 $\mathbf{x}^n = (x_1^n, \cdots, x_m^n)^T$, 则下一个近似由如下一组关系式确定:
$$\begin{aligned}
a_{11}x_1^{n+1} + a_{12}x_2^n + \cdots + a_{1m}x_m^n &= b_1, \\
a_{21}x_1^{n+1} + a_{22}x_2^{n+1} + a_{23}x_{23}^n \cdots + a_{2m}x_m^n &= b_2, \\
&\cdots\cdots\cdots\cdots \\
a_{m1}x_1^{n+1} + a_{m2}x_2^{n+1} + \cdots + a_{mm}x_m^{n+1} &= b_m.
\end{aligned} \tag{1}$$

方程组 (1) 可以表示成
$$B\mathbf{x}^{n+1} + C\mathbf{x}^n = \mathbf{b}, \tag{2}$$

其中
$$B = \begin{pmatrix} a_{11} & 0 & 0 & \cdots & 0 \\ a_{21} & a_{22} & 0 & \cdots & 0 \\ \cdot & \cdot & \cdot & \cdots & \cdot \\ a_{m1} & a_{m2} & a_{m3} & \cdots & a_{mm} \end{pmatrix}, \quad C = \begin{pmatrix} 0 & a_{12} & a_{13} & \cdots & a_{1m} \\ 0 & 0 & a_{23} & \cdots & a_{2m} \\ \cdot & \cdot & \cdot & \cdots & \cdot \\ 0 & 0 & 0 & \cdots & 0 \end{pmatrix}.$$

由此可得
$$\mathbf{x}^{n+1} = -B^{-1}C\mathbf{x}^n + B^{-1}\mathbf{b}. \tag{3}$$

于是, 赛德尔方法等价于某个简单迭代方法. 因此, 其在任意初始近似情况下是收敛的当且仅当矩阵 $B^{-1}C$ 的所有特征值的模小于 1. 由等式
$$\det(-B^{-1}C - \lambda E) = \det(-B^{-1})\det(C + B\lambda)$$
矩阵 $B^{-1}C$ 的特征值是方程 $\det(C + B\lambda) = 0$ 的根.

于是, 赛德尔方法收敛的充分必要条件可以叙述如下: 方程
$$\det\begin{pmatrix} a_{11}\lambda & a_{12} & a_{13} & \cdots & a_{1m} \\ a_{21}\lambda & a_{22}\lambda & a_{23} & \cdots & a_{2m} \\ \cdot & \cdot & \cdot & \cdots & \cdot \\ a_{m1}\lambda & a_{m2}\lambda & a_{m3}\lambda & \cdots & a_{mm}\lambda \end{pmatrix} = 0 \tag{4}$$
所有的根的模小于 1.

常常可以提出赛德尔方法的更便于应用的收敛性充分条件.

习题 1 设对于所有的 i 有
$$\sum_{j \neq i} |a_{ij}| \leqslant q|a_{ii}|, \quad q < 1.$$
试得出估计
$$\|\mathbf{x}^n - \mathbf{X}\|_\infty \leqslant \cdots \leqslant q^n \|\mathbf{x}^0 - \mathbf{X}\|_\infty.$$

相对于更复杂的非线性方程组求解问题以及多变量函数最优化问题来说, 线性方程组的求解问题是标准的. 为将方法推广到更复杂的问题主要要理解其保证收敛性的更 "粗略" 的定性特征. 以此为目的, 更期望获得方法的几何解释. 以 L_i 记平面 $\sum_{j=1}^{m} a_{ij}x_j - b_i = 0$. 当从近似 $(x_1^{n+1}, \cdots, x_{i-1}^{n+1}, x_i^n, \cdots, x_m^n)$ 获得近似 $(x_1^{n+1}, \cdots, x_i^{n+1}, x_{i+1}^n, \cdots, x_m^n)$ 时把近似解平行于 x_i 轴移动直到与平面 L_i 相交. 于是, 几何上赛德尔方

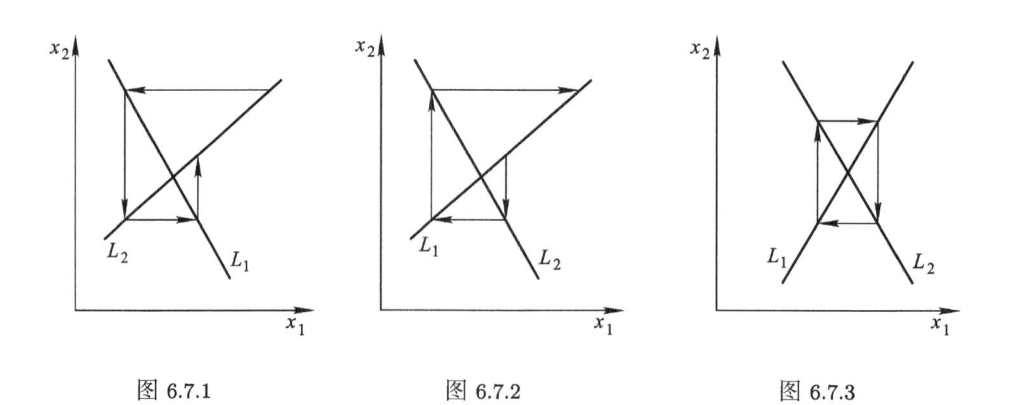

图 6.7.1　　　　　　　图 6.7.2　　　　　　　图 6.7.3

法可解释为, 平行于坐标轴 x_i 循环平移某个点直到与平面 L_i 相交, 而这个点相应于依次得到的近似值. 图 6.7.1—图 6.7.3 解释了当 $m = 2$ 时, 赛德尔方法收敛、发散和有循环的情况 (如通常所说的 "死循环"). 对比前两个图表明把方程重新排列时赛德尔方法的收敛性可能改变.

特别感兴趣的几何情形出现在矩阵 A 为对称时的情况.

定理 设 A 为实对称正定矩阵. 那么, 赛德尔方法收敛.

证明 当 A 为对称矩阵时有

$$F(\mathbf{y}) = (A(\mathbf{y} - \mathbf{X}), \mathbf{y} - \mathbf{X}) - (A\mathbf{X}, \mathbf{X}) = (A\mathbf{y}, \mathbf{y}) - 2(A\mathbf{X}, \mathbf{y}) = (A\mathbf{y}, \mathbf{y}) - 2(\mathbf{b}, \mathbf{y}).$$

如果 $A > 0$, 则当 $\mathbf{y} \neq \mathbf{X}$ 时 $(A(\mathbf{y} - \mathbf{X}), \mathbf{y} - \mathbf{X}) > 0$, 因此函数 $F(\mathbf{y})$ 当 $\mathbf{y} = \mathbf{X}$ 时有最小值, 并且是唯一的. 于是, 方程组 $A\mathbf{x} = \mathbf{b}$ 的求解问题等价于寻找函数 $F(\mathbf{y})$ 的唯一最小值点.

多变量函数的最小值方法之一是按坐标下降法.

设函数 $F(x_1, \cdots, x_m)$ 极值点的近似值为 $(x_1^0, \cdots, x_m^0)$. 研究作为变量 x_1 的函数 $F(x_1, x_2^0, \cdots, x_m^0)$, 并找到它的最小值点 x_1^1. 然后从近似 $(x_1^1, x_2^0, \cdots, x_m^0)$, 按照对变量 x_2 极小化函数 $F(x_1^1, x_2, x_3^0, \cdots, x_m^0)$ 找到下一个近似 $(x_1^1, x_2^1, x_3^0, \cdots, x_m^0)$. 过程循环往复. 在近似过程中, 分量 x_k 按照平行于 x_k 轴的直线移动直到达到这条直线上的最小值 $F(\mathbf{x}) = c$ 点. 显然, 这个点是所研究的直线与等高线 $F(\mathbf{x}) = c$ 的切点. 因此, 在二维的情况近似图形如图 6.7.4 所示.

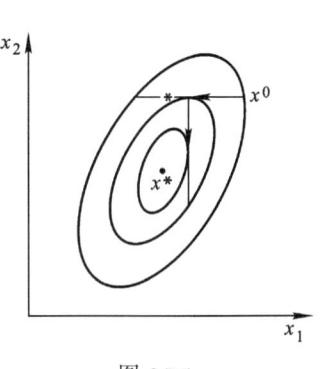

图 6.7.4

我们应用按坐标下降法来寻找函数 $F(\mathbf{y})$ 的极值. 以 $F_0(\mathbf{x})$ 记函数 $F(\mathbf{x}) + (A\mathbf{X}, \mathbf{X}) = (A(\mathbf{x} - \mathbf{X}), \mathbf{x} - \mathbf{X})$. 对变量 x_k 极小化时沿平行于轴 x_k 进行平移直到点满足 $F'_{x_k} = 0$. 于是, 与赛德尔方法一样, 新的值 x_k 从这个方程确定, 即

$$F'_{x_k} = 2 \left(\sum_{j=1}^{m} a_{kj} x_j - b_k \right) = 0. \tag{5}$$

这样, 函数 $F(\mathbf{y})$ 的极小化按坐标下降法和原方程组按赛德尔方法得到的近似解相同.

如果 $\mathbf{x}^n \neq \mathbf{X}$, 则方程组中至少有一个方程不满足且相应的值 $F'_{x_k}(\mathbf{x}^n) \neq 0$. 在这些 k 中选择最小的. 那么, 在对分量 $x_1, \cdots, x_{k-1}$ 进行修正时我们保持在点 $\mathbf{x}^n$ 处, 而在对 x_k 进行修正时沿着 $F(\mathbf{x})$ 的最小值方向进行平移. 在修正其余分量时值 $F(\mathbf{x})$ 不增长. 于是,

$$F(\mathbf{x}^{n+1}) < F(\mathbf{x}^n), \quad F_0(\mathbf{x}^{n+1}) < F_0(\mathbf{x}^n),$$

因此当 $\mathbf{x}^n \neq \mathbf{X}$ 时

$$F_0(\mathbf{x}^{n+1})/F_0(\mathbf{x}^n) < 1. \tag{6}$$

由 (3) 有等式 $\mathbf{r}^{n+1} = -B^{-1}C\,\mathbf{r}^n$, 其中 $\mathbf{r}^n = \mathbf{x}^n - \mathbf{X}$. 关系式 (6) 可以改写成: 当 $\mathbf{r}^n \neq \mathbf{0}$ 时

$$\varphi(\mathbf{r}^n) = \frac{(AB^{-1}C\,\mathbf{r}^n, B^{-1}C\,\mathbf{r}^n)}{(A\mathbf{r}^n, \mathbf{r}^n)} < 1. \tag{7}$$

在球面 $\|\mathbf{r}^n\|_2 = 1$ 上值 $\varphi(\mathbf{r}^n)$ 连续, 因此它可以达到其最大值 φ_0. 因为 $A > 0$, 所以总有 $\varphi(\mathbf{r}^n) > 0$, 因此有 $\varphi_0 > 0$. 让 $\sqrt{\varphi_0} = \lambda$. 由 (7) 有 $\lambda^2 < 1$. 显然, 对任意 $c \neq 0$ 有 $\varphi(c\mathbf{r}^n) = \varphi(\mathbf{r}^n)$, 因此对任意 $\mathbf{r}^n$ 有 $\varphi(\mathbf{r}^n) = \varphi(\mathbf{r}^n/\|\mathbf{r}^n\|_2) \leqslant \lambda^2$. 由此可得不等式

$$F_0(\mathbf{x}^{n+1})/F_0(\mathbf{x}^n) \leqslant \lambda^2, \tag{8}$$

从而有

$$F_0(\mathbf{x}^0) \leqslant \lambda^{2n} F_0(\mathbf{x}^0).$$

从 (3.8), (3.9) 推出不等式

$$\min \lambda_A^i \|\mathbf{y} - \mathbf{X}\|_2^2 \leqslant F_0(\mathbf{y}) \leqslant \max \lambda_A^i \|\mathbf{y} - \mathbf{X}\|_2^2.$$

由此得到收敛速度估计

$$\|\mathbf{x}^n - \mathbf{X}\|_2 \leqslant \sqrt{\frac{F_0(\mathbf{x}^n)}{\min \lambda_A^i}} \leqslant \lambda^n \sqrt{\frac{F_0(\mathbf{x}^0)}{\min \lambda_A^i}} \leqslant \lambda^n \sqrt{\frac{\max \lambda_A^i}{\min \lambda_A^i}} \|\mathbf{x}^0 - \mathbf{X}\|_2. \tag{9}$$

定理得证.

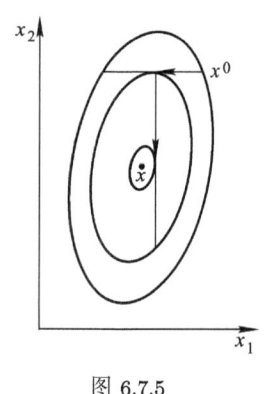

图 6.7.5

从图 6.7.5 可以看出, 如果椭圆轴的方向接近坐标轴的方向, 即矩阵 A 近似于对角矩阵, 则赛德尔方法收敛速度更快些.

在图 6.7.4 中, 依次得到的近似总是单调向左和向下移动. 各个分量总是单调向同一方向移动, 是一类矩阵都具有的特征. 并且单调移动也在解的分量中观察到, 此解的收敛速度最慢. 在这些情况下为提高收敛速度采用如下松弛方法. 在按照赛德尔方法对每个分量进行修正时沿同样方向进行 p 分之一的移动. 于是, 近似解从关系式

$$(B - D)\mathbf{x}^{n+1} + D\left(\frac{\mathbf{x}^{n+1} + p\mathbf{x}^n}{1 + p}\right) + C\mathbf{x}^n = \mathbf{b} \tag{10}$$

找到, 其中 D 为对角线元素是 a_{ii} 的对角矩阵. 如实际计算所看到的一样, 当 $A > 0$ 时在区间 $-1 < p < 1$ 中适当选取松弛指标 p. 当 $0 < p < 1$ 时, 松弛方法通常叫超松弛法 (或者上边松弛法). 在图 6.7.4 中符号 ○ 表示赛德尔方法的近似, $*$ 表示 $p = 1/4$ 时超松弛法的近似. 例如, 为使误差减小到 ε^{-1} 倍, 当用赛德尔方法求解方程组 (6.28) 时要求迭代次数的量级为 $ch^{-2}\ln(\varepsilon^{-1})$. 如果应用 $p = 1 - \omega h, \omega > 0$ 时的超松弛方法, 则要求迭代次数的量级为 $c(\omega)h^{-1}\ln(\varepsilon^{-1})$. 要详细研究在此情况下参数 ω 的选择. 特别, 在许多情况下松弛参数 p 的最优值由实验来确定. 有时松弛参数 p 的选择与 n 和 i 有关.

对于 $A > 0$ 的情况再次转向其几何描述 (参看图 6.7.4). 在按照 $-1 < p < 1$ 时的松弛法对分量 x_1 进行修正后我们得到位于椭圆 $F(\mathbf{x}) = F(\mathbf{x}^0)$ 内部或者边界上的点. 如同建立赛德尔方法收敛时的情况一样, 我们断言当 $-1 < p < 1$ 时总是有: 如果 $\mathbf{x}^n \neq \mathbf{X}$, 则 $F_0(\mathbf{x}^{n+1}) < F_0(\mathbf{x}^n)$.

习题 2 证明，在条件 $|p_n| \leqslant q < 1$ 之下，松弛方法以几何级数速度收敛.

§8. 最速梯度下降法

广泛应用的求多变量函数最小值的方法是梯度下降法. 把前一个近似沿与函数 $F(x)$ 的梯度相反的方向移动，就得到下一个近似. 每一个后续近似通过如下方式寻找:

$$\mathbf{x}^{n+1} = \mathbf{x}^n - \delta_n \operatorname{grad} F(\mathbf{x}^n). \tag{1}$$

上面的描述不能唯一地确定算法，因为没有指出参数 δ_n 的选择. 例如，可以用极小化下面函数值的办法定义该参数:

$$F(\mathbf{x}^n - \delta_n \operatorname{grad} F(\mathbf{x}^n)). \tag{2}$$

在此情况下所研究的方法称为最速梯度下降法，或简称为最速下降法.

对于相应于矩阵 $A = A^T > 0$ 的线性方程组，寻找函数 $F(\mathbf{x}) = (A\mathbf{x}, \mathbf{x}) - 2(\mathbf{b}, \mathbf{x})$ 的极小值问题可以以显式的方式解决. 在此具体情况下

$$\operatorname{grad} F = 2(A\mathbf{x} - \mathbf{b})$$

且

$$\mathbf{x}^{n+1} = \mathbf{x}^n - 2\delta_n(A\mathbf{x}^n - \mathbf{b}).$$

以 Δ_n 记 $2\delta_n$，即让

$$\mathbf{x}^{n+1} = \mathbf{x}^n - \Delta_n(A\mathbf{x}^n - \mathbf{b}). \tag{3}$$

设 $\varphi(\Delta_n) = F(\mathbf{x}^{n+1})$. 注意到 $A = A^T$，我们来计算 $\varphi'(\Delta_n)$. 我们有

$$\varphi(\Delta_n) = F(\mathbf{x}^n) - 2\Delta_n(A\mathbf{x}^n - \mathbf{b}, A\mathbf{x}^n - \mathbf{b}) + (A(A\mathbf{x}^n - \mathbf{b}), A\mathbf{x}^n - \mathbf{b})\Delta_n^2,$$

由此可得

$$\Delta_n = \frac{(A\mathbf{x}^n - \mathbf{b}, A\mathbf{x}^n - \mathbf{b})}{(A(A\mathbf{x}^n - \mathbf{b}), A\mathbf{x}^n - \mathbf{b})}. \tag{4}$$

图 6.8.1 显示了最速下降法的依次近似以及函数 F 的等值线. 迭代过程 (3), (4) 叫作所研究的线性方程组求解的最速下降法.

设矩阵 A 的特征值分布在 $[\mu, M]$，即 $S_A \subset [\mu, M]$.

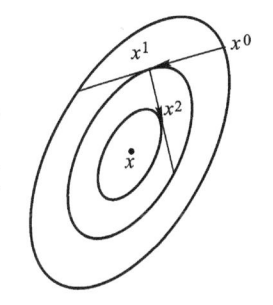

图 6.8.1

定理 最速下降法的近似值满足关系式

$$F_0(\mathbf{x}^n) \leqslant \left(\frac{M - \mu}{M + \mu}\right)^{2n} F_0(\mathbf{x}^0), \quad F_0(\mathbf{x}) = (A(\mathbf{x} - \mathbf{X}), \mathbf{x} - \mathbf{X}). \tag{5}$$

证明 当 $\mathbf{y}^n = \mathbf{x}^n$ 时进行最优一步迭代过程的一次迭代

$$\mathbf{y}^{n+1} = \mathbf{y}^n - \frac{2}{M + \mu}(A\mathbf{y}^n - \mathbf{b}). \tag{6}$$

迭代误差 $\mathbf{r}^n = \mathbf{y}^n - \mathbf{X}$ 由如下关系式表示:

$$\mathbf{r}^{n+1} = \left(E - \frac{2}{M + \mu}A\right)\mathbf{r}^n.$$

让 $\mathbf{e}_1,\cdots$ 为矩阵 A 的正交特征向量组：$A\mathbf{e}_i = \lambda_i\mathbf{e}_i, (\mathbf{e}_i,\mathbf{e}_j)=\delta_i^j$. 因为 $\mu \leqslant \lambda_i \leqslant M$，则对所有的 i 满足关系式

$$-\frac{M-\mu}{M+\mu} \leqslant 1 - \frac{2}{M+\mu}\lambda_i \leqslant \frac{M-\mu}{M+\mu}$$

且由此得

$$\left|1 - \frac{2}{M+\mu}\lambda_i\right| \leqslant \frac{M-\mu}{M+\mu}. \tag{7}$$

设 $\mathbf{r}^n = \sum c_i\mathbf{e}_i$. 成立如下关系：

$$(A\mathbf{r}^n, \mathbf{r}^n) = \left(\sum c_i\lambda_i\mathbf{e}_i, \sum c_i\mathbf{e}_i\right) = \sum \lambda_i c_i^2,$$

$$\mathbf{r}^{n+1} = \sum b_i\mathbf{e}_i, \quad \text{其中 } b_i = \left(1 - \frac{2\lambda_i}{M+\mu}\right)c_i,$$

$$(A\mathbf{r}^{n+1}, \mathbf{r}^{n+1}) \leqslant \sum \lambda_i b_i^2 = \sum \lambda_i \left(1 - \frac{2\lambda_i}{M+\mu}\right)^2 c_i^2.$$

考虑到 (7) 式得到

$$(A\mathbf{r}^{n+1}, \mathbf{r}^{n+1}) \leqslant \left(\frac{M-\mu}{M+\mu}\right)^2 (A\mathbf{r}^n, \mathbf{r}^n).$$

因为 $F_0(\mathbf{y}^n) = (A\mathbf{r}^n, \mathbf{r}^n)$，则这意味着

$$F_0(\mathbf{y}^{n+1}) \leqslant \left(\frac{M-\mu}{M+\mu}\right)^2 F_0(\mathbf{y}^n) = \left(\frac{M-\mu}{M+\mu}\right)^2 F_0(\mathbf{x}^n).$$

近似值 $\mathbf{y}^{n+1}$ 可以写成 (1) 的形式：

$$\mathbf{y}^{n+1} = \mathbf{x}^n - \alpha \operatorname{grad} F(\mathbf{x}^n), \quad \alpha = (M+\mu)^{-1}.$$

因为在所有形如 (1) 的近似中，函数 $F(\mathbf{x})$ 在 $\mathbf{x}^{n+1}$ 处达到最小值，所以 $F(\mathbf{x}^{n+1}) \leqslant F(\mathbf{y}^{n+1})$. 由此推出估计

$$F_0(\mathbf{x}^{n+1}) \leqslant F_0(\mathbf{y}^{n+1}) \leqslant \left(\frac{M-\mu}{M+\mu}\right)^2 F_0(\mathbf{x}^n),$$

因此定理结论正确. 类似于 (7.9) 可以得到不等式

$$\|\mathbf{x}^n - \mathbf{X}\|_2 \leqslant \left(\frac{M-\mu}{M+\mu}\right)^n \sqrt{\frac{M}{\mu}}\|\mathbf{x}^0 - \mathbf{X}\|_2.$$

在最速下降法的每一步迭代过程中，虽然值 $F_0(\mathbf{x})$ 的减小明显地不小于迭代过程 (6)，但我们得到了几乎同样的收敛速度估计. 但是，这些方法存在原理上的差别. 迭代过程 (6) 的建立要求关于谱边界 μ, M 的信息. 在方法 (3), (4) 中则不需要这样的信息.

也注意到一个重要的情况，即最速下降法是非线性的迭代方法. 每一步参数的选择与所得到的近似有关.

但是，最速下降法 (3), (4) 同简单过程 (6) 相比有如下不足. 在寻找每个后续近似时，它要求不是一次而是两次矩阵与向量乘法的繁重运算.

在每次迭代时可以按照如下方式避免两次矩阵与向量的乘积. 记 $\mathbf{w}^n = A\mathbf{x}^n - \mathbf{b}$ 且改写 (3) 成

$$\mathbf{x}^{n+1} = \mathbf{x}^n - \Delta_n \mathbf{w}^n. \tag{8}$$

向量 $\mathbf{w}^n$ 称为误差向量. (8) 式左乘 A 且减去 $\mathbf{b}$, 得到

$$\mathbf{w}^{n+1} = \mathbf{w}^n - \Delta_n A\mathbf{w}^n. \tag{9}$$

定义 Δ_n 的公式 (4) 可以写成

$$\Delta_n = \frac{(\mathbf{w}^n, \mathbf{w}^n)}{(A\mathbf{w}^n, \mathbf{w}^n)}. \tag{10}$$

在迭代过程中寄存向量 $\mathbf{x}^n, \mathbf{w}^n$ 且在每一步依次计算 $A\mathbf{w}^n, \Delta_n, \mathbf{x}^{n+1}, \mathbf{w}^{n+1}$. 在原始的最速下降法 (3), (4) 中每步迭代误差等价于初始近似的扰动, 且由于过程收敛, 其影响应该具有衰减的趋势.

在迭代过程 (8) — (10) 中计算误差的累积具有更复杂的特性.

习题 1 试推导最速下降法收敛速度估计

$$\|\mathbf{x}^n - \mathbf{X}\|_2 \leqslant (1 - \mu/M)^n \|\mathbf{x}^0 - \mathbf{X}\|_2.$$

迭代过程的实际选择应该考虑关于谱边界、计算机存储容量和结构等的已有信息. 例如, 在求解用于近似偏微分方程的网格方程时, 有时按照如下途径进行. 首先在粗略的网格上研究问题, 然后相应于更细致的网格尽可能更精确地确定值 μ 和 M, 再应用最优线性迭代过程.

将注意力转到感兴趣的情况. 从赛德尔方法迭代的几何描述看出, 当方程组乘因子且坐标轴尺度变化时, 即统一替换为 $x_i = k_i y_i$, 方法的收敛速度不发生改变.

另外的情况出现在最速下降法中. 例如, 设 $A = E$ 为单位矩阵. 那么有

$$F(\mathbf{x}) = (A\mathbf{x}, \mathbf{x}) - 2(\mathbf{b}, \mathbf{x}) = \sum_{i=1}^m x_i^2 - 2\sum_{i=1}^m b_i x_i$$

且在一次迭代中最速下降法收敛 (自行证明!). 进行坐标替换 $x_i = k_i y_i, k_i > 0$. 方程组的矩阵 A 在此情况下将是对角矩阵, 对角线上的元素为 k_i. 那么, 极小化泛函

$$\overline{F}(\mathbf{y}) = (A\mathbf{y}, \mathbf{y}) - 2(\mathbf{b}, \mathbf{y}) = \sum_{i=1}^m k_i y_i^2 - \sum_{i=1}^m b_i y_i.$$

在 k_i 变化范围很大时, 函数 $\overline{F}$ 的等高线将是非常长型的椭圆, 且最速下降法的收敛速度将非常慢.

§9. 共轭梯度法

共轭梯度法用于求解带有对称正定矩阵 A 的线性代数方程组

$$A\mathbf{x} = \mathbf{b}. \tag{1}$$

假定我们有某个初始近似 $\mathbf{x}^0$. 以 $\mathbf{r}^0 = A(\mathbf{x}^0 - \mathbf{X})$ 记为初始误差, 这里 $\mathbf{X}$ 为方程组 (1) 的精确解. 以 $\mathbf{r}^n$ 记迭代方法的第 n 步误差. 同以前一样, 假设第 n 步误差满足关系

$$\mathbf{r}^n = P_n(A)\mathbf{r}^0, \quad P_n(0) = 1. \tag{2}$$

提出如下问题: 在常数项等于 1 的 n 次多项式类上寻找多项式 $P_n(\lambda)$ 使得泛函 $F(\mathbf{x}^n) = (A\mathbf{x}^n, \mathbf{x}^n) - 2(\mathbf{b}, \mathbf{x}^n)$ 的值达到极小.

因为
$$F(\mathbf{x}^n) = (A\mathbf{x}^n, \mathbf{x}^n) - 2(\mathbf{b}, \mathbf{x}^n) = \|A\mathbf{x}^n - \mathbf{b}\|_{A^{-1}}^2 - \|\mathbf{X}\|_A^2 = \|\mathbf{r}^n\|_{A^{-1}}^2 - \|\mathbf{X}\|_A^2,$$
则给定的问题可以重新叙述如下: 在常数项等于 1 的 n 次多项式类上要求找到这样的多项式 $P_n(\lambda)$ 使得误差范数 $\|\mathbf{r}^n\|_{A^{-1}}$ 达到极小. 应该注意到, 所寻找的多项式一般与初始近似 $\mathbf{x}^0$ 有关. 不难看到, 在寻找的多项式 $P_n(\lambda)$ 中项 λ^n 的系数不等于零. 实际上, 如果这个系数等于零, 则意味着多项式 $P_n(\lambda)$ 与多项式 $P_{n-1}(\lambda)$ 相同, 即 $\mathbf{r}^n = \mathbf{r}^{n-1}$. 但这仅在 $\|\mathbf{r}^{n-1}\|_{A^{-1}} = 0$ 时才可能. 否则, 让 $\mathbf{g} = \left(I - \dfrac{2}{M+\mu}A\right)\mathbf{r}^{n-1}$, 我们有 $\|\mathbf{g}\|_{A^{-1}} < \|\mathbf{r}^{n-1}\|_{A^{-1}}$. 于是,
$$\|\mathbf{r}^n\|_{A^{-1}} = \|P_n(A)\mathbf{r}^0\|_{A^{-1}} = \left\|\left(I - \frac{2}{M+\mu}A\right)P_{n-1}(A)\mathbf{r}^0\right\|_{A^{-1}} = \|\mathbf{g}\|_{A^{-1}} < \|\mathbf{r}^{n-1}\|_{A^{-1}}.$$
所得到的矛盾表明, λ^n 的系数不等于零.

我们来说明这个问题总是唯一可解. 设
$$P_n(\lambda) = \sum_{k=0}^n c_k^{(n)} \lambda^k, \quad c_0^{(n)} = 1, \quad \mathbf{r}^0 = \sum_{i=1}^q r_i \mathbf{e}_i, \tag{3}$$
其中 $r_i \neq 0, i = 1, \cdots, q$, 而 $\mathbf{e}_i$ 为矩阵 A 的特征向量. 因为矩阵 A 为对称的, 这样的展开总是可能的. 不失一般性, 可以认为 $\mathbf{e}_i$ 相应于矩阵 A 的不同特征值. 实际上, 如果在表达式 (3) 中有形如 $\sum\limits_{i=l_1}^{l_2} r_i \mathbf{e}_i$ 的项, 其中 $\mathbf{e}_i$ 相应于同一个特征值 λ, 则这个和式可以表示为
$$\sum_{i=l_1}^{l_2} r_i \mathbf{e}_i = r \sum_{i=l_1}^{l_2} \frac{r_i}{r} \mathbf{e}_i = r\mathbf{e}, \quad \text{其中 } r^2 = \sum_{i=l_1}^{l_2} r_i^2.$$

由此推出 $\mathbf{e}$ 是矩阵 A 的相应于特征值 λ 的单位特征向量. 于是, 今后将认为表达式 (3) 中的特征向量 $\mathbf{e}_i$ 相应于不同的特征值. 向量 $\mathbf{r}^n$ 具有形式
$$\mathbf{r}^n = P_n(A)\mathbf{r}^0 = \left(\sum_{k=0}^n c_k^{(n)} A^k\right)\mathbf{r}^0 = \sum_{i=1}^q r_i \left(\sum_{k=0}^n c_k^{(n)} A^k\right)\mathbf{e}_i = \sum_{i=1}^q r_i \left(\sum_{k=0}^n c_k^{(n)} \lambda_i^k\right)\mathbf{e}_i$$
且
$$\|\mathbf{r}^n\|_{A^{-1}}^2 = (A^{-1}\mathbf{r}^n, \mathbf{r}^n) = \sum_{i=1}^q r_i^2 \left(\sum_{k=0}^n c_k^{(n)} \lambda_i^{k-1}\right)\left(\sum_{j=0}^n c_j^{(n)} \lambda_i^j\right)$$
$$= \sum_{k,j=0}^n c_k^{(n)} c_j^{(n)} \left(\sum_{i=1}^q \lambda_i^{k+j-1} r_i^2\right).$$
我们寻找这个相应于系数 $c_l^{(n)}$ 的表达式的极小值. 让其偏导数等于零, 得到
$$\frac{\partial}{\partial c_l^{(n)}} \|\mathbf{r}^n\|_{A^{-1}}^2 = 2\sum_{j=0}^n c_j^{(n)} \left(\sum_{i=0}^q \lambda_i^{j+l-1} r_i^2\right)$$
$$= 2\sum_{i=0}^q \left(\sum_{j=0}^n c_j^{(n)} \lambda_i^j r_i \lambda_i^{l-1} r_i\right) = 2(\mathbf{r}^n, A^{l-1}\mathbf{r}^0) = 0, \quad l = 1, \cdots, n.$$

于是, 在极小值点应该满足等式
$$(\mathbf{r}^n, A^l\mathbf{r}^0) = 0, \quad l = 0, \cdots, n-1. \tag{4}$$

设 $n \leqslant q-1$. 从线性代数教程可知, 向量 $\mathbf{r}^0, A\mathbf{r}^0, \cdots, A^{q-1}\mathbf{r}^0$ 构成线性无关组 (克雷洛夫 (Krylov) 空间中的基底). 事实上, 假设相反. 那么, 存在不同时为零的常数 $c_0, \cdots, c_{q-1}$ 使得 $\sum_{i=0}^{q-1} c_i A^i \mathbf{r}^0 = 0$. 将 $\mathbf{r}^0$ 的展开式 (3) 代入此式得到
$$\sum_{i=0}^{q-1} c_i A^i \mathbf{r}^0 = \sum_{i=0}^{q-1} c_i A^i \sum_{j=1}^{q} r_j \mathbf{e}_j = \sum_{i=0}^{q-1} c_i \sum_{j=1}^{q} r_j \lambda_j^i \mathbf{e}_j = \sum_{j=1}^{q} r_j \mathbf{e}_j \left(\sum_{i=0}^{q-1} c_i \lambda_j^i \right) = 0.$$
于是, 因为 $r_j \neq 0$, 则应该满足等式
$$\sum_{i=0}^{q-1} \lambda_j^i c_i = 0, \quad j = 1, \cdots, q, \tag{5}$$
即系数 c_i 应该满足方程组 (5). 方程组 (5) 的系数矩阵行列式是范德蒙德 (Vandermonde) 行列式, 且由于假定所有 λ_j 互不相同, 所以这个行列式不等于零. 由此, 等式 (5) 仅当 $c_0 = \cdots = c_{q-1} = 0$ 时满足. 于是, 向量 $\mathbf{r}^0, A\mathbf{r}^0, \cdots, A^{q-1}\mathbf{r}^0$ 确实构成线性无关组.

多项式 $P_n(\lambda) = \sum_{k=0}^{n} c_k^{(n)} \lambda^k$ 有 n 个未知系数 (其中 $c_0^{(n)} = 1$). 因为 $\mathbf{r}^n = \sum_{k=0}^{n} c_k^{(n)} A^k \mathbf{r}^0$, 则关系式 (4) 可以改写成
$$\sum_{k=0}^{n} c_k^{(n)} (A^k \mathbf{r}^0, A^l \mathbf{r}^0) = 0, \quad l = 0, \cdots, n-1.$$
最后这个关系式表示关于 $c_k^{(n)}, k = 1, \cdots, n$ 的线性代数方程组. 因为向量 $\mathbf{r}^0, A\mathbf{r}^0, \cdots, A^{n-1}\mathbf{r}^0$ 线性无关, 所以系数 $c_k^{(n)}, k = 1, \cdots, n$ 可唯一求得. 这意味着提出的问题总是有唯一的解.

寻找到系数 $c_k^{(n)}, k = 1, \cdots, n$ 后, (2) 中的值 $\mathbf{x}^n$ 可以通过如下方式找到. 我们有
$$A^{-1}\mathbf{r}^n = \mathbf{x}^n - \mathbf{X} = P_n(A)(\mathbf{x}^0 - \mathbf{X}) = \sum_{k=0}^{n} c_k^{(n)} A^k (\mathbf{x}^0 - \mathbf{X})$$
$$= \sum_{k=1}^{n} c_k^{(n)} A^k (\mathbf{x}^0 - \mathbf{X}) + \mathbf{x}^0 - \mathbf{X} = \mathbf{x}^0 - \mathbf{X} + \sum_{k=1}^{n} c_k^{(n)} A^{k-1} (A\mathbf{x}^0 - \mathbf{b}),$$
由此可得
$$\mathbf{x}^n = \mathbf{x}^0 + \sum_{k=1}^{n} c_k^{(n)} A^{k-1} (A\mathbf{x}^0 - \mathbf{b}).$$

这样寻找 $c_k^{(n)}$ 的途径是无效的. 因此, 按照如下方式获得有效的公式. 以 $L_k, k \leqslant q-1$ 记向量 $\mathbf{r}^0, A\mathbf{r}^0, \cdots, A^k\mathbf{r}^0$ 的线性包络. 由此可得若 $j < k$ 则 $L_j \subset L_k$, 且
$$\mathbf{r}^j = P_j(A)\mathbf{r}^0 \in L_k, \quad j \leqslant k,$$
但由于 $c_j^{(j)} \neq 0$, 则当 $i < j$ 时 $\mathbf{r}^j \notin L_i$. 由此推出, 向量 $\mathbf{r}^0, \mathbf{r}^1, \cdots, \mathbf{r}^n$ 也构成 L_n 的基底. 事实上, 假定 $\mathbf{r}^0, \mathbf{r}^1, \cdots, \mathbf{r}^j$ 构成 L_j 的基底, 而向量组 $\mathbf{r}^0, \mathbf{r}^1, \cdots, \mathbf{r}^{j+1}$ 线性相关. 则
$$\mathbf{r}^{j+1} = \sum_{k=0}^{j} \gamma_k \mathbf{r}^k \in L_j.$$

得到的矛盾表明向量 $\mathbf{r}^0, \mathbf{r}^1, \cdots, \mathbf{r}^n$ 构成 L_n 的基底.

因为 $\mathbf{r}^0, A\mathbf{r}^0, \cdots, A^{n-1}\mathbf{r}^0$ 构成 L_{n-1} 的基底, 则关系式 (4) 意味着向量 $\mathbf{r}^n$ 与空间 L_{n-1} 中所有向量正交, 且 (4) 本身又可以写成 (由如上证明)

$$(\mathbf{r}^n, \mathbf{r}^l) = 0, \quad l = 0, \cdots, n-1. \tag{6}$$

我们来说明向量 $\mathbf{r}^0, \mathbf{r}^1, \cdots, \mathbf{r}^{n-1}, A\mathbf{r}^{n-1}$ 也构成 L_n 的基底. 按照其建立过程可知向量 $A\mathbf{r}^{n-1}$ 属于 L_n, 且由上面的证明有 $A\mathbf{r}^{n-1} \notin L_{n-1}$. 于是, 向量 $\mathbf{r}^0, \mathbf{r}^1, \cdots, \mathbf{r}^{n-1}, A\mathbf{r}^{n-1}$ 的确构成 L_n 的基底. 那么, 向量 $\mathbf{r}^n \in L_n$ 可以按照这个基底唯一展开

$$\mathbf{r}^n = \sum_{k=0}^{n-1} \gamma_k \mathbf{r}^k + \gamma_n A\mathbf{r}^{n-1}. \tag{7}$$

因为 $\mathbf{r}^n$ 与 $\mathbf{r}^j, j = 0, \cdots, n-1$ 正交, 且当 $j = 0, \cdots, n-3$ 时 $(A\mathbf{r}^{n-1}, \mathbf{r}^j) = (\mathbf{r}^{n-1}, A\mathbf{r}^j) = 0$, 则从 (7) 推出 $\gamma_k = 0, k = 0, \cdots, n-3$. 那么, (7) 具有形式

$$\mathbf{r}^n = \gamma_{n-1}\mathbf{r}^{n-1} + \gamma_{n-2}\mathbf{r}^{n-2} + \gamma_n A\mathbf{r}^{n-1}. \tag{8}$$

从展开式

$$\mathbf{r}^j = \mathbf{r}^0 + \sum_{k=1}^{j} c_k^{(j)} A^k \mathbf{r}^0, \quad j = n-2, n-1, \quad A\mathbf{r}^{n-1} = \sum_{k=0}^{n} p_k A^k \mathbf{r}^0$$

和条件 $(A\mathbf{r}^{n-1}, \mathbf{r}^0) = 0, n \geq 2$ 得到 $p_0 = 0$. 那么, 由 (8) 有

$$\mathbf{r}^n = (\gamma_{n-1} + \gamma_{n-2})\mathbf{r}^0 + \sum_{k=1}^{n} c_k^{(n)} A^k \mathbf{r}^0 = P_n(A)\mathbf{r}^0.$$

但 $P_n(0) = 1$, 由此 $\gamma_{n-1} + \gamma_{n-2} = 1$, 且方程 (8) 可以改写成

$$\mathbf{r}^n = \gamma_{n-1}\mathbf{r}^{n-1} + (1 - \gamma_{n-1})\mathbf{r}^{n-2} + \gamma_n A\mathbf{r}^{n-1}.$$

引入记号 $\gamma_{n-1} - 1 = \alpha_{n-1}, \gamma_n = \beta_{n-1}$, 得到相应于误差的三个相邻项的最终关系

$$\mathbf{r}^n = \mathbf{r}^{n-1} + \alpha_{n-1}(\mathbf{r}^{n-1} - \mathbf{r}^{n-2}) + \beta_{n-1} A\mathbf{r}^{n-1}. \tag{9}$$

将 (9) 式中的 $\mathbf{r}^j$ 用其表达式 $A\mathbf{x}^j - \mathbf{b}$ 代替, 且等式两边应用算子 A^{-1} 得到

$$\mathbf{x}^n = \mathbf{x}^{n-1} + \alpha_{n-1}(\mathbf{x}^{n-1} - \mathbf{x}^{n-2}) + \beta_{n-1}(A\mathbf{x}^{n-1} - \mathbf{b}). \tag{10}$$

由上述证明, 方法 (10) 等价于原方法 (2), 从而唯一确定. 由此推出, 系数 $\alpha_{n-1}, \beta_{n-1}$ 从误差正交性条件 (6) 唯一找到. 通过 (9) 与 $\mathbf{r}^{n-1}$ 和 $\mathbf{r}^{n-2}$ 的数量积得到确定这些系数的方程组, 且具有形式

$$\begin{aligned}(1 + \alpha_{n-1})\|\mathbf{r}^{n-1}\|^2 + \beta_{n-1}\|\mathbf{r}^{n-1}\|_A^2 &= 0, \\ -\alpha_{n-1}\|\mathbf{r}^{n-2}\|^2 + \beta_{n-1}(A\mathbf{r}^{n-1}, \mathbf{r}^{n-2}) &= 0.\end{aligned} \tag{11}$$

在第一步中, 已知值 $\mathbf{x}^0$, 应该从极小化泛函 $F(\mathbf{x}^1)$ 的条件中找到 $\mathbf{x}^1$ 时, 得到最速梯度下降法的公式

$$\mathbf{r}^1 = \mathbf{r}^0 - \frac{\|\mathbf{r}^0\|^2}{\|\mathbf{r}^0\|_A^2} A\mathbf{r}^0 \tag{12}$$

或者等价地,

$$\mathbf{x}^1 = \mathbf{x}^0 - \frac{\|\mathbf{r}^0\|^2}{\|\mathbf{r}^0\|_A^2}(A\mathbf{x}^0 - \mathbf{b}), \tag{13}$$

即 $\alpha_0 = 0, \beta_0 = -\dfrac{\|\mathbf{r}^0\|^2}{\|\mathbf{r}^0\|_A^2}$.

§9. 共轭梯度法

我们来证明迭代过程 (10) 的有限性, 即在没有舍入误差情况下在有限步迭代内我们得到方程组 (1) 的精确解. 同以前一样, 设 $\mathbf{r}^0 = \sum_{i=1}^{q} r_i \mathbf{e}_i$, 其中 $\mathbf{e}_i$ 为矩阵 A 的相应于不同特征值的特征向量. 以 L_{q-1} 记向量 $\mathbf{e}_1, \cdots, \mathbf{e}_q$ 的线性包络. 因为所有向量 $\mathbf{r}^n, k = 0, \cdots, q-1$ 都从关系式 (9), (12) 中寻找, 则 $\mathbf{r}^k \in L_{q-1}$ 构成其正交基底. 向量 $\mathbf{r}^q \in L_{q-1}$, 且由上面证明可知它与向量 $\mathbf{r}^0, \cdots, \mathbf{r}^{q-1}$ 正交. 这仅当 $\mathbf{r}^q = \mathbf{0}$ 时才有可能.

于是, 按照公式 (13), (10) 进行 q 次迭代我们得到方程组 (1) 在没有舍入误差情况下的精确解.

现在来估计方法的收敛速度. 为此应用在最速梯度下降法收敛速度估计时要求的方法. 设 $\mathbf{y}^0 = \mathbf{x}^0$ 且 $\mathbf{y}^j$ 为采用线性最优过程求解方程组 (1) 时得到的近似. 那么, 由§6 中的证明可知误差 $\mathbf{w}^n = \mathbf{y}^n - \mathbf{X}$ 满足关系式

$$\mathbf{w}^n = Q_n(A)\mathbf{w}^0, \quad Q_n(0) = 1, \tag{14}$$

其中 $Q_n(\lambda)$ 为区间 $[\mu, M]$ 上的切比雪夫多项式, 且在零点等于 1, 并且有估计

$$\|Q_n(A)\| \leqslant \frac{2}{\lambda_0^n + \lambda_0^{-n}}, \quad \text{其中 } \lambda_0 = \frac{\sqrt{M} + \sqrt{\mu}}{\sqrt{M} - \sqrt{\mu}}.$$

特别, 由此推出

$$\|\mathbf{w}^n\| \leqslant 2 \left(\frac{\sqrt{M} - \sqrt{\mu}}{\sqrt{M} + \sqrt{\mu}} \right)^n \|\mathbf{w}^0\|.$$

我们来求得线性最优过程在另一范数下的收敛速度估计. 设 $\mathbf{w}^0 = \sum_{i=1}^{q} w_i \mathbf{e}_i$. 那么,

$$\mathbf{w}^n = Q_n(A)\mathbf{w}^0 = \sum_{i=1}^{q} w_i Q_n(A)\mathbf{e}_i = \sum_{i=1}^{q} w_i Q_n(\lambda_i)\mathbf{e}_i$$

且

$$\|\mathbf{w}^n\|_A^2 = (A\mathbf{w}^n, \mathbf{w}^n) = \sum_{i=1}^{q} w_i^2 \lambda_i Q_n^2(\lambda_i) \leqslant \max_{\lambda \in [\mu, M]} Q_n^2(\lambda) \sum_{i=1}^{q} \lambda_i w_i^2$$

$$= \|Q_n(A)\|^2 \|\mathbf{w}^0\|_A^2 \leqslant \left(\frac{2}{\lambda_0^n + \lambda_0^{-n}} \right)^2 \|\mathbf{w}^0\|_A^2,$$

即

$$\|\mathbf{w}^n\|_A \leqslant \frac{2}{\lambda_0^n + \lambda_0^{-n}} \|\mathbf{w}^0\|_A. \tag{15}$$

因为

$$\|\mathbf{w}^n\|_A^2 = (A(\mathbf{y}^n - \mathbf{X}), \mathbf{y}^n - \mathbf{X}) = (A^{-1}(A\mathbf{y}^n - \mathbf{b}), A\mathbf{y}^n - \mathbf{b}) = \|\mathbf{z}^n\|_{A^{-1}}^2,$$

其中 $\mathbf{z}^n = A\mathbf{w}^n$, 则从 (15) 推出估计

$$\|\mathbf{z}^n\|_{A^{-1}} \leqslant \frac{2}{\lambda_0^n + \lambda_0^{-n}} \|\mathbf{z}^0\|_{A^{-1}}. \tag{16}$$

(14) 两边乘矩阵 A 得到线性最优过程的第 n 步和第零步误差的关系式

$$\mathbf{z}^n = Q_n(A)\mathbf{z}^0 = Q_n(A)\mathbf{r}^0. \tag{17}$$

由向量 $\mathbf{r}^n$ 的建立知,在形如 (2) 的向量中 $\mathbf{r}^n$ 极小化泛函 $\|\mathbf{y}\|_{A^{-1}}$,或者同样地,在所有使得 $\mathbf{r} = \mathbf{y} - \mathbf{X}$ 具有形式 (2) 的向量 $\mathbf{y}$ 中向量 $\mathbf{x}^n$ 极小化泛函 $F(\mathbf{y})$. 那么,$F(\mathbf{x}^n) \leqslant F(\mathbf{y}^n)$,由此可得
$$\|\mathbf{r}^n\|_{A^{-1}} \leqslant \|\mathbf{z}^n\|_{A^{-1}} \leqslant \frac{2}{\lambda_0^n + \lambda_0^{-n}} \|\mathbf{z}^0\|_{A^{-1}} = \frac{2}{\lambda_0^n + \lambda_0^{-n}} \|\mathbf{r}^0\|_{A^{-1}}.$$
但由于 $\|\mathbf{r}^n\|_{A^{-1}} \leqslant \|\mathbf{x}^n - \mathbf{X}\|_A$,则从最后一个关系式得到共轭梯度法的收敛速度估计
$$\|\mathbf{x}^n - \mathbf{X}\|_A \leqslant \frac{2}{\lambda_0^n + \lambda_0^{-n}} \|\mathbf{x}^0 - \mathbf{X}\|_A. \tag{18}$$

可以借助于迭代过程得到上述方法的近似 $\mathbf{x}^n$,其中每一步仅进行一次矩阵与向量的乘法且减小了存储负担. 首先计算 $\mathbf{s}_1 = \mathbf{r}^0 = A\mathbf{x}^0 - \mathbf{b}$,然后当 $n > 0$ 时依次计算

1. $\alpha_n = (\mathbf{r}^{n-1}, \mathbf{r}^{n-1})/(A\mathbf{s}_n, \mathbf{s}_n)$,
2. $\mathbf{r}^n = \mathbf{r}^{n-1} - \alpha_n A\mathbf{s}_n$,
3. $\mathbf{x}^n = \mathbf{x}^{n-1} - \alpha_n \mathbf{s}_n$,
4. $\beta_n = (\mathbf{r}^n, \mathbf{r}^n)/(\mathbf{r}^{n-1}, \mathbf{r}^{n-1})$,
5. $\mathbf{s}_{n+1} = \mathbf{r}^n + \beta_n \mathbf{s}_n$.

另外的一种方法变种是,第 1 步和第 4 步可为

1. $\alpha_n = (\mathbf{s}_n, \mathbf{r}^{n-1})/(A\mathbf{s}_n, \mathbf{s}_n)$,
4. $\beta_n = (\mathbf{r}^n, A\mathbf{s}_n)/(\mathbf{s}_n, A\mathbf{s}_n)$,

这个变型不同于原始情形,在这个情形中计算误差可能发生严重偏差. 按照对计算误差迭代结果的稳定性判据,这些方法中究竟哪一个更具优势,数值实验没有给出明确的回答.

在求解带有大量未知数的方程组时有时更合理的是,进行一定次数的迭代,然后中断过程且从得到的近似出发再重新开始.

§10. 应用等效谱算子的迭代方法

除了形如
$$\mathbf{x}^{n+1} = \mathbf{x}^n - \alpha(A\mathbf{x}^n - \mathbf{b}) \tag{1}$$
的简单迭代方法以外,经常还应用迭代方法
$$B\mathbf{x}^{n+1} = B\mathbf{x}^n - \alpha(A\mathbf{x}^n - \mathbf{b}), \tag{2}$$
其中矩阵 $B \neq E$ 使得方程组 $B\mathbf{y} = \mathbf{c}$ 能够容易求解. 如果关系式 (2) 乘 B^{-1},则得到
$$\mathbf{x}^{n+1} = \mathbf{x}^n - \alpha B^{-1}(A\mathbf{x}^n - \mathbf{b}).$$
于是,迭代过程 (2) 等价于带有矩阵 $E - \alpha B^{-1}A$ 的简单迭代方法.

研究 $A > 0$ 且 A 的最大特征值 M 和最小特征值 μ 之比很大的情况. 于是,先前研究的迭代过程的收敛速度很慢. 设 $B > 0$ 且
$$M_1 = \sup_{\mathbf{x}} \frac{(A\mathbf{x}, \mathbf{x})}{(B\mathbf{x}, \mathbf{x})}, \quad \mu_1 = \inf_{\mathbf{x}} \frac{(A\mathbf{x}, \mathbf{x})}{(B\mathbf{x}, \mathbf{x})}. \tag{3}$$

假设带有矩阵 B 的方程组容易求解, 且 $M_1/\mu_1 \ll M/\mu$.

当比值 M_1/μ_1 不很大时, 本节所研究的迭代方法通常叫作应用等效谱算子的迭代方法 (康托洛维奇 Л.В. Канторович, 吉亚康诺夫 Е.Г. Дьяконов). 当代这些迭代方法叫作带有预处理的方法, 而矩阵 (算子) B 叫作预处理因子. 我们来说明, 当成功选择矩阵 B 时同简单方法 (1) 相比迭代方法 (2) 具有更好的收敛性.

精确解 $\mathbf{X}$ 满足等式
$$B\mathbf{X} = B\mathbf{X} - \alpha(A\mathbf{X} - \mathbf{b}).$$

将 (2) 减去上式, 得到
$$B\mathbf{r}^{n+1} = B\mathbf{r}^n - \alpha A\mathbf{r}^n. \tag{4}$$

借助于变为对角型的正交变换, 我们引入矩阵 B. 让 $B = U^T \Lambda U$, 其中
$$\Lambda = \begin{pmatrix} \lambda_1 & & 0 \\ & \ddots & \\ 0 & & \lambda_m \end{pmatrix},$$

U 为正交矩阵. 注意到所有的 $\lambda_j > 0$.

习惯上用 $\sqrt{B}$ 记如下形式的矩阵:
$$U^T \begin{pmatrix} +\sqrt{\lambda_1} & & 0 \\ & \ddots & \\ 0 & & +\sqrt{\lambda_m} \end{pmatrix} U.$$

显然, $\sqrt{B} > 0$, $\left(\sqrt{B}\right)^T = \sqrt{B}$, $\sqrt{B}\sqrt{B} = B$. 方程 (4) 的两边左乘 $\left(\sqrt{B}\right)^{-1}$ 且让 $\sqrt{B}\mathbf{r}^n = \mathbf{v}^n$, 得到等式
$$\mathbf{v}^{n+1} = \mathbf{v}^n - \alpha C \mathbf{v}^n, \tag{5}$$

其中 $C = \left(\sqrt{B}\right)^{-1} A \left(\sqrt{B}\right)^{-1}$.

由关系式 $A = A^T$, $\left(\sqrt{B}\right) = \left(\sqrt{B}\right)^T$ 可知矩阵 C 对称. 研究表达式
$$w(\mathbf{x}) = (C\mathbf{x}, \mathbf{x})/(\mathbf{x}, \mathbf{x}).$$

设 $\left(\sqrt{B}\right)^{-1} \mathbf{x} = \mathbf{y}$, 则上式可以写成
$$w(\mathbf{x}) = w\left(\sqrt{B}\mathbf{y}\right) = (A\mathbf{y}, \mathbf{y})/(B\mathbf{y}, \mathbf{y}).$$

由 (3) 有 $w(\mathbf{x}) \in [\mu_1, M_1]$, 因此矩阵 C 的所有特征值属于区间 $[\mu_1, M_1]$.

当 $\alpha = 2/(M_1 + \mu_1)$ 时, 矩阵 $E - \alpha C$ 的特征值的模不大于值 $(M_1 - \mu_1)/(M_1 + \mu_1)$. 因此, $\|E - \alpha C\|_2 \leqslant (M_1 - \mu_1)/(M_1 + \mu_1)$, 且类似于 (6.13) 有
$$\|\mathbf{v}^n\|_2 \leqslant \left(\frac{M_1 - \mu_1}{M_1 + \mu_1}\right)^n \|\mathbf{v}^0\|_2. \tag{6}$$

注意到
$$\|\mathbf{v}^n\|_2 = \sqrt{\left(\sqrt{B}\mathbf{r}^n, \sqrt{B}\mathbf{r}^n\right)} = \sqrt{(B\mathbf{r}^n, \mathbf{r}^n)}.$$

如果对任意 $\mathbf{y}$ 有 $0 < \mu_2 \leqslant (B\mathbf{y},\mathbf{y})/(\mathbf{y},\mathbf{y}) \leqslant M_2$, 则从 (6) 推出估计

$$\|\mathbf{r}^n\|_2 \leqslant \frac{\|\mathbf{v}^n\|_2}{\sqrt{\mu_2}} \leqslant \left(\frac{M_1 - \mu_1}{M_1 + \mu_1}\right)^n \frac{\|\mathbf{v}^0\|_2}{\sqrt{\mu_2}} \leqslant \left(\frac{M_1 - \mu_1}{M_1 + \mu_1}\right)^n \sqrt{\frac{M_2}{\mu_2}} \|\mathbf{r}^0\|_2.$$

因为函数

$$\frac{M-\mu}{M+\mu} = \frac{1-(\mu/M)}{1+(\mu/M)}$$

随着 M/μ 减小单调减小, 则新的迭代过程的收敛速度比 (1) 的更快.

在最终求解问题时将由公式 (1) 的迭代转化为由公式 (2) 的迭代应该考虑这些迭代过程中的算术运算量. 如果按照迭代公式 (2) 迭代本质上要求更大量的运算, 则这样的转化可能是不适当的.

习题 1 设 $T(A)$ 为按公式 (1) 的一次迭代的算术运算量, $T(B)$ 为按公式 (2) 的一次迭代的算术运算量. 说明下列断言的理由: 如果

$$T(B)\left(\ln \frac{M_1 + \mu_1}{M_1 - \mu_1}\right)^{-1} < T(A)\left(\ln \frac{M + \mu}{M - \mu}\right)^{-1},$$

则转换成按 (2) 的迭代是适当的.

类似于按迭代方法 (1) 来建立迭代方法 (2), 可以建立另外一些类似于 §8—§10 中讨论的方法.

设有迭代过程, 其中后续近似误差由如下等式表示:

$$\mathbf{r}^{n+1} = \left(E - \sum_{i=1}^{k} \alpha_i A^i\right)\mathbf{r}^n.$$

写出等式

$$\mathbf{v}^{n+1} = \left(E - \sum_{i=1}^{k} \alpha_i C^i\right)\mathbf{v}^n, \tag{7}$$

其中 $C = (\sqrt{B})^{-1} A (\sqrt{B})^{-1}$. 让 $\mathbf{v}^n = \sqrt{B}\mathbf{r}^n$ 并将 (7) 式左乘 $\sqrt{B}$, 得到方程

$$B\mathbf{r}^{n+1} = B\mathbf{r}^n - \sum_{i=1}^{k} \alpha_i (AB^{-1})^{i-1} A\mathbf{r}^n.$$

这个关于误差的方程相应于迭代过程

$$B\mathbf{x}^{n+1} = B\mathbf{x}^n - \sum_{i=1}^{k} \alpha_i (AB^{-1})^{i-1}(A\mathbf{x}^n - \mathbf{b}). \tag{8}$$

如果对参数 α_i 进行最优化使得误差估计 $\|\mathbf{v}^{n+1}\|_2/\|\mathbf{v}^n\|_2$ 最优, 则与 §6 中一样得到形如 (8) 的最优迭代方法.

类似于最优线性迭代方法 (6.25), (6.26) 有迭代过程

$$B\mathbf{y}^{n+1} = B\mathbf{y}^n + \overline{\omega}_n \overline{\omega}_{n-1} B(\mathbf{y}^n - \mathbf{y}^{n-1}) - \frac{2}{M_1 + \mu_1}(1 + \overline{\omega}_n \overline{\omega}_{n-1})(A\mathbf{y}^n - \mathbf{b}),$$

其中类似于由 M 和 μ 建立 ω_n, 由 M_1 和 μ_1 建立 $\overline{\omega}_n$ (参看 (6.26)).

方法 (2) 与最速下降方法结合导出如下方法. 近似 $\mathbf{x}^{n+1}$ 从如下关系式寻找:

$$B\mathbf{x}^{n+1} = B\mathbf{x}^n - \alpha_n(A\mathbf{x}^n - \mathbf{b}). \tag{9}$$

为此, 系数 α_n 由如下泛函的极小化条件定义:

$$F(\mathbf{x}^{n+1}) = (A\mathbf{x}^{n+1}, \mathbf{x}^{n+1}) - 2(\mathbf{b}, \mathbf{x}^{n+1}).$$

从 (9) 式得到

$$B\frac{d\mathbf{x}^{n+1}}{d\alpha_n} = -(A\mathbf{x}^n - \mathbf{b}).$$

因为

$$\begin{aligned}\frac{dF(\mathbf{x}^{n+1})}{d\alpha_n} &= 2\left(A\mathbf{x}^{n+1} - \mathbf{b}, \frac{d\mathbf{x}^{n+1}}{d\alpha_n}\right) \\ &= 2(A(\mathbf{x}^n - \alpha_n B^{-1}(A\mathbf{x}^n - \mathbf{b})) - \mathbf{b}, -B^{-1}(A\mathbf{x}^n - \mathbf{b})),\end{aligned}$$

则条件 $dF(\mathbf{x}^{n+1})/d\alpha_n = 0$ 是关于 α_n 的线性方程.

类似于迭代过程 (9.10) 有

$$B\mathbf{x}^{n+1} = B\mathbf{x}^n + \alpha_n(B\mathbf{x}^n - B\mathbf{x}^{n-1}) + \beta_n(A\mathbf{x}^n - \mathbf{b}).$$

习题 2 对于 §9 最后描述的共轭梯度法的两种情况, 建立带有预处理因子的类似的方法.

本节研究的方法广泛应用于求解当矩阵 $A > 0$ 的特征值分布范围大时的方程 $A\mathbf{x} = \mathbf{b}$.

§11. 方程组近似解的误差和矩阵的条件数. 正规化

假定方程组的矩阵以及右边部分不精确, 那么代替求解方程组

$$A\mathbf{x} = \mathbf{b} \tag{1}$$

实际上应该求解方程组

$$A_1\mathbf{x} = \mathbf{b}_1, \quad A_1 = A + \Delta, \quad \mathbf{b}_1 = \mathbf{b} + \eta. \tag{2}$$

假设已知 $\|\Delta\|$ 和 $\|\eta\|$ 的估计. 我们来给出解的误差估计.

首先分离出误差主项. 将 (1) 和 (2) 的解分别记为 $\mathbf{X}$ 和 $\mathbf{X}^*$, 误差 $\mathbf{X}^* - \mathbf{X}$ 记为 $\mathbf{r}$. 将 $A_1, \mathbf{b}_1$ 和 $\mathbf{X}^*$ 的表达式代入 (2), 有

$$(A + \Delta)(\mathbf{X} + \mathbf{r}) = \mathbf{b} + \eta.$$

将此方程减去 (1) 式得到

$$A\mathbf{r} + \Delta\mathbf{X} + \Delta\mathbf{r} = \eta,$$

由此可得

$$A\mathbf{r} = \eta - \Delta\mathbf{X} - \Delta\mathbf{r},$$

亦即
$$\mathbf{r} = A^{-1}(\eta - \Delta \mathbf{X} - \Delta \mathbf{r}). \tag{3}$$

如果 $\|\Delta\|$ 和 $\|\eta\|$ 较小, 则应该期望 $\|\mathbf{r}\|$ 也很小. 那么, 项 $\Delta \mathbf{r}$ 具有更小的阶. 略去此项, 得到
$$\mathbf{r} \approx A^{-1}(\eta - \Delta \mathbf{X}).$$

由此推出误差估计
$$\|\mathbf{r}\| \leqslant \sigma \approx \|A^{-1}\|(\|\eta\| + \|\Delta\| \|\mathbf{X}\|). \tag{4}$$

严格的误差估计通过如下方式得到. 由 (3), 成立不等式
$$\|\mathbf{r}\| \leqslant \|A^{-1}\| \|\eta\| + \|A^{-1}\| \|\Delta\| \|\mathbf{X}\| + \|A^{-1}\| \|\Delta\| \|\mathbf{r}\|.$$

假定 $\|A^{-1}\| \|\Delta\| < 1$. 将最后一项移到左边并且两边除以 $\|\mathbf{r}\|$ 的系数得到估计
$$\|\mathbf{r}\| \leqslant \frac{\|A^{-1}\|(\|\eta\| + \|\Delta\| \|\mathbf{X}\|)}{1 - \|A^{-1}\| \|\Delta\|}. \tag{5}$$

相当普遍的情况是方程组矩阵的误差实际上小于右端项中的误差. 此时, 作为这种情况下的模型问题我们研究方程组矩阵为精确值的情况. 那么, 在 (5) 式中让 $\Delta = 0$, 则有
$$\|\mathbf{r}\| \leqslant \|A^{-1}\| \|\eta\|.$$

为了描述方程右端项误差与解的误差之间关系的定性特征, 我们引入方程组的条件数和方程组矩阵的条件数的概念. 右端项与方程组解的绝对误差以及方程组系数的测量时的尺度有关. 通过右端项和解的相对误差之间的关系来刻画方程组的性质更方便.

为此, 作为方程组的条件数, 我们引入数
$$\tau = \sup_{\eta} \left(\frac{\|\mathbf{r}\|}{\|\mathbf{X}\|} : \frac{\|\eta\|}{\|\mathbf{b}\|} \right) = \frac{\|\mathbf{b}\|}{\|\mathbf{X}\|} \sup_{\eta} \frac{\|\mathbf{r}\|}{\|\eta\|}.$$

由此可得解的相对误差估计通过方程组的条件数和右边部分相对误差的表示:
$$\frac{\|\mathbf{r}\|}{\|\mathbf{X}\|} \leqslant \tau \frac{\|\eta\|}{\|\mathbf{b}\|}. \tag{6}$$

因为 $\mathbf{r} = A^{-1}\eta$, 则
$$\sup_{\eta} \frac{\|\mathbf{r}\|}{\|\eta\|} = \|A^{-1}\|$$
且
$$\tau = \frac{\|\mathbf{b}\|}{\|\mathbf{X}\|} \|A^{-1}\|.$$

有时仅通过矩阵 A 的性质来粗略描述方程组特征更方便. 将这个特性 $\nu(A) = \sup_{\mathbf{b}} \tau$ 称为矩阵 A 的条件数 (或制约数). 由此定义以及 (6) 式, 有估计
$$\frac{\|\mathbf{r}\|}{\|\mathbf{X}\|} \leqslant \nu(A) \frac{\|\eta\|}{\|\mathbf{b}\|},$$
它仅仅通过方程组的矩阵性质将右端项部分和解的相对误差联系起来. 因为
$$\sup_{\mathbf{b}} \frac{\|\mathbf{b}\|}{\|\mathbf{X}\|} = \sup_{\mathbf{x}} \frac{\|A\mathbf{x}\|}{\|\mathbf{x}\|} = \|A\|,$$

则
$$\nu(A) = \|A\| \, \|A^{-1}\|.$$

由于矩阵的任意范数不小于其特征值模的最大值, 则 $\|A\| \geqslant \max |\lambda_A|$. 又矩阵 A 和 A^{-1} 的特征值互逆, 则
$$\|A^{-1}\| \geqslant \max \frac{1}{|\lambda_A|} = \frac{1}{\min |\lambda_A|}.$$

于是,
$$\nu(A) \geqslant \max |\lambda_A| / \min |\lambda_A| \geqslant 1.$$

特别, 当 $A = A^T$ 时有
$$\|A\|_2 = \max |\lambda_A|, \quad \|A^{-1}\|_2 = \max \frac{1}{|\lambda_A|} = \frac{1}{\min |\lambda_A|}.$$

于是, 在范数 $\|\cdot\|_2$ 的情况下有
$$\nu(A) = \max |\lambda_A| / \min |\lambda_A|.$$

我们来研究右端项在计算机中存在舍入时解的误差问题. 如通常一样设 t 为计算机中数的二进制字长. 右端项每个元 b_i 的舍入误差带有相对误差量级 $O(2^{-t})$, 即具有绝对误差 $O(|b_i|2^{-t})$, 这是因为
$$\|\eta\| = O(\|\mathbf{b}\|2^{-t}) \quad \text{且} \quad \|\eta\|/\|\mathbf{b}\| = O(2^{-t}).$$

于是,
$$\|\mathbf{r}\|/\|\mathbf{X}\| \leqslant \nu(A) \, O(2^{-t}).$$

在实际工作中, 很少用到上面得到的不等式或者某个其他的方法获得关于线性方程组近似解的严格误差估计. 但是, 关于解的误差量级的信息有利于获得以怎样的精度合理求解问题这样的定性结论. 关系式 (4), (5) 给出了解的误差上界, 它是原始数据误差的结果. 从等式 (3) 可以看出, 估计 (4), (5) 足够精确, 企图得到解的误差大大小于 σ 是没有意义的.

带有大的条件数的方程组和矩阵常称为具有坏制约性, 而带有小的条件数时则称为具有好制约性. 如果 (4) 的右边部分、它用原始数据误差估计解的误差、或者计算误差的估计等不是非常高, 则关注问题求解的某些其他信息是有益的. 求解这类问题的方法应该像未校正问题情况一样.

我们来研究当 A 为对角矩阵的简单情况. 设 $\lambda_1, \cdots, \lambda_m \neq 0$ 为其特征值, 且按照模 $|\lambda_i|$ 减小的顺序排列, 相应的正交特征向量系记为 $\mathbf{e}_1, \cdots, \mathbf{e}_m$. 方程组 $A\mathbf{x} = \mathbf{b}$ 的解是如下向量
$$\mathbf{X} = \sum_{i=1}^{m} c_i \mathbf{e}_i, \quad c_i = \frac{(\mathbf{b}, \mathbf{e}_i)}{\lambda_i}.$$

当实际给定右边部分 $\tilde{\mathbf{b}} = \mathbf{b} + \eta$ 时解为
$$\tilde{\mathbf{X}} = \sum_{i=1}^{m} \frac{(\mathbf{b}, \mathbf{e}_i) + (\eta, \mathbf{e}_i)}{\lambda_i} \mathbf{e}_i.$$

系数 $(\eta, \mathbf{e}_i)/\lambda_i$ 当 λ_i 很小时可能非常大, 以至于导致解严重失真. 有时在寻找的解的展开式 $\sum_{i=1}^{m} c_i \mathbf{e}_i$ 中, 预先已知相应于小的模 $|\lambda_i|$ 系数 c_i 也小. 在这种情况下应该取某个方法以 "过滤" 解的这些分量.

当 m 不大时, 为求解这一问题有时应用下列方法: 给定某个数 $q > 0$, 对 $i \leqslant q$ 寻找所有的 λ_i 和 $\mathbf{e}_i$, 且让

$$\mathbf{X} \approx \sum_{i=1}^{q} \frac{(\tilde{\mathbf{b}}, \mathbf{e}_i)}{\lambda_i} \mathbf{e}_i.$$

q 应该从问题的附加信息中适当选择.

我们以矩阵例子来解释另外两个方法, 其中假定所有 $\lambda_i > 0$.

第一种方法. 给定某个数 $\alpha > 0$, 寻找如下方程组的解 $\mathbf{x}^\alpha$:

$$(\alpha E + A)\mathbf{x}^\alpha = \tilde{\mathbf{b}}.$$

将解写成形式

$$\mathbf{x}^\alpha = \sum_{i=1}^{m} \frac{(\tilde{\mathbf{b}}, \mathbf{e}_i)}{\lambda_i + \alpha} \mathbf{e}_i.$$

因为

$$\frac{1}{\lambda_i} - \frac{1}{\lambda_i + \alpha} = \frac{\alpha}{\lambda_i(\lambda_i + \alpha)},$$

则小的参数 α 的存在不会本质上改变具有大的 λ_i 的项. 同时当 $\lambda_i \ll \alpha$ 时有

$$\left| \frac{(\tilde{\mathbf{b}}, \mathbf{e}_i)}{\lambda_i + \alpha} \right| \ll \left| \frac{(\tilde{\mathbf{b}}, \mathbf{e}_i)}{\lambda_i} \right|.$$

这意味着引入参数 α 导致相应于小 λ_i 的项的作用大大减小. 通常由实验的方法比较各种不同 α 值的计算结果来适当选择最优参数 α.

第二种方法. 采用某个迭代方法求解方程组. 研究按照某个初始条件 $\mathbf{x}^0$ 由如下迭代公式求解的情况:

$$\mathbf{x}^{n+1} = \mathbf{x}^n - \alpha(A\mathbf{x}^n - \tilde{\mathbf{b}}). \tag{7}$$

设

$$\tilde{\mathbf{b}} = \sum_{i=1}^{m} \beta_i \mathbf{e}_i, \quad \mathbf{x}^n = \sum_{i=1}^{m} z_i^n \mathbf{e}_i.$$

将这些表达式代入 (7), 并使 $\mathbf{e}_i$ 的系数相等得到关系式

$$z_i^{n+1} = \alpha \beta_i + (1 - \alpha \lambda_i) z_i^n.$$

逐次通过前面各项表示每个 z_i^k, 有

$$z_i^n = \alpha \beta_i + (1 - \alpha \lambda_i) z_i^{n-1} = \alpha \beta_i + (1 - \alpha \lambda_i)(\alpha \beta_i + (1 - \alpha \lambda_i) z_i^{n-2}) = \cdots$$
$$= \alpha \beta_i \sum_{k=0}^{n-1} (1 - \alpha \lambda_i)^k + (1 - \alpha \lambda_i)^n z_i^0.$$

如果 $|1-\alpha\lambda_i|<1$, 则当 $n\to\infty$ 时
$$\sum_{k=0}^{n-1}(1-\alpha\lambda_i)^k \to \sum_{k=0}^{\infty}(1-\alpha\lambda_i)^k = \frac{1}{\alpha\lambda_i}, \quad (1-\alpha\lambda_i)^n \to 0,$$
因此 $z_i^n \to \beta_i/\lambda_i$. 设 $\alpha \approx (\max\lambda_i)^{-1}$, 即相对地较小. 对于大的值 λ_i, $(1-\alpha\lambda_i)^n$ 随着 n 的增加快速趋向于零, 且 z_i^n 趋向于极限值 β_i/λ_i. 同时, 适当选择初始近似可以使得 z_i^0 对于大的 λ_i 相对的小. 于是对于不大的 n 相应于这些 λ_i 的系数 z_i^n 将不是无法容忍的大, 且得到的近似是可以接受的.

另一些情况下问题的解可以通过极小化某个近似于 $F(\mathbf{x}) = (A\mathbf{x}, \mathbf{x}) - 2(\mathbf{b}, \mathbf{x})$ 的泛函得到, 例如带有小的值 $\alpha > 0$ 的泛函 $F(\mathbf{x}) + \alpha(\mathbf{x}, \mathbf{x})$.

上述方法能否应用于非对称矩阵 A 的情况本质上取决于矩阵的若尔当型结构及一系列其他性质有关. 这里解经常通过极小化泛函
$$(A\mathbf{x} - \mathbf{b}, A\mathbf{x} - \mathbf{b}) + \alpha(\mathbf{x}, \mathbf{x})$$
得到, 其中 $\alpha > 0$ 为小参数. 值 α 又是通过实验比较其不同取值下的计算结果来选择.

另一类方法基于方程组矩阵 A 的如下表示:
$$A = G\Lambda P,$$
其中 G 和 P 为正交矩阵, 而 Λ 为两对角矩阵, 在 $j=i$ 和 $j=i+1$ 时的元素 λ_{ij} 可能不等于零.

大多数带有坏的条件数矩阵的方程组的求解方法属于正规化方法.

习题 1 设 $A^{(m)} = [a_{ij}^m]$ 为 $m \times m$ 阶矩阵, 其元素为
$$a_{ij}^m = \begin{cases} p, & \text{当 } j=i, \\ q, & \text{当 } j=i+1, \\ 0, & \text{当 } j \neq i, i+1. \end{cases}$$

1. 计算矩阵 $(A^{(m)})^{-1}$ 且证明结论: 当 $|q| < |p|$ 时矩阵 $A^{(m)}$ 在某种意义下是好的条件数矩阵, 而当 $|q| > |p|$ 且 m 很大时是坏的条件数矩阵.

2. 写出方程组 $A^{(m)}\mathbf{x} = \mathbf{b}$ 由右边部分表示的显式解.

3. 通过极小化泛函
$$(A^{(m)}\mathbf{x} - \mathbf{b}, A^{(m)}\mathbf{x} - \mathbf{b}) + \alpha(\mathbf{x}, \mathbf{x})$$
写出向量 $\mathbf{x}_\alpha$ 由右边部分 $\mathbf{b}$ 表示的显式表达式.

4. 试定性描述在应用这个校正后达到的效果.

我们解释在 §6 中为何试图避免把矩阵对称化的原因. 例如, 我们来看看当对埃尔米特矩阵进行对称化时会发生什么. 于是, $A = A^T$ 且 $A^T A = A^2$. 当矩阵平方时, 其特征值也被平方, 因此在范数 $\|A\| = \|A\|_2$ 情况下我们有
$$\nu(A^2) = \frac{\max|\lambda_{A^2}|}{\min|\lambda_{A^2}|} = \frac{(\max|\lambda_A|)^2}{(\min|\lambda_A|)^2} = (\nu(A))^2.$$

由于 $\nu(A) \geqslant 1$, 则由此推出在埃尔米特矩阵对称化时条件数不会减小. 在 $\nu(A) \gg 1$ 时条件数本质上会显著增大.

习题 2 给出使得 $\nu(A^2) = (\nu(A))^2$ 的非对称矩阵的例子.

我们研究另一种方法来求解具有坏条件数的线性代数方程组. 设
$$A\mathbf{x} = \mathbf{b}. \tag{8}$$
将认为矩阵 A^*A 的谱既有与 1 同阶的特征值也有接近于 (甚至等于) 零的特征值. 这恰好意味着矩阵 A 是坏条件数矩阵.

注意到, 根据我们对矩阵 A^*A 的特征值的假定, 部分特征值可能等于零. 于是, 方程 (8) 一般说来可能在传统意义下没有解.

我们称极小化误差泛函的向量 $\mathbf{X}$ 为方程 (8) 的解, 即
$$\mathbf{X} = \arg\min_{\mathbf{y}} \|A\mathbf{y} - \mathbf{b}\|. \tag{9}$$
本节中的范数理解为向量的欧几里得范数. 写出泛函 $\Phi(\mathbf{y}) = \|A\mathbf{y} - \mathbf{b}\|^2$ 的欧拉方程, 我们得到
$$A^*A\mathbf{x} = A^*\mathbf{b}. \tag{10}$$

不同于方程 (8), 方程 (10) 总是有解. 事实上, 直接验证表明 $\ker A^*A = \ker A$. 线性方程组 (10) 有解的充分必要条件是方程组的右边部分与其矩阵核的正交性, 即向量 $A^*\mathbf{b}$ 应该正交于核 $\ker A^*A$, 亦即核 $\ker A$. 但从右边部分的形式可以看出, 它确实正交于 A 的核. 于是, 方程组 (10) 总是有解. 一般情况下, 可能存在多个解.

下面描述的方法归结为对泛函 $\Phi(\mathbf{y})$ 应用按坐标最优下降法进行极小化. 在每一步, 坐标的选择使得其下降是最优的, 最优的含义是使得泛函 $\Phi(\mathbf{y})$ 达到极小. 作为坐标 (基底) 向量可以选择任意正交向量系.

设 $\mathbf{w}_1, \cdots, \mathbf{w}_q$ 为 R_m 的任意正交向量系 (不一定为基底) 且至少对于其中的某个向量有 $A\mathbf{w}_j \neq \mathbf{0}$. 记 W 为向量 $\mathbf{w}_1, \cdots, \mathbf{w}_q$ 的线性包络. 将在空间 W 上寻找向量来极小化误差泛函 $\Phi(\mathbf{y})$. 为此研究下列迭代方法. 设 $\mathbf{x}^0 = \mathbf{0}$. 如果近似 $\mathbf{x}^k$ 已经找到, 则下一个近似 $\mathbf{x}^{k+1}$ 通过如下形式寻找 $\mathbf{x}^{k+1} = \mathbf{x}^k + C_k\mathbf{w}_{j_k}$, 其中 $C_k = \text{const}$,
$$j_k = \arg\min_{j}\left(\min_{C_k}\Phi(\mathbf{x}^{k+1})\right). \tag{11}$$

引入与近似 $\mathbf{x}^k$ 相关的误差
$$\xi^k = A\mathbf{x}^k - \mathbf{b}. \tag{12}$$
写出泛函 $\Phi(\mathbf{x}^{k+1})$ 相应于 C_k 极小化的条件. 我们有
$$\Phi(\mathbf{x}^{k+1}) = \|C_kA\mathbf{w}_j + A\mathbf{x}^k - \mathbf{b}\|^2 = C_k^2\|A\mathbf{w}_j\|^2 + 2C_k(A\mathbf{w}_j, \xi^k) + \|\xi^k\|^2. \tag{13}$$
注意到, 在寻找极小值 $\Phi(\mathbf{x}^{k+1})$ 时只需考虑使得 $\|A\mathbf{w}_j\| \neq 0$ 的 $\mathbf{w}_j$, 因为否则泛函的值不发生改变. 作为变量 C_k 的函数 $\Phi(\mathbf{x}^{k+1})$ 是二次多项式, 并且根据上面的注记 C_k^2 的系数为正的. 由此推出, 如果 $\|A\mathbf{w}_j\| \neq 0$, 则对于固定的 j, $\Phi(\mathbf{x}^{k+1})$ 关于 C_k 的极小

值存在且唯一. 于是, 从 (13) 推出 C_k 满足方程
$$\frac{\partial \Phi(\mathbf{x}^{k+1})}{\partial C_k} = 2C_k \|A\mathbf{w}_j\|^2 + 2(A\mathbf{w}_j, \xi^k) = 0,$$
由此可得
$$C_k = -\frac{(A\mathbf{w}_j, \xi^k)}{\|A\mathbf{w}_j\|^2}.$$
对这样选择的 C_k 有
$$\Phi(\mathbf{x}^{k+1}) = \|\xi^{k+1}\|^2 = \|\xi^k\|^2 - \frac{(A\mathbf{w}_j, \xi^k)^2}{\|A\mathbf{w}_j\|^2},$$
且
$$j_k = \arg\max_j \frac{|(A\mathbf{w}_j, \xi^k)|}{\|A\mathbf{w}_j\|}, \quad \mathbf{x}^{k+1} = \mathbf{x}^k + C_k \mathbf{w}_{j_k}.$$

总结上述得到如下算法:

1) 计算向量 $A\mathbf{w}_j, j = 1, \cdots, q$, 以及它的范数 $\|A\mathbf{w}_j\|$. 接下来仅仅考虑使得 $A\mathbf{w}_j \neq \mathbf{0}$ 的向量 $\mathbf{w}_j$. 不失一般性, 认为这些向量的个数为 q.

2) 根据先验信息选择 $\mathbf{x}^0$. 特别, 可以取 $\mathbf{x}^0 = \mathbf{0}$.

3) 如果 $\mathbf{x}^k$ 已找到, 则 j_k 和 C_k 按如下公式计算:
$$\begin{aligned} j_k &= \arg\max_j \frac{|(A\mathbf{w}_j, \xi^k)|}{\|A\mathbf{w}_j\|}, \\ C_k &= -\frac{(A\mathbf{w}_{j_k}, \xi^k)}{\|A\mathbf{w}_{j_k}\|^2}. \end{aligned} \tag{14}$$

4) 下一个近似 $\mathbf{x}^{k+1}$ 由如下公式计算:
$$\mathbf{x}^{k+1} = \mathbf{x}^k + C_k \mathbf{w}_{j_k}. \tag{15}$$

我们将发现该方法的困难性. 为此, 估计每步的算术运算次数. 首先注意到预先的运算 (第 1 步) 一般情况要求 $O(m^2 q)$ 次运算.

迭代方法的第 3 步要求 $O(mq)$ 次, 而第 4 步要求 $O(m)$ 次算术运算.

于是, 方法的一般困难性在于 $O(m^2 + mql)$ 次算术运算, 其中 l 为迭代过程的步数.

也注意到, (14) 中的 j_k 在一般情况下不唯一 (可能有几个这样的下标). 在这样的情况下可以取其中最小值作为 j_k.

我们来研究迭代方法的收敛性.

引理 设 $\mathbf{g}_1, \cdots, \mathbf{g}_l$ 为 R_m 中任意选择的线性无关的单位向量, L 为这些向量的线性包络. 则存在 $\gamma, 0 < \gamma < 1$, 使得对于任意 $\mathbf{x} \in L$, 下列不等式是正确的:
$$\|\mathbf{x} - (\mathbf{x}, \mathbf{g}_k)\mathbf{g}_k\| \leqslant \gamma \|\mathbf{x}\|,$$
$$k = \arg\max_j |(\mathbf{x}, \mathbf{g}_j)|.$$

证明 让
$$\psi(\mathbf{x}) = \|\mathbf{x} - (\mathbf{x}, \mathbf{g}_k)\mathbf{g}_k\|^2,$$
$$k = \arg\max_j |(\mathbf{x}, \mathbf{g}_j)|.$$

我们证明, 泛函 $\psi(\mathbf{x})$ 连续. 为此只需证明泛函 $(\mathbf{x}, \mathbf{g}_k)$ 的连续性, 其中下标 k 如上定义. 我们研究差 $|(\mathbf{x}, \mathbf{g}_k)| - |(\mathbf{y}, \mathbf{g}_i)|$, 其中下标 k 如上定义, 而下标 i 对于 $\mathbf{y}$ 以类似的方式来定义.

为确定起见设 $|(\mathbf{x}, \mathbf{g}_k)| \geq |(\mathbf{y}, \mathbf{g}_i)|$. 那么, 下列不等式成立:
$$|(\mathbf{x}, \mathbf{g}_k)| - |(\mathbf{y}, \mathbf{g}_i)| \leq |(\mathbf{x}, \mathbf{g}_k)| - |(\mathbf{y}, \mathbf{g}_k)| \leq |(\mathbf{x} - \mathbf{y}, \mathbf{g}_k)| \leq \max_j |(\mathbf{x} - \mathbf{y}, \mathbf{g}_j)|,$$
由此推出所研究的泛函的连续性.

假定引理结论不正确. 那么, 存在序列 $\{\mathbf{x}_i\}$ 使得 $\|\mathbf{x}_i\| = 1$ 且 $\psi(\mathbf{x}_i) \geq 1 - \varepsilon_i$, 其中当 $i \to \infty$ 时 $\varepsilon_i \to 0$. 因为在有限维空间中球面 $S = \{\mathbf{x} : \|\mathbf{x}\| = 1\}$ 为紧的, 则存在收敛的子序列. 为叙述简单起见假定序列本身收敛, 即 $\mathbf{x}^* = \lim_{i \to \infty} \mathbf{x}_i$. 根据泛函 ψ 的连续性有 $\psi(\mathbf{x}^*) = 1$ 且 $\|\mathbf{x}^*\| = 1$. 于是, 当 $k = \arg\max_j |(\mathbf{x}^*, \mathbf{g}_j)|$ 时有
$$\psi(\mathbf{x}^*) = \|\mathbf{x}^* - (\mathbf{x}^*, \mathbf{g}_k)\mathbf{g}_k\|^2 = \|\mathbf{x}^*\|^2 - 2(\mathbf{x}^*, \mathbf{g}_k)^2 + (\mathbf{x}^*, \mathbf{g}_k)^2 \|\mathbf{g}_k\|^2$$
$$= \|\mathbf{x}^*\|^2 - (\mathbf{x}^*, \mathbf{g}_k)^2 = 1.$$

由此推出 $(\mathbf{x}^*, \mathbf{g}_k) = 0$. 因为对于任意 $j = 1, \cdots, q$ 有 $|(\mathbf{x}^*, \mathbf{g}_k)| \geq |(\mathbf{x}^*, \mathbf{g}_j)|$, 则对于任意 $j = 1, \cdots, q$ 有 $(\mathbf{x}^*, \mathbf{g}_j) = 0$. 因为 $\mathbf{x}^*$ 属于向量 $\mathbf{g}_1, \cdots, \mathbf{g}_l$ 的线性包络, 则最后等式仅对于 $\mathbf{x}^* = \mathbf{0}$ 成立, 这与条件 $\|\mathbf{x}^*\| = 1$ 矛盾. 引理得证.

定理 由方法 (14), (15) 在迭代过程中得到的近似 $\mathbf{x}^k$ 是基本序列, 且以几何级数收敛于某个向量, 这个向量使得误差泛函 $\psi(\mathbf{x})$ 在子空间 W 上达到极小值. 即存在 $q < 1$ 使得
$$\|\mathbf{x}^k - \mathbf{x}^\infty\| \leq Cq^k, \quad \mathbf{x}^\infty = \lim_{k \to \infty} \mathbf{x}^k.$$

常数 q 与基底 $\{\mathbf{w}_j\}$ 的选择以及算子 A 有关.

证明 因为 $A\mathbf{w}_{j_k} \neq 0$, 所以存在常数 $\delta > 0$ 使得
$$\|A\mathbf{w}_{j_k}\| \geq \delta, \quad \forall k. \tag{16}$$

设 $\hat{\mathbf{b}}$ 为向量 $\mathbf{b}$ 在由向量 $A\mathbf{w}_1, \cdots, A\mathbf{w}_q$ 张成的子空间上的正交投影, 而 ζ^k 为向量 $\xi^k = A\mathbf{x}^k - \mathbf{b}$ 在同样的子空间上的正交投影. 则从 (14), (15) 推出向量 ζ^k 满足关系式
$$\zeta^{k+1} = \zeta^k - \frac{(\zeta^k, A\mathbf{w}_{j_k})}{\|A\mathbf{w}_{j_k}\|^2} A\mathbf{w}_{j_k}. \tag{17}$$

让 $\mathbf{g}_i = A\mathbf{w}_i / \|\mathbf{w}_i\|$. 那么, (17) 变为
$$\zeta^{k+1} = \zeta^k - (\zeta^k, \mathbf{g}_{j_k})\mathbf{g}_{j_k}.$$
因为 C_k 从 $\|\xi^{k+1}\|$ (也即 $\|\zeta^{k+1}\|$) 的极小值条件来选择, 则
$$j_k = \arg\max_j |(\zeta^k, \mathbf{g}_j)|,$$

且此时前面引理的条件满足. 那么, 从该引理条件可以推出估计

$$\|\zeta^{k+1}\| \leqslant \gamma \|\zeta^k\|, \quad \gamma < 1. \tag{18}$$

由 (14), (15) 有

$$\mathbf{x}^{k+1} = \mathbf{x}^k - \frac{(\xi^k, A\mathbf{w}_{j_k})}{\|A\mathbf{w}_{j_k}\|^2}\mathbf{w}_{j_k} = \mathbf{x}^k - \frac{(\zeta^k, A\mathbf{w}_{j_k})}{\|A\mathbf{w}_{j_k}\|^2}\mathbf{w}_{j_k},$$

由此并考虑到 (16) 得到估计

$$\|\mathbf{x}^{k+1} - \mathbf{x}^k\| \leqslant \|\zeta^k\|/\|A\mathbf{w}_{j_k}\| \leqslant \|\zeta^k\|/\delta.$$

将估计 (18) 应用于所得的不等式, 有

$$\|\mathbf{x}^{k+1} - \mathbf{x}^k\| \leqslant \gamma^k \|\hat{\mathbf{b}}\|/\delta,$$

由此推出关系式

$$\|\mathbf{x}^{k+p} - \mathbf{x}^k\| \leqslant \sum_{i=k}^{p+k} \|\mathbf{x}^{i+1} - \mathbf{x}^i\| \leqslant \sum_{i=0}^{p} \gamma^{k+i} \frac{\|\hat{\mathbf{b}}\|}{\delta} \leqslant \frac{\gamma^k}{(1-\gamma)\delta}\|\hat{\mathbf{b}}\|, \quad \forall p \in \mathbf{N}.$$

于是, $\{\mathbf{x}^k\}$ 是基本序列, 且有极限 $\mathbf{x}^\infty$. 根据建立过程, $\mathbf{x}^\infty$ 在子空间 W 上极小化泛函 $\Phi(\mathbf{y})$. 定理得证.

在如下情况下上面描述的带有坏条件数矩阵的方程组求解方法特别有效, 即当事先得到的信息表示成某种解的结构特性的情况. 例如, 当已知基底函数 $\mathbf{w}_j$, 且解表示成这些数量较少的函数的展开式. 这样的情况经常出现在信号数字变换问题中.

在 q 为充分小的情况下这一方法也是特别有效的. 换句话说, 为了有效地应用该方法, 应该对原问题进行合理的参数化. 这常常根据事先得到有关解的信息来完成. 例如, 如果已知解代表某个带有少数谐波的振荡过程, 则其行为一般说来是未知的.

上面叙述的方法也依据下列情况建立, 即当不按照相应于基底 $\{\mathbf{w}_j\}$ 中的某个轴的一维子空间, 而是按照超平面进行下降实现. 在此情况下, 收敛速度实际上通常更高, 但迭代过程每一步的运算次数增加.

§12. 特征值问题

在不同情况下对关于矩阵特征值和特征向量的信息有不同需求, 由此产生了各种各样的问题和各种各样的求解方法.

1. 在求解一系列力学、物理、化学问题时要求获得某些矩阵的所有特征值, 而有时还要求获得所有特征向量. 这个问题叫作完全特征值问题.

2. 在许多情况下, 仅仅要求找到矩阵的按模最大或按模最小的特征值. 例如, 在求解某些核物理问题时就会出现这类问题. 这里必须求解的问题等价于寻找阶数为 $10^3 \sim 10^6$ 或者甚至更高量级的矩阵的特征值问题. 在低阶矩阵情况下求解这类问题经常应用迭代方法, 而在高阶情况下则经常应用概率方法.

3. 在研究振荡过程时, 有时要求找到矩阵的两个按模最大的特征值, 并且其中较小

者通常只需以较小的精度来确定即可.

4. 也有这样的矩阵特征值问题, 其中要求它最接近给定的值 λ^0, 或者找到给定值 λ^0 与矩阵谱之间的距离.

形式上可以说, 这些所谓的局部特征值问题是一般特征值问题的特殊情况, 且只需考虑对一般问题的求解方法做些限制. 但是, 这种处理方法导致的大计算量是不能接受的. 在讨论涉及求解矩阵特征值的具体问题的提法时, 大量计算常常正是用于确定关于矩阵谱的足够用的最少信息量.

问题 2—4 的解通常变成寻找某个矩阵 $B = g(A)$ 按模最大的特征值, 使得这个特征值相应于矩阵 A 的要寻找的特征值.

研究当矩阵 A 的所有特征值为实数的情况. 如果要求找到矩阵 A 的最大或最小特征值, 则应该取 $g(A) = A + cE$. 显然, 当 c 为充分大的正数 (负数) 时矩阵 $A + cE$ 的模最大 (最小) 特征值相应于矩阵 A 的按模最大 (最小) 特征值. 在问题 4 中对某个 c 矩阵 $E - c(A - \lambda^0 E)^2$ 的模最大特征值相应于矩阵 A 的要找的特征值. 有时可以应用矩阵 $(A - \lambda^0 E)^{-1}$ 作为矩阵 $g(A)$. 为此, 矩阵 $(A - \lambda^0 E)^{-1}$ 不能以显式形式写出, 而计算过程中必需的向量 $(A - \lambda^0 E)^{-1}\mathbf{y}$ 通过求解方程组 $(A - \lambda^0 E)\mathbf{x} = \mathbf{y}$ 得到.

我们来研究典型的求解矩阵 A 的两个按模最大的特征值问题. 为简单起见, 假定存在完全特征向量系 $\mathbf{e}_j$:
$$A\mathbf{e}_j = \lambda_j \mathbf{e}_j, \quad |\lambda_1| > |\lambda_2| > |\lambda_3| \geqslant \cdots \geqslant |\lambda_m|.$$

给定某个向量 $\mathbf{x}^0$ 且依次计算向量 $\mathbf{x}^{n+1} = A\mathbf{x}^n$. 表示 $\mathbf{x}^0$ 为 $\mathbf{x}^0 = \sum_{i=1}^{m} c_i \mathbf{e}_i$, 我们有

$$\mathbf{x}^n = \sum_{i=1}^{m} c_i A^n \mathbf{e}_i = \sum_{i=1}^{m} c_i \lambda_i^n \mathbf{e}_i.$$

由此推出关系

$$\mathbf{x}^n = c_1 \lambda_1^n \mathbf{e}_1 + O(|\lambda_2|^n),$$
$$(\mathbf{x}^n, \mathbf{x}^n) = (c_1 \lambda_1^n \mathbf{e}_1 + O(|\lambda_2|^n),$$
$$c_1 \lambda_1^n \mathbf{e}_1 + O(|\lambda_2|^n)) = |c_1|^2 |\lambda_1|^{2n} + O(|\lambda_1|^n |\lambda_2|^n),$$
$$(\mathbf{x}^{n+1}, \mathbf{x}^n) = (c_1 \lambda_1^{n+1} \mathbf{e}_1 + O(|\lambda_2|^{n+1}), c_1 \lambda_1^n \mathbf{e}_1 + O(|\lambda_2|^n))$$
$$= \lambda_1 |c_1|^2 |\lambda_1|^{2n} + O(|\lambda_1|^n |\lambda_2|^n).$$

让

$$\lambda_1^{(n)} = (\mathbf{x}^{n+1}, \mathbf{x}^n) / (\mathbf{x}^n, \mathbf{x}^n),$$

从最后一个关系式当 $c_1 \neq 0$ 时得到

$$\lambda_1^{(n)} = \frac{\lambda_1 |c_1|^2 |\lambda_1|^{2n} + O(|\lambda_1|^n |\lambda_2|^n)}{|c_1|^2 |\lambda_1|^{2n} + O(|\lambda_1|^n |\lambda_2|^n)}$$

$$= \frac{\lambda_1\left(1 + O\left(\frac{1}{|c_1|^2}\left|\frac{\lambda_2}{\lambda_1}\right|^n\right)\right)}{1 + O\left(\frac{1}{|c_1|^2}\left|\frac{\lambda_2}{\lambda_1}\right|^n\right)}$$

$$= \lambda_1 + O\left(\left|\frac{\lambda_2}{\lambda_1}\right|^n\right). \tag{1}$$

习题 1 证明对于对称矩阵有 $\lambda_1^{(n)} = \lambda_1 + O(|\lambda_2/\lambda_1|^{2n})$.

除了 (1) 以外我们还有

$$\|\mathbf{x}^n\| = |c_1\lambda_1^n| + O(|\lambda_2|^n),$$

$$\mathbf{e}_1^{(n)} = \frac{\mathbf{x}^n}{\|\mathbf{x}^n\|} = \frac{\sum_{i=1}^{m} c_i\lambda_i^n \mathbf{e}_i}{|c_1||\lambda_1|^n + O(|\lambda_2|^n)}$$

$$= \frac{\frac{c_1\lambda_1^n}{|c_1\lambda_1^n|}\mathbf{e}_1 + O\left(\left|\frac{\lambda_2}{\lambda_1}\right|^n\right)}{1 + O\left(\left|\frac{\lambda_2}{\lambda_1}\right|^n\right)} = e^{i\varphi_n}\mathbf{e}_1 + O\left(\left|\frac{\lambda_2}{\lambda_1}\right|^n\right),$$

这里 $\varphi_n = \arg\{c_1\lambda_1^n\}$. 于是, 在这个迭代过程中也得到相应于 λ_1 的特征向量.

可能出现矩阵 A 具有两个按模最大的特征值 $\lambda_1 \neq \lambda_2$, $|\lambda_1| = |\lambda_2| > |\lambda_3| \geqslant \cdots$. 在此情况下值 $\lambda_1^{(n)}$ 将只能在 c_1 或 c_2 等于零的特殊情况下才能确定. 如果预先已知这些特征值有两个, 则它们以及相应的特征向量也可以类似于 $\lambda_1^{(n)}$ 和 $\mathbf{e}_1^{(n)}$ 确定.

我们来研究当 $A, \lambda_1, \lambda_2, \mathbf{x}^0$ 均为实, 且 $\lambda_1 > 0, \lambda_1 = -\lambda_2$ 的特殊情况. 那么

$$\mathbf{x}^n = c_1\lambda_1^n\mathbf{e}_1 + c_2(-\lambda_1)^n\mathbf{e}_2 + O(|\lambda_3|^n),$$

$$\mathbf{x}^{n+2} = c_1\lambda_1^{n+2}\mathbf{e}_1 + c_2(-\lambda_1)^{n+2}\mathbf{e}_2 + O(|\lambda_3|^n)$$

$$= \lambda_1^2(c_1\lambda_1^n\mathbf{e}_1 + c_2(-\lambda_1)^n\mathbf{e}_2) + O(|\lambda_3|^n).$$

由此得到

$$\overline{\lambda}^{(n)} = (\mathbf{x}^{n+2}, \mathbf{x}^n)/(\mathbf{x}^n, \mathbf{x}^n) = \lambda_1^2 + O(|\lambda_3/\lambda_1|^n).$$

当 $\overline{\lambda}^{(n)} > 0$ 时让 $\lambda_{1,2}^{(n)} = \pm\sqrt{\overline{\lambda}^{(n)}}$. 我们有

$$\mathbf{z}_1^{n+1} = \mathbf{x}^{n+1} + \lambda_1^{(n)}\mathbf{x}^n = 2c_1\lambda_1^{n+1}\mathbf{e}_1 + O(|\lambda_3|^n),$$

因此

$$\mathbf{e}_1^{(n)} = \mathbf{z}_1^{n+1}/\|\mathbf{z}_1^{n+1}\| = \mathbf{e}_1 + O(|\lambda_3/\lambda_1|^n).$$

同样地有

$$\mathbf{z}_2^{n+1} = \mathbf{x}^{n+1} + \lambda_2^{(n)}\mathbf{x}^n = 2c_2\lambda_2^{n+1}\mathbf{e}_2 + O(|\lambda_3|^n),$$

且

$$\mathbf{e}_2^{(n)} = \mathbf{z}_2^{n+1}/\|\mathbf{z}_2^{n+1}\| = \mathbf{e}_2 + O(|\lambda_3/\lambda_1|^n).$$

如果 λ_i 为矩阵 A 的特征值,则共轭矩阵 A^* 的特征值为 $\bar{\lambda}_i$. 为此,如果 $A\mathbf{e}_i = \lambda_i \mathbf{e}_i$, $A^* \mathbf{g}_j = \bar{\lambda}_j \mathbf{g}_j$, $\lambda_i \neq \lambda_j$, 则 $(\mathbf{e}_i, \mathbf{e}_j) = 0$. 因此,当 $|\lambda_1| > |\lambda_2| > |\lambda_3| \geqslant \cdots$ 时为寻找特征值 λ_2 可以如此进行. 得到近似 $\tilde{\mathbf{e}}_1 \approx \mathbf{e}_1$, 类似地确定 $\mathbf{g}_1$ 的近似 $\tilde{\mathbf{g}}_1$ 且进行标准化使其满足条件 $(\tilde{\mathbf{e}}_1, \tilde{\mathbf{g}}_1) = 1$. 进一步按照公式 $\mathbf{y}^{n+1} = A\mathbf{y}^n$ 进行迭代. 为去除平行于 $\mathbf{e}_1$ 的向量,随时对向量 $\mathbf{y}^n$ 相对于 $\tilde{\mathbf{g}}_1$ 正交化,即在下一次迭代开始时代替 $\mathbf{y}^n$ 我们取向量

$$\tilde{\mathbf{y}}^n = \mathbf{y}^n - (\mathbf{y}^n, \tilde{\mathbf{g}}_1)\tilde{\mathbf{e}}_1.$$

自然地,如果在初始近似 $\mathbf{y}^0 = \sum_{i=1}^{m} d_i \mathbf{e}_i$ 中项 $d_2 \mathbf{e}_2$ 同其他项相比占优,则迭代过程的收敛性更好. 从描述的寻找 λ_1 和 $\mathbf{e}_1$ 的迭代过程中取某个近似 $\mathbf{x}^l$. 取向量 $\mathbf{y}^0 = \mathbf{x}^l - (\mathbf{x}^l, \tilde{\mathbf{g}}_1)\tilde{\mathbf{e}}_1$ 作为初始近似. l 不应该取得太小,否则当 $j > 2$ 时分量 $c_j \lambda_j^l \mathbf{e}_j$ 同 $c_2 \lambda_2^l \mathbf{e}_2$ 相比将不会很小. 同时,l 也不应该取得太大,因为在此情况下分量 $c_2 \lambda_2^l \mathbf{e}_2$ 同计算误差相比将很小.

常常可能遇到如下说法: 如果 $c_1 = 0$, 则描述的迭代过程看起来不应该给出收敛于按模最大特征值的近似. 但实际上由于在迭代过程中存在舍入,可能出现与 $\mathbf{e}_1$ 成比例的分量,且要求的结果一样能得到.

实际上在使用带有大的字长的现代计算机时可能出现几次迭代之后计算误差的影响还不是很大,同时值 $\sum_{i=3}^{m} c_i \lambda_i^n \mathbf{e}_i$ 与 $c_2 \lambda_2^n \mathbf{e}_2$ 相比很小. 那么,$A\mathbf{x}^n \approx \text{const} \cdot \mathbf{x}^n$ 且可能得出不可信的结论: 寻找的第一个特征值找到了. 因此在所找到的特征值的正确性没有验证的情况下应该还要以另一些值 $\mathbf{y}^0$ 进行一次或几次计算. 在即使有舍入存在的一些情况下与 $\mathbf{e}_1$ 成比例的分量也不一定出现. 在对微分和积分算子的特征值求解问题中有时会出现带有独特性质的矩阵 A. 例如,经常会遇到如下情况: 对任意 i, j 成立等式

$$a_{ij} = a_{m+1-i, m+1-j}. \tag{2}$$

为确定起见我们研究 m 为偶数的情况. 我们把由等式 $x_i = x_{m+1-i}, i = 1, \cdots, m$ 描述的向量 $\mathbf{x}$ 称为偶的,而由等式 $x_i = -x_{m+1-i}$ 描述的向量为奇的. 在条件 (2) 之下如果向量 $\mathbf{x}$ 为偶的则向量 $A\mathbf{x}$ 是偶的,如果向量 $\mathbf{x}$ 为奇的则向量 $A\mathbf{x}$ 是奇的. 因此偶向量和奇向量的子空间是算子 A 的特征子空间. 于是,存在取自这些子空间的完全特征向量系,即它们或是奇的或是偶的向量. 这种情况可以得到实际应用: 如果向量 $\mathbf{x}^0$ 是偶的或是奇的,则所有向量 $\mathbf{x}^n$ 具有同样的性质,因此在寻找每个后续向量 $\mathbf{x}^n$ 时应该限制确定它的分量的前一半. 此外,可以将相应于分量 x_i 和 x_{m+1-i} 的系数结合起来. 例如,在 $\mathbf{x}^0$ 为偶向量时 $\mathbf{x}^n$ 的分量的计算可以按公式

$$x_i^{n+1} = \sum_{j=1}^{m/2} (a_{ij} + a_{i,m+1-j}) x_i^n$$

进行. 在这类迭代过程中我们不会超出偶或奇向量子空间的边界. 因此如果 $\mathbf{x}^0$ 和 $\mathbf{e}_1$ 属于不同的子空间,则不会出现分量平行于 $\mathbf{e}_1$ 的向量.

除了在寻找每个向量 $\mathbf{x}^n$ 时直接消减计算量以外,由于如下原因利用性质 (2) 也是有益的. 相当典型的情况是带有不大的奇数下标的特征向量是偶向量,而带有不大的偶数下标的

特征向量是奇向量. 假定 $|\lambda_1| > |\lambda_2| > |\lambda_3| > \cdots$, 则当 $\mathbf{x}^0$ 为偶向量时总是有

$$\mathbf{x}^n = c_1\lambda_1^n\mathbf{e}_1 + c_3\lambda_3^n\mathbf{e}_3 + \cdots = c_1\lambda_1^n\mathbf{e}_1 + O(|\lambda_3|^n),$$

于是, 当 $\lambda_1^{(n)} = (\mathbf{x}^{n+1}, \mathbf{x}^n)/(\mathbf{x}^n, \mathbf{x}^n)$ 时

$$\lambda_1^{(n)} - \lambda_1 = O(|\lambda_3/\lambda_1|^n).$$

相应地当 $\mathbf{x}^0$ 为奇向量时有

$$\mathbf{x}^n = c_2\lambda_2^n\mathbf{e}_2 + O(|\lambda_4|^n)$$

且当 $\lambda_2^{(n)} = (\mathbf{x}^{n+1}, \mathbf{x}^n)/(\mathbf{x}^n, \mathbf{x}^n)$ 时

$$\lambda_2^{(n)} - \lambda_2 = O(|\lambda_4/\lambda_2|^n).$$

为此不会出现任何问题来遏制分量与 $\mathbf{e}_1$ 成比例.

如果 $|\lambda_1| > 1$, 则当 $n \to \infty$ 时 $\|\mathbf{x}^n\| \to \infty$, 因此对充分大的 n 发生阶码溢出和计算中断. 如果 $|\lambda_1| < 1$, 则 $\|\mathbf{x}^n\| \to 0$, 且由阶码的有限性在计算机中可能出现从某个 n 开始 $\mathbf{x}^n \equiv \mathbf{0}$. 为了避免这些现象, 要及时对向量 $\mathbf{x}^n$ 进行规范化使得 $\|\mathbf{x}^n\| = 1$.

对实际的误差估计和提高迭代过程的收敛速度可以采用 δ^2-过程以及另一些类似的提高求解线性方程组收敛速度的方法. 例如, 可以应用形如 $\mathbf{x}^{n+1} = g_k(A)\mathbf{x}^n$ 的迭代, 其中多项式 $g_k(A)$ 的特殊选择与矩阵 A 的谱的已知信息相关.

因为当 $A = A^T$ 时

$$\max \lambda_A^i = \sup_{\mathbf{x}} \frac{(A\mathbf{x}, \mathbf{x})}{(\mathbf{x}, \mathbf{x})}, \quad \min \lambda_A^i = \inf_{\mathbf{x}} \frac{(A\mathbf{x}, \mathbf{x})}{(\mathbf{x}, \mathbf{x})},$$

则某些搜寻矩阵 A 的最大或最小特征值的方法以寻找泛函 $\Phi(\mathbf{x}) = (A\mathbf{x},\mathbf{x})/(\mathbf{x},\mathbf{x})$ 的驻点为基础.

习题 2 设 $\lambda_1 \approx 5$, 当 $i = 2, \cdots, m$ 时 $1 \leqslant \lambda_i \leqslant 3$. 使得根据给定信息有最好的收敛速度, 建立形如 $\mathbf{x}^{n+1} = (A + cE)\mathbf{x}^n$ 的迭代过程找到 λ_1.

对 $\lambda_1 \approx 1$, 当 $i = 2, \cdots, m$ 时 $2 \leqslant \lambda_i \leqslant 3$ 完成同样的工作.

§13. 借助 QR-算法的完全特征值问题的解

存在一些精心研究的算法和程序用来求解完全特征值问题. 因此, 当出现这样的问题时, 建议首先应用求解这类问题的标准程序. 其中最完善的是基于 QR-算法的各种变形, 该算法的一般流程如下.

设 A 为任意实矩阵. 由§2 中的引理, 可以将该矩阵写成 $A = U^T A_{n-1}$, 其中 U 为正交矩阵, 而 A_{n-1} 为右三角形矩阵. 将这个等式写成

$$A = Q_1 R_1, \tag{1}$$

其中 Q_1 为正交矩阵, 而 R_1 为右三角形矩阵. 由 (1) 有 $R_1 = Q_1^{-1} A$, 因此矩阵 $A_1 = R_1 Q_1 = Q_1^{-1} A Q_1$ 相似于矩阵 A.

按照下列规则建立矩阵序列 A_n. 矩阵 A_n 展开为形如 $A_n = Q_{n+1}R_{n+1}$ 的正交矩阵和右三角形矩阵的乘积, 且让 $A_{n+1} = R_{n+1}Q_{n+1}$. 因为 $A_{n+1} = Q_{n+1}^{-1}A_nQ_{n+1}$, 则所有矩阵 A_n 互相相似且相似于原始矩阵 A.

让 λ_l 为矩阵 A 的特征值, 按模不增的方式排列

$$|\lambda_1| = \cdots = |\lambda_{l_1}| > |\lambda_{l_1+1}| = \cdots = |\lambda_{l_2}| > \cdots > |\lambda_{l_{s-1}+1}| = \cdots = |\lambda_{l_s}|.$$

定理 (省略证明) 设矩阵 A 的所有主子式非奇异. 那么, 矩阵序列 A_n 当 $n \to \infty$ 时形式上收敛于分块右三角形形式, 每个块相应于按模相同的特征值.

形式上收敛于分块右三角形矩阵意思是指在对所有矩阵 A_n 进行同样的行和列排列以后得到的矩阵 $\hat{A}_n$ 满足关系: 如果 $l_k < i \leqslant l_{k+1}, j < i$ 或者 $l_{k+1} < j, k = 1, \cdots, s$, 则 $\hat{a}_{ij}^{(n)} \to 0$.

在实现描述的建立矩阵 A_n 的算法时, 实际上将看到矩阵 A_n 的元素可能很小. 让这些元素等于零且进行相应的行列重新排列, 我们得到分块右三角形矩阵. 这个矩阵的特征多项式等于对角线上各个分块矩阵特征多项式的乘积. 如果矩阵 A 的所有特征值的模互不相同, 则这样的行列重新排列不必要. 矩阵 A_n 趋向于对角线上元素等于这些特征值 λ_l 的对角矩阵.

如果不仅要求寻找矩阵 A 的特征值, 而且要寻找其特征向量以及其伴随向量, 则在建立矩阵序列 A_n 的过程中应该记录下正交矩阵 $P_n = Q_1 \cdots Q_n$, 它由递推公式 $P_{n+1} = P_nQ_{n+1}$ 来计算.

习题 1 证明 QR-算法的每一步需要 $N \sim 10m^3/3$ 次算术运算.

在实际中人们致力于研究各种提高收敛速度的算法. 其中的方法之一归结如下. 矩阵 A 预先化成等价的几乎右三角形矩阵.

如果当 $j < i - 1$ 时 $a_{ij} = 0$, 则称矩阵 A 为几乎右三角形矩阵.

变换矩阵 A 为几乎右三角形矩阵的算法在于逐步建立矩阵 A_l 使得其前 l 列具有几乎右三角形矩阵的形式, 即若 $j < i - 1$ 且 $j \leqslant l$, 则 $a_{ij} = 0$. 对于矩阵 A_l 的第 $l+1$ 列元素建立反射矩阵 U_{l+1} (参看 §2) 使得在 $B = U_{l+1}A_l$ 中元素 $b_{1,l+1}, \cdots, b_{l,l+1}$ 与 A 的相应元素相同, 而元素 $b_{l+3,l+1}, \cdots, b_{m,l+1}$ 等于零. 让 $A_{l+1} = U_{l+1}A_lU_{l+1}^T$. 右乘矩阵 U_{l+1}^T 不改变矩阵 B 的前 $l+1$ 列, 因此矩阵 A_{l+1} 为所要求的形式. 在得到几乎右三角形矩阵 A_{m-1} 以后再以最初形式应用 QR-算法.

习题 2 证明, 在这样的情况下, QR-算法的每一步要求 $N \sim 6m^2$ 次算术运算.

为了更大幅度提高收敛速度应用带移位的 QR-算法. 亦即, 按递推公式

$$A - \nu_1 E = Q_1R_1, \quad A_1 = R_1Q_1 + \nu_1 E,$$
$$\cdots$$
$$A_{l-1} - \nu_l E = Q_lR_l, \quad A_l = R_lQ_l + \nu_l E$$

建立正交矩阵序列 Q_l 和右三角形矩阵 R_l. 矩阵 A_l 相似于矩阵 A. 由于 "移位" ν_l 的引入成功地提高了收敛速度. 关于参数 ν_l 的最恰当选择的问题我们不再研究.

本章中特别导出了求解线性方程组的大量方法. 求解问题时究竟应该选择其中的哪种方法呢?

如果方程组的阶不是很高, 且按照机时消耗算术运算次数的量级 m^3 可以接受, 其中 m 为方程组的阶, 则可直接应用反射方法 (算术运算次数 $N \approx 4m^3/3$) 或者追赶法 (算术运算次数 $N \approx 2m^3$, 但计算误差的偏差更小) 的标准程序.

在应用当前广泛采用的多处理系统中, 应该注意到利用求和的 (成对求和) 非标准方法反射方法容许并行处理达 $O(m \ln m)$ 并行步. 追赶法具有 "隐蔽" 并行性且其实现需要 $O(m)$ 并行步.

当然, 在此情况下应该注意到反射或追赶法的精确情形对于一般形状的矩阵来说要求同时在计算机中寄存 m^2 量级的数. 如果这个存储量不处于计算机的内存中, 或者由于程序的结构或者由于计算机内存和外部存储之间的信息交换可能不够快, 应用这些程序可能是不适当的.

在适当应用这些方法时, 要想到分析是否可能应用结构最简单的迭代方法: 简单迭代、赛德尔方法、超松弛方法、最速下降法等. 如果求解单个问题, 则由于相应程序的简单性, 这些方法的应用可能完全适当. 如果应用这些方法需要耗费大量的机时, 则应该分析是否可能应用结构更复杂的方法: 最优线性迭代过程、应用切比雪夫多项式根的方法、共轭梯度方法、应用谱等价算子的迭代方法等.

如果问题的阶如此高以至于其解本身, 即 **X**, 不处于计算机的内存中, 则有时应用求解线性方程组的概率方法, 其讨论超出了本书范围.

参考文献

1. Абрамов А.А. О численном решении некоторых алгебраических задач, возникающих в теории устойчивости. // ЖВМ и МФ — 1984. **24**, N 3. С. 339–347.
2. Бахвалов Н.С. Численные методы. — М.: Наука, 1975.
3. Воеводин В.В. Численные методы алгебры. Теория и алгоритмы. — М.: Наука, 1966.
4. Воеводин В.В. Вычислительные основы линейной алгебры. — М.: Наука, 1977.
5. Воеводин В.В., Кузнецов Ю.А. Матрицы и вычисления. — М.: Наука, 1984.
6. Годунов С.К. Решение систем линейных уравнений. — Новосибирск: Наука, 1980.
7. Годунов С.К. Современные аспекты линейной алгебры. — Новосибирск: Научная книга, 1997.
8. Джордж А., Лю Д. Численное решение больших разреженных систем уравнений. — М.: Мир, 1984.
9. Дьяконов Е.Г. О построении итерационных методов на основе использования операторов, эквивалентных по спектру // ЖВМ и МФ. — 1966. — **6**, N 1. — С. 12–34.
10. Икрамов Х.Д. Численное решение матричных уравнений. — М.: Наука, 1984.

11. Канторович Л.В. Функциональный анализ и прикладная математика. // УМН — 1948. **3** N 6 (28). С. 89–185.

12. Крылов В.И., Бобков В.В., Монастырный П.И. Начала теории вычислительных методов. Линейная алгебра и нелинейные уравнения. — Минск: Наука и техника, 1982.

13. Марчук Г.И., Лебедев В.И. Численные методы в теории переноса нейтронов. — М.: Атомиздат, 1981.

14. Ортега Д. Введение в параллельные и векторные методы решения линейных систем. — М.: Мир, 1991.

15. Парлетт Б. Симметричная проблема собственных значений. — М.: Мир, 1983.

16. Поспелов В.В. Метод оптимального спуска по базису для решения вырожденных систем линейных алгебраических уравнений. // ЖВМ и МФ — 1991. **31**, N 7. С. 961—969.

17. Фаддеев Л.К., Фаддеева В.Н. Вычислительные методы линейной алгебры. — М.: Физматгиз, 1963.

18. Форсайт Дж. и др. Машинные методы математических вычислений. — М.: Мир, 1980.

第七章 非线性方程组和最优化问题的解

最优化问题, 无论是生产过程还是经济过程的最优化, 也无论是结构最优化还是数值算法最优化, 其求解都把所研究问题的数学形式归结为寻找泛函的极值. 最典型的情况是定义在区域 Ω 中的多变量函数的最优化问题, 这个区域大多由不等式或等式来描述: 在条件

$$\varphi_i(x_1,\cdots,x_m) \geqslant 0, \quad i=1,\cdots,l,$$

$$\psi_i(x_1,\cdots,x_m) = 0, \quad i=1,\cdots,q$$

之下求

$$\inf_{x_1,\cdots,x_m} \Phi(x_1,\cdots,x_m).$$

多变量函数的极小化问题也出现在应用变分方法求解数学物理问题的过程中, 也出现在其他一些应用数学分支中.

方程组

$$f_i(x_1,\cdots,x_m) = 0, \quad i=1,\cdots,m$$

也记为

$$\mathbf{F}(\mathbf{x}) = \mathbf{0},$$

它也出现在上述的许多问题中. 例如, 在第十章中将讨论求解边值问题时出现的类似方程组.

函数极小化问题和方程组的求解可以互相转化. 如果当 $(y_1,\cdots,y_m) \neq (0,\cdots,0)$ 时 $\Psi(y_1,\cdots,y_m) > 0$ 且 $\Psi(0,\cdots,0) = 0$, 则方程组 $\mathbf{F}(\mathbf{x}) = \mathbf{0}$ 的解等价于如下函数的极小化

$$\Psi(f_1(x_1,\cdots,x_m),\cdots,f_m(x_1,\cdots,x_m)).$$

另一方面, 设 $\inf_G \Phi(x_1,\cdots,x_m)$ 在 G 的内部中某个点 $\mathbf{X}$ 达到, 且函数 Φ 在这个点可微, 则极小值点是如下方程组的解:

$$\Phi'_{x_i} = 0, \quad i=1,\cdots,m.$$

这两个问题可以相互转化并不意味着仅仅只需要考虑其中的一个问题. 这些问题可以相互转化表明它们是同等困难的. 关于这些问题的困难性表明, 即使对于不是非常大的 m 也不存在通用的求解算法. 缺乏这样的算法是由问题的本质所导致的.

同时, 对于大的 m 的问题也存在有效的求解算法, 它们具有一定的内部结构 (特别, 包括使用变分法求解数学物理边值问题时产生的问题).

假定给定类中的每个典型问题求解时要对应用于这类问题的方法进行理论上的研究和实验"调试". 在实际中, 函数极小化问题向非线性方程组的转化, 或者相反的转化是以降低求解的困难性为目的的.

例如, 有时采用如下方式求解非线性方程组. 首先建立泛函, 它的极小值在方程组的解上达到. 然后给出极小值点的初始近似, 以某种下降方法 (参看§3) 进行迭代且以这样的途径得到方程组解的满意近似. 从这个近似出发借助于某个迭代方法进行精确化, 这个方法要对方程组的求解问题特别有效, 例如牛顿方法 (参看 §2).

我们来解释导致这种组合式应用方法的原因. 我们把使得按给定方法的迭代收敛于问题解的初始条件集合称为方法的收敛区域. 在初始阶段, 应用下降方法比应用求解方程组的特殊方法具有更宽广的收敛区域. 同时, 后者在充分好的初始近似情况下通常具有更好的收敛速度. 这也决定了把它应用在迭代的最后阶段.

在求解线性方程组的例子中也看到, 这个问题转化为寻找泛函极小值的问题导致构造求解原问题的新方法.

§1. 简单迭代方法和相关问题

正如线性方程组一样, 我们从简单迭代方法着手研究.

这个方法如下: 把方程组变成
$$\mathbf{x} = \mathbf{g}(\mathbf{x}), \tag{1}$$
或者
$$x_i = g_i(x_1, \cdots, x_m), \quad i = 1, \cdots, m,$$
且迭代按如下公式进行:
$$\mathbf{x}^{n+1} = \mathbf{g}(\mathbf{x}^n), \tag{2}$$
也即
$$x_i^{n+1} = g_i(x_1^n, \cdots, x_m^n), \quad i = 1, \cdots, m.$$

我们来研究这个具有一般性的方法. 设 H 为完备度量空间, 而算子 $\mathbf{y} = \mathbf{g}(\mathbf{x})$ 将 H 映射到自身. 考虑迭代过程
$$\mathbf{x}^{n+1} = \mathbf{g}(\mathbf{x}^n), \tag{3}$$
它用于求解方程
$$\mathbf{x} = \mathbf{g}(\mathbf{x}). \tag{4}$$

如果对某个 $q<1$ 映射 $\mathbf{y}=\mathbf{g}(\mathbf{x})$ 满足条件: 对所有的 $\mathbf{x}_1,\mathbf{x}_2$ 有
$$\rho(\mathbf{g}(\mathbf{x}_1),\mathbf{g}(\mathbf{x}_2))\leqslant q\rho(\mathbf{x}_1,\mathbf{x}_2), \tag{5}$$
则这个映射称为压缩的.

定理 如果映射 $\mathbf{y}=\mathbf{g}(\mathbf{x})$ 为压缩的, 则方程 $\mathbf{x}=\mathbf{g}(\mathbf{x})$ 有唯一的解 $\mathbf{X}$, 并且
$$\rho(\mathbf{X},\mathbf{x}^n)\leqslant \frac{q^n a}{1-q},$$
其中 $a=\rho(\mathbf{x}^1,\mathbf{x}^0)$, $\rho(\mathbf{x},\mathbf{y})$ 为 $\mathbf{x}$ 与 $\mathbf{y}$ 之间的距离.

证明 由 (5) 有
$$\rho(\mathbf{x}^{n+1},\mathbf{x}^n)=\rho(\mathbf{g}(\mathbf{x}^n),\mathbf{g}(\mathbf{x}^{n-1}))\leqslant q\rho(\mathbf{x}^n,\mathbf{x}^{n-1}),$$
因此 $\rho(\mathbf{x}^{n+1},\mathbf{x}^n)\leqslant q^n\rho(\mathbf{x}^1,\mathbf{x}^0)=q^n a$. 当 $l>n$ 时有一系列不等式
$$\begin{aligned}\rho(\mathbf{x}^l,\mathbf{x}^n)&\leqslant \rho(\mathbf{x}^l,\mathbf{x}^{l-1})+\cdots+\rho(\mathbf{x}^{n+1},\mathbf{x}^n)\\ &\leqslant q^{l-1}a+\cdots+q^n a\leqslant q^n a\sum_{i=0}^{\infty}q^i=\frac{q^n a}{1-q}.\end{aligned} \tag{6}$$
由柯西准则, 序列 $\mathbf{x}^n$ 具有某个极限 $\mathbf{X}$. 对 (6) 求 $l\to\infty$ 的极限, 得到
$$\rho(\mathbf{X},\mathbf{x}^n)\leqslant \frac{q^n a}{1-q}.$$
一组关系式
$$\begin{aligned}\rho(\mathbf{X},\mathbf{g}(\mathbf{X}))&\leqslant \rho(\mathbf{X},\mathbf{x}^{n+1})+\rho(\mathbf{x}^{n+1},\mathbf{g}(\mathbf{X}))=\rho(\mathbf{X},\mathbf{x}^{n+1})+\rho(\mathbf{g}(\mathbf{x}^n),\mathbf{g}(\mathbf{X}))\\ &\leqslant \rho(\mathbf{X},\mathbf{x}^{n+1})+q\rho(\mathbf{x}^n,\mathbf{g}(\mathbf{X}))\leqslant 2\frac{q^{n+1}a}{1-q}\end{aligned}$$
成立. 因为 n 为任意的, 则 $\rho(\mathbf{X},\mathbf{g}(\mathbf{X}))=0$. 于是, $\mathbf{X}=\mathbf{g}(\mathbf{X})$. 假定方程 (4) 有两个解 $\mathbf{X}_1$ 和 $\mathbf{X}_2$, 则 $\rho(\mathbf{X}_1,\mathbf{X}_2)\leqslant \rho(\mathbf{g}(\mathbf{X}_1),\mathbf{g}(\mathbf{X}_2))\leqslant q\rho(\mathbf{X}_1,\mathbf{X}_2)<\rho(\mathbf{X}_1,\mathbf{X}_2)$, 导出矛盾. 定理得证.

注记 当 $n=0$ 时从 (6) 推出 $\rho(\mathbf{x}^l,\mathbf{x}^0)\leqslant \frac{a}{1-q}$. 于是, 所有近似值属于区域
$$\Omega(\mathbf{x}^0,h):\rho(\mathbf{x},\mathbf{x}^0)\leqslant h,\quad h=a/(1-q).$$
在证明定理时映射 $\mathbf{g}(\mathbf{x})$ 仅仅针对集合 $\Omega(\mathbf{x}^0,h)$ 的元素应用, 而压缩性条件仅用于相应于集合 $\Omega(\mathbf{x}^0,h)$ 中的元素对. 因此, 在定理叙述中只需假定映射 $\mathbf{g}(\mathbf{x})$ 定义在集合 $\Omega(\mathbf{x}^0,h)$ 上且对所有的 $\mathbf{x}_1,\mathbf{x}_2\in\Omega(\mathbf{x}^0,h)$ 满足条件 (5).

如果求解一个标量方程, 则简单迭代方法具有简单的几何解释. 在平面 (x,y) 上画出 $y=g(x)$ 和 $y=x$ 的图像. 这些线的交点相应于要找的解. 如果在图上存在点 $(x^n,x^{n+1})=(x^n,g(x^n))$, 则通过它画直线 $y=x^{n+1}$ 与直线 $y=x$ 相交, 然后画直线 $x=x^{n+1}$ 与曲线 $y=g(x)$ 相交, 我们得到交点 (x^{n+1},x^{n+2}). 图 7.1.1 分别展示了在下列情况下后续近似的性质: a) $0<g'(x)<1$, b) $-1<g'(x)<0$, c) $1<g'(x)$, d) $g'(x)<-1$. $g'(x)>0$ 时的单调性质和 $g'(x)<0$ 时的振荡性质不难从如下关系式看出:
$$x^{n+1}-X=g(x^n)-g(X)\sim g'(X)(x^n-X).$$
对于非线性方程组 $\mathbf{F}(\mathbf{x})=\mathbf{0}$, 类似的赛德尔方法是一个迭代过程, 其中近似分量由如下

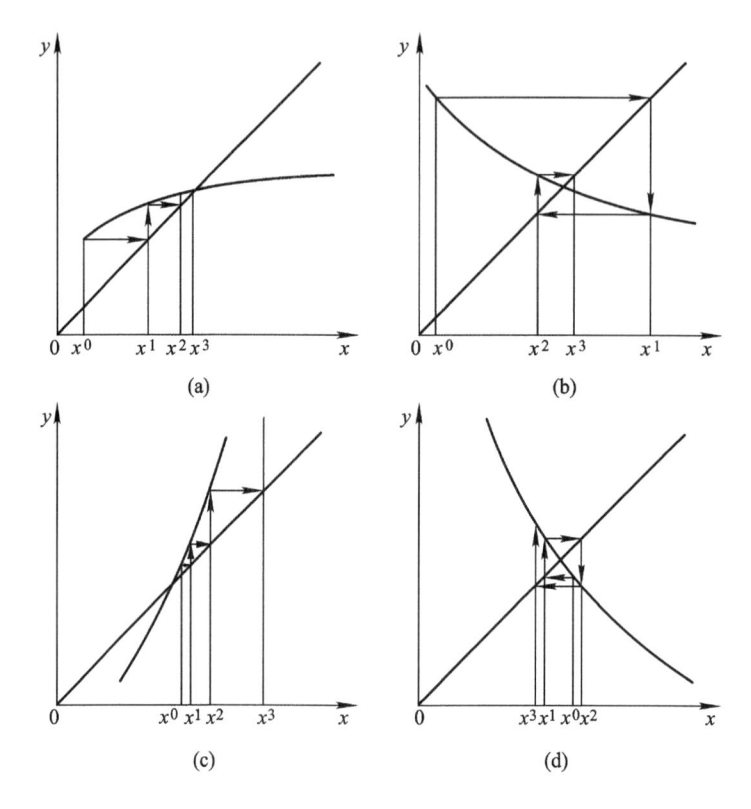

图 7.1.1

关系定义:
$$f_1(x_1^{n+1}, x_2^n, \cdots, x_m^n) = 0,$$
$$f_2(x_1^{n+1}, x_2^{n+1}, \cdots, x_m^n) = 0,$$
$$\cdots\cdots\cdots\cdots$$
$$f_m(x_1^{n+1}, x_2^{n+1}, \cdots, x_m^{n+1}) = 0. \quad (7)$$

寻找每个新的值 x_i^{n+1} 一般要求求解带一个未知量的非线性方程
$$f_i(x_1^{n+1}, \cdots, x_{i-1}^{n+1}, x_i^{n+1}, x_{i+1}^n, \cdots, x_m^n) = 0.$$

存在介于迭代方法 (2) 和 (7) 之间的方法, 其近似分量由如下关系式定义:
$$x_1^{n+1} = g_1(x_1^n, \cdots, x_m^n),$$
$$x_2^{n+1} = g_2(x_1^{n+1}, x_2^n, \cdots, x_m^n),$$
$$\cdots\cdots\cdots\cdots$$
$$x_m^{n+1} = g_m(x_1^{n+1}, \cdots, x_{m-1}^{n+1}, x_m^n). \quad (8)$$

方法 (7) 和 (8) 曾特别广泛地应用于各种模拟装置, 因为它们要求较少的存储量且易于实现.

§1. 简单迭代方法和相关问题

在方程组解 $\mathbf{X}$ 的相当小的邻域内为了使用简单迭代来近似, 我们有

$$\mathbf{x}^{n+1} - \mathbf{X} = \mathbf{g}(\mathbf{x}^n) - \mathbf{g}(\mathbf{X}) \approx B(\mathbf{x}^n - \mathbf{X}), \tag{9}$$

其中

$$B = \left[\frac{\partial g_i}{\partial x_j}\right]\bigg|_{\mathbf{X}}.$$

于是, 在解的小邻域内寻找近似时, 迭代方法 (2) (以及过程 (7) 和 (8)) 的近似误差大概服从与线性方程组求解的迭代方法误差同样的规律. 关系式 (9) 的出现可以提高迭代过程的收敛速度.

我们来研究 $m = 1$ 的情况, 并建立类似的 δ^2-过程. 当已有近似 x^n 时我们记 $x^{n1} = g(x^n)$, $x^{n2} = g(x^{n1})$. 由 (9) 有

$$x^{n1} - X \approx g'(X)(x^n - X),$$
$$x^{n2} - X \approx g'(X)(x^{n1} - X).$$

从这些关系式得到

$$g'(X) \approx \frac{x^{n2} - x^{n1}}{x^{n1} - x^n},$$

$$X \approx \frac{x^{n2} - g'(X)x^{n1}}{1 - g'(X)} \approx \frac{x^{n2} - \frac{x^{n2} - x^{n1}}{x^{n1} - x^n}x^{n1}}{1 - \frac{x^{n2} - x^{n1}}{x^{n1} - x^n}} = \frac{x^{n2}x^n - (x^{n1})^2}{x^{n2} - 2x^{n1} + x^n}.$$

接下来在近似 x^n 之后我们取

$$x^{n+1} = \frac{x^{n2}x^n - (x^{n1})^2}{x^{n2} - 2x^{n1} + x^n} = \frac{x^n g(g(x^n)) - (g(x^n))^2}{g(g(x^n)) - 2g(x^n) + x^n}. \tag{10}$$

针对方程求解方法的特征我们引入方法的阶的概念. 如果存在 $c_1 > 0, c_2 < \infty$ 使得在条件 $\rho(\mathbf{x}^n, \mathbf{X}) \leqslant c_1$ 之下成立

$$\rho(\mathbf{x}^{n+1}, \mathbf{X}) \leqslant c_2(\rho(\mathbf{x}^n, \mathbf{X}))^k,$$

则称方法为第 k 阶的. k 越大, 在小的 $\rho(\mathbf{x}^n, \mathbf{X})$ 值之下迭代过程的收敛越快, 但在此情况下每次迭代更困难. 在与此相关的实际计算中广泛使用一阶或二阶方法 (例如, 由公式 (10) 定义的方法, 或者下节要研究的牛顿方法).

注记 有时在文献中遇到另一些在我们看来不太合适的阶的定义: 例如, 如果在方法的实现时函数 f_i 有直到 $k-1$ 阶导数, 则称方程组 $\mathbf{F}(\mathbf{x}) = \mathbf{0}$ 的求解方法有 k 阶.

在 §6.10 中我们研究了借助于谱等价算子求解线性方程组的迭代方法. 类似的方法也用于求解非线性方程组. 选择算子 $\mathbf{G}(\mathbf{x})$ 使得 $\mathbf{x} = \mathbf{0}$ 是方程组 $\mathbf{G}(\mathbf{x}) = \mathbf{0}$ 的唯一解. 对方程组 $\mathbf{F}(\mathbf{x}) = \mathbf{0}$ 的解的近似 $\mathbf{x}^{n+1}$ 由关系

$$\mathbf{G}(\mathbf{x}^{n+1} - \mathbf{x}^n) = \mathbf{F}(\mathbf{x}^n) \tag{11}$$

确定. 应用最广泛的情况是 $\mathbf{G}$ 为线性算子. 在一些情况下算子 $\mathbf{G}$ 的选择与 n 有关, 甚至与近似 $\mathbf{x}^n$ 有关. 那么, 在方案 (11) 中也包含了下面要研究的非线性方程求解的牛顿方法.

§2. 非线性方程组求解的牛顿方法

如果已知方程组
$$\mathbf{F}(\mathbf{x}) = \mathbf{0} \tag{1}$$
解的充分好的初始近似, 则提高精度的有效方法是牛顿法.

牛顿法的思想归结如下: 在已有的近似 $\mathbf{x}^n$ 的邻域内原问题被替换成几个辅助的线性问题.

后一问题的选择使得在已有近似的邻域内替换的误差比前一问题具有更高阶小的量 (随后将给出其定义). 取这个辅助问题的解作为后续近似.

我们来研究标量方程 $f(x) = 0$ 的情况. 自然取线性问题
$$f(x_n) + f'(x_n)(x - x_n) = 0$$
作为其辅助问题. 这个问题的解 $x = x_n - f(x_n)/f'(x_n)$ 被用作原方程解的后续近似, 即迭代按如下公式进行:
$$x_{n+1} = x_n - f(x_n)/f'(x_n).$$

下面来研究更一般的情况 —— 非线性泛函方程的解.

设 $\mathbf{F}(\mathbf{x})$ 为将线性赋范空间 H 映射到线性赋范空间 Y 上的算子, 其中 Y 可能与 H 相同. 这些空间的范数相应地记为 $\|\cdot\|_H$ 和 $\|\cdot\|_Y$. 如果当 $\|\mathbf{h}\|_H \to 0$ 时满足条件
$$\|\mathbf{F}(\mathbf{x} + \mathbf{h}) - \mathbf{F}(\mathbf{x}) - \mathbf{P}\mathbf{h}\|_Y = o(\|\mathbf{h}\|_H), \tag{2}$$
则从空间 H 到 Y 的线性算子 $\mathbf{P}$ 称为是算子 $\mathbf{F}(\mathbf{x})$ 在点 $\mathbf{x}$ 处的导算子. 今后将通过 $\mathbf{F}'(\mathbf{x})$ 来记这样的算子 $\mathbf{P}$. 例如, 设
$$\mathbf{x} = (x_1, \cdots, x_m)^T, \quad \mathbf{F} = (f_1, \cdots, f_m)^T.$$
如果函数 f_i 在给定点 $\mathbf{x}$ 的邻域内连续可微, 则
$$f_i(x_1 + h_1, \cdots, x_m + h_m) = f_i(x_1, \cdots, x_m) + \sum_{i=1}^{m} \frac{\partial f_i(x_1, \cdots, x_m)}{\partial x_j} h_j + o(\|\mathbf{h}\|).$$
如果取左乘矩阵
$$\mathbf{F}'(\mathbf{x}) = \left[\frac{\partial f_i}{\partial x_j}\right]$$
作为算子 $\mathbf{P}$, 则这些关系式的全体可以改写成形式 (2). 在 $m = 1$ 的简单情况下, 算子 $\mathbf{P}$ 变成了乘导数 f'_x 的算子.

设 $\mathbf{X}$ 为方程 $\mathbf{F}(\mathbf{X}) = \mathbf{0}$ 的解, $\mathbf{x}^n$ 为 $\mathbf{X}$ 的某个近似. 假定存在导数 $\mathbf{F}'$, 由 (2), 我们有
$$\|\mathbf{F}(\mathbf{X}) - \mathbf{F}(\mathbf{x}^n) - \mathbf{F}'(\mathbf{x}^n)(\mathbf{X} - \mathbf{x}^n)\|_Y = o(\|\mathbf{X} - \mathbf{x}^n\|_H). \tag{3}$$

如果值 $\|\mathbf{X} - \mathbf{x}^n\|_H$ 很小, 则可以写出近似等式
$$\mathbf{F}(\mathbf{x}^n) + \mathbf{F}'(\mathbf{x}^n)(\mathbf{X} - \mathbf{x}^n) \approx \mathbf{F}(\mathbf{X}).$$
因为 $\mathbf{F}(\mathbf{X}) = \mathbf{0}$, 所以
$$\mathbf{F}(\mathbf{x}^n) + \mathbf{F}'(\mathbf{x}^n)(\mathbf{X} - \mathbf{x}^n) \approx \mathbf{0}.$$

如果方程
$$\mathbf{F}(\mathbf{x}^n) + \mathbf{F}'(\mathbf{x}^n)(\mathbf{x}^{n+1} - \mathbf{x}^n) = \mathbf{0}$$
的解存在, 就把它取作后续的近似 $\mathbf{x}^{n+1}$. 顺便说一句, 最后一个方程具有 (1.11) 的形式. 假定算子 $\mathbf{F}'$ 可逆, 则这个解可以写成形式
$$\mathbf{x}^{n+1} = \mathbf{x}^n - (\mathbf{F}'(\mathbf{x}^n))^{-1} \mathbf{F}(\mathbf{x}^n). \tag{4}$$
这个迭代过程叫作牛顿法.

设 $\Omega_a = \{\mathbf{x} : \|\mathbf{x} - \mathbf{X}\|_H < a\}$. 假设某些 $a, a_1, a_2, 0 < a, 0 \leqslant a_1, a_2 < \infty$ 满足条件:

对任意 $\mathbf{x} \in \Omega_a$ 和任意的 $\mathbf{y}$ 有 $\|(\mathbf{F}'(\mathbf{x}))^{-1}\mathbf{y}\|_H \leqslant a_1 \|\mathbf{y}\|_Y, \tag{5}$

对任意 $\mathbf{u}_1, \mathbf{u}_2 \in \Omega_a$ 有
$$\|\mathbf{F}(\mathbf{u}_1) - \mathbf{F}(\mathbf{u}_2) - \mathbf{F}'(\mathbf{u}_2)(\mathbf{u}_1 - \mathbf{u}_2)\|_Y \leqslant a_2 \|\mathbf{u}_2 - \mathbf{u}_1\|_H^2. \tag{6}$$
记 $c = a_1 a_2$, $b = \min\{a, c^{-1}\}$.

定理 (关于牛顿法的收敛性) 在条件 (5), (6) 和 $\mathbf{x}^0 \in \Omega_b$ 之下牛顿迭代过程 (4) 以如下误差估计收敛:
$$\|\mathbf{x}^n - \mathbf{X}\|_H \leqslant c^{-1} \left(c \|\mathbf{x}^0 - \mathbf{X}\|_H\right)^{2^n}. \tag{7}$$

注记 如果在上面研究的例子中在函数 f_i 解的某个邻域内有有界的二阶导数, 则由泰勒公式有
$$f_i(\mathbf{y}) = f_i(\mathbf{x}) + \sum_{j=1}^{n} \frac{\partial f_i(x_1, \cdots, x_n)}{\partial x_j}(y_j - x_j) + O(\|\mathbf{y} - \mathbf{x}\|^2),$$
于是, 条件 (2) 满足.

证明 设 $\mathbf{x}^0 \in \Omega_b$. 对 n 应用归纳法证明所有的 $\mathbf{x}^n \in \Omega_b$. 假设这个结论对某个 n 已证明. 因为 $b \leqslant a$, 则 $\mathbf{x}^n \in \Omega_a$. 将 $\mathbf{u}_1 = \mathbf{X}, \mathbf{u}_2 = \mathbf{x}^n$ 代入 (6) 得到
$$\|\mathbf{F}(\mathbf{X}) - \mathbf{F}(\mathbf{x}^n) - \mathbf{F}'(\mathbf{x}^n)(\mathbf{X} - \mathbf{x}^n)\|_Y \leqslant a_2 \|\mathbf{x}^n - \mathbf{X}\|_H^2.$$
因为 $\mathbf{F}(\mathbf{x}^n) = -\mathbf{F}'(\mathbf{x}^n)(\mathbf{x}^{n+1} - \mathbf{x}^n)$, 而 $\mathbf{F}(\mathbf{X}) = \mathbf{0}$, 则上述关系式可以改写成
$$\|\mathbf{F}'(\mathbf{x}^n)(\mathbf{x}^{n+1} - \mathbf{X})\|_Y \leqslant a_2 \|\mathbf{x}^n - \mathbf{X}\|_H^2.$$
回顾 (5) 得到不等式
$$\|\mathbf{x}^{n+1} - \mathbf{X}\|_H \leqslant c \|\mathbf{x}^n - \mathbf{X}\|_H^2. \tag{8}$$
由此推出
$$\|\mathbf{x}^{n+1} - \mathbf{X}\|_H < cb^2 = (cb)b \leqslant b,$$
因此 $\mathbf{x}^{n+1}$ 也属于 Ω_b. 于是, 当 $\mathbf{x}^0 \in \Omega_b$ 时所有的 $\mathbf{x}^n$ 也属于 Ω_b, 且 (8) 式满足.

设 $q_n = c \|\mathbf{x}^n - \mathbf{X}\|_H$. 不等式 (8) 乘 c 以后写成 $q_{n+1} \leqslant q_n^2$. 对 n 进行归纳证明不等式 $q_n \leqslant q_0^{2^n}$. 当 $n = 0$ 时它是正确的. 假设它当 $n = k$ 时正确, 我们得到
$$q_{k+1} \leqslant q_k^2 \leqslant (q_0^{2^k})^2 = q_0^{2^{k+1}}.$$
于是, 对所有的 n 有 $q_n \leqslant q_0^{2^n}$. 这意味着
$$c \|\mathbf{x}^n - \mathbf{X}\|_H \leqslant \left(c \|\mathbf{x}^0 - \mathbf{X}\|_H\right)^{2^n}.$$

由此推出 (7). 由 c 和 b 的定义
$$c\|\mathbf{x}^0 - \mathbf{X}\|_H < cb \leqslant 1,$$
因此 $\mathbf{x}^n \to \mathbf{X}$. 定理得证.

算子 $\mathbf{F}'(\mathbf{x}^n)$ 的逆通常比值 $\mathbf{F}(\mathbf{x}^n)$ 更难计算. 因此, 牛顿方法常常需要按如下方式进行修改. 在计算过程中选择或者预先给定某个递增的序列 $n_0 = 0, n_1, n_2, \cdots$. 当 $n_k \leqslant n < n_{k+1}$ 时按如下公式进行迭代:
$$\mathbf{x}^{n+1} = \mathbf{x}^n - (\mathbf{F}'(\mathbf{x}^{n_k}))^{-1} \mathbf{F}(\mathbf{x}^n).$$
伴随这个修改, 迭代次数的增加可以通过每一步迭代的 "低廉代价" 得到补偿. 序列 $\{n_k\}$ 的选择要考虑这两方面的因素.

我们来对标量方程 $f(x) = 0$ 的牛顿法给出几何解释, 其中计算公式 (4) 变成
$$x^{n+1} = x^n - f(x^n)/f'(x^n). \tag{9}$$
为得到 x^{n+1}, 几何上应该找到曲线 $y = f(x)$ 在点 $(x^n, f(x^n))$ 的切线与 x 轴交点的横坐标 (图 7.2.1). 即使在 $f(x)$ 为三次多项式情况也可能出现由于初始近似选得不合适导致序列 $\{x^n\}$ 不收敛于根.

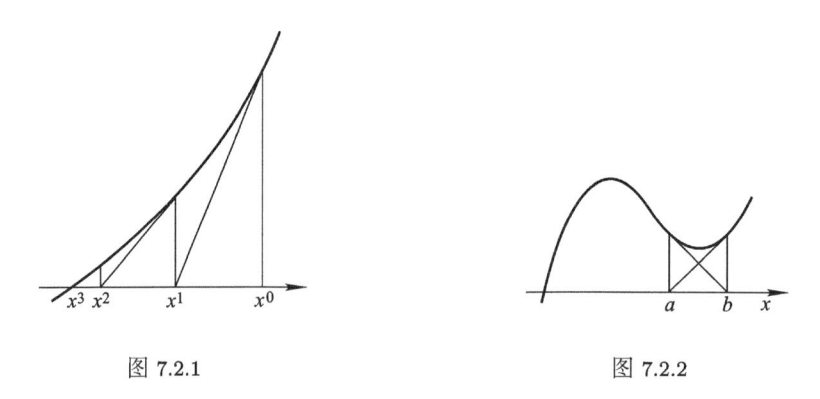

图 7.2.1

图 7.2.2

例如, 在图 7.2.2 中展现的情况, 所有偶次近似与 a 重合, 而所有奇次近似与 b 重合. 这就是常说的, 方法 "进入了死循环". 对于更复杂的问题, 当初始近似选得不合适时近似 x^n 的实际情况更加无规律且更难进行分析.

我们来比较牛顿法和简单迭代方法的渐近收敛速度. 对于后者我们有误差估计
$$\|\mathbf{x}^n - \mathbf{X}\| \leqslant q^n \|\mathbf{x}^0 - \mathbf{X}\|, \quad q < 1.$$
为使误差变得小于 ε, 由上述估计只需取
$$n \geqslant \log_{q^{-1}} \frac{\|\mathbf{x}^0 - \mathbf{X}\|}{\varepsilon} \sim \log_{q^{-1}} \frac{1}{\varepsilon}.$$
对牛顿方法, 如果
$$n \geqslant -\log_2 \frac{\log_2(c\|\mathbf{x}^0 - \mathbf{X}\|)}{\log_2(c\varepsilon)} \sim \log_2 \log_2 \frac{1}{\varepsilon},$$
则 (7) 的右边部分将小于 ε. 于是, 渐近地, 当 $\varepsilon \to 0$ 时牛顿法要求较少的迭代次数.

§2. 非线性方程组求解的牛顿方法

习题 1 证明, 对于 k 阶方法, $k > 1$, 在存在足够好的初始近似情况下, 为达到精度 ε 所要求的迭代次数将是 $n \sim \log\log \varepsilon^{-1}/\log k$.

注意到写成公式 (4) 的牛顿法本身是简单迭代方法的变种. 在标量方程 $f(x) = 0$ 的情况下还可以很好地看到牛顿法的一个特点. 式 (9) 的右边 $g(x) = x - f(x)/f'(x)$ 对 x 的导数等于 $f(x)f''(x)/(f'(x))^2$. 于是, 如果 $f'(x) \neq 0$, 则 $g'(x) = 0$, 且在此情况下图 7.1.1 变为图 7.2.3 的形式.

牛顿法是获取整数次方根的方便的方法. 获取根 $\sqrt[p]{a}$ 的问题等价于求解方程 $x^p - a = 0$ 的问题, 其中 p 为整数. 在此情况下的牛顿法计算公式变成

$$x_{n+1} = \frac{p-1}{p}x_n + \frac{a}{px_n^{p-1}}.$$

图 7.2.3

习题 2 研究当 $1 \leqslant a \leqslant 4$ 时计算 $\sqrt{a}$ 的算法, 初始值 x_0 取为等于对于 $\sqrt{a}$ 在 $[1,4]$ 上的最优一致近似的多项式的值: $x_0 = p_1(a) = \dfrac{17}{24} + \dfrac{a}{3}$. 验证不等式 $|x_4 - \sqrt{a}| \leqslant 0.5 \cdot 10^{-25}$ 的正确性.

求解标量方程 $f(x) = 0$ 时除了牛顿法外还应用割线法.

这个方法的最简单情况归结如下. 在迭代过程中固定某个点 x^0. 近似 x^{n+1} 按照通过点 $(x^0, f(x^0))$ 和 $(x^n, f(x^n))$ 的直线与 x 轴交点的横坐标来寻找 (图 7.2.4).

更有效的方法是取通过点 $(x^{n-1}, f(x^{n-1}))$ 和 $(x^n, f(x^n))$ 的直线与 x 轴交点的横坐标 (图 7.2.5) 作为 x^{n+1}. 这条直线的方程为

$$y_n(x) = f(x^n) + (x - x^n)\frac{f(x^n) - f(x^{n-1})}{x^n - x^{n-1}}.$$

从条件 $y_n(x^{n+1}) = 0$ 得到

$$x^{n+1} = x^n - \frac{f(x^n)(x^n - x^{n-1})}{f(x^n) - f(x^{n-1})}. \tag{10}$$

当值 $|x^{n+1} - x^n|$ 或 $|f(x^{n+1}) - f(x^n)|$ 之一小于某个预先给定的小数 $\delta > 0$ 时, 计算停止. 与牛顿法一样, 为达到精度 ε, 这一方法在足够好的初始近似之下要求 $O(\ln\ln(1/\varepsilon))$ 次迭代.

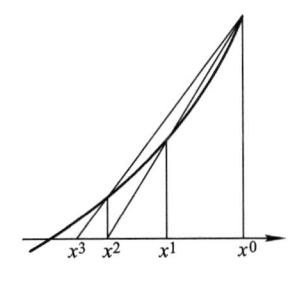

图 7.2.4

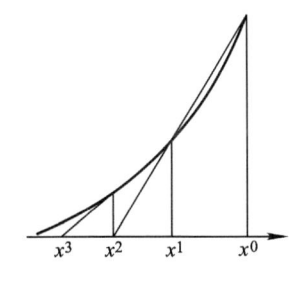

图 7.2.5

在求解 m 个方程的方程组
$$\mathbf{F}(\mathbf{x}) = \mathbf{0}$$
时，切割法的一个可能的推广如下．假设已定义了近似 $\mathbf{x}^{n-m}, \cdots, \mathbf{x}^n$ 且已知值
$$f_i(\mathbf{x}^{n-m}), \cdots, f_i(\mathbf{x}^n).$$
让 $y = L_i(\mathbf{x})$ 为通过点
$$(\mathbf{x}^{n-m}, f_i(\mathbf{x}^{n-m})), \cdots, (\mathbf{x}^n, f_i(\mathbf{x}^n))$$
的平面方程．取如下方程组的解作为后续近似 $\mathbf{x}^{n+1}$：
$$L_i(\mathbf{x}) = 0, \quad i = 1, \cdots, m.$$

当 n 很大时这些平面实际上变得平行，因此当 $m > 1$ 时这个方法很少应用，通常只在精度要求不高时应用．

实际上，当 $n \to \infty$ 时，这个方法具有顶点在 $\mathbf{x}^{n-m}, \cdots, \mathbf{x}^n$ 的 m 维"压扁"的多面体的特征．其结果是使方程组 $L_i(\mathbf{x}) = 0$ 的条件数快速恶化．于是，算法变得对计算误差不稳定且常常不再收敛．

最近出现了切割法的更完善的推广．

除了上面描述的方法以外，还存在大量其他类似方法，其中在根的邻域内函数 $f(x)$ 由某个函数 $g(x)$ 近似，而对这个函数，方程 $g(x) = 0$ 可以有显式解．但是，所有这些方法的应用必须要有解的足够好的近似．有时应用交叉方法来确定它．定义 a_0, b_0 使得 $f(a_0)f(b_0) < 0$．以某种方式选择点 $c_0 \in (a_0, b_0)$，例如，取 $c_0 = (a_0 + b_0)/2$，或者取通过点 $(a_0, f(a_0))$ 和 $(b_0, f(b_0))$ 的割线与 x 轴的交点作为 c_0．在计算得到 $f(c_0)$ 之后，从区间 $[a_0, c_0]$ 和 $[c_0, b_0]$ 中选取一个作为区间 $[a_1, b_1]$ 使得在其端点函数 $f(x)$ 取相反的符号，如此进行下去．

一个重要的问题是研究有效方法用于求解特定的典型方程．为寻找既带有实的又带有复系数的多项式 $P(z) = a_0 z^m + \cdots + a_m$ 的根，这样的方法是抛物线方法．在给定根的近似 z_{n-2}, z_{n-1}, z_n 后，按如下方式确定近似 z_{n+1}．建立二次插值多项式，它在点 z_{n-2}, z_{n-1}, z_n 处与 $P(z)$ 的值相同．取这个多项式的最接近 z_n 的根作为 z_{n+1}．在抛物线方法的标准程序中对这个流程进行了修改．

§3. 下降法

经常应用下降法求解泛函的极小化问题．在给定近似下确定某个方向，沿着这个方向泛函减小，并且近似沿着这个方向移动．如果选择移动的值不是很大，则泛函的值一定减小．

我们来研究几个下降法的例子．

在赛德尔方法的收敛性研究中，对于方程组 $A\mathbf{x} = \mathbf{b}$ 当 $A > 0$ 时我们曾描述了函数 $\Phi(x_1, \cdots, x_m)$ 极小化的按坐标下降的循环方法：在给定近似 $\Phi(x_1, x_2^0, \cdots, x_m^0)$ 后寻找值 $x_1 = x_1^1$ 使 $\inf_{x_1} \Phi(x_1, x_2^0, \cdots, x_m^0)$ 达到极小值，然后寻找值 $x_2 = x_2^1$ 使

$\inf\limits_{x_2} \Phi(x_1^1, x_2, x_3^0, \cdots, x_m^0)$ 达到极小值, 等等. 过程循环往复.

以 $P_k\mathbf{x}$ 记从 $\mathbf{x}$ 按坐标 x_k 下降得到的近似. 按当前坐标下降得到近似后, 下一个近似可以按循环坐标下降法写成

$$\mathbf{x}^1 = P_1\mathbf{x}^0, \mathbf{x}^2 = P_2 P_1 \mathbf{x}^0, \cdots,$$
$$\mathbf{x}^m = P_m \cdots P_1 \mathbf{x}^0, \quad \mathbf{x}^{m+1} = P_1 P_m \cdots P_1 \mathbf{x}^0, \cdots$$

这个方法的实际实现时导出单变量函数的极小化问题. 我们来单独研究单变量函数 $\Phi(x)$ 在给定极小值点的初始近似 $x = x^0$ 后的极小化问题. 因为这个问题通常不能精确解决, 所以常采用如下方法: 取某些值 $\overline{x}^0, \overline{\overline{x}}^0$, 且建立满足条件

$$Q_2(x^0) = \Phi(x^0), \quad Q_2(\overline{x}^0) = \Phi(\overline{x}^0), \quad Q_2(\overline{\overline{x}}^0) = \Phi(\overline{\overline{x}}^0)$$

的抛物线 $y = Q_2(x)$, $Q_2(x)$ 的极小值点的横坐标 x 取作下一个近似 x^1. 可以建立一维情况的例子, 其中按所描述方法得到的点序列不一定收敛于函数 $\Phi(x)$ 的原来极值点.

甚至如果在每一步按照相应的坐标搜寻函数 $\Phi(x_1, \cdots, x_m)$ 的绝对极值, 则即使 $m = 2$ 也可能出现迭代过程不收敛于原来的绝对极值点, 而收敛于某个局部极值点. 图 7.3.1 展示了这样的函数的等高线和所得到的近似. 在循环方式中下降就不一定了. 从前面的研究看到, 如果沿某些坐标的下降能保证函数 $\Phi(x)$ 的减小程度最大, 则有时按照这些坐标的部分下降更适合.

在另一些情况中, 对每一个 n 在得到近似 x^n 以后选择某个坐标集

$$x_{i(n,1)}, \cdots, x_{i(n,q(n))},$$

从近似 $\mathbf{x}^n$ 出发按这组坐标独立进行下降, 即找到点 $P_{i(n,k)}\mathbf{x}^n$. 进一步计算

$$\min_{1 \leqslant k \leqslant q(n)} \Phi(P_{i(n,k)}\mathbf{x}^n),$$

且相应的极小值点 $P_{i(n,k)}\mathbf{x}^n$ 取为 $\mathbf{x}^{n+1}$.

有时用于实现下降的坐标编号的选择是不确定的. 在这种情况下, 我们称之为随机按坐标下降.

另一种下降方法是最速 (梯度) 下降法. 按如下形式寻找后续近似 (参见图 7.3.2):

$$\mathbf{x}^{n+1} = \mathbf{x}^n - \delta_n \operatorname{grad} \Phi(\mathbf{x}^n).$$

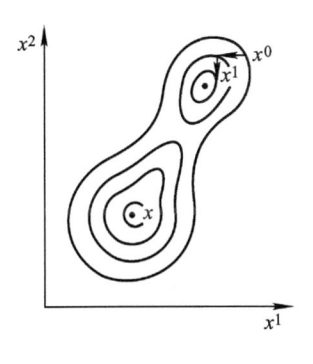

图 7.3.1

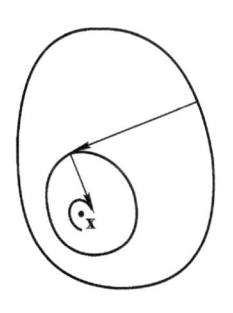

图 7.3.2

值 δ_n 由条件

$$\min_{\delta_n} \Phi(\mathbf{x}^n - \delta_n \operatorname{grad} \Phi(\mathbf{x}^n))$$

确定, 即这个算法又是由单变量 δ_n 的函数的依次极小化构成.

正如按坐标下降方法一样, 在最速下降方法中不必获得单变量极小化辅助问题的完全解. 在极小值点邻域内这个函数改变很小, 且精确寻找极值点不会产生本质的效果. 在最速下降法情况中, 关于单变量辅助函数极小化的计算量问题, 还应该考虑函数值 $\Phi(x)$ 及其梯度计算的相对困难性.

为解释如何选择求解方法问题, 我们来研究下列典型问题: 常微分方程组的非线性边值问题的求解. 在第九章将指出, 这个问题可转化为非线性方程组 $\mathbf{F}(\mathbf{x}) = \mathbf{0}$ 的求解, 即

$$f_i(\mathbf{x}) = f_i(x_1, \cdots, x_m) = 0, \quad i = 1, \cdots, m$$

的求解, 且它具有如下性质.

寻找一个值 $f_i(\mathbf{x})$ 的计算量和同时计算同一个点的所有值 $f_i(\mathbf{x}), i = 1, \cdots, m$ 的计算量是一样的. 将该计算量记为 A. 直接寻找值 $\partial f_i(\mathbf{x})/\partial x_j$ 和同时计算同一点的所有值 $\partial f_i(\mathbf{x})/\partial x_j, i = 1, \cdots, m$ 的计算量也是一样的. 将该计算量记为 B. 通常 $B \gg A$.

那么, 在用牛顿法求解问题时, 合理地应用近似公式

$$\frac{\partial f_i(x_1, \cdots, x_m)}{\partial x_j} \approx \frac{f_i(x_1, \cdots, x_{j-1}, x_j + \Delta, x_{j+1}, \cdots, x_m) - f_i(x_1, \cdots, x_j, \cdots, x_m)}{\Delta} \tag{1}$$

计算导数 $\partial f_i(\mathbf{x})/\partial x_j, j = 1, \cdots, m$.

牛顿法的收敛区域通常不是很大. 因此, 至少在迭代的初始阶段将这个问题的求解适合转化为某个泛函的极小值, 且应用某个下降方法来求解. 我们来研究简单的泛函情况

$$\Phi(\mathbf{x}) = \sum_{i=1}^{m} (\lambda_i f_i(\mathbf{x}))^2.$$

因子 $\lambda_i = \operatorname{const} \neq 0$ 称为权值, 它们从具体问题的条件中选择.

设 $\mathbf{x}^n = (x_1^n, \cdots, x_m^n)$ 为得到的近似, 且沿方向 $\Delta = (\Delta_1, \cdots, \Delta_m)$ 完成下降, 其中 $\|\Delta\| = 1$. 计算沿此方向导数的近似值

$$l_i = (f_i(\mathbf{x}^n + \varepsilon \Delta) - f_i(\mathbf{x}^n))/\varepsilon. \tag{2}$$

在直线 $\mathbf{x} = \mathbf{x}^n + t\Delta$ 上有

$$f_i(\mathbf{x}) \approx f_i(\mathbf{x}^n) + t l_i.$$

因此, 下一个近似 $\mathbf{x}^{n+1} = \mathbf{x}^n + t\Delta$ 由如下条件来确定:

$$\min_t \sum_{i=1}^{m} (\lambda_i (f_i(\mathbf{x}^n) + t l_i))^2.$$

注意到在此情况下在公式 (2) 中存在如何恰当地选择 ε 的问题 (为此参看 §2.16).

存在约束条件时的函数极小化问题也称为条件极小值问题. 条件极小值问题可以叙

述如下: 在条件
$$\varphi_i(x_1,\cdots,x_m) \geqslant 0, \quad i=1,\cdots,l, \tag{3}$$
$$\psi_i(x_1,\cdots,x_m) = 0, \quad i=1,\cdots,q \tag{4}$$
之下寻找极小值
$$A = \inf_{x_1,\cdots,x_m} \Phi(x_1,\cdots,x_m) \tag{5}$$
的问题与无条件极小值问题
$$\inf_{(x_1,\cdots,x_m)\in \mathbf{R}_m} \Phi(x_1,\cdots,x_m)$$
的求解相比,即其中 $\Phi(x_1,\cdots,x_m)$ 的下界在整个空间 $\mathbf{R}_m$ 上确定,上述条件极小值问题的求解遇到了另外的困难.

上面所描述方法的直接应用变得不可能,因此必须对其进行修改.

同时,约束类型为 (3), (4) 的函数极小值化问题对应用来说总是很迫切的. 例如,存在一个完整的数学分支叫作线性规划,它用于求解当 Φ, φ_i, ψ_i 为变量 x_j 的线性函数时的问题 (3) — (5).

在与问题 (3) — (5) 的求解相关的另一些方法中,我们回顾罚函数法. 建立满足下列条件的函数序列 $\Phi_\lambda(x_1,\cdots,x_m)$:

1) $\Phi_\lambda(x_1,\cdots,x_m)$ 对所有 $(x_1,\cdots,x_m)$ 有定义;

2) 当 $\lambda \to \infty$ 时 $\inf_{\mathbf{R}_m} \Phi_\lambda(x_1,\cdots,x_m) = A_\lambda \to A$;

3) 如果存在点 $(\bar{x}_1,\cdots,\bar{x}_m)$ 和 $(x_1^\lambda,\cdots,x_m^\lambda)$ 使得
$$\Phi(\bar{x}_1,\cdots,\bar{x}_m) = A, \quad \Phi_\lambda(x_1^\lambda,\cdots,x_m^\lambda) = A_\lambda,$$
则当 $\lambda \to \infty$ 时 $(x_1^\lambda,\cdots,x_m^\lambda) \to (\bar{x}_1,\cdots,\bar{x}_m)$.

代替求解原始问题 (3) — (5) 来求解当 λ 充分大时的极小值问题 $\inf_{\mathbf{R}_m} \Phi_\lambda(x_1,\cdots,x_m)$.

函数 Φ_λ 要求满足的第一个条件常常替换成更弱的条件. 函数 Φ_λ 定义在某个单连通区域 G_λ 上,当点 $(x_1,\cdots,x_m)$ 接近区域的边界或者当 $x_1^2+\cdots+x_m^2 \to \infty$ 时 (在区域 G_λ 无界的情况下) 有 $\Phi_\lambda(x_1,\cdots,x_m) \to \infty$.

在一些具体情况中,条件 3) 也有某些修改.

我们给出例子来说明如何建立这样的函数 Φ_λ. 为此, 关系式 (3), (4) 写成这样的形式使得 φ_i, ψ_i 对于所有的 $(x_1,\cdots,x_m)$ 有定义 (或者对于 G_λ 中所有的 $(x_1,\cdots,x_m)$ 有定义).

引入某个定义在 $-\infty < t < \infty$ 上的非增函数 $h(t)$ 使得 $\lim_{t\to -\infty} h(t) > 0$, $\lim_{t\to +\infty} h(t) = 0$. 例如,可以取
$$h(t) = \frac{1}{2} - \frac{1}{\pi}\arctan t.$$

取函数
$$\Phi(x_1,\cdots,x_s)+\lambda\sum_{i=1}^{m}\psi_i^2(x_1,\cdots,x_m)+\lambda\sum_{i=1}^{q}h(\lambda\varphi_i(x_1,\cdots,x_m))$$
作为 $\Phi_\lambda(x_1,\cdots,x_m)$. 项 $\lambda\psi_i^2(x_1,\cdots,x_m)$ 的引入迫使区域中满足 $\psi_i(x_1,\cdots,x_m)=0$ 的极值点移动到 $(x_1^\lambda,\cdots,x_m^\lambda)$，同时项 $\lambda h(\lambda\varphi_i(x_1,\cdots,x_m))$ 的引入则迫使区域中满足 $\varphi_i(x_1,\cdots,x_m)\geqslant 0$ 的极值点移动到 $(x_1^\lambda,\cdots,x_m^\lambda)$.

罚函数法具有如下不足. 可能对于大的 λ, 函数 Φ_λ 的等高线常常使得极小化方法的收敛性实质上变慢. 在求解具体问题时罚函数法的应用技巧在于适当选择函数 Φ_λ 使得对于给定的近似下界 $|A-A_\lambda|\leqslant\varepsilon$, 迭代方法收敛速度的减慢程度最小.

相应于所指出的罚函数法的上述不足，人们研究了求解条件极小值问题 (3) — (5) 的大量其他方法.

§4. 将高维问题转化为低维问题的其他方法

有时研究把多维问题转化为一维问题的形式化处理方法是有益的.

假设要在区域
$$\begin{aligned}\varphi_i(x_1,\cdots,x_m)&\geqslant 0,\quad i=1,\cdots,l,\\ \psi_j(x_1,\cdots,x_m)&=0,\quad j=1,\cdots,q\end{aligned}\quad(1)$$
中寻找函数 $\Phi(x_1,\cdots,x_m)$ 的极小值 A. 可以写出等式
$$A=\min_{x_1,\cdots,x_m}\Phi(x_1,\cdots,x_m)=\min_{x_m}\Phi_m(x_m),$$
其中
$$\Phi_m(x_m)=\min_{x_1,\cdots,x_{m-1}}\Phi(x_1,\cdots,x_m).$$
每次极小值按照相应于条件 (1) 的极小值函数的定义域来选取. 于是, 原始的 m 个变量的函数极小值问题转化成单变量函数的极小值问题, 其每个值由 $m-1$ 个变量的函数极小值来定义. 我们将函数 $\Phi_m(x_m)$ 的极小值本身转化为单变量函数的极小值, 其每个值又由 $m-2$ 个变量的函数极小值来定义. 如此进行下去, 我们得到一组关系式
$$A=\min_{x_m}\Phi_m(x_m),$$
$$\Phi_m(x_m)=\min_{x_{m-1}}\Phi_{m-1}(x_{m-1},x_m),$$
$$\cdots\cdots\cdots\cdots$$
$$\Phi_3(x_3,\cdots,x_m)=\min_{x_2}\Phi_2(x_2,\cdots,x_m),$$
$$\Phi_2(x_2,\cdots,x_m)=\min_{x_1}\Phi_1(x_1,\cdots,x_m).$$
看似简单的方法其实伴随着大的工作量. 假定每个单变量函数的极小化要求计算极小值函数的 s 个值. 那么, 极小化 $\Phi_m(x_m)$ 要求在 s 个参数值 x_m 情况下寻找 $\min\limits_{x_{m-1}}\Phi_{m-1}(x_{m-1},x_m)$, 即计算函数 $\Phi_{m-1}(x_{m-1},x_m)$ 的 s^2 个值. 这本身又要求对 s^2 个值计算 $\Phi_{m-2}(x_{m-2},x_{m-1},x_m)$, 等等. 最后, 要求计算函数的 s^m 个值. 即使对适当

的 s 和 m, 例如 $s = 10, m = 10$, 这个计算量已大到无法容忍. 但是对小的 m 某些研究过的想法的变型是有益的. 例如, 可能出现这样的情况. 给定初始近似 $(x_1^0, \cdots, x_m^0)$. 对于不很大的 s 值, 如 $s = 3$ 或 $s = 4$, 实现所指出的算法. 为此在某个平行多面体 $|x_i - x_i^0| \leqslant \Delta_i^0$ 上计算函数值. 取所得到的极小值点 $(x_1^1, \cdots, x_m^1)$ 作为下一个近似. 用类似的方式寻找近似 $(x_1^2, \cdots, x_m^2)$, 但函数值 Φ 在平行多面体 $|x_i - x_i^1| \leqslant \Delta_i^1$ 上计算, 如此进行下去.

我们来研究另一个方法, 它的一般结构与上面描述的类似.

如果函数 Φ 的等高线类似于圆圈, 则在应用下降法时沿最小值方向进行快速移动 (图 7.4.1). 但是, 实际上更典型的情况是这些等高线近似为半轴差别很大的椭圆. 那么, 按照梯度沿最小值方向移动时会相当慢 (图 7.4.2).

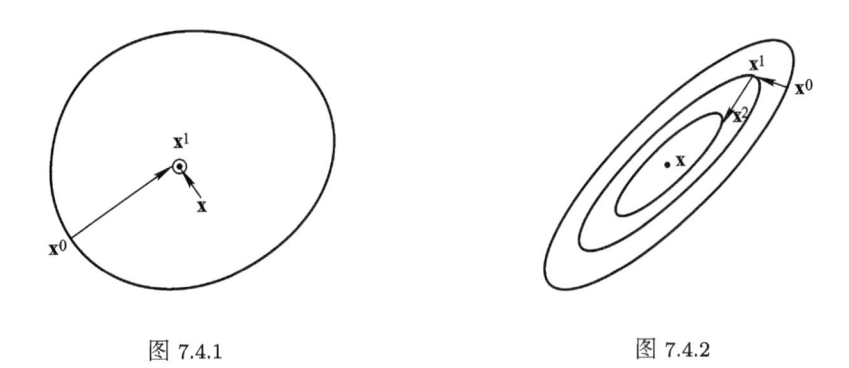

图 7.4.1　　　　　　　图 7.4.2

假定这些 "椭圆" 的轴以自然的方式分为两组: 第一组由 m_1 个同量级且相对较小的轴线构成, 第二组由 m_2 个同量级且相对较大的轴线构成.

在求解此类型中的某些问题时推荐使用下列方法, 称之为峡谷方法. 给定某些近似值 $\mathbf{x}^0$ 和 $\mathbf{x}^1$, 且从这些近似中的每一个出发应用下降法进行几步迭代. 得到近似值 $\mathbf{X}^0$ 和 $\mathbf{X}^1$. 从图 7.4.3 看出, 这些近似值分布在第二组轴线邻域中的流形内. 迭代过程在于得到这个流形邻域内的近似值序列 $\mathbf{X}^0, \mathbf{X}^1, \cdots$. 当 $m_2 = 1$ 时近似值 $\mathbf{X}^{l+1}$ 按如下方式寻找. 引入通过 $\mathbf{X}^{l-1}$ 和 $\mathbf{X}^l$ 的直线, 且在这条直线上找到 $\Phi(\mathbf{x})$ 的极小值点的近似 $\mathbf{x}^{l+1}$. 于是, 这个近似按如下形式寻找:

$$\mathbf{x}^{l+1} = \mathbf{X}^l + \alpha(\mathbf{X}^l - \mathbf{X}^{l-1}).$$

进一步, 从 $\mathbf{x}^{l+1}$ 出发进行几次迭代, 并得到也位于峡谷内的近似 $\mathbf{X}^{l+1}$. 当 $m_2 > 1$ 时, 近似 $\mathbf{x}^{l+1}$ 有时以如下形式找到:

$$\mathbf{x}^{l+1} = \mathbf{X}^l + \alpha(\mathbf{X}^l - \mathbf{X}^{l-1}) + \beta \operatorname{grad} \Phi(\mathbf{X}^l).$$

从图 7.4.4 看出, 所描述的方法当 $\Phi(\mathbf{x})$ 的等高线具有更复杂结构的一系列情况也是有效的.

方程组

$$f_i(x_1, \cdots, x_m) = 0, \quad i = 1, \cdots, m \tag{2}$$

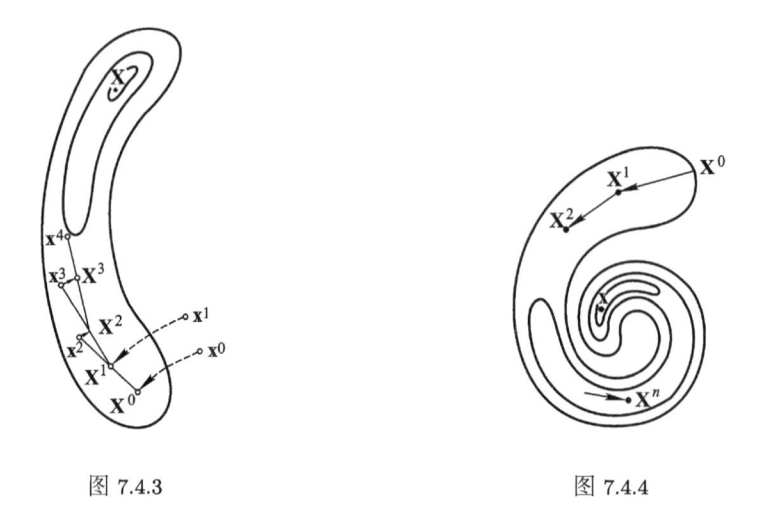

图 7.4.3　　　　　　　　图 7.4.4

的解也形式上转化成依次求解单个未知量的方程. 研究关于未知量 $x_2, \cdots, x_m$ 的方程组

$$f_i(x_1, \cdots, x_m) = 0, \quad i = 2, \cdots, m. \tag{3}$$

设 $x_2(x_1), \cdots, x_m(x_1)$ 为其解. 将表示 $x_2(x_1), \cdots, x_m(x_1)$ 代入 (2) 中的第一个方程得到关于一个未知量 x_1 的方程

$$F_1(x_1) = f_1(x_1, x_2(x_1), \cdots, x_m(x_1)) = 0. \tag{4}$$

值 $x_2(x_1), \cdots, x_m(x_1)$ 的寻找以及求解方程 (4) 可以通过数值方式进行. 选择某个方法按照函数 $F_1(x_1)$ 的值求解方程 (4). 对于每一个的值 x_1 基于 (3) 的解的结果得到值 $x_2(x_1), \cdots, x_m(x_1)$, 然后将其代入 (4) 的中间表达式. 为解方程组 (3), 对每一个值 x_1 使用同样的方法.

设 $x_3(x_1, x_2), \cdots, x_m(x_1, x_2)$ 为关于 $x_3, \cdots, x_m$ 的方程组

$$f_i(x_1, \cdots, x_m) = 0, \quad i = 3, \cdots, m \tag{5}$$

的解. 将 $x_3(x_1, x_2), \cdots, x_m(x_1, x_2)$ 代入 (2) 中的第二个方程得到

$$F_2(x_1, x_2) = f_2(x_1, x_2, x_3(x_1, x_2), \cdots, x_m(x_1, x_2)) = 0.$$

对于每一个 x_1 这个方程相应于 x_2 可解. 其解为 $x_2(x_1)$, 而 $x_3(x_1, x_2(x_1)), \cdots, x_m(x_1, x_2(x_1))$ 也构成 (3) 的解. 对每一组 x_1, x_2, 将方程组 (5) 变成未知量个数少 1 的方程组, 然后再求解, 如此进行下去.

如果为求解每个单个未知量的辅助方程要求 s 次函数计算, 则总体上这个算法要求方程组右边部分计算的量级为 s^m.

关于这个算法的实际应用可以按照本节开始时描述的极小值方法应用一样进行同样的阐述.

习题 1　研究当方程组 (2) 为线性情况下所描述的方法变成什么形式.

§5. 用稳定化方法求解定常问题

广泛使用的求解定常问题的方法是稳定化方法. 在这种情况下, 为了求解定常问题, 建立非定常过程, 其解随时间的变化恰好与定常问题的解无关, 且稳定于原定常问题的解. 我们来研究微分方程组

$$\frac{d\mathbf{x}}{dt} + \operatorname{grad}\Phi(\mathbf{x}) = 0. \tag{1}$$

向量 $d\mathbf{x}/dt$ 与函数 $\Phi(\mathbf{x})$ 的梯度成比例, 即正交于其等高线且方向指向函数 $\Phi(\mathbf{x})$ 值递减的方向. 于是, 在沿着方程组 (1) 的轨迹移动时值 $\Phi(\mathbf{x})$ 不会增加. 形式上这个结论的正确性从不等式

$$\frac{d\Phi(\mathbf{x})}{dt} = \left(\operatorname{grad}\Phi(\mathbf{x}), \frac{d\mathbf{x}}{dt}\right) = -(\operatorname{grad}\Phi(\mathbf{x}), \operatorname{grad}\Phi(\mathbf{x})) \tag{2}$$

推出, 这意味着除了函数 $\Phi(\mathbf{x})$ 的稳定点以外处处有 $d\Phi(\mathbf{x})/dt < 0$.

另一个非定常过程, 其解在相当一般的假定下稳定于函数 $\Phi(\mathbf{x})$ 的极小值点. 它由微分方程组

$$\frac{d^2\mathbf{x}}{dt^2} + \gamma\frac{d\mathbf{x}}{dt} + \operatorname{grad}\Phi(\mathbf{x}) = \mathbf{0}, \quad \gamma > 0 \tag{3}$$

描述. 为求解这个方程组, 我们有: 若 $d\mathbf{x}/dt \neq 0$, 则

$$\frac{d}{dt}\left(\frac{1}{2}\left(\frac{d\mathbf{x}}{dt}, \frac{d\mathbf{x}}{dt}\right) + \Phi(\mathbf{x})\right) = \left(\frac{d\mathbf{x}}{dt}, \frac{d^2\mathbf{x}}{dt^2}\right) + \left(\operatorname{grad}\Phi(\mathbf{x}), \frac{d\mathbf{x}}{dt}\right)$$
$$= -\gamma\left(\frac{d\mathbf{x}}{dt}, \frac{d\mathbf{x}}{dt}\right) < 0. \tag{4}$$

第一种情况中的函数 $\Phi(\mathbf{x})$ 和第二种情况中的函数 $\frac{1}{2}\left(\frac{d\mathbf{x}}{dt}, \frac{d\mathbf{x}}{dt}\right) + \Phi(\mathbf{x})$ 可以看作物理系统的能量, 其变化由方程组 (1) 和 (3) 描述. 关系式 (2) 和 (4) 表明, 所研究的非定常过程具有 "汇", 或者如通常所说的有能量耗散.

为了阐明如何适当选择 γ, 我们来研究一个简单模型: x 为标量, $\Phi(x) = \dfrac{a^2 x^2}{2}$. 那么, (3) 变成形式

$$x'' + \gamma x' + a^2 x = 0.$$

相应的特征方程为

$$\lambda^2 + \gamma\lambda + a^2 = 0,$$

其根为 $\lambda_{1,2} = -\dfrac{\gamma}{2} \pm \sqrt{\dfrac{\gamma^2}{4} - a^2}$, 且 $\lambda_1 \neq \lambda_2$, 即 $\gamma \neq 2a$ 时, 通解为 $c_1\exp\{\lambda_1 t\} + c_2\exp\{\lambda_2 t\}$.

所研究的方程解的递减速度由如下值定义:

$$\sigma(\gamma) = \max\{\operatorname{Re}\lambda_1, \operatorname{Re}\lambda_2\}.$$

当 $\gamma \leqslant 2a$ 时有 $\gamma^2/4 - a^2 \leqslant 0$, 因此

$$\operatorname{Re}\lambda_1 = \operatorname{Re}\lambda_2 = \sigma(\gamma) = -\gamma/2 \geqslant -a.$$

当 $\gamma > 2a$ 时值 λ_1 和 λ_2 为实数，且
$$\mathrm{Re}\lambda_1 = -\frac{\gamma}{2} + \sqrt{\frac{\gamma^2}{4} - a^2} > \mathrm{Re}\lambda_2 = -\frac{\gamma}{2} - \sqrt{\frac{\gamma^2}{4} - a^2}.$$
那么，
$$\sigma(\gamma) = \mathrm{Re}\lambda_1 = -\frac{\gamma}{2} + \sqrt{\frac{\gamma^2}{4} - a^2}$$
$$= -\frac{a^2}{\frac{\gamma}{2} + \sqrt{\frac{\gamma^2}{4} - a^2}} > -\frac{a^2}{\frac{\gamma}{2}} > -a.$$

于是，$\sigma(\gamma)$ 的图像具有图 7.5.1 所展示的形式，且 $\min_{\gamma} \sigma(\gamma) = \sigma(2a) = -a$. 从这个模型问题的研究结果可以推出下列定性结论.

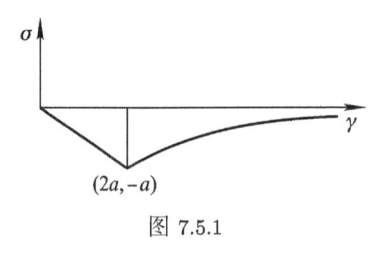

图 7.5.1

1. 如果摩擦系数 γ 非常小 (在我们的情况中 $\gamma \ll 2a$)，则方程组 (3) 的解缓慢趋向于平衡状态. 为此 (由于条件 $\mathrm{Im}\lambda_1, \mathrm{Im}\lambda_2 \neq 0$) 发生围绕平衡状态的振荡.

2. 如果 γ 很大 ($\gamma \gg 2a$)，则解也缓慢收敛. 原因在于对于大的摩擦系数 γ，运动不可能获得大的速度.

3. 最优值 γ 处于某个中间位置，且与具体函数 $\Phi(x)$ 的性质有关.

基于求解方程组 (3) 的稳定化方法有时也叫作重球方法. 这个名称来源于下列理由.

我们研究质点在 y 轴负方向的重力场中沿曲面 $y = \Phi(x)$ 的运动. 假定摩擦力正比于速度且点不可能离开曲面. 则点的运动由方程组
$$\frac{d^2\mathbf{x}}{dt^2} + \gamma\frac{d\mathbf{x}}{dt} + \frac{\mathrm{grad}\,\Phi(\mathbf{x})}{1 + \|\mathrm{grad}\,\Phi(\mathbf{x})\|^2} = 0$$
描述. 显然，这个方程组的解随时间推移趋向于函数 $\Phi(\mathbf{x})$ 的某个平衡点. 在极值附近 $\|\mathrm{grad}\,\Phi(\mathbf{x})\| \ll 1$，所以这个方程组接近方程组 (3).

大部分稳定化方法由如下形式的方程描述:
$$A_0\left(\mathbf{x}, \frac{d\mathbf{x}}{dt}\right)\frac{d\mathbf{x}}{dt} + A_1\left(\mathbf{x}, \frac{d\mathbf{x}}{dt}, \mathrm{grad}\,\Phi(\mathbf{x})\right) = 0, \tag{5}$$
或者
$$B_0\left(\mathbf{x}, \frac{d\mathbf{x}}{dt}\right)\frac{d^2\mathbf{x}}{dt^2} + B_1\left(\mathbf{x}, \frac{d\mathbf{x}}{dt}, \mathrm{grad}\,\Phi(\mathbf{x})\right) = 0, \tag{6}$$
其中
$$A_0(\mathbf{X}, \mathbf{0}) \neq 0, \quad A_1(\mathbf{X}, \mathbf{0}, \mathbf{0}) = 0,$$
$$B_0(\mathbf{X}, \mathbf{0}) \neq 0, \quad B_1(\mathbf{X}, \mathbf{0}, \mathbf{0}) = 0,$$
且满足保证收敛于极值点 $\mathbf{X}$ 的耗散性条件. 一般来说，可以适当取算子 A_0 和 B_0 并将这些方程变成使 A_0 和 B_0 为恒等算子的形式. 但是原始书写形式实际上常常更方便.

可以证明，这些收敛于解的非定常过程的建立可以完全解决寻找函数极小值的问题. 余下的事仅仅是应用某个求解柯西问题的方法找到所得到的微分方程组的解.

§5. 用稳定化方法求解定常问题

实际上, 定常问题转换化为非定常问题不总是能给出极小值问题的满意的解. 关于数值积分步长值的选择还存在很大程度上的不确定性的问题. 假定非定常问题的解以要求的精度在某个时间 T 内收敛于定常问题的解. 如果以小步长 Δ 进行积分, 则得到的计算点将接近所研究的轨迹, 从而可以看作达到了极值点的小的邻域内. 但是, 为此步长值 T/Δ 可能大到无法容忍的程度 (图 7.5.2). 如果步长取得相当大, 则可能出现计算的点严重偏离所研究的解, 从而绝不会落入搜寻的极值点的邻域内 (图 7.5.3).

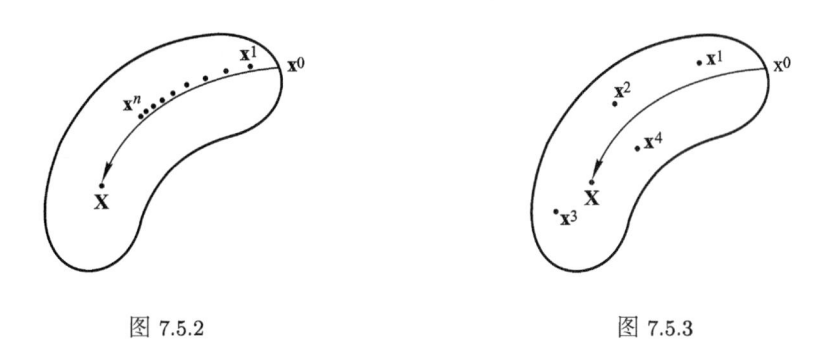

图 7.5.2   图 7.5.3

稳定化方法不仅应用于泛函极值问题, 也应用于任意定常问题 $F(\mathbf{x}) = 0$. 建立某个形如 (5) 或者 (6) 的过程, 其中以 $F(\mathbf{x})$ 代替梯度 $\text{grad}\,\Phi(\mathbf{x})$, 且使得当 $t \to \infty$ 时 $\mathbf{x}(t) \to \mathbf{X}$, $\mathbf{X}$ 为方程 $F(\mathbf{X}) = 0$ 的根.

研究线性方程组 $A\mathbf{x} - \mathbf{b} = \mathbf{0}$ 的类似情况, 其中假定矩阵的若尔当标准型为对角矩阵且其所有特征值 λ_i 位于区间 $0 < \mu \leqslant \lambda_1 \leqslant \lambda_2 \leqslant \cdots \leqslant \lambda_m \leqslant M$ 内, $\mathbf{e}_1, \cdots, \mathbf{e}_m$ 为相应的特征向量, 它们构成一个完备系.

写出稳定化方法

$$\frac{d\mathbf{x}}{dt} + (A\mathbf{x} - \mathbf{b}) = \mathbf{0} \tag{7}$$

在常值步长的时间网格上的简单近似为

$$\frac{\mathbf{x}^{n+1} - \mathbf{x}^n}{\tau} + (A\mathbf{x}^n - \mathbf{b}) = \mathbf{0}.$$

相应的计算公式

$$\mathbf{x}^{n+1} = \mathbf{x}^n - \tau(A\mathbf{x}^n - \mathbf{b})$$

与 §6.3 中的计算公式相同. 误差 $\mathbf{r}^n = \mathbf{x}^n - \mathbf{X}$ 满足关系式 $\mathbf{r}^{n+1} = (E - \tau A)\mathbf{r}^n$. 当 $\mathbf{r}^0 = \sum_1^m c_i \mathbf{e}_i$ 时有 $\mathbf{r}^n = \sum_1^m c_i(1 - \tau\lambda_i)^n \mathbf{e}_i$, 且误差递减速度由值 $\max_{\lambda_i} |1 - \tau\lambda_i|$ 确定. 在那里已指出, 最合适的选择是 $\tau = 2/(\mu+M)$, 于是可以断言误差为 $O(((M-\mu)/(M+\mu))^n)$. 最速下降方法也可以看作稳定化方法的近似, 但带有变步长网格: $\mathbf{x}^{n+1} = \mathbf{x}^n - \tau_n(A\mathbf{x}^n - \mathbf{b})$. 步长 τ_n 每次从条件 $\min_{\tau_n} \Phi(\mathbf{x}^{n+1})$ 确定.

我们来研究稳定化方法

$$\frac{d^2\mathbf{x}}{dt^2} + \gamma\frac{d\mathbf{x}}{dt} + (A\mathbf{x} - \mathbf{b}) = \mathbf{0}.$$

它在常值步长时间网格上的近似为
$$\frac{\mathbf{x}^{n+1} - 2\mathbf{x}^n + \mathbf{x}^{n-1}}{\tau^2} + \gamma \frac{\mathbf{x}^{n+1} - \mathbf{x}^{n-1}}{2\tau} + (A\mathbf{x}^n - \mathbf{b}) = \mathbf{0},$$
其中 $\gamma > 0$ 为标量因子. 误差 $\mathbf{r}^n$ 满足关系
$$\frac{\mathbf{r}^{n+1} - 2\mathbf{r}^n + \mathbf{r}^{n-1}}{\tau^2} + \gamma \frac{\mathbf{r}^{n+1} - \mathbf{r}^{n-1}}{2\tau} + A\mathbf{r}^n = \mathbf{0}. \tag{8}$$
按矩阵 A 的特征向量对向量 $\mathbf{r}^n$ 进行展开:
$$\mathbf{r}^n = \sum_{i=1}^{m} c_i^n \mathbf{e}_i.$$
将表达式 $\mathbf{r}^{n-1}$, $\mathbf{r}^n$, $\mathbf{r}^{n+1}$ 代入 (8), 因为向量 $\mathbf{e}_i$ 线性无关, 则它们的系数等于零, 于是得到一组关系式
$$\frac{c_i^{n+1} - 2c_i^n + c_i^{n-1}}{\tau^2} + \gamma \frac{c_i^{n+1} - c_i^{n-1}}{2\tau} + \lambda_i c_i^n = 0.$$
如果 z_1^i, z_2^i 为特征方程
$$\frac{z^2 - 2z + 1}{\tau^2} + \gamma \frac{z^2 - 1}{2\tau} + \lambda_i z = 0 \tag{9}$$
的单根, 则这组差分方程的解写成
$$c_i^n = C_i^1 (z_1^i)^n + C_i^2 (z_2^i)^n,$$
如果 z_1^i, z_2^i 为特征方程 (9) 的重根, 则解写成
$$c_i^n = C_i^1 (z_1^i)^n + C_i^2 n (z_1^i)^n.$$
在许多情况下 $\|\mathbf{r}^n\|$ 递减的决定性的因素是值 $\max_i (\max(|z_1^i|, |z_2^i|))$, 它可能是值
$$\max_{\mu \leqslant \lambda \leqslant M} |z(\lambda)| \tag{10}$$
的上界, 其中 $z(\lambda)$ 为方程
$$\frac{z^2 - 2z + 1}{\tau^2} + \gamma \frac{z^2 - 1}{2\tau} + \lambda z = 0$$
的按模最大的根. 我们不对极值问题 (10) 给出完全的解, 而仅限于启发性的思想和对答案的描述.

当 $\mathbf{x}^1 = \mathbf{x}^0 + \alpha(A\mathbf{x}^0 - \mathbf{b})$ 时, 近似 $\mathbf{x}^n$ 写成 (6.2.2) 的形式. 因此所研究的迭代过程不可能给出比最优线性迭代过程 (6.6.19) 更好的近似. 当 $n \to \infty$ 时最优线性迭代过程转化成迭代过程 (6.6.23), 考虑到明显的表达式 $\lambda_0 = (1 + \sqrt{\mu/M})/(1 - \sqrt{\mu/M})$, 它可以写成
$$\mathbf{x}^{n+1} = \mathbf{x}^n + \left(\frac{\sqrt{M} - \sqrt{\mu}}{\sqrt{M} + \sqrt{\mu}}\right)^2 (\mathbf{x}^n - \mathbf{x}^{n-1}) - \frac{4}{(\sqrt{M} + \sqrt{\mu})^2}(A\mathbf{x}^n - \mathbf{b}). \tag{11}$$
可以适当选择 τ 和 γ 使得迭代过程与所研究的相同. 为此应该取
$$\tau = \frac{2}{\sqrt{M} + \gamma}, \quad \gamma = \frac{2\sqrt{M\mu}}{M + \mu}.$$
于是, 在带有常数 γ 的稳定化方法的框架下可以得到这样的迭代过程, 它与最优线性过程没有本质上的不同.

我们来关注 (11) 的根 $z(\lambda)$ 的性质. 其特征方程为
$$z^2 - \left(\left(1 + \left(\frac{\sqrt{M} - \sqrt{\mu}}{\sqrt{M} + \sqrt{\mu}}\right)^2\right) - \frac{4}{(\sqrt{M} + \sqrt{\mu})^2}\lambda\right) z + \left(\frac{\sqrt{M} - \sqrt{\mu}}{\sqrt{M} + \sqrt{\mu}}\right)^2 = 0.$$

将此方程写成
$$z^2 - A(\lambda)z + \mu_0^2 = 0, \quad \mu_0 = (\sqrt{M} - \sqrt{\mu})/(\sqrt{M} + \sqrt{\mu}),$$
这里 $A(\lambda)$ 为 λ 的线性函数, 并且 $A(M) = -2\mu_0, A(\mu) = 2\mu_0$. 于是, 当 $\mu < \lambda < M$ 时 $|A(\lambda)| < 2\mu_0$. 因此, $z_{1,2}(\mu) = \mu_0, z_{1,2}(M) = -\mu_0, z_{1,2}(\lambda) = -\dfrac{A(\lambda)}{2} \pm \sqrt{\left(\dfrac{A(\lambda)}{2}\right)^2 - \mu_0^2}$ 具有非零虚部且当 $\mu < \lambda < M$ 时 $|z_{1,2}(\lambda)| = \mu_0$.

于是, 我们得出了全部系数 γ 和步长 τ, 对于它们有
$$\max_{\mu \leqslant \lambda \leqslant M} |z(\lambda)| = (\sqrt{M} - \sqrt{\mu})/(\sqrt{M} + \sqrt{\mu}).$$
从最优线性迭代过程的收敛速度估计可以看出这个估计没有得到改善.

与共轭梯度法类似, 对一般类型的泛函 $\Phi(\mathbf{x})$ 的极小化问题可以研究如下方法: 后续的近似按形式
$$\mathbf{x}^{n+1} = \mathbf{x}^n + \alpha_n(\mathbf{x}^n - \mathbf{x}^{n-1}) + \beta_n \mathrm{grad}\Phi(\mathbf{x}^n)$$
寻找, 其中 α_n, β_n 由条件 $\min\limits_{\alpha_n, \beta_n} \Phi(\mathbf{x}^{n+1})$ 确定.

对求解定常问题时在稳定化方法和通常迭代方法之间进行对照可以建立新的迭代方法或者新的平稳过程.

例如, 考虑非线性方程组 $\mathbf{F}(\mathbf{x}) = \mathbf{0}$ 求解的牛顿计算公式
$$\mathbf{x}^{n+1} - \mathbf{x}^n = -(\mathbf{F}'(\mathbf{x}^n))^{-1}\mathbf{F}(\mathbf{x}^n). \tag{12}$$
这个公式可以给出如下解释: 引入连续时间 t 并且将值 $\mathbf{x}^n$ 看作某个函数在时刻 $t_n = n$ 的值. 那么, 关系式 (12) 写成
$$\frac{\mathbf{x}^{n+1} - \mathbf{x}^n}{t_{n+1} - t_n} = -(\mathbf{F}'(\mathbf{x}^n))^{-1}\mathbf{F}(\mathbf{x}^n),$$
它可以解释为对方程组
$$\frac{d\mathbf{x}}{dt} = -(\mathbf{F}'(\mathbf{x}))^{-1}\mathbf{F}(\mathbf{x}) \tag{13}$$
进行近似得到. 原问题的解是这个方程组的平衡点. 当 $\mathbf{x} = \mathbf{X} + \boldsymbol{\eta}$ 时有
$$(\mathbf{F}'(\mathbf{x}))^{-1} = (\mathbf{F}'(\mathbf{X}))^{-1} + O(\|\boldsymbol{\eta}\|),$$
$$\mathbf{F}(\mathbf{x}) = \mathbf{F}(\mathbf{X}) + \mathbf{F}'(\mathbf{X})\boldsymbol{\eta} + O(\|\boldsymbol{\eta}\|^2) = \mathbf{F}'(\mathbf{X})\boldsymbol{\eta} + O(\|\boldsymbol{\eta}\|^2).$$
于是,
$$\frac{d\boldsymbol{\eta}}{dt} = \frac{d\mathbf{x}}{dt} = -((\mathbf{F}'(\mathbf{X}))^{-1} + O(\|\boldsymbol{\eta}\|))(\mathbf{F}'(\mathbf{X})\boldsymbol{\eta} + O(\|\boldsymbol{\eta}\|^2)) = -\boldsymbol{\eta} + O(\|\boldsymbol{\eta}\|^2).$$
由此推出 $\mathbf{x} = \mathbf{X}$ 是 (13) 的近似稳定解.

导数 $d\mathbf{x}/dt$ 替换为函数值在某些点 $t_0 = 0, t_1, \cdots$ 的差商关系, 得到关系式
$$\frac{\mathbf{x}^{n+1} - \mathbf{x}^n}{\Delta_N} = -(\mathbf{F}'(\mathbf{x}^n))^{-1}\mathbf{F}(\mathbf{x}^n), \quad \Delta_N = t_{n+1} - t_n,$$
或者写成形式
$$\mathbf{x}^{n+1} = \mathbf{x}^n - \Delta_N(\mathbf{F}'(\mathbf{x}^n))^{-1}\mathbf{F}(\mathbf{x}^n). \tag{14}$$
于是, 对牛顿法构造的非定常过程使我们得到更一般形式的迭代过程 (14).

所研究的例子表明, 某个迭代算法转化成相应的非定常过程具有带封闭性算法的许多一般性特征 (算法封闭性的概念将在第九章引入). 我们仅仅在充分好的初始近似条件下证明了牛顿法的收敛性. 为扩展收敛区域有时要对牛顿法进行如下修改.

给定泛函 $\Phi(\mathbf{x})$, 例如 $\Phi(\mathbf{x}) = \|\mathbf{F}(\mathbf{x})\|^2$, 它的下界等于零, 且在问题的解处达到下界. 后续的近似按公式 (14) 寻找, 并且 Δ_n 由条件

$$\min_{\Delta_n} \Phi(\mathbf{x}^n - \Delta_n (\mathbf{F}'(\mathbf{x}^n))^{-1} \mathbf{F}(\mathbf{x}^n))$$

确定. 接下来的问题是如何实际寻找值 Δ_n 使得这个极小值达到.

一个确定 Δ_n 的通用方法如下. 给定 $\lambda \in (0,1), \theta \in (0,1]$ 和整数 $l > 0$, 对每一个 n 依次计算

$$\mathbf{x}^{n+1,i} = \mathbf{x}^n - \lambda^i (\mathbf{F}'(\mathbf{x}^n))^{-1} \mathbf{F}(\mathbf{x}^n), \quad i = 0, \cdots, l$$

且 $q^{n+1,i} = \Phi(\mathbf{x}^{n+1,i})$. 如果对某个 $k \leqslant l$ 正好 $q^{n+1,k} \leqslant \theta\, \Phi(\mathbf{x}^n)$, 则计算终止且让 $\mathbf{x}^{n+1} = \mathbf{x}^{n+1,k}$. 在另一些程序中寻找 $\min\limits_{0 < i \leqslant l} q^{n+1,i} = q^{n+1,m}$ 且让 $\mathbf{x}^{n+1} = \mathbf{x}^{n+1,m}$.

如果

$$q^{n+1,0}, \cdots, q^{n+1,l} > \theta\, \Phi(\mathbf{x}^n),$$

则可能有下列情况:

1) 临时变成其他方法;
2) 终止;
3) 改变参数 l, λ, θ.

结束本节前我们提请注意, 稳定化方法也可以应用于带有区域约束的函数极小值情况. 那么, 方程 (1), (3) 应该补充某些方程, 落在边界上的点的轨迹将满足这些方程.

§6. 什么是最优化以及怎样最优化?

上面研究了一些函数极小值和非线性方程组的求解方法. 我们仅仅充分了解了这类问题求解的一小部分方法. 要进一步研究这些方法, 我们将注意力转到另一类同样重要的问题.

正如已提到的一样, 泛函 (函数) 的极小化包含工业、农业、交通、资源分配和其他社会生活领域的许多问题. 在这些领域中, 极小值问题常称为最优化问题, 因为求解这些问题的基本目的通常在于达到某些最好的、最优的工作状态. 为此, 被极小化的函数通常叫作目标函数.

最优化问题的求解包含如下步骤: 建立现象的数学模型, 定义目标函数和易于优化的重要参数, 直接极小化某个有大量变量的函数, 检验研究结果等.

自然地, 前两个和最后一个问题应该由数学家与具体部门的专家共同完成.

"最优化是什么?" 的问题也出现在许多其他数学问题的研究之中. 典型的这类问题有: 以复杂解析表示或图表给定函数, 要求借助于最简单的表达形式以给定精度得到其近似.

我们研究如下函数的逼近问题
$$f(q) = 1 - \frac{8}{\pi^2} \sum_{k=1}^{\infty} \frac{\exp\left\{-\frac{2k-1}{2}\pi q\right\}}{(2k-1)^2}, \quad 0 \leqslant q \leqslant \infty.$$
为方便见, 做变量替换 $x = \exp\{-\pi q/2\}$, 即研究如下函数的近似问题
$$g(x) = 1 - \frac{8}{\pi^2} \sum_{k=1}^{\infty} \frac{x^{2k-1}}{(2k-1)^2}, \quad 0 \leqslant x \leqslant 1.$$
用多项式来近似的尝试不能获得满意的结果. 分析表明, 其原因是导数 $g'(x)$ 在点 $x=1$ 的邻域内是无界的. 在研究了导数在点 $x=1$ 的邻域内的奇异性以后, 寻找如下形式的近似解是合理的
$$h(x) = (1-x)(a_0 + a_1 x + a_2 x^2) \ln \frac{1+x}{1-x} + x(a_3 + a_4 x) + 1.$$
成功地选择参数 a_i, 得到了精度为 10^{-4} 的逼近.

尝试另外一些逼近, 得到在 $x \geqslant 10^{-4}$ 时 $g(x)$ 可以由如下表达式以精度 $5 \cdot 10^{-4}$ 来逼近
$$\frac{(1-x)(1+x(a_1 + a_2 x))}{1 + a_3 x + a_4 x^2 + a_5 x^3}.$$

在选择了需要求解问题的对象类型以后, 后续问题是如何对这个类型进行适当参数化. 例如, 应用多项式
$$Q(x) = \sum_{i=0}^{n} a_i x^i,$$
在区间 $[-1, 1]$ 上逼近函数 $f(x)$ 时也可以将多项式写成
$$Q(x) = \frac{b_0}{\sqrt{2}} + \sum_{i=1}^{n} b_i T_i(x).$$
正如已提到的一样, 第一种写法由于可能出现大的不期望的计算误差. 此外, 第二种表示形式具有如下优越性. 设逼近多项式从如下条件寻找
$$\min_Q \Phi, \quad \text{其中 } \Phi = \int_{-1}^{1} \frac{(f(x) - Q(x))^2}{\sqrt{1-x^2}} dx.$$
多项式的第一种写法中等高线 $\Phi(a_0, \cdots, a_n) = \text{const}$ 为带有大差别半轴的椭圆, 因此这个函数极小化的迭代过程具有慢的收敛速度. 在多项式的第二种写法中有
$$\Phi(b_0, \cdots, b_n) = \int_{-1}^{1} \frac{(f(x))^2}{\sqrt{1-x^2}} dx - \sqrt{2} b_0 \int_{-1}^{1} \frac{f(x)}{\sqrt{1-x^2}} dx$$
$$- 2 \sum_{i=1}^{n} b_i \int_{-1}^{1} \frac{f(x) T_i(x)}{\sqrt{1-x^2}} dx + \frac{\pi}{2} \sum_{i=0}^{n} b_i^2.$$
函数 $\Phi(b_0, \cdots, b_n)$ 的等高线是圆, 从而极小化的迭代方法保证快速收敛于极小值点.

在观察结果的研究中成功选择参数及确定它们的判据十分重要.

作为雪崩的一维运动模型可以研究如下微分方程组
$$\frac{\partial h}{\partial t} + \frac{\partial (hv)}{\partial s} = 0, \quad \frac{\partial v}{\partial t} + v \frac{\partial v}{\partial s} + \frac{g}{2h} \frac{\partial (h^2 \cos \psi)}{\partial s} = g(\sin \psi - \mu \cos \psi) - k \frac{v^2}{h}. \tag{1}$$

雪崩前沿的边界条件有形式

$$h(w-v) = h_0 w, \quad h_0 w v = \frac{1}{2} g h^2 \cos\psi - \sigma h,$$

其中 h 为雪的高度, v 为雪的速度, ψ 为斜坡倾角, w 为前沿速度, 参数 μ, k, σ 未知.

通过观察带有常值倾角 $\psi = \text{const}$ 雪崩运动的前沿状态来尝试确定这些参数. 尝试从极小化下面的函数确定这些参数

$$\Phi(\mu, k, \sigma) = \sum_i \left(s(\mu, k, \sigma, t_i) - s_i\right)^2,$$

其中 s_i 为在时刻 t_i 观察到的前沿位置, $s(\mu, k, \sigma, t_i)$ 为从数值积分方程 (1) 得到的结果. 直接应用大量的极小化方法没有观察到任何稳定到值 μ, k, σ 的趋势. 分析表明如下原因导致出现这一现象. 当 $\psi = \text{const}$ 时以高的精度满足近似等式 $s(\mu, k, \sigma, t) \approx \lambda t$, 其中 $\lambda = \left(1 + \frac{1}{\sqrt{\beta}}\right)^{3/2}, \beta = \frac{k}{\tan\psi - \mu}$. 因此, 函数 $\Phi(\mu, k, \sigma)$ 以高精度近似于某个单变量函数 $\Phi_0(\lambda)$. 于是, 函数 Φ 在针对变量 μ, k, σ 进行极小化时不可以指望获得所有对应于极小值点的参数值 μ, k, σ, 而仅仅期望获得相应于极小值点的值 λ. 设 $\Phi_0(\lambda)$ 在 $\lambda = \lambda_0$ 处达到. 曲面 $\lambda = \lambda_0$ 是二维的, 在此情况下是变量 μ, k, σ 空间中的圆柱面. 在这个面上函数 $\Phi(\mu, k, \sigma)$ 近似为常值, 且对其进行数值极小化时点 (μ, k, σ) 看起来沿着这个面发生不规则的移动. 于是, 在此情况下不成功的真实原因不在于极小化方法的不完善, 而由于相对于所提出的目标拥有的信息不充分.

我们来给出一般特性的注记.

在建立问题的模型时, 期望考虑问题的许多细节来建立详细的数学模型, 然后对所有参数进行最好选择以达到全面最优化. 这个途径蕴含着一些不合理性.

第一个困难产生于模型描述. 考虑太多细节的倾向加大了潜在地丢失本质东西的可能性, 同样会使模型变差. 在对十分大量的参数进行最优化时产生很高维数的多变量函数的极小化问题, 它的数值解有时会遇到无法克服的困难.

暂时假定这样极小化总能成功实现. 出现的问题是传达给客户的信息是以实现数学模型分析的结果为目的. 客户通常从具有自身特点的判据出发来应用解, 而不会陷入模型的细节. 在得到相对十分大量的参数建议时, 关于这些建议是否合理他们不总是能给出结论, 因此很有可能拒绝这些建议.

于是, 在最优化的最初阶段特别重要的是建立最简单的模型, 这个模型只考虑了基本而明确的参数. 这些要求也导致下列想法. 最先, 客户常不信任进入新的领域中的数学家. 只有在对重要参数的最优化取得正面效果而获得信任后才考虑第二阶段参数的影响. 也应该看到, 只有在客户和使用者对简单模型的总体结果进行了共同分析以后, 建立精确化模型本身才变得可能.

同样重要的是, 在与非数学工作者的对话中, 数学研究的结果以直观且自然的形式给出, 尽可能少地引入数学工具. 不适当地引入抽象的数学概念很少带来实际益处.

在选择好模型后, 目标函数和问题的参数化产生了通常是多变量函数的极小化问题, 极小化问题在一个满足许多由等式或不等式构成的约束条件的区域中进行. 约束条件的出现实际上加大了极小化问题的复杂性: 极值点常常是区域的某个边界点.

由于对于社会生活的各个方面最优化问题的求解十分重要, 当前积累了求解最优化问题的大量方法和标准程序. 因此, 在单个具体问题求解时最适当的是求助于带有标准程序的方法.

在求解新的最优化问题时记住下列因素是有益的. 对于本章研究的方法, 近似的收敛性总是在假定存在充分好的初始近似前提下进行的证明. 对于方法的这个限制是一个本质的事情. 具有适当的变量个数和适当阶的多项式的等高线可能包含很多的不相关的带有复杂相互位置关系的分量. 由此不指望能建立这样的算法, 它可以快速找到带有几十个变量的所有阶的任意多项式的极小值.

如上所述, 在应用标准程序时应该考虑到, 在这些标准程序的描述中指出高维变量个数的函数极小化的可能性. 最好的情况下有:

a) 程序有效解决一类最优化问题, 这类问题是程序作者通常遇到的问题.

b) 形式上说程序可以解决任意极小值问题, 但在大多数情况下要求的求解时间超出合理的时间限度.

我们遵循这样的观点, 即所有多维极小值问题的 "通用" 方法应该都具有本质上的缺陷且实际上不是通用的.

在求解新的问题时经常要研究特殊的对这类问题合适的方法来寻找解的初始近似. 搜寻合适的初始近似的复杂性可以通过如下例子来解释.

存在一系列标准程序, 它们对如下给定的 m 和 n 次多项式的分式函数能很好地逼近:

$$P_m(x)/Q_n(x). \tag{2}$$

在研究傅里叶积分的计算程序时进行了如下实验. 对于所有满足 $0 < m+n \leqslant 12$ 的 m, n, 在某个区间上应用每一个标准程序来逼近所研究的函数. 结果是, 在 90 种可能的情况中至少有 3 种, 其中的每一个程序给出的答案是它不能解决所研究的问题. 在某些程序中, 这样答案的比例超出了所有答案的一半. 同时, 在所有这些程序中都应用了这样的算法, 其收敛性证明是建立在初始近似充分好的假定之上.

为了不至于对某些复杂优化问题的求解完全失望, 我们以一种乐观的观点研究同样的问题.

从这些观点出发, 上述关于多项式极小化的复杂性理由可以认为具有较小的说服力, 实际上我们从不要求极小化任意多项式. 有人认为, 带有非常复杂的等高线结构的函数极小化问题很少遇见.

我们来研究一个问题的例子, 求其解的必要性本身是值得怀疑的.

所研究函数的下列特性可能导致获得好的初始近似不成功. 极小值点位于非常狭窄的 "坑" 中 —— 从中逃出时函数在所有方向上剧烈增长, 然后开始下降 (图 7.6.1).

假定沿与函数 $\Phi(x)$ 的梯度相反的方向前移来寻找极小值点, 换句话说, 数值积分方程组

$$\frac{dx}{dt} + \operatorname{grad} \Phi(x) = 0, \tag{3}$$

那么, 从中可以移动到极小值点的初始条件的集合位于这个极小值点的不大的邻域内. 可以说, 在以细微粒度研究极小值点的邻域时这个点正好是方程组解的吸引点. 在以较粗的粒度研究时它恰好是排斥点 (图 7.6.2).

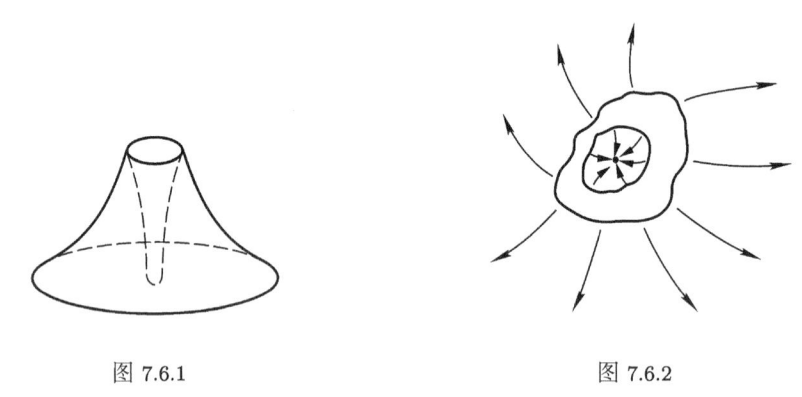

图 7.6.1　　　　　　　　图 7.6.2

在另一些迭代方法中极小值点的后续近似同样有类似的特性.

如果极小值点所在的 "坑" 很窄, 则有时也不值得寻找这个极小值点. 实际上, 譬如让参数 x_i 对应于某个实际的控制系统. 这个系统在工作中难免有某种故障, 即这些参数会发生改变. 如果函数 Φ 的极小值点处于这个狭窄的 "坑" 中, 则小的故障可能大大地损害系统的工作性能. 从上述角度, 在图 7.6.3 描述的情况中, 极值点的选择要另外的研究.

某些在求解实际最优化问题中更具经验的研究者断言, 当所研究现象的数学模型建立得不成功时, 通常会出现类似的带有狭窄 "坑" 的目标函数.

对于最优化更本质的原因在于, 在许多情况下数学模型的建立及其优化常常为了改进已有的系统. 在这种情况下, 实际系统的参数经常是进一步最优化的好的近似.

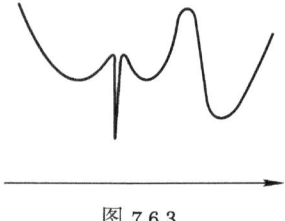

图 7.6.3

在新系统的研究中, 下列工作路线是典型的. 首先建立最简单模型并进行最优化, 其中只考虑最重要因素. 然后模型逐步复杂化, 此时可考虑越来越多的新的因素. 于是, 逐步出现含有大量参数的函数极小化问题. 在成功建立了辅助模型时, 其中每个最优化问题的解通常是下一个更复杂问题的好的初始近似.

这种情况经常按如下方式应用. 假设我们有多变量 $x_1, \cdots, x_n$ 的函数极小化问题. 我们建立较少变量 $X_1, \cdots, X_m, m < n$ 的函数, 它是所研究函数的近似, 换句话说, 是带有参数 $X_1, \cdots, X_m$ 的简单化模型. 对这个函数 (模型) 进行最优化, 且基于其解构造初始近似. 有时进行几次函数 (模型) 简化和引入新的参数是有益的.

较少变量函数 (模型) 的最优化更容易, 其原因有如下两点: 极小化函数的等高线结构变得更简单; 计算函数的每一个值需要较少的计算量.

在建立简单模型时首先应该考虑问题的最主要的参数.

什么是因素或参数的重要性? 可以说, 重要的参数是那些与函数特别相关的参数. 用数学语言, 这意味着对这些参数的导函数相对地大. 次要的参数是那些与研究的函数关系较弱的参数, 即其导函数相对较小. 通过估计所研究函数的导数, 可以形式上定义参数的重要性. 但是, 对于复杂的问题, 这样的估计以及数学上合理选择新的参数 $X_1, \cdots, X_m$ 一般是困难的. 更直观地判断参数的特性——其重要性——使生产系统的管理者可以提醒数学家如何优先选择参数.

有时可接受的最优化方法或者好的初始近似的搜寻方法可以通过研究一些原则或者工作方法得到, 有经验的实际工作者或管理者正是按照这些原则指导他们的工作的.

在一个新的工厂里, 由于操作员工作的经验不足, 长时间没能成功调整好生产节奏. 试图建立生产过程模型, 要求足够精确, 但同时可借助于计算机采用数学工具进行分析, 但这个努力没有获得成功. 最终不得不暂时放弃数学模型的开发并按以下方法进行生产自动化和最优化. 在计算机中存储了相关企业最好的操作员的工作流程. 进一步, 相应于当前拥有的条件, 计算机选择一种工作流程, 使它最接近于一个最好操作员的工作流程. 这一措施可以消除出现的困难.

在另一个类似的情况中, 企业领导没有按照这样的方法, 而是坚定地要求数学家小组开发通用算法, 这个算法按照所设计的设备所给定的外部特性提供设备的一组最优内部参数: 结构部件的位置和尺寸, 重量等等. 由数学家提供的最优化算法并不通用, 在大多数情况下给不出可接受的解. 数学家建议求解能够模拟实际问题的另一个问题. 设计师给出设备部件的配置. 计算机计算设备的外部特性并把它们提供给设计师. 基于所得到的信息, 设计师对配置进行调整. 这个交互式工作方案本来可以避免实际设计一种设备的昂贵费用, 也可以避免在实际设备上进行实验. 但企业领导拒绝了这样的问题求解方法且耗费了许多时间在徒劳寻找"更有经验的"数学家上, 他们希望这些数学家能够提供"通用的"非交互式算法求解在他们看来太简单的问题. 最终, 新技术开发过程中巨大材料消耗和开发速度的损失使企业领导明白了, 在对问题理解的当前阶段, 由数学家提出的求解问题的途径是唯一可能的.

设计师在这样的工作情况中获得了经验. 数学家在分析设计师与计算机的对话时成功理解了设计师的管理零件配置的原则, 且把这些原则作为问题求解算法的基础, 从而成功建立了非交互式、"纯计算机的"最优化构造算法.

寻找初始近似的方法以及迭代方法本身常常与另一些现象的实际过程具有类似之处. 在寻找某个物体时光学仪器和脑的工作看起来是按照如下途径进行的. 首先, 以粗的粒度对整个视场进行扫视, 基于所得到的信息选择区段以做进一步的检视, 然后再以粗粒度对这个区段进行检视, 如此下去. 我们注意到这与 §3.16 和本章的 §4 中方法具有相似性.

在不必对新的困难问题做进一步研究时, 正确的科学研究的组织具有重要意义. 如果从基本上明确了需要在某个方向上进行进一步的研究, 则通常在这个方向上集中科研力量. 如果通向预定目标更合理的途径还没有确定, 则经常采取重复研究. 几个独立的组织各自寻找解, 每个组织按照自己的途径, 有时没有经常的信息交换. 即使乍看起来信息的相互交换总是有益的, 经常的信息交换也可能阻碍有创见解的出现和进展.

存在假设 (但还没有得到公认), 在求解某个问题时脑以类似方式工作: 得到的信息以不完全确定的方式固定在其中的各个部分, 同时在对问题进行工作的每一时刻这个信息仅仅从脑的局部部分被取出.

当要求快速得到结果时, 与上述类似, 有如下求解最优化问题 (以及另一些问题) 的方法. 为求解问题轮流或者独立地应用几个已知的求解类似问题的方法. 在轮流或者独立研究这两种情况中, 算法 $A_p, p = 1, \cdots, l$ 循环工作, 算法 A_p 第 q 次工作的时间长度 t_{pq} 由使用者给出或者在工作过程中确定. 轮流使用时, 每个算法以前一个算法所得到的近似开始进行极小化. 在独立使用时, 每个算法以本算法的前一次应用结果得到的近似开始极小化. 于是, 在这个情况中算法按照 "谁更快" 的原则工作.

算法独立使用的情况类似于没有信息交换情况下各组织的并行工作. 与在一些离散时刻进行信息交换的实际科研组织类似, 可以考虑下列工作情况. 在每一个时间段 t_{pq} 的开始时刻, 算法 A_p 浏览所有算法得到的全体近似值, 并从自身情况出发选择最好的近似. 例如, 它可能浏览最后一个循环所有的近似或者在所有时间区间 t_{ij} 的末端时刻所得到的近似.

有时如下工作方式可以带来益处: 若从算法 A_s 的角度来看, 算法 A_p 得到的近似非常好, 则将工作时间给予算法 A_s.

当然, 不应该指望, 直接重复各种实际系统总能以最好的方式求解所研究的最优化问题.

下面对我们的讨论做一个一般总结. 通常高维多变量函数的最优化问题非常困难. 在求解新问题时, 按各种已知的新算法进行实验性的计算不得不耗费许多、有时甚至是徒劳的力量. 但是, 在存在一些有利因素时, 比如与实际工作者的联系和分析简化模型的可能性, 有理由相信可以尝试得到满意结果.

注意到, 为成功获得最优化问题的解, 研究者的工作必须与计算机进行交互.

我们手头没有具体问题, 所以不可能给出建议应该应用怎样的方法求解非线性方程组或者函数的最优化. 如上面所指出的一样, 很有可能碰上这样的情况发生冲突, 即方法的收敛域 (方法收敛的非零近似值的集合) 很小.

求解类似问题的经验表明, 首先值得尝试具有自然直观解释的方法, 例如稳定化方法, 或者模仿人或生物在类似情况下的行动的方法. 对于初始近似的选择, 也应该遵循自然直观的模仿这些行动的思想. 按这样的途径常常能成功快速地建立算法来解决问题.

在一次求解简单问题时有时只是应用简单迭代方法, 如牛顿法, 迭代过程的结果显示在屏幕上. 给定各种初始近似, 常常能成功快速地获得位于方法收敛域内的初始近似.

在求解微分方程边值问题近似产生的方程组或者最优化问题时, 应用该问题对应于各种网格步长的离散情况的解的近似 (以相应的范数) 是有益的. 在粗的网格上的解是更细网格上的问题的一个好的近似. 同时, 在粗的网格上的每一个迭代步长有较小的工作量, 且以同样的消耗可以从一个或多个初始近似开始进行更多步的迭代. 于是, 在这种情况下, 想到基于网格序列来求解问题, 即依次求解几个代数方程组 (方程组的阶 m_j 增加: $m_{j+1} > m_j$). 为此, 方程组的第 j 次解 $\mathbf{X}_j$ 被用作第 $j+1$ 次解的初始近似 $\mathbf{X}_{j+1}^0$.

因为一般说来向量 $\mathbf{X}_j$ 和 $\mathbf{X}_{j+1}^0$ 具有不同的维数, 为了从 $\mathbf{X}_j$ 转换到 $\mathbf{X}_{j+1}^0$ 通常使用多项式或样条函数插值. 类似的方法也应用于另一些离散问题, 这些离散问题出现在与寻找近似连续变量函数相关的问题.

在一些情况下, 比如规划, 要求多次求解同一类型的问题, 并且以实时的方式进行, 即应该以与输入数据很小的延时之后就得到问题的解. 在这种情况下, 为提高收敛性应该应用我们描述的各种各样的方法. 特别, 在许多情况下恰好可以适当使用带有指定或独立算法的并行计算机.

参考文献

1. Васильев Ф.П. Численные методы решения зкстремальных задач. — М.: Наука, 1980.
2. Васильев Ф.П. Методы решения зкстремальных задач. — М.: Наука, 1981.
3. Карманов В.Г. Математическое программирование. — М.: Наука, 1986.
4. Крылов В.И., Бобков В.В., Монастырный П.И. Начала теории вычислительных методов. Линейная алгебра и нелинейные уравнения. — Минск: Наука и техника, 1982.
5. Нестеров Ю.Е. Зффективные методы в нелинейном программировании. — М.: Радио и связь, 1989.
6. Ортега Д., Рейнболдт В. Итерационные методы решения систем уравнений со многими неизвестными. — М.: Мир, 1975.

第八章 常微分方程柯西问题的数值方法

常微分方程的求解问题比单重积分计算问题更复杂,且能以显式积分表示的问题所占比例实质上更小.

所谓以显式形式可积是指解可以借助于有限个初等运算来计算,这些基本运算有:加、减、乘、除、乘方、对数、指数、正弦和余弦等. 在计算机出现的早期,"初等"运算的概念经历了一些变化. 某些特殊问题的求解经常在应用中碰到,以至于要建立其值的表格,特别是傅里叶积分、贝塞尔函数以及其他所谓的特殊函数的表格. 出现了这些表格后,函数 $\sin x, \ln x, \cdots$ 等与特殊函数的计算不再有原则上的差别. 在各种情况下可以借助于表格来计算这些函数值,也可以通过用多项式、有理分式等逼近来计算各种函数. 于是,显式可积的问题类包含其解可以通过特殊函数来表示的这样一类问题. 但是,这个更宽广的类在需要求解的问题中也只占有相对小的比例. 随着数值方法的研究和计算机的普遍应用,实际可解的微分方程类得到了很大的扩展,从而也扩展了数学的应用范围.

当前,对于常微分方程柯西问题,人们花在借助于计算机求解的工作量并不比花在重新改写问题描述形式的工作量少. 如果需要,还可以得到解的图形或者将其显示在屏幕上. 这样做的结果使许多领域的科学工作者实际上减少了研究用特殊方法得到常微分方程显式解的兴趣.

本章致力于描述求解常微分方程柯西问题的基本方法,以及这些方法的性质和误差估计.

与其他情况一样,我们将注意力放在首先研究简单的问题,这些问题的精确解和近似解可以以显式的方式写出,这常常使得我们能成功地对方法的实际误差进行初步分析,并抛弃不合适的方法.

§1. 借助于泰勒公式求解柯西问题

一个描述上最简单的求解柯西问题的方法是利用泰勒公式.

§1. 借助于泰勒公式求解柯西问题

假设要寻找区间 $[x_0, x_0 + X]$ 上微分方程

$$y' = f(x, y) \tag{1}$$

满足初始条件 $y(x_0) = y_0$ 的解, 其中函数 $f(x, y)$ 在点 (x_0, y_0) 解析. 将 (1) 对 x 进行微分, 得到关系式

$$y'' = f_x(x, y) + f_y(x, y) y',$$
$$y''' = f_{xx}(x, y) + 2 f_{xy}(x, y) y' + f_{yy}(x, y) y'^2 + f_y(x, y) y'', \cdots$$

将 $x = x_0$ 和 $y = y_0$ 代入 (1) 和上面的关系式, 依次得到值

$$y'(x_0), \quad y''(x_0), \quad y'''(x_0), \quad \cdots.$$

于是, 可以写出近似式

$$y(x) \approx \sum_{i=0}^{n} \frac{y^{(i)}(x_0)}{i!} (x - x_0)^i. \tag{2}$$

如果值 $|x - x_0|$ 大于级数

$$\sum_{i} \frac{y^{(i)}(x_0)}{i!} (x - x_0)^i$$

的收敛半径, 则 (2) 的误差当 $n \to \infty$ 时不趋于零, 从而提出的方法不能用.

有时采取下列方式. 将区间 $[x_0, x_0 + X]$ 划分为子区间 $[x_{j-1}, x_j], j = 1, \cdots, N$. 按如下规则依次得到解 $y(x_j), j = 1, \cdots, N$ 的值的近似 y_j. 假设 y_j 已找到, 我们计算原微分方程的经过点 (x_j, y_j) 的解的导数在点 x_j 的值 $y_j^{(i)}$. 在区间 $[x_j, x_{j+1}]$ 上设

$$y(x) \approx z_j(x) = \sum_{i=0}^{n} \frac{y_j^{(i)}}{i!} (x - x_j)^i \tag{3}$$

且相应地取

$$y_{j+1} = z_j(x_{j+1}). \tag{4}$$

我们来研究 $x_{j+1} - x_j \equiv h$ 的情况. 如果值 y_j 与精确值 $y(x_j)$ 相同, 则将 y_{j+1} 换成 $z_j(x_{j+1})$ 时的误差有 $O(h^{n+1})$ 的量级. 因为我们在 $O(h^{-1})$ 个区间上引入了误差, 则可以认为, 在减小网格步长时将满足关系

$$\max_{0 \leqslant j \leqslant N} |y_j - y(x_j)| = O(h^n).$$

此类情况中的一些讨论得出存在近似解收敛于精确值这一不正确的结论, 而事实并非如此. 因此, 得到减小步长时方法收敛性的严格论证以及误差估计不仅在理论上、而且也在实际中具有重要意义.

在应用这个方法时需要计算函数 f 的值及其在 $m < n$ 时的导数 $f_{x^j y^{m-j}}$, 即计算 $n(n+1)/2$ 个不同函数的值. 这要求写出大量的计算导数的程序块, 这与要简化使用者与计算机之间的关系这一根本趋势相矛盾.

当前, 在某些计算机上有一些程序包, 它们按照给定的函数值的计算程序建立其导数值的计算程序. 于是, 在有了这些程序包以后, 上面指出的关于应用前面介绍的方法复杂性的异议就会消失.

但是, 这个方法很少应用. 通常借助这些程序包构建的程序, 在同样精度情况下要求耗费大量机时, 它比后面所研究的更简单的方法, 如龙格-库塔 (Runge-Kutta) 法和亚当斯 (Adams) 法要花费更多时间.

同时, 上面描述的方法可能是有益的. 例如, 在考虑天体运动轨迹时必须多次对一个具有完全确定类型但带有不同初始条件和不同参数值的微分方程组求积分. 同时求解一个方程组的情况具有如下优势: 方程组右边部分的导数的具体公式具有许多共性, 同时计算这些导数要求相对少的算术运算, 所研究的方法有时比其他数值积分方法更有效.

§2. 龙格-库塔法

在 $n=1$ 的特殊情况下, 公式 (1.3) 有形式
$$y_{j+1} = y_j + hf(x_j, y_j), \quad h = x_{j+1} - x_j. \tag{1}$$
这个方法叫作欧拉法. 可以建立另外类型的计算公式, 欧拉法包含在其中. 我们首先从直观思想给出这一类型中的最简单方法. 设已知值 $y(x)$ 且要求计算值 $y(x+h)$. 研究等式
$$y(x+h) = y(x) + \int_0^h y'(x+t)dt. \tag{2}$$
将右边部分的积分换成值 $hy'(x)$, 误差有 $O(h^2)$ 的量级, 即
$$y(x+h) = y(x) + hy'(x) + O(h^2).$$
根据 $y'(x) = f(x, y(x))$, 由此有
$$y(x+h) = y(x) + hf(x, y(x)) + O(h^2).$$
丢弃项 $O(h^2)$ 且记 $x = x_j, x + h = x_{j+1}$ 得到欧拉计算公式 (1). 为得到更精确的计算公式需要对 (2) 的右边积分进行更精确近似. 回顾梯形求积公式, 得到
$$y(x+h) = y(x) + \frac{h}{2}(y'(x) + y'(x+h)) + O(h^3),$$
换句话说
$$y(x+h) = y(x) + \frac{h}{2}(f(x, y(x)) + f(x+h, y(x+h))) + O(h^3). \tag{3}$$
相应的计算公式
$$y_{j+1} = y_j + \frac{h}{2}(f(x_j, y_j) + f(x_{j+1}, y_{j+1})) + O(h^3) \tag{4}$$
叫作二阶精度的隐式亚当斯公式. 特别, 在某些情况下, 当 f 关于 y 为线性时, 这个方程相对于 y_{j+1} 可解. 这个方程通常不能显式地求解 y_{j+1}, 因此引入算法的进一步的变换.

将 (3) 中右边的 $y(x+h)$ 换成某个值
$$y^* = y(x+h) + O(h^2). \tag{5}$$
那么, 右边部分变为
$$\frac{h}{2}(f(x+h, y^*) - f(x+h, y(x+h))) = \frac{h}{2}f_y(x+h, \overline{y})(y^* - y(x+h)),$$
其中 $\overline{y}$ 位于 y^* 与 $y(x+h)$ 之间. 由假定 (5), 则这个值具有量级 $O(h^3)$. 于是, 在条件 (5) 之下有关系式
$$y(x+h) = y(x) + \frac{h}{2}(f(x, y(x)) + f(x+h, y^*)) + O(h^3).$$

按欧拉公式计算的结果可以满足条件 (5)
$$y^* = y(x) + hf(x, y(x)).$$
最后几个关系式定义了计算公式
$$\begin{aligned} y_{j+1}^* &= y_j + hf(x_j, y_j), \\ y_{j+1} &= y_j + \frac{h}{2}(f(x_j, y_j) + f(x_{j+1}, y_{j+1}^*)). \end{aligned} \quad (6)$$

当 h 很小的时候, (4) 的右边表达式满足压缩条件 (参看 §7.1), 因此方程 (4) 也可用简单迭代方法求解:
$$y_{j+1}^{k+1} = y_j + \frac{h}{2}(f(x_j, y_j) + f(x_{j+1}, y_{j+1}^k)).$$
如果 y_{j+1}^0 由欧拉法计算:
$$y_{j+1}^0 = y_j + hf(x_j, y_j),$$
则第一步迭代得到的 y_{j+1}^1 与由公式 (6) 得到的 y_{j+1} 相同. 进一步的迭代不会提高按 h 的精度阶. 同时, 有时当 y_{j+1}^1 变成 y_{j+1}^2 时误差主项会减小. 如果这样的误差减小能补偿计算消耗的增加, 则它是合适的.

可以提出理论上理由充分的判据, 使得当 h 小的时候每次选出最合理的迭代次数. 但是, 应用它要求相当大量的附加计算. 因此, 选择 1 或 2 次迭代通常基于预先进行的计算实验或进行简单的 "强制性" 选择.

我们来建立另一对公式, 其每一步的误差有同样的量级. (2) 的右边部分积分换成如下矩形公式
$$y(x+h) = y(x) + hy'\left(x + \frac{h}{2}\right) + O(h^3),$$
或者等价地表示为
$$y(x+h) = y(x) + hf\left(x + \frac{h}{2}, y\left(x + \frac{h}{2}\right)\right) + O(h^3).$$
如果
$$y^* = y\left(x + \frac{h}{2}\right) + O(h^2),$$
则与前面的情况一样有
$$y(x+h) = y(x) + hf\left(x + \frac{h}{2}, y^*\right) + O(h^3).$$
y^* 可以取带有步长 $\frac{h}{2}$ 的欧拉公式计算的结果: $y^* = y(x) + \frac{h}{2}f(x, y(x))$. 相应于这个关系有计算公式:
$$\begin{aligned} y_{j+1/2} &= y_j + \frac{h}{2}f(x_j, y_j), \\ y_{j+1} &= y_j + hf\left(x_j + \frac{h}{2}, y_{j+1/2}\right). \end{aligned} \quad (7)$$

得到的方法属于具有如下形式的龙格-库塔方法族. 在计算过程中固定某些数
$$\alpha_2, \cdots, \alpha_q, \quad p_1, \cdots, p_q, \quad \beta_{ij}, \quad 0 < j < i \leqslant q,$$

依次得到
$$k_1(h) = hf(x,y),$$
$$k_2(h) = hf(x+\alpha_2 h, y+\beta_{21}k_1(h)),$$
$$\cdots\cdots\cdots\cdots$$
$$k_q(h) = hf(x+\alpha_q h, y+\beta_{q,1}k_1(h)+\cdots+\beta_{q,q-1}k_{q-1}(h))$$

且让
$$y(x+h) \approx z(h) = y(x) + \sum_{i=1}^{q} p_i k_i(h).$$

我们来研究关于参数 $\alpha_i, p_i, \beta_{ij}$ 的选择问题. 记 $\varphi(h) = y(x+h) - z(h)$. 如果 $f(x,y)$ 为其自变量充分光滑的函数, 则 $k_1(h), \cdots, k_q(h)$ 和 $\varphi(h)$ 为参数 h 的光滑函数. 假定 $f(x,y)$ 足够光滑且使得导数 $\varphi'(h), \cdots, \varphi^{(s+1)}(h)$ 存在, 而参数 $\alpha_i, p_i, \beta_{ij}$ 的选择使得 $\varphi'(0) = \cdots = \varphi^{(s)}(0) = 0$. 此外, 假定存在某个光滑函数 $f_0(x,y)$ 使得相应的值 $\varphi^{(s+1)}(0) \neq 0$. 由泰勒公式成立等式

$$\varphi(h) = \sum_{i=0}^{s} \frac{\varphi^{(i)}(0)}{i!} h^i + \frac{\varphi^{(s+1)}(\theta h)}{(s+1)} h^{s+1} = \frac{\varphi^{(s+1)}(\theta h)}{(s+1)!} h^{s+1}, \tag{8}$$

其中 $0 < \theta < 1$. 值 $\varphi(h)$ 叫作每步的方法误差, 而 s 为方法误差的阶. 当 $q=1$ 时有
$$\varphi(h) = y(x+h) - y(x) - p_1 h f(x,y), \quad \varphi(0) = 0,$$
$$\varphi'(0) = (y'(x+h) - p_1 f(x,y))|_{h=0} = f(x,y)(1-p_1),$$
$$\varphi''(h) = y''(x+h),$$

此处及以后记 $y = y(x)$. 等式 $\varphi'(0) = 0$ 对于所有光滑函数 $f(x,y)$ 仅仅当 $p_1 = 1$ 时满足. 欧拉法相应于这个值 p_1. 由 (8), 对于这个方法的每步误差得到
$$\varphi(h) = \frac{y''(x+\theta h)h^2}{2}.$$

研究 $q=2$ 的情况. 我们有
$$\varphi(h) = y(x+h) - y(x) - p_1 h f(x,y) - p_2 h f(\overline{x}, \overline{y}),$$
其中 $\overline{x} = x + \alpha_2 h, \overline{y} = \beta_{21} h f(x,y)$.

计算函数 $\varphi(h)$ 的导数:
$$\varphi'(h) = y'(x+h) - p_1 f(x,y) - p_2 f(\overline{x}, \overline{y}) - p_2 h(\alpha_2 f_x(\overline{x}, \overline{y}) + \beta_{21} f_y(\overline{x}, \overline{y}) f(x,y)),$$
$$\varphi''(h) = y''(x+h) - 2p_2(\alpha_2 f_x(\overline{x}, \overline{y}) + \beta_{21} f_y(\overline{x}, \overline{y}) f(x,y))$$
$$\quad - p_2 h(\alpha_2^2 f_{xx}(\overline{x}, \overline{y}) + 2\alpha_2 \beta_{21} f_{xy}(\overline{x}, \overline{y}) f(x,y) + \beta_{21}^2 f_{yy}(\overline{x}, \overline{y})(f(x,y))^2),$$
$$\varphi'''(h) = y'''(x+h) - 3p_2(\alpha_2^2 f_{xx}(\overline{x}, \overline{y})$$
$$\quad + 2\alpha_2 \beta_{21} f_{xy}(\overline{x}, \overline{y}) f(x,y) + \beta_{21}^2 f_{yy}(\overline{x}, \overline{y})(f(x,y))^2) + O(h).$$

由原始微分方程, 有
$$y' = f, \quad y'' = f_x + f_y f, \quad y''' = f_{xx} + 2f_{xy}f + f_{yy}f^2 + f_y y''.$$

将 $h=0$ 代入表达式 $\varphi(h), \varphi'(h), \varphi''(h), \varphi'''(h)$ 且应用最后这些关系式得到

$$\varphi(0) = y - y = 0$$
$$\varphi'(0) = (1 - p_1 - p_2)f(x, y),$$
$$\varphi''(0) = (1 - 2p_2\alpha_2)f_x(x, y) + (1 - 2p_2\beta_{21})f_y(x, y)f(x, y), \quad (9)$$
$$\varphi'''(0) = (1 - 3p_2\alpha_2^2)f_{xx}(x, y) + (2 - 6p_2\beta_{21})f_{xy}(x, y)f(x, y)$$
$$+ (1 - 3p_2\beta_{21}^2)f_{yy}(x, y)(f(x, y))^2 + f_y(x, y)y''(x).$$

如果

$$1 - p_1 - p_2 = 0, \quad (10)$$

则关系 $\varphi'(0) = 0$ 对所有 $f(x, y)$ 满足. 如果

$$1 - 2p_2\alpha_2 = 0, \quad 1 - 2p_2\beta_{21} = 0, \quad (11)$$

则 $\varphi''(0) = 0$ 对所有 $f(x, y)$ 满足. 于是, 如果满足上面指出的关于四个参数的三个关系式 (10), (11), 则对所有 $f(x, y)$ 有 $\varphi(0) = \varphi'(0) = \varphi''(0) = 0$. 任意给定其中一个参数, 我们得到误差具有 h 的二阶小量的各种龙格–库塔方法. 例如, $p_1 = 1/2$ 时得到 $p_2 = 1/2, \alpha_2 = 1, \beta_{21} = 1$, 这相应于计算公式 (6). 当 $p_1 = 0$ 时得到 $p_2 = 1, \alpha_2 = 1/2$, $\beta_{21} = 1/2$, 这相应于计算公式 (7). 在方程 $y' = y$ 的情况, 由 (9) 有 $\varphi'''(0) = y$, 与值 $p_1, p_2, \alpha_2, \beta_{21}$ 无关. 由此推出不能建立带有值 $q = 2, s = 3$ 的龙格–库塔公式.

在 $q = 3$ 的情况下相应于值 $s = 4$ 的计算公式不存在. 当 $q = s = 3$ 时得到一组最常用的计算公式

$$k_1 = hf(x, y), \quad k_2 = hf\left(x + \frac{h}{2}, y + \frac{k_1}{2}\right),$$
$$k_3 = hf(x + h, y - k_1 + 2k_2), \quad \Delta y = \frac{1}{6}(k_1 + 4k_2 + k_3).$$

当 $q = 4, 5$ 时不能建立带有 $s = 5$ 的所研究类型的计算公式. 当 $q = s = 4$ 时得到一组最常用的计算公式

$$k_1 = hf(x, y), \quad k_2 = hf\left(x + \frac{h}{2}, y + \frac{k_1}{2}\right), \quad k_3 = hf\left(x + \frac{h}{2}, y + \frac{k_2}{2}\right),$$
$$k_4 = hf(x + h, y + k_3), \quad \Delta y = \frac{1}{6}(k_1 + 2k_2 + 2k_3 + k_4).$$

上面我们使用了 "最常用的" 这样的表述. 它反映了历史上在应用数值方法时形成的趋势. 确实, 在数值方法的教科书中不是简单反映趋势, 而要指出在一组计算公式中哪一个是最好的. 但是, 回答这个问题并不简单.

在关于 h 的同一精度量级的公式中, 每步的误差主项不成比例. 例如, 由 (8) 和 (9), 公式 (6) 的误差主项等于

$$(B - A)h^3,$$

其中

$$B = \frac{1}{6}f_y y'', \quad A = \frac{1}{12}(f_{xx} + 2f_{xy}y' + f_{yy}(y')^2),$$

而公式 (7) 的误差主项为

$$(B + A/2)h^3.$$

因此, 可以这样评述这两个方程, 对于第一个方程方法 (6) 给出较小的误差, 而对于第二个方程方法 (7) 给出较小的误差.

在同样情况下使用哪个方法更有利的建议应该建立在主观判断的基础上, 其中考虑了方法应用的惯例和实际情况. 计算的概念实际上是相当不明确的. 各种实际遇到的微分方程的数量大大超过了用来比较数值方法问题的数量, 因此, "从实践的角度" 来判断不总是客观的. 但是, 尽管有这样的不确定性, 实践的判断常常带来一定的正面信息, 它在当前的科学发展阶段不可能系统化或理论化.

如果历史上所研究类型中的第一个方法被接受, 则随后使用者就习惯于它. 将它替换为其他甚至更有效的方法要花费一定的时间让使用者 "习惯" 于新的方法 (于是, 也要有一定的心理上的代价). 为使广大的使用者赞同这样的转换, 必须指出新方法按照某种指标的本质上的优越性.

进一步研究时, 每步的方法误差 $\varphi(h)$ 具有主项, 即有如下表达式

$$\varphi(h) = \psi(x,y)h^{s+1} + O(h^{s+2}). \tag{12}$$

我们来给出证明这个关系的基本步骤. 假定右边部分及其所有直到 $s+1$ 阶的导数在区域 $G: x_0 \leqslant x \leqslant x_0 + X, -\infty < y < \infty$ 上一致有界. 那么, 方程所有的解直到 $s+2$ 阶导数也一致有界. 由泰勒公式, 关系式 (8) 可以写成精确形式

$$\varphi(h) = \frac{\varphi^{(s+1)}(0)}{(s+1)!}h^{s+1} + \frac{\varphi^{(s+2)}(\theta h)}{(s+2)!}h^{s+2}.$$

我们有等式

$$\varphi^{(s+1)}(0) = y^{(s+1)}(0) - z^{(s+1)}(0).$$

两个值 $y^{(s+1)}(0)$ 和 $z^{(s+1)}(0)$ 显然可以通过在函数 f 及其不超过 s 阶的导数在点 (x,y) 的值来表示. 我们已得到这样的显式表示的例子 ($s=2$ 的情况).

因为右边 $s+1$ 次可微, 则由此推出函数 $\psi(x,y)$ 在区域 G 中可微且其导数 ψ_x 和 ψ_y 在这个区域中一致有界. 类似地, 值 $\varphi^{(s+2)}(\theta h)$ 当 $x_0 \leqslant x < x+h \leqslant x_0 + X$ 时一致有界. 于是, 有关系式 (12).

§3. 带有单步误差控制的方法

在计算过程中常常适当改变积分步长, 以控制每步的方法误差值. 例如, 可以用下面方法估计这个实际误差. 每步的误差主项是

$$\frac{\varphi^{(s+1)}(0)h^{s+1}}{(s+1)!}.$$

点 $(x+h, z(h))$ 位于点 (x,y) 附近, 因此下一步积分的误差将有同样的主项. 这两步的结果将得到值 $y(x+2h)$ 的近似 $y^{(1)}$, 且使得

$$y^{(1)} - y(x+2h) \sim 2\frac{\varphi^{(s+1)}(0)h^{s+1}}{(s+1)!}.$$

如果从点 (x,y) 开始将龙格-库塔法的步长换成 $2h$, 则得到近似值 $y^{(2)}$, 且使得
$$y^{(2)} - y(x+2h) \sim \frac{\varphi^{(s+1)}(0)(2h)^{s+1}}{(s+1)!}.$$
从这些关系式推出每步的误差主项表示为
$$y^{(1)} - y(x+2h) \sim \frac{y^{(2)} - y^{(1)}}{2^s - 1}.$$
必要时在近似值上加上误差主项值, 即
$$y(x+2h) \approx y^{(1)} + \frac{y^{(1)} - y^{(2)}}{2^s - 1}, \tag{1}$$
可以期望得到更精确的近似值.

为更灵活控制积分步长的选择, 有时候期望可以在少量计算右边部分函数值时就能完成步长选择和估计误差.

在对右边部分做较少变换情况下, 下列公式可以作为带有同样精度特性的例子
$$\begin{aligned}
&k_1 = hf(x,y), \quad k_2 = hf\left(x+\frac{h}{2}, y+\frac{k_1}{2}\right), \\
&k_3 = hf\left(x+\frac{h}{2}, y+\frac{1}{4}(k_1+k_2)\right), \quad k_4 = hf(x+h, y-k_2+2k_3), \\
&k_5 = hf\left(x+\frac{2h}{3}, y+\frac{1}{27}(7k_1+10k_2+k_4)\right), \\
&k_6 = hf\left(x+\frac{h}{5}, y+\frac{1}{625}(28k_1-125k_2+546k_3+54k_4-378k_5)\right), \\
&\Delta y = \frac{1}{6}(k_1+4k_3+k_4),
\end{aligned} \tag{2}$$
其主项误差为
$$\begin{aligned}
&y(x+h) - z(h) = r + O(h^6), \\
&r = -\frac{1}{336}(42k_1 + 224k_3 + 21k_4 - 162k_5 - 125k_6).
\end{aligned}$$
如果设 $y(x_0+h) \approx z(h) + r$, 则得到所研究类型中 $s=5$ 的方法, 且相应的每步误差量级为 $O(h^6)$.

在一个广泛使用的标准程序中, 对积分步长的控制按照近似于 §3.17 中的水平程序的方法来实现. 给定每步误差度量 ε_0 和 $\varepsilon_1 < \varepsilon_0$, 以及与 y 同量级的某个参数 $M > 0$. 通常 $\varepsilon_1/\varepsilon_0 \geqslant 2^{-l}$, 其中 l 为值 r 对于 h 的量级. 常常取 $\varepsilon_1/\varepsilon_0 = 2^{-l}$. 如果 $\psi_n(h) = |r|/\max\{M, |y_n|\} > \varepsilon_0$, 则步长太大, 值 (x_n, y_n) 开始以更小的步长 $h/2$ 进行积分. 如果 $\psi_n(h) \leqslant \varepsilon_0$, 则得到的精度实际是满意的. 在 $\varepsilon_1 \leqslant \psi_n(h) \leqslant \varepsilon_0$ 的情况下, 下一个步长选为 h, 而在 $\psi_n(h) < \varepsilon_1$ 的情况下则选 $2h$. 这个相对简单的改变积分步长的方法与定步长相比在解决问题时常可以耗费较少的计算机时间.

§4. 单步法的误差估计

我们来研究所有可能的积分方法的集合, 在这些方法中可依次得到值 $y(x_j)$ 的近似 y_j, 其中 $x_0 < x_1 < \cdots < x_N = x_0 + X$. 设在数值积分过程中 k 固定且在 $j \geqslant k$ 时值

y_j 定义为某个泛函的值
$$y_j = \Phi(f; x_j, \cdots, x_{j-k}; y_{j-1}, \cdots, y_{j-k}). \tag{1}$$
这个数值积分方法叫作 k-步法. 上面所建立的所有方法具有如下一般性质: 下一个点解的近似值仅仅与前一个点的解的值相关, 于是相应于这个方法的计算公式表示成带有 $k=1$ 的公式 (1) 的形式. 这个方法叫作一步法.

我们来研究误差估计的特殊方法, 它仅能应用于一步法.

将公式 (1) 写成
$$y_{j+1} = \Phi(f, x_j, x_{j+1} - x_j, y_j). \tag{2}$$
与实际计算过程中得到的值 $y(x_j)$ 的近似相联系的不是式 (2), 而是某个如下关系式
$$y_{j+1} = \Phi(f, x_j, x_{j+1} - x_j, y_j) + \delta_{j+1}. \tag{3}$$
项 δ_{j+1} 出现的原因如下:

1) 计算时的舍入;

2) 右边函数值 $f(x, y)$ 的误差; 这个误差是由于我们所研究的函数 $f(x, y)$ 是实际微分方程右边部分的某个近似; 此外, 在用计算机计算函数值 $f(x, y)$ 的过程中, 这个函数由另外的函数来近似, 从而带来另外的误差;

3) 在某些情况下, 值 y_{j+1} 由等价于 (1) 但不能显式解出变量 y_{j+1} 的方程来确定; 那么, 值 δ_{j+1} 包含这个方程近似解产生的误差.

虽然误差 δ_{j+1} 不仅仅由舍入产生, 但它常常称为每步的计算误差.

同样地, 由于在定义原始数据和数值舍入时存在误差, 初始条件 y_0 不同于要寻找的解的值 $y(x_0)$. 设 $y(x)$ 为要寻找的微分方程的解, 而 $y_j(x)$ 为满足条件 $y_j(x_j) = y_j$ 的解 (参见图 8.4.1).

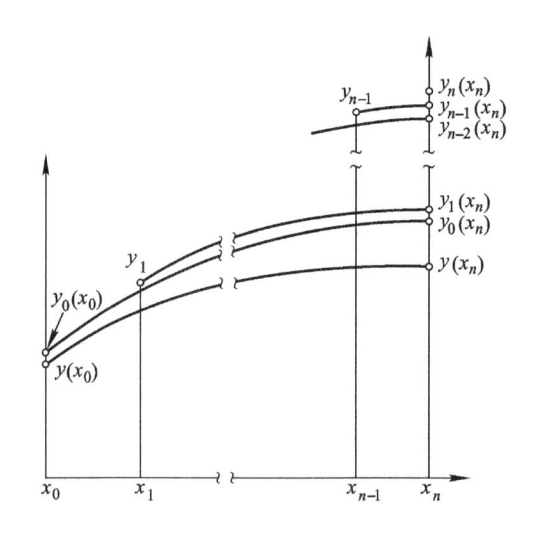

图 8.4.1

误差 $R_n = y_n(x_n) - y(x_n)$ 可以表示成
$$R_n = y_n(x_n) - y_0(x_n) + y_0(x_n) - y(x_n)$$
$$= \sum_{j=1}^{n} (y_j(x_n) - y_{j-1}(x_n)) + (y_0(x_n) - y(x_n)). \quad (4)$$
微分方程的解在一个点的差可以通过它在另一个点的差按照下列途径表示.

引理 设 $Y_1(x)$ 和 $Y_2(x)$ 为微分方程 $y' = f(x,y)$ 的解,其中函数 $f(x,y)$ 连续且关于变量 y 连续可微. 则有
$$Y_2(\beta) - Y_1(\beta) = (Y_2(\alpha) - Y_1(\alpha)) \exp \left\{ \int_{\alpha}^{\beta} f_y(x, \tilde{y}(x)) dx \right\},$$
其中 $\tilde{y}(x)$ 位于 $Y_1(x)$ 和 $Y_2(x)$ 之间.

证明 两个等式相减
$$Y_2' = f(x, Y_2), \quad Y_1' = f(x, Y_1).$$
由拉格朗日公式,差 $f(x, Y_2) - f(x, Y_1)$ 可以表示成 $f_y(x, \tilde{y})(Y_2 - Y_1)$,其中 $\tilde{y}$ 位于 Y_1 和 Y_2 之间. 结果得到关于 $Y_2 - Y_1$ 的线性微分方程:
$$(Y_2 - Y_1)' = f_y(x, \tilde{y})(Y_2 - Y_1). \quad (5)$$
函数
$$f_y(x, \tilde{y}(x)) = \frac{f(x, Y_2(x)) - f(x, Y_1(x))}{Y_2(x) - Y_1(x)}$$
连续,因为其分子分母为连续函数,且分母不为零. 从 (5) 推出引理结论.

设 $\alpha = x_j, \beta = x_n, Y_1(x) = y_{j-1}(x), Y_2(x) = y_j(x)$,则由引理得
$$y_j(x_n) - y_{j-1}(x_n) = (y_j(x_j) - y_{j-1}(x_j)) \exp \left\{ \int_{x_j}^{x_n} f_y(x, \tilde{y}_j(x)) dx \right\},$$
其中 $\tilde{y}_j(x)$ 位于 $y_{j-1}(x)$ 和 $y_j(x)$ 之间.

同样地有
$$y_0(x_n) - y(x_n) = (y_0(x_0) - y(x_0)) \exp \left\{ \int_{x_0}^{x_n} f_y(x, \tilde{y}_0(x)) dx \right\}.$$
现在等式 (4) 可以写成
$$R_n = \sum_{j=1}^{n} \omega_j \exp \left\{ \int_{x_j}^{x_n} f_y(x, \tilde{y}_j(x)) dx \right\} + R_0 \exp \left\{ \int_{x_0}^{x_n} f_y(x, \tilde{y}_0(x)) dx \right\}, \quad (6)$$
其中 $\omega_j = y_j(x_j) - y_{j-1}(x_j), j = 1, \cdots$.

从 (3) 推出关系式
$$\omega_j = y_j(x_j) - y_{j-1}(x_j) = \rho_j + \delta_j,$$
其中
$$\rho_j = \Phi(f, x_{j-1}, x_j - x_{j-1}, y_{j-1}) - y_{j-1}(x_j).$$
我们来看看 ρ_j 具有怎样的含义. $\Phi(f, x_{j-1}, x_j - x_{j-1}, y_{j-1})$ 是按公式 (2) 计算得到的值,$y_{j-1}(x_j)$ 为满足条件 $y_{j-1}(x_{j-1}) = y_{j-1}$ 的微分方程的精确解在点 x_j 的值. 于是,

如果计算从点 (x_{j-1}, y_{j-1}) 开始且没有进行舍入, 而步长为 $x_j - x_{j-1}$, 则 ρ_j 是所研究方法的一步误差. 值 ρ_j 叫作每步的方法误差.

假定对所有的 j, 相应于所研究的积分区间 $x_0 < x_j \leqslant x_0 + X$, 成立不等式
$$|\rho_j| \leqslant C_1(x_j - x_{j-1})^{s+1}. \tag{7}$$

设
$$L = \sup_{x_0 \leqslant x \leqslant x_0 + X} |f_y| < \infty.$$

记
$$H = \max_{0 < j \leqslant N}(x_j - x_{j-1}).$$

放宽 (7) 式有
$$|\rho_j| \leqslant C_1 H^s (x_j - x_{j-1}). \tag{8}$$

当 $x_0 \leqslant x_j \leqslant x_n \leqslant x_0 + X$ 时下列不等式正确
$$\exp\left\{\int_{x_j}^{x_n} f_y(x, \tilde{y}_j(x)) dx\right\} \leqslant \exp\{L(x_n - x_j)\} \leqslant \exp\{LX\}.$$

应用这些不等式估计 (6) 的右边得到
$$|R_n| \leqslant \exp\{LX\} \left(\sum_{j=1}^n (|\rho_j| + |\delta_j|) + |R_0|\right).$$

现在将 (8) 应用到上面最后一个不等式得到
$$\begin{aligned}
|R_n| &\leqslant \exp\{LX\} \left(\sum_{j=1}^n (C_1 H^s(x_j - x_{j-1}) + |\delta_j|) + |R_0|\right) \\
&\leqslant \exp\{LX\}(C_1 H^s(x_n - x_0) + n\delta + |R_0|) \\
&\leqslant \exp\{LX\}(C_1 X H^s + N\delta + |R_0|),
\end{aligned} \tag{9}$$

这里 $\delta = \max_j |\delta_j|$. 从这个关系式推出如果同时有 $N\delta \to 0$, $|R_0| \to 0$, 则当 $H \to 0$ 时有 $\max_{x_0 < x_n \leqslant x_0 + X} |R_n| \to 0$. 于是, 在充分小的积分步长和小的计算误差情况下, 由龙格-库塔法得到的近似解近似于精确解.

微分方程的解常在大区间上寻找. 那么在误差估计中有一个非常大的因子 $\exp\{LX\}$. 当 LX 很大时可能出现为达到需要的精度要求如此小的步长和如此小的每步计算误差值, 以至于所使用的方法不合适. 因此, 如果方法仅仅靠细分步长和计算误差足够快地减少使得近似解是否收敛于精确解否则不收敛, 则方法是有缺点的.

如果 $f_y(x, y) \leqslant -b < 0$, 则在估计式 (9) 中可以去掉随着 X 的增加而很少增长的因子. 我们来研究常值步长 $x_j - x_{j-1} = h$ 的情况. 那么
$$\exp\left\{\int_{x_j}^{x_n} f_y(x, \tilde{y}(x)) dx\right\} \leqslant \exp\{-b(x_n - x_j)\} \leqslant \exp\{-b(n-j)h\}.$$

设 $|\omega_j| \leqslant C_1 h^{s+1} + \delta$. 估计 (6) 的右边部分得到
$$|R_n| \leqslant \sum_{j=1}^n (C_1 h^{s+1} + \delta) \exp\{-b(n-j)h\} + |R_0| \exp\{-bnh\}. \tag{10}$$

我们有
$$\sum_{j=1}^{n} \exp\{-b(n-j)h\} \leqslant \sum_{k=0}^{\infty} \exp\{-bkh\} = \frac{1}{1-\exp\{-bh\}}.$$
于是, 得到最后的误差估计
$$|R_n| \leqslant \frac{C_1 h^{s+1} + \delta}{1 - \exp\{-bh\}} + |R_0| \exp\{-bnh\}. \tag{11}$$
因为 $1 - \exp\{-bh\} \sim |b|h$, 则更简单的估计形式为
$$|R_n| \leqslant C_2(h^s + \delta/h) + |R_0| \exp\{-bnh\}. \tag{12}$$
这个估计形式上与积分区间长度 X 无关, 但是积分区间长度可以通过导数的估计隐含地影响系数 C_2 的值.

估计式 (11) 随着积分区间的增大不会变坏, 它的出现使得我们能使用诸如稳定化方法来寻找微分方程的稳定解. 从带有任意初始数据开始进行数值积分, 随着时间推进趋近于稳定的解. 这个方法经常被用来寻找常微分方程组的稳定的极限环.

由于有估计 (12), 且由于对解具有快速收敛性的常微分方程柯西问题, 可能得到数值解的解析估计, 所以一步方法在计算实践中获得了广泛的应用. 同时, 在类似情况下误差无限增长的方法实际上不再应用. 注意到当 $f_y \geqslant b > 0$ 时由于引理的结论, 解以指数速度发散. 因此, 任意方法的误差应该随着 $x_n \to \infty$ 无限增长.

一步方法的另一个优点是积分步长改变的方便性和在所有点的计算类型相同 (亚当斯方法与它相比较, 积分步长的改变和计算开始是借助于某些专门的公式进行, 这些公式由于很烦琐在此不予研究).

§5. 有限差分方法

如下关系式给出具有定常步长 $x_j - x_{j-1} \equiv h = \text{const}$ 的 k-步方法中最广泛应用的方法:
$$\sum_{i=0}^{k} a_{-i} y_{n-i} - h \sum_{i=0}^{k} F_i(h, x_{n-i}, y_{n-i}) = 0, \tag{1}$$
其中 a_i 为常数, F_i 为某个由 $f(x,y)$ 定义的函数. 这些方法中本身包含传统上应用最广泛的方法
$$\sum_{i=0}^{k} a_{-i} y_{n-i} - h \sum_{i=0}^{k} b_{-i} f_i(x_{n-i}, y_{n-i}) = 0, \tag{2}$$
通常称之为有限差分方法或者有限差分格式.

在计算实践中应用公式 (1), (2) 时, 若参数 $a_0 \neq 0$, $b_0 = 0$, 则公式是显式的或者外推的, 若参数 $a_0 \neq 0$, $b_0 \neq 0$, 则公式是隐式的, 或者插值的.

当 $a_0 = 0$, $b_0 \neq 0$ 时公式 (1), (2) 叫作向前公式. 由于计算实践中应用的复杂性这一方法应用不广泛, 我们在此不做研究. 然而它们在理论研究中应该得到重视, 因为它拓

宽了使用有限差分方法的类型. 今后假定 $a_0 \neq 0$. 当 $b_0 \neq 0$ 时方程 (2) 可以写成
$$y_n = \varphi_n(y_n), \quad \varphi_n(y_n) = A_n + h\frac{b_0}{a_0}f(x_n, y_n).$$
这里
$$A_n = a_0^{-1}\left(-\sum_{i=1}^{k}a_{-i}y_{n-i} + h\sum_{i=1}^{k}b_{-i}f(x_{n-i}, y_{n-i})\right)$$
与 y_n 无关. 用简单迭代法求解这个方程:
$$y_n^{k+1} = \varphi_n(y_n^k).$$
因为 $\varphi'_n(y) = h\dfrac{b_0}{a_0}f_y(x_n, y)$, 则对充分小的 h 映射 $\varphi_n(y)$ 满足压缩性条件, 因此迭代过程收敛. 初始近似 y_n^0 由任意显式公式确定:
$$\sum_{i=0}^{l}a_{-i}^1 y_{n-i} - h\sum_{i=0}^{l}b_{-i}^1 f(x_{n-i}, y_{n-i}) = 0, \quad a_0^1 \neq 0.$$
每步迭代次数由迭代工作量和迭代过程所得近似的精度之间的合理关系来决定, 就如同公式 (2.4) 一样, 那个公式是 (2) 的特殊情况.

形如 (2) 的最简单方法从求积公式得到. 整个求积公式
$$\int_{-ph}^{0} f(x)dx = h\sum_{i=0}^{m}b_{-i}f(-ih) + r, \quad m \geqslant 0 \tag{3}$$
导出相应的常微分方程数值积分公式, 其中 r 为余项. 事实上, 将关系式 $f(x) = y'(x_n + x)$ 代入 (3) 有
$$\int_{-ph}^{0} f(x)dx = y(x_n) - y(x_{n-p}) = h\sum_{i=0}^{m}b_{-i}y'(x_{n-i}) + r.$$
将 $y'(x)$ 换成 $f(x, y(x))$ 且丢弃 r 得到
$$y(x_n) - y(x_{n-p}) \approx h\sum_{i=0}^{m}b_{-i}f(x_{n-i}, y(x_{n-i})). \tag{4}$$
相应的有限差分方法写成如下形式:
$$y_n - y_{n-p} - h\sum_{i=0}^{m}b_{-i}f(x_{n-i}, y_{n-i}) = 0.$$
例如, 梯形公式
$$\int_{-h}^{0} f(x)dx \approx \frac{h}{2}\left(f(0) + f(-h)\right)$$
相应于插值公式
$$y_n - y_{n-1} = \frac{h}{2}(f_n + f_{n-1}); \tag{5}$$
辛普森公式
$$\int_{-2h}^{0} f(x)dx \approx \frac{h}{3}\left(f(0) + 4f(-h) + f(-2h)\right)$$
相应于插值公式
$$y_n - y_{n-2} = \frac{h}{3}(f_n + 4f_{n-1} + f_{n-2}),$$

其中 $f_m = f(x_m, y_m)$. 如下形式的矩形求积公式
$$\int_{-2h}^{0} f(x)dx \approx 2hf(-h),$$
则相应于外推公式
$$y_n - y_{n-2} = 2hf_{n-1}. \tag{6}$$

如果求积公式 (3) 的余项通过 $D(q)\max|f^{(q)}(x)|h^{q+1}$ 来估计, 则等式 (4) 的误差将由 $D(q)\max|y^{(q+1)}(x)|h^{q+1}$ 来估计.

当前, 在有限差分方法中应用于实际的只有 $p=1$ 时的方法, 称之为亚当斯方法.

由于下列原因, 形如 (2) 的另一个已知方法没有经受住实践的考验:

1) 右边函数 $f(x,y)$ 即使无限可微时, 步长减小也不一定有收敛性 (在假定没有计算误差时);

2) 在存在收敛性时, 在前节研究的 $f_y \leqslant -b < 0$ 的情况中误差 (随着 X 的增大) 出现指数增长;

3) 对于某些方法, 当 $p>1$ 时, 改变步长会出现另外的不便 (同情况 $p=1$ 比较).

显式亚当斯公式通常写成如下形式
$$y_n - y_{n-1} = h\sum_{i=0}^{m}\gamma_i\nabla^i f_{n-1},$$
而隐式亚当斯公式写成
$$y_n - y_{n-1} = h\sum_{i=0}^{m}\overline{\gamma}_i\nabla^i f_n,$$
其中, 同 §2.10 中一样,
$$\nabla^i f_n = \sum_{j=0}^{i}(-1)^j C_i^j f_{n-j}.$$

系数 $\gamma_i, \overline{\gamma}_i$ 由如下公式计算
$$\gamma_i = \int_0^1 \prod_{k=1}^{i}\left(1 - \frac{u}{k}\right)du,$$
$$\overline{\gamma}_0 = 1, \quad \overline{\gamma}_i = \gamma_i - \gamma_{i-1} = -\int_0^1 \frac{u}{i}\prod_{k=1}^{i-1}\left(1 - \frac{u}{k}\right)du, \quad i > 0.$$

习题 1 证明, 当 $i \to \infty$ 时
$$\gamma_i \sim \frac{\text{const}}{\ln i}, \quad \overline{\gamma}_i \sim \frac{\text{const}}{i\ln i}.$$

通常亚当斯方法按如下方法使用. 首先按亚当斯显式公式计算零次近似, 然后基于隐式公式完成 1—2 次迭代 (以同样的值 m).

§6. 待定系数法

为建立数值积分公式也可以应用待定系数法. 用某种表达式代替导数 $y'(x_n)$ 和函数值 $f(x_n, y(x_n))$:

$$y'(x_n) \approx \sum_{i=0}^{k} \frac{a_{-i} y(x_{n-i})}{h}, \tag{1}$$

$$f(x_n, y(x_n)) \approx \sum_{i=0}^{k} b_{-i} f(x_{n-i}, y(x_{n-i})) \tag{2}$$

(假定 a_{-i} 和 b_{-i} 与 h 无关). 由此得到近似等式

$$\sum_{i=0}^{k} \frac{a_{-i} y(x_{n-i})}{h} \approx \sum_{i=0}^{k} b_{-i} f(x_{n-i}, y(x_{n-i})). \tag{3}$$

相应于它的有限差分方法为

$$\sum_{i=0}^{k} \frac{a_{-i} y_{n-i}}{h} - \sum_{i=0}^{k} b_{-i} f_{n-i} = 0. \tag{4}$$

值

$$r_n = \sum_{i=0}^{k} \frac{a_{-i} y(x_{n-i})}{h} - \sum_{i=0}^{k} b_{-i} f(x_{n-i}, y(x_{n-i}))$$

叫作原始微分方程的方法 (4) 的逼近误差.

定义 如果满足条件: 当 $h \to 0$ 时

$$\|r\| = \max_{x_0 \leqslant x_n \leqslant x_0 + X} |r_n| \to 0,$$

则称在区间 $[x_0, x_0 + X]$ 上差分格式逼近微分方程.

回顾 $f(x_{n-i}, y(x_{n-i})) = y'(x_{n-i})$ 且 $x_{n-i} = x_n - ih$, 则有

$$r_n = \sum_{i=0}^{k} \frac{a_{-i} y(x_n - ih)}{h} - \sum_{i=0}^{k} b_{-i} y'(x_n - ih).$$

假定解的直到 q 次的所有导数有界:

$$|y^{(p)}(x)| \leqslant M_p < \infty, \quad x_0 \leqslant x \leqslant x_0 + X, \quad p = 0, 1, \cdots, q.$$

借助于泰勒公式将所有值 $y(x_n - ih)$ 和 $y'(x_n - ih)$ 表示如下:

$$y(x_n - ih) = \sum_{p=0}^{q-1} y^{(p)}(x_n) \frac{(-ih)^p}{p!} + \beta_n^i,$$

$$y'(x_n - ih) = \sum_{p=1}^{q-1} y^{(p)}(x_n) \frac{(-ih)^{p-1}}{(p-1)!} + \gamma_n^i,$$

其中由泰勒级数的余项估计有

$$|\beta_n^i| \leqslant M_q (ih)^q / q!, \quad |\gamma_n^i| \leqslant M_q (ih)^{q-1} / (q-1)!.$$

将 $y(x_n - ih)$ 和 $y'(x_n - ih)$ 的表达式代入 r_n 表达式的右边且合并 $y^{(p)}(x_n)$ 的系数得到

$$r_n = E_0 h^{-1} y(x_n) + E_1 y'(x_n) + \cdots + E_{q-1} h^{q-2} y^{(q-1)}(x_n) + \varepsilon_n, \tag{5}$$

其中
$$E_0 = \sum_{i=0}^{k} a_{-i},$$
$$E_p = \sum_{i=0}^{k} \frac{a_{-i}(-i)^p}{p!} - \sum_{i=0}^{k} \frac{b_{-i}(-i)^{p-1}}{(p-1)!}, \quad p > 0, \qquad (6)$$
$$\varepsilon_n = \sum_{i=0}^{k} \frac{a_{-i}\beta_n^i}{h} - \sum_{i=0}^{k} b_{-i}\gamma_n^i = O(h^{q-1}).$$

我们有
$$|\varepsilon_n| \leqslant D_q M_q h^{q-1},$$

其中
$$D_q = \sum_{i=0}^{k} |a_{-i}| \frac{i^q}{q!} - \sum_{i=0}^{k} |b_{-i}| \frac{i^{q-1}}{(q-1)!}.$$

通常, 进行更细致的估计可以减小 $|\varepsilon_n|$ 中的值 D_q. 如果 $E_0 = \cdots = E_m = 0$, 则 $\varepsilon_n = O(h^m)$ 且称方法 (4) 具有 m 阶逼近. 当 $q < m$ 时, 所有 m 阶逼近方法是 q 阶逼近方法. 如果 $E_0 = \cdots = E_m = 0$, 而 $E_{m+1} \neq 0$, 则说逼近的阶等于 m.

由 (1), (2) 对于任意光滑的 $y(x)$ 有关系式
$$\lim_{h \to 0} \sum_{i=0}^{k} \frac{a_{-i} y(x - ih)}{h} = y'(x),$$
$$\lim_{h \to 0} \sum_{i=0}^{k} b_{-i} f(x - ih, y(x - ih)) = f(x, y(x)). \qquad (7)$$

引理 关系式 (7) 成立当且仅当
$$E_0 = E_1 = 0, \quad b_0 + \cdots + b_{-k} = 1. \qquad (8)$$

证明 由泰勒公式有
$$y(x - ih) = y(x) - ihy'(x) + O(h^2),$$
$$f(x - ih, y(x - ih)) = f(x, y(x)) + O(h).$$

将这些关系式代入 (7) 的左边得到
$$\lim_{h \to 0} \left(\left(\sum_{i=0}^{k} \frac{a_{-i}}{h} y(x) \right) + \sum_{i=0}^{k} a_{-i}(-i) y'(x) + O(h) \right) = y'(x),$$
$$\lim_{h \to 0} \left(\left(\sum_{i=0}^{k} b_{-i} \right) f(x, y(x)) + O(h) \right) = f(x, y(x)).$$

这些关系式正确的充分必要条件是满足如下条件
$$\sum_{i=0}^{k} a_{-i} = 0, \quad -\sum_{i=0}^{k} i a_{-i} = 1, \quad \sum_{i=0}^{k} b_{-i} = 1.$$

其中第一个式子的左边等于 E_0, 第二个与第三个式子左边之差等于 E_1. 由此推出引理结论的正确性.

方程 $E_0 = \cdots = E_m = 0$ 构成含 $2k+2$ 个未知量的线性齐次代数方程组. 如果未知量的个数大于方程组的个数, 即 $2k+2 > m+1$ (或者等价地 $2k \geqslant m$), 则这个方程组有非零解. 可以证明, 当 $2k = m$ 时这个方程组有一组单参数非零解
$$a_{-i} = ca_{-i}^0, \quad b_{-i} = cb_{-i}^0,$$
并且 $\omega = \sum_{i=0}^{k} b_{-i}^0 \neq 0$. 选取 $c = \omega^{-1}$, 得到 $2k$ 阶逼近的差分方法. 有时有必要建立显式方法 ($b_0 = 0$). 解方程组 $b_0 = 0, E_0 = \cdots = E_{2k-1} = 0$ 且选择带有 $\sum_{i=0}^{k} b_{-i} = 1$ 的解, 得到 $2k-1$ 阶逼近方法.

例 在 $k=2$ 时方程组 $E_0 = \cdots = E_4 = 0$ 的解有形式
$$a_0 = c, \quad a_{-1} = 0, \quad a_{-2} = -c, \quad b_0 = b_{-2} = \frac{c}{3}, \quad b_{-1} = \frac{4}{3}c.$$
从 (8) 得到 $c = 1/2$, 于是数值方法有如下形式
$$\frac{y_n - y_{n-2}}{2h} - \left(\frac{1}{6}f_n + \frac{2}{3}f_{n-1} + \frac{1}{6}f_{n-2}\right) = 0.$$
注意: 曾经从辛普森公式得到上述的方法.

如果要求满足等式 $b_0 = E_0 = E_1 = E_2 = E_3 = 0$, 则得到方法
$$\frac{y_n + 4y_{n-1} - 5y_{n-2}}{6h} - \left(\frac{2}{3}f_{n-1} + \frac{1}{3}f_{n-2}\right) = 0. \tag{9}$$

注意到下列情况. 如果等式
$$y'(x_n) \approx \sum_{i=0}^{k} \frac{a_{-i}y(x_{n-i})}{h}, \tag{10}$$
$$f(x_n, y(x_n)) \approx \sum_{i=0}^{k} b_{-i}f(x_{n-i}, y(x_{n-i})) \tag{11}$$
以项数达到阶 $O(h^m)$ 的精度满足, 则值 r_n 等于这些关系的误差之差, 且具有量级 $O(h^m)$, 于是由 (3) 有 $E_0 = \cdots = E_m = 0$. 但是, 要满足 $r_n = O(h^m)$ 不一定要求近似关系 (10), (11) 的误差具有量级 $O(h^m)$. 例如, 对最后一种方法 $r_n = O(h^3)$, 同时关系式 (10) 的误差量级为 $O(h)$.

除了上面建立的典型龙格-库塔方法和有限差分方法以外, 还应该注意一组方法, 其中如同有限差分方法一样应用了前面的几个值 y_{n-i} 寻找每个新的值 y_n, 但同时在每一步与龙格-库塔方法一样对右边部分进行几次计算.

这组方法的一个例子为:
$$y_{n-1/2} = y_{n-2} + \frac{h}{8}(9f_{n-1} + 3f_{n-2}),$$
$$y_n^1 = \frac{1}{5}(28y_{n-1} - 23y_{n-2}) + \frac{h}{15}(32f_{n-1/2} - 60f_{n-1} - 26f_{n-2}),$$
$$y_n = \frac{1}{31}(32y_{n-1} - y_{n-2}) + \frac{h}{93}(64f_{n-1/2} + 15f_n^1 + 12f_{n-1} - f_{n-2}),$$

每步误差量级为 $O(h^6)$, 其中 $f_m^k = f(x_m, y_m^k)$.

§7. 依据模型问题研究有限差分方法的性质

在构造了求解问题的新方法后,例如微分方程的求解方法,在编写程序前应该适当地研究这些方法对于一些简单模型问题的工作情况,这些简单模型的精确解和近似解能显式计算出来. 如果对这些简单模型问题, 方法给出不满意的结果, 则可以立刻拒绝这个方法.

最先构造的常常不是一种方法,而是一组与一个或几个参数相关的方法. 模型例子的研究可以将这些方法进行比较并选出最优参数值. 应用显式可解的例子能帮助理解方法实现时出现的实际情况.

这样的方法常常比详细的理论研究更可取, 因为它节省了大量时间.

如果已知值 $y_{n-k}, \cdots, y_{n-1}$, 则从 (6.4) 可以找到值 y_n. 因此, 为开始计算, 需要知道 y_j 在 k 个初始点的值 $y_0, y_1, \cdots, y_{k-1}$. 它们可以按照某种方式预先找到, 例如, 借助于泰勒公式或者龙格-库塔方法.

我们来研究问题: 差分问题的初始数据 $y_0, y_1, \cdots, y_{k-1}$ 的误差在多大程度上影响其解.

设 y_n^s ($s=1,2$) 为差分问题

$$\sum_{i=0}^{k} a_{-i} y_{n-i} - h \sum_{i=0}^{k} b_{-i} f(x_{n-i}, y_{n-i}) = 0 \tag{1}$$

相应于初始数据 $y_0^s, \cdots, y_{k-1}^s$ 的解. 基于拉格朗日公式我们有

$$f(x_m, y_m^2) - f(x_m, y_m^1) = l_m \varepsilon_m,$$

这里 $l_m = f_y(x_m, \overline{y}_m)$, $\overline{y}_m$ 位于 y_m^1 和 y_m^2 之间, $\varepsilon_m = y_m^2 - y_m^1$.

从当 $s=2$ 时的关系式 (1) 减去当 $s=1$ 时的关系式 (1), 得到关于差 ε_m 的方程:

$$\sum_{i=0}^{k} (a_{-i} - h b_{-i} l_{n-i}) \varepsilon_{n-i} = 0. \tag{2}$$

通过研究简单微分方法 $y' = 0$ 可以得到误差特性的相当重要的信息. 在这种情况下, (2) 变成带有常系数的方程

$$\sum_{i=0}^{k} a_{-i} \varepsilon_{n-i} = 0. \tag{3}$$

相应的特征方程为

$$F_0(\mu) = \sum_{i=0}^{k} a_{-i} \mu^{k-i} = 0. \tag{4}$$

设 μ_1 为这个方程按模最大的根. 取 $E_0 = F_0(1)$, 则条件 $E_0 = 0$ 等价于 $\mu = 1$ 是方程 (4) 的根. 因此, $|\mu_1| \geqslant 1$. 网格函数 $\varepsilon_n = \text{const} \cdot \mu_1^n$ 是方程 (4) 的解.

设 μ_1 为实数. 研究 $\varepsilon_n = y_n^2 - y_n^1 = \delta \mu_1^{n-k+1}$, $|\mu_1| > 1$ 的情况. 解 y_n^1 和 y_n^2 在初始点的值之间的差不超过 δ, 同时

$$\max_{nh \leqslant X} |\varepsilon_n| = \delta |\mu_1|^{X/h - k + 1}$$

随着步数 $N = X/h$ 的增加成指数增长.

于是, 当 $\mu_1 = \max|\mu_i| > 1$ 时初始数据小的扰动对于即便很少的步数也可能带来解的严重扰动.

设 μ_1 不为实数. 网格函数 $\varepsilon_{n,1} = \text{Re}(\delta\mu_1^{n-k+1})$ 和 $\varepsilon_{n,2} = \text{Im}(\delta\mu_1^{n-k+1})$ 是方程 (3) 的解. 因为 $\max\{|x|,|y|\} \geqslant |x+\mathbf{i}y|/\sqrt{2}$, 所以
$$\max\left\{\max_{nh\leqslant X}|\varepsilon_{n,1}|, \max_{nh\leqslant X}|\varepsilon_{n,2}|\right\} \geqslant \frac{\delta}{\sqrt{2}}|\mu_1|^{X/h-k+1}.$$
于是, 当 μ_1 为复数且 $|\mu_1| > 1$ 的情况下, 方程 (1) 的解在小的初始扰动下可能严重失真.

我们来研究当方程 (4) 的所有根的模均不超过 1, 但是模等于 1 的根是 p 重根 μ_1, 且 $|\mu_1| = 1$, $p > 1$ 的情况. 为简单起见, 我们讨论 μ_1 为实数的情况. 网格函数 $\varepsilon_n = \delta\mu_1^{n-k+1}\left(\dfrac{n}{k-1}\right)^{p-1}$ 相应于初始数据 $y_0, \cdots, y_{k-1}$ 的扰动不大于 δ, 但同时在区间的端点扰动有量级 $\delta(X/h)^{p-1}$.

初始数据的扰动影响以这样的程度增长 (相对于节点数) 有时是容许的. 但是, 在模型方程 $y' = My$ 的例子中, 可以证明在单位圆上有 p 重根的情况下原始数据的扰动显露出更本质的特征. 当 $f(x,y) = My$ 时所有 $l_m = M$ 且方程 (3) 关于 ε_n 是线性差分方程
$$\sum_{i=0}^{k}(a_{-i} - Mhb_{-i})\varepsilon_{n-i} = 0.$$
相应的特征方程为
$$\sum_{i=0}^{k}(a_{-i} - Mhb_{-i})\mu^{k-i} = 0. \tag{5}$$
附加限制
$$\sum_{i=0}^{k}b_{-i}\mu_1^{k-i} \neq 0.$$
在相反的情况下差分方程 (1) 写成
$$\left(\sum_{i=0}^{k-1}c_{-i}y_{n-i} - h\sum_{i=0}^{k-1}d_{-i}f(x_{n-i}, y_{n-i})\right)$$
$$-\mu_1\left(\sum_{i=0}^{k-1}c_{-i}y_{n-1-i} - h\sum_{i=0}^{k-1}d_{-i}f(x_{n-1-i}, y_{n-1-i})\right) = 0.$$
这些方程的研究没有意义, 因为更简单的方程
$$\sum_{i=0}^{k-1}c_{-i}y_{n-i} - h\sum_{i=0}^{k-1}d_{-i}f(x_{n-i}, y_{n-i}) = 0$$
的解恰好是 (5) 的解.

我们也假定 $a_0 \neq 0$. 有下列定理.

定理 (省略证明) 1. 如果 $p > 2$, 则在方程 (5) 的根中存在满足如下不等式的根
$$|\mu_1(Mh)| \geqslant \exp\left\{c|Mh|^{1/p}\right\}, \quad c > 0$$

2. 如果 $p = 2$, 则在 $M > 0$ 或者 $M < 0$ 时在方程 (5) 的根中存在根满足如下不等式的根
$$|\mu_1(Mh)| \geqslant \exp\left\{c|Mh|^{1/p}\right\}.$$

于是, 当 $p \geqslant 2$ 时方程 $y' = +|M|y$ 或者 $y' = -|M|y$ 的解相应于扰动增长约
$$\exp\left\{c|Mh|^{1/p}\frac{X}{h}\right\} = \exp\left\{c|M|^{1/p}Xh^{1/p-1}\right\}$$
倍. 解的扰动增长比任何步数幂次更快. 这样的扰动增长在步数不大时就已不容许了.

上述实际可用的格式仅仅是满足下列 α 条件的方法: 方程 (4) 的所有特征根位于单位圆内且在单位圆上的特征根不是重根.

可能会认为, 整个事情只是在于舍入误差和原始数据误差: 如果没有这些误差, 则差分问题的解是否一定会收敛于微分问题的解? 实际上, 对于任何不满足 α 条件的差分方法, 可以找到带有无限次可微右边部分的微分方程例子, 当没有舍入误差和原始数据误差时, 有限差分问题的解在步长很小时也不趋向于微分问题的解.

乍看起来似乎可以适当建立具有很大的逼近阶数 m 的方法 ($E_0 = \cdots = E_m = 0$). 但是, 实际上所有带有大的逼近阶数 m 的方法都不满足 α 条件.

定理 (省略证明) 在下列各种情况下, 特征方程 (4) 的根中存在模大于 1 的根: a) 方法 (6.4) 为显式, $m > k$; b) 方法 (6.4) 为隐式, k 为奇数, $m > k+1$; c) 方法 (6.4) 为隐式, k 为偶数, $m > k+2$.

接下来将说明, 在差分问题初始数据误差和计算误差的某些补充条件下, 当满足 α 条件时差分问题 (1) 的解收敛于微分问题的解. 将引入误差主项表示, 从中可以看出, 对于所有满足 α 条件的具有同样精度的差分方法其主项大约是一样的. 但是, 这不意味着它们在实际中大约等价.

以模型 $y' = My$, $M = \text{const}$ 为例, 我们研究下面两个二阶逼近差分格式解的性态:
$$\frac{y_n - y_{n-1}}{h} = \frac{f(x_n, y_n) - f(x_{n-1}, y_{n-1})}{2}, \tag{6}$$

$$\frac{y_n - y_{n-2}}{2h} = f(x_{n-1}, y_{n-1}). \tag{7}$$

差分格式 (6), (7) 导出有限差分方程
$$y_n(1 - Mh/2) - y_{n-1}(1 + Mh/2) = 0,$$
$$y_n - 2Mhy_{n-1} - y_{n-2} = 0.$$

在第一种情况下误差方程的解有形式
$$\varepsilon_n = \left(\frac{1 + Mh/2}{1 - Mh/2}\right)^n \varepsilon_0.$$

当 $M > 0$ 时这个解是增长的. 这是自然的, 因为对于微分问题带有不同初始条件的两个

解之差 $\varepsilon(x)$ 写成
$$\varepsilon(x_n) = \exp\{M(x_n - x_0)\}\varepsilon(x_0),$$

当 $M > 0$ 时它也是增长的. 当 $M < 0$ 时 ε_n 和 $\varepsilon(x_n)$ 是下降的. 第二个方程的解为 $c_1\mu_1^n + c_2\mu_2^n$, 其中 μ_1 和 μ_2 为特征方程 $\mu^2 - 2Mh\mu - 1 = 0$ 的根, 即
$$\mu_{1,2} = Mh \pm \sqrt{1 + (Mh)^2}.$$
我们有
$$\mu_1 = Mh + \sqrt{1 + (Mh)^2} = 1 + Mh + \frac{(Mh)^2}{2} + O((Mh)^3) = \exp\{Mh(1 + O(Mh))\}.$$
此后我们应用泰勒公式 $\sqrt{1+\varepsilon} = 1 + \frac{\varepsilon}{2} + O(\varepsilon^2)$. 由此推出等式
$$\mu_1^n = \exp\{Mnh(1 + O(Mh))\}.$$
于是, 项 $c_1\mu_1^n$ 相应于差分方程的解, 它表现出与微分方程的解同样的性质. 用类似方法得到
$$\mu_2 = Mh - \sqrt{1 + (Mh)^2} = -1 + Mh - \frac{(Mh)^2}{2} + O((Mh)^3) = -\exp\{-Mh(1 + O(Mh))\}.$$
我们有 $\mu_2^n = (-1)^n \exp\{-Mnh(1 + O(Mh))\}$. 项 μ_2^n 与微分方程的解表现出不同的性质, 而且很不一样当 $M < 0$ 时它的模增长, 与此同时精确解减小. 同上讨论可以断言计算误差可以以量级 $\delta \exp\{-Mnh(1 + O(Mh))\}$ 改变解的值. 当 $M < 0$ 且 $|Mnh|$ 的值大时, 特别是在解 $e^{M(x-x_0)}$ 下降的前提下, 这个值变大到不能容忍的程度.

由于所研究的方法对这些简单模型问题不能给出满意的结果, 对于更宽广的应用就未必能提出建议, 尤其是在微分方程数值积分的标准程序中.

在 $M < 0$ 和 $\delta e^{M|x|}$ 不能容忍的大的例子中我们舍弃了第二种方法. 在最近四十年的应用中经常遇到带有剧烈变化过程的问题, 其解本质上在较小的时间区间上变化. 这类问题的典型模型是方程 $y' = My, M < 0$ 的柯西问题, 这里 $|M|X$ 如此之大以至于量级为 $|M|X$ 求解步数是不容许的. 如果按照时间 $|M|h \gg 1$ 适当选择步骤数, 则应用所研究的第一种差分方法也可以导致不满意的结果. 对这个方法我们有
$$\mu_1 = \frac{1 + Mh/2}{1 - Mh/2} = \frac{1 + 2/(Mh)}{-1 + 2/(Mh)} \approx -\exp\left\{\frac{4}{Mh} + O\left(\frac{1}{(Mh)^2}\right)\right\}.$$
于是, 差分方程的解有形式
$$y_n = (-1)^n \exp\left\{\left(\frac{4}{Mh} + O\left(\frac{1}{(Mh)^2}\right)\right)n\right\} y_0$$
$$= (-1)^n \exp\left\{\left(\frac{4}{Mh^2} + O\left(\frac{1}{M^2h^3}\right)\right)(x_n - x_0)\right\} y_0,$$
例如, $|M|h^2 \gg 1$ 的情况与微分问题的精确解 $y(x_n) = y_0 e^{M(x_n - x_0)}$ 有很大的不同 (差分方程解按模接近于 1, 而微分方程的解更小).

上述第一种方法的性质分析可以总结如下: 这种方法可以用来求解相当广泛的一类问题. 同时, 存在某类问题, 称为刚性的 (模型中 $M < 0$, $|M|X$ 非常大的情况), 应用这种方法时需要一定程度地小心对待. 为求解这类问题我们将研究特殊方法 (参看 §9).

§8. 有限差分方法的误差估计

我们来讨论应用形如 (5.2) 的满足 α 条件的有限差分方法得到的近似解的误差估计. 在实际计算过程中得到的值 $y(x_n)$ 的近似值 y_n 实际上不是基于不等式 (5.2), 而是基于如下关系式

$$\sum_{i=0}^{k} a_{-i} y_{n-i} - \sum_{i=0}^{k} b_{-i} f(x_{n-i}, y_{n-i}) = \delta_n, \tag{1}$$

其中 δ_n 可以不为零 (出现 δ_n 的原因已在 §4 中说明).

另一方面, 在 §5, 6 中已表明, 微分问题的精确解的值 $y(x_n)$ 满足关系

$$\sum_{i=0}^{k} a_{-i} y(x_{n-i}) - h \sum_{i=0}^{k} b_{-i} f(x_{n-i}, y(x_{n-i})) = h r_n. \tag{2}$$

相应地选择适当的系数 a_{-i} 和 b_{-i} 可有 $r_n = O(h^m)$, 其中 $m > 0$. 从 (1) 减去 (2) 得到误差 $R_n = y_n - y(x_n)$ 的方程. 基于拉格朗日公式有等式

$$f(x_{n-i}, y_{n-i}) - f(x_{n-i}, y(x_{n-i})) = l_{n-i} R_{n-i}, \tag{3}$$

这里 $l_{n-i} = f_y(x_{n-i}, \tilde{y}_{n-i})$, 且 $\tilde{y}_{n-i}$ 位于 y_{n-i} 和 $y(x_{n-i})$ 之间. 考虑到 (3), 关系式 (1) 与 (2) 的差写成如下形式

$$\sum_{i=0}^{k} a_{-i} R_{n-i} - h \sum_{i=0}^{k} b_{-i} l_{n-i} R_{n-i} = g_n, \tag{4}$$

其中 $g_n = \delta_n - h r_n$.

定理 (关于误差估计) 设差分方法满足 α 条件且当 $x_0 \leqslant x \leqslant x_0 + X$ 时 $|f_y| \leqslant L$. 则当 $x_0 \leqslant x_n \leqslant x_0 + X$ 时成立不等式

$$|R_n| \leqslant c(L, X) \left(\max_{0 \leqslant i < k} |R_i| + \sum_{j=k}^{n} |g_j| \right), \tag{5}$$

其中 $c(L, X) < \infty$ 为某个与系数 a_{-i}, b_{-i} 和 L, X 有关的常数.

证明 我们需要第六章 §3 节中引理的特殊情况: 设矩阵 A 的所有特征值位于圆 $|\lambda| \leqslant q$ 内且在其边界上没有重根, 则可以给出矩阵 C 使得 $\|D\|_\infty \leqslant q$, 其中 $D = C^{-1} A C$.

为估计的方便, 我们将方程 (4) 变成一步向量方程. 进一步为确定起见, 假定 h 如此小使得 $|h b_0 L| \leqslant |a_0/2|$, 则 (4) 中 R_n 的系数 $a_0 - h b_0 l_n$ 的模不小于 $|a_0/2|$. 将 (4) 中所有不包含 R_n 的项移到右边, 且除以 R_n 的系数得到

$$R_n = \sum_{i=1}^{k} \frac{-a_{-i} + h b_{-i} l_{n-i}}{a_0 - h b_0 l_n} R_{n-i} + \frac{g_n}{a_0 - h b_0 l_n}. \tag{6}$$

设

$$\frac{-a_{-i} + h b_{-i} l_{n-1}}{a_0 - h b_0 l_n} - \left(\frac{-a_{-i}}{a_0} \right) = h v_{in},$$

$$v_{in} = \frac{b_{-i} a_0 l_{n-1} - a_{-i} b_0 l_n}{(a_0 - h b_0 l_n) a_0}, \quad |v_{in}| \leqslant 2 \frac{|b_{-i} a_0| + |a_{-i} b_0|}{|a_0|^2} L.$$

引入向量

$$\mathbf{Z}_n = (R_n, \cdots, R_{n-k+1})^T.$$

关系式 (6) 等价于

$$\mathbf{Z}_n = A\mathbf{Z}_{n-1} + hV_n\mathbf{Z}_{n-1} + \mathbf{W}_n, \tag{7}$$

其中

$$V_n = \begin{pmatrix} v_{1n} & \cdots & v_{kn} \\ 0 & \cdots & 0 \\ . & \cdots & . \\ 0 & \cdots & 0 \end{pmatrix}, \quad \mathbf{W}_n = \begin{pmatrix} \dfrac{g_n}{a_0 - hb_0 l_n} \\ 0 \\ . \\ 0 \end{pmatrix},$$

$$A = \begin{pmatrix} -\dfrac{a_{-1}}{a_0} & -\dfrac{a_{-2}}{a_0} & \cdots & -\dfrac{a_{1-k}}{a_0} & -\dfrac{a_{-k}}{a_0} \\ 1 & 0 & \cdots & 0 & 0 \\ 0 & 1 & \cdots & 0 & 0 \\ . & . & \cdots & . & . \\ 0 & 0 & \cdots & 1 & 0 \end{pmatrix}.$$

的确, 设 (7) 的左边和右边部分向量的前面一些分量相等, 得到等式 (6), 而让剩下的分量相等得到恒等式

$$R_{n-i} = R_{n-i}, \quad i = 1, \cdots, k-1.$$

计算矩阵 A 的特征多项式:

$$P(\lambda) = \det(A - \lambda E)$$

$$= \det \begin{pmatrix} -\dfrac{a_{-1}}{a_0} - \lambda & -\dfrac{a_{-2}}{a_0} & \cdots & -\dfrac{a_{1-k}}{a_0} & -\dfrac{a_{-k}}{a_0} \\ 1 & -\lambda & \cdots & 0 & 0 \\ 0 & 1 & \cdots & 0 & 0 \\ . & . & \cdots & . & . \\ 0 & 0 & \cdots & 1 & -\lambda \end{pmatrix}.$$

为此, 将这个矩阵第一列乘以 λ 加到第二列, 然后第二列乘以 λ 加到第三列, 如此下去

直到最后一列,结果得到

$$P(\lambda) = \det \begin{pmatrix} p_1(\lambda) & p_2(\lambda) & \cdots & p_{k-1}(\lambda) & p_k(\lambda) \\ 1 & 0 & \cdots & 0 & 0 \\ 0 & 1 & \cdots & 0 & 0 \\ \cdot & \cdot & \cdots & \cdot & \cdot \\ 0 & 0 & \cdots & 1 & 0 \end{pmatrix},$$

其中

$$p_1(\lambda) = -\frac{a_{-1}}{a_0} - \lambda, \quad p_2(\lambda) = -\frac{a_{-2}}{a_0} + \lambda\left(-\frac{a_{-1}}{a_0} - \lambda\right), \quad \cdots,$$

$$p_k(\lambda) = -\frac{a_{-k}}{a_0} + \lambda\left(-\frac{a_{1-k}}{a_0} + \lambda\left(-\frac{a_{2-k}}{a_0} + \cdots + \lambda\left(-\frac{a_{-1}}{a_0} - \lambda\right)\cdots\right)\right).$$

按照最后一列展开行列式有

$$P(\lambda) = (-1)^{k+1} p_k(\lambda).$$

或者同样地,

$$(-1)^k P(\lambda) = \lambda^k + \frac{a_{-1}}{a_0}\lambda^{k-1} + \cdots + \frac{a_{-k}}{a_0} = \frac{1}{a_0}(a_0\lambda^k + a_{-1}\lambda^{k-1} + \cdots + a_{-k}).$$

矩阵 A 的特征方程正好与差分方法的特征方程 (7.4) 相差一个常数因子. 由 α 假定知,矩阵 A 的特征方程的所有根位于圆 $|z| \leqslant 1$ 内且在圆上没有重根. 因此, 关于矩阵 A 引理条件满足, 其中 $q = 1$. 于是, 存在矩阵 C 使得 $C^{-1}AC = D$ 且 $\|D\|_\infty \leqslant 1$. 在方程 (7) 中进行变量替换 $\mathbf{Z}_n = C\mathbf{z}_n$. 在左乘 C^{-1} 以后它变成

$$\mathbf{z}_n = D\mathbf{z}_{n-1} + hv_n\mathbf{z}_{n-1} + \mathbf{w}_n, \tag{8}$$

其中

$$D = C^{-1}AC, \quad v_n = C^{-1}V_nC, \quad \mathbf{w}_n = C^{-1}\mathbf{W}_n.$$

在矩阵 V_n 中非零元素仅仅位于第一行, 所以

$$\|V_n\|_\infty \leqslant \left(2\sum_{i=1}^k \frac{|b_{-i}a_0| + |a_{-i}b_0|}{a_0^2}\right)L = vL,$$

且

$$\|v_n\|_\infty \leqslant \|C^{-1}\|_\infty \|V_n\|_\infty \|C\|_\infty \leqslant vL\|C^{-1}\|_\infty \|C\|_\infty.$$

我们有

$$\|\mathbf{w}_n\|_\infty \leqslant \|C^{-1}\|_\infty \|\mathbf{W}_n\|_\infty = \|C^{-1}\|_\infty \left|\frac{g_n}{a_0 - hb_0l_n}\right| \leqslant 2\|C^{-1}\|_\infty \frac{|g_n|}{|a_0|}.$$

对 (8) 的右边部分各项进行范数估计以后得到不等式

$$\|\mathbf{z}_n\|_\infty \leqslant \beta|g_n| + (1 + \gamma Lh)\|\mathbf{z}_{n-1}\|_\infty, \tag{9}$$

其中

$$\beta = 2\frac{\|C^{-1}\|_\infty}{|a_0|}, \quad \gamma = v\|C^{-1}\|_\infty \|C\|_\infty.$$

我们按照如下方式通过 $\|\mathbf{z}_{n-1}\|_\infty$ 和值 $|g_n|$ 来估计 $\|\mathbf{z}_n\|_\infty$. 写出 $j = n, \cdots, k$ 时的不等式 (9). 在由 $\|\mathbf{z}_{n-1}\|_\infty$ 估计 $\|\mathbf{z}_n\|_\infty$ 的右边部分, 通过 $\|\mathbf{z}_{n-2}\|_\infty$ 估计 $\|\mathbf{z}_{n-1}\|_\infty$, 然后对得到的不等式的右边部分由 $\|\mathbf{z}_{n-3}\|_\infty$ 估计 $\|\mathbf{z}_{n-2}\|_\infty$, 如此下去, 结果得到

$$\|\mathbf{z}_n\|_\infty \leqslant \beta|g_n| + (1+\gamma Lh)(\beta|g_{n-1}| + (1+\gamma Lh)(\beta|g_{n-2}| + \cdots \\ + (1+\gamma Lh)(\beta|g_k| + (1+\gamma Lh)\|\mathbf{z}_{k-1}\|_\infty)\cdots)),$$

或者, 等价地

$$\|\mathbf{z}_n\|_\infty \leqslant \beta \sum_{j=k}^{n}(1+\gamma Lh)^{n-j}|g_j| + (1+\gamma Lh)^{n-k+1}\|\mathbf{z}_{k-1}\|_\infty. \tag{10}$$

同时放大该不等式来简化这个估计. 当 $x_0 \leqslant x_j \leqslant x_n \leqslant x_0 + X$ 我们有 $(n-j)h \leqslant X$. 因此

$$(1+\gamma Lh)^{n-j} \leqslant \exp\{\gamma Lh(n-j)\} \leqslant \exp\{\gamma LX\}.$$

现在由 (10) 得到

$$\|\mathbf{z}_n\|_\infty \leqslant \exp\{\gamma LX\}\left(\beta\sum_{j=k}^{n}|g_j| + \|\mathbf{z}_{k-1}\|_\infty\right). \tag{11}$$

下列不等式是正确的

$$|R_n| \leqslant \|\mathbf{Z}_n\|_\infty \leqslant \|C\|_\infty \|\mathbf{z}_n\|_\infty,$$
$$\|\mathbf{z}_{k-1}\|_\infty \leqslant \|C^{-1}\|_\infty \|\mathbf{Z}_{k-1}\|_\infty = \|C^{-1}\|_\infty \max_{0 \leqslant i < k}|R_i|,$$

所以

$$\|\mathbf{Z}_n\|_\infty \leqslant \|C\|_\infty \exp\{\gamma LX\}\left(\beta\sum_{j=k}^{n}|g_j| + \|C^{-1}\|_\infty\|\mathbf{Z}_{k-1}\|_\infty\right). \tag{12}$$

进一步得到估计

$$|R_n| \leqslant \exp\{\gamma LX\}\left(M_1\sum_{j=k}^{n}|g_j| + M_2\max_{0\leqslant i<k}|R_i|\right),$$

其中 $M_1 = \beta\|C\|_\infty$, $M_2 = \|C\|_\infty\|C^{-1}\|_\infty$ 且 γ 为某个仅与原始差分方法的系数 a_{-i}, b_{-i} 有关的常数. 特别, M_1 和 M_2 仅与系数 a_{-i} 有关. 定理得证.

将 $g_j = \delta_j - hr_j$ 代入 (12) 得到要寻找的误差估计

$$|R_n| \leqslant \exp\{\gamma LX\}\left(M_1\sum_{j=k}^{n}(|\delta_j| + h|r_j|) + M_2\max_{0\leqslant i<k}|R_i|\right). \tag{13}$$

从估计 (13) 看出, 为使差分方程收敛于微分方程的解只需满足条件

$$\sum_{j=k}^{n}|\delta_j| \to 0, \quad h\sum_{j=k}^{n}|r_j| \to 0, \quad \max_{0\leqslant i<k}|R_i| \to 0.$$

误差估计 (13) 在许多情况下实际上是偏高的. 例如, 对于亚当斯法, 假定舍入误差 δ_j 和近似误差 r_j 一致有界: $|\delta_j| \leqslant \delta, |r_j| \leqslant r$, 无论积分区间的长度多大, 当 $f_y \leqslant -b < 0$ 时, 可以得到误差估计仍然是有界的. 注意到欧拉法是亚当斯法的特殊情况, 欧拉法的误

§8. 有限差分方法的误差估计

差估计从一步法 (§4) 的误差推得. 同时, 在同样的假设下从 (13) 不能得到积分误差的一致有界性. 为了得到关于误差值的更实际的表示, 展开误差主项的表达式是有益的.

注意得到这个表达式的途径. 当函数 $f(x,y)$ 充分光滑时由 (6.5) 可知下列等式成立
$$r_n = E_{m+1} h^m y^{(m+1)}(x_n) + o(h^m).$$
因为 $\sum_{i=0}^{k} b_{-i} = 1$, 则这个表达式可以改写成更方便的形式
$$r_n = h^m \sum_{i=0}^{k} b_{-i} E_{m+1} y^{(m+1)}(x_n) + o(h^m).$$
假定计算误差与逼近误差相比较小, 准确地说, 假设 $\max_j |\delta_j| = \delta = o(h^{m+1})$.

在满足关于误差估计的定理条件时, 差分方程的解收敛于微分方程的解, 因此成立等式 $l_n = f_y(x_n, \tilde{y}_n) = f_y(x_n, y(x_n)) + o(1)$. 考虑到上述关系, 等式 (4) 可以改写成
$$L_h^0\left(\frac{R_n}{h^m}\right) = \frac{1}{h}\sum_{i=0}^{k} a_{-i}\frac{R_{n-i}}{h^m}$$
$$-\sum_{i=0}^{k} b_{-i}\left(f_y(x_{n-i}, y(x_{n-i}))\frac{R_{n-i}}{h^m} - E_{m+1}y^{(m+1)}(x_n)\right) = o(1).$$
于是, 网格函数 $z_n = R_n/h^m$ 近似地满足网格方程 $L_n^0(z_n) = 0$, 它由如下方程近似得到
$$z' - \left(f_y(x, y(x))z - E_{m+1}y^{(m+1)}(x)\right) = 0. \tag{14}$$
假定 $z_0, \cdots, z_{k-1} = o(1)$, 与关于误差估计定理的证明做同样的讨论, 得到在初始条件 $z(x_0) = 0$ 下 z_n 近似方程 (14) 的解. 这个解可以表示成
$$z_n \approx z(x_n) = -E_{m+1}\int_{x_0}^{x_n} \exp\left\{\int_x^{x_n} f_y(t, y(t))dt\right\} y^{(m+1)}(x)dx. \tag{15}$$
于是,
$$R_n \approx h^m z(x_n).$$

我们来精确表述关于积分方程组的类似结果. 对于方程组 $\mathbf{y}' = \mathbf{f}(x, \mathbf{y})$, 当 $\mathbf{y}$ 和 $\mathbf{f}$ 为向量时, 即 $\mathbf{y} = (y_1, \cdots, y_l)^T$, $\mathbf{f} = (f_1, \cdots, f_l)^T$, 误差主项的表达式 (15) 有形式
$$\mathbf{y}_n - \mathbf{y}(x_n) \sim h^m \mathbf{z}(x_n),$$
$$\mathbf{z}(x_n) = \int_{x_0}^{x_n} W(x, x_n)\mathbf{y}^{(m+1)}(x)dx.$$
这里矩阵 $W(a,b)$ 是如下矩阵微分方程在初始条件 $W(a,a) = E$ 下的解
$$W'(a,b) = f_y(b, \mathbf{y}(b))W(a,b),$$
其中 E 为单位矩阵, $f_y(x,u)$ 为带有元素 $\partial f_i/\partial y_j|_{x,u}$, $i,j = 1,\cdots,l$ 的矩阵.

上述讨论的每一步是严谨的, 有时可给出更粗的形式. 微分问题的精确解满足关系式
$$L_h(y(nh)) \approx E_{m+1} h^m y^{(m+1)}(x),$$

其中
$$L_h z_n = \frac{1}{h}\sum_{i=0}^{k} a_{n-i} z_{n-i} - \sum_{i=0}^{k} b_{-i} f(x_{n-i}, z_{n-i}),$$

而近似解满足关系
$$L_h(y_n) = 0,$$

因此它们的差满足等式
$$L_h(y_n) - L_h(y(nh)) \approx -E_{m+1} h^m y^{(m+1)}(x).$$

由于 y_n 和 $y(nh)$ 相近, 这个关系式可以写成
$$L_h'(y(nh))(y_n - y(nh)) \approx -E_{m+1} h^m y^{(m+1)}(x),$$

其中 L_h' 为算子 L_h 的导数. 因为算子 L 和 L_h 在一定意义下近似, 则可以写出
$$L'(y(nh))(y_n - y(nh)) \approx -E_{m+1} h^m y^{(m+1)}(x).$$

回顾算子 L 的导数由如下等式定义
$$\begin{aligned} L'(y(x))\delta &= \lim_{t\to 0} \frac{L(y(x)+t\delta(x)) - L(y(x))}{t} \\ &= \lim_{t\to 0} \frac{((y+t\delta)' - f(x, y+t\delta)) - (y' - f(x,y))}{t} = \delta' - f_y(x, y(x))\delta \end{aligned}$$

由此得到近似式
$$\delta' - f_y(x, y(x))\delta \approx -E_{m+1} h^m y^{(m+1)}(x),$$

然后得到 (15), 其中 $\delta = y_n - y(x_n)$.

对于误差主项表达式推导的第二种途径已不能直接推导, 且原则上可能导致不可信的结论. 这可以从这样的事实看出: 处处不满足 α 条件, 而缺乏该条件时, 值 $y_n - y(x_n)$ 很小的事实就不成立. 基于这样的途径得到的结论的正确性要求特殊的理由.

同时, 应当承认它是相当有效的, 因为还没给出任何反例说明, 在差分问题的解收敛于微分问题的解 的情况下, 应用它会导出误差主项的不正确表示.

对于某些方法, 例如亚当斯法和龙格-库塔法, 其误差主项表达式通常给出误差值的实际表达式. 在另一些情况下, 例如方法 (7.6), 它是所谓米尔恩 (Milne) 方法的最简单情况, 这个表达式应该看作实际误差值的某个下界估计.

我们来研究方法 (7.6) 和方程 $y' = My$. 其精确解为
$$y(x) = y_0 e^{M(x-x_0)},$$

而 $E_3 = 1/6$. 由 (15) 有
$$z(x_n) = -\frac{1}{6}\int_{x_0}^{x_n} e^{M(x-x_0)} M^3 y_0 e^{M(x-x_0)} dx = -\frac{1}{6} M^3 y_0 e^{M(x_n-x_0)}(x_n - x_0). \tag{16}$$

在区域 $v > 0$ 中估计 $|ve^{-v}|$. 因为这个函数当 $v \to 0$ 和 $v \to \infty$ 时趋于零, 则其最大值在其导数等于零的点取得, 即 $v = 1$. 由此可得当 $v > 0$ 时 $|ve^{-v}| \leqslant e^{-1}$. 研究情况 $M < 0$. 将 $v = -M(x_n - x_0)$ 代入其中得到 $|Me^{M(x_n-x_0)}(x_n - x_0)| \leqslant e^{-1}$. 由此不等

式及 (16) 推出 $|z(x_n)| \leqslant M^2|y_0|/(6e)$, 于是误差主项当 $x_0 < x_n < \infty$ 时一致有界. 同时, 从 §7 中引入的这个模型例子的研究推出, 由于初始值 y_0, y_1 的误差的严重影响, 误差的实际值急剧增长.

看起来上面描述的情况似乎存在某种矛盾. 我们提到了误差主项, 但同时又断言它在实际误差值中不是确定无疑的. 事实如下.

在获取误差主项时, 注意到积分区间长度固定, 而 δ/h 和 h 趋向于零. 在 §7 中引入的模型例子的研究中谈到当 h 固定, $x_n - x_0 \to 0$ 时的误差特性.

如这个模型例子已指出, 原始数据误差的影响在值 $|M|(x_n - x_0)$ 不太大的情况下也是很重要的. 因此, 尽管当 $\delta/h, h \to 0$ 且 $x_n - x_0$ 固定时误差主项值很小, 方法 (7.6) 在实际中的广泛应用是不合适的.

§9. 方程组积分的特性

上面提出的方法, 特别是计算公式, 可不做任何改变地应用到方程组
$$\mathbf{y}' = \mathbf{f}(x, \mathbf{y}). \tag{1}$$
形式上的不同在于在相应的关系式中用某个矩阵或张量代替标量值.

为揭示常微分方程组数值积分过程中出现的特性, 我们来研究常系数的线性方程组的模型例子
$$\mathbf{y}' = A\mathbf{y}. \tag{2}$$

在应用有限差分近似 (5.2) 时相应的有限差分方程组有形式
$$\sum_{i=0}^{k} \frac{a_{-i} \mathbf{y}_{n-i}}{h} - \sum_{i=0}^{k} b_{-i} A \mathbf{y}_{n-i} = \mathbf{0}. \tag{3}$$

为简单起见假定矩阵的若尔当标准型为简单的: $C^{-1}AC = \Lambda$, Λ 为对角线上元素为 $\lambda_1, \cdots, \lambda_l$ 的对角矩阵. 设 $C^{-1}\mathbf{y}_n = \mathbf{z}_n$, 且 (3) 左乘 C^{-1}, 得到
$$\sum_{i=0}^{k} \frac{a_{-i} \mathbf{z}_{n-i}}{h} - \sum_{i=0}^{k} b_{-i} C^{-1}AC \mathbf{z}_{n-i} = \mathbf{0},$$
或者
$$\sum_{i=0}^{k} \frac{a_{-i} \mathbf{z}_{n-i}}{h} - \sum_{i=0}^{k} b_{-i} \Lambda \mathbf{z}_{n-i} = \mathbf{0}.$$

这个方程组展开成关于向量 $\mathbf{z}_n = (z_{1n}, \cdots, z_{ln})^T$ 的分量 z_{pn} 的标量有限差分方程组:
$$\frac{1}{h} \sum_{i=0}^{k} a_{-i} z_{p,n-i} - \sum_{i=0}^{k} b_{-i} \lambda_p z_{p,n-i} = 0, \quad p = 1, \cdots, l. \tag{4}$$

关系式 (4) 与方程
$$z_p' = \lambda_p z_p \tag{5}$$
的有限差分近似相同.

如果在 (2) 中转换成新的未知向量函数 $\mathbf{z} = C^{-1}\mathbf{y}$ 且对 (2) 左乘 C^{-1}, 则得到标量方程组 (5), $p = 1, \cdots, l$. 相应于向量 $\mathbf{z}(x)$ 和 $\mathbf{z}_n$ 的定义我们有等式

$$\mathbf{z}_n - \mathbf{z}(x_n) = C^{-1}(\mathbf{y}_n - \mathbf{y}(x_n)).$$

于是, 得到带有小的误差的解 $\mathbf{y}(x)$ 的充分必要条件是, 在基于逼近 (4) 的积分中以小的误差得到方程 (5) 的解 $\mathbf{z}_p(x)$. 同时注意到, 初始条件之间的近似关系

$$\mathbf{y}_j = C\mathbf{z}_j, \quad j = 0, \cdots, k-1.$$

类似的思路按照龙格–库塔法也可以得到同样的结论.

方程 (5) 的解有形式 $z_p = z_p^0 \exp\{\lambda_p(x-x_0)\}$, 且当 x 变化的范围达到 $\Delta x = |1/\lambda_p|$ 时解发生很大的改变, 即解的特征指数改变了阶 $1/|\lambda_p|$. 如果考虑整个向量 $\mathbf{z}(x)$, 则其变化的特征指数的阶为 $1/\max_p|\lambda_p|$. 向量 $\mathbf{y}(x)$ 的特征指数也会同样地改变.

积分步长应该大大小于解的改变的特征指数, 即 $h \ll \dfrac{1}{\max\limits_{p}|\lambda_p|}$. 由此推出积分步数下界的估计

$$N = \frac{X}{h} \gg \max_p |\lambda_p| \cdot X.$$

如果远大于 $\max\limits_{p}|\lambda_p| \cdot X$ 的步数超过了机时耗费的容许限度, 最好利用针对解的特点的方法.

在对所有的 p, 满足条件

$$|\lambda_p|X \gg 1$$

的情况下, 对于解的描述可以应用渐近方法. 但是, 经常遇到的实际问题中这个条件不满足. 因此, 渐近方法的应用不可能或者很困难.

当然, 会出现这样的问题: 如果方程组 $\mathbf{y}' = A\mathbf{y}$ 的解可以显式地写出, 我们应该讨论怎样的一些问题? 事实在于, 我们以模型来讨论这个问题. 实际上, 同样的方法也常被用来求解复杂的问题, 这样我们可以通过讨论可显式求解的简单问题来探讨方法应用时出现的情况.

广泛的实际问题转变成求解所谓刚性微分方程组的柯西问题. 特别, 应用稳定化方法产生这类方程组当极小化函数 f 时有

$$\frac{d\mathbf{x}}{dt} + \nabla f = \mathbf{0}, \quad \frac{d^2\mathbf{x}}{dt^2} + \gamma\frac{d\mathbf{x}}{dt} + \nabla f = \mathbf{0},$$

其等高线是半轴相差很大的椭圆.

可以取如下方程组作为这类方程组的模型

$$\mathbf{y}' = A\mathbf{y}, \tag{6}$$

其中矩阵 A 的特征值满足一定的条件. 刚性方程组还不存在明确的定义. 通常, 如果

$(\max\limits_{p} \operatorname{Re} \lambda_p) \cdot X$ 不是大的正数, 而 $(\max\limits_{p} |\lambda_p|) \cdot X \gg 1$ 且

    a) $(\max\limits_{p} |\operatorname{Im} \lambda_p|) \cdot X$ 不是大的正数, 或者

    b) 对于适当的 b, c 有 $\dfrac{|\operatorname{Im} \lambda_p|}{b - \operatorname{Re} \lambda_p} \leqslant c$

则方程组 (6) 属于刚性方程组.

以 $\mathbf{f}_y$ 记雅可比矩阵 $\left\|\dfrac{\partial f_i}{\partial y_j}\right\|$. 如果对于积分区域中某个长度为 $\overline{X} > 0$ 的区间中所有的 x_0, 方程组

$$\mathbf{y}' = \mathbf{f}_y(x_0, \mathbf{y}(x_0))\mathbf{y}$$

属于上面定义的刚性方程组类, 则非线性方程组 $\mathbf{y}' = \mathbf{f}(x, \mathbf{y})$ 属于刚性方程组类.

对于方程组 (6), 由上述讨论可以看出, 这类方程组的柯西问题的数值解要求研究特殊的求解方法. 当前这些方法已得到了研究, 且基于它们建立了相应的标准程序包.

我们来研究刚性方程组求解中广泛应用的简单情况.

1. 假设已经找到了值 $\mathbf{y}(x_n)$ 的近似 $\mathbf{y}_n$, 要寻找值 $\mathbf{y}(x_{n+1})$ 的近似, 其中 $x_{n+1} - x_n = H$. 将右边的 $\mathbf{f}(x, \mathbf{y})$ 在点 $(x_n, \mathbf{y}_n)$ 展开成泰勒级数

$$\mathbf{f}(x, \mathbf{y}) = \mathbf{f}(x_n, \mathbf{y}_n) + \frac{\partial \mathbf{f}(x_n, \mathbf{y}_n)}{\partial x}(x - x_n) + \mathbf{f}_y(x_n, \mathbf{y}(x_n))(\mathbf{y} - \mathbf{y}_n) + \cdots. \tag{7}$$

在实际问题中常常出现这样的刚性方程组, 其中 $\mathbf{f}(x, \mathbf{y})$ 与 x 无关或者相对于 x 的变化缓慢变化. 在这种情况下, 右边部分的主项是第 1 项和第 3 项. 我们取方程组

$$\mathbf{z}' = \mathbf{f}(x_n, \mathbf{y}_n) + \mathbf{f}_y(x_n, \mathbf{y}(x_n))(\mathbf{z} - \mathbf{y}_n) \tag{8}$$

在初始条件 $\mathbf{z}(x_n) = \mathbf{y}_n$ 下的解在点 x_{n+1} 处的值 $\mathbf{z}(x_{n+1})$ 作为 $\mathbf{y}_{n+1}$. 做变量代换 $\mathbf{z}(x) - \mathbf{y}_n = \mathbf{u}(x), x - x_n = t$ 且引入记号

$$\mathbf{f}(x_n, \mathbf{y}_n) = \mathbf{b}, \quad \mathbf{f}_y(x_n, \mathbf{y}(x_n)) = A.$$

为确定 $\mathbf{z}(x_{n+1})$ 需要找到方程组 $\mathbf{u}' = A\mathbf{u} + \mathbf{b}$ 在初始条件 $\mathbf{u}(0) = \mathbf{0}$ 下解的值 $\mathbf{u}(H)$.

这个问题可显式求解, 但求解时要求知道 A 的所有特征值和特征向量. 如果矩阵 A 的维数过高, 则找到它们是一个相当困难的问题. 因此下面寻找 $\mathbf{u}(H)$ 的途径更合理. 方程组 $\mathbf{u}' = A(t)\mathbf{u} + \mathbf{b}(t)$ 在初始条件 $\mathbf{u}(0) = \mathbf{0}$ 下的解写成

$$\mathbf{u}(t) = \int_0^t W(\tau, t)\mathbf{b}(\tau)d\tau.$$

矩阵 $W(\tau, t)$ 是方程组

$$\frac{dW(\tau, t)}{dt} = A(t)W(\tau, t)$$

在初始条件 $W(\tau, \tau) = E$ 下的解.

在 $A, \mathbf{b} = \text{const}$ 的特殊情况下有 $\mathbf{u}(t) = \omega(t)\mathbf{b}$, 其中矩阵 $\omega(t)$ 有形式

$$\omega(t) = \int_0^t \exp\{A(t - \tau)\}d\tau = A^{-1}(\exp\{At\} - E).$$

可以应用泰勒级数展开

$$\omega(H) \sim H \sum_{i=1}^{\infty} \frac{1}{i!}(AH)^{i-1} \tag{9}$$

来尝试计算值 $\omega(H)$. 但是, 在刚性方程组的情况下对于实际容许的值 H 有 $\|A\|H \gg 1$ 且

a) 为达到可接受的精度要求取太多的项;

b) 即使为达到要求的精度所取的项数按照算术运算次数来说是容许的情况下, 在条件 $\|A\|H \gg 1$ 时, 可能由于另外的原因而不能应用展开式 (9): 在计算右边项中遇到相当大的数, 致使舍入引起的相对误差不能容忍.

矩阵 $\omega(t)$ 满足关系

$$\omega(t) = \omega\left(\frac{t}{2}\right)\left(2E + A\omega\left(\frac{t}{2}\right)\right), \tag{10}$$

其中 E 为单位矩阵. 因此按照下列途径寻找其解常常更合适. 选择 s 使得 $\|A\|H \cdot 2^{-s} \ll 1$, 基于 (9) 计算

$$\omega\left(\frac{H}{2^s}\right) \approx \frac{H}{2^s} \sum_{i=1}^{s} \frac{1}{i!}\left(A\frac{H}{2^s}\right)^{i-1},$$

然后借助于递推公式 (10) 计算 $\omega(H/2^{s-1}), \cdots, \omega(H/2), \omega(H)$.

对于线性方程组 $\mathbf{y}' = A(x)\mathbf{y}$, 问题求解的算法可以稍许简化. 在上面描述的算法的每一步中必须求方程组 $\mathbf{y}' = A(x_n)\mathbf{y}$ 在初始条件 $\mathbf{y}(x_n) = \mathbf{y}_n$ 的解. 于是,

$$\mathbf{y}_{n+1} = \varphi(H)\mathbf{y}_n, \quad \text{其中 } \varphi(H) = \exp\{AH\}, \quad A = A(x_n).$$

乍看起来下面的方法是合理的. 矩阵 $\varphi(H)$ 满足关系

$$\varphi(t) = \varphi\left(\frac{t}{2}\right)\varphi\left(\frac{t}{2}\right). \tag{11}$$

因此, 给定某个 s 并计算

$$\omega\left(\frac{H}{2^s}\right) \approx \sum_{i=0}^{k} \frac{1}{i!}\left(A\frac{H}{2^s}\right)^{i},$$

然后应用递推公式 (11) 计算

$$\varphi\left(\frac{H}{2^{s-1}}\right), \cdots, \varphi(H).$$

这样的方法在 s 很大时导致很大的误差积累. 因此, 让 $\psi(H) = \varphi(H) - E$, 计算

$$\psi\left(\frac{H}{2^s}\right) \approx \sum_{i=1}^{k} \frac{1}{i!}\left(\frac{AH}{2^i}\right)^s$$

然后应用递推公式

$$\psi(t) = \psi\left(\frac{t}{2}\right)\left(2E + \psi\left(\frac{t}{2}\right)\right)$$

计算 $\psi(H/2^{s-1}), \cdots, \psi(H)$.

进一步, 寻找 $\varphi(H) = E + \psi(H)$.

当 $\mathbf{f}_x \not\equiv \mathbf{0}$ 时, 如果在 (7) 中也考虑第二项, 则得到精度为 $O(h^2)$ 的方法. 于是类似的方式要求构造求解辅助方程

$$\mathbf{u}' = A\mathbf{u} + \mathbf{b} + \mathbf{c}t, \quad \mathbf{c} = \left.\frac{\partial \mathbf{f}}{\partial x}\right|_{(x_n, y_n)}$$

的精确方法. 在求解线性方程 $\mathbf{u}' = A(x)\mathbf{u} + \mathbf{f}(x)$ 时可以提出精度为 $O(h^4)$ 的相当简单的方法.

2. 求解刚性问题的另一类方法按如下方式建立. 给定某个 k, 以局部 pk 阶精度逼近导数 $\mathbf{y}'(x_n)$:

$$\mathbf{y}'(x_n) \approx \frac{1}{h}\sum_{i=1}^{k}\frac{\nabla^i \mathbf{y}_n}{i} = \sum_{i=0}^{k}\frac{a_{-i}\mathbf{y}_{n-i}}{h}.$$

表达式 $\mathbf{f}(x_n, \mathbf{y}(x_n))$ 保持不变. 得到有限差分近似

$$\sum_{i=0}^{k}\frac{a_{-i}\mathbf{y}_{n-i}}{h} - \mathbf{f}(x_n, \mathbf{y}_n) = \mathbf{0}. \tag{12}$$

我们来研究模型方程 $\mathbf{y}' = M\mathbf{y}$, 此时 (12) 变成有限差分方程

$$\sum_{i=0}^{k}\frac{a_{-i}\mathbf{y}_{n-i}}{h} - M\mathbf{y}_n = \mathbf{0}.$$

这个方程的解通过特征方程

$$\sum_{i=0}^{k}a_{-i}\mu^{k-i} - hM\mu^k = 0$$

的根写出. 当 $k=1,2$ 时这个方程的根满足条件: 在值 $M : \operatorname{Re} M < 0$ 的区域中 $|\mu| \leqslant 1$; 而当 $k = 3, 4, 5, 6$ 时满足条件: 在值 $M : |\operatorname{Im} M| \leqslant \alpha_k \operatorname{Re} M$ 的区域中 $|\mu| \leqslant 1$, 其中 $\alpha_k > 0$.

在非线性情况下值 $\mathbf{y}_n$ 要求从非线性方程组 (12) 寻找.

刚性方程组的求解算法不同于寻找 (12) 解的初始近似的方法, 也不同于 (12) 的近似解算法. 我们研究 $k=1$ 的简单情况, 此时 (12) 变为欧拉隐式方法:

$$\frac{\mathbf{y}_n - \mathbf{y}_{n-1}}{h} - \mathbf{f}(x_n, \mathbf{y}_n) = \mathbf{0}. \tag{13}$$

最好能适当借助于显式欧拉公式

$$\mathbf{y}_n^0 = \mathbf{y}_{n-1} + h\mathbf{f}(x_{n-1}, \mathbf{y}_{n-1})$$

找到 $\mathbf{y}_n$ 的初始近似, 但这不总是适当的. 当 $\mathbf{f}(x, \mathbf{y}) \equiv M\mathbf{y}$ 时有 $\mathbf{y}_n^0 = (1 + Mh)\mathbf{y}_{n-1}$ 且当 $|Mh| \gg 1$ 时这样的近似可能会远不同于真实值. 因此, 更安全但不总是有效的方式是让 $\mathbf{y}_n^0 = \mathbf{y}_{n-1}$. 将 (13) 改写成关于 $\mathbf{y}_n$ 的非线性方程组:

$$\mathbf{y}_n - \mathbf{y}_{n-1} - h\mathbf{f}(x_n, \mathbf{y}_n) = \mathbf{0},$$

并应用牛顿迭代方法. 在这个具体情况中牛顿插值公式变为

$$\mathbf{y}_n^{k+1} = \mathbf{y}_n^k - (E - h\mathbf{f}_y(x_n, \mathbf{y}_n^k))^{-1}(\mathbf{y}_n^k - \mathbf{y}_{n-1} - h\mathbf{f}(x_n, \mathbf{y}_n^k)), \tag{14}$$

其中 k 为迭代编号.

在刚性方程组的一个求解方法中取从 (14) 当 $\mathbf{y}_n^0 = \mathbf{y}_{n-1}$ 时得到的值 $\mathbf{y}_n^1$ 作为 $\mathbf{y}_n$. 于是有
$$\mathbf{y}_n = \mathbf{y}_n^1 = \mathbf{y}_{n-1} + h(E - h\mathbf{f}_y(x_n, \mathbf{y}_{n-1}))^{-1}\mathbf{f}(x_n, \mathbf{y}_{n-1}).$$

我们来研究标量方程 $y' = My$ 的情况. 于是有
$$y_n = y_{n-1} + \frac{Mh}{1-Mh}y_{n-1} = \frac{1}{1-Mh}y_{n-1}.$$

如果 $\operatorname{Re} M < 0$, 特别若 M 为实数且 $M < 0$, 则对于任意 h 有 $\left|\dfrac{1}{1-Mh}\right| < 1$, 且计算过程中出现的误差衰减. 因此, 能用这个方法来求解刚性方程组.

3. 我们来给出另一种类似的方法用于求解一类相当广泛的刚性方程组的柯西问题:
$$\mathbf{z}' = F(\mathbf{z}, x), \quad \mathbf{u}' = G_0(\mathbf{z}, x) + G_1(\mathbf{z}, x)\mathbf{u},$$
其局部误差通过某个值 δ 来控制.

我们尝试从近似 $\mathbf{z}_n, \mathbf{u}_n$ 以步长 h_n 开始积分. 应用一阶精度近似
$$\frac{\mathbf{z}_{n+1} - \mathbf{z}_n}{h_n} = F(\mathbf{z}_n, x_n) + \left[\frac{\partial F}{\partial \mathbf{z}}\bigg|_{(\mathbf{z}_n, x_n)}\right](\mathbf{z}_{n+1} - \mathbf{z}_n),$$
$$\frac{\mathbf{u}_{n+1} - \mathbf{u}_n}{h_n} = G_0(\mathbf{z}_{n+1}, x_{n+1}) + G_1(\mathbf{z}_{n+1}, x_{n+1})(\mathbf{u}_{n+1} - \mathbf{u}_n).$$

在两个步长的结果中得到值 $\mathbf{z}(x_n + 2h_n)$ 和 $\mathbf{u}(x_n + 2h_n)$ 的近似值 $\mathbf{z}_{n+2}^1$ 和 $\mathbf{u}_{n+2}^1$. 以两个步长 $2h_n$ 做同样的近似找到近似值 $\mathbf{z}_{n+2}^2$ 和 $\mathbf{u}_{n+2}^2$. 值 $\mathbf{R}_n = \mathbf{z}_{n+2}^1 - \mathbf{z}_{n+2}^2$ 且 $\mathbf{r}_n = \mathbf{u}_{n+2}^1 - \mathbf{u}_{n+2}^2$ 被用来控制积分步长.

如果 $\Delta_n = \sqrt{\|\mathbf{R}_n\|^2 + \|\mathbf{r}_n\|^2} \leqslant \delta$, 则相应地取 $\mathbf{z}_{n+2}^1 + \mathbf{R}_n$ 和 $\mathbf{u}_{n+2}^1 + \mathbf{r}_n$ 作为最终的 $\mathbf{z}(x_n + 2h_n)$ 和 $\mathbf{u}(x_n + 2h_n)$ 的近似值. 当 $\Delta_n \leqslant \delta/4$ 时下一个步长扩大至两倍. 若 $\Delta_n > \delta$, 则尝试从点 x_n 出发以一半的步长重新进行近似.

最终得到的近似具有二阶精度.

习题 1 在作为例子的方程 $u' + Mu = 0$ 中得到通过 u_n 表示 $u_{n+2}^1 + r_n$ 的显式公式: $u_{n+2}^1 + r_n = \lambda(M)u_n$. 对于怎样的 M 成立不等式 $|\lambda(M)| \leqslant 1$?

4. 正如前面已提到的一样, 刚性常微分方程组数值积分的显式方法由于积分步长的限制而不能接受. 事实上, 我们来研究模型方程
$$u' + Mu = 0, \quad u(0) = u_0, \tag{15}$$
并且应用欧拉法求解:
$$u^{n+1} = u^n - Mhu^n = (1-Mh)u^n, \quad u^0 = u_0. \tag{16}$$
问题 (15) 当 $M > 0$ 时的解具有指数单调下降的形式 $u(x) = u_0 e^{-Mx}$, 同时 (16) 的解有形式 $u^n = (1-Mh)^n u_0$. 于是, 当 $|1-Mh| > 1$ 时使用欧拉法求得的解指数增长且与实际解没有任何共同之处. 此外, 若 $|1-Mh| < 1$, 但 $1-Mh < 0$, 则问题 (15) 的解指数下降, 但从一步转到下一步时符号改变, 即在此情况下欧拉法也是不能接受的.

于是，从上面的讨论可以得出结论: 在积分步长满足条件

$$h \leqslant \frac{1}{M} \tag{17}$$

时，欧拉法能给出正确模拟微分问题解的特性的近似解，其中条件 (17) 在 M 的模很大时导致计算开销的过度增长.

数值积分的显式方法似乎根本不适合求解刚性常微分方程组. 但是，并非如此. 不太久之前提出了基于显式方法 (特别是欧拉法) 求解刚性常微分方程组的数值积分方法，而显式方法可以大大地减少计算开销. 该方法的本质在于积分步长的改变.

我们以一个模型问题为例来阐述方法的基本思想. 我们研究带有对角非负的矩阵 A 的常微分方程组:

$$\frac{d\mathbf{u}}{dt} + A\mathbf{u} = \mathbf{0}, \quad \mathbf{u}(0) = \mathbf{u}_0. \tag{18}$$

假定矩阵 A 的元素可分为两部分: 平滑部分 —— $\lambda_1, \cdots, \lambda_k = O(1)$ 和刚性部分 —— $\lambda_{k+1}, \cdots, \lambda_m \gg 1$, $\max \lambda_j = M$. 问题 (18) 的解有形式

$$u^j(t) = e^{-\lambda_j t} u_0^j. \tag{19}$$

在区间 $[0, \tau]$ 上应用如下欧拉法求问题 (18) 的解

$$\mathbf{u}_{n+1} = \mathbf{u}_n - hA\mathbf{u}_n = (E - hA)\mathbf{u}_n,$$

由此推出

$$\mathbf{u}_n = (E - hA)^n \mathbf{u}_0. \tag{20}$$

那么，由 (20) 有

$$u_n^j = (1 - h\lambda_j)^n u_0^j. \tag{21}$$

由 (19) 知微分问题解的范数 $\|\mathbf{u}(t)\|$ 不增. 如果要求离散问题解的范数也不增，则由 (21) 可得积分步长 h 应该满足条件

$$|1 - h\lambda_j| \leqslant 1, \quad j = 1, \cdots, m,$$

由此得到 h 的估计:

$$h \leqslant 2/M. \tag{22}$$

条件 (22) 对于欧拉法 (20) 的稳定性是必要的. 甚至当我们位于这样的区域中时，即当相应于刚性部分谱的解的分量接近于零时，我们被迫选择满足 (22) 的积分步长. 相反的情况下计算误差发生指数积累.

假定我们已给出积分步数 N. 那么，在 N 步内，应用欧拉法 (20) 和稳定性条件 (22)，可以获得时刻 $\tau = 2N/M$ 时的近似解. 我们提出下列问题. 应用变步长欧拉法, 在 N 步内得到尽可能大的区间的近似解. 自然地, 使用的方法应该是稳定的.

对于方程 $\frac{d\mathbf{u}}{dt} = f(t, \mathbf{u}), \mathbf{u}(0) = \mathbf{u}_0$ 的一般情况, 带变步长的数值积分算法有形式

$$\begin{aligned}
\mathbf{y}_{n+1/2} &= \mathbf{u}_n + h_{n+1}\mathbf{f}(t_n, \mathbf{u}_n), \quad t_{n+1/2} = t_n + h_{n+1}, \\
\mathbf{y}_{n+1} &= \mathbf{y}_{n+1/2} + h_{n+1}\mathbf{f}(t_{n+1/2}, \mathbf{y}_{n+1/2}), \quad t_{n+1} = t_{n+1/2} + h_{n+1}, \\
\mathbf{u}_{n+1} &= \mathbf{y}_{n+1} + \gamma_{n+1}h_{n+1}(\mathbf{f}(t_n, \mathbf{u}_n) - \mathbf{f}(t_{n+1/2}, \mathbf{y}_{n+1/2})),
\end{aligned} \tag{23}$$

其中 γ_j 为某个常数, 它应该与 h_j 同时确定.

我们对于方程 $\dfrac{d\mathbf{u}}{dt} + A\mathbf{u} = \mathbf{0}, \mathbf{u}(0) = \mathbf{u}_0$ 来给出精确描述. 如果 $\mathbf{u}_n$ 已知, 则 $\mathbf{u}_{n+1}$ 将按下列公式寻找

$$\mathbf{u}_{n+1} = (E - h_n A)\mathbf{u}_n. \tag{24}$$

于是, 我们可以写出将 $\mathbf{u}_N$ 和 $\mathbf{u}_0$ 联系起来的关系式

$$\mathbf{u}_N = Q_N(A)\mathbf{u}_0, \tag{25}$$

其中

$$Q_N(\lambda) = \prod_{i=1}^{N}(1 - h_i\lambda). \tag{26}$$

注意到

$$Q_N(\lambda) = 1 - \sum_{i=1}^{N} h_i\lambda + \cdots.$$

从问题的提法可以看到, 多项式 $Q_N(\lambda)$ 中 λ 的系数正好也是我们应该极小化的值. 此外还应该满足稳定性条件 $\|Q_N(A)\| \leqslant 1$, 这等价于对任意 $\lambda \in [0, M]$ 不等式 $|Q_N(\lambda)| \leqslant 1$ 成立.

于是, 我们得到问题的如下描述. 引入 N 次多项式类 P, 其中的每个多项式带有常数项 1, 且在区间 $[0, M]$ 上值的模不超过 1. 要求在这个类中找到多项式, 其导数在零点处的值最小, 即要求找到 $Q_N \in P$ 使得

$$Q_N(\lambda) = \arg\min_{P_N \in P} P'_N(0). \tag{27}$$

我们有下列引理.

引理

$$\arg\min_{P_N \in P} P'_N(0) = T_N\left(\frac{M - 2\lambda}{M}\right) \equiv Q_N(\lambda),$$

其中 T_N 为 N 次切比雪夫多项式.

证明 从切比雪夫多项式定义推出 $T_N \in P$. 假定引理结论不正确. 则存在多项式 $P_N \in P$ 使得 $P'_N(0) < Q'_N(0)$. 考察差 $r(\lambda) = Q_N(\lambda) - P_N(\lambda)$. 因为 $Q_N, P_N \in P$, 所以这个差是一个 N 次多项式且在零点的值等于零. 设 $\lambda_0, \cdots, \lambda_N$ 为 Q_N 的极值点, 并且 $\lambda_0 = 0, \lambda_N = M$. 此外, $Q_N(\lambda_{2j})Q_N(\lambda_{2j+1}) < 0$. 由此推出, r 满足条件

$$\operatorname{sign} r(\lambda_{2j}) \geqslant 0, \quad \operatorname{sign} r(\lambda_{2j+1}) \leqslant 0. \tag{28}$$

我们寻找多项式 r 在区间 $[0, M]$ 上根的个数. 在区间 $[\lambda_0, \lambda_1]$ 上总有两个根. 事实上, $r(\lambda_0) = 0$ 且由引理假设 $r'(\lambda_0) > 0$. 因为 $r(\lambda_1) \leqslant 0$, 则这意味着在 $[\lambda_0, \lambda_1]$ 上至少有两个根. 如果到点 λ_{2j+1} 在所有节点 λ_k 处 (除了 λ_0 以外) 满足严格不等式 (28), 则在区间 $[\lambda_0, \lambda_{2j+1}]$ 上 $r(\lambda)$ 有 $2j + 2$ 个根. 设 $r(\lambda_{2j+1}) = 0$. 那么可能有两种情况: 或者 $r(\lambda)$ 在点 λ_{2j+1} 的邻域内改变符号, 或者 $r(\lambda)$ 在点 λ_{2j+1} 的邻域内不改变符号. 在第一种情况下, 这意味着在区间 $[\lambda_0, \lambda_{2j+2}]$ 上 $r(\lambda)$ 有 $2j + 3$ 个根. 在第二种情况下, 点

§9. 方程组积分的特性

λ_{2j+1} 是 $r(\lambda)$ 的重根. 于是, 我们考察了直到点 λ_{2j+2} 之前的所有可能的情况, 并证明了在 $[\lambda_0, \lambda_{2j+2}]$ 上 $r(\lambda)$ 至少有 $2j+3$ 个根 (考虑重根在内). 继续这个过程, 最终得到在整个区间 $[\lambda_0, \lambda_N]$ 上 N 次多项式 $r(\lambda)$ 至少有 $N+1$ 个根. 得到矛盾, 引理得证.

因为多项式 $Q_N(\lambda) = T_N\left(\dfrac{M-2\lambda}{M}\right)$ 在区间 $(0, M)$ 上具有 N 个根, 所以它可以写成 $Q_N(\lambda) = (1-h_1\lambda)\cdots(1-h_N\lambda)$, 并且实际上是所提出问题的解. 我们来计算值 $Q'_N(0)$. 对切比雪夫多项式 $T_N(x)$ 成立如下公式

$$T_N(x) = \frac{(x+\sqrt{x^2-1})^N + (x-\sqrt{x^2-1})^N}{2}, \quad x = \frac{M-2\lambda}{M}. \tag{29}$$

那么

$$\begin{aligned}
\frac{dT_N}{d\lambda} &= \frac{N}{2}\left[(x+\sqrt{x^2-1})^{N-1}\left(\frac{2}{M} + \frac{2x}{M\sqrt{x^2-1}}\right)\right. \\
&\quad \left.+(x-\sqrt{x^2-1})^{N-1}\left(\frac{2}{M} - \frac{2x}{M\sqrt{x^2-1}}\right)\right] \\
&= \frac{N}{M}\left[\left(x^{N-1} + (N-1)x^{N-2}\sqrt{x^2-1} + o\left(\sqrt{x^2-1}\right)\right)\left(1 + \frac{x}{\sqrt{x^2-1}}\right)\right. \tag{30} \\
&\quad \left.+ \left(x^{N-1} - (N-1)x^{N-2}\sqrt{x^2-1} + o\left(\sqrt{x^2-1}\right)\right)\left(1 - \frac{x}{\sqrt{x^2-1}}\right)\right] \\
&= \frac{N}{M}\left[2x^{N-1} + 2(N-1)x^{2N-1} + O\left(\sqrt{x^2-1}\right)\right].
\end{aligned}$$

因为

$$\left.\frac{dT_{2N}\left(\dfrac{M-2\lambda}{M}\right)}{d\lambda}\right|_{\lambda=0} = \left.\frac{dT_{2N}(x)}{d\lambda}\right|_{x=1},$$

则由 (30) 有

$$\left.\frac{dT_{2N}\left(\dfrac{M-2\lambda}{M}\right)}{d\lambda}\right|_{\lambda=0} = -\frac{2N^2}{M}. \tag{31}$$

于是, 借助于欧拉法在 N 步内对刚性方程组进行数值积分, 我们可以得到区间 $\left[0, \dfrac{2N}{M}\right]$ 上的近似解. 而利用变步长的显式方法对同样的方程组进行积分时可以以同样的步数得到区间 $\left[0, \dfrac{2N^2}{M}\right]$ 上的近似解, 由此推出, 变步长积分方法的应用可以在同样的过程时间消耗的情况下扩大积分区间长度约 N 倍, 即对于大的 N 这个方法是特别有效的. 当前, 按照所指出的方法计算时, N 的值可达到 10^6 量级. 并且在每个计算点, N 的选择与解的光滑性有关. 通常, 在数 $N = 2^l \cdot 3^k$ 中选择 N.

对于一般方程组, 算法 (24) 的研究类似.

应该注意到这样的事实, 即上述研究方法在实际实现时, 正如迭代方法的切比雪夫加速的情况一样, 过程参数的正确排序问题是十分重要的. 当前, 这些问题已解决, 且在

此基础上对求解刚性常微分方程组 В. И. 列别捷夫已建立了程序包 "DUMKA", 它在求解大量的此类问题时显示了高度的有效性. 这个方法与其他方法相比在应用了多处理器计算技术时特别有效, 因为它很容易并行处理.

§10. 二阶方程的数值积分方法

通过引入新的未知函数, 高于一阶的微分方程和方程组可以转化为一阶微分方程组. 于是, 形式上关于高阶微分方程的柯西问题的数值解的问题可以认为是已得到解决.

但是, 特别针对高阶方程的方法常常更有效. 这类方法的研究中也需要注意到特殊类型的高阶方程组的广泛传播, 其中专家的建议也可能可以提高方法的有效性. 例如, 一些天体力学问题转化为如下方程组的积分:
$$\mathbf{y}'' = \mathbf{f}(\mathbf{y}).$$
我们来研究更广泛的一类方程
$$y'' = f(x, y).$$
和以前一样先对单个方程进行讨论, 因为可以自动地将结果转化到方程组. 传统上求解这类方程积分的更普遍的方法是显式的

$$y_{n+1} - 2y_n + y_{n-1} = h^2 \sum_{i=0}^{k} b_{-i} f(x_{n-i}, y_{n-i}) \tag{1}$$

和隐式的

$$y_{n+1} - 2y_n + y_{n-1} = h^2 \sum_{i=-1}^{k} b_{-i} f(x_{n-i}, y_{n-i}) \tag{2}$$

有限差分方法. 这些方法可以通过待定系数法得到, 这要求差
$$\frac{y(x_{n+1}) - 2y(x_n) + y(x_{n-1})}{h^2} - \sum_{i=-1}^{k} b_{-i} y''(x_{n-i})$$
按照 h 的阶尽可能高. 这里, 通常假定 $x_{n+1} - x_n \equiv h$.

其中更常用的方法之一是当 $k = 1$ 时的形如 (2) 的四阶精度的隐式方法 (常称为努麦罗夫方法):
$$y_{n+1} - 2y_n + y_{n-1} = h^2 \left(\frac{1}{12} f(x_{n-1}, y_{n-1}) + \frac{10}{12} f(x_n, y_n) + \frac{1}{12} f(x_{n+1}, y_{n+1}) \right),$$
它对于线性问题的情况特别方便.

对于方程
$$y'' = f(x, y, y')$$
的数值积分广泛使用的是下列方法: 计算 $y(x_n)$ 和 $y'(x_n)$ 的近似值 y_n 和 z_n, 应用如下显式迭代关系
$$z_{n+1} = z_n + h \sum_{k=0}^{l} a_k \nabla^k f_n, \quad y_{n+1} = y_n + h \sum_{k=0}^{l} b_k \nabla^k z_{n+1}$$

或应用如下隐式递推关系

$$z_{n+1} = z_n + h\sum_{k=0}^{l} c_k \nabla^k f_{n+1}, \quad y_{n+1} = y_n + h\sum_{k=0}^{l} d_k \nabla^k z_{n+1}.$$

高于二阶的方程实际上常常转化为二阶或一阶方程组 (参看 §9.11).

如对一阶方程的有限差分方法一样, 在 (1) 和 (2) 中舍弃包含 f 值的项, 并研究所得到的差分方程. 在两中情况下它有形式

$$y_{n+1} - 2y_n + y_{n-1} = 0.$$

其特征方程有重根 $\mu = 1$. 不必担心出现重根: 如果在近似一阶方程的各种差分方法中, 在 f 前的系数有阶 h, 则此处的系数有阶 h^2.

所有前面提到的积分方程 $y'' = f(x, y)$ 的差分方法都可以表示成

$$\frac{1}{h^2}\sum_{i=0}^{k} a_{-i}y_{n-i} - \sum_{i=0}^{k} b_{-i}f(x_{n-i}, y_{n-i}) = 0, \quad a_0 \neq 0. \tag{3}$$

并且当固定 x_n 和 $h \to 0$ 时对光滑函数有

$$\frac{1}{h^2}\sum_{i=0}^{k} a_{-i}y(x_{n-i}) \to y''(x_n).$$

此外, $\sum_{i=0}^{k} b_{-i} = 1$. 设 r_n 为近似误差 (把微分问题的解代入左边部分得到的结果):

$$r_n = \sum_{i=0}^{k} \frac{a_{-i}y(x_{n-i})}{h^2} - \sum_{i=0}^{k} b_{-i}f(x_{n-i}, y(x_{n-i})),$$

且 $|r_n| \leqslant c_0 h^m$ 在整个积分区间 $[x_0, x_0 + X]$ 上一致成立. 正如一阶方程一样, 由于计算舍入以及在隐式情况下 ($b_0 \neq 0$) 关于未知数 y_n 的方程解的不精确性, 实际所得到的近似解 y_n 以一定误差满足 (3). 于是, 有

$$\frac{1}{h^2}\sum_{i=0}^{k} a_{-i}y_{n-i} - \sum_{i=0}^{k} b_{-i}f(x_{n-i}, y_{n-i}) = \delta_n.$$

从这个关系式减去前一个, 得到误差 $R_n = y_n - y(x_n)$ 的方程:

$$\frac{1}{h^2}\sum_{i=0}^{k} a_{-i}R_{n-i} - \sum_{i=0}^{k} b_{-i}l_{n-i}R_{n-i} = g_n,$$

其中 $l_j = f_y(x_j, \tilde{y}_j)$, $g_n = \delta_n - r_n$. 设

$$L = \sup_{x_0 \leqslant x \leqslant x_0 + X} |f_y(x, y)| < \infty.$$

定理 (省略证明) 设差分方法的特征方程

$$\sum_{i=0}^{k} a_{-i}\mu^{k-i} = 0$$

的所有根位于单位圆内且除了等于 1 的二重根以外在单位圆上没有重根, 则当 $x_0 \leqslant x \leqslant$

$x_0 + X$ 时有下列误差估计

$$\max_n \left(|R_n|, \left| \frac{R_n - R_{n-1}}{h} \right| \right) \leqslant C(L, X) \left(\max_{x_0 \leqslant x \leqslant x_0 + X} |g_n| + \max_{0 < j < k} |R_j| + \max_{0 < j < k} \left| \frac{R_j - R_{j-1}}{h} \right| \right). \tag{4}$$

在二阶方程求解方法的数值实现时，为减小计算误差值可适当将计算公式转换成另外的形式.

二阶方程数值解的方法可以被用来求解这样的方程，其中解的导数不能由解本身和自变量显式地表示. 为确定起见，我们研究标量情况

$$F(x, y, y') = 0.$$

如果这个方程可以成功解出 y'，则可以得到某个方程

$$y' = f(x, y).$$

问题求解的第一种可能途径是形式化地应用龙格–库塔方法或者有限差分方法. 对每一个 x 和 y 值 f 由如下方程的数值解得出

$$F(x, y, f) = 0.$$

可以用插值法从前面已经找到的值得到 f 的较好的初始近似，所以要求的迭代次数 (比如在割线法中) 通常不大.

在隐式方法的情况中常适当地直接求解关于未知量 y_n, f_n 的方程组

$$F(x_n, y_n, f_n) = 0,$$

$$\sum_{i=0}^{k} a_{-i} y_{n-i} - h \sum_{i=0}^{k} b_{-i} f_{n-i} = 0.$$

有时 (极少) 按下列方式进行: 原方程对 x 进行微分，得到关系式

$$\frac{d}{dx}(F(x, y, y')) = F_x(x, y, y') + F_y(x, y, y')y' + F_{y'}(x, y, y')y'' = 0,$$

$$\frac{d^2}{dx^2}(F(x, y, y')) = \cdots = 0$$

等等. 如果值 $y'(x_0)$ 已经找到，则从这些关系式可以显式地确定值 $y''(x_0), \cdots$，然后借助于泰勒公式获得 $y(x_0 + h)$.

这些关系式中的第一个可以改写成

$$y'' = g(x, y, y').$$

由此得到问题求解的第三个途径: 从方程

$$F(x_0, y_0, y'(x_0)) = 0$$

确定 $y'(x_0)$，接下来对方程

$$y'' = g(x, y, y')$$

进行数值积分.

§11. 积分节点分布的最优化

微分方程和方程组的解在不同的积分区间段可以有不同的光滑度. 在龙格–库塔方法的误差估计例子中看到, 某一步 $[x_n, x_{n+1}]$ 的积分误差对在点 $x_N = x_0 + X$ 的总误差的贡献等于每步上的误差乘以与 n 有关的因子 $\exp\left\{\int_{x_n}^{x_N} f_y(x, \tilde{y}(x))dx\right\}$. 因此, 对某些微分方程类, 积分节点分布的最优化问题变成亟待解决的问题. 我们来对该问题进行分析, 但不追求所引入问题的精确合理性. 为简单起见, 假定初始条件精确给定且没有舍入. 按龙格–库塔方法的数值积分结果在点 x_N 的误差不超过

$$S_N = \sum_{n=1}^{N} |y_n - y_{n-1}(x_n)| \exp\left\{\int_{x_n}^{x_N} f_y(x, \tilde{y}_n(x))dx\right\}. \tag{1}$$

假定 $x_n = \varphi(n/N)$, $\varphi(0) = x_0$, $\varphi(1) = x_0 + X$, $\varphi(t)$ 为光滑函数. 由拉格朗日公式有

$$x_n - x_{n-1} = \varphi\left(\frac{n}{N}\right) - \varphi\left(\frac{n-1}{N}\right) = \frac{1}{N}\varphi'(\bar{t}_n),$$

其中 $(n-1)/N \leqslant \bar{t}_n \leqslant n/N$, 因此

$$H = \max_{0 < n \leqslant N}(x_n - x_{n-1}) \leqslant \frac{1}{N}\max_{[0,1]}|\varphi'(t)|, \quad \text{当 } N \to \infty \text{ 时 } H \to 0.$$

于是 (参看 §4), 当 $N \to \infty$ 时有

$$\max_{x_0 \leqslant x_n \leqslant x \leqslant x_0 + X} |y_n(x) - y(x)| \to 0.$$

这样, 可以写出近似式 (也参看 §4)

$$\exp\left\{\int_{x_n}^{x_N} f_y(x, \tilde{y}_n(x))dx\right\} \sim \exp\left\{\int_{x_n}^{x_N} f_y(x, y(x))dx\right\},$$

$$y_n - y_{n-1}(x_n) \sim \psi(x_n, y(x_n))(x_n - x_{n-1})^{k+1}$$

$$\sim \psi\left(\varphi\left(\frac{n}{N}\right), y\left(\varphi\left(\frac{n}{N}\right)\right)\right) \left(\frac{1}{N}\varphi'\left(\frac{n}{N}\right)\right)^{k+1}$$

应用这些近似式, 将 S_N 的表达式 (1) 表示成

$$S_N = \frac{1}{N^k}\sum_{n=1}^{N}\frac{1}{N}\Phi\left(\frac{n}{N}\right) + o\left(\frac{1}{N^k}\right), \tag{2}$$

其中

$$\Phi(t) = |\psi(\varphi(t), y(\varphi(t)))|(\varphi'(t))^{k+1}\exp\left\{\int_{\varphi(t)}^{x_0+X} f_y(x, y(x))dx\right\} \tag{3}$$

当 $\Phi(t)$ 为光滑函数且 $N \to \infty$ 时值 $\sum_{n=1}^{N}\frac{1}{N}\Phi\left(\frac{n}{N}\right)$ 趋向于积分

$$I = \int_0^1 \Phi(t)dt. \tag{4}$$

于是,

$$S_N \sim N^{-k}\int_0^1 \Phi(t)dt.$$

接下来的讨论是 §3.12 中讨论的复杂化. 取 φ 作为积分 (4) 的新的变量. 那么该积

分被写成如下形式
$$I = \int_{x_0}^{x_0+X} L(\varphi) d\varphi,$$
其中
$$L(\varphi) = |\varphi(\varphi, y(\varphi))| \, (t'(\varphi))^{-k} \exp\left\{\int_\varphi^{x_0+X} f_y(x, y(x)) dx\right\} \tag{5}$$

注意到对积分 (4) 极小化时函数 $\varphi(t)$ 的选择问题与对带有被积函数 (5) 的同一积分极小化时反函数 $t(\varphi)$ 的选择问题等价. 由等式 $\dfrac{\partial L}{\partial t} = 0$, 则在此情况下欧拉方程
$$\frac{d}{d\varphi}\left(\frac{\partial L}{\partial t'}\right) - \frac{\partial L}{\partial t} = 0$$
变成 $\dfrac{d}{d\varphi}\left(\dfrac{\partial L}{\partial t'}\right) = 0$. 由此推出,
$$\frac{\partial L}{\partial t'} = -k \, |\psi(\varphi, y(\varphi))| \, (t'(\varphi))^{-k-1} \exp\left\{\int_\varphi^{x_0+X} f_y(x, y(x)) dx\right\} = \text{const}.$$
返回到变量 φ 得到
$$(\varphi'(t))^{k+1} \, |\psi(\varphi, y(\varphi))| \exp\left\{\int_\varphi^{x_0+X} f_y(x, y(x)) dx\right\} = C_1. \tag{6}$$
这个微分方程的解与 C_1 以及某个其他的常数 C_2 有关. 它们的值应该从边界条件 $\varphi(0) = x_0$, $\varphi(1) = x_0 + X$ 确定.

注意到一个不明显的情况. 方程 (6) 可以写成
$$(\varphi'(t))^{k+1} \, |\psi(\varphi, y(\varphi))| \exp\left\{-\int_0^\varphi f_y(x, y(x)) dx\right\} = C, \tag{7}$$

其中没有出现积分的初始和终端点. 当 $C = Ca^{k+1}$ 时函数 $\varphi(at+b)$ 也满足方程 (7). 给定某个 N, 每次从条件 $x_n - x_{n-1} \sim N^{-1} \varphi'(t_{n-1})$ 选出积分步长, 同时对原始方程和方程 (7) 进行积分. 我们将很快以不同于 N 的节点数 N_1 达到终端点 $x_0 + X$, 于是这个节点分布将不是相应于给定的 N 的最优分布. 这是自然的, 因为开始计算时, 我们不可能事先预见解的特性而指出 (7) 式右边的 C 应该取怎样的值. 但是, 由于方程 (7) 的解的性质, 可以证明函数 $\varphi(t)$ 将是所要找的, 且节点分布 $\varphi(n/N_1)$ 是相应于节点数 N_1 最优的 (精确到数值积分误差).

由于必须计算函数 $\psi(x, y(x))$ 的值, 方程 (1) 和 (7) 的直接积分遇到了困难. 代替这个函数值的直接计算可以适当应用每步精度的控制项的值. 在方程 (7) 的数值积分时也应该看到这些关系具有近似的特点. 在使 $\psi(x, y(x)) = 0$ 的点的邻域内, 在余项中阶 $(x_n - x_{n-1})^{k+2}$ 的项开始起着本质的作用.

方程 (7) 的附加的数值积分可以使问题的解严重复杂化. 因此, 对于节点分布的最优化问题常按照下列方式进行. 假设某个确定类中的问题可解. 研究这个类中的模型问题, 对这个问题可以以显式方式求解方程 (7). 基于该例子建立步长 (或每步误差度量)

与解的特性之间的关系，接下来，该类中所有问题根据它分布节点近似于最优都基于这个关系的步长进行.

在另一些情况下，预先给定表示这一关系的某个公式. 设 m 阶方程组以带有每步精度控制进行积分. 对方程组的情况，控制项 r 将是某个向量 $\mathbf{r}_n = (r_n^1, \cdots, r_n^m)$. 在一系列程序中积分步长从条件

$$\|\mathbf{r}_n\| / \max\{M, \|y_n\|\} \approx \varepsilon = \mathrm{const}$$

或条件

$$\max_{1 \leqslant k \leqslant m} \frac{|r_n^k|}{\max\{M_k, |(y_n)_k|\}} \approx \varepsilon = \mathrm{const}$$

选取. 参数 M, M_k 根据具体问题的条件中节点分布的最优化方案来选择.

我们来研究积分节点分布最优化的例子.

假设带初始条件 $y(0)$ 的柯西问题 $y'(x) = My(x)$ 用欧拉法求解. 则

$$\psi(x, y(x)) = -\frac{1}{2} y''(x) = -\frac{M^2}{2} y(0) \exp\{Mx\},$$

且方程 (6) 有形式

$$(\varphi_t') \frac{M^2}{2} |y(0)| \exp\{M\varphi\} \exp\{M(X - \varphi)\} = \mathrm{const}.$$

由此得到 $\varphi_t' = \mathrm{const}$，即节点分布应该取等距的.

对于解的导数带有奇异点或者最高阶导数带有小参数的问题，节点分布的最优化问题或者其简化情况的解决变得更有效，例如边界层问题.

参考文献

1. Бахвалов Н.С. Некоторые замечания к вопросу о численном интегрировании дифференциальных уравнений методом конечных разностей. // ДАН СССР. — 1955. — **104**, N 6, C. 805–808.

2. Винокуров В.А., Ювченко Н.В. Полуявные численные методы решения жестких задач // ДАН. — 1985. — **284**, N 2, C. 272–277.

3. Крылов В.И., Бобков В.В., Монастырный П.И. Начала теории вычислительных методов. Дифференциальные уравнения — Минск: Наука и техника, 1982.

4. Крылов В.И., Бобков В.В., Монастырный П.И. Вычислительные методы. Т.2 — М.: Наука, 1977

5. Лебедев В.И. Как решать явными методами жесткие системы дифференциальных уравнений // Вычислительные процессы и системы — М.: Наука, 1991. Вып.8, C. 237–291.

6. Ракитский Ю.В., Устинов С.М., Черноруцкий И.Г. Численные методы решения жестких систем — М.: Наука, 1979.

7. Современные численные методы решения обыкновенных дифференциальных уравнений // Под ред. Дж. Холла, Дж. Уатта — М.: Мир, 1979.

8. Федоренко Р.П. Жесткие системы обыкновенных дифференциальных уравнений и их численное интегрирование // В кн. Вычислительные процессы и системы. Вып. 8, М.: Наука, 1991. С. 328–380.
9. Федоренко Р.П. Введение в вычислительную физику — М.: Изд-во МФТИ, 1994.
10. Хайрер Э., Ваннер Г. Решение обыкновенных дифференциальных уравне- ний. Жесткие и дифференциально-алгебраические задачи — М.: Мир, 1999.
11. Хайрер Э., Нерсетт С., Ваннер Г. Решение обыкновенных дифференциальных уравнений. Нежесткие задачи — М.: Мир, 1990.
12. Butcher I. G. A modified multistep method for the numerical integration of ordinary differential equations // J. Assoc. Comput. Math. — 1965, **12**, N 1. P. 124–135.
13. Dahlquist Y. Stability and error bounds in the numerical integration of ordinary differential equations — Uppsala, Almqvist & Wiksells boktr 130 (1959). P. 5–92.

第九章 常微分方程边值问题的数值方法

在求解边值问题时,与柯西问题的求解相比出现了新的困难: 关于解的存在性问题的研究相当复杂. 写出相应的网格问题时出现了线性或非线性方程组, 需要进一步研究其求解方法.

§1. 二阶方程边值问题求解的简单方法

在常微分方程边值问题中重要的部分在于求解二阶方程或方程组问题. 特别, 这些问题出现在弹道学、弹性理论等领域中.

我们从一个特殊的但在应用上相当广泛的问题开始研究. 在区间 $(0, X)$ 上求解方程

$$Ly \equiv y'' - p(x)y = f(x), \tag{1}$$

其边界条件为

$$y(0) = a, \quad y(X) = b. \tag{2}$$

给定步长 $h = XN^{-1}$, 其中 N 为整数, 取 $x_n = nh$ 作为网格节点, 通常 y_n 为值 $y(x_n)$ 的近似. 将导数 $y''(x_n)$ 换成差分关系

$$\frac{\delta^2 y_n}{h^2} \equiv \frac{y_{n+1} - 2y_n + y_{n-1}}{h^2}$$

以后, 得到方程组

$$l(y_n) \equiv \frac{\delta^2 y_n}{h^2} - p_n y_n = f_n, \quad n = 1, \cdots, N-1, \tag{3}$$

其中 $p_n = p(x_n), f_n = f(x_n)$, 边界条件变成

$$y_0 = a, \quad y_N = b. \tag{4}$$

我们来证明当 $p(x) \geqslant 0$ 时方程组 (3), (4) 有解, 且给出误差估计.

引理 1 设 $p(x) \geqslant 0, l(z_n) \leqslant 0, z_0, z_N \geqslant 0$, 则对所有的 n 有 $z_n \geqslant 0$.

证明 以 d 记 $\min\limits_{0 \leqslant n \leqslant N} z_n$. 假定 $d < 0$, 则 $d \neq z_0, z_N$. 设 q 为使得 $z_q = d$ 的最小整

数. 从 d 和 q 的定义有 $z_{q-1} > d$, $z_{q+1} \geqslant d$. 那么,
$$l(z_q) = \frac{(z_{q+1}-d)+(z_{q-1}-d)}{h^2} - p_q z_q \geqslant \frac{z_{q-1}-d}{h^2} > 0,$$
于是得出与假定 $d < 0$ 矛盾.

引理 2 如果 $p(x) \geqslant 0$, 则对任意函数 z_n 成立如下不等式
$$\max_{0 \leqslant n \leqslant N} |z_n| \leqslant \max\{|z_0|, |z_N|\} + Z \frac{X^2}{8},$$
其中
$$Z = \max_{0 < n < N} |l(z_n)|.$$

证明 在研究中引入函数
$$w_n = |z_0|\left(1 - \frac{nh}{X}\right) + |z_N|\frac{nh}{X} + Z\frac{nh(X-nh)}{2}.$$
对于二次多项式值 $\delta^2 Q/h^2$ 与其二阶导数相同, 因此 $\delta^2 w_n/h^2 = -Z$. 从 w_n 的显式表示推出 $w_n \geqslant 0$, 因此
$$l(w_n) = \delta^2 w_n/h^2 - p_n w_n \leqslant -Z, \quad l(w_n \pm z_n) \leqslant -Z \pm l(z_n) \leqslant 0.$$
我们有
$$w_0 \pm z_0 = |z_0| \pm z_0 \geqslant 0, \quad w_N \pm z_N = |z_N| \pm z_N \geqslant 0.$$
函数 $w_n \pm z_n$ 满足引理 1 的条件, 因此 $w_n \pm z_n \geqslant 0$. 由此推出估计 $|z_n| \leqslant w_n \leqslant \max_{0 \leqslant n \leqslant N} |w_n|$. 我们有不等式
$$|z_0|\left(1 - \frac{nh}{X}\right) + |z_N|\frac{nh}{X} \leqslant \max\{|z_0|, |z_N|\}\left(\left|1 - \frac{nh}{X}\right| + \left|\frac{nh}{X}\right|\right) = \max\{|z_0|, |z_N|\},$$
$$nh(X - nh) \leqslant X^2/4.$$
因此,
$$\max_{0 \leqslant n \leqslant N} |w_n| \leqslant \max\{|z_0|, |z_N|\} + Z\frac{X^2}{8}.$$
引理得证.

我们来研究函数 $p(x)$ 和 $f(x)$ 两次连续可微的情况. 在微分方程教程中证明了, 此时解 $y(x)$ 四次连续可微.

设 r_n 为相应于有限差分格式 (3) 的逼近误差:
$$r_n = l(y(x_n)) - f_n$$
$$= \frac{y(x_{n+1}) - 2y(x_n) + y(x_{n-1})}{h^2} - p(x_n)y(x_n) - f(x_n). \tag{5}$$
因为 $p(x)y(x) + f(x) = y''(x)$, 则
$$r_n = \frac{y(x_{n+1}) - 2y(x_n) + y(x_{n-1})}{h^2} - y''(x_n).$$
由数值微分公式的误差估计 (参看§2.15) 有
$$r_n = \frac{y^{(4)}(\bar{x}_n)h^2}{12}, \tag{6}$$

其中 $x_{n-1} \leqslant \bar{x}_n \leqslant x_{n+1}$. 由于舍入在计算过程中获得的 $y(x_n)$ 的近似值 y_n 满足方程组 (3), (4), 并有某个误差
$$l(y_n) - f_n = \delta_n. \tag{7}$$
从 (7) 减去 (5) 得到关于近似解的误差 $R_n = y_n - y(x_n)$ 的方程
$$l(R_n) = \delta_n - r_n.$$
应用引理 2 得到
$$|R_n| \leqslant \max\{|R_0|, |R_N|\} + \frac{X^2}{8}\left(\max_{0<n<N}|r_n| + \max_{0<n<N}|\delta_n|\right).$$
由估计 (6) 有
$$|r_n| \leqslant M_4\frac{h^2}{12}, \quad M_4 = \max_{[0,X]}\left|y^{(4)}(x)\right|.$$
于是, 最终的误差估计有形式
$$\max_{0\leqslant n\leqslant N}|R_n| \leqslant \max\{|R_0|, |R_N|\}\frac{M_4 X^2 h^2}{96} + \frac{X^2}{8}\max_{0<n<N}|\delta_n|.$$
我们看到, 当精度提高, 并且边界条件和步长一致趋于零的差分方程满足这样的精度时, 网格问题的解近似于微分问题的解.

描述的方法给出了以速度 $O(h^2)$ 收敛于精确值的近似解. 我们构造出更精确方法. 假定函数 $p(x)$ 和 $f(x)$ 四次连续可微, 那么问题的解六次连续可微. 再次研究表达式
$$r_n = \frac{y(x_{n+1}) - 2y(x_n) + y(x_{n-1})}{h^2} - y''(x_n).$$
借助于泰勒公式
$$y(x_{n\pm 1}) = y(x_n) \pm y'(x_n)h + y''(x_n)\frac{h^2}{2} \pm y'''(x_n)\frac{h^3}{6}$$
$$+ y^{(4)}(x_n)\frac{h^4}{24} \pm y^{(5)}(x_n)\frac{h^5}{120} + O(h^6),$$
将 $y(x_{n\pm 1})$ 代入上面的表达式得到
$$r_n = \frac{y^{(4)}(x_n)h^2}{12} + O(h^4). \tag{8}$$
从 $l(y(r_n))$ 中减去近似 $y^{(4)}(x_n)h^2/12$ 的项, 得到的格式对应于更高阶的逼近误差. 例如, 可以用如下表达式近似 $y^{(4)}(x_n)$:
$$\frac{\delta^4 y(x_n)}{h^4} = \frac{y(x_{n+2}) - 4y(x_{n+1}) + 6y(x_n) - 4y(x_{n-1}) + y(x_{n-2})}{h^4},$$
得到有限差分格式
$$\frac{\delta^2 y_n}{h^2} - \frac{\delta^4 y_n}{12 h^2} - p_n y_n = f_n. \tag{9}$$
也可以将导数 $y''(x_n)$ 用 $h^{-2}(\delta^2 y(x_n) - (1/12)\delta^4 y(x_n))$ 代替而直接建立这个格式, 其逼近误差的阶为 $O(h^4)$.

方程 (9) 包含五个带有非零系数的未知量 y_n. 求解方程 (9) 和近似边界条件构成的方程组, 比求解方程组 (3) 更困难. 从另外的思路建立带有逼近误差 $O(h^4)$ 的有限差分格式使得在每一个方程中仅有三个未知量.

对原始方程两次微分，有 $y^{(4)}(x) = (p(x)y + f)''$，因此

$$y^{(4)}(x_n) \approx \frac{\delta^2(py+f)|_{x_n}}{h^2}$$
$$= \frac{(p_{n+1}y(x_{n+1}) + f_{n+1}) - 2(p_n y(x_n) + f_n) + (p_{n-1}y(x_{n-1}) + f_{n-1})}{h^2}.$$

从原格式中减去 $y^{(4)}h^2/12$ 的近似项，得到格式

$$\frac{\delta^2 y_n}{h^2} - p_n y_n - \frac{1}{12}\delta^2(p_n y_n + f_n) = f_n$$

或者

$$l^{(1)}(y_n) = \frac{\delta^2 y_n}{h^2} - p_n y_n - \frac{1}{12}\delta^2(p_n y_n) = \bar{l}^{(1)}(f_n) = f_n + \frac{1}{12}\delta^2 f_n.$$

这个方法与努梅罗夫 (Numerov) 方法相同.

假定解无限次连续可微，我们研究新的格式的逼近误差 $r_n^{(1)} = l^{(1)}(y(x_n)) - \bar{l}^{(1)}(f_n)$. 考虑到 $p_n y(x_n) + f_n = y''(x_n)$，得到

$$r_n^{(1)} = l^{(1)}(y(x_n)) - \bar{l}^{(1)}(f_n) = \frac{\delta^2 y(x_n)}{h^2} - y''(x_n) - \frac{1}{12}\delta^2 y''(x_n).$$

应用泰勒公式，类似于 (8) 得到等式

$$r_n^{(1)} = -\frac{y^{(6)}(x_n)h^4}{240} + O(h^6).$$

通过值 $y(x_{n-1}), y(x_n), y(x_{n+1})$ 给出值 $y^{(6)}(x_n)$ 的近似. 可以有许多方式写出这些近似，例如下式. 由方程 (1) 有

$$y'' = py + f, \quad y''' = (py+f)', \quad y^{(4)} = (py+f)'',$$
$$y^{(6)} = (py+f)^{(4)} = py^{(4)} + 4p'y^{(3)} + 6p''y'' + 4p^{(3)}y' + p^{(4)}y + f^{(4)},$$

因此下列近似等式成立

$$y^{(6)}(x_n) \approx p_n \frac{\delta^2(p_n y(x_n) + f_n)}{h^2}$$
$$+ 4p'(x_n)\frac{(p_{n+1}y(x_{n+1}) + f_{n+1}) - (p_{n-1}y(x_{n-1}) + f_{n-1})}{2h}$$
$$+ 6p''(x_n)(p_n y(x_n) + f_n) + 4p^{(3)}(x_n)\frac{y(x_{n+1}) - y(x_{n-1})}{2h}$$
$$+ p^{(4)}(x_n)y(x_n) + f^{(4)}(x_n).$$

在 $l^{(1)}(y_n)$ 中加上 $y^{(6)}(x_n)h^4/240$ 的近似表达式，得到逼近误差为 $O(h^6)$ 的有限差分格式，并且得到的代数方程组中的每一个仅仅包含三个未知量 y_n.

对边值问题解的实际误差估计可以应用龙格法则，其应用的合理性基于误差主项的存在性.

习题 1 假设函数 $p(x)$ 和 $f(x)$ 四次连续可微. 证明，对问题 (3), (4) 的解下列关系式是正确的

$$\max_n |y_n - y(x_n) - h^2 z(x_n)| = O(h^4),$$

其中 $z(x)$ 为如下边值问题的解
$$Lz = -y^{(4)}(x)/12, \quad z(0) = 0, \quad z(X) = 0.$$

类似地，依次提高近似误差量级的方法也可以应用于边界条件的逼近.

我们来研究边界条件 $y'(0) - \alpha y(0) = a$ 的情况. 将导数 $y'(0)$ 用某种高精度数值微分公式
$$y'(0) \approx \sum_{i=0}^{l} \frac{c_i y(x_i)}{h}$$
替换，可以直接得到该边界条件的高精度离散逼近. 但是，如果按照上面描述的依次提高逼近精度量级的途径进行，则逼近误差将更小，且产生的代数方程组的求解也表现出较小的困难性.

将导数 $y'(0)$ 用 $\dfrac{y(h) - y(0)}{h}$ 替换，则得到
$$l_0^{(1)}(y_n) = \frac{y_1 - y_0}{h} - \alpha y_0 - a = 0.$$

将展开式
$$y(h) = y(0) + y'(0)h + O(h^2)$$

代入
$$r_0^{(1)} = \frac{y(h) - y(0)}{h} - \alpha y(0) - a,$$

有
$$r_0^{(1)} = y'(0) + \frac{y''(0)h}{2} + O(h^2) - \alpha y(0) - a = \frac{y''(0)h}{2} + O(h^2).$$

于是，边界条件的逼近误差是 $O(h)$. 因此，由方程 (1) 有
$$y''(0) = p_0 y(0) + f_0,$$

则方程
$$l_0^{(2)}(y_n) = \frac{y_1 - y_0}{h} - \alpha y_0 - a - (p_0 y_0 + f_0)\frac{h}{2} = 0$$

相应于二阶逼近. 将展开式
$$y(h) = y(0) + y'(0)h + y''(0)h^2/2 + O(h^3)$$

代入 $r_0^{(2)} = l_0^{(2)}(y(x_n))$，得到
$$r_0^{(2)} = \frac{y^{(3)}(0)h^2}{6} + O(h^3).$$

对原方程 (1) 进行微分后有
$$y^{(3)}(0) - p_0 y'(0) - p'(0) y(0) - f'(0) = 0.$$

因此，考虑到边界条件下列等式是正确的
$$y^{(3)}(0) = p_0(\alpha y(0) + a) + p'(0) y(0) + f'(0).$$

差分方程
$$l_0^{(3)}(y_n) = l_0^{(2)}(y_n) - ((p_0 \alpha + p'(0))y_0 + p_0 a + f'(0))\frac{h^2}{6} = 0$$

相应于三阶逼近.

可以马上写出等式
$$r_0^{(1)} = y''(0)\frac{h}{2} + y^{(3)}(0)\frac{h^2}{6},$$
然后通过 $y(0)$ 表示出 $y''(0)$ 和 $y^{(3)}(0)$, 且从差分格式减去相应的表达式, 得到方程 $l_0^{(3)}(y_n) = 0$. 但是, 我们把根本的注意力放在了依次提高精度的方法上了, 因为将它推广到偏微分方程更简单、更自然.

§2. 网格边值问题的格林函数

在 §1 中证明引理 2 时引入的函数 w_n 称为强化函数, 且应用这个函数得到的误差估计方法称为强函数方法, 或者格什戈 (Gerschgorin) 方法.

在一些情况中不使用强函数方法, 而使用所谓网格格林函数可以得到近似解的误差估计. 下面对网格边值问题 (1.3), (1.4) 引入格林函数, 其描述中最有意思的是其自身与微分边值问题相似.

微分边值问题
$$Ly = y'' - p(x)y = f(x), \quad y(0) = a, \quad y(X) = b$$
的格林函数 $G(x,s)$ 定义为在初始条件 $G(0,s) = G(X,s) = 0$ 下方程
$$L(G(x,s)) = G_{xx}(x,s) - p(x)G(x,s) = \delta(x-s) \tag{1}$$
的解, 其中 $\delta(x)$ 为 δ 函数. 格林函数可以按下列显式公式给出. 设 $W^1(x), W^2(x)$ 为方程 $L(W) = 0$ 在条件
$$W^1(0) = 0, \quad (W^1)'(0) = 1,$$
$$W^2(X) = 0, \quad (W^2)'(X) = -1$$
下的解, 则
$$G(x,s) = \begin{cases} \dfrac{W^2(s)W^1(x)}{V^0}, & \text{当 } 0 \leqslant x \leqslant s \text{ 时,} \\ \dfrac{W^1(s)W^2(x)}{V^0}, & \text{当 } s \leqslant x \leqslant X \text{ 时,} \end{cases} \tag{2}$$
其中 V^0 为如下朗斯基 (Wroński) 行列式的值:
$$V(x) = \begin{vmatrix} W^1(x) & W^2(x) \\ (W^1)'(x) & (W^2)'(x) \end{vmatrix} = \text{const} = V^0.$$
问题 (1.1), (1.2) 的解借助于格林函数写成
$$y(x) = \int_0^X G(x,s)f(s)ds + G'_s(x,X)b - G'_s(x,0)a. \tag{3}$$
我们转到网格问题
$$l(y_n) = \frac{y_{n+1} - 2y_n + y_{n-1}}{h^2} - p_n y_n = f_n, \quad y_0 = a, \quad y_N = b.$$
类似地从如下关系式定义函数 W_n^1, W_n^2
$$l(W_n^i) = 0, \quad i = 1, 2, \quad n = 1, \cdots, N-1,$$
$$W_0^1 = 0, \quad W_1^1 = h, \quad W_N^2 = 0, \quad W_{N-1}^2 = h.$$

今后对固定的上标算子 l 取为
$$l(W_n^i) = \frac{W_{n+1}^i - 2W_n^i + W_{n-1}^i}{h^2} - p_n W_n^i.$$
类似的弗隆斯基行列式是
$$V_n = \begin{vmatrix} W_n^1 & W_n^2 \\ \dfrac{W_n^1 - W_{n-1}^1}{h} & \dfrac{W_n^2 - W_{n-1}^2}{h} \end{vmatrix} = \frac{W_n^2 W_{n-1}^1 - W_n^1 W_{n-1}^2}{h}.$$
从恒等式
$$\begin{aligned} 0 &= W_n^1 l(W_n^2) - W_n^2 l(W_n^1) \\ &= \frac{W_n^1 W_{n+1}^2 + W_n^1 W_{n-1}^2 - W_n^2 W_{n+1}^1 - W_n^2 W_{n-1}^1}{h^2} \\ &= \frac{V_{n+1} - V_n}{h^2} \end{aligned}$$
推出值 V_n 与 n 无关, 将其记为 $V(h)$.

设
$$G_n^k = \begin{cases} \dfrac{W_k^2 W_n^1}{V(h)}, & \text{当 } 0 \leqslant n \leqslant k, \\ \dfrac{W_k^1 W_n^2}{V(h)}, & \text{当 } k \leqslant n \leqslant N. \end{cases} \tag{4}$$

从 W_n^i 的定义推出等式: 当 $n < k$ 时
$$l(G_n^k) = \frac{W_k^2}{V(h)} l(W_n^1) = 0,$$
当 $n > k$ 时
$$l(G_n^k) = \frac{W_k^1}{V(h)} l(W_n^2) = 0,$$
当 $n = k$ 时
$$\begin{aligned} l(G_n^k) &= \frac{G_{n+1}^n - 2G_n^n + G_{n-1}^n}{h^2} - p_n G_n^n \\ &= \frac{W_{n+1}^2 W_n^1 - 2W_n^1 W_n^2 + W_{n-1}^1 W_n^2}{V(h) h^2} - \frac{p_n W_n^1 W_n^2}{V(h)} \\ &= \frac{W_n^1}{V(h)} \left(\frac{W_{n+1}^2 - 2W_n^2 + W_{n-1}^2}{h^2} - p_n W_n^2 \right) + \frac{W_n^2 W_{n-1}^1 - W_n^1 W_{n-1}^2}{V(h) h^2}. \end{aligned}$$
由 W_n^2 的定义知第一个圆括号等于零, 第二个括号等于 $V(h)h$. 于是, 当 $n = k$ 时得到 $l(G_n^k) = h^{-1}$. 结合所有得到关系式有
$$l(G_n^k) = \delta_n^k h^{-1}. \tag{5}$$
函数 $\delta_n^k h^{-1}$ 是 δ 函数的网格类似, 而等式 (5) 类似于 (1). 网格函数 $W_n^i, i = 1, 2$ 是网格柯西问题的解, 它对应于确定 $W^i(x)$ 的柯西问题.

假定
$$\|p''\|_{C[0,X]} = \sup_{0 \leqslant x \leqslant X} |p''| \leqslant M_0 < \infty, \tag{6}$$

则可以证明
$$\left\|\left(W^i(x)\right)^{(4)}\right\|_{C[0,X]} < \infty.$$

估计初始数据的近似并进一步应用§8.10 中的定理 (没给出证明), 可以得到网格柯西问题和微分柯西问题解的近似估计
$$\max_{0\leqslant x_n\leqslant X}|W_n^i - W^i(nh)| \leqslant Mh^2, \quad i=1,2. \tag{7}$$

由 V^0 和 $V(h)$ 的性质有
$$V^0 = V(X) = \begin{vmatrix} W^1(X) & 0 \\ (W^1)'(X) & -1 \end{vmatrix} = -W^1(X),$$

$$V(h) = \begin{vmatrix} W_N^1 & 0 \\ \dfrac{W_N^1 - W_{N-1}^1}{h} & -1 \end{vmatrix} = -W_N^1.$$

因此, 基于估计 (7) 有
$$|V(h) - V^0| \leqslant Mh^2. \tag{8}$$

进一步假定 $W^1(X) \neq 0$. 否则齐次方程边值问题 $y'' - p(x)y = 0, y(0) = y(X) = 0$ 具有非零解 $W^1(x)$, 于是非齐次边值问题 (1.1), (1.2) 或者无解, 或者有解但不唯一. 也将假定 h 如此小以至于 $2Mh^2 \leqslant |W^1(X)| = |V^0|$. 在这种情况下有
$$V(h) \geqslant V^0 - Mh^2 \geqslant |V^0/2| > 0.$$

比较微分格林函数 (2) 和网格格林函数 (4) 的显式表示并考虑到 (7), (8) 得到当 $0 \leqslant kh, nh \leqslant X$ 时
$$|G_n^k - G(nh, kh)| \leqslant Qh^2.$$

引理 如果 $V(h) \neq 0$, 则所研究的网格问题 (1.3), (1.4) 唯一可解, 且其解写成
$$y_n = h\sum_{k=1}^{N-1} G_n^k f_k + \frac{W_n^2}{W_0^2}a + \frac{W_n^1}{W_N^1}b. \tag{9}$$

公式 (9) 是公式 (2) 的网格类似.

证明 因为由函数 G_n^k 的定义知等式 $G_0^k = G_N^k \equiv 0$ 成立, 则 $y_0 = a, y_N = b$. 有等式
$$l(y_n) = h\sum_{k=1}^{N-1} l(G_n^k)f_k + \frac{l(W_n^2)}{W_0^2}a + \frac{l(W_n^1)}{W_N^1}b.$$

按照函数 W_n^i 的定义, a 和 b 的系数等于零. 应用等式 (5) 得到 $l(y_n) = f_n$. 于是, 线性方程组 (1.3), (1.4) 对任意右边部分有形如 (9) 的解. 但如果线性方程组对任意右边可解, 则其解唯一. 引理得证.

关系式 (9) 可以以双重方式应用于网格问题和微分问题近似解的估计.

第一个途径在于直接比较表达式 (2) 和 (9). 为简单起见在 $a = b = 0, \delta_n \equiv 0$ 的情况下论证结论. 代入 $x = nh$, 改写 (2) 成
$$y(nh) = \int_0^{nh} G(nh, s) f(s) ds + \int_{nh}^{X} G(nh, s) f(s) ds.$$
在条件 $\|f''\|_{C[0,X]} < \infty$ 和 (6) 之下可以证明两个积分中的被积函数有有界的二阶导数. 按步长 h 的梯形公式计算这两个积分, 得到
$$y(nh) = h \left(\frac{G(nh, 0) f(0)}{2} + \sum_{k=1}^{n-1} G(nh, kh) f(kh) + \frac{G(nh, nh) f(nh)}{2} \right)$$
$$+ h \left(\frac{G(nh, nh) f(nh)}{2} + \sum_{k=n+1}^{N-1} G(nh, kh) f(kh) + \frac{G(nh, Nh) f(Nh)}{2} \right) + O(h^2).$$
由于梯形公式的误差通过被积函数的二阶导数来估计, 而函数 $G(nh, s)$ 在点 nh 有间断的一阶导数, 所以要求将积分分解成两个部分.

因为从格林函数 $G(x, s)$ 的定义推出 $G(nh, 0) = G(nh, N) = 0$, 则
$$y(nh) = h \sum_{k=1}^{N-1} G(nh, kh) f_k + O(h^2). \tag{10}$$
由等式 (9), (10) 推出
$$y_n - y(nh) = h \sum_{k=1}^{N-1} (G_n^k - G(nh, kh)) f_k + O(h^2).$$
应用估计 (7) 得到 $y_n - y(nh) = O(h^2)$. 不难推出, 这个误差估计当 $0 \leqslant x_n \leqslant X$ 时对 n 是一致的, 即
$$\max_{0 \leqslant x_n \leqslant X} |y_n - y(nh)| = O(h^2).$$
另一个途径在于得到误差方程和借助于格林公式进一步估计误差. 在 §1 中已证明误差 R_n 满足方程
$$l(R_n) = \delta_n - r_n,$$
其中 $|r_n| \leqslant M_4 h^2 / 12$, δ_n 为引起方程组 (1.3), (1.4) 解的不精确性的误差. 设 $R_0 = R_N = 0$. 从微分问题格林函数的显式表示推出其一致有界性. 考虑到 (7) 式我们得到函数 G_n^k 也是一致有界的: 对任意 $0 \leqslant kh, nh \leqslant X$ 有 $|G_n^k| \leqslant D$. 借助于格林公式 (9) 写出 R_n 的显式表示
$$R_n = h \sum_{k=1}^{N-1} G_n^k (\delta_k - r_k). \tag{11}$$
于是由 (11) 推出估计
$$|R_n| \leqslant Dh \sum_{k=1}^{N-1} (|\delta_k| + |r_k|).$$
放大该不等式得到
$$|R_n| \leqslant DX \left(\frac{M_4}{12} h^2 + \max_{0 < k < N} |\delta_k| \right),$$

它相对于 h 和 $\max|\delta_k|$ 与§1 中得到的估计具有同样的量级.

当不能应用引理 1.2 时, 这个估计当 $\inf p(x) < 0$ 时可应用. 于是, 格林函数工具的应用可以拓宽问题的范围, 对这些问题能够成功得到网格解的误差估计.

§3. 简单网格边值问题的解

求柯西问题的数值解时, 解在节点处的值按递推公式依次确定. 在网格边值问题中, 例如在 (1.3), (1.4) 中, 则不存在这样的可能, 因为解的值与积分区间端点的边界条件有关.

可以按照如下方法求解边值问题
$$y'' - p(x)y = f(x), \quad y(0) = a, \quad y(X) = b.$$
首先求非齐次方程
$$y_0'' - p(x)y_0 = f(x)$$
的特解 $y_0(x)$, 以及齐次方程 $y_i'' - p(x)y_i = 0, i = 1, 2$ 的两个线性无关的解. 则非齐次方程的通解可以写成
$$y(x) = y_0(x) + C_1 y_1(x) + C_2 y_2(x),$$
其中常数 C_1 和 C_2 由边界条件确定. 函数 $y_i(x), i = 0, 1, 2$ 的近似可以按照求解柯西问题的某个数值方法得到, 然后定义 C_i 并得到需要的解.

按照如下方式进行更有效. 找到非齐次方程 $y_0'' - p(x)y_0 = f(x)$ 的满足条件 $y_0(0) = a$ 的特解 $y_0(x)$, 以及齐次方程满足条件 $y_1(0) = 0$ 的特解 $y_1(x)$. 非齐次方程的满足条件 $y(0) = a$ 的通解有形式 $y_0(x) + Cy_1(x)$, 其中值 C 由条件 $y_0(X) + Cy_1(X) = b$ 确定.

按照这个途径的边值问题的求解方法常称为打靶法或试射法. 这个方法的网格类似阐述如下. 给定 $y_0^0 = a, y_0^1 = 0$, 任意给定 y_1^0 和 $y_1^1 \neq 0$, 从方程
$$l(y_n^0) = \frac{y_{n+1}^0 - 2y_n^0 + y_{n-1}^0}{h^2} - p_n y_n^0 = f_n, \tag{1}$$

$$l(y_n^1) = \frac{y_{n+1}^1 - 2y_n^1 + y_{n-1}^1}{h^2} - p_n y_n^1 = 0, \tag{2}$$
依次确定 $y_2^0, \cdots, y_N^0, y_2^1, \cdots, y_N^1$. 然后从条件 $y_N^0 + Cy_N^1 = b$ 找到 C, 且让 $y_n = y_n^0 + Cy_n^1$. 函数 y_n 是所要求的解.

有时值 $y_n^i, i = 0, 1$ 在计算过程中不存储, 而在找到 C 后寻找 $y_1 = y_1^0 + Cy_1^1$, 然后从方程 $l(y_n) = f_n$ 依次确定 $y_2, \cdots, y_{N-1}$. 描述的算法形式上可在任意值 y_1^0 和 y_1^1 情况下应用. 但是, 为减小计算误差的影响选择 $y_1^0 = a + O(h)$.

我们来研究一个模型方程
$$y'' - p(x)y = 0, \quad p = \text{const} > 0, \quad x \in [0, X]. \tag{3}$$
当值 $\sqrt{p}X$ 充分大时, 相应的齐次方程的解 $y(x) = \exp\{\pm\sqrt{p}x\}$ 在所研究的区间上快速增长 (下降). 于是, 当 $p > 0$ 时值 $\sqrt{p}X$ 是本质上影响计算误差累计特性的参数. 研究计

算误差在网格问题的一个阶段的积累. 假设已经找到值 y_1 且进一步的计算按照如下递推公式进行

$$y_{n+1} = 2y_n - y_{n-1} + ph^2 y_n. \tag{4}$$

实际计算得到的值 y_n^* 由如下等式给出

$$y_{n+1}^* = 2y_n^* - y_{n-1}^* + ph^2 y_n^* + \boldsymbol{\delta}_n,$$

其中右边部分的项 $\boldsymbol{\delta}_n$ 的出现由舍入导致. 从中减去 (4) 得到关于误差 $\Delta_n = y_n^* - y_n$ 的方程:

$$\Delta_{n+1} = 2\Delta_n - \Delta_{n-1} + ph^2 \Delta_n + \boldsymbol{\delta}_n. \tag{5}$$

研究下列误差累积模型: $\boldsymbol{\delta}_n = \boldsymbol{\delta} = \mathrm{const}$, 且在 y_0 和 y_1 中没有误差, 即 $\Delta_0 = \Delta_1 = 0$. 方程 (5) 可以改写成

$$\frac{\Delta_{n+1} - 2\Delta_n + \Delta_{n-1}}{h^2} = p\Delta_n + \omega, \quad \omega = \frac{\delta}{h^2}. \tag{6}$$

当 $\omega = \mathrm{const}$ 时全部关系式 $\Delta_0 = \Delta_1 = 0$ 和 (6) 构成逼近柯西问题

$$\Delta'' = p\Delta + \omega, \quad \Delta(0) = \Delta'(0) = 0$$

的网格问题.

可以验证 §8.10 中定理的条件满足, 因此这些问题的解是相近的:

$$\Delta_n \sim \Delta(x_n) = \frac{\mathrm{ch}\{\sqrt{p}x_n\} - 1}{p}\omega. \tag{7}$$

这里近似等式按通常意义理解:

$$\text{当 } h \to 0, \sqrt{p}, x_n = \mathrm{const}, x_n \neq 0 \text{ 时 } \Delta_n/\Delta(x_n) \to 1. \tag{8}$$

当 ω 乘以某个因子时在 Δ_n 和 $\Delta(x_n)$ 上也乘上这个因子, 因此 (7) 和 (8) 当 ω 与 h 相关时也正确, 这正是现在所考虑的情况

$$\Delta_n \sim \sigma_n = \frac{\mathrm{ch}\{\sqrt{p}x_n\} - 1}{ph^2}\delta.$$

我们来研究数值例子: $p = 10, x_n = 10, h = 10^{-2}, \delta = 10^{-2}$. 于是, $|\sigma_n| > 10^4$, 不可能指望得到带有合理精度的解. 注意到, $\sqrt{p}x_n$ 不是很大但导致如此大的计算误差积累.

在未知量 $y_0, \cdots, y_N$ 自然排序时方程组 (1.3), (1.4) 写成 $A\mathbf{y} = \mathbf{c}$, 其中 A 为三对角矩阵. 回顾矩阵 A 称为 $(2m+1)$-对角的, 如果当 $|i-j| > m$ 时 $a_{ij} = 0$.

求解这类方程组的最合适方法常常是应用自然顺序下的高斯消元法. 当这个方法应用于求解逼近边值问题所产生的方程组求解时, 称之为追赶法.

我们对方程组 (1.3), (1.4) 的情况引入追赶法具体的计算公式. 将边界条件 $y_0 = a$ 表示为形式 $y_0 = C_0 y_1 + \varphi_0$, 其中 $C_0 = 0, \varphi_0 = a$. 将 $y_0 = C_0 y_1 + \varphi_0$ 代入方程组 (1.3), (1.4) 中的第一个方程

$$\frac{y_0 - 2y_1 + y_2}{h^2} - p_1 y_1 = f_1,$$

得到将 y_1 和 y_2 联系在一起的方程. 解这个关于 y_1 的方程, 有

$$y_1 = C_1 y_2 + \varphi_1, \tag{9}$$

其中
$$C_1 = \frac{1}{2+p_1 h^2}, \quad \varphi_1 = C_1(a - f_1 h^2).$$

将所得的由 y_2 表示的 y_1 的表达式代入方程组的第二个方程, 得到关于 y_2 和 y_3 的方程, 如此下去. 设已经得到关系式
$$y_n = C_n y_{n+1} + \varphi_n, \tag{10}$$
将 y_n 的表达式代入方程组 (1.3), (1.4) 的第 $n+1$ 个方程:
$$\frac{y_n - 2y_{n+1} + y_{n+2}}{h^2} - p_{n+1} y_{n+1} = f_{n+1}.$$
解所得的关于 y_{n+1} 的方程
$$\frac{(C_n y_{n+1} + \varphi_n) - 2y_{n+1} + y_{n+2}}{h^2} - p_{n+1} y_{n+1} = f_{n+1}$$
有
$$y_{n+1} = C_{n+1} y_{n+2} + \varphi_{n+1},$$
其中
$$C_{n+1} = \frac{1}{2 + p_{n+1} h^2 - C_n}, \quad \varphi_{n+1} = C_{n+1}(\varphi_n - f_{n+1} h^2). \tag{11}$$

于是, 将 y_n 和 y_{n+1} 联系在一起的方程 (10) 的系数可以从递推关系 (11) 由初始条件 $C_0 = 0, \varphi_0 = a$ 确定. 因为 y_N 已知, 则在找到了所有系数 C_n, φ_n 以后, 可以从关系式 (10) 依次确定 $y_{N-1}, \cdots, y_1$. 系数 C_n, φ_n 的计算过程常称为追赶法的正过程, 而未知数 y_n 的计算过程称为追赶法的逆过程. 引进计算的顺序可以描述成如下流程 (其中 $a \to b$ 意指用 a 来计算 b):

追赶法的正过程
$$\begin{array}{cccc}
p_1 & p_2 & & p_{N-1} \\
\downarrow & \downarrow & & \downarrow \\
C_0 = 0 \to C_1 \to & C_2 \to & \cdots \to & C_{N-1} \\
\downarrow & \downarrow & & \downarrow \\
\varphi_0 = a \to \varphi_1 \to & \varphi_2 \to & \cdots \to & \varphi_{N-1} \\
\uparrow & \uparrow & & \uparrow \\
f_1 & f_2 & & f_{N-1}
\end{array},$$

追赶法的逆过程
$$\begin{array}{cccc}
C_1 & C_2 & & C_{N-1} \\
\downarrow & \downarrow & & \downarrow \\
y_1 \leftarrow & y_2 \leftarrow & \cdots \leftarrow & y_{N-1} \leftarrow y_N. \\
\uparrow & \uparrow & & \uparrow \\
\varphi_1 & \varphi_2 & & \varphi_{N-1}
\end{array}$$

名称 "追赶法" 有时解释如下. 方程
$$y_n = C_n y_{n+1} + \varphi_n$$

从点 $x=0$ 的边界条件和相应于点 $x_i \leqslant x_n$ 的方程组 (1.3) 推出. 于是, 这个等式对于任意满足左边边界条件的方程组 $l(y_j) = f_j, j = 1, \cdots, n$ 成立. 在点 $x = 0$ 的边界条件 "转化成" 当前点 $x = x_n$.

习题 1 写出求解所研究的方程组的平方根方法的计算公式. 比较这个方法与追赶法的困难性.

应用依次消去未知量 $y_0, y_2, \cdots, y_N, y_1$ 的高斯法求解方程组 (1.3), (1.4). 从第一个方程由 y_1 表示出 y_2 并将其代入其余方程. 此后在第二个方程中仅包含未知量 y_1 和 y_3. 由 y_1 表示出 y_3 并将其代入其余方程, 如此进行下去. 设已经由 y_1 表示出未知量 $y_2, \cdots, y_n$ 且得到关系式 $y_j = \alpha_j y_1 + \beta_j, 2 \leqslant j \leqslant n$. 为统一起见, 补充如下等式

$$y_0 = \alpha_0 y_1 + \beta_0, \text{ 其中 } \alpha_0 = 0, \beta_0 = a,$$
$$y_1 = \alpha_1 y_1 + \beta_1, \text{ 其中 } \alpha_0 = 1, \beta_0 = 0.$$

将 y_{n-1} 和 y_n 的表达式代入方程

$$y_{n-1} - (2 + p_n h^2) y_n + y_{n+1} = f_n h^2,$$

得到

$$(\alpha_{n-1} y_1 + \beta_{n-1}) - (2 + p_n h^2)(\alpha_n y_1 + \beta_n) + y_{n+1} = f_n h^2$$

或者

$$y_{n+1} = \alpha_{n+1} y_1 + \beta_{n+1},$$

其中

$$\begin{aligned} \alpha_{n+1} &= (2 + p_n h^2) \alpha_n - \alpha_{n-1}, \\ \beta_{n+1} &= (2 + p_n h^2) \beta_n - \beta_{n-1} + f_n h^2. \end{aligned} \tag{12}$$

于是, 系数 α_n, β_n 可以按照递推公式 (12) 依次计算. 在得到关系式 $y_N = \alpha_N y_1 + \beta_N$ 后确定值 y_1, 然后按公式

$$y_j = \alpha_j y_1 + \beta_j \tag{13}$$

确定所有的值 y_j. 由 (12) 值 α_j 满足齐次有限差分方程 (2) 和初始条件 $\alpha_0 = 0, \alpha_1 = 1$, 值 β_j 满足非齐次有限差分方程 (1) 和初始条件 $\beta_0 = a, \beta_1 = 0$. 于是, 在适当选择初始条件的情况下, 在打靶法中 α_n 与 y_n^1 相同, β_n 与 y_n^0 相同. 函数 $z_n = \alpha_n C + \beta_n$ 对任意 C 满足非齐次有限差分方程和左边界条件, 并且 $z_1 = \alpha_1 C + \beta_1 = C$. 于是, 解关于 C 的方程 $y_N = \alpha_N C + \beta_N$, 我们找到值 $C = y_1$, 它已在打靶法中找到. 按公式 (13) 的计算相应于按公式 $y_n = y_n^1 C + y_n^0$ 计算值 y_n. 所得到的方法当 $y_0^0 = a, y_1^0 = 0, y_0^1 = 1, y_1^1 = 0$ 时与打靶法相同.

用上面描述的方法求解方程组 (1.3), (1.4) 要求 $O(N)$ 次算术运算. 如果在解这个方程组时直接求助于高斯方法的标准程序, 则运算次数将为 $O(N^3)$. 这个运算量由追赶法的 $O(N)$ 次有内容的运算和零乘以 (除以) 某个数以及两个零相加 (相减) 的 $O(N^3)$

次无内容的运算构成. 于是, 即使应用追赶法和按照高斯法的标准程序求解方程组时有内容的运算是一样的, 应用标准程序也会导致求解问题的耗费大大增长.

如果在矩阵的行和列的转换中改变循环的始末以剔出无内容的运算, 则高斯法的程序代码可以转换成追赶法的程序代码.

现在研究情况: 当 $x=0$ 时边界条件为 $y'(0)-\alpha y(0)=a$. 在§1 中为逼近它时, 出现了将 y_0 和 y_1 联系在一起的方程. 这个方程可以写成

$$y_0 = C_0 y_1 + \varphi_0. \tag{14}$$

例如, 简单的逼近 $\frac{y_1-y_0}{h}-\alpha y_0=a$ 可以改写成这样的形式, 其中 $C_0=\frac{1}{1+\alpha h}$, $\varphi_0=-\frac{ah}{1+\alpha h}$. 进一步按照公式 (11) 计算 $n=1,\cdots,N-1$ 时的值 C_n, φ_n, 且按照公式 (10) 在逆追赶进程中计算 $y_{N-1},\cdots,y_0$. 如果当 $x=X$ 时有边界条件 $y'(X)+\beta y(X)=b$, 则类似于 (14) 有方程

$$y_N = \overline{C}_N y_{N-1} + \overline{\varphi}_N. \tag{15}$$

实现正向追赶进程, 得到等式

$$y_{N-1} = C_{N-1} y_N + \varphi_N. \tag{16}$$

解方程组 (15), (16) 得到 y_N, y_{N-1}, 然后由公式 (10) 依次计算 $y_{N-2},\cdots,y_0$.

对高阶方程或微分方程组的边值问题近似时出现了带有 (l,s)-对角矩阵 A 的方程组 $A\mathbf{y}=\mathbf{c}$. 矩阵 A 称为 (l,s)-对角矩阵, 如果当 $j<i-l$ 和 $j>i+s$ 时 $a_{ij}=0$. 求解这类方程也经常要适当地应用高斯法, 其算法也可以类似追赶法写成一组递推公式的形式.

如果 $l>s$, 则为减少算术运算量应该适当地将未知量和方程变成逆序以便得到带有 (s,l)-对角矩阵的方程组.

习题 2 分别计算当 $l>s, l=s, l<s$ 时带有 (l,s)-对角矩阵的方程组在应用高斯法求解时的运算次数.

在一些情况中, 方程组的 (l,s)-对角矩阵以自然的方式写成分块形的 (p,q)-对角矩阵形式, 即 $A=[A_{ij}]$, A_{ij} 为某个矩阵使得如果 $j<i-p$ 或者 $j>i+q$ 则 $A_{ij}=0$.

我们来研究方程组

$$\mathbf{y}'' - p(x)\mathbf{y} = \mathbf{f}(x), \tag{17}$$

以及简单的逼近公式

$$\frac{\mathbf{y}_{n+1}-2\mathbf{y}_n+\mathbf{y}_{n-1}}{h^2} - p(x_n)\mathbf{y}_n = \mathbf{f}(x_n), \tag{18}$$

其中 $\mathbf{y},\mathbf{f}$ 为 m 维向量, p 为 $m\times m$ 矩阵. 方程组中的矩阵自然地写成 $p=q=1$ 的分块对角矩阵, A_{ij} 为 $m\times m$ 矩阵. 同时这个矩阵是 $(2m-1, 2m-1)$-对角的, 或同样地为 $(4m-1, 4m-1)$-对角的. 求解这个方程可以应用分块形式的高斯消元法, 类似于标量情况它可以写成一组类似追赶法公式的矩阵形式的递推关系.

习题 3 计算应用于方程组 (18) 时, 分块形式的高斯法和一般过程的高斯法在剔出了无内容运算后的运算次数.

在求解一些问题时产生这样一些方程组, 其矩阵 A 在结构上不同于 (l,s)-对角矩阵, 矩阵 A 当 $|i-j| \sim n$ 时 (即在矩阵的左下角和右上角的邻近) 出现非零元素. 求解这类方程组也要适当地应用剔出了无内容运算的高斯法. 在寻找网格方程 (3) 的周期解时, 这种情况的高斯法叫作循环追赶法.

我们研究一个转换成这类方程的例子. 在应用 §5.3 中的校正方法平滑函数时产生了下列问题. 给定整数变量 q 的周期函数 f_q, 周期为 N. 要求找到带有同样周期的周期函数 u_q, 使之满足如下方程组

$$\text{对所有的 } q, \quad \frac{\delta^{2n} u_q}{h^{2n}} + (-\lambda^2)^n u_q = f_q.$$

当 $n = 1, \cdots, N$ 时写出这些关系. 由周期性条件当 $q \leqslant 0$ 和 $q > N$ 时将这些关系式中的值 u_q 相应地换成 u_{q+N} 和 u_{q-N}. 结果得到含 N 个变量 $u_1, \cdots, u_N$ 且有 N 个方程的方程组: $A\mathbf{u} = \mathbf{f}$. 这个方程组的矩阵 $A = [a_{ij}]$ 的元素由关系式 $a_{ij} = a(|i-j|)$ 定义, 其中

$$a(0) = (-1)^n (C_{2n}^n h^{-2n} + \lambda^{2n}),$$

$$a(k) = \begin{cases} (-1)^{n-k} C_{2n}^{n-k} h^{-2n} & \text{当 } 0 < k \leqslant n, \\ 0 & \text{当 } n < k \leqslant N-n, \\ (-1)^{k+n-N} C_{2n}^{k+n-N} h^{-2n} & \text{当 } N-n \leqslant k < N. \end{cases}$$

$$A = \begin{pmatrix} a(0) & a(1) & \cdots & a(n) & 0 & \cdots & 0 & a(N-n) & \cdots & a(N-1) \\ a(1) & \cdot & & & \cdot & & & & & \\ \vdots & & \cdot & & & \cdot & & & & \\ a(n) & & & \cdot & & & \cdot & & & \\ 0 & \cdot & & & \cdot & & & \cdot & & \\ \vdots & & \cdot & & & \cdot & & & \cdot & \\ 0 & & & \cdot & & & \cdot & & & \cdot \\ a(N-n) & & & & \cdot & & & \cdot & & \\ \vdots & & & & & \cdot & & & \cdot & \\ a(N-1) & & & & & & \cdot & & & \cdot \end{pmatrix}.$$

矩阵 A 是对称正定的.

习题 4 写出当 $n = 1$ 时这个方法的计算公式. 证明, 应用带有剔出无内容运算的高斯法求解这个方程组时要求 $O(n^2 N)$ 次算术运算.

习题 5 写出当 $n = 1$ 时应用平方根法求解这个具体方程组时的计算公式. 计算必需的算术运算次数.

上面当考虑追赶法写出了计算公式并计算了算术运算次数时, 还存在一个问题, 就是计算机处理过程溢出的可能性, 特别是零作分母的情况. 此外, 没有溢出也不能保证避

免计算误差的大的影响.

在 $p(x) \equiv p = \text{const}$ 的模型例子中在 p 的不同符号下我们研究追赶系数 C_n 的性质. 在初始近似 $C_0 = 0$ 之下, 追赶法的系数 C_n 满足的关系式
$$C_{n+1} = \frac{1}{2 + ph^2 - C_n}, \tag{19}$$
它与求解方程
$$C = g(C) = \frac{1}{2 + ph^2 - C}$$
的递推公式相同. 方程 $C = g(C)$ 等价于二次方程
$$C^2 - (2 + ph^2)C + 1 = 0, \tag{20}$$
其根为
$$C_{(1)}, C_{(2)} = 1 + \frac{ph^2}{2} \pm \sqrt{ph^2 + \frac{p^2h^4}{4}}.$$

当 $ph^2 > 0$ 时有 $C_{(1)} > 1$, 因此 $0 < C_{(2)} = C_{(1)}^{-1} < 1$. 当 $p < 0$ 且 h 很小时, 根号下的表达式为负的, 于是方程 (20) 没有实根. 在图 9.3.1 和图 9.3.2 中画出 $y = C$ 和 $y = g(C)$ 的图, 以及点 (C_n, C_n), (C_n, C_{n+1}). 可以看出, 当 $p \geqslant 0$ 时值 C_n 位于区间 $0 < C_n \leqslant 1$ (图 9.3.1). 当 $p < 0$ 时不排除 (图 9.3.2) 对充分大的 n 某些值 C_n 恰好接近于 $2 + ph^2$. 于是, 下一个值 C_{n+1} 将很大且可能发生溢出.

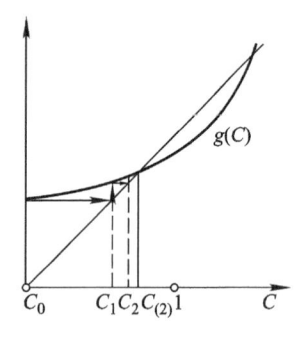

图 9.3.1

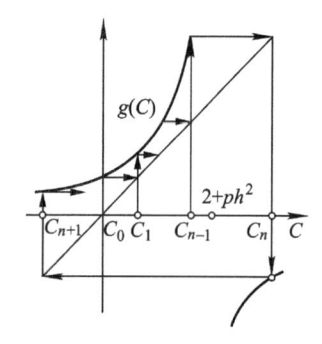

图 9.3.2

我们来研究计算系数 C_n 的误差溢出问题. 从 (19) 得到
$$\frac{\partial C_{n+1}}{\partial C_n} = \frac{1}{(2 + p_n h^2 - C_n)^2} = (C_{n+1})^2.$$
于是, 系数 C_n 中的扰动与关系式 $\delta C_{n+1} \approx C_{n+1}^2 \delta C_n$ 相关, 且当 C_n 很大时误差也大大增加. 上面提到的情况促使我们必须更详细地研究计算误差的影响, 至少对于 $p < 0$ 的情况要予以考虑.

§4. 数值算法的闭合

在算法的初步分析中每次都通过模型问题的解成功地获得对算法多方面的理解. 另

§4. 数值算法的闭合

一个初步分析的有效方法是应用由索伯列夫引入的数值算法的闭合概念.

为不使叙述变得繁琐, 我们限于研究问题的实质. 因此, 本章中的许多描述不总是被详尽讨论.

假设要求解某个问题
$$Lu = f, \qquad (1)$$
且设
$$L^h u^h = f^h \qquad (2)$$
为与某个参数 h (例如, 网格步长) 相关的问题束, 它的解 u^h 当 $h \to 0$ 时收敛于原问题 (1) 的解. 假定求解问题 (2) 的算法由依次得到的某些关系构成
$$L_m^h u_m^h = f_m^h, \quad m = 1, \cdots, M. \qquad (3)$$
并且 $L_M^h = E$ 为单位算子, $u_M^h = f_M^h = (L^h)^{-1} f^h = u^h$, 即在第 M 步得到精确解 u^h. 设可以取单调依赖于 m 的参数 $z(m, h)$ 且当 $h \to 0$ 且 z 固定时关系式 (3) 的极限变成
$$L_z y = f_z, \quad 0 \leqslant z \leqslant z_0, \qquad (4)$$
其中
$$z_0 = \lim_{h \to 0} z(M, h).$$
关系式 (4) 称为数值算法 (3) 的闭合.

> 我们没有给出数值算法闭合的严格定义. 实质上当研究了边值问题解的算法的闭合以后就更容易理解这个概念了.

数值算法概念的定义不排出 $M = \infty$ 的可能性. 在这种情况下, 等式
$$L_M^h = E, \quad f_M^h = (L^h)^{-1} f^h$$
理解为如下思想: 当 $m \to \infty$ 时
$$L_m^h \to E, \quad f_m^h \to (L^h)^{-1} f^h.$$
情况 $M = \infty$ 相应于求解问题 (1) 的迭代方法. 如果算子 L_z 对 z 一致有界, 则说算法 (3) 有正规闭合. 相反情况下则称算法有非正规闭合.

如果算法的闭合是正规的, 则有理由假定它对各种扰动特别是计算误差是稳定的. 因此, 算法的闭合研究是在问题研究的最初阶段为得到关于新方法性质的初步判断的方便方法. 这样的对方法性质的初步估计不总是确定的. 可能出现的情况是: 算子 L_z 一致有界, 但界是非常大的常数, 以至于实际上不是一致有界. 另一方面, 可能算子 L_z 的无界性导致方程的度量或者函数 u 的空间中的范数选择不成功. 缺乏算子 L_z 的一致有界性意味着当 $h \to 0$ 时 $p(h) = \sup_m \|L_m^h\|$ 无限增长. 不排除可能性: 值 $p(h)$ 增长得相当慢, 但当步长趋于零时相应的误差值的增长是可以容忍的. 尽管存在上述理由, 数值算法的闭合性研究仍然是十分有益的.

在正向追赶过程中得到关系式
$$y_n - C_n y_{n+1} = \varphi_n. \qquad (5)$$

我们来试图理解当 $h \to 0$ 时这个关系式会发生怎样的情况. 取 $p \equiv 0$ 的简单情况. 那么, $C_0 = 0, C_1 = 1/2, C_2 = 2/3, \cdots$ 且不难用归纳法建立 $C_n = 1 - 1/(n+1)$. 假设固定某个 $x = nh$, 则相应于这个点 (5) 的左边等于
$$y_n - \left(1 - \frac{1}{x/h + 1}\right) y_{n+1}.$$
当以光滑函数值 $y(nh)$ 代替值 y_n 时左边的极限等于零, 更详细地研究算法的闭合没有意义. 为使得得到的闭合有意义, 必须适当选择这样的因子 $\lambda(h)$ 使得极限
$$\lim_{h \to 0} \lambda(h) \left(y(x) - \left(1 - \frac{1}{x/h + 1}\right) y(x+h) \right) \tag{6}$$
有限且不等于零. 取 $\lambda(h) = h^{-1}$, 则
$$\frac{1}{h} \left(y(x) - \left(1 - \frac{1}{x/h + 1}\right) y(x+h) \right)$$
$$= \frac{1}{h} \left(y(x) - \left(1 - \frac{h}{x} + O(h^2)\right) (y(x) + y'(x)h + O(h^2)) \right)$$
$$= \frac{y(x)}{x} - y'(x) + O(h).$$
于是, (6) 有非零的极限. 在一般情况中也采用这样的规范化. 因为在所研究的例子中当 $nh = x$ 时存在极限:
$$\lim_{h \to 0} \frac{C_n - 1}{h},$$
所以代替 C_n 引入新的变量 $\alpha_n = (1 - C_n)/h$. 回顾追赶关系有形式
$$C_{n+1} = \frac{1}{2 + p_{n+1}h^2 - C_n}, \quad \varphi_{n+1} = C_{n+1}(\varphi_n - f_{n+1}h^2). \tag{7}$$
将 (5) 式乘以 $-h^{-1}$ 且让 $C_n = 1 - \alpha_n h, \varphi_n = -\beta_n h$. 那么 (5) 改写成
$$\frac{y_{n+1} - y_n}{h} - \alpha_n y_{n+1} = \beta_n. \tag{8}$$
将由 α_n 和 β_n 表示的 C_n 和 φ_n 的表达式代入 (7), 得到等式
$$1 - \alpha_{n+1}h = \frac{1}{1 + p_{n+1}h^2 + \alpha_n h},$$
$$\beta_{n+1}h = (1 - \alpha_{n+1}h)(\beta_n h + f_{n+1}h^2).$$
由此推出
$$\alpha_{n+1} = \frac{\alpha_n + p_{n+1}h}{1 + \alpha_n h + p_{n+1}h^2}, \tag{9}$$
$$\beta_{n+1} = \beta_n + (f_{n+1} - \alpha_{n+1}\beta_n)h - \alpha_{n+1}f_{n+1}h^2. \tag{10}$$
关系式 (9) 可以变成形式
$$\frac{\alpha_{n+1} - \alpha_n}{h} = p_{n+1} - \alpha_n^2 - h\frac{2p_{n+1}\alpha_n - \alpha_n^3 - (p_{n+1}^2 - p_{n+1}\alpha_n^2)h}{1 + \alpha_n h + p_{n+1}h^2}, \tag{11}$$
而 (10) 变成形式
$$\frac{\beta_{n+1} - \beta_n}{h} = f_{n+1} - \alpha_{n+1}\beta_n - f_{n+1}\alpha_{n+1}h. \tag{12}$$
如果假定当固定 $nh = x$ 且 $h \to 0$ 时系数 α_n 和 β_n 趋向于某个极限 $\alpha(x)$ 和 $\beta(x)$, 则当

§4. 数值算法的闭合

在 (8) 中以 $y(nh)$ 代替 y_n 时在极限情况下得到微分方程
$$y' - \alpha(x)y = \beta(x).$$
关系式 (11), (12) 表明, α_n, β_n 所满足的方程好似借助于欧拉法计算如下微分方程数值积分时所得的方程
$$\alpha' = p(x) - \alpha^2, \tag{13}$$
$$\beta' = f(x) - \alpha\beta. \tag{14}$$
由于下列情况, 证明如下事实变得很困难: 当固定 $nh = x$ 且 $h \to 0$ 时值 α_n, β_n 趋向于这些微分方程的解. 由定义, 有
$$\alpha_0 = (1 - C_0)/h = 1/h, \quad \beta_0 = \varphi_0/h = -a/h. \tag{15}$$
于是, 在点 $x = 0$ 的邻域内数值积分公式 (11), (12) 的初始条件有非同寻常的特性, 于是在所研究的情况中导出的网格问题和微分问题解的近似估计方法不能应用. 注意关系式 (15), 可以假定函数 $\alpha(x)$ 是 (13) 的解, 且当 x^{-1} 接近于零时它接近于零, 而 $\beta(x)$ 是 (14) 的解, 且当 $-ax^{-1}$ 接近于零时它接近于零.

我们来论证这个假定. 系数 C_n, 从而 α_n 从递推关系 (7) 得到, 这个递推关系既与微分方程的右边无关, 又与在点 X 处的有界性条件无关. 递推的初始条件 $C_0 = 0$ 也与这些因素无关. 研究边值问题
$$y''(x) - p(x)y(x) = 0, \quad y(0) = 0, \quad y(X) = 1$$
和相应的网格问题
$$l(y_j) = 0, \quad y_0 = 0, \quad y_N = 1.$$
这些问题的解可以写成
$$y(x) = W^1(x)/W^1(X), \quad y_n = W_n^1/W_N^1$$
($W^1(x)$ 和 W_n^1 的定义参看 §2). 因为对于这个边值问题 $\varphi_0 = 0$, 且所有的 $f_n = 0$, 则 $\beta_n \equiv 0$, 于是关系式 (8) 有形式
$$\frac{y_{n+1} - y_n}{h} - \alpha_n y_{n+1} = 0.$$
将 $y_n = W_n^1/W_N^1$ 代入得到
$$\alpha_n = \left(\frac{W_{n+1}^1 - W_n^1}{h}\right)\left(W_{n+1}^1\right)^{-1}. \tag{16}$$
应用近似估计
$$\text{当 } 0 \leqslant nh \leqslant X \text{ 时 } |W_n^1 - W^1(nh)| \leqslant Mh^2, \tag{17}$$
可以得到估计
$$\alpha_n = \frac{(W^1)'|_{(n+1)h} + O(h)}{W^1((n+1)h) + O(h)}. \tag{18}$$
函数
$$\alpha(x) = (W^1)'|_x / W^1(x)$$

满足微分方程 (13), 因为

$$\left(\frac{(W^1)'}{W^1}\right)' = \frac{(W^1)''}{W^1} - \left(\frac{(W^1)'}{W^1}\right)^2 = p(x) - \left(\frac{(W^1)'}{W^1}\right)^2.$$

由 $W^1(x)$ 的定义, 当 x 很小时有 $W^1(x) \sim x$, $(W^1)'|_x \sim 1$, 于是 $\alpha(x) = (W^1)'|_x/W(x) \sim x^{-1}$, 这正如所假定的一样.

函数 $\alpha(x)$ 在满足 $W^1(x) = 0$ 的点 (特别包括 $x = 0$ 在内) 变得无界. 在每个这样的点 y 的邻域内有

$$(W^1)'|_x \sim (W^1)'|_y \neq 0, \quad W^1(x) \sim ((W^1)'|_y)(x-y),$$

于是

$$\alpha(x) \sim (x-y)^{-1}. \tag{19}$$

对于这个邻域内的点可以写出一组关系式

$$\frac{W_{n+1}^1 - W_n^1}{h} = (W^1)'|_{(n+1)h}(1 + O(h)),$$

$$W_{n+1}^1 = W^1((n+1)h) + O(h^2) = W^1((n+1)h)\left(1 + O\left(\frac{h^2}{W^1((n+1)h)}\right)\right)$$

$$= W^1((n+1)h)\left(1 + O\left(\frac{h^2}{(n+1)h - y}\right)\right),$$

于是,

$$\alpha_n = \alpha((n+1)h)(1 + O(h))\left(1 + O\left(\frac{h^2}{(n+1)h - y}\right)\right).$$

由此看出, 等式 $\alpha_n \approx \alpha((n+1)h)$ 的相对误差在靠近 $\alpha(x) = \infty$ 的点的 h 阶邻域内是阶为 $O(h)$ 的值. 类似的方式可以研究函数 $\beta(x)$.

现在写出关系式 (3) 和算法相应的闭合. 取 $M = 2N - 1$, 且当 $m = 1, \cdots, N$ 时对 (3) 应用一组关系式

$$\frac{y_n - C_n y_{n+1}}{h} = \frac{\varphi_n}{n}, \quad 0 \leqslant n < m,$$

$$\frac{y_{n-1} - 2y_n + y_{n+1}}{h^2} - p_n y_n = f_n, \quad m \leqslant n < N,$$

$$y_N = b,$$

而当 $N < m \leqslant M$ 时应用一组关系式

$$\frac{y_n - C_n y_{n+1}}{h} = \frac{\varphi_n}{h}, \quad 0 \leqslant n \leqslant M - m,$$

$$y_n = \psi_n, \quad M - m < n \leqslant N,$$

其中 ψ_n 为网格问题的精确解. 假定 $z = mh$. 那么算法 (4) 的闭合表示如下:

$$L_z y = f_z(x),$$

其中当 $0 \leqslant z < 1$ 时，有

$$L_z y = \begin{cases} y' - \alpha(x)y, & \text{当 } 0 < x < z \text{ 时,} \\ y'' - p(x)y, & \text{当 } z \leqslant x < 1 \text{ 时,} \\ y, & \text{当 } x = 1 \text{ 时,} \end{cases}$$

$$f_z(x) = \begin{cases} \beta(x), & \text{当 } 0 < x < z \text{ 时,} \\ f(x), & \text{当 } z \leqslant x < 1 \text{ 时,} \\ b, & \text{当 } x = 1 \text{ 时,} \end{cases}$$

当 $1 \leqslant z \leqslant 2$ 时，有

$$L_z y = \begin{cases} y' - \alpha(x)y, & \text{当 } 0 < x < 2-z \text{ 时,} \\ y, & \text{当 } 2-z \leqslant x \leqslant 1 \text{ 时,} \end{cases}$$

$$f_z(x) = \begin{cases} \beta(x), & \text{当 } 0 < x < 2-z \text{ 时,} \\ \psi(x), & \text{当 } 2-z \leqslant x \leqslant 1 \text{ 时.} \end{cases}$$

这里 $\psi(x)$ 为微分问题的精确解（等式 $L_z y|_{x=0} = a$ 被省略）。

我们来研究函数 $\alpha(x)$ 和 $\beta(x)$ 的性质例子。设 $p(x) > 0$，那么由方程 $\alpha' = p(x) - \alpha^2$，

当 $\alpha > p_1 = \sqrt{\max_{[0,X]} p(x)}$ 时 $\alpha' < 0$，

当 $\alpha < p_2 = \sqrt{\min_{[0,X]} p(x)}$ 时 $\alpha' > 0$。

相应的积分曲线展示在图 9.4.1 中。因此，若 $x \to 0$ 则 $\alpha(x) \sim x^{-1}$ 满足时，解 $\alpha(x)$ 单调减少直到落入区域 $p_2 < \alpha < p_1$，而进入之后将停留其中。方程 (14) 关于 $\beta(x)$ 为线性的。因为系数 $\alpha(x)$ 当 $x \neq 0$ 时有限，则这个方程的解对所有的 $x \neq 0$ 保持有限。于是，有理由承认如果当 $x \to 0$ 时系数 $\alpha(x)$ 和 $\beta(x)$ 不是无限增长，则所研究问题的求解算法的闭合是正规的。在所研究的情况中，当 $n = 0$ 时的值 α_0 和 β_0 是阶为 h^{-1} 的值。进一步随着 n 的增加由于微分方程的

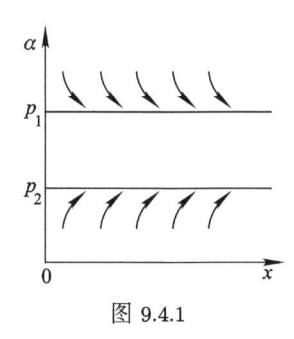

图 9.4.1

解具有减小的趋势，则它们也应该具有减小的趋势。我们已经习惯于在许多情况下量级为 $2^{-t} h^{-p}$ 的计算误差的影响是不可避免的且是容许的，算法的这种非正规性可能不会导致计算误差达到不能容忍的大的影响。

回到 $p(x) \geqslant 0$ 不总是成立的情况。那么，可能在区间的某个内点有 $W^1(y) = 0$，于是 $\alpha(y) = \infty$。在这样的情况下，算法的闭合应该是非正规的。但是，这里也不应该急着最后拒绝应用追赶法。若刚好在所有的网格节点处 $W^1(nh)h^{-2} \gg 1$，则由 (16)—(18) 有

$$\max_n |\alpha_n| = O(h^{-2}). \tag{20}$$

这类算法的非正规性也不应该总是看作可怕的。函数 $W^1(x)$ 光滑且导数在使 $W^1(y) = 0$ 的点 y 不等于零。因此，值 $\min_{n>0} W^1(nh)$ 常常达到量级 h 且关系式 (20) 将满足。于是，应该期望在大部分情况下当 $p(x) \leqslant 0$ 时按追赶法的计算对各种类型的扰动是稳定的。

实际上, 如果当 $x \in (0, X]$ 时有 $W^1(x) \neq 0$, 则追赶法的闭合恰好是正规的. 条件 $W^1(x_0) \neq 0$ 等价于条件: 边值问题

$$y(0) = a, \quad y(x_0) = b, \quad y'' - p(x)y = f(x) \tag{21}$$

对于任意的 a, b 和 $f(x)$ 在区间 $[0, x_0]$ 上可解. 于是, 追赶法闭合的正规性条件可以叙述如下:

如果对于任意区间 $[0, x_0]$ 当 $0 < x_0 \leqslant X$ 时边值问题 (21) 可解, 则追赶法的闭合是正规的.

还有另外的途径能得到这个结论. 转到逆向追赶进程的公式. 系数 C_j 和 φ_j 当 $j < n$ 时仅仅与 a 和 $j < n$ 时 (即在点 $jh \in [0, nh]$ 处) 的值 p_j 和 f_j 有关. 于是, 在找到值 y_n 以后, 计算如下方程 $y'' - p(x)y = f(x)$ 的边值问题, 其中方程定义在区间 $[0, nh]$ 上, 边界条件为 $y(0) = a$ 和 $y(nh) = y_n$. 如果这个边值问题对任意右边部分 $f(x)$ 不可解, 则相应的网格问题是否具有好的性质也值得怀疑. 因此, 若对于某个 $x_0 \in (0, X]$ 边值问题 (21) 不是对于任意右边部分可解, 则有必要对方法进行更详细的分析.

注意到, 由于下列情况闭合的正规性也不能保证总的计算误差很小. 总误差由计算过程中的误差和比例因子确定, 这些误差以这样的比例因子进入到总误差中. 闭合的正规性通常仅保证计算过程中舍入误差小. 为使比例因子不是很大, 需要方程的解对系数扰动具有弱灵敏性. 但是, 一般说来, 这还不充分. 在例子 $y' = My$ 中当 $M < 0$ 时我们看到微分问题的解常对这样的扰动具有弱敏感性, 同时网格问题的解却具有强敏感性.

§5. 对一阶线性方程组边值问题情况的讨论

我们研究边值问题

$$\mathbf{y}' - A(x)\mathbf{y} = \mathbf{f}(x), \quad B\mathbf{y}(0) = \mathbf{b}, \quad D\mathbf{y}(X) = \mathbf{d}, \tag{1}$$

这里 $\mathbf{y}, \mathbf{f}, \mathbf{b}, \mathbf{d}$ 分别为 $l, l, l-r, r$ 维向量, 而 A, B, D 为 $l \times l, (l-r) \times l, r \times l$ 矩阵. 今后处处假定矩阵 B 的秩等于 $l - r$, 而矩阵 D 的秩等于 r.

在寻找求解问题 (1) 的实用方法之前, 我们来讨论边值问题的解对各种类型扰动的灵敏性问题. 作为模型我们取边值问题

$$\mathbf{y}' - A\mathbf{y} = \mathbf{0}, \quad A = \text{const}, \quad B\mathbf{y}(0) = \mathbf{b}, \quad D\mathbf{y}(X) = \mathbf{d}. \tag{2}$$

我们来研究当矩阵 A 的所有特征值互异的情况. 在一般情况下, 推理过程没有本质上的改变. 设 $\lambda_j = \alpha_j + i\beta_j$ 为矩阵 A 的特征值, 按 α_j 增加的顺序排列, 而 $\mathbf{e}_j$ 为相应的特征向量, 并且 $\|\mathbf{e}_j\| = 1$. 方程组 $\mathbf{y}' - A\mathbf{y} = \mathbf{0}$ 的通解写成

$$\mathbf{y}(x) = \sum_{j=1}^{l} c_j \mathbf{e}_j \exp\{\lambda_j x\}. \tag{3}$$

特征值 λ_j 被分成三组, 以相应的上标划定每一组的特征值. 对使得 $\exp\{|\alpha_j|X\}$ 非常大的特征值 λ_j, 若 $\alpha_j > 0$ 则记为 λ_j^+, 若 $\alpha_j < 0$ 则记为 λ_j^-. 其余的特征值, 即使得 $\exp\{|\alpha_j|X\}$ 不是非常大的特征值记为 λ_j^0. 对特征向量 $\mathbf{e}_j$ 加上相应的上标. 相应的标号

§5. 对一阶线性方程组边值问题情况的讨论

j 之和分别记为 $\sum^+, \sum^0, \sum^-$. 设 l^+, l^0, l^- 为每组特征值的个数. 解 (3) 的书写形式在积分区间端点处于非唯一状态: 在点 $x = 0$ 时所有函数 $\exp\{\lambda_j x\}$ 具有阶 1, 同时在点 $x = X$ 时其中的一个非常大, 而另外的非常小. 通解的更方便的公式为

$$\mathbf{y}(x) = \sum^- c_j^- \mathbf{e}_j^- \exp\{\lambda_j^- x\} + \sum^0 c_j^0 \mathbf{e}_j^0 \exp\{\lambda_j^0 x\} + \sum^+ c_j^+ \mathbf{e}_j^+ \exp\{\lambda_j^+ (x - X)\}.$$

写出方程组 $B\mathbf{y}(0) = \mathbf{b}, D\mathbf{y}(X) = \mathbf{d}$, 从中应该确定相应于要搜寻解的常数 c_j:

$$B\mathbf{y}(0) = \sum^- c_j^- B\mathbf{e}_j^- + \sum^0 c_j^0 B\mathbf{e}_j^0 + \sum^+ c_j^+ B\mathbf{e}_j^+ \exp\{-\lambda_j^+ X\} = \mathbf{b},$$

$$D\mathbf{y}(X) = \sum^- c_j^- D\mathbf{e}_j^- \exp\{\lambda_j^- X\} + \sum^0 c_j^0 D\mathbf{e}_j^0 \exp\{\lambda_j^0 X\} + \sum^+ c_j^+ D\mathbf{e}_j^+ = \mathbf{d}. \quad (4)$$

方程组 (4) 可以写成

$$G\mathbf{c} = \mathbf{g},$$

其中

$$\mathbf{c} = (c_1^-, \cdots, c_l^+)^T, \quad \mathbf{g} = (b_1, \cdots, b_{l-r}, d_1, \cdots, d_r)^T,$$

矩阵 G 具有分块形式

$$G = \begin{pmatrix} G_1^- & G_1^0 & G_1^+ \\ G_2^- & G_2^0 & G_2^+ \end{pmatrix} \begin{matrix} l-r \\ r \end{matrix},$$
$$\quad\quad l^- \quad l^0 \quad l^+$$

每个块写出如下

$$G_1^- = [(B\mathbf{e}_j^-)_q], \quad 1 \leqslant j \leqslant l^-, \quad 1 \leqslant q \leqslant l-r,$$
$$G_1^0 = [(B\mathbf{e}_j^0)_q], \quad l^- < j \leqslant l^- + l^0, \quad 1 \leqslant q \leqslant l-r,$$
$$G_1^+ = [(B\mathbf{e}_j^+)_q \exp\{-\lambda_j^+ X\}], \quad l^- + l^0 < j \leqslant l, \quad 1 \leqslant q \leqslant l-r,$$
$$G_2^- = [(D\mathbf{e}_j^-)_q \exp\{\lambda_j^- X\}], \quad 1 \leqslant j \leqslant l^-, \quad 1 \leqslant q \leqslant r,$$
$$G_2^0 = [(D\mathbf{e}_j^0)_q \exp\{\lambda_j^0 X\}], \quad l^- < j \leqslant l^- + l^+, \quad 1 \leqslant q \leqslant r,$$
$$G_2^+ = [(D\mathbf{e}_j^+)_q], \quad l^- + l^0 < j \leqslant l, \quad 1 \leqslant q \leqslant r.$$

假定 $\Delta = \det G \neq 0$, 将方程组 (4) 的解表示成 $\mathbf{c} = G^{-1}\mathbf{g}$. 由已知公式, 逆矩阵元素有形式

$$G^{-1} = \left(\frac{(-1)^{i+j} G_{ij}}{\Delta} \right), \quad (5)$$

其中 G_{ij} 为矩阵 G 的子式. 在前面的叙述中假设值 $\exp\{-\lambda_j^+ X\}, \exp\{\lambda_j^- X\}$ 小到可以忽略不计, 因此矩阵 G_1^+ 和 G_2^- 的元素也小到可以忽略不计, 且行列式

$$\Delta = \det \begin{pmatrix} G_1^- & G_1^0 & G_1^+ \\ G_2^- & G_2^0 & G_2^+ \end{pmatrix}$$

近似于行列式

$$\Delta_0 = \det G^0, \quad G^0 = \begin{pmatrix} G_1^- & G_1^0 & 0 \\ 0 & G_2^0 & G_2^+ \end{pmatrix}.$$

分别研究情况:

a) 行列式 Δ_0 不小;

b) 行列式 Δ_0 小, 特别情况是等于零.

因为在矩阵 G 的元素中没有大的, 则由于公式 (5), 在情况 a) 中矩阵 G^{-1} 的元素通常不很大.

假定边界条件右边部分 **b** 和 **d** 包含某个误差 $\delta \mathbf{b}$ 和 $\delta \mathbf{d}$. 设 $\delta \mathbf{g} = (\delta \mathbf{b}, \delta \mathbf{d})^T$, 则向量 **c** 的误差等于 $G^{-1} \delta \mathbf{g}$. 如果矩阵 G^{-1} 的元素不很大, 则系数 c_j 的误差值 $\delta \mathbf{g}$ 将不是很大. 问题的解是如下各项的带有系数 c_j 的线性组合

$$\mathbf{e}_j^- \exp\{\lambda_j^- x\}, \quad \mathbf{e}_j^0 \exp\{\lambda_j^0 x\}, \quad \mathbf{e}_j^+ \exp\{\lambda_j^+ (x - X)\}.$$

因此, 由误差 $\delta \mathbf{b}$ 和 $\delta \mathbf{d}$ 造成近似解的误差也是可接受的.

注意到我们的命题带有相当不确定的特点: "小的", "非常小的", "不大的", "非常大的". 在分析具体问题时研究者应该自己决定何种程度的值是可以接受的. 特别, 如果要求解 "大的" 阶的方程组, 则在 "适中的" 系数值和 "不很小的" 行列式 Δ_0 的情况下, 由大量元素求和的子式可能是 "不能容忍的大".

如果行列式 Δ_0 很小或者等于零, 则由等式

$$\det G \det G^{-1} = 1,$$

在矩阵 G^{-1} 的元素中可能有大的元素. 那么, 边界条件右边部分的小的扰动可能导致系数 c_j 的大的扰动, 于是问题的解也如此.

知道矩阵 G^{-1} 的元素和矩阵 A 的特征值, 从上面所得到的关系式可以得出关于微分问题解扰动的相当精确的信息. 但是, 得到这样的信息本身要求大量的计算. 将这些描述推广到变量矩阵 $A(x)$ 的情况也需要大量的计算. 由此, 尝试在对问题要求较少的信息得到解对扰动 $\delta \mathbf{b}$ 和 $\delta \mathbf{d}$ 的定性的稳定性判据, 虽然这些判据也许不太可靠. 这些判据可能由 $l^-, l^0, l^+, l-r, r$ 之间的关系表述. 在矩阵 G^0 的前 $l-r$ 行元素中非零的元素可能位于矩阵 G_1^-, G_1^0 的前 $l^- + l^0$ 列中. 如果 $l^+ > r$, 则 $l^- + l^0 < l - r$, 那么位于前 $l-r$ 行的所有的 $(l-r) \times (l-r)$ 阶子式变成零. 按前 $l-r$ 行展开行列式 Δ_0 得到 $\Delta_0 = 0$. 同样地, 如果 $l^- > l - r$, 则所有位于后 r 行的 $r \times r$ 阶子式等于零, 因此 $\Delta_0 = 0$. 如果 $l^+ \leqslant r$, 而 $l^- \leqslant l - r$, 则行列式 Δ_0 恰好是矩阵 B 和 D 元素与特征向量 $\mathbf{e}_j$ 分量的乘积的线性组合, 并且这些乘积的系数是数 $\exp\{\lambda_j^0 X\}$ 的乘积, 而这些数的模不很大也不很小. 可以假定, 这个行列式为小数的情况是相当少的. 那么, 问题 (2) 的解将对边界条件右边部分的扰动 $\delta \mathbf{b}$ 和 $\delta \mathbf{d}$ 具有较小敏感性.

我们可以以下列命题来叙述所得到的结论. 如果 $l^+ > r$ 或者 $l^- > l - r$, 则微分问题的解对边界条件右边部分的扰动是非常敏感的; 如果 $l^+ \leqslant r$, 而 $l^- \leqslant l - r$, 则通常问题 (2) 的解对边界条件右边部分的改变具有小的敏感性.

这个结论的第一部分可以再叙述成这样的形式: 问题对边界条件具有小的敏感性的必要条件是: 在区间 $[0, X]$ 上随着 x 的增加快速增长的相互独立的特解 $\mathbf{e}_j \exp\{\lambda_j x\}$ 的个数不超过右端点边界条件的数量, 而在区间 $[0, X]$ 上随着 x 的增加快速减小的特解

$\mathbf{e}_j \exp\{\lambda_j x\}$ 的个数不超过左端点边界条件的数量.

这个结论也可以以一定的精确性推广到问题 (1) 带有变量矩阵 $A(x)$ 的情况. 这个结论的严格推导将是十分繁琐的. 但是, 如果矩阵 $A(x)$ 的元素在区间 $[0, X]$ 上变化相当平缓, 则对边界条件扰动的稳定性的最初研究常常可以限制考虑带有大的正值和大的负值 $X \mathrm{Re}\lambda_j(x)$ 的矩阵 $A(x)$ 的特征值个数.

如果系数以及方程和边界条件的右边部分小的扰动导致问题的解以同样小的量级改变, 则边值问题称为条件良好的 (保持良好的). 良好条件性的更精确的定义可给出如下. 与边界问题 (1) 同时研究边值问题

$$\tilde{\mathbf{y}}' - (A(x) + \delta A(x))\tilde{\mathbf{y}} = \mathbf{f}(x) + \delta \mathbf{f}(x),$$

$$(B + \delta B)\tilde{\mathbf{y}}(0) = \mathbf{b} + \delta \mathbf{b}, \quad (D + \delta D)\tilde{\mathbf{y}}(X) = \mathbf{d} + \delta \mathbf{d},$$

其中的扰动带有不很大的度量

$$\varepsilon = \max_{0 \leqslant x \leqslant X} (\|\delta A(x)\| + \|\delta \mathbf{f}(x)\|) + \|\delta B\| + \|\delta D\| + \|\delta \mathbf{b}\| + \|\delta \mathbf{d}\|.$$

如果对于这个边值问题所有的解满足不等式, 其中 M 不很大

$$\max_{0 \leqslant x \leqslant X} \|\tilde{\mathbf{y}}(x) - \mathbf{y}(x)\| \leqslant M\varepsilon, \tag{6}$$

则原问题叫作条件良好的, 相反原问题叫作条件不良的. 使得不等式 (6) 对于所有 $\varepsilon \leqslant \varepsilon_0$ (其中 ε_0 固定) 满足的最小值 $M(\varepsilon_0)$ 又是叫作给定问题 (相对于范数不超过 ε_0 的扰动) 的条件性度量. 问题的条件性描述了解对原始数据扰动例如方程系数给定的不精确性的稳定性. 因为计算舍入误差等价于原方程系数的扰动, 则条件性度量描述了数值解对计算时舍入的稳定性特征. 如果已知问题系数扰动的初步估计 ε, 且量级为 $M(\varepsilon)\varepsilon$ 的误差是容许的, 则问题直接的数值解有意义.

作为例子, 我们来研究区间 $[0, 30]$ 上方程组 $y_1' = y_2, y_2' = y_1$ 在边界条件 $y_1(0) = 1, y_2(0) = 1$ 下的柯西问题. 矩阵

$$A = \begin{pmatrix} 0 & 1 \\ 1 & 0 \end{pmatrix}$$

的特征值等于 ± 1. 值 $\exp(-30)$ 很小, 而值 $\exp(30)$ 很大, $l^- = 1, l^0 = 0, l^+ = 1, r = 0$ 且 $l^+ = 1 > r = 0$. 因此边界条件小的扰动应该导致解非常大的改变. 在此情况下, 本节的描述没有特别的意义, 因为没有它们也显然有由于原线性方程的解快速增长而使得解的误差也增长很快.

假设对于同一个方程组我们研究带有边界条件为 $b_1 y_1(0) + b_2 y_2(0) = b$, $d_1 y_1(30) + d_2 y_2(30) = d$ 的边值问题. 相应于特征值 $\lambda_1^- = -1$ 和 $\lambda_2^+ = 1$ 的特征向量分别等于 $(1, -1)^T$ 和 $(1, 1)^T$, $l^+ = r, l^- = l - r$. 一般来说, 应该期望问题对扰动 δb 和 δd 是稳定的. 以如下形式寻找解

$$c_1^- \begin{pmatrix} 1 \\ -1 \end{pmatrix} \exp\{-x\} + c_2^+ \begin{pmatrix} 1 \\ 1 \end{pmatrix} \exp\{x - 30\}.$$

方程 (4) 具有形式

$$\begin{aligned} (b_1 - b_2)c_1^- + (b_1 + b_2)c_2^+ \exp\{-30\} &= b, \\ (d_1 - d_2)c_1^- \exp\{-30\} + (d_1 + d_2)c_2^+ &= d. \end{aligned} \tag{7}$$

由此得到
$$c_1^- = \frac{b(d_1+d_2)-d(b_1+b_2)\exp\{-30\}}{\Delta},$$
$$c_2^+ = \frac{d(b_1-b_2)-b(d_1-d_2)\exp\{-30\}}{\Delta},$$
其中
$$\Delta = (b_1-b_2)(d_1+d_2)-(d_1-d_2)(b_1+b_2)\exp\{-60\}$$
近似于 $\Delta_0 = (b_1-b_2)(d_1+d_2)$. 如果系数 b_i 和 d_i 不大, 而 Δ_0 不小, 则系数 c_1^- 和 c_2^- 当 δb 和 δd 有小的改变时具有小的改变. 如果 $\Delta = 0$, 则方程组 (7) 当 $b=d=0$ 时具有非零解 c_1^- 和 c_2^+. 在此情况下说 "问题位于谱上", 即意指齐次问题有非零解且讨论解对边界条件的稳定性是无意义的. 当 $\Delta_0 = 0$ 时由于 $\Delta \approx \Delta_0$, 则问题是条件不良的.

习题 1 证明, 条件良好的边值问题的解是唯一的.

§6. 一阶方程组边值问题的算法

今后在 §6—§8 中假定所研究的边值问题是条件良好的.

求解边值问题 (5.1) 的形式上简单的方法是打靶法. 研究方程组
$$B\mathbf{y}(0) = \mathbf{b}. \tag{1}$$
因为按假定矩阵 B 的秩等于 $l-r$, 则方程组 (1) 的通解写成
$$\mathbf{y}_0 + \sum_{j=1}^{r} c_j \mathbf{y}_j,$$
其中 $\mathbf{y}_0$ 为非齐次方程 $B\mathbf{y} = \mathbf{b}$ 的任意解, 而 $\mathbf{y}_1,\cdots,\mathbf{y}_r$ 为方程组 $B\mathbf{y}=\mathbf{0}$ 的任意 r 个线性无关的解. 设 $\mathbf{y}_1,\cdots,\mathbf{y}_r,\mathbf{y}_0$ 为这样的一个向量组. 我们采用数值积分来寻找非齐次方程组
$$\mathbf{y}_0' = A(x)\mathbf{y}_0 + \mathbf{f}(x) \tag{2}$$
在初始条件 $\mathbf{y}_0(0) = \mathbf{y}_0$ 的特解, 以及齐次方程
$$\mathbf{y}_j' = A(x)\mathbf{y}_j, \quad j=1,\cdots,r \tag{3}$$
在初始条件 $\mathbf{y}_j(0) = \mathbf{y}_j$ 下的解. 设 $\mathbf{y}(x)$ 满足 (2) 和左边界条件 (1). 向量 $\mathbf{y}(0)$ 是 (1) 的解, 因此它可以写成
$$\mathbf{y}(0) = \mathbf{y}_0 + \sum_{j=1}^{r} c_j \mathbf{y}_j.$$
向量函数
$$\mathbf{z}(x) = \mathbf{y}_0(x) + \sum_{j=1}^{r} c_j \mathbf{y}_j(x)$$
满足方程 (2) 且在点 $x=0$ 处与 $\mathbf{y}(x)$ 相同. 于是,
$$\mathbf{y}(x) = \mathbf{y}_0(x) + \sum_{j=1}^{r} c_j \mathbf{y}_j(x). \tag{4}$$

所有形如 (4) 的函数满足关系式 (1) 和 (2). 于是, 当满足左边界条件 (1) 时, 方程 (2) 的所有的解由等式 (4) 给出. 为找到需要的解, 应该从这个通解中求出满足边界条件的解. 从带有 r 个未知量的 r 个方程

$$D\left(\mathbf{y}_0(X) + \sum_{j=1}^{r} c_j \mathbf{y}_j(X)\right) = \mathbf{d} \tag{5}$$

确定系数 c_j. 在假定问题 (5.1) 唯一可解的情况下, 这个方程组的行列式不等于零. 的确, 假设相反, 我们得到齐次边值问题 ($\mathbf{f} \equiv \mathbf{0}, \mathbf{b} = \mathbf{0}, \mathbf{d} = \mathbf{0}$) 具有非零解

$$\mathbf{y}(x) = \sum_{j=1}^{r} c_j \mathbf{y}_j(x).$$

如果 $c_1, \cdots, c_r$ 为方程组 (5) 的解, 则向量函数

$$\mathbf{y}(x) = \mathbf{y}_0(x) + \sum_{j=1}^{r} c_j \mathbf{y}_j(x)$$

满足方程和所有的边界条件, 于是得到原问题的解.

在必须节约计算机内存时应该找到

$$\mathbf{y}(0) = \mathbf{y}_0(0) + \sum_{j=1}^{r} c_j \mathbf{y}_j(0)$$

或者

$$\mathbf{y}(X) = \mathbf{y}_0(X) + \sum_{j=1}^{r} c_j \mathbf{y}_j(X),$$

然后采用数值方法向前或向后求解柯西问题.

如果在齐次方程组 $\mathbf{y}' = A(x)\mathbf{y}$ 的解中存在随 X 的增加快速增长的解, 则解 $\mathbf{y}_0(x)$, $\cdots, \mathbf{y}_r(x)$ 中的计算误差也快速增加. 在这种情况下打靶法的算法在实际应用时是不合适的. 不合适的原因可解释如下. 假设在 $A = \text{const}$ 时应用打靶法. 让 λ_j 和 $\mathbf{e}_j$ 分别记矩阵 A 的特征值和相应的特征向量, 并且设 $\text{Re } \lambda_1 \leqslant \cdots \leqslant \text{Re } \lambda_{l-1} < \text{Re } \lambda_l$. 假定

$$\mathbf{y}_j = \sum_{k=1}^{l} \alpha_{jk} \mathbf{e}_k,$$

则

$$\mathbf{y}_j(X) = \sum_{k=1}^{l} \alpha_{jk} \mathbf{e}_k \exp\{\lambda_k X\}. \tag{6}$$

如果 $\alpha_{jk} \neq 0$ 且 $\exp\{\text{Re } \lambda_l X\} \gg \exp\{\text{Re } \lambda_{l-1} X\}$, 则

$$\mathbf{y}_j(X) \sim \alpha_{jl} \mathbf{e}_l \exp\{\lambda_l X\}.$$

于是, 方程组 (5) 的矩阵的所有列恰好近似地与向量 $D\mathbf{e}_l$ 成比例, 因此这个方程组的解 $c_1, \cdots, c_r$ 以大的计算误差得到.

所研究的问题也可以解释为从向量簇

$$\mathbf{y}_0(x) + \sum_{j=1}^{r} c_j \mathbf{y}_j(x) \tag{7}$$

中分离出满足右边界条件

$$D\mathbf{y}(X) = \mathbf{d}$$

的向量的问题.

对每个固定的 x, 形如 (4) 的向量端点的集合构成 l 维空间中 r 维超平面. 超平面由位于这个平面中的向量 $\mathbf{y}_0(x)$ 的端点和位于其中的向量 $\mathbf{y}_1(x), \cdots, \mathbf{y}_r(x)$ 构成. 如果这些向量精确给出, 则由那些向量确定平面是不重要的. 但是, 由于在这些向量中存在误差, 这个平面将产生某个移位和偏转. 假定适定地提出了原来的边值问题, 且相应的向量 $\mathbf{y}(x)$ 在每一点 $x \in [0, X]$ 的范数不大. 在所研究的问题中对于大的值 $\text{Re}\,\lambda_l X$ 向量 $\mathbf{y}_0(x)$ 具有大的范数, 而向量 $\mathbf{y}_j(x)$ 近似成比例. $\mathbf{y}_0(x)$ 和 $\mathbf{y}_j(x)$ 的不大的扰动造成在相对不大的值 $\|\mathbf{y}\|$ 的区域中 (即精确解所在的区域) 平面性质发生本质上的改变. 因此, 用这样的方法给定向量簇 (4) 实际上丢失了解的信息.

为使在值 $\|\mathbf{y}\|$ 的不大的区域中 (解含在其中) 确立的平面对给定方法的误差稳定, 可考虑适当地以某个点和某个向量集合来确定平面, 这个点是坐标原点在平面上的投影, 而集合中的向量位于这个平面且构成或近似构成正交框架. 最广泛应用的求解问题 (5.1) 的追赶法的实质在于借助于坐标原点在这个平面上的投影和位于这个平面上的正交框架进行连续或离散 (在区间上的孤立点) 转换而形成簇 (4).

追赶法中的一种变型 (戈东诺夫 (Godunov) 法) 有如下方式. 积分区间以点 $0 = x_0 < x_1 < \cdots < x_m = X$ 划分成子区间. 假设在区间 $[x_s, x_{s+1}]$ 上问题的解以线性组合的形式寻找

$$\mathbf{y}(x) = \mathbf{g}_0^s(x) + \sum_{j=1}^{r} c_j \mathbf{g}_j^s(x),$$

其中 $\mathbf{g}_0^s(x)$ 为非齐次方程 (2) 的解, 而 $\mathbf{g}_j^s(x), j = 1, \cdots, r$ 为齐次方程 (3) 的解. 对向量 $\mathbf{g}_j^s(x_{s+1}), j = 1, \cdots, r$ 依次正交化和归一化得到正交向量组 $\mathbf{g}_j^{s+1}(x_{s+1}), j = 1, \cdots, r$. 让

$$\mathbf{g}_0^{s+1}(x_{s+1}) = \mathbf{g}_0^s(x_{s+1}) - \sum_{j=1}^{r} \left(\mathbf{g}_0^s(x_{s+1}), \mathbf{g}_j^{s+1}(x_{s+1})\right) \mathbf{g}_j^{s+1}(x_{s+1}),$$

即从向量 $\mathbf{g}_0^s(x_{s+1})$ 中减去它在平面上的投影, 这个平面由向量 $\mathbf{g}_j^{s+1}(x_{s+1}), j = 1, \cdots, r$ 张成. 进一步, 如同相应地求解方程组 (2), (3) 一样, 再次在区间 $[x_{s+1}, x_{s+2}]$ 上寻找 $\mathbf{g}_0^{s+1}(x)$ 和 $\mathbf{g}_j^{s+1}(x), j = 1, \cdots, r$. 在得到解在点 X 的这个表达式以后, 使用在点 $X = x_m$ 处的边界条件寻找问题在区间 $[x_{m-1}, x_m]$ 上的解. 接下来, 应用向量

$$\left(\mathbf{g}_0^s(x_{s+1}), \cdots, \mathbf{g}_r^s(x_{s+1})\right) \quad 和 \quad \left(\mathbf{g}_0^{s+1}(x_{s+1}), \cdots, \mathbf{g}_r^{s+1}(x_{s+1})\right)$$

之间的转换公式, 依次找到区间 $[x_{m-2}, x_{m-1}], \cdots [x_0, x_1]$ 上的解. 点 $x_1, \cdots, x_{m-1}$ 的选择要使得向量组 $\mathbf{g}_1^s(x_{s+1}), \cdots, \mathbf{g}_r^s(x_{s+1})$ 是近似正交的, 而向量 $\mathbf{g}_0^s(x_{s+1})$ 与由这个基底张成的子空间不够成太小的角度. 因为向量 $\mathbf{g}_1^s(x_s), \cdots, \mathbf{g}_r^s(x_s)$ 构成标准正交系, 而向量 $\mathbf{g}_0^s(x_s)$ 与之正交, 对于充分小的 $\max\limits_{s}(x_{s+1} - x_s)$ 所表述的条件满足.

§6. 一阶方程组边值问题的算法

注意到, 不同于在 §3, §4 中对于二阶微分方程类似研究的追赶法, 基于正交化思想的追赶法对于充分小的 $\max\limits_{s}(x_{s+1} - x_s)$ 恰好对于任意适定的边值问题其对计算误差的影响具有弱敏感性.

与上面描述的戈东诺夫正交追赶法类似的连续情况可以归结如下: 寻找 $l \times (l-r)$ 阶矩阵 $Z(0)$, 其列构成方程组 $B\mathbf{z} = \mathbf{0}$ 的正交解系, 向量 $\mathbf{u}(0)$ 与这些向量正交, 满足方程组 $B\mathbf{u}(0) = \mathbf{b}$.

在初始条件 $Z(0), \mathbf{u}(0)$ 下求解下列方程组的柯西问题
$$Z' = AZ - Z(Z^T Z)^{-1} R,$$
$$\mathbf{u}' = (E - Z(Z^T Z)^{-1} Z^T)(A\mathbf{u} + \mathbf{f} - Z(Z^T Z)^{-1} Z^T A^T \mathbf{u}).$$

上三角形矩阵 R 由如下等式确定
$$R + R^T = Z^T (A + A^T) Z.$$

这些计算叫作追赶法的正过程.

在这个方法中向量 $\mathbf{u}(x)$ 对于每一个 x 极小化 $\|\mathbf{y}(x)\|$, 其中 $\mathbf{y}$ 为方程组 $\mathbf{y}' = A\mathbf{y} + \mathbf{f}$ 的满足左边界条件的解.

所谓的追赶法的逆过程过程可以描述如下. 定义 $l-r$ 维向量 $\mathbf{v}(1)$ 为方程组 $D(Z(1)\mathbf{v}(1) + \mathbf{u}(1)) = \mathbf{d}$ 的解, 且对给定的 $\mathbf{v}(1)$ 在 x 减小的方向上解方程组
$$\mathbf{v}' = R\mathbf{v} + Z^T (A + A^T) \mathbf{u} + Z^T \mathbf{f}$$
的柯西问题. 问题的解 $\mathbf{y}(x)$ 本身由如下公式计算
$$\mathbf{y}(x) = \mathbf{u}(x) + Z(x)\mathbf{v}(x). \tag{8}$$

这样的推演方式也是可能的. 类似于追赶法的正向过程找到函数 $Z(x)$ 和 $\mathbf{u}(x)$, 将他们记分别为 $Z_{左}(x)$ 和 $\mathbf{u}_{左}(x)$, 相应于积分区间右端点的边界条件找到函数 $Z_{右}(x)$ 和 $\mathbf{u}_{右}(x)$.

解在每一个点 x 的值从关于未知量 $\mathbf{y}(x)$, $\mathbf{v}_{左}(x)$ 和 $\mathbf{v}_{右}(x)$ 的方程组找到
$$\mathbf{y}(x) = \mathbf{u}_{左}(x) + Z_{左}(x)\mathbf{v}_{左}(x), \quad \mathbf{y}(x) = \mathbf{u}_{右}(x) + Z_{右}(x)\mathbf{v}_{右}(x), \tag{9}$$
这里 $\mathbf{v}_{左}(x)$ 和 $\mathbf{v}_{右}(x)$ 分别为 $l-r$ 和 r 维列向量.

使用下列阿布拉莫夫 (Abramov) 正交追赶法常常更方便. 边界条件写成
$$B\mathbf{y}(0) = \mathbf{b}, \quad D\mathbf{y}(1) = \mathbf{d},$$
使得矩阵 B 和 D 的行构成标准正交向量系, 即满足 $BB^T = E, DD^T = E$, 这里 E 分别为 $r \times r$ 和 $(l-r) \times (l-r)$ 的单位矩阵.

在区间 $[0,1]$ 上求解如下方程组的柯西问题:
$$Z' + ZA(E - Z^T (ZZ^T)^{-1} Z) = 0,$$
$$\mathbf{u}' - ZAZ^T (ZZ^T) \mathbf{u} - Z\mathbf{f} = 0, \tag{10}$$

其中在初始条件 $Z(0) = B, \mathbf{u}(0) = \mathbf{b}$ 下沿着 x 增加的方向求解, 而在初始条件 $Z(1) = D, \mathbf{u}(1) = \mathbf{d}$ 下则沿着 x 减小的方向求解, 得到的解分别记为
$$Z_{左}(x), \mathbf{u}_{左}(x) \quad \text{和} \quad Z_{右}(x), \mathbf{u}_{右}(x).$$

在每一个点的问题的解从下列方程组找到
$$Z_{左}(x)\mathbf{y}(x) = \mathbf{u}_{左}(x), \quad Z_{右}(x)\mathbf{y}(x) = \mathbf{u}_{右}(x). \tag{11}$$
在这个方法中矩阵 Z 的行构成这个空间的最慢变化的标准正交补基底.

回顾一些事实, 以说明所指出的方法具有一定的 "好的" 性质.

对于这个方法, 相应地成立如下等式
$$Z^T(x)Z(x) = E \quad \text{或者} \quad Z(x)Z^T(x) = E, \text{ 其中 } E \text{ 为单位矩阵}. \tag{12}$$
对于第一个方法成立不等式 $\|\mathbf{u}(x)\| \leqslant \|\mathbf{y}(x)\|$, $\|\mathbf{v}\| \leqslant \|\mathbf{y}(x) - \mathbf{u}(x)\|$, 其中 $\|\cdot\|$ 为向量的欧几里得范数. 对于第二个方法成立不等式 $\|\mathbf{u}(x)\| \leqslant \|\mathbf{y}(x)\|$.

等式 (12) 诱使我们放弃矩阵 $Z(x)Z^T(x)$ 或 $Z^T(x)Z(x)$ 的逆. 这个简化常常导致不期望的误差增长.

§7. 非线性边值问题

在非线性边值问题和非线性代数问题求解方法之间存在很大的相似性. 特别, 正如在后一种情况中一样, 我们讨论各种方法, 并不想对解决任意非线性边值问题给出最终的建议. 实际上, 非线性边值问题的每一次求解都转化成求解某个非线性方程组. 求解非线性边值问题的各种方法以这些辅助问题的参数选择加以区分, 自然地, 也以这些问题的求解方法加以区分.

我们研究一个简单的非线性边值问题例子: 寻找如下方程的解
$$\begin{aligned} x'' - f(t,x) = 0, \quad t \in (0,T), \\ x(0) - a = 0, \quad x(T) - b = 0. \end{aligned} \tag{1}$$
假定已知解的某个近似 $x_n(t)$. 在这个近似的邻域内下列展开式正确
$$f(t,x) \approx f(t,x_n(t)) + \frac{\partial f}{\partial x}(t,x_n(t))(x - x_n(t)),$$
因此以适当的方式寻找边值问题解的下一个近似 $x_{n+1}(t)$
$$\begin{aligned} x''_{n+1} - \left(f(t,x_n(t)) + \frac{\partial f}{\partial x}(t,x_n(t))(x_{n+1}(t) - x_n(t)) \right) = 0, \\ x_{n+1}(0) - a = 0, \quad x_{n+1}(T) - b = 0. \end{aligned} \tag{2}$$
研究问题 (1) 的网格逼近:
$$\begin{aligned} \frac{x_{k+1} - 2x_k + x_{k-1}}{h^2} - f(t_k, x_k) = 0, \quad k = 1, \cdots, N-1, \\ x_0 - a = 0, \quad x_N - b = 0, \end{aligned} \tag{3}$$
这里 $h = T/N$, x_k 为值 $x(kh)$ 的近似. 设 $x_k^n, k = 0, \cdots, N$ 为方程组 (3) 解的第 n 个近似的所有值. 在这个近似的邻域内成立关系式
$$f(t_k, x_k) \approx f(t_k, x_k^n) + f_x(t_k, x_k^n)(x_k - x_k^n).$$

因此下一个近似从如下方程组寻找
$$\frac{x_{k+1}^{n+1} - 2x_k^{n+1} + x_{k-1}^{n+1}}{h^2} - (f(t_k, x_k^n) + f_x(t_k, x_k^n)(x_k^{n+1} - x_k^n)) = 0, \quad k = 1, \cdots, N-1,$$
$$x_0^{n+1} - a = 0, \quad x_N^{n+1} - b = 0,$$
(4)

它是 (2) 的离散近似. 在 §3 中我们研究了打靶法和追赶法对于求解这样的线性方程的应用.

用于获得解的下一个近似的方程 (2) 在形式上也应用了牛顿法. 将方程 (1) 看作算子方程 $F(x) = 0$. 导算子 F' 是由如下等式定义的算子 P

$$P\eta = \begin{cases} \eta'' - f_x(t, x(t))\eta, & \text{当 } t \in (0, T), \\ \eta(0), & \text{当 } t = 0, \\ \eta(T), & \text{当 } t = T. \end{cases}$$

关于 $x_{n+1}(t)$ 牛顿法的方程写成如下形式

$$x_n''(t) - f(t, x_n(t)) + (x_{n+1}(t) - x_n(t))'' - f_x(t, x_n(t))(x_{n+1}(t) - x_n(t)) = 0,$$
$$x_n(0) - a + (x_{n+1}(0) - x_n(0)) = 0,$$
$$x_n(T) - b + (x_{n+1}(T) - x_n(T)) = 0$$

且与 (2) 相同.

习题 1 写出关于方程组 (3) 牛顿法的计算公式, 并验证它们与 (4) 相同.

在连续和离散两种情况下, 我们首先通过线性化右边部分建立了迭代方法 (2) 和 (4), 然后验证了这些方法与牛顿迭代方法相同.

注意到迭代方法 (2), 由于不可能以显式方式求得其解, 从而通常是不能实现的, 实际上应用的正是方法 (4).

方法 (4) 由于需要计算机存储所有值 $x_k^n, k = 0, \cdots, N$, 所以实际应用不方便. 因此, 进而寻求如下方法, 它也分为连续和离散两种情况.

如果找到解在 0 点的导数值 x_0', 则原问题可解. 解对于方程 $x'' = f(t, x)$ 在初始条件 $x(0) = a, x'(0) = x_0'$ 下的柯西问题, 得到在整个区间上的解. 如果在初始条件 $x(0) = a$ 和任意 $x'(0)$ 下求解柯西问题, 则得到的值 $x(T)$, 一般说来不同于 b. 柯西问题解的值 $x(T)$ 是 $x'(0)$ 的函数: $x(T) = \varphi(x'(0))$. 于是, 原问题变成求解非线性方程

$$F(x'(0)) = \varphi(x'(0)) - b = 0. \tag{5}$$

对每一个 α 值 $F(\alpha)$ 的寻找要求解柯西问题

$$x'' = f(t, x), \quad x(0) = a, \quad x'(0) = \alpha. \tag{6}$$

由于对每一个 α 值寻找 $F(\alpha)$ 有很大的困难, 我们必须换一种方法求解方程, 这个方法要计算函数值 $F(\alpha)$ 的数量不大.

在一系列复杂的情况下问题求解以对话方式进行. 对于每一个后续近似 α_n 的值由计算机计算 $F(\alpha_n)$, 而 α_{n+1} 的选择由求解问题的研究者来实现. 类似的对话式系统在

几百年的实践中得到了应用. 在具体的工业系统中管理者通过研究系统在早先选取的值 $\alpha_1, \cdots, \alpha_n$ 下的工作结果来仔细选择值 α_{n+1}. 在火炮发射中值 $F(\alpha_n)$ 或者 $\text{sign}\, F(\alpha_n)$ 的计算是借助于炮弹发射到目标来实现的, 而 α_{n+1} 的选择是由校准射击的人员来实现的. 可以在人与动物的日常生活中找到许多类似的算法.

我们来研究用牛顿法求解方程 (5) 的问题. 由二阶方程解的微分公式, 成立下列等式
$$\frac{\partial F(x'(0))}{\partial x'(0)} = \frac{\partial x(T)}{\partial x'(0)} = \eta(T),$$
其中 $\eta(t)$ 为如下柯西问题的解
$$\eta'' - f_x(t, x(t))\eta = 0, \qquad \eta(0) = 0, \quad \eta'(0) = 1. \tag{7}$$
对这个问题进行数值或者解析求解, 寻找值 $\eta(T)$.

因为柯西问题 (6) 通常需要数值求解, 我们来直接研究这个方法的离散情况. 研究网格近似 (3). 给定任意的 x_1 且使用由 (3) 导出的递推公式
$$x_{k+1} = 2x_k - x_{k-1} + h^2 f(t_k, x_k), \quad k = 1, \cdots, N-1, \tag{8}$$
在初始条件 $x_0 = a, x_1$ 之下寻找满足网格方程和左边界条件的网格函数. 值 x_N 是 x_1 的某个函数: $x_N = \varphi(x_1)$, 其每一个值的计算借助于递推公式 (8) 来完成. 于是, 求解问题 (3) 变成求解标量方程
$$F(x_1) = \varphi(x_1) - b = 0.$$

假定应用牛顿求解这个方程. (8) 对于 x_1 微分得到
$$\eta_{k+1} = 2\eta_k - \eta_{k-1} + h^2 \frac{\partial f(t_k, x_k)}{\partial x_k} \eta_k, \quad k = 1, \cdots, N-1, \tag{9}$$
其中 $\eta_k = \partial x_k / \partial x_1$. 此外有
$$\eta_0 = \frac{\partial x_0}{\partial x_1} = \frac{\partial a}{\partial x_1} = 0, \quad \eta_1 = \frac{\partial x_1}{\partial x_1} = 1.$$
于是, 给定值 x_1, 同时按照 (8) 计算 x_k 和按照 (9) 计算 η_k, 可以找到 $x_N(x_1)$ 和 $\partial x_N / \partial x_1 = \eta_N$, 并实现牛顿法的下一步计算
$$x_1^{n+1} = x_1^n - \left(\frac{\partial x_N}{\partial x_1^n}\right)^{-1} (\varphi(x_1^n) - b). \tag{10}$$
如果关系式 (9) 改写成
$$\frac{\eta_{k+1} - 2\eta_k + \eta_{k-1}}{h^2} - \frac{\partial f(t_k, x_k)}{\partial x_k} \eta_k = 0,$$
则它变成了对方程 (7) 逼近的差分格式.

当 (1) 为标量情况, 代替 (10) 常适当按照如下公式计算 $\partial x_N / \partial x_1^n$:
$$\frac{\partial x_N}{\partial x_1^n} \approx \frac{x_N(x_1^n) - x_N(x_1^n - \Delta_n)}{\Delta_n}, \tag{11}$$
特别, 可以取 $\Delta_n = x_1^n - x_1^{n-1}$.

注意到在应用公式 (10) 和借助于 (11) 计算导数时, 需要将注意力放在适当选择 Δ_n 上 (参看 §2.16), 因为按照数值积分方法得到的值 $x_N(x_1)$ 的误差常常是相当大的.

我们来研究非线性边值问题
$$\mathbf{y}' = \mathbf{f}(x,\mathbf{y}), \quad \mathbf{B}(\mathbf{y}(0)) = \mathbf{0}, \quad \mathbf{D}(\mathbf{y}(0)) = \mathbf{0}, \quad (12)$$
$$\mathbf{y} = (y_1,\cdots,y_l)^T, \quad \mathbf{B} = (b_1,\cdots,b_{l-r})^T, \quad \mathbf{D} = (d_1,\cdots,d_r)^T.$$

设函数 $g_1(\mathbf{y}(0)),\cdots,g_r(\mathbf{y}(0))$ 使得方程组
$$b_1(\mathbf{y}(0)) = 0, \cdots, b_{l-r}(\mathbf{y}(0)) = 0,$$
$$g_1(\mathbf{y}(0)) = g_1, \cdots, g_r(\mathbf{y}(0)) = g_r \quad (13)$$
唯一确定向量 $\mathbf{y}(0) = \omega_0(\mathbf{g}), \mathbf{g} = (g_1,\cdots,g_r)$. 那么, 问题 (12) 可以转化成关于 $g_1,\cdots,g_r$ 的非线性方程组.

在 0 点的边界条件经常具有形式
$$y_1(0) = 0, \cdots, y_{l-r}(0) = 0,$$
于是作为 $g_1(\mathbf{y}(0)),\cdots,g_r(\mathbf{y}(0))$ 可以取 $y_{l-r+1}(0),\cdots,y_l(0)$. 这样, 这里作为要寻找的参数取解在点 $x=0$ 的未知分量.

对于每一组 $g_1,\cdots,g_r$ 解方程组 (13), 可以确定向量 $\mathbf{y}(0) = \omega_0(\mathbf{g})$. 在初始条件 $\mathbf{y}(0)$ 下求解柯西问题, 我们确定 $\mathbf{y}(X) = \omega_X(\mathbf{g})$, 然后找到 $\psi(\mathbf{g}) = \mathbf{D}(\omega_X(\mathbf{g}))$. 于是, 求解问题 (12) 变成求解如下非线性方程组
$$\psi(\mathbf{g}) = \mathbf{0}. \quad (14)$$

一组有意义的求解非线性方程组的方法是牛顿法, 其中在求函数值 ψ_i 的同时还须寻找其导数值 $\partial\psi_i/\partial g_k$. 下列两个寻找这些导数的方法是最广泛应用的方法.

1. 为确定起见只讨论导数 $\partial\psi_i/\partial g_1$ 的计算. 假设我们给定值 $g_1^0,\cdots,g_r^0$. 从方程组 (13) 找到相应的 $y_1(0),\cdots,y_l(0)$. 方程组 (13) 对 g_1 微分, 得到寻找导数 $\partial y_j(0)/\partial g_1$ 的方程组:
$$\sum_{j=1}^l \frac{\partial b_k}{\partial y_j(0)} \frac{\partial y_j(0)}{\partial g_1} = 0, \quad k=1,\cdots,l-r,$$

$$\sum_{j=1}^l \frac{\partial g_m}{\partial y_j(0)} \frac{\partial y_j(0)}{\partial g_1} = \delta_m^1, \quad m=1,\cdots,r.$$

方程组 $\mathbf{y}' = \mathbf{f}(x,\mathbf{y})$ 在初始条件 $y_1(0),\cdots,y_l(0)$ 之下的解是参数 g_m 的函数. 导数向量
$$\frac{\partial \mathbf{y}(x)}{\partial g_1} = \left(\frac{\partial y_1(x)}{\partial g_1},\cdots,\frac{\partial y_l(x)}{\partial g_1}\right)^T$$
满足微分方程组
$$\frac{d}{dx}\left(\frac{\partial \mathbf{y}(x)}{\partial g_1}\right) = F_y(x,\mathbf{y})\frac{\partial \mathbf{y}(x)}{\partial g_1}, \quad F_y = \left[\frac{\partial f_i}{\partial y_j}\right]. \quad (15)$$
对这个方程进行数值求解后得到向量 $\partial\mathbf{y}(X)/\partial g_1$. 现在可以找到导数
$$\frac{\partial \psi_i}{\partial g_1} = \sum_{j=1}^l \frac{\partial d_i}{\partial y_j}\frac{\partial y_j(X)}{\partial g_1} = \left(\operatorname{grad} d_i, \frac{\partial \mathbf{y}(X)}{\partial g_1}\right). \quad (16)$$
如果要在同样的右边部分 $f(x,\mathbf{y})$ 但不同的边界条件下重复求解问题 (12), 则这个途径可能是合理的.

作为确定导数 $\partial\psi_i/\partial g_j$ 的标准方法, 由于在编写方程右边部分的计算程序的同时要求编写计算导数 $\partial f_i/\partial y_j$ 的程序, 所以这个方法还不方便.

2. 对大多数求解方程组迭代方法仅仅要求以适当的精度计算右边部分的导数值. 因此, 为找到这些导数值, 可以只应用某个数值微分公式, 例如简单数值微分公式

$$\frac{\partial \psi_i(g_1,\cdots,g_r)}{\partial g_1} \approx \frac{\psi_i(g_1+\Delta,\cdots,g_r)-\psi_i(g_1,\cdots,g_r)}{\Delta}.$$

按照这个公式计算导数 $\partial\psi_i/\partial g_1$ (与寻找值 $\psi_i(g_1,\cdots,g_r)$ 相比较) 要求计算另一个相应于参数 $g_1+\Delta, g_2,\cdots,g_r$ 的柯西问题的数值解. 因为数值方法寻找函数值 ψ_i 可能有大的误差, 在除以 Δ 时误差还会增加, 所以这里必须注意 Δ 的适当选取. 对所描述的方法, 典型的是同时寻找所有函数 ψ_i 对固定变量 g_j 的导数. 因此, 这里可以适当应用带有对参数 g_j 逐步精确化的迭代过程. 这个迭代过程可以表述如下: 参数 g_j 在一个循环顺序中精确化, 精确的参数值 $\bar{g}_j$ 从某个函数

$$\Phi_j\left(\psi_1(g_1,\cdots,g_r)+\frac{\partial\psi_1(g_1,\cdots,g_r)}{\partial g_j}(\bar{g}_j-g_j),\cdots,\right.$$
$$\left.\psi_r(g_1,\cdots,g_r)+\frac{\partial\psi_r(g_1,\cdots,g_r)}{\partial g_j}(\bar{g}_j-g_j)\right)$$

的极小化条件中选择 (更详细的内容参看 §7.3).

正如求解线性边值问题一样, 这里也出现了在实际舍入条件下的方法应用问题. 如果方程组 $\eta'=f_y\eta$ 的解 η 随着 x 的增加快速增长, 则值 g_j 的误差和数值积分的计算误差将导致函数值 ψ_i 有大的误差. 这最终导致得到的解有大的误差. 如果这样的误差是不容许的, 则应该对问题进行其他的参数化.

当前在计算实践中, 特别是与导航问题和包含边界层的非线性问题的解密切相关的计算中, 对相应于公式 (3) 的方法和上面描述的方法之间的过渡状态的研究得到了广泛的发展. 公式 (3) 是以解在所有网格节点处的值作为未知参数, 在上述方法中是以解在一个点的值作为未知参数. 给定点 $0=x_0<x_1<\cdots<x_m=X$ 使得在区间 $[x_{i-1},x_i], i=1,\cdots,m$ 上, 差分方程组的解沿着 x 的正的方向和负的方向前移时都不会剧烈增长. 取解在点 x_0 和 x_m 的未知分量和解在点 $x_1,\cdots,x_{m-1}$ 的值作为要寻找的参数 (更详细的阐述参见 [1]).

实际求解常微分方程的具体非线性问题时, 如同另一些非线性问题一样, 通常应该对方法进行 "修正": 提出某个获得初始近似的特殊方法, 然后以拓宽初始条件区域为目的对它进行改进, 在这个初始条件下方法对给定具体的问题类收敛. 在一些情况下求解方法是通过在计算机上模拟自然界中遇到的方法或者实际工作者采用的求解这类问题的方法来建立的. 如果所研究的边值问题是某个泛函极值问题, 则原泛函由有限个参数相关的泛函逼近, 然后按照后一个的线性化途径得到充分好的近似. 对于线性问题的类似泛函例子将在 §11 讨论.

§8. 特殊类型的近似

我们来研究边值问题
$$(k(x)y'(x))' - p(x)y(x) = f(x), \quad y(0) = a, \quad y(X) = b, \tag{1}$$
其中 $p(x) \geqslant 0$, $k(x) \geqslant k_0 > 0$, 函数 $k(x)$ 三次连续可微, $p(x), f(x)$ 两次连续可微, 且这些函数或其导数 $k', k'', k''', p', p'', f', f''$ 只有有限个点可能是第一类间断点.

设 K, P, F 为相应于函数 $k(x), p(x), f(x)$ 或其导数的间断点的集合, $\Omega = K \cup P \cup F$.

对带有不连续系数或解不连续的方程, 如何理解方程在间断点的情况有时不是明显的. 解决这个问题应该借助于积分关系, 这个关系通常叫作守恒律, 从中可以得到所研究的微分方程. 带有间断函数 $k(x)$ 的方程 (1) 产生于积分关系
$$\int_{x_1}^{x_2} (p(x)y(x) + f(x))\,dx = k(x)y'\Big|_{x_1}^{x_2}, \tag{2}$$
它对于任意 $x_1, x_2 \in [0, X]$ 成立. 如果 $x_2 \to x_0 + 0$, $x_1 \to x_0 - 0$, 则左边部分收敛于零. 在右边部分取极限得到

$$\text{对于任意 } x_0 \in [0, X] \text{ 有 } k(x)y'\Big|_{x_0-0}^{x_0+0} = 0.$$

从这个关系式出发, 称满足下列条件的函数 $y(x)$ 为问题 (1) 的解:

1) $y(x)$ 在 $[0, X]$ 上连续;

2) 除了 Ω 中的点可能例外, $y(x)$ 在 $[0, X]$ 上处处满足方程 (1);

3) 函数 $w(x) = k(x)y'(x)$ 在 $[0, X]$ 上连续, 该函数称作流函数.

从条件 3) 推出函数 $y'(x) = w(x)/k(x)$ 除了函数 $k(x)$ 的间断点以外处处连续, 而这些间断点为 $y'(x)$ 的第一类间断点. 首先研究等距网格. 当 n 为整数和半整数时将需要记号 $x_n = nh$, 进一步让 $X = Nh$.

可以证明这样的解存在, 而导数 $y'(x), y''(x), y'''(x)$ 和 $y^{(4)}(x)$ 在集合 $[0, X] \setminus \Omega$ 上连续且一致有界.

如果在建立差分格式时不考虑 $y'(x)$ 间断的事实, 则可能发生差分问题的解不收敛问题 (1) 的解. 例如, 如果在第一项中打开括号
$$(k(x)y'(x))' = k(x)y''(x) + k'(x)y'(x)$$
且用表达式
$$k(x_n)\frac{y_{n+1} - 2y_n + y_{n-1}}{h^2} + k'(x_n)\frac{y_{n+1} - y_{n-1}}{2h}$$
来近似它, 则上面所说的情况会出现. 事实上, 虽然在系数光滑的区域内近似误差量级为 $O(h^2)$, 但在建立差分格式时没有考虑到条件 3). 研究另一个近似:
$$(ky')'\big|_{x_n} \approx \frac{(ky')\big|_{x_{n+1/2}} - (ky')\big|_{x_{n-1/2}}}{h}$$
$$\approx \frac{k(x_{n+1/2})\dfrac{y_{n+1} - y_n}{h} - k(x_{n-1/2})\dfrac{y_n - y_{n-1}}{h}}{h}, \tag{3}$$
$$(py)\big|_{x_n} \approx p(x_n)y_n, \quad f(x_n) \approx f_n.$$

可以指出, 相应的差分方程
$$\frac{k(x_{n+1/2})\frac{y_{n+1}-y_n}{h} - k(x_{n-1/2})\frac{y_n-y_{n-1}}{h}}{h} - p(x_n)y_n = f_n,$$
$$n = 1, \cdots, N-1, \quad y_0 = a, \quad y_N = b$$
的解以速度 $O(h)$ 收敛于微分方程的解. 同时, 当区间 (x_{n-1}, x_n), (x_n, x_{n+1}) 之一包含函数 $k(x)$ 的间断点时, 在点 x_n 的近似误差有 h^{-1} 的量级.

我们来验证后一个结论并解释为什么它不与以 $O(h)$ 的速度收敛的事实相矛盾. 逼近误差写成
$$r_n = \frac{v(x_{n+1/2}) - v(x_{n-1/2})}{h} - p(x_n)y(x_n) - f(x_n), \tag{4}$$
其中
$$v(x_{n+1/2}) = k(x_{n+1/2})\frac{y(x_{n+1}) - y(x_n)}{h}.$$
让 $v(x_{n+1/2}) - k(x_{n+1/2})y'(x_{n+1}) = \beta_n$. 因为 $k(x)$ 和导数 $y'(x)$ 在 $[0, X]$ 上一致有界, 则值 $\left|\frac{y(x_{n+1}) - y(x_n)}{h}\right|$ 对 n 和 h 一致有界且 $\sup_{n,h}|\beta_n| = O(1)$.

如果导数 $y'''(x)$ 在 $[x_n, x_{n+1}]$ 上有界, 则
$$|\beta_n| \leqslant \frac{1}{24}\sup|k(x)| \cdot \sup_{[x_n, x_{n+1}]}|y'''|h^2 = O(h^2).$$

关系式 (4) 写成
$$r_n = \frac{(ky')|_{x_{n+1/2}} - (ky')|_{x_{n-1/2}}}{h} - p(x_n)y(x_n) - f(x_n) + \frac{\beta_{n+1/2} - \beta_{n-1/2}}{h}. \tag{5}$$
让
$$\frac{(ky')|_{x_{n+1/2}} - (ky')|_{x_{n-1/2}}}{h} - (ky')'|_{x_n} = \alpha_n.$$
如果 $(ky')'''$ 有界, 则 $\alpha_n = O(h^2)$. 逼近误差最后的表示有形式
$$r_n = \alpha_n + \frac{\beta_{n+1/2} - \beta_{n-1/2}}{h} + ((ky')' - py - f)|_{x_n} = \alpha_n + \frac{\beta_{n+1/2} - \beta_{n-1/2}}{h}.$$

研究当在 (x_n, x_{n+1}) 上系数 $k(x)$ 有间断点的情况. 那么, 对于 $\beta_{n+1/2}$ 不能成功得到比 $O(1)$ 更好的估计, 而对 r_n 估计好于 $O(1/h)$. 此外, 解的误差有阶 $O(h)$. 这似乎可以解释如下. 使 r_n 有阶 $O(1/h)$ 的点的个数有限, 其在一般节点数中所占的比重为 $O(h)$ 量级, 因此在这些点的逼近误差总结果将为 $O(h) \cdot O(1/h) = O(1)$.

值 $\beta_{n+1/2}$ 按照如下方式在逼近误差的表达式中出现:
$$r_n = \alpha_n + \frac{\beta_{n+1/2} - \beta_{n-1/2}}{h},$$
$$r_{n+1} = \alpha_{n+1} + \frac{\beta_{n+3/2} - \beta_{n+1/2}}{h}.$$
因此 $\beta_{n+1/2}$ 在点 x_n 处逼近的误差等于 $\beta_{n+1/2}/h$, 而在点 x_{n+1} 处的逼近的误差等于 $-\beta_{n+1/2}/h$. 解的误差写成形式 (参看 §2)
$$y_q - y(x_q) = h\sum G_q^n r_n.$$

可以证明格林网格函数 G_q^n 满足条件 $\left|\dfrac{G_q^{n+1} - G_q^n}{h}\right| \leqslant c$, 其中常数 c 与 h 无关. 鉴于此, 值 $\beta_{n+1/2}$ 的影响为

$$h(G_q^n - G_q^{n+1})\dfrac{\beta_{n+1/2}}{h} = O(h)|\beta_{n+1/2}| = O(h).$$

从最后的关系式推出 $\max\limits_q |y_q - y(x_q)| = O(h)$.

上述思想证实了广泛应用的经验法则: 在建立差分格式时不应该无缘无故地展开括号和应用乘积的微分公式.

我们从守恒律 (2) 出发建立更精确的差分格式. 对 (2) 通过在从 $x_{n-1/2}$ 到 $x_{n+1/2}$ 的区间上进行积分, 结果得到等式

$$w(x_{n+1/2}) - w(x_{n-1/2}) = \int_{x_{n-1/2}}^{x_{n+1/2}} [p(x)y(x) + f(x)]\,dx. \tag{6}$$

因为函数 $y(x)$ 分段可微, 则当 $x - x_n = O(h)$ 时

$$y(x) = y(x_n) + O(h).$$

因此 (6) 可以表示成

$$w(x_{n+1/2}) - w(x_{n-1/2}) = \int_{x_{n-1/2}}^{x_{n+1/2}} (p(x)y(x_n) + f(x) + O(h))\,dx$$
$$= h \cdot (\overline{p}_n y(x_n) + \overline{f}_n) + O(h^2),$$

其中

$$\overline{p}_n = \dfrac{1}{h}\int_{x_{n-1/2}}^{x_{n+1/2}} p(x)\,dx, \quad \overline{f}_n = \dfrac{1}{h}\int_{x_{n-1/2}}^{x_{n+1/2}} f(x)\,dx.$$

除以 h 后得到

$$\dfrac{w(x_{n+1/2}) - w(x_{n-1/2})}{h} - \overline{p}_n y(x_n) = \overline{f}_n + O(h).$$

如果区间 (x_{n-1}, x_n) 包含 $y'(x)$ 的间断点, 则直接将 $\dfrac{w(x_{n-1/2})}{h}$ 换成

$$k(x_{n-1/2})\dfrac{y(x_n) - y(x_{n-1})}{h^2}$$

的误差可以是 h^{-1} 量级.

为得到更好的逼近我们引入辅助独立变量 $t = \int_0^x \dfrac{dx}{k(x)}$. 从对 x 的导数的有界性和等式 $\dfrac{du}{dt} = k(x)\dfrac{du}{dx}$ 推出对 t 的导数的有界性. 函数 $w = k(x)\dfrac{dy}{dx} = \dfrac{dy}{dt}$ 对 x 有有界导数, 于是对 t 也有有界导数. 这样, 第二个导数有界且可以写出等式

$$k(x)\dfrac{dy}{dx}\bigg|_{x_{n-1/2}} = \dfrac{dy}{dt}\bigg|_{t_{n-1/2}} = \dfrac{y(t_n) - y(t_{n-1})}{t_n - t_{n-1}} + O(t_n - t_{n-1}),$$

其中

$$t_n = \int_0^{x_n} \dfrac{dx}{k(x)}, \quad t_n - t_{n-1} = \int_{x_{n-1}}^{x_n} \dfrac{dx}{k(x)} = O(h).$$

因此

$$w(x_{n-1/2}) = k(x)\dfrac{dy}{dx}\bigg|_{x_{n-1/2}} = \dfrac{y(x_n) - y(x_{n-1})}{t_n - t_{n-1}} + O(h).$$

在左边部分中代入 $k(x)\dfrac{dy}{dx}\bigg|_{x_{n\pm 1/2}}$ 得到

$$r_n = \frac{1}{h}\left(\frac{y(x_{n+1}) - y(x_n)}{h\overline{k}_{n+1/2}^{-1}} - \frac{y(x_n) - y(x_{n-1})}{h\overline{k}_{n-1/2}^{-1}}\right) - \overline{p}_n y(x_n) - \overline{f}_n = O(1),$$

其中

$$\overline{k}_{j+1/2}^{-1} = \frac{1}{h}\int_{x_j}^{x_{j+1}} \frac{dx}{k(x)}. \tag{7}$$

相应的有限差分格式 (由萨玛尔斯基和吉洪诺夫提出) 有形式

$$L(y_n) = \frac{1}{h}\left(\frac{y_{n+1} - y_n}{h\overline{k}_{n+1/2}^{-1}} - \frac{y_n - y_{n-1}}{h\overline{k}_{n-1/2}^{-1}}\right) - \overline{p}_n y_n = \overline{f}_n. \tag{8}$$

所得到的格式中最大逼近误差有 $O(1)$. 因此, 为得到误差估计运用了一系列补充的想法.

如果区间 $[x_{n-1}, x_{n+1}]$ 不包含 Ω 中的点, 则借助于泰勒展开式直接验证的逼近误差 r_n 是 $O(h^2)$. 在相反的情况下逼近误差表示为

$$\begin{aligned} r_n &= L_h(y(x_n)) - \overline{f}_n \\ &= \frac{1}{h}\left(\frac{y(x_{n+1}) - y(x_n)}{h\overline{k}_{n+1/2}^{-1}} - \frac{y(x_n) - y(x_{n-1})}{h\overline{k}_{n-1/2}^{-1}}\right) - \overline{p}_n y(x_n) - \overline{f}_n \\ &= \frac{\beta_{n+1/2} - \beta_{n-1/2}}{h} + \alpha_n, \end{aligned} \tag{9}$$

其中

$$\alpha_n = \frac{w(x_{n+1/2}) - w(x_{n-1/2})}{h} - \overline{p}_n y(x_n) - \overline{f}_n,$$
$$\beta_{n+1/2} = \frac{y(x_{n+1}) - y(x_n)}{h\overline{k}_{n+1/2}^{-1}} - w(x_{n+1/2}).$$

如果 (x_n, x_{n+1}) 不包含 Ω 中的点, 则在泰勒级数展开式中确定 $\beta_{n+1/2} = O(h^2)$. 如果 (x_{n-1}, x_{n+1}) 不包含 Ω 中的点, 则同样地确定 $\alpha_n = O(h^2)$. 在相反的情况下, 仅能成功得到估计

$$\beta_{n+1/2} = O(h), \quad \alpha_n = O(h).$$

进一步借助于格林函数工具遵循上面拟定的估计方法, 可以得到估计

$$\max_n |y_n - y(x_n)| = O(h^2).$$

下面将得到另一个误差估计. 从 (8) 和 (9) 推出

$$r_n = L(y(x_n) - y_n) = L(R_n), \tag{10}$$

这里 R_n 为解的近似误差. 如同 R_n 一样, 设 φ_n 为满足条件

$$\varphi_0 = \varphi_N = 0$$

的网格函数. (10) 乘以 $h\varphi_n$ 且从 1 到 $N-1$ 求和:

$$h\sum_{n=1}^{N-1} r_n\varphi_n = h\sum_{n=1}^{N-1} L(R_n)\varphi_n. \tag{11}$$

应用关于 r_n 的表达式, 将上式改写成

$$S_1 + S_2 = S_3 + S_4, \tag{12}$$

其中

$$S_1(\varphi_n) = h\sum_{n=1}^{N-1} \alpha_n\varphi_n, \quad S_2(\varphi_n) = h\sum_{n=1}^{N-1} \frac{\beta_{n+1/2} - \beta_{n-1/2}}{h}\varphi_n,$$

$$S_3(\varphi_n) = -h\sum_{n=1}^{N-1} \overline{p}_n R_n\varphi_n, \quad S_4(\varphi_n) = h\sum_{n=1}^{N-1} \frac{g_{n+1/2} - g_{n-1/2}}{h}\varphi_n,$$

$$g_{n+1/2} = \overline{k}_{n+1/2}\frac{R_{n+1} - R_n}{h}.$$

在表达式 S_2 中将同一个项 $\beta_{n+1/2}$ 中的同类项结合在一起得到

$$S_2(\varphi_n) = -h\sum_{n=0}^{N-1} \beta_{n+1/2}\frac{\varphi_{n+1} - \varphi_n}{h}. \tag{13}$$

注意到在右边部分根据条件 $\varphi_0 = \varphi_N = 0$ 补写了等于零的项 $\beta_{N-1/2}\varphi_N$ 和 $-\beta_{1/2}\varphi_0$.

应用阿贝尔分部求和差分公式

$$\sum_{n=0}^{N-1} (a_{n+1} - a_n)b_n = -\sum_{n=1}^{N} (b_{n+1} - b_n)a_{n+1} + a_N b_N - a_0 b_0 \tag{14}$$

可以得到 S_2 的同样表示. 同样地得到

$$S_4(\varphi_n) = -h\sum_{n=0}^{N-1} g_{n+1/2}\frac{\varphi_{n+1} - \varphi_n}{h}. \tag{15}$$

将 $\varphi_n = R_n$ 代入 (12) 有

$$S_3(R_n) = -h\sum_{n=1}^{N-1} \overline{p}_n R_n \leqslant 0,$$

$$S_4(R_n) = -h\sum_{n=0}^{N-1} \overline{k}_{n+1/2}\left(\frac{R_{n+1} - R_n}{h}\right)^2 \leqslant 0.$$

因此从 (12) 得到

$$|S_4(R_n)| \leqslant |S_3(R_n) + S_4(R_n)| \leqslant |S_1(R_n)| + |S_2(R_n)|. \tag{16}$$

从 (7) 推出 $\overline{k}_{n+1/2} \geqslant k_0$, 因此

$$|S_4(R_n)| \geqslant k_0 S_0(R_n), \quad S_0(R_n) = h\sum_{n=0}^{N-1} \left(\frac{R_{n+1} - R_n}{h}\right)^2.$$

当 $R_0 = R_N = 0$ 时表达式 $(S_0(R_n))^{1/2}$ 记为 $\|R_n\|_{1,h}$.

显然, 它是满足条件 $\varphi(0) = \varphi(X) = 0$ 函数的索伯列夫空间 $\overset{\circ}{W}_2^1$ 中与范数

$$\|\varphi\|_1 = \left(\int_0^X \left(\frac{d\varphi}{dx}\right)^2 dx\right)^{1/2}$$

类似的网格函数范数. 范数

$$\|\varphi_n\|_{0,h} = \left(\sum_{n=0}^{N-1} h|\varphi_n|^2\right)^{1/2} \quad \text{和} \quad \|\varphi_n\|_{C_h} = \max_{0<n<N}|\varphi_n|$$

相应地是与 L_2 空间和连续函数空间 C 中的范数类似的网格函数范数.

定理 (网格嵌套定理)

$$\|\varphi_n\|_{0,h} \leqslant \sqrt{X}\|\varphi_n\|_{C_h}, \tag{17}$$

$$\|\varphi_n\|_{C_h} \leqslant \sqrt{X}\|\varphi_n\|_{1,h}. \tag{18}$$

第一个结论的正确性直接从范数的定义和下列不等式推出

$$\|\varphi_n\|_{0,h} \leqslant \sqrt{h(N-1)\|\varphi_n\|_{C_h}^2} \leqslant \sqrt{X}\|\varphi_n\|_{C_h}.$$

设 n_0 为 $|\varphi_n|$ 达到最大值的下标. 研究 $n_0 \leqslant N/2$ 的情况. $n_0 > N/2$ 的情况通过引入新的标号 $n = N - n$ 转化成前一情况. 我们有等式

$$\varphi_{n_0} = \sum_{n=0}^{n_0-1}(\varphi_{n+1} - \varphi_n) = \sum_{n=0}^{n_0-1}\sqrt{h}\frac{\varphi_{n+1} - \varphi_n}{\sqrt{h}}.$$

应用标量乘积不等式

$$\left|\sum_{q=1}^l a_q b_q\right| \leqslant \sqrt{\sum_{q=1}^l |a_q|^2} \cdot \sqrt{\sum_{q=1}^l |b_q|^2},$$

得到

$$|\varphi_{n_0}| \leqslant \sqrt{n_0 h} \cdot \sqrt{h\sum_{n=0}^{n_0-1}\left(\frac{\varphi_{n+1}-\varphi_n}{h}\right)^2} \leqslant \sqrt{\frac{X}{2}}\|\varphi\|_{1,h}.$$

定理证毕.

从 (17), (18) 推出

$$\|\varphi\|_{0,h} \leqslant \frac{X}{\sqrt{2}}\|\varphi\|_{1,h}. \tag{19}$$

应用 (13) 得到估计

$$|S_2(R_n)| \leqslant \sqrt{h\sum_{n=0}^{N-1}(\beta_{n+1/2})^2} \cdot \sqrt{h\sum_{n=0}^{N-1}\left(\frac{R_{n+1}-R_n}{h}\right)^2}$$

$$= \sqrt{h\sum_{n=0}^{N-1}(\beta_{n+1/2})^2} \cdot \|R_n\|_{1,h}.$$

同样地考虑 (15) 有
$$|S_1(R_n)| \leqslant \|\alpha_n\|_{L_{0,h}} \|R_n\|_{0,h} \leqslant \frac{\sqrt{X}}{2} \|\alpha_n\|_{0,h} \|R_n\|_{1,h}.$$
于是从 (16) 推出
$$k_0 \|R_n\|_{1,h}^2 \leqslant \left(\frac{\sqrt{X}}{2} \|\alpha_n\|_{0,h} + \sqrt{h \sum_{n=0}^{N-1} (\beta_{n+1/2})^2} \right) \|R_n\|_{1,h},$$
因此
$$\|R_n\|_{1,h} \leqslant \frac{1}{k_0} \sqrt{\frac{X}{2}} \|\alpha_n\|_{0,h} + \frac{1}{k_0} \sqrt{h \sum_{n=0}^{N-1} (\beta_{n+1/2})^2}.$$

α_n 的量级为 $O(h^2)$, 其中可能去掉有限个点 n, 它们相应于与 Ω 有公共点的区间 $[x_{n-1}, x_{n+1}]$. 而对这些点有 $\alpha_n = O(h)$. 由此推出估计 $\|\alpha_n\|_{0,h} = O(h^{3/2})$.

同样地推出
$$\sqrt{h \sum_{n=0}^{N-1} (\beta_{n+1/2})^2} = O(h^{3/2}).$$

于是, $\|R_n\|_{1,h}$, 并且由网格嵌套定理知, $\|R_n\|_{C_h}$ 是 $O(h^{3/2})$. 注意到, 实际上 $\|R_n\|_{C_h} = O(h^2)$.

应用格式 (8) 的计算过程与间断点的状态无关. 因此它属于齐次格式类型.

格式 (8) 初看起来具有如下不便之处. 它的系数 $\overline{k}_{q+1/2}, \overline{p}_q, \overline{f}_q$ 写成某个积分形式. 实际上可以证明, 如果这些系数的误差值为 $O(h^2)$, 则近似解的误差恰好也是 $O(h^2)$. 因此, 如果区间 (x_{q-1}, x_{q+1}) 不包含系数 $k(x), p(x), f(x)$ 的间断点, 则可以在不降低精度的情况下以 $p(x_q)$ 代替 $\overline{p}_q$, $f(x_q)$ 代替 $\overline{f}_q$, $k(x_{q\pm 1/2})$ 代替 $\overline{k}_{q\pm 1/2}$.

在一系列情况下直接用差分关系近似导数的途径建立的差分格式不十分有效. 有时, 更方便的情况常常是在每个计算节点的邻域内用可显式求积分的微分方程近似所研究的方程, 并构建对它的解是精确的差分格式.

研究微分方程
$$\mu^2 y''(x) + p(x) y(x) = f(x), \tag{20}$$
其中 μ 为小的数. 为确定起见, 首先假定 $p(x) > 0$. 在 $p = \text{const}, f \equiv 0$ 的情况下, 这个方程的解 $\exp\left\{ \pm i \frac{\sqrt{p} x}{\mu} \right\}$ 以周期 $2\pi \mu / \sqrt{p}$ 振荡, 即非常快地振荡. 解变化的特征量具有量级 $\mu / \sqrt{p}$, 因此如果不利用这个方程的特点, 则为得到高精度的精确性必须满足相当麻烦的条件 $h \ll \mu / \sqrt{p}$.

在每个节点 x_n 的邻域内所研究的方程接近方程 $\mu^2 y'' + p_n y = f_n, p_n = p(x_n), f_n = f(x_n)$. 这个方程的通解写成
$$y(x) = D_1 \exp\left\{ i \frac{\sqrt{p_n}(x - x_n)}{\mu} \right\} + D_2 \exp\left\{ -i \frac{\sqrt{p_n}(x - x_n)}{\mu} \right\} + \frac{f_n}{p_n}, \tag{21}$$
其中 D_1, D_2 为任意常数. 寻找如下形式的差分格式
$$a_n y_{n+1} + b_n y_n + c_n y_{n-1} - d_n = 0, \tag{22}$$

它对所有形如 (21) 的解是精确的. 为此把关系式 (21) 中代入 (22), 得到
$$a_n \left(D_1 \exp\left\{i\frac{\sqrt{p_n}h}{\mu}\right\} + D_2 \exp\left\{-i\frac{\sqrt{p_n}h}{\mu}\right\} \right) + b_n(D_1 + D_2)$$
$$+ c_n \left(D_1 \exp\left\{-i\frac{\sqrt{p_n}h}{\mu}\right\} + D_2 \exp\left\{i\frac{\sqrt{p_n}h}{\mu}\right\} \right) + (a_n + b_n + c_n)\frac{f_n}{p_n} - d_n = 0.$$

为使这个等式对所有 D_1 和 D_2 满足, 当且仅当 D_1 和 D_2 的系数和自由项等于零. 让它们等于零得到:
$$a_n \exp\left\{i\frac{\sqrt{p_n}h}{\mu}\right\} + b_n + c_n \exp\left\{-i\frac{\sqrt{p_n}h}{\mu}\right\} = 0,$$
$$a_n \exp\left\{-i\frac{\sqrt{p_n}h}{\mu}\right\} + b_n + c_n \exp\left\{i\frac{\sqrt{p_n}h}{\mu}\right\} = 0, \tag{23}$$
$$(a_n + b_n + c_n)\frac{f_n}{p_n} - d_n = 0.$$

令 $a_n = 1$ 得到
$$c_n = 1, \quad b_n = -2\cos\frac{\sqrt{p_n}h}{\mu}, \quad d_n = \left(2 - 2\cos\frac{\sqrt{p_n}h}{\mu}\right)\frac{f_n}{p_n}.$$

方程组 (23) 的通解与所得到的特解成比例. 对所有的系数 a_n, b_n, c_n, d_n 乘以 $\mu^2 h^{-2}$. 那么得到格式
$$\mu^2 \frac{y_{n+1} - 2\cos\frac{\sqrt{p_n}h}{\mu} y_n + y_{n-1}}{h^2} = \left(2 - 2\cos\frac{\sqrt{p_n}h}{\mu}\right)\frac{\mu^2 f_n}{h^2 p_n} = 0. \tag{24}$$

这个关系用作节点 x_n 的差分方程. 格式 (24) 的这样的标准化是最自然的: 如果在 (24) 中用 $y(x_n)$ 代替 y_n 且对固定的 x_n 让 h 趋于零, 则取极限后得到原始微分方程
$$\mu^2 y'' - p(x_n)y - f(x_n) = 0.$$

上面引入的描述与 p_n 的符号无关. 当 $p_n < 0$ 时在最终的计算公式中有
$$\cos\frac{\sqrt{p_n}h}{\mu} = \cos i\frac{\sqrt{-p_n}h}{\mu} = \text{ch}\frac{\sqrt{-p_n}h}{\mu}.$$

在 $p_n = \text{const} > 0$ 且 $f \equiv 0$ 的情况下, 计算公式 (24) 改写成
$$y_{n+1} - 2\cos\frac{\sqrt{p_n}h}{\mu} y_n + y_{n-1} = 0. \tag{25}$$

当 $p_n = \text{const} > 0$ 且 $f \equiv 0$ 时这个公式对方程 (20) 的解是精确的, 这一事实可以从如下已知的三角公式看到
$$\cos\varphi_1 + \cos\varphi_2 - 2\cos\frac{\varphi_1 + \varphi_2}{2}\cos\frac{\varphi_1 - \varphi_2}{2} = 0,$$
其中
$$\varphi_1 = \frac{\sqrt{p}(n-1)h}{\mu} + \alpha, \quad \varphi_2 = \frac{\sqrt{p}(n+1)h}{\mu} + \alpha,$$
α 为任意数.

计算公式 (25) 有时被用来快速计算函数 $\cos t$ 和 $\sin t$ 在精度不高的等距网格上的值的表格. 这个计算是必要的, 例如, 解一个微分方程 $x' = f(x,t)$, 其右边部分包含 $\cos t$ 或者 $\sin t$, 且其值的计算在右边部分的计算耗费中占有很大的比例. 注意到, 在用这个公式计算函数 $\cos t$ 和 $\sin t$ 的值时总的计算误差具有量级 $O(n^2\delta)$ ($\delta = 2^{-t}$ 为舍入误差).

我们来研究方程
$$y'(x) = y^2(x) + a^2(x), \tag{26}$$
其解可能变得无界. 当 $a(z)$ 为解析函数时, 解在复平面上实轴的邻域内是解析的, 且有时找到方程 (26) 的解在某个实轴上点的值是有意义的, 这些点被几个极点与原点隔开. 可能的途径之一是方程 (26) 沿环绕某些奇点的一条曲线进行数值积分. 另一途径是建立差分格式, 它在解的奇点上具有高的精度.

在区间 $[x_n, x_{n+1}]$ 上方程 (26) 由如下方程近似
$$y'(x) = y^2(x) + a_{n+1/2}^2, \quad a_{n+1/2} = a((x_n + x_{n+1/2})/2).$$
当 $a = \mathrm{const}$ 时, 方程 $y'(x) = y^2(x) + a^2$ 的通解有形式 $y(x) = a\tan(a(x+c))$. 应用公式
$$\tan(\varphi + \psi) = \frac{\tan(\varphi) + \tan(\psi)}{1 - \tan(\varphi)\tan(\psi)},$$
其中 $\varphi = a(x_n + c), \psi = a(x_{n+1} - x_n)$, 以及 $\dfrac{y(x_n)}{a} = \tan(\varphi), \dfrac{y(x_{n+1})}{a} = \tan(\varphi + \psi)$, 得到等式
$$\frac{1}{a}y(x_{n+1}) = \frac{\dfrac{y(x_n)}{a} + \tan(a(x_{n+1} - x_n))}{1 - \dfrac{y(x_n)}{a} + \tan(a(x_{n+1} - x_n))}.$$
由此得到原方程的计算公式
$$y_{n+1} = \frac{y_n + a_{n+1/2}\tan(a_{n+1/2}(x_{n+1} - x_n))}{1 - \dfrac{y_n}{a_{n+1/2}}\tan(a_{n+1/2}(x_{n+1} - x_n))}. \tag{27}$$
考虑降低一定精度可以应用近似等式 $\tan\psi \approx \psi$ 对其进行简化, 得到
$$y_{n+1} = \frac{y_n + a_{n+1/2}^2(x_{n+1} - x_n)}{1 - y_n(x_{n+1} - x_n)}. \tag{28}$$
两个计算公式 (27) 和 (28) 都可以得到近似解, 且经过极点以后, 如果只是偶尔的话, 则不会出现有节点到最近极点的距离远小于 $\min\limits_{n}(x_{n+1} - x_n)^2$. 这种情况总是可以通过在极点附近重新选择步长来避免.

作为类似计算公式的例子可以研究追赶法的递推公式 (4.9), (4.10).

§9. 寻找特征值的有限差分方法

我们来研究关于特征值的简单边值问题:
$$y''(x) - p(x)y(x) = \lambda\rho(x)y(x), \quad y(0) = 0, \quad y(X) = 0. \tag{1}$$
给定步长 $h = XN^{-1}$ 并写出网格问题
$$\begin{gathered}\frac{y_{n+1} - 2y_n + y_{n-1}}{h^2} - p_n y_n = \lambda \rho_n y_n, \\ n = 1, \cdots, N-1, \quad y_0 = y_N = 0, \quad p_n = p(x_n), \quad \rho_n = \rho(x_n).\end{gathered} \tag{2}$$

使方程组 (2) 有非零解 $y_0, \cdots, y_N$ 的值 λ 自然称为网格问题的特征值. 假设问题 (1), (2) 的特征值递减排序, 即 $\lambda_1 \geqslant \lambda_2 \geqslant \cdots, \lambda_1^h \geqslant \lambda_2^h \geqslant \cdots$.

我们来研究模型例子: $p(x) \equiv 0, \rho(x) \equiv 1$. 那么, (1) 变为
$$y''(x) = \lambda y(x), \quad y(0) = y(X) = 0.$$
可以验证这个问题的特征函数为 $w^m(x) = \sin(\pi mx/X)$, 且相应的特征值为 $\lambda_m = -(\pi m/X)^2$. 网格问题 (2) 变成形式
$$\frac{y_{n+1} - 2y_n + y_{n-1}}{h^2} - \lambda_n y_n = 0, \quad y_0 = y_N = 0,$$
我们按如下方式讨论: 差分方程 $y_{n+1} - (2 + \lambda h^2)y_n + y_{n-1} = 0$ 的通解写成
$$y_n = C_1 \mu_1^n + C_2 \mu_2^n,$$
其中 μ_1, μ_2 为如下特征方程的根
$$\mu^2 - (2 + \lambda h^2)\mu + 1 = 0. \tag{3}$$
由韦达 (Viète) 公式有 $\mu_1 \mu_2 = 1$, 因此 $\mu_2 = \mu_1^{-1}$ 且 $y_n = C_1 \mu_1^n + C_2 \mu_1^{-n}$. 条件 $y_0 = y_N = 0$ 给出方程组
$$C_1 + C_2 = 0, \quad C_1 \mu_1^N + C_2 \mu_1^{-N} = 0.$$
如果其行列式等于零, 即若 $\mu_1^{-N} - \mu_1^N = 0$, 则它有非零解. 由此推出
$$\mu_1 = \exp\{\pi\mathrm{i}m/N\}, \quad m = \cdots, -1, 0, 1, \cdots.$$
从 (3) 可以通过特征值 μ_1 来表示值 λ^h:
$$\lambda_m^h = \frac{\mu_1 + \mu_1^{-1} - 2}{h^2} = \frac{\exp\left\{\dfrac{\pi\mathrm{i}m}{N}\right\} + \exp\left\{-\dfrac{\pi\mathrm{i}m}{N}\right\} - 2}{h^2}$$
$$= \frac{N^2}{X^2}\left(2\cos\frac{\pi m}{N} - 2\right) = -4\frac{N^2}{X^2}\sin^2\frac{\pi m}{2N}.$$
为确定起见我们取 $C_1 = (2\mathrm{i})^{-1}$, 则相应的特征函数有形式
$$W_n^m = \frac{1}{2\mathrm{i}}\left(\exp\left\{\frac{\pi\mathrm{i}mn}{N}\right\} - \exp\left\{\frac{-\pi\mathrm{i}mn}{N}\right\}\right) = \sin\frac{\pi mn}{N}.$$
特征值 $\lambda_1^h, \cdots, \lambda_{N-1}^h$ 各不相同, 因此它的特征函数 $W_n^1 = \sin\dfrac{\pi n}{N}, \cdots, W_n^{N-1} = \sin\dfrac{\pi(N-1)n}{N}$ 也各不相同. 因为问题 (2) 是 $N-1$ 阶矩阵的特征值问题, 则我们得到了完备的特征函数组. 函数 W_n^m 中的每一个当 $m \leqslant 0$ 或 $m \geqslant N$ 时恒等于零或者与上面列出的函数 $W_n^1, \cdots, W_n^{N-1}$ 中的某个成比例. 随机选出这样的例子, 其中在网格节点 $x_n = nh$ 处满足等式
$$W_n^m = w^m(nh).$$
在一般情况下这个等式不成立. 但是, 在这些问题中, 特征值近似的特点对于一般情况也是典型的. 因为由泰勒公式 $\cos x = 1 - \dfrac{x^2}{2} + \cos(\theta x)\dfrac{x^2}{24}$, 其中 $|\theta| \leqslant 1$, 则从 λ_m^n 的表达式得到
$$\lambda_m^h = -\frac{N^2}{X^2}\left(\frac{\pi^2 m^2}{N^2} - \frac{\cos\left(\theta_m\dfrac{\pi m}{N}\right)}{12}\left(\frac{\pi m}{N}\right)^4\right), \quad |\theta_m| \leqslant 1,$$

或者
$$\lambda_m^h = -\left(\frac{\pi m}{X}\right)^2 + \frac{\cos(\theta_m')}{12}\left(\frac{\pi m}{X}\right)^4 h^2, \quad \theta_m' = \theta_m \frac{\pi m}{N}. \tag{4}$$

从这个公式可以看到对于固定的 m 有 $\lambda_m^h - \lambda_m = O(h^2)$，同时随着 m 的增加绝对误差与相对误差也增加，例如
$$\frac{\lambda_{N-1}}{\lambda_{N-1}^h} = \frac{-\pi^2(N-1)^2}{-4N^2\sin^2\frac{\pi(N-1)}{2N}} \sim \frac{\pi^2}{4}.$$

等式 (4) 可以写成估计的形式 $|\lambda_m^h - \lambda_m| \leqslant C\lambda_m^2 h^2$，其中 C 与 λ_m 和 h 无关．在函数 $p(x), \rho(x)$ 两次可微的情况下也可以得到这样的估计．

为以更高的精度求解问题 (1)，可以应用方程 $y''(x) - q(x)y(x) = 0$ 的更高精度的任意差分逼近．我们来研究一个例子．

在 §1 中建立了一个差分格式，它以误差 $O(h^4)$ 逼近最后的这个方程：
$$\frac{\delta^2 y_n}{h^2} - q_n y_n - \frac{1}{12}\delta^2(q_n y_n) = 0 \tag{5}$$
(使用了另外的记号)．当 $q(x) = p(x) + \lambda\rho(x)$ 时方程 (1) 就是所研究的形式．由此得到特征值上的网格问题：
$$\frac{\delta^2 y_n}{h^2} - (p_n + \lambda\rho_n)y_n - \frac{1}{12}\delta^2((p_n + \lambda\rho_n)y_n) = 0, \\ n = 1,\cdots,N-1, \quad y_0 = y_N = 0. \tag{6}$$
可以证明，这个问题的特征值满足估计
$$|\lambda_m^h - \lambda_m| \leqslant c\lambda_m^3 h^4.$$

方程组 (6) 有 $\mathbf{Ay} - \lambda \mathbf{By} = \mathbf{0}$ 的形式，形式上比 (2) 更复杂，因为矩阵 B 不是对角矩阵．

当提高精度阶时可能出现乍一看来形式更复杂的网格问题，例如如下问题：要求寻找 λ 使得下面一组关系
$$\alpha_n(\lambda,h)y_{n-1} - \beta_n(\lambda,h)y_n + \gamma_n(\lambda,h)y_{n+1} = 0, \\ n = 1,\cdots,N-1, \quad y_0 = y_N = 0, \tag{7}$$
有非零解 y_n．

研究 $\gamma_n \neq 0$ 的情况．固定某个 $w_1 \neq 0$，例如 $w_1 = h$．给定任意的 λ 并从关系式
$$\alpha_n(\lambda,h)w_{n-1}^\lambda - \beta_n(\lambda,h)w_n^\lambda + \gamma_n(\lambda,h)w_{n+1}^\lambda = 0 \tag{8}$$
依次确定 $w_2^\lambda,\cdots,w_N^\lambda$．如果 $w_N^\lambda = 0$，则这个 λ 正好是特征值且 w_n^λ 为特征函数．如果 $w_N^\lambda \neq 0$，则这个 λ 不是问题 (7) 的特征值．

为寻找问题 (7) 的特征值，它让 w_N^λ 与零重合，可以应用某个利用函数值搜寻函数零点的迭代方法．这个过程在下列情况下变得容易，在许多情形中出现且能够得到要寻找根的 "窗口"：如果 w_n^λ 在区间 $(0,X)$ 上 j 次改变符号，则 $\lambda_j < \lambda < \lambda_{j+1}$．为计算各个不同 λ 时的值 w_N^λ，直接应用递推公式 (8) 通常是最合理的．

所提出的计算 w_n^λ 的算法与对于方程 $y''(x) = (p(x) + \lambda\rho(x))y(x)$ 的网格柯西问题的求解算法相同．

为求解特征值也可以应用追赶法. 不再重复方法的思想, 我们仅写出其计算公式. 让 $w_n^\lambda/w_{n+1}^\lambda = C_n$, 则 (8) 改写成

$$\alpha_n C_{n-1} C_n - \beta_n C_n + \gamma_n = 0, \tag{9}$$

由此推出

$$C_n = \gamma_n/(\beta_n - \alpha_n C_{n-1}). \tag{10}$$

如果 w_n^λ 和 w_{n+1}^λ 具有相同的符号, 则 $C_n > 0$, 如果符号不同, 则 $C_n < 0$. 因此, 观察 C_n 的符号变化, 可以确定函数 w_n^λ 符号变化的次数. 正如在 §3 中看到的, 系数 C_n 可能是非常大的, 因此这个方法更常用于寻找第一个特征值.

§10. 借助于变分原理建立数值方法

从将问题自然提成变分问题出发或者把解定义为某个满足积分恒等式的函数, 以这样的方式来建立数值方法常常是自然而合理的.

1. 里茨 (Ritz) 方法. 研究 §8 中的边值问题

$$\begin{aligned} Ly &\equiv -(k(x)y'(x))' + p(x)y(x) = f(x), \\ y(0) &= a, \quad y(X) = b, \quad k \geqslant k_0 > 0. \end{aligned} \tag{1}$$

其解是泛函

$$I(y) = \int_0^X (k(y'(x))^2 + py^2(x) - 2f(x)y(x))dx \tag{2}$$

在函数类 $W_2^1[0, X]$ 上满足条件 $y(0) = a, y(X) = b$ 的极值点. 回顾 $W_2^1[0, X]$ 是带有有界积分

$$I^0(y) = \int_0^X [(y'(x))^2 + y^2(x)]dx = \|y\|_{W_2^1[0,X]}^2$$

的函数类. 给定某个 N, 且选择一组带有有界积分 $I^0(\varphi_k^N)$ 并满足下列条件的函数 $\varphi_0^N(x)$, $\cdots, \varphi_N^N(x)$:

$$\begin{aligned} \varphi_0^N(0) &= a, \quad \varphi_0^N(X) = b, \\ \varphi_q^N(0) &= \varphi_q^N(X) = 0, \quad q = 1, \cdots, N. \end{aligned}$$

近似解写成

$$y^N = \varphi_0^N + \sum_{q=1}^N c_q \varphi_q^N.$$

我们有

$$I(y^N) = \sum_{p,q=1}^N \Lambda(\varphi_p^N, \varphi_q^N) c_p c_q - 2 \sum_{q=1}^N b_q c_q + d_0,$$

其中

$$d_0 = I(\varphi_0^N),$$
$$\Lambda(\varphi_p^N, \varphi_q^N) = \int_0^X (k(\varphi_p^N)'(\varphi_q^N)' + p\varphi_p^N \varphi_q^N)dx,$$
$$b_q = \int_0^X (f\varphi_q^N - p\varphi_0^N \varphi_q^N - k(\varphi_0^N)'(\varphi_q^N)')dx.$$

寻找泛函 $I(y^N)$ 关于变量 $c_1, \cdots, c_N$ 的极值并取相应的函数 $y^N = \varphi_0^N + \sum_{q=1}^N c_q \varphi_q^N$ 为问题的近似解. 并且寻找系数 c_q 转变成求解线性代数方程组

$$\mathbf{Ac} = \mathbf{b}, \tag{3}$$

其中 A 为带有元素 $a_{pq} = \Lambda(\varphi_p^N, \varphi_q^N)$ 的矩阵, $\mathbf{b}$ 为带有分量 b_q 的向量.

直接从解中计算满足所要求的边界条件的函数 φ_0^N 常常更方便, 即将原问题变成带有齐次边界条件的问题. 在线性情况下 (如同 (1)), φ_0^N 通常与 N 无关. 常常满足下列条件. 如果 $\lambda \geqslant 0$, 则边值问题

$$Ly + \lambda y = 0, \quad y(0) = y(X) = 0$$

仅有零解. 那么, 泛函 $I(y)$ 有下界且寻找的解不仅是泛函 $I(y)$ 的极值点, 而且是其最小值点. 在此情况下, 上面描述的建立近似解的方法叫作里茨法. 存在影响里茨法收敛性的一些本质因素.

为使近似解 y^N 以 $W_2^1[0,X]$ 的范数收敛于精确解, 即当 $N \to \infty$ 时 $\|y^N - y\|_{W_2^1} \to 0$, 当且仅当下列条件满足: 对任意函数 $g \in W_2^1$ 和任意 $\varepsilon > 0$ 存在线性组合

$$g_N = \varphi_0^N + \sum_{q=1}^N c_q \varphi_q^N \quad \text{且} \quad \|g_N - g\|_{W_2^1} \leqslant \varepsilon.$$

所指出的条件保证了在所有计算是精确的前提下里茨法的收敛性. 假设 λ_N 和 λ^N 为方程组 (3) 的矩阵的模最小和最大特征值. 为使得舍入不影响近似值 y^N, 本质上应满足条件

$$|\lambda^N/\lambda_N| \leqslant M, \tag{4}$$

其中 M 与 N 无关.

不能成功建立满足条件 (4) 的函数组是相当普遍的. 那么, 限于考虑满足条件

$$|\lambda^N/\lambda_N| = O(N^\alpha) \tag{5}$$

的函数组, 其中 α 不是很大的数. 在情况 (4), (5) 中, 通常能成功完成方程组 (3) 的求解过程使得总计算误差是 $O(N^\beta \delta)$.

在一些情况下不难建立满足条件 (4) 的函数组, 但对于它们矩阵 A 通常是完全填满的. 对问题 (1), 这组函数是

$$\varphi_q^N(x) = \sin(\pi q x / X), \quad q = 1, \cdots, N.$$

同时对于相应于变分-差分方法 (参看后面叙述) 的函数组, $\alpha = \beta = 2$, 但矩阵 A 为三对角的. 对于函数组 $\varphi_q^N(x) = x^q(1-x)$, 值 $|\lambda^N/\lambda_N|$ 比任意阶 N 增长更快, 且矩阵是

填满的. 如果代替函数组 $\varphi_q^N(x) = x^q(1-x)$ 取函数组
$$\varphi_q^N(x) = x(1-x)T_q(2x/X - 1), \tag{6}$$
其中 $T_q(x)$ 为切比雪夫多项式, 则在没有舍入时得到同样的近似. 同时, 方程组 (6) 满足条件 (5) 且在实际应用时误差的偏差不是很大.

注记 可能发生这样的情况, 即对某一组函数, $|\lambda^N/\lambda_N|$ 随着 N 的增长不是很快, 但为达到需要的精度只需要不大的值 N. 那么, 这组函数对求解给定的问题是可接受的.

2. 布勃诺夫–伽辽金 (Bubnov-Galerkin) 方法. 下面描述的方法是里茨方法的推广, 它应用于原问题不是变分问题的情况. 这个方法形式上可以表示如下. 将原问题写成寻找某个积分关系的求解问题, 它对相应的类中任意函数 ψ 成立:
$$(Ly, \psi) = (f, \psi). \tag{7}$$
圆括号表示空间 $L_2[0, X]$ 中的数量积. 关系式 (7) 以后将叫作积分恒等式. 近似解将按照如下线性组合方式寻找:
$$y^N = \varphi_0^N + \sum_{q=1}^{N} c_q \varphi_q^N.$$

给定某个线性无关的函数组 $\psi_1^N, \cdots, \psi_N^N$ 并要求满足积分关系
$$(Ly^N, \psi_q^N) = (f, \psi_q^N), \quad q = 1, \cdots, N. \tag{8}$$
如在里茨方法中一样, 求解原问题转化成求解关于未知量 $c_1^N, \cdots, c_N^N$ 的线性方程组 (8). 方程组 (8) 写成矩阵形式 $A\mathbf{c} = \mathbf{d}$, 其中 $A = [a_{ij}]$ 为 $N \times N$ 矩阵, $\mathbf{c} = (c_1^N, \cdots, c_N^N)^T$, $\mathbf{d}$ 为右边部分的向量.

将上面描述的两种方法应用于非线性问题. 如果原问题是不同于 (2) 中的二次泛函的极值问题, 则相应于 $l(y^N)$ 的极值点的关于 $c_1^N, \cdots, c_N^N$ 的方程组 (3) 将是非线性的.

同样地在非线性方程 $L(y) = 0$ 的情况, 布勃诺夫–伽辽金方法变成求解非线性方程组
$$(L(y^N), \psi_q^N) = 0, \quad q = 1, \cdots, N.$$

3. 里茨法的变分–差分形式. 我们称使 $f \neq 0$ 的点的集合的闭包为*函数 f 的支撑集*. 如果函数 φ_i^N 和 φ_j^N 的支撑集的交集测度为零, 则 $a_{ij} = \Lambda(\varphi_i^N, \varphi_j^N) = 0$. 矩阵中存在大量的零元素在求解方程 (3) 时可以大大地减少计算量. 这种情况是将里茨方法和有限差分方法的优势结合在一起来研究变分–差分方法的动因.

给定点 $0 = x_0 < x_1 < \cdots < x_N = X$, 寻找 (1) 的近似解, 近似解的形式在每个区间 $[x_{q-1}, x_q]$ 上是线性的, 且在区间 $[0, X]$ 的端点取给定的值. 这等价于以如下形式寻

§10. 借助于变分原理建立数值方法

找解
$$y_N(x) = \overline{\varphi}_0^N(x) + \sum_{q=1}^{N-1} y_q \varphi_q^N(x), \tag{9}$$

$$\overline{\varphi}_0^N(x) = a\varphi_0^N(x) + b\varphi_N^N(x),$$

$$\varphi_0^N(x) = \begin{cases} \dfrac{x_1 - x}{x_1 - x_0}, & \text{当 } 0 \leqslant x \leqslant x_1, \\ 0, & \text{当 } x_1 \leqslant x \leqslant x_N, \end{cases}$$

$$\varphi_N^N(x) = \begin{cases} 0, & \text{当 } 0 \leqslant x \leqslant x_{N-1}, \\ \dfrac{x - x_{N-1}}{x_N - x_{N-1}}, & \text{当 } x_{N-1} \leqslant x \leqslant x_N, \end{cases} \tag{10}$$

$$\varphi_{qN}(x) = \begin{cases} \dfrac{x - x_{q-1}}{x_{q+1} - x_q}, & \text{当 } x_{q-1} \leqslant x \leqslant x_q, \\ \dfrac{x_{q+1} - x}{x_{q+1} - x_q}, & \text{当 } x_q \leqslant x \leqslant x_{q+1}, \\ 0, & \text{其他点}, \end{cases}$$

其中 $q = 1, \cdots, N-1$ (参看图 9.10.1).

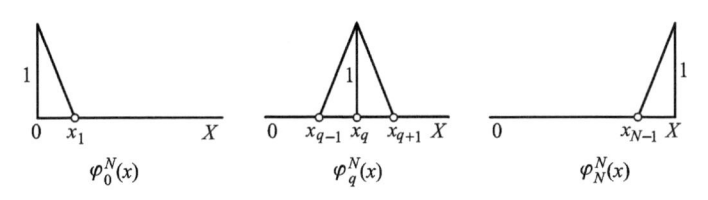

图 9.10.1

用于定义值 $y_1, \cdots, y_{N-1}$ 的方程组 (3)
$$\partial I(y_N)/\partial y_q = 0, \quad q = 1, \cdots, N-1, \tag{11}$$
在此情况下正好是带有三对角矩阵的方程组. 我们来给出在形如 (10) 的函数情况下得到的方程组的系数的具体形式:

$$a_{qq} = \int_{x_{q-1}}^{x_q} \left(\frac{k(x)}{(x_q - x_{q-1})^2} + p(x) \frac{(x - x_{q-1})^2}{(x_q - x_{q-1})^2} \right) dx$$

$$+ \int_{x_q}^{x_{q+1}} \left(\frac{k(x)}{(x_{q+1} - x_q)^2} + p(x) \left(\frac{x_{q+1} - x}{x_{q+1} - x_q} \right)^2 \right) dx, \quad q = 1, \cdots, N-1;$$

$$a_{q,q+1} = \int_{x_q}^{x_{q+1}} \left(\frac{-k(x)}{(x_{q+1} - x_q)^2} + p(x) \frac{(x_{q+1} - x)(x - x_q)}{(x_{q+1} - x_q)^2} \right) dx, \quad q = 1, \cdots, N-2;$$

$$a_{q+1,q} = a_{q,q+1}, \quad q = 2, \cdots, N-2,$$

$$b_q = \int_{x_{q-1}}^{x_q} f(x) \frac{x_q - x}{x_q - x_{q-1}} dx + \int_{x_q}^{x_{q+1}} f(x) \frac{x_{q+1} - x}{x_{q+1} - x_q} dx - \beta_q,$$

其中

$$\beta_q = \begin{cases} a\int_0^{x_1} \left(p(x)\dfrac{x_1-x}{x_1}\cdot\dfrac{x}{x_1} - \dfrac{k(x)}{x_1^2}\right)dx, & q=1, \\ 0, & 1<q<N-1, \\ b\int_{x_{N-1}}^{x_N} \left(p(x)\dfrac{x_N-x}{x_N-x_{N-1}}\cdot\dfrac{x-x_{N-1}}{x_N-x_{N-1}} - \dfrac{k(x)}{(x_N-x_{N-1})^2}\right)dx, & q=N-1. \end{cases}$$

4. 布勒诺夫–伽辽金方法的变分–差分形式. 若 (1) 乘以任意函数 $\psi(x) \in \overset{\circ}{W}_2^1([0,X])$,并且对表达式

$$\int_0^X (L(y)-f(x))\psi(x)dx \tag{12}$$

进行分部积分, 则得到积分恒等式

$$\Lambda(y,\psi) = \int_0^X (k(x)y'\psi' + py\psi - f\psi)dx = 0. \tag{13}$$

将寻找形如 (9) 的解: 要求对于所有形如

$$\psi(x) = \sum_{q=1}^{N-1} \psi_q \varphi_q^N(x)$$

的函数 $\psi(x)$ 使得 (13) 变为零, 其中 ψ_q 为任意数. 因为表达式 $\Lambda(y,\psi)$ 关于 ψ 为线性的, 则得到方程组

$$\Lambda(y_N,\psi_q) = 0, \quad q=1,\cdots,N-1. \tag{14}$$

在给定的情况下, 这个方程组与 (3) 相同.

也可以在 (12) 中不进行分部积分, 而直接要求 (12) 对任意形如 (9) 的函数满足 (12). 但是, 对于形如 (9) 的函数表达式 (12) 包含有 δ-函数类型的项, 因此方程 (14) 的直接计算可能会遇到另外的技术上的困难.

上面描述的称作变分–差分的问题求解方法也应用于更一般类型的问题.

研究边值问题

$$(k(x)y')' + ay' + (by)' + cy = f + F', \tag{15}$$

它已不是一个泛函极值问题. (15) 乘以 $\psi(x) \in \overset{\circ}{W}_2^1([0,X])$ 且分部积分某些项, 得到

$$\Lambda_1(y,\psi) = \int_0^X (ky'\psi' - ay'\psi + by\psi' - cy\psi + f\psi - F\psi')dx = 0.$$

形如 (9) 的近似 y_N 从如下方程组寻找

$$\Lambda_1(y_N,\psi_q) = 0, \quad q=1,\cdots,N-1. \tag{16}$$

注意到 $(by)'\psi$ 的分部积分仅仅在系数 b 是间断的情况下是必要的.

上面描述的方法形式上引起某些不方便, 因为建立方程组 (16) 要求计算某些积分

的数值. 如果系数是光滑的, 则这些积分可以借助于求积公式计算:

$$
\begin{aligned}
\int_{x_{q-1}}^{x_q} k(x)dx &\approx k\left(\frac{x_{q-1}+x_q}{2}\right)(x_q - x_{q-1}), \\
\int_{x_{q-1}}^{x_q} p(x)(x_q-x)(x-x_{q-1})dx &\approx p\left(\frac{x_{q-1}+x_q}{2}\right)\int_{x_{q-1}}^{x_q}(x_q-x)(x-x_{q-1})dx \\
&= p\left(\frac{x_{q-1}+x_q}{2}\right)\frac{(x_q-x_{q-1})^3}{6}, \\
\int_{x_{q-1}}^{x_q} p(x)(x-x_{q-1})^2 dx &\approx p\left(\frac{x_{q-1}+x_q}{2}\right)\int_{x_{q-1}}^{x_q}(x-x_{q-1})^2 dx \\
&= p\left(\frac{x_{q-1}+x_q}{2}\right)\frac{(x_q-x_{q-1})^3}{3}, \\
\int_{x_{q-1}}^{x_q} f(x)(x-x_{q-1})dx &\approx f\left(\frac{x_{q-1}+x_q}{2}\right)\frac{(x_q-x_{q-1})^2}{2}.
\end{aligned} \quad (17)
$$

在所有情况下应用积分数值方法, 其中被积函数分解成因式, 且变化剧烈的函数的积分取显式形式. 可以证明, 所得到的方法保证有二阶精确度.

可以提出建立更高精度的变分–差分格式的方法. 上面提出的方法是这一方法的特殊情况 ($m=1$ 的情况). 近似 $y_N(x)$ 以在每个区间 $[x_{q-1}, x_q]$ 上为 m 阶多项式 $P_q^m(x)$ 的形式来寻找, 并且相应于区间 $[x_{q-1}, x_q]$ 和 $[x_q, x_{q+1}]$ 多项式的值在点 x_q 相同. 在满足边界条件 (1) 的多项式集合上极小化泛函 $I(y_N)$, 得到带有相对于这些多项式系数的分块三对角矩阵的方程组. 将另一些参数而不是这些系数看作未知量有时更方便. 例如, 类似于样条函数近似情况 (§4.8) 当 $m=3$ 时取

$$y_N(x_q), \quad y_N''(x_{q+0}), \quad y_N''(x_{q-0})$$

作为未知量. 可以在每个区间 $[x_{q-1}, x_q]$ 上取 $m-1$ 个补充的点, 并取 $y_N(x)$ 在这些点的值作为未知量.

变分–差分方法在一定意义下比差分方法 "更具技术性". 在借助于二次泛函的极小化来建立变分–差分方法时出现带有正定矩阵的方程组以保证所得到的近似有一定的 "物理性", 同时简化方程组求解. 积分步长的改变也不会对变分–差分方法程序的复杂性产生本质的影响. 这些优越性在求解带有复杂几何特征的区域中的多维问题时更突出地显现出来. 在同样的精度要求下变分–差分方法的应用经常要求较少的编程量. 由于所有这些原因, 变分–差分方法被作为建立弹性理论中问题求解的数值方法软件包的基础. 同时, 在求解非常复杂的问题时常适当地转变成网格方法, 为得到期望的精度要求网格节点数量处于计算机可能的极限范围.

注意到变分–差分方法和投影–差分方法也称为有限元方法.

5. 用近似泛函的方法建立差分格式. 在复杂区域中直接建立差分逼近时有时会得到带有符号不定矩阵的方程组, 同时原问题是符号确定的. 为了克服这个缺陷, 不应用变分–差分方法, 而使用离散近似相应问题的被极小化泛函来建立有限差分格式. 对原泛函

进行离散近似如下:
$$I(y) \approx I_h(y_N)$$
$$= \sum_{q=1}^{N} k(x_{q-1/2})\left(\frac{y_q - y_{q-1}}{x_q - x_{q-1}}\right)^2 (x_q - x_{q-1})$$
$$+ \sum_{q=1}^{N} \left(\frac{p(x_q)y_q^2 + p(x_{q-1})y_{q-1}^2}{2}\right)(x_q - x_{q-1}) \qquad (18)$$
$$- \sum_{q=1}^{N} (f(x_q)y_q + f(x_{q-1})y_{q-1})(x_q - x_{q-1}),$$

其中 $x_{q-1/2} = (x_q + x_{q-1})/2$.

第一个和式基于矩形求积公式得到, 第二、三个由梯形公式得到. 让导数 $\partial f_h/\partial y_q$ 等于零, 得到方程组
$$2\left[k(x_{q-1/2})\frac{y_q - y_{q-1}}{\Delta x_{q-1}} - k(x_{q+1/2})\frac{y_{q+1} - y_q}{\Delta x_q}\right] + p(x_q)y_q\Delta x_{q-1} + p(x_q)y_q\Delta x_q$$
$$-f(x_q)(\Delta x_{q-1} + \Delta x_q) = 0, \quad q = 1, \cdots, N-1, \quad \Delta x_q = x_{q+1} - x_q.$$

以 $-2\delta_q$ 除以上述关系, 其中 $\delta_q = (\Delta x_q + \Delta x_{q-1})/2$, 得到有限差分格式
$$L_q y_q = \frac{k(x_{q+1/2})\dfrac{y_{q+1} - y_q}{\Delta x_q} - k(x_{q-1/2})\dfrac{y_q - y_{q-1}}{\Delta x_{q-1}}}{\dfrac{\Delta x_q + \Delta x_{q-1}}{2}} - p(x_q)y_q - f(x_q) = 0, \qquad (19)$$

在等距网格情况它与格式 (8.3) 相同.

在 (18) 中的表达式 $I_h(y_h)$ 是变量 y_i 的二次多项式. 它可以写成
$$I_h(y_h) = \sum_{i,j=1}^{N-1} a_{ij} y_i y_j + \sum_{i=1}^{N-1} b_i y_i + c.$$

上面还要注意到 $y_0 = a, y_N = b$. 从 (18) 看出在 $I_h(y_h)$ 中的前两项和式是非负的. 因此
$$I_h(y_h) \geqslant -\min|f|\left(\sum_{q=0}^{N} |y_q|\delta_q\right).$$

由二次多项式的这个性质, 在无穷远邻域中其主要部分 $\sum_{i,j=1}^{N-1} a_{ij}y_iy_j$ 非负, 即 $A = [a_{ij}] \geqslant 0$. 因为 $a_{ij} = \dfrac{1}{2}\partial^2 I_h(y_h)/\partial y_i \partial y_j$, 则矩阵 A 自然是对称的.

习题 1 证明当 $k > 0, p \geqslant 0$ 时矩阵 A 正定.

为了说明关于矩阵 A 的非负定性是正确的, 在不去括号情况下对表征二次项符号的表达式进行近似来适当地建立泛函的近似.

例如, 假设原问题是如下泛函的极值问题
$$I(y) = \int_0^X (k(x)(y' + \lambda(x)y)^2 + p(x)y^2)dx, \quad p \geqslant 0.$$

第一项的积分近似为如下表达式

$$\sum_{q=1}^{N} k(x_{q-1/2}) \left(\frac{y_q - y_{q-1}}{\Delta x_q} + \lambda(x_{q-1/2}) \frac{y_q - y_{q-1}}{2} \right)^2 \Delta x_q,$$

第二个积分的近似与 (18) 中的一样. 上面引入的整个讨论仍然有效. 因此, 相应的矩阵 A 非负定. 如果展开 $(y' + \lambda(x)y)^2$ 的括号, 然后对积分近似, 则可能在大步长情况下条件 $A \geqslant 0$ 遭到破坏.

从最后的讨论中推出如下结论, 它在多维情况下是特别重要的.

在通过逼近积分泛函途径建立有限差分方法时, 应适当将泛函写成某些表达式的平方项和线性部分的积分和式, 并且不打开括号来近似这些表达式.

6. 非变分问题的情况. 对于非变分问题, 通过逼近确定解的积分恒等式进行近似, 可以得到差分格式. 我们把这一方法应用到所研究的变分问题. 对任意函数 $\psi \in \overset{\circ}{W}_2^1[0, X]$ 近似积分恒等式

$$\Lambda(y, \psi) = \int_0^X (ky'\psi' + py\psi - f\psi)dx = 0.$$

我们有

$$\Lambda(y, \psi) \approx \Lambda_h(y_h, \psi_h)$$
$$= \sum_{q=1}^{N} k(x_{q-1}) \frac{y_q - y_{q-1}}{\Delta x_{q-1}} \frac{\psi_q - \psi_{q-1}}{\Delta x_{q-1}} \Delta x_{q-1}$$
$$+ \sum_{q=1}^{N} \frac{1}{2} \left((p(x_q)y_q - f(x_q))\psi_q + (p(x_{q-1})y_{q-1} - f(x_{q-1}))\psi_{q-1} \right) \Delta x_{q-1}$$
$$= 0.$$

让 $\psi_0 = \psi_N = 0$, 合并同一个 ψ_q 的系数得到

$$\Lambda_h(y_h, \psi_h) = \sum_{q=1}^{N-1} \delta_q L_q y_q \cdot \psi_q = 0,$$

其中 $L_q y_q$ 由公式 (19) 定义. 如果所有 $L_q y_q = 0$, 则表达式 $\Lambda_h(y_h, \psi_h)$ 对任意网格函数 ψ 等于零. 得到的方程组与方程组 (19) 相同.

§11. 在奇异情况下提高变分方法的收敛性

迭代方法的误差与精度有很大关系, 这个精度是指对求解空间中的函数进行逼近的精度. 我们来研究几个问题, 在这些问题中当应用变分方法时采用稍微复杂一些的基底函数组是有意义的.

1. 在系数 $k(x)$ 间断的情况下, 导数 u' 也间断, 因此由分段线性函数来近似解时效果不好. 同时, 表达式 ku' 是可微函数. 因此, 为得到更高精度的近似, 寻找如下形式的近似函数是合适的, 它在每个区间 $[x_{q-1}, x_q]$ 上是方程 $ky' = \text{const}$ 的解, 或者等价地,

有方程 $(ky')' = 0$. 在这种情况下, 得到的变分-差分格式在 $\overset{\circ}{W}{}^1_{2,h}$ 的网格范数下甚至对于可测函数 $k(x), p(x), f(x)$ 也具有 $O(h^2)$ 量级的收敛性. $\overset{\circ}{W}{}^1_{2,h}$ 的范数理解为
$$\|u_h\|_{\overset{\circ}{W}{}^1_{2,h}} = \sqrt{\sum_{n=0}^{N-1} h \left(\frac{u_{n+1} - u_n}{h}\right)^2}, \quad u_0 = u_N = 0,$$
它是空间 $\overset{\circ}{W}{}^1_2$ 范数的网格类比.

2. 有时恰好解在有限个点具有奇异性, 而远离它们时是光滑的. 例如, 有时可将解设成形式
$$y(x) = \sum_{j=1}^{l} C_j \psi_j(x) + u(x),$$
其中 $\psi_j(x)$ 为已知函数, 而 $u(x)$ 为未知光滑函数. 若系数 C_j 中的某些, 譬如 $C_{k+1}, \cdots, C_l$ 已知, 则应该转化为新的未知函数
$$y^* = y - \sum_{j=k+1}^{l} C_j \psi_j(x).$$
接下来研究所有 C_j 都是未知的情况. 按如下形式寻找光滑部分的近似
$$u(x) = \sum_{q=0}^{N} c_q \varphi_q^N(x),$$
其中 $\varphi_q^N(x)$ 与在 (10.9) 中的一样, 即以如下形式寻找解
$$y(x) = \sum_{j=1}^{l} C_j \psi_j(x) + \sum_{q=0}^{N} c_q \varphi_q^N(x),$$
它有未知系数 C_j, c_q, 并且关于这些系数有附加条件 $y(0) = a, y(X) = b$. (这里, 为确定起见我们取 $\psi_1, \cdots, \psi_l, \varphi_0^N, \cdots, \varphi_N^N$ 线性无关.) 函数 $\psi_j(x)$ 与函数 φ_q^N 不同, 它的支撑集的维数在网格步长减小时不趋于零. 因此, 相应于函数 ψ_j 的矩阵 A 的行通常是填满的. 方程组的矩阵也不一定是三对角矩阵. 重新排列其行和列可以使得若 $|i-j| > 1$, $|i|, |j| > l+1$, 则 $a_{ij} = 0$. 如果用逆序消元的高斯法求解这个方程组, 则总的算术运算次数也如三角矩阵一样是 $O(N)$. 在所描述的情况中, 应当特别注意问题解的方法误差 (包括积分计算的近似误差) 和计算误差.

我们来研究一个边值问题例子
$$\varepsilon^2 y''(x) - p(x) y(x) = f(x), \quad p(x) > 0,$$
$$y(0) = a, \quad y(X) = b, \quad \varepsilon \text{ 为小的数}.$$
形式上来说, 解没有奇异性. 但是, 当 ε 很小时, 具有边界层. 解的导数在边界层中的值很大, 从而不能用形如 (10.9) 的函数很好地近似. 从逼近方法理论可知, 在点 $x = 0$ 的邻域内解能很好地由形如 $x^k \exp\left\{-\dfrac{\sqrt{p(0)}}{\varepsilon} x\right\}$ 的函数的线性组合来逼近, 而 $x = X$ 的邻域内则由 $(X-x)^k \exp\left\{-\dfrac{\sqrt{p(X)}}{\varepsilon}(X-x)\right\}$ 的线性组合来逼近. 因此, 想到以如下

形式寻找近似解
$$y(x) = \sum_{k=0}^{l} C_k x^k \exp\left\{-\frac{\sqrt{p(0)}}{\varepsilon}x\right\}$$
$$+ \sum_{k=0}^{l} D_k (X-x)^k \exp\left\{-\sqrt{p(X)}\frac{X-x}{\varepsilon}\right\} + \sum_{q=1}^{N} c_q \varphi_q^N(x),$$

其中 C_k, D_k, c_q 为未知系数.

§12. 与有限差分方程的书写形式相关的计算误差的影响

如同前面的确定一样, 求解微分方程各种方法的计算误差具有各种各样的增长性质. 现在我们来研究这样一个特殊但重要的问题: 计算误差与有限差分方程的书写形式有怎样的关系? 虽然所有的叙述是以柯西问题为例, 但所阐述的思想对求解边值问题是同样的. 作为例子我们来考虑欧拉方法:

$$y_{n+1} = y_n + hf(x_n, y_n). \tag{1}$$

在实际计算时将得到由如下关系表示的 y_n^*:

$$y_{n+1}^* = y_n^* + hf(x_n, y_n^*) + \boldsymbol{\delta}_n. \tag{2}$$

项 $\boldsymbol{\delta}_n$ 的出现是由于如下一些原因: 函数值 $f(x_n, y_n^*)$ 的计算误差, 乘积 $hf(x_n, y_n^*)$ 的舍入误差, 以及 y_n^* 与 $hf(x_n, y_n^*)$ 的舍入后的值做加法的误差.

引入记号 $y_n^* - y_n = \Delta_n$. 基于拉格朗日公式得到

$$f(x_n, y_n^*) - f(x_n, y_n) = l_n \Delta_n,$$

其中 $l_n = f_y(x_n, \overline{y}_n)$. 假定总有 $|f_y(x,y)| \leqslant L$. 从 (2) 减去 (1) 得到

$$\Delta_{n+1} = (1 + l_n h)\Delta_n + \boldsymbol{\delta}_n,$$

由此推出

$$|\Delta_{n+1}| \leqslant (1 + Lh)|\Delta_n| + \boldsymbol{\delta}, \quad \boldsymbol{\delta} = \max_n \boldsymbol{\delta}_n. \tag{3}$$

我们来研究差分方程

$$z_{n+1} = (1 + Lh)z_n + \boldsymbol{\delta},$$

它是 (3) 的强化. 在初始条件 $z_0 = |\Delta_0|$ 下它的解是

$$z_n^0 = |\Delta_0|(1 + Lh)^n + \boldsymbol{\delta}\frac{(1 + Lh)^n - 1}{Lh}.$$

引理 对于所有的 $n \geqslant 0$, 成立不等式

$$|\Delta_n| \leqslant z_n^0. \tag{4}$$

证明 当 $n = 0$ 时结论 (4) 显然. 假设它对某个 n 正确, 则有

$$|\Delta_{n+1}| \leqslant (1 + Lh)z_n^0 + \boldsymbol{\delta} = z_{n+1}^0.$$

引理得证.

如果在区间 $[x_0, x_0+X]$ 上进行积分, 则
$$nh \leqslant X, \quad (1+Lh)^n \leqslant (\exp\{Lh\})^n \leqslant \exp\{LX\}.$$
由拉格朗日公式当 $y \geqslant 0$ 时有 $e^y - 1 = ye^{\theta y} \leqslant ye^y$, 其中 $0 \leqslant \theta \leqslant 1$. 由此得到
$$(1+Lh)^n - 1 \leqslant e^{LX} - 1 \leqslant LX\exp\{LX\}.$$
最终有估计
$$|\Delta_n| \leqslant |z_n^0| \leqslant |\Delta_0|\exp\{LX\} + \delta h^{-1} X \exp\{LX\}.$$

我们来研究 $\Delta_0 = 0$ 的情况. 那么, 对固定的 X, 误差 $\Delta_n = y_n^* - y_n$ 有上界估计 $O(\delta h^{-1})$.

这个估计在量级上不能改善了. 例如, 当 $\Delta_0 = 0, f_y \equiv 0, \delta_n = \delta$ 时有 $\Delta_{n+1} = \Delta_n + \delta$, 于是
$$\Delta_N = N\delta = \delta X h^{-1}.$$

我们进行一些讨论, 从中推出舍入误差正好是 δh^{-1} 量级. 关系式
$$y_{n+1}^* = y_n^* + hf(x_n, y_n^*) + \delta_n$$
可以改写成
$$y_{n+1}^* = y_n^* + hf^*(x_n, y_n^*),$$
其中
$$f^*(x_n, y_n^*) = f(x_n, y_n^*) + \delta_n h^{-1}.$$

于是, 存在舍入时方程 $y' = f(x,y)$ 的数值积分结果与没有舍入误差积分同样右端函数的方程结果相同, 后者的右端函数在网格节点的值为 $f^*(x_n, y_n^*)$. 考虑 $\delta_n \equiv \delta$ 的情况. 微分方程
$$y' = f(x, y) \quad \text{与} \quad y' = f(x, y) + \delta h^{-1}$$
的解之间的差和这些方程右边部分之间差有同样的阶, 即 δh^{-1}. 没有理由期望差分方程
$$y_{n+1} = y_n + hf(x_n, y_n) \quad \text{与} \quad y_{n+1}^* = y_n^* + h(f(x_n, y_n^*) + \delta h^{-1})$$
的解的差大大地小于 δh^{-1}. 如果 δ 的量级为 2^{-t}, t 为计算机字长, 则差分方程的解在量级 $2^{-t} h^{-1}$ 的范围变化.

在获得这个结果时做了假设 $\delta_n \equiv \delta$. 我们来研究积分 $\int_0^1 f(x)dx$ 的计算问题, 它是所研究的问题在 $y(0) = 0$ 的特殊情况. 假设 $f(x) = 2/3, h = 2^{-k}, t - k$ 为奇数. 当 $x_n > 3/4$ 时值 y_n 位于区间 $(1/2, 1)$ 内. 那么, 求和时进行舍入以后
$$y_n = 0.1\alpha_2 \cdots \alpha_t,$$
$$hf_n = 0.\underbrace{0\cdots 0}_{k}\underbrace{10\cdots 101}_{t-k}0101\cdots$$

每次舍弃的画线部分的值等于 $(1/3)2^{-t}$. 于是, 在这一段上 $\delta_n \equiv \delta$ 的量级为 2^{-t}.

§12. 与有限差分方程的书写形式相关的计算误差的影响

我们转到借助于简单方法

$$\frac{y_{n+1} - 2y_n + y_{n-1}}{h^2} = f(x_n, y_n)$$

按照计算公式

$$y_{n+1} = 2y_n - y_{n-1} + h^2 f(x_n, y_n)$$

来计算方程 $y'' = f(x, y)$ 的积分. 实际得到的值 y_n^* 由如下关系表示

$$y_{n+1}^* = 2y_n^* - y_{n-1}^* + h^2 f(x_n, y_n^*) + \delta_n. \tag{5}$$

值 y_n^* 可以看作按如下公式无舍入时计算得到的值

$$y_{n+1}^* = 2y_n^* - y_{n-1}^* + h^2 f^*(x_n, y_n^*),$$

其中 $f^*(x_n, y_n^*) = f(x_n, y_n^*) + \delta_n h^{-2}$.

考虑 $\delta_n \equiv \delta$ 的情况. 那么, 微分方程 $y'' = f(x, y)$ 和 $y'' = f(x, y) + \delta h^{-2}$ 的解相差的量级为 δh^{-2}.

习题 1 证明, 在方程 $y'' = \alpha, \alpha = \text{const}$ 的情况下, 可能有 $\delta_n \equiv \delta$, δ 的量级为 2^{-t}.

如一阶方程一样, 我们得出结论, 所研究的算法, 其总的计算误差可能是 $2^{-t} h^{-2}$ 量级. 如果要求这个值小, 要对容许的积分步长的下界加以限制.

考虑这个计算误差值大到不能容忍的情况. 可以将所研究的方程写成一阶方程组的形式

$$y' = v, \quad v' = f(x, y) \tag{6}$$

且对这个方程组应用某个数值积分方法. 如所提到的, 可能发生失效情况, 因为应用于一般方程组的方法没有考虑这个方程组的特性.

我们尝试把所研究的计算公式写成积分方程组 (6) 的某种计算公式. 引入新的离散变量

$$\frac{y_n - y_{n-1}}{h} = z_n,$$

那么方程 (5) 写成

$$\frac{z_{n+1} - z_n}{h} = f(x_n, y_n).$$

序列值 y_n, z_n 的计算将借助于一对差分公式进行

$$z_{n+1} = z_n + h f(x_n, y_n), \quad y_{n+1} = y_n + h z_{n+1}. \tag{7}$$

在存在舍入时相应地有

$$z_{n+1}^* = z_n^* + h f(x_n, y_n^*) + \alpha_n, \quad y_{n+1}^* = y_n^* + h z_{n+1}^* + \beta_n,$$

其中 $\alpha_n, \beta_n = O(2^{-t})$. 这些关系式可以表示成

$$\begin{aligned} z_{n+1}^* &= z_n^* + h f^*(x_n, y_n^*), \quad f^*(x_n, y_n^*) = f(x_n, y_n^*) + \alpha_n h^{-1}, \\ y_{n+1}^* &= y_n^* + h(z_{n+1}^* + g(x_{n+1})), \quad g(x_{n+1}) = \beta_n h^{-1}. \end{aligned} \tag{8}$$

如果公式 (7) 可以解释为方程组 $z' = f(x, y), y' = z$ 的数值积分公式, 则公式 (8) 相应于方程组

$$z' = f^*(x, y), \quad y' = z + g(x).$$

这两个方程组右边部分的值相差的量级为 $O(2^{-t}h^{-1})$. 因此, 有理由期望差分问题的解 (即带有舍入的差分问题和没有舍入的差分问题的解) 相差也是同样的量级.

习题 2 证明上面叙述的结论是正确的.

当然, 对这一说法应谨慎对待. 我们已经看到, 对于某些有限差分格式, 小的误差导致结果的严重改变.

对一阶和二阶方程具体的积分方法中计算误差影响所进行的讨论仅仅考虑了与微分方程阶相关的有限差分格式的性质. 因此它们可以推广到其他有限差分方法. 例如, 对方程 $y^{(k)} = f(x,y)$ 积分和直接应用格式

$$\nabla^k y_n - h^k \sum_{i=0}^{m} a_{-i} f(x_{n-i}, y_{n-i}) = 0,$$

应该期望计算误差的影响达到量级 $2^{-t}h^{-k}$. 于是, 对高阶方程的情况更积极的方式是将格式转化成使得计算误差的影响更小的形式. 例如, 类似于 $k=2$ 的情况, 适当引入辅助变量

$$z_n^i = \nabla^i y_n h^{-i}, \quad i = 1, \cdots, k-1.$$

我们试图来解释在变成计算公式 (7) 时差分格式 (5) 的性质得到了改善, 这里公式 (7) 对保存的信息量进行了估计. 在应用差分格式 (5) 时对每一个 n 计算机保存 y_{n-1} 和 y_n, 且所有进一步的值 y_j 由这些值确定. 为确定起见假设 $1/2 \leqslant y_{n-1}, y_n \leqslant 1$ 且 $|y_n - y_{n-1}| \leqslant Mh$. 在包含值 $y_{n-1} = 0.1\alpha_2 \cdots \alpha_t$ 的单元中有 $t-1$ 个独立的二进制符号 $\alpha_2, \cdots, \alpha_t$. 数 $y_n = 0.1\beta_2 \cdots \beta_t$ 的位数已不全都带有新的信息.

事实如下. 假设 l 为使得 $Mh < 2^{-l+1}$ 的最大整数. 那么, 有

$$y_n - y_{n-1} = \pm 0.0 \cdots 0 \gamma_{l+1} \cdots \gamma_t,$$

并且为了给出 $y_n - y_{n-1}$, 从而给出 y_n, 只要 $t-l+1$ 个二进制符号就足够了 (差的符号和 $\gamma_{l+1}, \cdots, \gamma_t$). 因为 $l \sim \log_2((Mh)^{-1})$, 则对每一个 n, 我们能够处理的总的独立信息量由 $2t - \log_2((Mh)^{-1})$ 个二进制位数构成 (精确到与 t 和 h 无关的项).

在按公式 (7) 的计算中, 数 y_n 和 z_n 的所有位数是独立的, 于是关于解的信息由独立的二进制位数给出.

第二个方法的独立信息量更大的事实当然并不意味着这个方法更好. 不排除附加的信息不含有内容, 因此不能更精确地确定解. 我们来解释为什么第二个方法中的附加信息息包含有用内容.

为确定二阶微分方程的精度为 $O(\varepsilon)$ 的解, 要求以同样的精度给出解及其导数在某个点的值. 对差分方程起着这个作用的值是 y_n 和 $(y_n - y_{n-1})/h$. 对第一个方法, 以 t 个二进制符号给定值 y_n 和 y_{n-1} 可以以量级为 $O(2^{-t}h^{-1})$ 的误差确定 $(y_n - y_{n-1})/h$. 于是, 这里按照已知的信息我们可能以量级为 $O(2^{-t}h^{-1})$ 的误差找到网格问题解的下一步的值 (如果整个后面的计算绝对精确). 在第二个方法中, 我们以 t 个二进制符号获得 y_n 和 $(y_n - y_{n-1})/h$, 因此有可能以量级为 $O(2^{-t})$ 的误差找到网格问题的解. 于是, 这个附加的

信息确实是含有内容的. 在实际数值计算的每一步, 舍入误差在向量 $(y_n, (y_n - y_{n-1})/h)$ 的分量中带有另外的不确定性: 在第二种情况中为 $O(2^{-t})$, 第一种情况中为 $O(2^{-t}/h)$. 这也导致在第二种情况中总的计算误差是 $O(2^{-t}h^{-1})$ 量级的值, 而第一种情况中则为 $O(2^{-t}h^{-2})$.

我们来研究相应于二阶方程 $y''(x) - p(x)y(x) = f(x)$ 在 $p(x) \equiv p = \text{const}$ 条件下求解网格边值问题 (1.3) 的追赶法.

系数 C_n 按照下列递推公式计算 $C_{n+1} = (2 + ph^2 - C_n)^{-1}$. 当 $p(x) \equiv p$ 时预先计算 $Q = 2 + ph^2$ 且按公式 $C_{n+1} = (Q - C_n)^{-1}$ 进行计算. 计算和式 $2 + ph^2$ 时进行舍入, 即得到值 $Q^* = 2 + ph^2 + \delta$, 其中 δ 可能是 2^{-t} 量级的值. 这等价于没有舍入地求解方程 $y''(x) - p^*y(x) = f(x)$, 其中 $p^* = p + \delta h^{-2}$. 同上面的讨论一样得到系数 p 的这样的扰动可能导致解的扰动值为 $2^{-t}h^{-1}$ 的量级.

如果系数 C_n 远大于 1, 则计算表达式 $ph^2 + 2 - C_n$ 时舍入误差可能达 $2^{-t}h^{-2}|C_n|$ 的量级. 由于在一个点的误差的结果在总误差中乘上了量级为 h 的系数, 则这个舍入对最终结果的影响为 $2^{-t}h^{-1}|C_n|$ 的量级. 如果 $|C_n| \gg h^{-1}$, 则这个表达式实际上将大于 $2^{-t}h^{-2}$.

注记 在计算 C_n 和 φ_n 时另外的舍入所产生的扰动也等价于系数 p 和 f 的某个扰动.

为使方程组 (1.1) 的解的误差大大减小, 必须至少以这样的形式给出误差, 即方程组系数的舍入等价于大大减小原始微分问题系数的扰动. 以此为目的, 可以转向方程组

$$\frac{y_n - y_{n-1}}{h} = z_n, \quad \frac{z_{n+1} - z_n}{h} - p_n y_n = f_n. \tag{9}$$

相应地在求解这个方程组时代替关于 C_n, φ_n 的递推关系 (3.11) 应该应用关于 α_n, β_n 的递推关系 (4.9), (4.10).

上面研究了当对所有的 n 舍入误差恰好是同样的情况. 如果系数 $p(x) \neq \text{const}$, 则在计算值 $2 + p_n h^2$ 时对不同的 n 舍入可能有不同的符号, 因此总误差可能在量级上小于 $2^{-t}h^{-2}$. 对方程 $y' = f(x, y)$ 的柯西问题, 在条件 $h = 2^{-t}, 2^{-t}h^{-2} \ll 1$ 的情况下, 计算误差常常积累得更慢——如 $\delta h^{-1/2}$ 一样.

我们将注意力放在变尺度计算误差的实际估计方法上, 这有时用于对方法关于计算误差的灵敏性的实验研究. 假设用某个方法求解柯西问题

$$\frac{dy}{dx} = f(x, y), \quad y(0) = a.$$

变量替换 $x = \mu t, y = \lambda z$ 将这个问题变成

$$\frac{dz}{dt} = \frac{\mu}{\lambda} f(\mu t, \lambda z), \quad z(0) = \frac{a}{\lambda}.$$

假定第一个问题以步长 h_i 积分, 第二个问题以同样的方法进行数值积分, 但步长为 $h'_i = h_i/\mu$.

在没有舍入时将有等式 $y_i \equiv \lambda z_i$. 如果 λ 和 μ 都不是 2 的整数次幂, 则实际得到的 y_j 和 λz_i 之间的差通常给出关于计算误差一定的印象. 例如, 可以取 $\mu = \sqrt{3}, \lambda = \sqrt{2}$.

参考文献

1. Бахвалов Н.С. Численные методы — М.: Наука, 1975.
2. Бахвалов Н.С. К оптимизации методов решения краевых задач при наличии пограничного слоя // ЖВМиМФ. 1969, **9**, N 4. C. 841–859.
3. Крылов В.И., Бобков В.В., Монастырный П.И. Начала теории вычислительных методов. Дифференциальные уравнения — Минск: Наука и техника, 1982.
4. Крылов В.И., Бобков В.В., Монастырный П.И. Вычислительные методы. Т. 2 — М.: Наука, 1977.
5. Самарский А.А., Тихонов А.Н. Об однородных разностных схемах // ЖВМиМФ. — 1961. — 1, N 1. C. 5–63.
6. Соболев С.Л. Некоторые замечания о численном решении интегральных уравнений // Изв. АН СССР, сер. матем. — 1956. **20**, N 4. C. 413–436.
7. Федорова О.А. Вариационно-разностная схема для одномерного уравнения диффузии // Матем. заметки — 1975. — **17**, N 6. C. 893–898.

第十章 偏微分方程的求解方法

求解常微分方程时我们看到了下列情景, 存在一系列可以积分的方程, 但大部分方程的解只能使用数值方法得到. 原则上不同的提法相对说来不多: 非刚性方程组的柯西问题, 刚性方程组的柯西问题, 线性方程的边值问题, 非线性方程的边值问题, 最高阶导数带有小参数的线性和非线性方程的边值问题等. 还有少数算法既得到了理论上的研究又经过了实际的考验, 它们可以有效地解决与常微分方程数值解相关问题的主要部分. 特别, 在上一世纪里已详尽做出了一系列求解柯西问题的数值方法.

当前, 求解常微分方程柯西问题的方法与算法研究已发展到如此水平. 以至于处理这些问题的研究者常常不去研究求解方法的选择, 而直接求助于标准程序.

在偏微分方程的情况中, 原则上各种不同问题的提法更多. 在偏微分方程教程中通常只研究为数不多的这类问题的提法, 其中主要研究了常系数的线性方程. 并且, 只有非常少量的问题可以以显式方式求解. 偏微分方程理论中各种各样的提法是与我们周围现象的纷繁复杂性相关的.

大量与偏微分方程求解问题有关的各种提法导致数值方法的理论在这个方向被分成许多 (子) 方向. 使用计算机的数值方法的应用极大地扩展了研究类似问题的可能性. 例如, 在最近五十年里研究的算法使得可能在计算机容许时间消耗范围内求解绝大多数变系数一维和多维抛物线型方程的边值问题, 特别是系数为解的非线性函数的情况.

当然, 这里与常微分方程情况的不同之处在于数值方法收敛性和误差估计的基础不同. 对一类广泛的典型问题进行了研究. 但是, 对由数学家提出来许多类型的实际问题不仅没有证明, 而且其解是否存在的事实常常还不明确.

例如, 对描述了气体在拉格朗日坐标系中的一维绝热流动形状如下的简单方程组

$$v_t + u_x = 0, \quad ((\operatorname{sign} \gamma)v^\gamma)_x = 0, \tag{1}$$

也还没有证明当 $|\gamma| > 1$ 时在整体上 (即在无界时间间隔上) 解的存在性.

当解的存在性问题还处在这样的状况时, 在相当一般的假设下当前难以期望得到网格方法误差的严格估计和收敛性定理. 但是, 常常应用半经验型想法, 类比于线性方程以

及类比于已知精确解的问题的数值实验,数学家建立起求解这些问题的数值方法.并且数值计算的结果及分析与实验一样对偏微分方程理论的相应分支的发展产生了重要的影响.例如,求解形如 (1) 的气体动力学方程就是如此.

尽管问题缺乏严格的纯粹数学方面的基础 (特别是算法),但致力于求解类似实际问题的数学家们常常必须承担起责任以保证得到的数值结果的可靠性,包括问题数学提法的正确性.

当然,如上所述不会降低纯粹理论研究的作用.理论研究的结果,特别是存在性定理,保证了对问题提法正确性的把握,揭示了解的定性的信息,这在算法选择时是相当重要的.例如,在气体动力学中已知特解的存在可以用来验证所提出的方法的精确性.应用简单问题的已知特解常常可以使更复杂问题的数值解变得更容易.

§1. 网格方法理论的基本概念

实际求解偏微分方程问题的最初阶段是基于变分方法和其他一些能以解析形式获得近似解的方法.当前在求解某些问题时这些方法也还在应用.

在随后时期最迫切需要解决的问题是其中类似的方法实际上还没有应用到气体和流体动力学问题.数学家们投入了大量的精力来解决这个问题,广泛建立和发展了偏微分方程求解的网格方法.现在这些方法与变分–差分和投影–差分方法 (有限元方法) 一起成为最广泛应用的方法.用网格方法求解问题时我们得到解在有限个点处的一组近似值.必要时可以建立公式 (例如插值公式) 用来表示解在整个区域内的近似值.

我们来研究一个用网格方法求解问题的简单例子.

1. 假设在半带状区域 $0 \leqslant x \leqslant 1, 0 \leqslant t < \infty$ 内求解方程
$$u_t - u_{xx} = f(x,t), \tag{1}$$
初始和边界条件为
$$u(x,0) = \varphi(x), \quad u_x(0,t) + a(t)u(0,t) = b(t), \quad u(1,t) = 0. \tag{2}$$
给定某些网格步长 $h, \tau > 0$ ($1/h = M$ 为整数).点 $(mh, n\tau)$ 叫作网格 (m,n) 的节点.设 u_m^n 为值 $u(mh, n\tau)$ 的近似,
$$f_m^n = f(mh, n\tau), \quad a^n = a(n\tau), \quad b^n = b(n\tau),$$
u_h 和 f_h 为定义在网格上的函数,其网格节点处的值相应地为 u_m^n 和 f_m^n.如果要寻找的原微分问题的解是光滑函数,则满足关系式
$$\begin{aligned}L_h u(mh, n\tau)|_{(m,n)} &\equiv \frac{u(mh, (n+1)\tau) - u(mh, n\tau)}{\tau} \\ &\quad - \frac{u((m+1)h, n\tau) - 2u(mh, n\tau) + u((m-1)h, n\tau)}{h^2} \\ &= u_t(mh, n\tau) - u_{xx}(mh, n\tau) + O(h^2 + \tau)\end{aligned} \tag{3}$$
$$l_h u(mh, n\tau)|_{(0,n)} = \frac{u(h, n\tau) - u(0, n\tau)}{h} + a(n\tau)u(0, n\tau)$$

$$= f(mh, n\tau) + O(h^2 + \tau),$$
$$= u_x(0, n\tau) + a(n\tau)u(0, n\tau) + O(h) = b(n\tau) + O(h). \tag{4}$$

由此可以假定方程组
$$L_h u_h|_{(m,n)} = f_m^n, \qquad 0 < m < M, \quad 0 \leqslant n, \tag{5}$$
$$l_h u_h|_{(0,n)} = b^n, \qquad u_M^n = 0, \quad n > 0,$$
$$u_m^0 = \varphi(nh), \quad 0 \leqslant m \leqslant M, \tag{6}$$

的解是原问题精确解的近似. 方程组 (5), (6) 的解可以依次对每个 n 按如下方式找到: 给定 u_m^0, 对每个 n 值 $u_M^n = 0$, 当 $0 < m < M$ 时的值 u_m^n 从 (5) 求出, 然后 u_0^n 从 (6) 求出.

2. 假设在半平面 $t \geqslant 0$ 内在初始条件 $u(x,0) = u_0(x)$ 下求解方程 $u_t + au_x = 0$ 的柯西问题. 给定带有节点 $(mh, n\tau)$ 的网格且将原微分方程问题代之以差分问题
$$\frac{u_m^{n+1} - u_m^n}{\tau} + a\frac{u_{m+1}^n - u_m^n}{h} = 0, \quad u_m^0 = u_0(mh).$$
那么, 当 $n > 0$ 时值 u_m^n 从如下关系式依次确定
$$u_m^{n+1} = (1 + a\tau/h)u_m^n - (a\tau/h)u_{m+1}^n. \tag{7}$$
我们来证明, 即使对无穷次可微的解, 网格问题的近似解当 $\tau, h \to 0$ 时也不一定收敛于微分问题的解. 固定某个点 (x_0, t_0) 且假定网格细分时 $\tau/h = \kappa = \text{const}$, $M = x_0/h$ 和 $N = t_0/\tau$ 为整数. 引入的描述是后面将要叙述的关于依赖区域的库朗 (Courant) 定理对所考虑方程的具体例子.

微分问题的精确解是 $u(x,t) = u_0(x-at)$, 因此 $u(x_0, t_0) = u_0(x_0 - at_0)$.

我们来研究当
$$x_0 - at_0 \notin [x_0, x_0 + \kappa^{-1}t_0]$$
的情况.

当 $x \in [x_0, x_0 + \kappa^{-1}t_0]$ 时取任意满足条件 $u_0(x_0 - at_0) \neq 0, u_0(x) = 0$ 的无穷次可微函数 $u_0(x)$.

从关系式 (7) 推出值 u_M^N 通过值 u_m^0 线性地表示, 其中 $m \in [M, M+N]$, 亦即由值 $u_0(mh)$ 线性表示, 其中 $mh \in [Mh, (M+N)h]$. 因为 $Mh = x_0, (M+N)h = x_0 + \kappa^{-1}t_0$, 则所有这些值 $u_0(mh)$ 等于零, 于是 $u_M^N = 0$. 同时, $u(x_0, t_0) \neq 0$. 这样, 我们给出了一个例子, 其网格问题的解不收敛于微分问题的解.

我们得到了这样的结论, 即条件 $x_0 - at_0 \in [x_0, x_0 + \kappa^{-1}t_0]$ 是网格问题的解在点 (x_0, t_0) 收敛于微分问题解的必要条件.

最后一个条件满足当且仅当
$$0 \leqslant -a\tau/h \leqslant 1.$$
注意到在所研究的方法中, 这个条件偶尔也会成为收敛性的充分条件. 可以证明, 当 $0 \leqslant -a\tau/h \leqslant 1$ 且 $u_0(x)$ 分段连续时网格问题的解在 $u(x,t)$ 的所有的连续点收敛于连续问题的解.

习题 1 设 $0 \leqslant -a\tau/h \leqslant 1$ 且 $\sup\limits_{-\infty,\infty} |u_0''| = A < \infty$. 证明,
$$\max_{n\tau \leqslant T} |u_m^n - u(mh, n\tau)| \leqslant ATh^2.$$

点 $x_0 - at_0$ 是微分方程解的值 $u(x_0, t_0)$ 的依赖集合.

满足 $mh \in [Mh, (M+N)h]$ 的点 mh 的集合, 或者说满足 $mh \in [x_0, x_0 - h/\tau]$ 的点 mh 的集合是网格方程解的相应值的依赖集合. 于是, 网格方程和微分方程解的值的依赖集合之间的相互关系是收敛性问题的本质因素.

库朗定理 (关于依赖区域). 为使网格问题的解在点 P 的值当 $h \to 0$ 时收敛于微分问题解的值, 必须微分问题解的值 $u(P)$ 的依赖集合中的每一个点 Q 是网格问题依赖区域中点列当 $h \to 0$ 时的极限点.

习题 2 证明, 对求解方程 (1) 的柯西问题的差分格式 (3), 在右端项和初始条件无限次可微的类中, 收敛性的必要条件是 $\tau = o(h)$.

进一步我们将看到在此情况下这个条件不是充分的.

在分析差分近似时除了收敛性问题外另外的问题是所得结果关于原始数据和舍入误差的稳定性.

我们通过双曲型方程的例子 2 来解释所阐述的结论. 设 $a > 0$, $a\tau/h = 1$, 则 u_m^n 由递推关系
$$u_m^{n+1} = 2u_m^n - u_{m+1}^n$$
确定. 当 $u_m^0 \equiv 0$ 时网格问题的解是 $u_m^n \equiv 0$. 现在假设 $u_0^0 = \varepsilon$ 且当 $m \neq 0$ 时 $u_m^0 = 0$. 应用这个递推关系得到在网格节点处 u_m^n 取下列值
$$u_m^n = \begin{cases} 0, & \text{当 } m > 0 \text{ 或 } m < -n, \\ C_n^{-m} 2^{n+m} (-1)^m \varepsilon, & \text{当 } -n \leqslant m \leqslant 0. \end{cases}$$

由此得到 $\sum\limits_{m=-\infty}^{\infty} |u_m^n| = 3^n \varepsilon$, 即随着 n 的增加这些解与解 $u_m^n \equiv 0$ 之间的差急剧地增大. 因此, 由于计算误差影响很大, 当 $a\tau/h = 1$ 时所研究的方法不能认为适用于以大的步数求解问题.

于是, 在将微分方程的解替换成其差分近似解时会产生如下问题 (类似于早先应用所研究的方法求解另外一些问题时所出现的问题):

1) 差分问题的精确解是否收敛于微分问题的解;

2) 如果计算时容许某些误差, 那么差分问题的解在多大程度上发生很大改变.

我们来建立形式上的数学工具, 以帮助解决这些问题.

假设在具有边界 $\Gamma = \bigcup\limits_{i=1}^{s} \Gamma_i$ 的区域 D 内求解边值问题
$$L(u) = f, \tag{8}$$

其边界条件为在边界 Γ_i 上

$$l_i(u) = u_i, \quad i = 1, \cdots, s. \tag{9}$$

我们将认为 Γ_i 是边界 Γ 的给定部分，并且不同的 Γ_i 之间可以具有非空的交. l_i 为某些算子, $f, \varphi_1, \cdots, \varphi_s$ 为给定的函数.

在自变量空间 D_h 中定义某个集合, 称其为网格 (通常选择 D_h 使得它属于闭区域 $\overline{D}$). 通常用于在其上求解的网格与某些参数有关 (在前面的例子中它与 τ 和 h 有关). 但是, 在许多典型的情况中当划分网格时, 其步长由某个形如 $\tau = Ah^\alpha$ 的规律相关联. 因此, 今后在一般的描述和定义中为简单起见我们规定它仅仅与一个参数 $h > 0$ 相关.

假设 U_h 为定义在某个网格 D_h 中一些点上的函数 u_h 的空间, 这些点也叫网格节点, L_h 为算子, 它将 U_h 中的函数变为定义在某个集合 $D_h^0 \subset D_h$ 上的函数, 我们假定 $D_h^0 \subset \overline{D}$. 将定义在 D_h^0 上的函数的集合记为 F_h. 为逼近边界条件 (8), 选出某些集合 $\Gamma_{ih} \subset \Gamma_i$, 并在该集合中的点处定义函数空间 U_h 上某个算子的值. 设 Φ_{ih} 为定义在集合 Γ_{ih} 上点的函数空间. 如果 $X \subset Y$ 且函数 v 定义在集合 Y 上, 则定义在集合 X 上且在其中与 v 重合的函数称为该函数在集合 X 上的迹. 如果函数 v 定义在某个包含 D_h 的集合上, 则它在 D_h 上的迹将记为 $[v]_h$. 如果函数 v 定义在某个包含 Γ_{ih} 的集合上, 则它在 D_h 上的迹将记为 $\{v\}_{ih}$. 如果函数 v 定义在某个包含 Γ_{ih} 的集合上, 则它在 Γ_{ih} 上的迹将记为 $\{v\}_{ih}$.

假设 U 为问题 (8), (9) 的解所隶属的空间, F 为右端项 f 的空间, Φ_i 为定义在 Γ_i 上的函数空间. 函数空间 $U, U_h, F, F_h, \Phi_i, \Phi_{ih}$ 的范数分别定义为

$$\|\cdot\|_U, \quad \|\cdot\|_{U_h}, \quad \|\cdot\|_F, \quad \|\cdot\|_{F_h}, \quad \|\cdot\|_{\Phi_i}, \quad \|\cdot\|_{\Phi_{ih}}.$$

如果当 $h \to 0$ 时对任意足够光滑的函数 $u \in U, f \in F, \varphi_i \in \Phi_i$ 满足关系式

$$\|[u]_h\|_{U_h} \to \|u\|_U, \quad \|[f]_h\|_{F_h} \to \|f\|_F, \quad \|\{\varphi_i\}_{ih}\|_{\Phi_{ih}} \to \|\varphi_i\|_{\Phi_i},$$

则这些范数称为相容的.

如果网格函数 u_h 满足当 $h \to 0$ 时

$$\|u_h - [u]_h\|_{U_h} \to 0,$$

则称它收敛于问题 (8), (9) 的解.

差分近似收敛性研究仅仅在与光滑函数空间中某些范数相容的范数下才有意义. 如果没有范数相容的要求, 则收敛性条件有时可能不包含任何内容: 按照在范数定义中引入某个因子的方法所得到的任意网格函数序列可以使得这个序列收敛于问题的解 u.

我们来研究某个网格问题

$$L_h(u_h) = f_h, \tag{10}$$

$$l_{ih}(u_h) = \varphi_{ih}, \quad i = 1, \cdots, s. \tag{11}$$

称网格问题 (10), (11) 逼近于微分问题 (8), (9), 如果满足下列条件: 对任意光滑函数 u,

f 和 φ_i, 若 $h \to 0$, 则
$$z(h) = \|L_h([u]_h) - [L(u)]_h\|_{F_h} + \|f_h - [f]_h\|_{F_h}$$
$$+ \sum_{i=1}^{s}(\|l_{ih}([u]_h) - \{l_i(u)\}_{ih}\|_{\Phi_{ih}} + \|\varphi_{ih} - \{\varphi_i\}_{ih}\|_{\Phi_{ih}}) \tag{12}$$
$$\to 0.$$

我们以热传导方程作为例子来解释所引入的定义. 以 D 记点集 $0 < x < 1, 0 < t \leqslant T$. 设 Γ_1 为 x 轴上的区间 $[0,1]$, Γ_2 为 t 轴上的半开区间 $(0,T]$, Γ_3 为直线 $x=1$ 上的半开区间 $(0,T]$, 点 $(0,0), (1,0)$ 分别属于集合 Γ_2, Γ_3. 如果 $1/h = M$ 和 N 为整数, $N = [T/\tau]$, 则用 D_h 记点 $(mh, n\tau)$ 的集合, 即满足条件 $0 \leqslant m \leqslant M, 0 \leqslant n \leqslant N$ 的节点 (m,n) 的集合. 由如下关系式定义网格算子 L_h
$$L_h u_h|_{(m,n)} = \frac{u_m^{n+1} - u_m^n}{\tau} - \frac{u_{m+1}^n - 2u_m^n + u_{m-1}^n}{h^2}. \tag{13}$$
于是, 集合 D_h^0 将由满足 $0 < m < M, 0 \leqslant n < N$ 的节点 (m,n) 构成, 在其余的节点 (m,n) 处当 $u_h \in U_h$ 时值 $L_h u_h$ 没有定义. 如果我们令 (13) 的右端项等于 $L_h u_h|_{(m,n+1)}$, 则集合 D_h^0 由满足 $0 < m < M, 0 < n \leqslant N$ 的节点 (m,n) 构成. 选择网格问题的右端项为
$$f_h|_{(m,n)} = f(mh, n\tau).$$
那么, 在 $z(h)$ 的表达式中值 $\|f_h - [f]_h\|_{F_h}$ 为零. 这个关系不是对所有的格式都成立. 例如, 从提高精度的思想来看对另一些格式有时更合理的是让差分问题右端项在点 (m,n) 等于 $f(mh, (n+0.5)\tau)$. 在研究这个问题时作为相容的范数 $\|\cdot\|_{U_h}$ 和 $\|\cdot\|_{U}$ 通常取为
$$\begin{aligned} \|u_h\|_{U_h} &= \sup_{0 \leqslant n \leqslant N, 0 \leqslant m \leqslant M} |u_m^n|, \\ \|u\|_U &= \sup_{0 \leqslant t \leqslant T, 0 \leqslant x \leqslant 1} |u(x,t)|, \end{aligned} \tag{14}$$
或者取为
$$\begin{aligned} \|u_h\|_{U_h} &= \sup_{0 \leqslant n \leqslant N} \sqrt{h \sum_{m=0}^{M} |u_m^n|^2}, \\ \|u\|_U &= \sup_{0 \leqslant t \leqslant T} \sqrt{\int_0^1 |u(x,t)|^2 dx}. \end{aligned} \tag{15}$$

今后为叙述简单起见我们研究当 L, l_i, L_h, l_{ih} 均为线性算子的线性问题.

于是, 引入下列网格问题 (10), (11) 的稳定性 (适定性) 定义. 如果当 $h \leqslant h_0$ 时存在与 h 无关的常数 M_0 和 M_i 使得
$$\|u_h\|_{U_h} \leqslant M_0 \|L_h u_h\|_{F_h} + \sum_{i=1}^{s} M_i \|l_{ih} u_h\|_{\Phi_{ih}}, \tag{16}$$
则这个问题称为是稳定的.

从定义可以看到, 线性问题的稳定性定义中不包含函数 f_h 和 φ_{ih}.

我们来探讨这个定义有怎样的含义. 对于线性问题, 差分格式 (10), (11) 乃是线性代数方程组. 因此, 由 (16) 推出当 $f_h \equiv 0, \varphi_{ih} \equiv 0$ 时方程组 (10), (11) 仅仅有零解. 根

据克罗内克–卡佩利 (Kronecker-Capelli) 定理, 问题 (10), (11) 对任意右端项 f_h, φ_{ih} 可解. 于是, 对线性问题从稳定性条件推出网格方程组对任意右端项唯一可解. 如果 u_h^1 和 u_h^2 为网格问题

$$L_h u_h^1 = f_h^1, \quad l_{ih} u_h^1 = \varphi_{ih}^1, \quad i = 1, \cdots, s,$$
$$L_h u_h^2 = f_h^2, \quad l_{ih} u_h^2 = \varphi_{ih}^2, \quad i = 1, \cdots, s$$

的解, 则当 L_h 和 l_{ih} 为线性的时候由 (15) 可以写出

$$\|u_h^1 - u_h^2\|_{U_h} \leqslant M_0 \|L_h u_h^1 - L_h u_h^2\|_{F_h} + \sum_{i=1}^{s} M_i \|l_{ih} u_h^1 - l_{ih} u_h^2\|_{\Phi_{ih}} \\ = M_0 \|f_h^1 - f_h^2\|_{F_h} + \sum_{i=1}^{s} M_i \|\varphi_{ih}^1 - \varphi_{ih}^2\|_{\Phi_{ih}}. \tag{17}$$

于是, 当满足稳定性条件时网格问题的解对方程右端项和边界条件的小的改变具有小的差别.

假设 $u \in U$. 值 $r_h^0 = L_h[u]_h - f_h$ 叫作求解问题时方程的逼近误差, 而值 $r_h^i = l_{ih}[u]_h - \varphi_{ih}$ 称为求解问题时边界条件的逼近误差. 设

$$\rho_0(h) = \|L_h[u]_h - f_h\|_{F_h}, \quad \rho_i(h) = \|l_{ih}[u]_h - \varphi_{ih}\|_{\Phi_{ih}}.$$

如果 u 为问题 (8), (9) 的解, 则值 $\rho(h) = \sum_{i=1}^{s} \rho_i(h)$ 叫作求解微分问题 (8), (9) 的差分格式 (10), (11) 的逼近误差度量. 如果当 $h \to 0$ 时 $\rho(h) \to 0$, 且 u 为 (8), (9) 的解, 则说在求解问题时 (10), (11) 逼近 (8), (9). 当 $h \to 0$ 时值 $\rho(h)$ 的阶叫作求解时逼近的阶.

上面讨论了实际得到的网格问题近似解对计算过程中舍入的灵敏度问题, 也就是网格问题近似解对舍入误差的稳定性问题. 这个问题的解与网格问题的稳定性问题的解密切相关, 因为计算时容许的舍入可以看作是网格问题系数扰动.

我们来寻找逼近、稳定性和收敛性之间的关系. 假定网格近似 (10), (11) 满足下列条件

1) 微分问题的解精确满足 $(s-k)$-网格边界条件

$$l_{ih}[u]_h = \varphi_{ih}, \quad i = l+1, \cdots, s, \quad \text{即} \quad \rho_i(h) = 0, \quad i = k+1, \cdots, s;$$

2) U_h 中满足齐次边界条件

$$l_{ih} u_h = 0, \quad i = k+1, \cdots, s$$

的函数类使得下列稳定性条件成立

$$\|u_h\|_{U_h} \leqslant M_0 \|L_h u_h\|_{F_h} + \sum_{i=1}^{k} M_i \|l_{ih} u_h\|_{\Phi_{ih}}.$$

菲利波夫 (Filippov) 定理 (关于稳定性、逼近和收敛性之间的关系)　在上面叙述的条件下, 成立如下不等式

$$\|u_h - [u]_h\|_{U_h} \leqslant \sum_{i=1}^{k} M_i \rho_i(h). \tag{18}$$

如果差分问题逼近微分问题, 则当 $h \to 0$ 时

$$\|u_h - [u]_h\|_{U_h} \to 0.$$

证明 因为当 $i = k+1, \cdots, s$ 时 $l_{ih}(u_h - [u]_h) = 0$, 则应用条件 2), 在其中将 u_h 换成 $u_h - [u]_h$. 我们有

$$\|u_h - [u]_h\|_{U_h} \leqslant M_0 \|L_h u_h - L_h[u]_h\|_{F_h} + \sum_{i=1}^{k} M_i \|l_{ih} u_h - l_{ih}[u]_h\|_{\Phi_{ih}},$$

将 $L_h u_h = f_h$, $l_{ih} u_h = \varphi_h$ 代入其中且应用 $\rho_i(h)$ 的定义得到 (18). 如果存在近似, 即当 $h \to 0$ 时 $\rho_i(h) \to 0$, $i = 0, \cdots, k$, $\rho(h) \to 0$, 则由 (18) 推出定理第二个结论的正确性: $\|u_h - [u]_h\|_{U_h} \to 0$.

在解光滑的情况下关于它的逼近格式的研究相对来说不是一个复杂的问题, 且菲利波夫定理强调了网格问题的稳定性研究.

经常会出现这样的情况, 网格问题在与某个微分范数相容的网格范数下稳定, 但在另一种范数下却不稳定. 例如, 由等式 (14), (15) 定义的范数可能会出现这样的情况. 在解光滑的情况下为使格式实际上可接受, 通常只需要在某个相容范数下的稳定性. 在解间断的情况下, 对差分逼近经常要补充某些关于解在间断点邻近的性质要求. 在这些情况下, 只要求在任意相容范数下的稳定性是不够的. 例如, 关于气体动力学问题近似中提出了一定范数下的稳定性要求.

如果满足相容性条件, 则对光滑的 u, 在 (16) 中求当 $h \to 0$ 时的极限, 得到不等式

$$\|u\|_U \leqslant M_0 \|Lu\|_F + \sum_{i=1}^{s} M_i \|l_i u\|_{\Phi_i}. \tag{19}$$

从这个关系式推出所提微分问题 (8), (9) 的适定性. 首先得到估计 (16), 然后从中得到估计 (19), 这样的途径被用来研究形如 (8), (9) 的微分问题的适定性, 以及证明其解的存在性和唯一性.

§2. 最简单双曲型问题的逼近

许多重要的实际问题的研究要求双曲型偏微分方程组边值问题的数值解. 例如, 气体动力学方程组就是这种类型, 它是拟线性方程组. 这类方程的解典型地出现间断点. 在这类问题中, 大多数情况下缺乏严格的差分格式稳定性和收敛性问题的研究, 并且差分格式的实际选择基于最简单模型例子进行, 这些例子在理论上和数值实验上都更易实现.

用于进行气体动力学问题求解时, 有限差分方法选择的最简单例子是方程

$$u_t + a u_x = 0 \tag{1}$$

和

$$u_t + (\varphi(u))_x = 0. \tag{2}$$

下面将研究研究方程 (1) 和 (2) 的某些显式逼近.

在实际分析双曲型和抛物型方程柯西问题的差分逼近时, 经常遵循下列称为稳定性谱特征的判据.

假设在有节点 (m,n), 即有点 $(x_m,t_n)=(mh,n\tau)$ 的网格上建立某个差分格式, 例如

$$L_h u_h|_{m,n} = \sum_{l,k} a_{lk} u_{m+l}^{n+k} = 0. \tag{3}$$

写出方程 $L_h u_h = 0$ 的所有具有如下形式的特解

$$u_m^n = (\lambda(\varphi))^n e^{\mathbf{i}m\varphi}.$$

稳定性的谱特征. 如果当步长 τ 和 h 趋近于零时存在与 τ 和 h 无关的常数 $C < \infty$ 使得对任意的 φ 有

$$|\lambda(\varphi)| \leqslant e^{C\tau}, \tag{4}$$

则差分格式可以用作相应柯西问题的数值解. 相反的情况下应该放弃应用差分格式.

可以通过求解下列问题验证稳定性谱特征的合理性.

习题 1 定义某个基于时间的网格层上的范数 $\|\cdot\|_n$ 使得网格层的编号不包含在范数定义中. 例如, 如下范数满足这个条件

$$\|u_m^n\|_n = \sup_m |u_m^n|, \tag{5}$$

$$\|u_m^n\|_n = \sqrt{\sum_m |u_m^n|^2}, \tag{6}$$

但下列范数则不满足这个条件

$$\|u_m^n\|_n = n \sup_m |u_m^n|.$$

假设格式是两层的和显式的, 即有

$$L_h u_h|_{(m,n)} \equiv \alpha u_m^{n+1} + \sum_{|j| \leqslant k} a_j u_{m+j}^n = 0, \quad \alpha \neq 0, \tag{7}$$

且假定稳定性的谱特征不满足. 证明, 对无论怎样的 $T > 0$ 都不能找到 $Q < \infty$ 使得对所有的 $n\tau \leqslant T$ 满足关系式 $\|u_m^n\|_n \leqslant Q\|u_m^0\|_0$.

习题 2 设 $\tau/h = \text{const}$, 差分格式 (3) 是两层和显式的, 即满足 (7), 并且初始条件是有限的, 即当 $|m| \geqslant M$ 时 $u_m^n = 0$. 证明, 在范数 (6) 的情况下当 $n\tau \leqslant T$ 时下列估计的正确性

$$\|u_m^n\|_n \leqslant e^{Cn\tau}\|u_m^0\|_0 \leqslant e^{CT}\|u_m^0\|.$$

如果边值问题适定且条件 (4) 满足, 则通常能成功地建立边界条件的逼近使得网格问题是稳定的 (适定的). 同时, 可以引入 (对方程组) 柯西问题的例子, 其中稳定性谱特征满足, 而网格问题不满足稳定性条件 (1.16).

我们来借助谱特征对半平面 $t \geqslant 0$ 内的方程 $u_t + au_x = 0$ 研究一系列柯西问题网格逼近的稳定性.

例 1 差分近似

$$L_h u_h|_{(m,n)} = \frac{u_m^{n+1} - u_m^n}{\tau} + a\frac{u_{m+1}^n - u_{m-1}^n}{2h} = 0. \tag{8}$$

将 $u_m^n = \lambda^n(\varphi)\exp\{\mathbf{i}m\varphi\}$ 代入, 得到

$$\frac{\lambda^{n+1}(\varphi)\exp\{\mathbf{i}m\varphi\} - \lambda^n(\varphi)\exp\{\mathbf{i}m\varphi\}}{\tau}$$
$$+a\frac{\lambda^n(\varphi)\exp\{\mathbf{i}(m+1)\varphi\} - \lambda^n(\varphi)\exp\{\mathbf{i}(m-1)\varphi\}}{2h} = 0.$$

在消去 $\lambda^n(\varphi)\exp\{\mathbf{i}m\varphi\}$ 之后得到

$$\lambda(\varphi) = 1 - \frac{a\tau}{2h}(e^{\mathbf{i}\varphi} - e^{-\mathbf{i}\varphi}) = 1 - \mathbf{i}a\frac{\tau}{h}\sin\varphi \tag{9}$$

(参看图 10.2.1). 在图 10.2.1 — 图 10.2.4 中展示了用来近似计算的节点选择 (模板); 也给出了判据, 它由当 φ 在区间 $0 \leqslant \varphi \leqslant 2\pi$ 内变化时 $\lambda(\varphi)$ 在复平面内的轨迹来描述. 箭头是指当 φ 从 0 变到 2π 时 $\lambda(\varphi)$ 变化的方向 (当 $a > 0$ 时). 在图 10.2.1 — 图 10.2.4 中数字 1 表示单位圆.

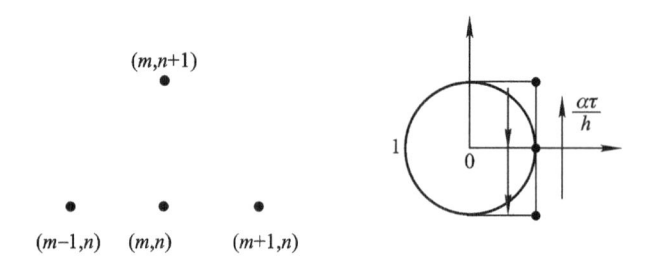

图 10.2.1

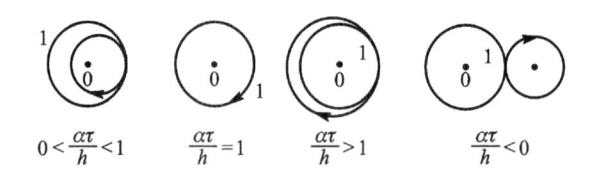

图 10.2.2

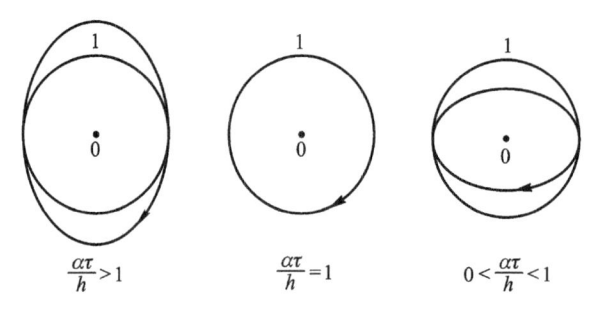

图 10.2.3

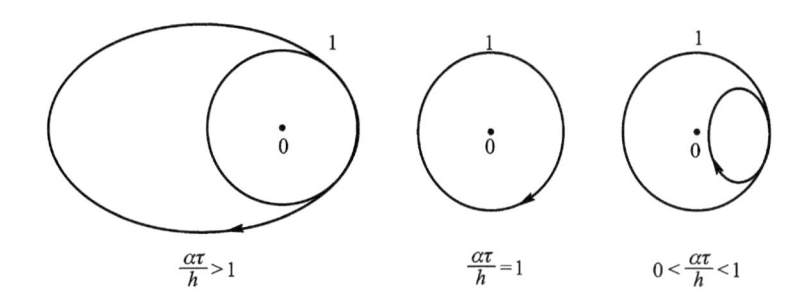

图 10.2.4

我们有 $|\lambda(\varphi)| = \sqrt{1 + (a^2\tau^2/h^2)\sin^2\varphi}$,
$$\max_{0\leqslant\varphi\leqslant 2\pi}|\lambda(\varphi)| = \left|\lambda\left(\frac{\pi}{2}\right)\right| = \sqrt{1+(a^2\tau^2/h^2)}.$$
如果当 $\tau, h \to 0$ 时 $\tau = Ah^2$, 则
$$\max_{0\leqslant\varphi\leqslant 2\pi}|\lambda(\varphi)| = \sqrt{1+a^2A^2\tau} = 1 + a^2A^2\tau/2 + O(\tau^2)$$
且条件 (4) 满足. 在这种情况下应该期待稳定性. 如果 $\lim_{\tau,h\to 0}\tau/h^2 = \infty$, 则
$$\lim_{\tau,h\to 0}\left(\left|\lambda\left(\frac{\pi}{2}\right)\right|-1\right)\Big/\tau = \infty$$
且条件 (4) 对任意 C 不满足. 于是, 差分逼近不稳定.

由于同其他格式相比它对稳定性所必需的步长要求更严格的限制 $\tau = O(h^2)$, 且解的扰动的增长快速 (如 $\exp\{a^2A^2n\tau/2\}$), 所以这个近似实际上不被采用.

例 2 当 $a > 0$ 时差分逼近为
$$\frac{u_m^{n+1} - u_m^n}{\tau} + a\frac{u_m^n - u_{m-1}^n}{h} = 0. \tag{10}$$
类似于 (9) 得到
$$\lambda(\varphi) = 1 - a\tau/h + a\tau/h\exp\{-\mathbf{i}\varphi\}.$$

如果 $0 \leqslant a\tau/h \leqslant 1$, 则 (参看图 10.2.2) $|\lambda(\varphi)| \leqslant 1 - a\tau/h + a\tau/h = 1$ 且应该得到稳定性. 如果当 $\tau, h \to 0$ 时 $a\tau/h = \kappa > 1$, 则 $\lim_{\tau,h\to 0}\lambda(\pi) = 1 - 2\kappa < -1$, 且根据稳定性谱特征知逼近是稳定的.

类似地证明下列差分格式
$$\frac{u_m^{n+1} - u_m^n}{\tau} + a\frac{u_{m+1}^n - u_m^n}{h} = 0 \tag{11}$$
当 $a < 0$ 且 $|a|\tau/h \leqslant 1$ 时应该是稳定的.

例 3 差分逼近为
$$\frac{u_m^{n+1} - u_m^n}{\tau} + a\frac{u_{m+1}^n - u_{m-1}^n}{2h} - \frac{h^2}{2\tau}\frac{u_{m+1}^n - 2u_m^n + u_{m-1}^n}{h^2} = 0, \tag{12}$$
$$\lambda(\varphi) = \left(\frac{1}{2} - \frac{a\tau}{2h}\right)e^{\mathbf{i}\varphi} + \left(\frac{1}{2} + \frac{a\tau}{2h}\right)e^{-\mathbf{i}\varphi} = \cos\varphi - \frac{a\tau\mathbf{i}}{h}\sin\varphi.$$

当 $|a\tau/h| \leqslant 1$ 时有 (图 10.2.3)
$$|\lambda(\varphi)| \leqslant \left(\frac{1}{2} - \frac{a\tau}{2h}\right) + \left(\frac{1}{2} + \frac{a\tau}{2h}\right) = 1$$
且应该得到稳定性. 如果当 $\tau, h \to 0$ 时 $|a\tau/h| = \kappa > 1$, 则有 $\lim\limits_{\tau,h\to 0}\left|\lambda\left(\frac{\pi}{2}\right)\right| = \left|\frac{a\tau}{h}\right| = \kappa > 1$ 且逼近是不稳定的. 注意到, 这个逼近可以看作 (8) 且为了稳定性在其中加入了"黏性":
$$\frac{h^2}{2\tau}\frac{u_{m+1}^n - 2u_m^n + u_{m-1}^n}{h^2} \sim \frac{h^2}{2\tau}u_{xx}.$$

例 4 "动臂起重机"的近似. 上面引入的逼近关于 τ 和 h 为一阶的. 我们建立二阶逼近. 为简单起见将以逼近 (8) 为出发点. 将 $u(x,t)$ 在点 $(mh, n\tau)$ 展开为泰勒级数, 有
$$(L_h[u]_h)|_{(m,n)} = \tau u_{tt}(mh, n\tau)/2 + O(h^2) + O(\tau^2).$$

从微分方程 (1) 得到 $u_{tt} = a^2 u_{xx}$. 用表达式 $a^2(\delta_x^2 u_h)_{m,n}$ 逼近 $a^2 u_{xx}$. 那么, 相应的逼近 $L_h^{(1)} u_h = 0$ 有形式

$$\frac{u_m^{n+1} - u_m^n}{\tau} + a\frac{u_{m+1}^n - u_{m-1}^n}{2h} - \frac{a^2\tau}{2}\frac{u_{m+1}^n - 2u_m^n + u_{m-1}^n}{h^2} = 0. \tag{13}$$

同以前一样得到
$$\lambda(\varphi) = 1 - \mathbf{i}(a\tau/h)\sin\varphi + (a^2\tau/h^2)(\cos\varphi - 1).$$
如果我们令 $\lambda(\varphi) = x + \mathbf{i}y$, 则 (参看图 10.2.4) 可以写出
$$\frac{(x - (1 - (a\tau/h)^2))^2}{(a\tau/h)^4} + \frac{y^2}{(a\tau/h)^2} = 1,$$
即点 $\lambda(\varphi)$ 位于复平面上某个关于轴 $y = 0$ 对称的椭圆上.

因为当 $|a\tau/h| > 1$ 时 $\lambda(\pi) = 1 - 2a^2\tau^2/h^2 < -1$, 则在 $|a\tau/h| = \text{const} > 1$ 的情况下, 稳定性的谱条件不满足.

当 $|a\tau/h| \leqslant 1$ 时有 $(a^2\tau^2/h^2)^2 \leqslant a^2\tau^2/h^2$. 因此, 可以写出一系列关系式
$$|\lambda(\varphi)|^2 = \left(1 + \frac{a^2\tau^2}{h^2}(\cos\varphi - 1)\right)^2 + \frac{a^2\tau^2}{h^2}\sin^2\varphi$$
$$= 1 + \frac{a^2\tau^2}{h^2}(2\cos\varphi - 2 + \sin^2\varphi) + \left(\frac{a^2\tau^2}{h^2}\right)^2(\cos\varphi - 1)^2$$
$$\leqslant 1 + \frac{a^2\tau^2}{h^2}(2\cos\varphi - 2 + \sin^2\varphi) + \frac{a^2\tau^2}{h^2}(\cos\varphi - 1)^2$$
$$= 1 + \frac{a^2\tau^2}{h^2}(2\cos\varphi - 2 + \sin^2\varphi + \cos^2\varphi - 2\cos\varphi + 1) \equiv 1.$$
于是, 当 $|a\tau/h| \leqslant 1$ 时满足稳定性的谱条件.

我们给出一些一般的注记.

1. 如果当 $\tau, h \to 0$ 时 $a\tau/h = \kappa$, 则对所有写出的逼近满足如下关系式
$$\lambda(\varphi) = \exp\{-\mathbf{i}\kappa\varphi\} + O(\varphi^{r+1}),$$

其中 r 为逼近关于 τ 和 h 的阶. 可以证明, 这个条件是使得逼近具有 r 阶精度的必要条件.

2. 如果 $|a\tau/h| = 1$ 且 $a > 0$, 则所有研究的逼近具有形式
$$u_m^{n+1} - u_{m-1}^n = 0.$$
因为问题的解是 $u = u_0(x - at)$, 则在这些情况中它们是绝对精确的, 并且
$$\lambda(\varphi) = \exp\{-\mathbf{i}(a\tau/h)\varphi\} = e^{-\mathbf{i}\varphi}.$$

3. 当逼近 (10) — (13) 由于稳定性谱特征不正确时, 借助于库朗定理它们也可能被淘汰.

4. 在其余的情况中, 即对于 (10) 当 $0 \leqslant a\tau/h \leqslant 1$, 对于 (11) 当 $-1 \leqslant a\tau/h \leqslant 0$, 以及对于 (12), (13) 当 $|a\tau/h| \leqslant 1$ 时, 它们的稳定性可以从问题 2 的解推出.

5. 正如常微分方程一样 (第八章, §9), 按时间的变步长积分方法值得注意, 它们在一系列情况下总是有效的.

习题 3 证明逼近 (10) 当 $0 \leqslant a\tau/h \leqslant 1$ 时, 逼近 (11) 当 $-1 \leqslant a\tau/h \leqslant 0$ 时, 以及逼近 (12) 当 $|a\tau/h| \leqslant 1$ 时具有下列性质: 它们的解满足不等式, 即如果
$$\sum_m |u_m^0| < \infty,$$
则
$$\sum_m |u_m^{n+1}| \leqslant \sum_m |u_m^n|,$$
且若 $\sup_m |u_m^0|$ 存在, 则有
$$\sup_m \sum_m |u_m^{n+1}| \leqslant \sup_m \sum_m |u_m^n|. \tag{14}$$

习题 4 证明当应用这些逼近时对任意 n, 若 u_m^0 关于 m 单调, 则网格问题的解关于 m 也单调.

这个单调性质给出了满足条件 (14) 的格式, 它对不连续解的积分很方便. 如果对不连续解的积分采用不满足这个性质的逼近, 则在解的差分中出现寄生波, 它们模拟了不连续情况, 有时会干扰对现象的原始状况的理解.

为方便实际应用这些逼近, 我们给出一些注记. 历史上第一个逼近是 (12). 它具有如下不足.

如果将 $L_h[u]_h$ 中的 $u(x,t)$ 在点 $(mh, n\tau)$ 展开成泰勒级数, 则得到
$$(L_h[u]_h)|_{(m,n)} = \tau u_{tt}(mh, n\tau)/2 - (h^2/2\tau)u_{xx}(mh, n\tau) + \cdots$$
$$= (\tau a^2/2 - h^2/2\tau)u_{xx}(mh, n\tau).$$

条件 $\tau, h \to 0$ 也不足以使得这个格式逼近原始解. 还必须补充条件 $h^2/\tau \to 0$. 在求解复杂问题时正确性的要求 $|a\tau/h| \leqslant 1$ 和一系列其他条件常常导致对小的 τ 和 h 比值 h^2/τ 保持大的值. 这个逼近的恶化从定性的方面来说会表现为逼近的 "黏性" 现象, 即

解的不平整性，包括不连续被大大地展平了.

在系数 a 改变符号的情况下，当应用各种与 a 的符号相关的格式时，可以联合应用格式 (10), (11). 求解气体动力学最广泛应用的格式之一 (戈东诺夫 (Godunov) 格式) 正是应用了这一思想.

当解光滑时逼近 (13) 是有效的，但当解存在不连续点时会导致大量的寄生波. 因此，在解的梯度很大的区域内要对其进行校正.

建立了逼近 (10)—(12) 之后，在对双曲型问题的应用过程中，很长一段时间内高精度格式的应用还站不住脚. 这个结论可解释为: 到那时为止所有已知的二阶逼近都使不连续解变成带有大量寄生波的解.

当近似解存在不连续点时，其定性性质的理论分析表明所有二阶精度的线性逼近都具有这个性质. 但是，理论研究预言并通过实践证实了存在三阶精度的逼近，在解存在不连续点时其差分方程的解具有满意的特性.

在图 10.2.5 中展示了方程

$$u_t + u_x = 0, \quad u_0(x) = \begin{cases} 0, & \text{若 } x < 0, \\ 1, & \text{若 } x \geqslant 1 \end{cases}$$

的不同差分的近似解的性质. 实线表示精确解，$\circ, \times, \bullet$ 分别表示按照 (10), (13) 和三阶精度计算得到的值.

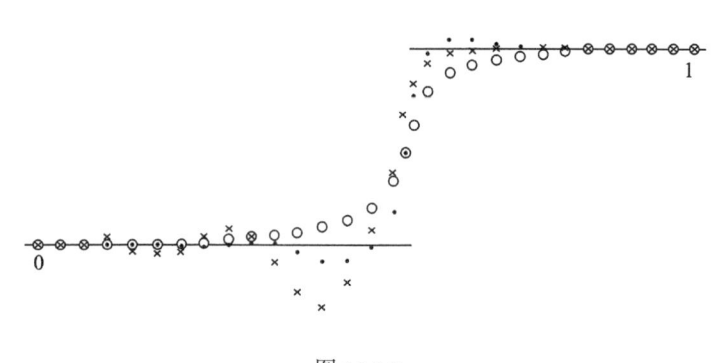

图 10.2.5

我们来研究一个在求解方程组时应用稳定性的谱特征的例子.

假设求解方程组

$$u_t + av_x = 0, \quad v_t + bu_x = 0, \quad ab > 0$$

的柯西问题. 条件 $ab > 0$ 保证了方程组的双曲性质.

考虑三层差分格式，它以误差 $O(h^2 + \tau^2)$ 逼近原始问题:

$$\frac{u_m^{n+1} - u_m^{n-1}}{2\tau} + a\frac{v_{m+1}^n - v_{m-1}^n}{2h} = 0, \\ \frac{v_m^{n+1} - v_m^{n-1}}{2\tau} + b\frac{u_{m+1}^n - u_{m-1}^n}{2h} = 0. \quad (15)$$

寻找方程组的如下形式的特解

$$u_m^n = c_1 \lambda^n e^{\mathbf{i} m\varphi}, \quad v_m^n = c_2 \lambda^n e^{\mathbf{i} m\varphi}.$$

将这些表达式代入 (15) 得到

$$\lambda^{n-1} e^{\mathbf{i} m\varphi} \left(c_1 \frac{\lambda^2 - 1}{\tau} + 2c_2 a\lambda \frac{\mathbf{i} \sin\varphi}{h} \right) = 0,$$

$$\lambda^{n-1} e^{\mathbf{i} m\varphi} \left(c_2 \frac{\lambda^2 - 1}{\tau} + 2bc_1 \lambda \frac{\mathbf{i} \sin\varphi}{h} \right) = 0,$$

于是

$$c_1 \frac{\lambda^2 - 1}{\tau} + 2ac_2 \lambda \frac{\mathbf{i} \sin\varphi}{h} = 0,$$

$$2c_1 b\lambda \frac{\mathbf{i} \sin\varphi}{h} + c_2 \frac{\lambda^2 - 1}{\tau} = 0.$$

如果方程组的行列式等于零, 则这个关于系数 c_1, c_2 的线性方程组具有非零解. 我们得到将 λ 和 φ 联系起来的方程

$$\det \begin{pmatrix} \dfrac{\lambda^2 - 1}{\tau} & \dfrac{\lambda a \cdot 2\mathbf{i} \sin\varphi}{h} \\ \dfrac{\lambda b \cdot 2\mathbf{i} \sin\varphi}{h} & \dfrac{\lambda^2 - 1}{\tau} \end{pmatrix} = 0.$$

由此得到

$$\left(\frac{\lambda^2 - 1}{\tau} \right)^2 + \lambda^2 \frac{4ab \sin^2 \varphi}{h^2} = 0$$

或者

$$\lambda^2 \pm 2\mathbf{i} \sqrt{ab} \frac{\tau}{h} \sin\varphi \cdot \lambda - 1 = 0.$$

于是, 最后得到

$$\lambda = \mp \mathbf{i} \sqrt{ab} \frac{\tau}{h} \sin\varphi \pm \sqrt{-ab \frac{\tau^2}{h^2} \sin^2\varphi + 1}.$$

如果 $ab\tau^2/h^2 \leqslant 1$, 则根号下的表达式非负且

$$|\lambda| = ab \frac{\tau^2}{h^2} \sin^2\varphi + \left(-ab \frac{\tau^2}{h^2} \sin^2\varphi + 1 \right) = 1.$$

于是, 当 $\sqrt{ab}\tau/h \leqslant 1$ 时稳定性的谱特性满足.

习题 5 证明当 $\sqrt{ab}\dfrac{\tau}{h} = \kappa = \text{const} > 1$ 时稳定性的谱特征不满足.

习题 6 借助于依赖域的定理证明当 $\sqrt{ab}\dfrac{\tau}{h} = \kappa = \text{const} > 1$ 时网格问题的解不一定收敛于原微分问题的解.

假设在区域 $0 \leqslant m \leqslant M$ 中寻找函数 u_m^n 使它满足 (3) 和某些边界条件: 当 m 接近于零时 u_m^n 有

$$L_h^1 u_h = 0, \tag{16}$$

当 m 接近于 M 时 u_m^n 有

$$L_h^2 u_h = 0. \tag{17}$$

注记　在每一层上对于 u_m^n 的方程的个数取为等于未知量个数 $M+1$ 因此方程 (3) 中的某些方程可舍弃.

对常系数的网格边值问题也有稳定性的谱特征,常常可以相当简单地舍弃对计算不合适的差分格式.可以证明不满足这个稳定性的谱特征的差分格式不稳定.

这个稳定性的谱特征归结如下.

1. 应该满足柯西问题 (不同于前面的叙述) 的稳定性谱特征. 寻找 (3) 的所有如下形式的特解

$$u_m^n = \lambda^n \varphi_m, \tag{18}$$

$$\|\varphi\|_0 \equiv \sup_{-\infty < m < \infty} |\varphi_m| < \infty. \tag{19}$$

柯西问题的稳定性谱特征在于对给定的当 τ, h 趋近零的规律有

$$\varlimsup_{\|\varphi\|_0 < \infty} |\lambda| \leqslant 1. \tag{20}$$

符号 $\sup\limits_{\|\varphi\|_0 < \infty}$ 引入的目的在于再一次强调上界是取在满足条件 (19) 的所有解 (18) 的集合上.

2. 应该满足如下 "左" 边值问题的谱稳定性条件.

研究 "左" 边值问题

$$\text{当 } 0 \leqslant m < \infty \text{ 时 } L_h u_h|_{(m,n)} = 0, \quad L_h^1 u_h = 0$$

(考虑注记) 且寻找其如下形式的特解

$$u_m^n = \lambda^n \varphi_m, \quad \|\varphi\|_+ = \sup_{0 \leqslant m < \infty} |\varphi_m| < \infty.$$

左边值问题的稳定性谱特征具有类似于 (20) 的形式:

$$\varlimsup_{\|\varphi\|_+ < \infty} |\lambda| \leqslant 1. \tag{21'}$$

3. 同样研究 "右" 边值问题

$$\text{当 } -\infty < m \leqslant M \text{ 时 } L_h u_h|_{(m,n)} = 0, \quad L_h^2 u_h = 0.$$

寻找其形如 $u_m^n = \lambda^n \varphi_m$ 的特解使得 $\|\varphi\|_- = \sup\limits_{-\infty < m \leqslant M} |\varphi_m| < \infty$. "右" 边值问题的稳定性谱特征具有形式

$$\varlimsup_{\|\varphi\|_- < \infty} |\lambda| \leqslant 1. \tag{21''}$$

注意到变量替换 $m' = M - m$ 将 "左" 边值问题和 "右" 边值问题互相转化, 且相应地将 "左" 边值问题和 "右" 边值问题的稳定性谱特征可以互相转化.

例 5　研究网格边值问题

$$\frac{u_m^{n+1} - u_m^n}{\tau} - \frac{u_{m+1}^n - 2u_m^n + u_{m-1}^n}{h^2} = 0, \quad 0 < m < M, \quad Mh = 1,$$

$$\frac{u_0^n - 4u_1^n + 3u_2^n}{2h} = 0, \quad u_M^n = 0. \tag{22}$$

§2. 最简单双曲型问题的逼近

这个问题是如下微分方程的逼近:
$$u_t - u_{xx} = 0, \quad 0 < x < 1,$$
其边界条件为 $u_x(0,t) = 0, u(1,t) = 0$.

假设当 τ, h 趋近于零时 $\tau/h^2 = \kappa = \text{const}$, 研究网格问题的谱稳定性.

1. 柯西问题的稳定性谱特征. 寻找形如 $u_m^n = \lambda^n \varphi_m$ 的特解. 将其代入 (22) 并消去 λ^n 得到方程
$$\frac{\lambda - 1}{\tau} \varphi_m - \frac{\varphi_{m+1} - 2\varphi_m + \varphi_{m-1}}{h^2} = 0$$
或者同样地
$$\varphi_{m+1} - \left(2 + (\lambda - 1)\frac{h^2}{\tau}\right)\varphi_m + \varphi_{m-1} = 0. \tag{23}$$

函数 φ_m 是常系数的一维有限差分方程 (23) 的解, 因此 $\varphi_m = c_1 \mu_1^m + c_2 \mu_2^m$, 其中 $\mu_{1,2}$ 为如下特征方程的根
$$\mu^2 - \left(2 + (\lambda - 1)\frac{h^2}{\tau}\right)\mu + 1 = 0. \tag{24}$$

由韦达定理 $\mu_1 \mu_2 = 1$, 因此
$$\varphi_m = c_1 \mu_1^m + c_2 \mu_1^{-m}.$$

为使 $\|\varphi\|_0$ 对所有的 c_1, c_2 有界, 必须 $|\mu_1| = 1$. 令 $\mu_1 = e^{\mathbf{i}\varphi}$, 由 (24) 可得
$$\lambda = 1 - 4\frac{\tau}{h^2} \sin^2 \frac{\varphi}{2}.$$

如果 $\kappa = \tau/h^2 \leqslant 1/2$, 则 $\sup |\lambda| = 1$, 且柯西问题的稳定性谱特征满足. 相反的情况下则不满足.

2. 我们通过"猜测"特解序列
$$u_m^n = \lambda^n \varphi_m, \quad \|\varphi_m\|_+ < \infty,$$
使得 $\lim\limits_{\tau,h \to 0} |\lambda| > 1$ 来证明"左"边值问题的谱不稳定性. 寻找"左"边值问题的形如 $u_m^n = \lambda^n \mu^m$ 的解. 将 u_m^n 代入(22)并消去 $\lambda^n \mu^m$ 得到
$$\frac{\lambda - 1}{\tau} - \frac{\mu - 2 + \mu^{-1}}{h^2} = 0 \tag{25}$$

将 u_m^n 代入左边界条件 (22) 得到方程
$$1 - 4\mu + 3\mu^2 = 0.$$

其根为 $\mu_1 = 1, \mu_2 = \frac{1}{3}$. 由 (25) 根 $\mu_2 = \frac{1}{3}$ 相应于 $\lambda = 1 + \frac{4\tau}{3h^2} = 1 + \frac{4}{3}\kappa$. 对于这个特解
$$u_m^n = \lambda^n \varphi_m = \left(1 + \frac{4}{3}\kappa\right)^n \left(\frac{1}{3}\right)^m$$

有关系式
$$\|\varphi_m\|_+ = 1 \quad \text{且} \quad |\lambda| = 1 + \frac{4}{3}\kappa > 1.$$

于是, 这个问题不满足稳定性谱特征, 应该取边界条件 $u_x = 0$ 在点 0 的另外的逼近.

习题 7 证明边界条件的逼近

$$\frac{-u_2^n + 4u_1^n - 3u_0^n}{2h} = 0$$

满足稳定性谱特征的 "左" 边值问题.

例 6 我们来研究 "右" 边值问题. 如同柯西问题一样, 我们得到如下形式的全体特解

$$u_m^n = \lambda^n \varphi_m, \quad \varphi_m = C_1 \mu_1^m + C_2 \mu_2^m,$$

其中 λ 和 μ 由关系式 (25) 约束, 并且 $\mu_1 \mu_2 = 1$. 方便地将函数 φ_m 表示成

$$\varphi_m = C_1 \mu_1^{m-M} + C_2 \mu_2^{m-M}.$$

从右边界条件 (22) 得到 $\varphi_M = C_1 + C_2 = 0$, 因此 $\varphi_m = C_1(\mu_1^{m-M} - \mu_2^{m-M})$. 如果 $|\mu_1| > 1$, 则 $|\mu_2| < 1$. 且反过来也成立. 在两种情况下当 $m \to -\infty$ 时 $\varphi_m \to \infty$. 因此, 我们感兴趣的仅仅是满足 $|\mu_1| = |\mu_2| = 1$ 的解. 那么, $\mu_1 = e^{\mathbf{i}\varphi}, \mu_2 = e^{-\mathbf{i}\varphi}$ 且

$$\lambda = 1 - \frac{4\tau}{h^2} \sin^2 \frac{\varphi}{2}.$$

与柯西问题一样得到当 $\kappa = \tau/h^2 \leqslant 1/2$ 时稳定性谱特征满足.

上面所研究的差分格式属于显式类型. 在上层的解通过如下形式的公式 (同 (7) 比较) 由下层的解计算出来:

$$u_m^{n+1} = \sum_{|j| \leqslant k} a_{m+j}^n u_{m+j}^n,$$

其中 k 当 $h \to 0$ 时有界.

如果在差分方程中至少包含上一层解的两个值, 则这个格式属于隐式类型. 在这种情况下, 通过求解某个方程组

$$C\mathbf{u}^{n+1} = F(\mathbf{u}^n, f) \tag{26}$$

寻找网格解在上层的值. 当矩阵 C 为三角矩阵时 (而在求解偏微分方程组时为分块三角矩阵), 差分格式称为半显式的. 于是, 半显式格式构成隐式 (C 为三角矩阵) 的子类, 而显式格式是半显式差分格式 (C 为单位矩阵) 的子类.

在隐式 (特别, 半显式) 格式中产生了这样的问题, 即建立求解方程组 (26) 的算法, 它对于计算误差的影响是稳定的.

我们来对方程 $u_t + a u_x = 0$ 研究简单的半显式格式:

$$\frac{u_m^{n+1} - u_m^n}{\tau} + a \frac{u_m^{n+1} - u_{m-1}^{n+1}}{h} = 0. \tag{27}$$

寻找形如 $u_m^n = \lambda^n e^{\mathbf{i}m\varphi}$ 的特解. 将这个表示代入 (27) 得到

$$\left(\frac{\lambda - 1}{\tau} + a \frac{\lambda(1 - e^{-\mathbf{i}\varphi})}{h} \right) \lambda^n e^{\mathbf{i}m\varphi} = 0.$$

于是, $\lambda(\varphi) = \left(1 + a\frac{\tau}{h} - a\frac{\tau}{h} e^{-\mathbf{i}\varphi} \right)^{-1}.$

习题 8 假设 $\sigma = \sup\limits_{0 \leqslant \varphi \leqslant 2\pi} |\lambda(\varphi)|$. 证明

1) 当 $a \geqslant 0$ 时 $\sigma \leqslant 1$;
2) 当 $a\dfrac{\tau}{h} \leqslant -1$ 时 $\sigma \leqslant 1$;
3) 当 $a\dfrac{\tau}{h} = \kappa = \mathrm{const}, -1 < \kappa < 0$ 时 $\sigma = \dfrac{1}{|2\kappa - 1|} > 1$.

于是, 当 $-1 < \kappa < 0$ 时稳定性谱特征不满足.

实际计算时总是有有限个第 $n+1$ 层值 u_m^{n+1} 参与计算. 如果我们写出 (27) 当 $m = 1, \cdots, M$ 时的方程, 则得到关于 $(M+1)$ 个未知量 $u_0^{n+1}, \cdots, u_M^{n+1}$ 的 M 个方程的方程组.

我们来研究在矩形

$$0 \leqslant x \leqslant X = Mh, \quad 0 \leqslant t \leqslant T$$

中寻找解的情况.

函数 $u(x,t) = \psi(x - at)$ 是方程 $u_t + au_x = 0$ 的解. 如果 $a = 0$, 则解由给定的初始条件 $u(x,0) = u_0(x)$ 唯一确定. 当 $a > 0$ 时为寻找解只需给出 $u(x,0)$ 和 $u(0,t)$. 当 $a < 0$ 时则给出 $u(x,0)$ 和 $u(X,t)$.

在 $a > 0$ 的情况中从边界条件我们也已知 $u_0^{n+1} = u(0,(n+1)\tau)$, 于是方程的个数等于未知量的个数.

方程 (27) 可以表示成确定 u_m^{n+1} 的递推形式:

$$u_m^{n+1} = \frac{\kappa}{1+\kappa} u_{m-1}^{n+1} + \frac{u_m^n}{1+\kappa}, \quad \kappa = \frac{a\tau}{h}, \quad m = 1, \cdots, M. \tag{28}$$

如果 u_{m-1}^{n+1} 包含某个误差 δ_{m-1}^{n+1}, 则由 (28) 它在 u_m^{n+1} 中引起的误差 δ_m^{n+1} 等于 $\dfrac{\kappa}{1+\kappa}\delta_{m-1}^{n+1}$. 当 $a \geqslant 0$ 时有 $\kappa \geqslant 0$ 和 $0 \leqslant \dfrac{\kappa}{1+\kappa} < 1$. 于是, $|\delta_m^{n+1}| < |\delta_{m-1}^{n+1}|$, 即值 u_m^{n+1} 中的误差减小, 可以指望按照公式 (28) 计算时的偏差不会导致不期望的结果.

在 $a < 0$ 的情况中, 已知值 $u_M^{n+1} = u(X,(n+1)\tau)$, 计算将按照从 (27) 导出的递推公式进行:

$$u_{m-1}^{n+1} = \left(1 + \frac{1}{\kappa}\right)u_m^{n+1} - \frac{1}{\kappa}u_m^n, \quad m = M, \cdots, 1. \tag{29}$$

如果 $\kappa \leqslant -1$, 则 $0 \leqslant 1 + \dfrac{1}{\kappa} < 1$, 且误差 δ_m^{n+1} 在值 u_{m-1}^{n+1} 中产生的误差 $\delta_{m-1}^{n+1} = \left(1 + \dfrac{1}{\kappa}\right)\delta_m^{n+1}$ 使得 $|\delta_{m-1}^{n+1}| < |\delta_m^{n+1}|$. 于是, 应该指望计算误差的偏差不严重.

注记 计算公式 (28) 关系式 $|\delta_m^{n+1}| \leqslant |\delta_{m-1}^{n+1}|$ 当 $-1/2 \leqslant \kappa < 0$ 时也满足, 而对公式 (29) 关系式 $|\delta_{m-1}^{n+1}| \leqslant |\delta_m^{n+1}|$ 当 $-1 < \kappa \leqslant -1/2$ 时也满足. 但是, 在这些情况中不满足稳定性谱特征 $\sigma = \sup\limits_{0 \leqslant \varphi \leqslant 2\pi} |\lambda(\varphi)| < 1$.

假定在区域 $t \leqslant T$ 中我们感兴趣的是柯西问题在初始条件 $u(x,0) = u_0(x)$ 之下的解, 初始条件定义在 $0 \leqslant x \leqslant X_0$ 上且 $a > 0$. 微分问题的解定义在带状区域 $at \leqslant x \leqslant X_0 + at$.

我们来研究矩形区域 $0 \leqslant x \leqslant X = X_0 + at, 0 \leqslant t \leqslant T$ 中的边值问题, 其中当 $0 \leqslant t \leqslant T$

时给定任意光滑函数 $u(0,t)$，当 $X_0 \leqslant x \leqslant X$ 时给定光滑函数 $u(x,0)$，它们满足一致性条件 $u(0,0) = u_0(0)$ 和 $u_0(X_0) = u(X_0, 0)$．

为求解这个问题应用半显式格式 (27)，上一层的计算按照递推公式 (28) 进行．可以证明，对光滑函数 $u_0(x)$ 在区域 $at \leqslant x \leqslant X_0 + at, 0 \leqslant t \leqslant T$ 内得到的网格解将接近于柯西问题的解．

在求解柯西问题和边值问题时，特别是在方程组的情况，经常使用带有逼近阶为 $O(\tau + h^2)$ 的隐式格式

$$\frac{u_m^{n+1} - u_m^n}{\tau} + a\frac{u_{m+1}^{n+1} - u_{m-1}^{n+1}}{2h} = 0. \tag{30}$$

有时借助于这个格式得到半整数层的解，即从如下关系式寻找 $u_m^{n+1/2}$

$$\frac{u_m^{n+1/2} - u_m^n}{\tau/2} + a\frac{u_{m+1}^{n+1/2} - u_{m-1}^{n+1/2}}{2h} = 0.$$

进一步应用显式公式

$$\frac{u_m^{n+1} - u_m^n}{\tau} + a\frac{u_{m+1}^{n+1/2} - u_{m-1}^{n+1/2}}{2h} = 0.$$

我们来研究同样的柯西问题情况．如果我们写出 (30) 当 $m = 1, \cdots, M-1$ 的方程，则得到带有 $M+1$ 个未知量 $M-1$ 个方程的方程组．在每一步我们还少两个方程．同以前一样，应用边界值给定值 u_0^n，而 u_M^n 任意给定．关于值 $u_1^{n+1}, \cdots, u_{M-1}^{n+1}$ 的方程组 (30) 将应用追赶法求解．

可以证明对光滑函数 $u_0(x)$ 和任意 $\varepsilon > 0$ 网格问题的解在由如下不等式定义的区域中收敛于微分问题的解

$$at + \varepsilon \leqslant x \leqslant X_0 + at - \varepsilon, \quad 0 \leqslant t \leqslant T.$$

为改善收敛性，代替给定 u_M^{n+1} 取所谓 "软" 边界条件 $u_M^{n+1} - u_{M-1}^{n+1} = 0$ 更合适．

§3. 冻结系数原理

常常不能成功地对差分问题的适定性进行理论研究并证明其解收敛于微分问题的解．数学理论发展到现在在某些情况下这个研究原则上是可能的，但要求研究者具有相当高的技能并花费大量时间．

在这种情况下，有时限于研究格式的稳定性，这一研究基于以下面描述的冻结系数原理，并通过对带有可能的已知解的测试问题的计算来对所得到的结论进行最后的实验验证．

冻结系数原理叙述如下．

1. 将差分格式写成关于变分的方程 (即满足两个无限接近的解之差的方程)．这个方程是线性的且在线性问题情况下与原方程相同．

2. 固定区域 G 中的某个点 P 且冻结这个方程的系数，即变分方程系数的所有值取成等于它们在这一点的值．如果问题是非线性的，则变分方程的系数与未知函数有关，且这个方程的网格解的所有值取成等于它们在同一点 P 的值．

§3. 冻结系数原理

3. 研究得到的网格问题 $L_h^P(\delta u_h) = 0$ 的稳定性, 研究的方法与应用于研究常系数网格问题稳定性的方法一样.

假定当在网格的每一步上满足条件

$$\gamma(h, P) \geqslant 0 \tag{1}$$

时网格问题稳定. 这个条件自然可能与点 P 的选择有关.

4. 取某个条件 $\gamma(h) \geqslant 0$ 作为稳定性条件, 从这个条件可以推出条件 $\gamma(h, P) \geqslant 0$ 对于所有的点 $P \in G$ 成立. 常常选择稳定性条件 $\gamma(h) \geqslant 0$ 使其具有某种"稳定裕量", 特别是对非线性问题.

我们来研究应用冻结系数原理的例子. 假设要求解方程

$$u_t + (\varphi(x, t, u))_x - \psi(x, t, u) = 0 \tag{2}$$

的柯西问题, 初始条件为 $u(x, 0) = u_0(x)$. 以 u_m^n 记解在点 $(x, t) = (mh, n\tau)$ 的近似值. 用如下差分格式逼近方程 (2):

$$\frac{u_m^{n+1} - u_m^n}{\tau} + \frac{\varphi(mh, n\tau, u_m^n) - \varphi((m-1)h, n\tau, u_{m-1}^n)}{h} - \psi(mh, n\tau, u_m^n) = 0. \tag{3}$$

设 $v_m^n = u_m^n + \delta_m^n$ 为网格问题 (3) 的另一个解, 即 δ_m^n 为问题 (3) 的两个解之间的差. 将 v_m^n 代入 (3) 得到

$$\frac{(u_m^{n+1} + \delta_m^{n+1}) - (u_m^n + \delta_m^n)}{\tau} - \psi(mh, n\tau, u_m^n + \delta_m^n)$$

$$+ \frac{\varphi(mh, n\tau, u_m^n + \delta_m^n) - \varphi((m-1)h, n\tau, u_{m-1}^n + \delta_{m-1}^n)}{h} = 0.$$

从这个等式减去 (3) 得到

$$\frac{\delta_m^{n+1} - \delta_m^n}{\tau} + \frac{\varphi(mh, n\tau, u_m^n + \delta_m^n) - \varphi(mh, n\tau, u_m^n)}{h}$$

$$- \frac{\varphi((m-1)h, n\tau, u_{m-1}^n + \delta_{m-1}^n) - \varphi((m-1)h, n\tau, u_{m-1}^n)}{h} \tag{4}$$

$$- (\psi(mh, n\tau, u_m^n + \delta_m^n) - \psi(mh, n\tau, u_m^n)) = 0.$$

保留到 δ 的二阶小量, 则成立如下近似式

$$\varphi(mh, n\tau, u_m^n + \delta_m^n) - \varphi(mh, n\tau, u_m^n) \approx \varphi_u(mh, n\tau, u_m^n)\delta_m^n,$$

$$\varphi((m-1)h, n\tau, u_{m-1}^n + \delta_{m-1}^n) - \varphi((m-1)h, n\tau, u_{m-1}^n) \approx \varphi_u((m-1)h, n\tau, u_{m-1}^n)\delta_{m-1}^n,$$

$$\psi(mh, n\tau, u_m^n + \delta_m^n) - \psi(mh, n\tau, u_m^n) \approx \psi_u(mh, n\tau, u_m^n)\delta_m^n.$$

于是, 解的无穷小增量 δ_m^n (称之为变分)满足方程

$$\frac{\delta_m^{n+1} - \delta_m^n}{\tau} + \frac{\varphi_u(mh, n\tau, u_m^n)\delta_m^n - \varphi_u((m-1)h, n\tau, u_{m-1}^n)\delta_{m-1}^n}{h} - \psi_u(mh, n\tau, u_m^n)\delta_m^n = 0.$$

这个方程称为对于 (4) 的变分方程.

冻结系数, 取所有的值 φ_u 和 ψ_u 等于它在某个点的值

$$\frac{\delta_m^{n+1} - \delta_m^n}{\tau} + a\frac{\delta_m^n - \delta_{m-1}^n}{h} - b\delta_m^n = 0. \tag{5}$$

由此我们有等式
$$\delta_m^{n+1} = \delta_m^n \left(1 - \frac{a\tau}{h} + b\tau\right) + \delta_{m-1}^n a\frac{\tau}{h}$$
以及估计
$$|\delta_m^{n+1}| \leqslant \max_m |\delta_m^n| \left(\left|1 - \frac{a\tau}{h}\right| + |b\tau| + \left|\frac{a\tau}{h}\right|\right). \tag{6}$$
因为 (6) 对所有的 m 满足, 则
$$\max_m |\delta_m^{n+1}| \leqslant \max_m |\delta_m^n| \left(\left|1 - \frac{a\tau}{h}\right| + |b\tau| + \left|\frac{a\tau}{h}\right|\right).$$
令 $\max_m |\delta_m^n| = \|\delta^n\|_C$. 关系式 (6) 改写成
$$\|\delta^{n+1}\|_C \leqslant \left(\left|1 - \frac{a\tau}{h}\right| + |b\tau| + \left|\frac{a\tau}{h}\right|\right) \|\delta^n\|_C.$$
如果 $0 \leqslant \frac{a\tau}{h} \leqslant 1$, 则
$$\left|1 - \frac{a\tau}{h}\right| + |b\tau| + \left|\frac{a\tau}{h}\right| = \left(\left|1 - \frac{a\tau}{h}\right| + \left|\frac{a\tau}{h}\right|\right) + |b\tau| = 1 + |b|\tau \leqslant e^{|b|\tau}.$$
于是,
$$\|\delta^{n+1}\|_C \leqslant e^{|b|\tau} \|\delta^n\|_C. \tag{7}$$
应用 (7) 得到关系式
$$\|\delta^1\|_C \leqslant e^{|b|\tau} \|\delta^0\|_C,$$
$$\|\delta^2\|_C \leqslant e^{|b|\tau} \|\delta^1\|_C \leqslant e^{|b|2\tau} \|\delta^0\|_C,$$
$$\|\delta^3\|_C \leqslant e^{|b|\tau} \|\delta^2\|_C \leqslant e^{|b|3\tau} \|\delta^0\|_C,$$
$$\cdots\cdots\cdots\cdots$$
$$\|\delta^N\|_C \leqslant e^{|b|\tau} \|\delta^{N-1}\|_C \leqslant e^{|b|N\tau} \|\delta^0\|_C.$$
在 $n\tau \leqslant T$ 时的有界时间区间上有
$$\|\delta^n\|_C \leqslant e^{|b|T} \|\delta^0\|_C,$$
即差分问题对初始数据稳定.

差分格式 (5) 的稳定性可以在条件 $0 \leqslant a\frac{\tau}{h} \leqslant 1$ 证明.

相应于冻结系数原理, 假设原始差分格式 (3) 应该在条件
$$0 \leqslant a(mh, n\tau, u_m^n)\frac{\tau}{h} \leqslant 1 \tag{8}$$
之下稳定.

可以证明当 τ 较小时这个条件对于对差分格式 (3) 可实际应用是充分的.

当不能严格保证差分问题的稳定性时, 与通过冻结系数原理得到的格式相比, 建议通过缩小格式参数的变化区域来建立 "稳定裕度". 例如, 在此情况下, 代替 (8) 建议取条件
$$0 < \kappa \leqslant a\frac{\tau}{h} \leqslant 1 - \kappa.$$
要求通过数值实验来适当选择缩小的值.

对于各种格式的稳定区域缩减的例子有: 1 倍 (即不缩减), 1.15 倍, 1.3 倍, 1.5 倍, 2 倍等.

事先不知道网格问题解的值 u_m^n 应该处在怎样的区域中，因此网格问题实际求解时不能取步长 τ 使得对所有的 m,n 满足稳定性条件 (8)．特别，当求解非定常问题时，时间步长常常取为变化的：寻找解在点 (mh,t_n) 的近似值 u_m^n．步长 $\tau_n = t_{n+1} - t_n$ 与 n 有关．对每一个 n 计算

$$A_n^1 = \inf_m a(mh, t_n, u_m^n), \quad A_n^2 = \sup_m a(mh, t_n, u_m^n).$$

如果恰好 $A_n^1 < 0$，则按照这个格式的计算终止，因为任何步长 $\tau_n > 0$ 都不能对所有的 m 满足条件 $0 \leqslant a(mh, t_n, u_m^n)\tau_n/h$．如果 $A_n^1 \geqslant 0$，则选择步长 $\tau_n = t_{n+1} - t_n$ 使得条件 $A_n^2 \tau_n/h \leqslant 1$ 满足．

对于线性和弱线性问题，已知当进行了严格的稳定性研究并且方程的系数对所有变量满足利普希茨条件的情况下，有如下事实：如果满足关于冻结系数的稳定性判据，则差分格式实际上稳定．

§4. 带有不连续解的非线性问题的数值解

我们来研究方程

$$\frac{\partial u}{\partial t} + u\frac{\partial u}{\partial x} = 0 \tag{1}$$

在初始条件

$$u_0(x) = \begin{cases} 1, & \text{当 } x < 0, \\ 0, & \text{当 } x \geqslant 0 \end{cases}$$

下的柯西问题．这个问题没有连续的解，因此差分问题在通常意义下不能逼近微分问题．但是，仍然可以研究这个问题的差分逼近

$$\frac{u_m^{n+1} - u_m^n}{\tau} + u_m^n \frac{u_m^n - u_{m-1}^n}{h} = 0, \tag{2}$$

$$\frac{u_m^{n+1} - u_m^n}{\tau} + u_{m-1}^n \frac{u_m^n - u_{m-1}^n}{h} = 0, \tag{3}$$

$$\frac{u_m^{n+1} - u_m^n}{\tau} + \frac{u_m^n + u_{m-1}^n}{2}\frac{u_m^n - u_{m-1}^n}{h} = 0, \tag{4}$$

初始条件为

$$u_m^0 = \begin{cases} 1, & \text{当 } m < 0, \\ 0, & \text{当 } m \geqslant 0. \end{cases} \tag{5}$$

不难验证，当 $\tau = h$ 时问题 (2), (5) 的解是

$$u_m^n = \begin{cases} 1, & \text{当 } m < 0, \\ 0, & \text{当 } m \geqslant 0. \end{cases}$$

问题 (3), (5) 的解是

$$u_m^n = \begin{cases} 1, & \text{当 } m - n < 0, \\ 0, & \text{当 } m - n \geqslant 0. \end{cases}$$

问题 (4), (5) 的解不能写出显式表达式. 当 $\tau = h$ 时由 (4) 有
$$u_m^{n+1} = u_m^n - \frac{1}{2}\left((u_m^n)^2 - (u_{m-1}^n)^2\right). \tag{6}$$
直接计算 u_m^n 可以验证
$$u_m^n \approx \begin{cases} 1, & \text{当 } m - n/2 < 0, |m - n/2| \gg 1, \\ 0, & \text{当 } m - n/2 > 0, |m - n/2| \gg 1. \end{cases}$$
更精确的理论上的估计表明
$$u_m^n = \begin{cases} 1 + O(q^{|m-n/2|}), & \text{当 } m - n/2 \to -\infty, \\ 0 + O(q^{|m-n/2|}), & \text{当 } m - n/2 \to \infty, \end{cases}$$
其中 $q < 1$. 于是, 网格问题 (4), (5) 的解近似于不连续函数
$$u(x,t) = \begin{cases} 1, & \text{当 } x - t/2 < 0, \\ 0, & \text{当 } x - t/2 > 0. \end{cases}$$

于是, 逼近同一微分问题光滑解的各种差分问题的解当步长趋向于零时可能收敛于不同的极限. 注意到当不能指出解的间断线是怎样的时候, 微分问题的解本身也不是唯一确定的.

在最典型的情况中, 间断线的条件是由于积分守恒律保持的结果, 从这些规律中产生了这样的微分问题.

设 u 为方程 (1) 的光滑解. 对 (1) 按照变量 (x,t) 在某个区域 G 上积分得到
$$\int_G \left(\frac{\partial u}{\partial t} + \frac{1}{2}\frac{\partial u^2}{\partial x}\right) dxdt = 0$$
或者
$$\int_\Gamma \left(\frac{1}{2}u^2 dt - udx\right) = 0, \tag{7}$$
其中 Γ 为区域 G 的边界. 如果方程 (1) 乘以 u 并且在区域 G 上积分, 则得到
$$\int_G \left(\frac{1}{2}\frac{\partial u^2}{\partial t} + \frac{1}{3}\frac{\partial u^3}{\partial x}\right) dxdt = 0$$
或者
$$\int_\Gamma \left(\frac{u^3}{3}dt - \frac{u^2}{2}dx\right) = 0. \tag{8}$$
如果对于光滑函数 $u(x,t)$, 条件 (7) 或 (8) 对任意回路 Γ 满足, 则这些条件等价. 当 $u(x,t)$ 间断时情况则不同.

如果 $u(x,t)$ 分段光滑, 则由 (7) 可以得到在函数光滑的区域内 u 是方程 (1) 的解, 而沿着间断曲线 $X(t)$ 满足关系
$$\frac{dX}{dt} = \omega = \frac{[u^2/2]}{[u]} = \frac{u_+ + u_-}{2},$$
这里各符号定义如下
$$f_+(x,t) = \lim_{\varepsilon > 0, \varepsilon \to 0} f(x + \varepsilon, t),$$
$$f_-(x,t) = \lim_{\varepsilon > 0, \varepsilon \to 0} f(x - \varepsilon, t), \quad [f] = f_+ + f_-.$$

同样地从 (8) 推出在函数光滑的区域中 u 是方程 (1) 的解, 而沿着间断线满足关系
$$\frac{dX}{dt} = \omega = \frac{[u^3/3]}{[u^2/2]} = \frac{2(u_+^2 + u_+ u_- + u_-^2)}{3(u_+ + u_-)}.$$

从上述可以看到为使差分问题的解收敛于方程 (1) 的间断解, 本质上在于差分问题与相应于微分问题的守恒律之间存在确定的关系.

对一个未知函数误差的理性思考、数值实验以及理论估计表明差分格式应该具有耗散的性质. 这个性质正确地叙述成如下形式: 如果相应于守恒律 $\int (\psi dt - \varphi dx) = 0$ 寻找方程
$$\frac{\partial \varphi(x,t,u)}{\partial t} + \frac{\partial \psi(x,t,u)}{\partial x} = 0$$
的解, 则差分格式的左边部分应该是表达式
$$\varphi(x_m, t_n, u_m^n), \quad \psi(x_m, t_n, u_m^n) \tag{9}$$
的线性组合或者近似于这些组合. 例如, 差分格式 (4) 满足相对于守恒律 (7) 的耗散条件. 相对于守恒律 (8), 如下差分格式满足耗散条件
$$\frac{(u_m^{n+1})^2 - (u_m^n)^2}{2\tau} + \frac{(u_m^n)^3 - (u_{m-1}^n)^3}{3h} = 0.$$

在随后的时间里, 耗散条件得到实质性的扩展. 例如, 下列差分格式满足关于方程 $u_t + (\varphi(u))_x = 0$ 扩展的耗散条件.

首先进行半步长计算
$$\frac{u_{m+1/2}^{n+1/2} - \dfrac{u_{m+1}^n + u_m^n}{2}}{\tau} + \varphi'\left(\frac{u_{m+1}^n + u_m^n}{2}\right)\frac{u_{m+1}^n - u_m^n}{h} = 0,$$
然后按如下公式进行完整步长计算
$$\frac{u_m^{n+1} - u_m^n}{\tau} + \frac{\varphi\left(u_{m+1/2}^{n+1/2}\right) - \varphi\left(u_{m-1/2}^{n+1/2}\right)}{h} = 0.$$
这里差分格式仅仅在最后一步上写成表达式 (9) 的线性组合.

§5. 一维抛物型方程的差分格式

在不太严格的水平上了解了双曲型问题的稳定性和收敛性之后, 我们以更严格的数学描述来研究一维空间变量情况下抛物型方程的差分格式.

假设要寻找函数 $u(x,t)$ 使其为方程
$$\frac{\partial u}{\partial t} = \frac{\partial^2 u}{\partial x^2} + f(x,t) \tag{1}$$
在区域 $\overline{Q}_T = [0, X] \times [0, T]$ 内满足如下初始条件和边界条件的解
$$u(x, 0) = u_0(x), \quad u(0, t) = \mu_1(t), \quad u(X, t) = \mu_2(t). \tag{2}$$
今后处处假定函数 f, μ_i 和 u_0 使得问题 (1), (2) 的解足够光滑.

我们来按照前面的方式建立差分格式. 用相应于坐标分量 x 和 t 的步长 $h = X/M$, $\tau = T/N$ 的矩形网格对原区域 $\overline{Q}_T$ 进行划分. 寻找定义在网格 $\overline{Q}_{h,\tau} = \{(mh, n\tau) : 0 \leqslant m \leqslant M, 0 \leqslant n \leqslant N\}$ 中的节点 (m, n) 处的函数值 u^h, 它是函数 u 在 $\overline{Q}_{h,\tau}$ 中的近似. 同以前一样, 记 $u^h(mh, n\tau) = u_m^n$.

将 (1) 中的导数由差商代替. 导数 $\partial u/\partial t$ 在点 $(mh, n\tau)$ 可以由多种方式的差商关系代替, 例如

$$\left.\frac{\partial u}{\partial t}\right|_{(mh,n\tau)} \approx \frac{u(mh,(n+1)\tau) - u(mh,n\tau)}{\tau}$$

或者

$$\left.\frac{\partial u}{\partial t}\right|_{(mh,n\tau)} \approx \frac{u(mh,n\tau) - u(mh,(n-1)\tau)}{\tau}.$$

取决于近似方法可得到不同的差分格式. 关于变量 x 的二阶导数通常由如下近似替代

$$\left.\frac{\partial^2 u}{\partial x^2}\right|_{(mh,n\tau)} \approx \frac{u((m-1)h,n\tau) - 2u(mh,n\tau) + u((m+1)h,n\tau)}{h^2}.$$

将这些关系式代替 (1) 中的相应的导数得到

$$\frac{u_m^{n+1} - u_m^n}{\tau} = \frac{u_{m-1}^n - 2u_m^n + u_{m+1}^n}{h^2} + \varphi_m^n, \tag{3}$$

$$m = 1, \cdots, M-1, \quad n = 0, \cdots, N-1,$$

$$\frac{u_m^{n+1} - u_m^n}{\tau} = \frac{u_{m-1}^{n+1} - 2u_m^{n+1} + u_{m+1}^{n+1}}{h^2} + \varphi_m^{n+1}, \tag{4}$$

$$m = 1, \cdots, M-1, \quad n = 0, \cdots, N-1,$$

(第二个式子做变换 $n \to n+1$ 后得到). 函数 φ_m^n 是 $f(x,t)$ 的近似.

除了方程 (1) 以外还必须逼近初始和边界条件. 让

$$u_m^0 = u_0(mh), \quad u_0^n = \mu_1(n\tau), \quad u_M^n = \mu_2(n\tau). \tag{5}$$

于是, 方程 (3), (5) 和 (4), (5) 为抛物型方程 (1), (2) 的边值问题的相应的差分逼近.

我们来寻找差分格式 (3), (5) 的逼近误差的阶. 为此将微分问题的精确解代入 (3). 因为

$$\frac{u(x,n\tau+\tau) - u(x,n\tau)}{\tau} = \left.\frac{\partial u}{\partial t}\right|_{(x,n\tau)} + \frac{\tau}{2}\left.\frac{\partial^2 u}{\partial t^2}\right|_{(x,n\tau+\xi)}, \quad 0 \leqslant \xi \leqslant \tau,$$

$$\frac{u((m-1)h,t) - 2u(mh,t) + u((m+1)h,t)}{h^2}$$

$$= \left.\frac{\partial^2 u}{\partial x^2}\right|_{(mh,t)} + \frac{h^2}{12}\left.\frac{\partial^4 u}{\partial x^4}\right|_{(mh+\eta,t)}, \quad 0 \leqslant \eta \leqslant h,$$

则

$$\frac{u(x,t+\tau) - u(x,t)}{\tau} - \frac{u(x-h,t) - 2u(x,t) + u(x+h,t)}{h^2} - \varphi(x,t)$$

$$= \frac{\partial u}{\partial t} - \frac{\partial^2 u}{\partial x^2} + \left.\frac{\tau}{2}\frac{\partial^2 u}{\partial t^2}\right|_{(x,t+\xi)} - \left.\frac{h^2}{12}\frac{\partial^4 u}{\partial x^4}\right|_{(x+\eta,t)} - \varphi(x,t)$$

$$= f(x,t) - \varphi(x,t) + O(h^2 + \tau).$$

于是, 如果让 $\varphi_m^n = f(mh,n\tau)$, 则差分格式 (3), (5) 的逼近误差阶数为 $O(h^2+\tau)$ (边界和初始条件精确满足). 类似地, 可以建立问题 (1), (2) 的格式 (4), (5) 的逼近误差阶数也为 $O(h^2+\tau)$.

但是，在格式 (3), (5) 和 (4), (5) 之间存在原则上的不同. 我们来解释其实质. 由 (3) 可推出关系式

$$u_m^{n+1} = u_m^n + \frac{\tau}{h^2}(u_{m-1}^n - 2u_m^n + u_{m+1}^n) + \tau\varphi_m^n. \tag{6}$$

由于值 u_m^0 已知，从 (6) 可以找到值 u_m^1 ($m = 1, \cdots, M - 1$) 等. 因此，在已知 u_m^n 时下一时刻的解 u_m^{n+1} 可以借助于显式公式 (6) 求得. 因此格式 (3), (5) 称为显式的.

对 (4) 进行变形有

$$-\frac{\tau}{h^2}u_{m-1}^{n+1} + \left(1 + \frac{2\tau}{h^2}\right)u_m^{n+1} - \frac{\tau}{h^2}u_{m+1}^{n+1} = u_m^n + \tau\varphi_m^{n+1}, \quad m = 1, \cdots, M-1,$$
$$u_0^{n+1} = \mu_1^{n+1} \equiv \mu_1((n+1)\tau), \quad u_M^{n+1} = \mu_2^{n+1} \equiv \mu_2((n+1)\tau). \tag{7}$$

当已知 $u_m^n, m = 1, \cdots, M - 1$ 时，关系式 (7) 表示关于未知量 $u_m^{n+1}, m = 1, \cdots, M-1$ 的线性代数方程组. 因此，格式 (4), (5) 称为隐式的.

关于未知向量 $\mathbf{v} = (u_1^{n+1}, \cdots, u_{M-1}^{n+1})^T$ 的线性方程组 (7) 可以写成 $A\mathbf{v} = \mathbf{b}$, 其中矩阵 A 和右边向量 $\mathbf{b}$ 有形式

$$A = \begin{pmatrix} 1 + \dfrac{2\tau}{h^2} & -\dfrac{\tau}{h^2} & 0 & \cdots & 0 & 0 \\ -\dfrac{\tau}{h^2} & 1 + \dfrac{2\tau}{h^2} & -\dfrac{\tau}{h^2} & \cdots & 0 & 0 \\ \cdot & \cdot & \cdot & & \cdot & \cdot \\ 0 & 0 & 0 & \cdots & -\dfrac{\tau}{h^2} & 1 + \dfrac{2\tau}{h^2} \end{pmatrix},$$

$$b_k = \begin{cases} u_k^n + \tau\varphi_k^{n+1}, & 2 \leqslant k \leqslant M - 2, \\ u_1^n + \tau\varphi_1^{n+1} + \dfrac{\tau}{h^2}\mu_1((n+1)\tau), & k = 1, \\ u_{M-1}^n + \tau\varphi_{M-1}^{n+1} + \dfrac{\tau}{h^2}\mu_2((n+1)\tau), & k = M - 1. \end{cases}$$

可以应用前面章节描述的追赶法求解这个方程组.

我们来研究这些差分格式的稳定性. 形如 $(m, n), m = 0, \cdots, M$ 的节点集合叫作第 n 层节点集. 设 u^n 为函数 u^h 在第 n 层节点集上的限制，而 φ^n 为右边部分 φ^h 在第 n 层的内部节点的限制. 引入节点层上的范数

$$\|u^n\| = \max_{0 \leqslant m \leqslant M} |u_m^n|, \quad \|\varphi^n\| = \max_{0 < m < M} |\varphi_m^n|.$$

如果存在与网格步长 h 和 τ 无关的常数 c_1 使得有估计

$$\max_{0 \leqslant n \leqslant N} \|u^n\| \leqslant c_1 \left(\max_{0 \leqslant n \leqslant N} \|\varphi^n\| + \max\left\{ \max_{0 \leqslant n \leqslant N} |\mu_1^n|, \max_{0 \leqslant n \leqslant N} |\mu_2^n|, \|u^0\| \right\} \right), \tag{8}$$

则称差分格式为在空间 C 的网格范数下是稳定的.

首先来研究显式格式 (3), (5) 的稳定性. 我们有如下结论.

定理 1 假设 $\tau \leqslant h^2/2$. 则差分格式 (3), (5) 在空间 C 的网格范数下稳定.

证明 将 (3) 改写成

$$u_m^{n+1} = (1 - 2\rho)u_m^n + \rho u_{m-1}^n + \rho u_{m+1}^n + \tau\varphi_m^n,$$

其中 $\rho = \tau/h^2$. 如果 $\max_m |u_m^{n+1}|$ 在内部点 $(m_0, n+1)$ 达到, 则
$$\max_m |u_m^{n+1}| = \max_m |(1-2\rho)u_m^n + \rho u_{m-1}^n + \rho u_{m+1}^n + \tau\varphi_m^n|$$
$$\leqslant (1-2\rho)\|u^n\| + 2\rho\|u^n\| + \tau\|\varphi^n\| = \|u^n\| + \tau\|\varphi^n\|.$$
在相反的情况下,
$$\max_m |u_m^{n+1}| \leqslant \max\{|\mu_1^{n+1}|, |\mu_2^{n+1}|\}.$$
由此可得估计
$$\|u^{n+1}\| \leqslant \max\{|\mu_1^{n+1}|, |\mu_2^{n+1}|, \|u^n\| + \tau\|\varphi^n\|\}, \tag{9}$$
它与函数在网格层上的范数相关.

现在将问题 (3), (5) 的解 u^h 表示成 $u^h = y^h + v^h$, 其中 y^h 为问题 (3), (5) 当右边部分 $\varphi^h \equiv 0$ 时的解, 而 v^h 为问题 (3), (5) 带有齐次边界和初始条件时的解. 根据估计 (9) 对 y^h 有
$$\|y^{n+1}\| \leqslant \max\left\{\max_{0 \leqslant k \leqslant N}|\mu_1^k|, \max_{0 \leqslant k \leqslant N}|\mu_2^k|, \|y^n\|\right\}$$
$$\leqslant \cdots \leqslant \max\left\{\max_{0 \leqslant k \leqslant N}|\mu_1^k|, \max_{0 \leqslant k \leqslant N}|\mu_2^k|, \|u^0\|\right\}.$$
另一方面, 如果 $(n+1)\tau \leqslant T$, 则根据同样的估计 (9) 对 v^h 得到
$$\|v^{n+1}\| \leqslant \|v^n\| + \tau\|\varphi^n\| \leqslant \|v^{n-1}\| + \tau(\|\varphi^n\| + \|\varphi^{n-1}\|)$$
$$\leqslant \cdots \leqslant \sum_{k=0}^{n} \tau\|\varphi^k\| \leqslant T \max_{0 \leqslant k \leqslant N} \|\varphi^k\|.$$
于是, 最后得到
$$\|u^n\| \leqslant \|y^n\| + \|v^n\| \leqslant \max\left\{\max_{0 \leqslant k \leqslant N}|\mu_1^k|, \max_{0 \leqslant k \leqslant N}|\mu_2^k|, \|u^0\|\right\} + T \max_{0 \leqslant k \leqslant N} \|\varphi^k\|.$$
因为这个不等式对任意 $n, 0 \leqslant n \leqslant N$ 正确, 则这也意味着差分格式在空间 C 的网格范数意义下稳定. 定理证毕.

(这个结论可以应用关系式 (9) 且不引入函数 y^h 和 v^h 直接推出.)

注意到在此情况下 (8) 中的常数与 T 有关.

如果 $\tau/h^2 = \kappa = \mathrm{const}$, 则条件 $\kappa \leqslant 1/2$ 是稳定性的充分必要条件.

习题 1 设 $\lim_{h,\tau \to 0} \dfrac{\tau/h^2 - 1/2}{\tau} = \infty$. 证明格式 (3), (5) 不稳定.

提示 考察特解
$$u_m^n = \lambda_q^n \sin \frac{\pi m h}{X} q.$$

差分格式 (3), (5) 的稳定性证明是在当步长满足关系式 $\tau \leqslant h^2/2$ 时得到的. 仅仅当步长满足一定关系时才具有稳定性的差分格式称为条件稳定性. 相应地, 如果格式对任意步长关系稳定, 则这样的格式称为无条件稳定.

我们来说明格式 (4), (5) 属于无条件稳定类. 下列定理正确.

§5. 一维抛物型方程的差分格式

定理 2 对任意 h 和 τ, 问题 (4), (5) 的解具有估计 (8).

证明 类似于前一个定理的证明, 将 (4) 变成
$$u_m^{n+1} + \rho(-u_{m-1}^{n+1} + 2u_m^{n+1} - u_{m+1}^{n+1}) = u_m^n + \tau\varphi_m^{n+1}, \quad 1 \leqslant m \leqslant M-1. \qquad (10)$$
从所有的 u_m^{n+1} 中取出模等于 $\|u^{n+1}\|$ 且标号 m 最小的值. 如果 $m=0$ 或者 $m=M$, 则 (9) 满足. 现在设 m 不等于 0 和 M. 因为 $|u_m^{n+1}| > |u_{m-1}^{n+1}|$ (按 m 的定义) 且 $|u_m^{n+1}| \geqslant |u_{m+1}^{n+1}|$, 则 $|2u_m^{n+1}| > |u_{m-1}^{n+1}| + |u_{m+1}^{n+1}|$. 因此, $\mathrm{sign}(2u_m^{n+1} - u_{m-1}^{n+1} - u_{m+1}^{n+1}) = \mathrm{sign}(u_m^{n+1})$. 于是
$$\|u^{n+1}\| = |u_m^{n+1}| \leqslant |u_m^{n+1} + \rho(-u_{m+1}^{n+1} + 2u_m^{n+1} - u_{m-1}^{n+1})|$$
$$= |u_m^n + \tau\varphi_m^{n+1}| \leqslant \|u^n\| + \tau\|\varphi^{n+1}\|.$$
对于格式 (4), (5), 在任意 h 和 τ 下得到估计 (9). 定理最后的证明与前一个定理的证明相同. 那么, 格式 (4), (5) 是无条件稳定的.

于是, 在显式格式 (3), (5) 和隐式格式 (4), (5) 之间存在原则上的不同之处. 显式格式相应于函数值计算的显式公式, 这一公式按照已知前一层的函数值来计算本层函数值. 但是, 这个格式是条件稳定的. 这导致对小步长 h 我们被迫选择过于小的时间步长 ($\tau \leqslant h^2/2$) 以保证稳定性. 这本身导致计算机计算时间消耗大大增加, 从而如果按时间变量解足够光滑, 则难以保证精度要求. 另一方面, 应用隐式格式时可以大大增加时间步长 τ, 但从一层转向下一层时每次要求求解方程组. 不过在一维情况下这没有什么问题. 特别, 使用追赶法当已知 u^n 时可以在 $O(M)$ 次运算内得到 u^{n+1}, 即从一层到下一层的算术运算量的量级将与显式格式的相同. 这使我们能得出结论, 在一维情况下应用隐式格式更具有优势, 因为它导致计算机运算时间消耗减少.

现在来研究差分格式 (3), (5) 和 (4), (5) 在不同范数下的稳定性, 特别是类似于范数 L_2 和 W_2^1 的按层的网格范数. 因为差分格式 (3), (5) 和 (4), (5) 的性质研究按照同样的方法进行, 所以我们将两种格式结合在一起. 同以前一样, 为直观起见, 我们对照它们的模板. 在此情况下, 差分格式 (3), (5) 和 (4), (5) 的模板具有图 10.5.1 和图 10.5.2 所示的形状.

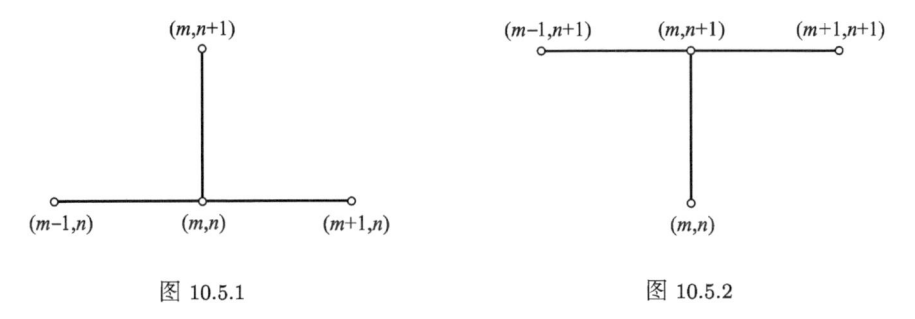

图 10.5.1

图 10.5.2

设 v 为定义在层上且在第 m 个节点取值 v_m 的函数.
$$\Lambda v_m = (v_{m+1} - 2v_m + v_{m-1})/h^2, \quad \Lambda u|_{(x,t)} = u(x+h,t) - 2u(x,t) + u(x-h,t).$$

引入比 (3), (5) 和 (4), (5) 更一般的格式
$$\frac{u_m^{n+1} - u_m^n}{\tau} = \sigma \Lambda u_m^{n+1} + (1-\sigma)\Lambda u_m^n + \varphi_m^n, \quad m = 1, \cdots, M-1. \tag{11}$$

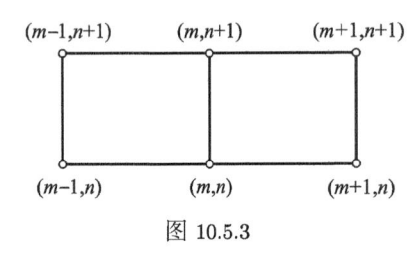

式 (11) 中的常数 σ 称为权值, 常常取自区间 $0 \leqslant \sigma \leqslant 1$. 特别, 当 $\sigma = 0$ 时表达式 (11) 变成 (3), 而当 $\sigma = 1$ 时则得到 (4). 差分格式 (11), (5) 称为带有权值的格式. 当 $\sigma \in (0,1)$ 时它具有六点模板 (图 10.5.3). 格式 (11), (5) 仅当 $\sigma = 0$ 时是显式的. 为了区分其与其他带有 $0 < \sigma < 1$ 的隐式格式, 差分格式 (4), (5) 称为纯粹隐式格式.

图 10.5.3

设
$$L_{h,\tau}^\sigma u^h|_{(m,n)} = \frac{u_m^{n+1} - u_m^n}{\tau} - \sigma \Lambda u_m^{n+1} - (1-\sigma)\Lambda u_m^n.$$

同以前一样, 称
$$r = L_{h,\tau}^\sigma [u]_h - \varphi^h \tag{12}$$

为微分方程 (1) 由差分格式 (11) 逼近的误差, 其中 $[u]_h$ 为解在网格节点 $\overline{Q}_{h,\tau}$ 处的值. 注意到 u^h 精确满足边界条件和初始条件. 应用 u 在点 $(x, t+\tau/2) = (mh, n\tau + \tau/2)$ 的泰勒展开式, 有

$$\frac{u(x, t+\tau) - u(x,t)}{\tau} = \frac{\partial u}{\partial t}\bigg|_{(x, t+\tau/2)} + \frac{\tau^2}{24}\frac{\partial^3 u}{\partial t^3}\bigg|_{(x, t+\xi)},$$

$$\Lambda u|_{(x, t+\frac{\tau}{2} \pm \frac{\tau}{2})} = \Lambda u|_{(x, t+\frac{\tau}{2})} \pm \frac{\tau}{2}\Lambda \frac{\partial u}{\partial t}\bigg|_{(x, t+\frac{\tau}{2})} + O(\tau^2)$$

$$= \frac{\partial^2 u}{\partial x^2}\bigg|_{(x, t+\frac{\tau}{2})} + \frac{h^2}{12}\frac{\partial^4 u}{\partial x^4}\bigg|_{(x, t+\frac{\tau}{2})} \pm \frac{\tau}{2}\Lambda \frac{\partial u}{\partial t}\bigg|_{(x, t+\frac{\tau}{2})} + O(\tau^2 + h^4).$$

由此得到
$$r_m^n = L_{h,\tau}^\sigma [u] - \varphi^h|_{(m,n)} = f\left(x, t+\frac{\tau}{2}\right) - \varphi_m^n + \tau(\sigma - 0.5)\Lambda \frac{\partial u}{\partial t}\bigg|_{(x, t+\frac{\tau}{2})} + O(\tau^2 + h^2).$$

于是, 如果 $\varphi_m^n = f(x, t+\tau/2)$, 则当 $\sigma \neq 0.5$ 时 $r = O(h^2 + \tau)$, 当 $\sigma = 0.5$ 时 $r = O(h^2 + \tau^2)$.

我们来研究解对于初始数据的稳定性, 即估计解对初始数据扰动的敏感性. 假设 $\mu_k(t) \equiv 0$, $\varphi^h \equiv 0$. 记
$$\|u^n\|_{L_{2,h}} = \left(\sum_{m=1}^{M-1} h(u_m^n)^2\right)^{1/2}.$$

我们称差分格式 对初始数据按范数 $L_{2,h}$ 稳定, 如果存在与网格步长 h 和 τ 无关的常数 c_1 使得对于问题(11), (5) 当 $\mu_1 = \mu_2 = \varphi_h \equiv 0$ 时成立估计
$$\max_{0 \leqslant n \leqslant N} \|u^n\|_{L_{2,h}} \leqslant c_1 \|u^0\|_{L_{2,h}}. \tag{13}$$

在差分格式理论中习惯上对矩阵和代表它的线性算子表示不做区分.

以 Λ 记这样的算子 (矩阵), 它使得在节点 $0,\cdots,M$ 处具有值 $v_0 = 0, v_1, \cdots,$ $v_{M-1}, v_M = 0$ 的函数 v 变为在同样节点处具有值 $0, \Lambda v_1, \cdots, \Lambda v_{M-1}, 0$ 的函数. 在 $\mu_1 = \mu_2 = \varphi_h \equiv 0$ 的情况下方程 (11) 可以写成
$$u^{n+1} = Su^n.$$
矩阵 S 称为从一层到另一层的变换矩阵或算子. 在一般情况下 S 可能与 n 有关. 设 $\{\lambda_i\}, i = 1, \cdots, M-1$ 为矩阵 S 的特征值. 矩阵 S 为对称的, 因此 $\|S\|_2 = \max_i |\lambda_i|$. 函数 u_m^0 可以表示成离散傅里叶和式
$$u_m^0 = \sum_{k=1}^{M-1} c_k \sin \frac{\pi k(mh)}{X}.$$
从等式
$$\Lambda \sin \frac{\pi kmh}{X} = -\nu_k \sin \frac{\pi kmh}{X}, \quad \nu_k = \frac{4\sin^2 \frac{\pi kh}{2}}{h^2}$$
推出 ν_k 是算子 Λ 的特征值. 从 (11) 得到 $(E - \sigma\tau\Lambda)u^1 = (E + \tau(1-\sigma)\Lambda)u^0$, 即 $S = (E - \sigma\tau\Lambda)^{-1}(E + \tau(1-\sigma)\Lambda)$. 因此,
$$u_m^1 = S\left(\sum_{k=1}^{M-1} c_k \sin \frac{\pi k(mh)}{X}\right) = \sum_{k=1}^{M-1} \frac{1 - \tau(1-\sigma)\nu_k}{1 + \tau\sigma\nu_k} c_k \sin \frac{\pi k(mh)}{X}.$$
于是, 矩阵 S 的特征值 λ_k 具有形式
$$\lambda_k = \frac{1 - \tau(1-\sigma)\nu_k}{1 + \tau\sigma\nu_k}.$$
我们来解释什么时候满足条件 $|\lambda_k| \leqslant 1$. 将 λ_k 换成其 ν_k 的表达式得到条件
$$-1 \leqslant \frac{1 - \tau(1-\sigma)\nu_k}{1 + \tau\sigma\nu_k} \leqslant 1.$$
因为 $\nu_k, \tau > 0$, 则这些不等式等价于关系式
$$-1 - \tau\sigma\nu_k \leqslant 1 - \tau(1-\sigma)\nu_k \leqslant 1 + \tau\sigma\nu_k.$$
右边的不等式总是成立, 而第二个不等式当条件 $\tau(1-2\sigma)\nu_k \leqslant 2$ 满足时成立. 而当 $\sigma \geqslant 1/2$ 时这个条件对任意 $\tau > 0$ 满足, 当 $\sigma < 1/2$ 时如果
$$\tau \leqslant \frac{X^2 h^2}{2(1-2\sigma)} \leqslant \frac{2}{(1-2\sigma)\max_k \nu_k} \leqslant \frac{h^2}{2(1-2\sigma)} \tag{14}$$
则这个条件成立.

于是, 我们得到了格式 (11), (5) 对初始数据稳定性的充分条件. 也就是, 如果 $\varphi \equiv 0$ 且 $\mu_1, \mu_2 \equiv 0$, 则当 $\sigma \geqslant 1/2$ 时差分格式 (11), (5) 无条件稳定, 当 $\sigma < 1/2$ 时如果步长 h 和 τ 满足关系式 (14), 格式 (11), (5) 稳定, 即在此情况下条件稳定.

假定条件 $|\lambda_k| \leqslant 1$ 被破坏, 即 $|\lambda_{M-1}| \geqslant 1 + \delta$, 其中 $\delta > 0$ 且与 h 和 τ 无关. 让
$$u_m^0 = \sin \frac{\pi(M-1)mh}{X}.$$
则有
$$u_m^n = (1+\bar{\delta})^n \sin \frac{\pi(M-1)mh}{X} \quad 且 \quad \|u^n\| = (1+\bar{\delta})^n \|u^0\|,$$

其中 $\bar{\delta} \geqslant \delta > 0$. 在此情况下当 $\tau \to 0$ 时 $\max\limits_{n,n\tau \leqslant T} \|u^n\| \to \infty$, 即格式不稳定.

有时使用几个不同的对初始数据的稳定性定义. 称差分格式对初始数据稳定, 如果变换算子的特征值位于半径为 $1 + c\tau$ 的单位圆内. 我们来证明, 在所研究的例子中这个定义与 (13) 相同. 事实上, 设 λ_k 为矩阵 S 的特征值. 则 $u^n = S^n u^0 = \sum\limits_{k=1}^{M-1} \lambda_k^n c_k \sin \dfrac{\pi k n}{X}$ 且 $\|u^n\| \leqslant (1+c\tau)^n \|u^0\|$. 在此情况下, 当 $n\tau = \text{const}$ 且 $\tau \to 0$ 时有 $\|u^n\| \leqslant e^{cT}\|u^0\|, n\tau \leqslant T$.

对更复杂的问题, 例如, 另一些类型的边界条件, 方程 (1) 的右边算子为更一般情况等, 研究差分格式时应用极大值原理或傅里叶方法证明稳定性将有一定的困难, 有时使用这种方法研究稳定性甚至是不可能的. 在此情况下差分格式的稳定性研究常常采用能量估计的方法进行. 我们基于微分方程来简短描述其核心. 设 $u(x,t)$ 为如下问题的解

$$\frac{\partial u}{\partial t} = \frac{\partial^2 u}{\partial x^2} + f, \quad u(0,t) = u(X,t) = 0, \quad u(x,0) = u_0(x). \tag{15}$$

假定右边部分的函数 $f(x,t)$ 和函数 $u_0(x)$ 使得对任意 $t \in [0,T]$ 存在积分 $\int_0^X \left(\dfrac{\partial u}{\partial x}\right)^2 dx < \infty$ 且 $\dfrac{\partial u}{\partial t}$ 关于 t 连续. 方程 (15) 两边乘以 u 并对 x 积分. 应用分部积分公式得到能量恒等式

$$\frac{1}{2}\int_0^X \frac{\partial}{\partial t}u^2 dx + \int_0^X \left(\frac{\partial u}{\partial x}\right)^2 dx = \int_0^X fu\, dx. \tag{16}$$

函数 $\varphi(x,t)$ 当对任意 $t \in [0,T]$ 属于空间 $\overset{\circ}{W}_2^1[0,X]$ 时, 我们记 $\|\varphi(t)\|_1^2 = \int_0^X \left(\dfrac{\partial \varphi}{\partial x}\right)^2 dx$.

如果函数 $f(x,t)$ 使得对任意 $g \in \overset{\circ}{W}_2^1[0,X]$ 存在积分 $\int_0^X f(x,t)g(x)dx$, 则以 $\|f(t)\|_{-1}$ 记其范数

$$\|f(t)\|_{-1} = \sup_{g \in \overset{\circ}{W}_2^1[0,X]} \frac{1}{\|g\|_1} \int_0^X |fg|dx.$$

由 $\|\cdot\|_{-1}$ 的定义, 有

$$\left|\int_0^X fu\, dx\right| \leqslant \|f(t)\|_{-1} \|u(t)\|_1 \leqslant \varepsilon \|u(t)\|_1^2 + \frac{1}{4\varepsilon}\|f(t)\|_{-1}^2.$$

在获得最后一个估计时应用了 ε-不等式

$$|ab| \leqslant \varepsilon a^2 + \frac{1}{4\varepsilon}b^2, \tag{17}$$

它从如下关系式推出

$$0 \leqslant \left(\sqrt{\varepsilon}a \pm \frac{1}{2\sqrt{\varepsilon}}b\right)^2 = \varepsilon a^2 + \frac{b^2}{4\varepsilon} \pm ab.$$

在此情况下我们以 a 记 $\|u(t)\|_1$, 以 b 记 $\|f(t)\|_{-1}$.

于是, 从 (16) 推出不等式

$$\frac{1}{2}\frac{\partial}{\partial t}\int_0^X u^2 dx + (1-\varepsilon)\|u(t)\|_1^2 \leqslant \frac{1}{4\varepsilon}\|f(t)\|_{-1}^2.$$

为确定起见可以假定 $\varepsilon = 0.5$. 最后一个不等式对 t 从零到 T 积分, 结果得到

$$\frac{1}{2}\|u(T)\|^2 + (1-\varepsilon)\int_0^T \|u(t)\|_1^2 dt \leqslant \frac{1}{2}\|u_0\|^2 + \frac{1}{4\varepsilon}\int_0^T \|f(t)\|_{-1}^2 dt.$$

这里 $\|u(t)\| = \left(\int_0^X u^2(x,t)dx\right)^{1/2}$. 上面最后一个不等式称为能量不等式. 特别, 从中可以推出解 $u(x,t)$ 连续依赖右边部分和初始条件.

应用某个类似格式研究网格问题 (11), (5) 的稳定性. 注意到 u^n 为 u^h 在第 n 层的值, 即 $u^n(mh) = u^h(mh, n\tau)$. 在此情况下方程 (11) 可以改写成

$$u_t^n = \sigma \Lambda u^{n+1} + (1-\sigma)\Lambda u^n + \varphi^n, \tag{18}$$

这里 $u_t^n = (u^{n+1} - u^n)/\tau$. 在每一层的函数空间中 (带有零边界条件) 引入数量积和范数:

$$(v, w) = \sum_{m=1}^{M-1} h v_m w_m, \quad \|v\|^2 = (v, v),$$

$$\|v\|_1^2 = \sum_{m=0}^{M-1} h \left(\frac{v_{m+1} - v_m}{h}\right)^2.$$

注意到

$$u^{n+1} = \frac{1}{2}(u^{n+1} + u^n) + \frac{\tau}{2} u_t^n, \quad u^n = \frac{1}{2}(u^{n+1} + u^n) - \frac{\tau}{2} u_t^n,$$

因此 (18) 可以变成

$$u_t^n = \frac{1}{2}\Lambda(u^{n+1} + u^n) + \tau(\sigma - 0.5)\Lambda u_t^n + \varphi^n. \tag{19}$$

(19) 式两边和 $2\tau u_t^n$, 做内积得到

$$2\tau \|u_t^n\|^2 = (\Lambda(u^{n+1} + u^n), u^{n+1} - u^n) \\ + 2\tau^2(\sigma - 0.5)(\Lambda u_t^n, u_t^n) + 2\tau(u_t^n, \varphi^n). \tag{20}$$

由分部求和公式 (9.8.14) 有

$$\sum_{m=1}^{M-1} h \frac{a_{m+1} - a_m}{h} b_m = -\sum_{m=1}^{M} h \frac{b_m - b_{m-1}}{h} a_m + a_M b_M - a_1 b_0,$$

令 $a_m = \frac{v_m - v_{m-1}}{h}, b_m = v_m$, 有

$$(\Lambda v, v) = \sum_{m=1}^{M-1} h \frac{v_{m+1} - 2v_m + v_{m-1}}{h^2} v_m$$

$$= \sum_{m=0}^{M-1} h \left(\frac{v_{m+1} - v_m}{h}\right)^2 = -\|v\|_1^2.$$

算子 Λ 为对称的 (参看第九章), 因此

$$(\Lambda(u^{n+1} + u^n), u^{n+1} - u^n) = (\Lambda u^{n+1}, u^{n+1}) - (\Lambda u^n, u^n)$$

$$= \|u^n\|_1^2 - \|u^{n+1}\|_1^2.$$

应用所得到的关系式将 (20) 变成

$$2\tau \|u_t^n\|^2 + \|u^{n+1}\|_1^2 + 2\tau^2(\sigma - 0.5)\|u_t^n\|_1^2 = \|u^n\|_1^2 + 2\tau(u_t^n, \varphi^n). \tag{21}$$

最后这个等式类似于连续情况, 称为能量恒等式.

借助于 ε-不等式 $|(u_t^n, \varphi^n)| \leqslant \varepsilon \|u_t^n\|^2 + \frac{1}{4\varepsilon}\|\varphi^n\|^2$ 估计 (21) 右边的数量积. 于是, 由 (21) 有估计

$$2\tau\left[(1-\varepsilon)\|u_t^n\|^2 + \tau(\sigma - 0.5)\|u_t^n\|_1^2\right] + \|u^{n+1}\|_1^2 \leqslant \|u^n\|_1^2 + \frac{\tau}{2\varepsilon}\|\varphi^n\|^2. \tag{22}$$

我们来解释在对怎样的 σ 方括号中的表达式是非负的. 注意到 ε 为任意正数, 到目前为止未固定. 当 $0 < \varepsilon \leq 1$ 时条件 $\sigma \geq 0.5$ 是使得方括号中的表达式非负的充分条件. 在此情况下, 固定 $\varepsilon \leq 1$ (例如, 可以取 $\varepsilon = 1$), 从 (22) 得到

$$\|u^{n+1}\|_1^2 \leq \|u^n\|_1^2 + \frac{\tau}{2\varepsilon}\|\varphi^n\|^2. \tag{23}$$

我们来更详细地研究当 $\sigma < 0.5$ 时的稳定性. 考虑到前面已建立的不等式 $\|v_1^2\| \leq \frac{4}{h^2}\|v^2\|$, 从 (22) 得到

$$2\tau\left[1 - \varepsilon + \frac{4(\sigma - 0.5)\tau}{h^2}\right]\|u_{\bar t}^n\|^2 + \|u^{n+1}\|_1^2 \leq \|u^n\|_1^2 + \frac{\tau}{2\varepsilon}\|\varphi^n\|^2.$$

因此, 从关系式 $1 - \varepsilon + 4(\sigma - 0.5)\tau/h^2 \geq 0$ 推出 (23) 的正确性. 于是, 为使 (23) 当 $\sigma < 0.5$ 正确只需要满足关系式

$$\tau \leq \frac{(1-\varepsilon)h^2}{4(0.5-\sigma)}. \tag{24}$$

递推地应用估计 (23) 得到

$$\|u^n\|_1^2 \leq \|u^0\|_1^2 + \sum_{j=0}^{n-1}\frac{\tau}{2\varepsilon}\|\varphi^j\|^2, \quad n\tau \leq T. \tag{25}$$

最后不等式恰好意味着差分格式 (11), (5) 对初始数据和右边部分的稳定性. 同时, (25) 右边部分的和式是积分 $\int_0^{n\tau}\frac{\|f(t)\|^2}{2\varepsilon}dt$ 的求积公式.

注意到如果相应的积分 $\int_0^\infty \|f(t)\|^2 dt$ 收敛, 则从 (25) 推出网格解在无界时间区间上的有界性.

于是, 由上述证明, 当 $\sigma \geq 0.5$ 时格式 (11), (5) 是无条件稳定的, 当 $\sigma < 0.5$ 时是条件稳定的 (步长 h 和 τ 满足关系式 (24), $\varepsilon > 0$ 与网格步长无关).

我们实际上还没研究关于边界条件的稳定性问题. 这可归结如下. 取函数 $s(x,t) = \mu_1(t)(X-x)/X + \mu_2(t)x/X$. 在此情况下, 函数 $v(x,t) = u(x,t) - s(x,t)$ 是问题 (1) 带有齐次边界条件和右边部分 $f + \partial s/\partial t$ 的解. 于是, 如果函数 μ_1 和 μ_2 对 t 可导, 则问题 (1) 中的边界条件按照所描述的方法去除. 在网格情况下可以将非齐次边界条件 (5) 的问题 (11) 转化成齐次边界条件的问题. 设 u_m^n 为网格问题的解. 让

$$v_m^n = \begin{cases} u_m^n, & 1 \leq m \leq M-1, \\ 0, & m = 0, \ m = M. \end{cases}$$

在此情况下 v_m^n 满足齐次边界条件与初始条件 (5), 以及当 φ_m^n 换成 ψ_m^n 时的方程组 (11), 其中

$$\psi_m^n = \begin{cases} \varphi_m^n & 2 \leq m \leq M-2, \\ \varphi_1^n - \frac{1-\sigma}{h^2}\mu_1^n - \frac{\sigma}{h^2}\mu_1^{n+1}, & m = 1, \\ \varphi_{M-1}^n - \frac{1-\sigma}{h^2}\mu_2^n - \frac{\sigma}{h^2}\mu_2^{n+1}, & m = M-1. \end{cases}$$

于是, 非齐次边界条件的问题 (11), (5) 可以写成齐次边界条件和某个改变了的右边部分的问题.

我们来推导收敛速度的估计. 仅研究格式 (11), (5), 因为其余的格式是它的特殊情况. 设 u 为微分方程 (1) 的解, 而 u^h 为差分问题 (11), (5) 的解. 由定义 $L_{h,\tau}^\sigma[u] - \varphi^h = r$, 其中 r 为逼近误差. 我们来研究差 $z = [u] - u^h$. 它满足方程

$$\frac{z^{n+1} - z^n}{\tau} = \sigma \Lambda z^{n+1} + (1-\sigma)\Lambda z^n + \varphi^n - f^n + r^n. \tag{26}$$

于是, z_m^n 是问题 (11) 的解, 其右边部分 r 等于逼近误差、齐次边界和初始条件 (5). 如果所研究的格式稳定, 则估计 (25) 成立, 由此得到

$$\|z^n\|_1^2 \leq \sum_{j=0}^{n-1} \frac{\tau}{2\varepsilon} \|r^j\|^2 \leq \sum_{j=0}^{N-1} \frac{\tau}{2\varepsilon} \|r^j\|^2 \leq \frac{T}{2\varepsilon} \max_{0 \leq j \leq N-1} \|r^j\|^2.$$

由于当 $\sigma \neq 0.5$ 时 $r = O(h^2 + \tau)$ 且 $\sigma = 0.5$ 时 $r = O(h^2 + \tau^2)$, 从最后估计可得, 当满足稳定性条件时网格问题 (11), (5) 的解 u^h 按网格范数 $\max_n \|z^n\|_1$ 收敛于微分问题的解 u. 并且收敛速度的阶等于格式逼近的阶.

于是, 网格问题的解以与差分格式的逼近相同的阶收敛于微分问题的解.

差分格式的收敛性建立在层上空间 $\overset{\circ}{W}_2^1$ 的网格范数的意义上. 为得到另外范数意义上的收敛速度估计, 应该借助于网格嵌套定理 (参见§9.8) 使用相应的稳定性估计. 特别, 从网格嵌套定理

$$\max_{1 \leq m \leq M-1} |v_m| \leq \frac{\sqrt{X}}{2} \|v\|_1$$

推出在空间 C 上的网格范数意义下差分格式的收敛阶等于逼近阶.

我们来研究另一类边界条件的逼近. 例如, 设

$$lu \equiv \frac{\partial u}{\partial x} - \alpha u \big|_{(0,t)} = 0. \tag{27}$$

在 (27) 中将导数 $\partial u/\partial x$ 用差分关系代替, 得到边界条件逼近

$$l_h u^n \equiv \frac{u_1^n - u_0^n}{h} - \alpha u_0^n = 0. \tag{28}$$

我们来估计这个逼近的误差. 有

$$\begin{aligned} l_h[u] &= \frac{u(h,t) - u(0,t)}{h} - \alpha u(0,t) \\ &= lu + \frac{h}{2} \frac{\partial^2 u}{\partial x^2}\bigg|_{(0,t)} + O(h^2) = \frac{h}{2} \frac{\partial^2 u}{\partial x^2}\bigg|_{(0,t)} + O(h^2). \end{aligned} \tag{29}$$

于是, 边界条件 (27) 的逼近 (28) 具有按照 h 的一阶近似. 为提高逼近阶, 对条件 (27) 逼近时应用适合于常微分方程边值问题的方法. 从方程 (1) 表示出 $\frac{\partial^2 u}{\partial x^2}$, 得到 $\frac{\partial^2 u}{\partial x^2} = \frac{\partial u}{\partial t} - f$. 于是,

$$\frac{\partial^2 u}{\partial x^2}\bigg|_{(0,t)} = \frac{u(0, t+\tau) - u(0,t)}{\tau} - f(0,t) + O(\tau)$$

或者

$$\frac{\partial^2 u}{\partial x^2}\bigg|_{(0,t)} = \frac{u(0,t) - u(0, t-\tau)}{\tau} - f(0,t) - O(\tau).$$

将此表达式代入 (29) 得到
$$l_h[u] = \frac{h}{2}\left(\frac{u(0,t+\tau) - u(0,t)}{\tau} - f(0,t)\right) + O(h^2 + \tau).$$
这样, 边界条件 (27) 的带有阶 $O(h^2 + \tau)$ 的逼近具有如下形式
$$\frac{u_1^n - u_0^n}{h} - \alpha u_0^n - \frac{h}{2}\left(\frac{u_0^{n+1} - u_0^n}{\tau} - f_0^n\right) = 0, \tag{30}$$
或者
$$\frac{u_1^{n+1} - u_0^{n+1}}{h} - \alpha u_0^{n+1} - \frac{h}{2}\left(\frac{u_0^{n+1} - u_0^n}{\tau} - f_0^{n+1}\right) = 0. \tag{31}$$
也可以应用这些条件的线性组合
$$\sigma\left(\frac{u_1^{n+1} - u_0^{n+1}}{h} - \alpha u_0^{n+1}\right) + (1-\sigma)\left(\frac{u_1^n - u_0^n}{h} - \alpha u_0^n\right) - \frac{h}{2}\frac{u_0^{n+1} - u_0^n}{\tau}$$
$$= -\frac{h}{2}(\sigma f_0^{n+1} + (1-\sigma)f_0^n). \tag{32}$$

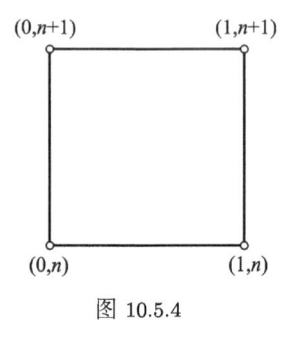

由建立过程可推出边界条件 (32) 的逼近有阶 $O(h^2 + \tau)$. 直接可以验证, 当 $\sigma = 0.5$ 时条件 (32) 以阶 $O(h^2 + \tau^2)$ 逼近 (27).

注意到用于实现逼近的模板在一般情况下仅仅包含四个节点 $(0,n), (1,n), (0,n+1), (1,n+1)$ (看图 10.5.4). 因此, 以隐式格式寻找 u^{n+1} 时, 其线性方程的矩阵结构事实上不改变: 矩阵将具有三对角形式. 用于逼近边界条件的第三个类型的差分格式 其稳定性的研究按照上述能量估计方法进行. 类似于常微分方程边值问题,可以建立其他格式以提高精度, 例如使精度达到 $O(h^4 + \tau)$ 或者 $O(h^4 + \tau^2)$.

图 10.5.4

§6. 椭圆型方程的差分逼近

同常微分方程边值问题相比, 在建立多维情况的差分格式时出现了与边界条件逼近有关的另一些困难.

我们来研究简单的边值问题, 即泊松方程的狄利克雷问题. 设区域 Ω 表示单位矩形:$\Omega = \{(x,y) : 0 < x,y < 1\}$, $\partial\Omega$ 为 Ω 的边界. 要求找到函数 u 它在区域 Ω 内两次连续可微且在闭区域 $\overline{\Omega}$ 上连续, 在区域内部满足
$$-\Delta u \equiv -\left(\frac{\partial^2 u}{\partial x^2} + \frac{\partial^2 u}{\partial y^2}\right) = f \tag{1}$$
且在边界上取给定的值
$$u|_{\partial\Omega} = \alpha(x,y), \quad (x,y) \in \partial\Omega \tag{2}$$

今后未知变量将用字母 (x,y) 以及 (x_1, x_2) 表示.

§6. 椭圆型方程的差分逼近

我们来描述网格的建立. 将平面 R^2 用步长 h_1 和 h_2 的矩形网格进行划分, 其中 $h_k = 1/N_k$. 为确定起见认为 $N_1 \leqslant N_2$. 形如 $(x_m, y_n) = (mh_1, nh_2)$ 的点将称为网格节点并记为 (m, n). 位于 Ω 的内部的节点将称为内部节点, 这些节点的集合将记为 Ω_h. 位于边界 $\partial\Omega$ 上的节点将叫作边界节点, 这些节点的集合记为 $\partial\Omega_h$ (参看图 10.6.1).

设 $u(x_m, y_n)$ 为解在节点 (m, n) 处的值. 在节点 (m, n) 处取值为 u_{mn} 的网格函数记为 u^h.

在 (1) 中用差分关系代替导数得到方程组
$$-\Delta^h u_{mn} = f_{mn}, \quad m = 1, \cdots, N_1 - 1, \quad n = 1, \cdots, N_2 - 1, \tag{3}$$
其中 $\Delta^h = \delta_1^2/h_1^2 + \delta_2^2/h_2^2$, 算子 δ_1^2 和 δ_2^2 由如下关系定义
$$\delta_1^2 u_{mn} = u_{m+1,n} - 2u_{mn} + u_{m-1,n}, \quad \delta_2^2 u_{mn} = u_{m,n+1} - 2u_{mn} + u_{m,n-1}.$$
边界条件换成如下形式
$$u_{mn}|_{\partial\Omega_h} = \alpha(mh_1, nh_2), \quad (mh_1, nh_2) \in \partial\Omega_h. \tag{4}$$
关系式 (3) 和 (4) 将称为对问题 (1), (2) 逼近的差分格式. (3), (4) 的解 u^h 定义在网格 $\overline{\Omega}_h = \Omega_h \cup \partial\Omega_h$ 上.

相应于值 u^h 的在方程 (3) 中出现的全体节点 $(m, n), (m+1, n), (m-1, n), (m, n+1), (m, n-1)$ 构成差分格式的模板. 于是, 泊松方程 (1) 在 "+" 字形五点模板上逼近. 如果 (m, n) 为内节点, 则将模板上其余的点称为这个节点的邻域 (图 10.6.2). 如果在一个节点的邻域内存在边界节点, 则这个节点叫作边境节点. 注意到在边界 $\partial\Omega_h$ 上的值 u^h 已知, 因此可以从方程组 (3), (4) 中除去. 也就是将 (4) 中的值代入 (3) 且将已知项移到右边得到线性代数方程组
$$L_h u_{mn} = \varphi_{mn}, \quad m = 1, \cdots, N_1 - 1, \quad n = 1, \cdots, N_2 - 1. \tag{5}$$
不难看到方程组 (5) 仅仅在边境节点上不同于 (3) 例如, 在形如点 $(1, n)$ 的点方程组 (5) 将表示成如下形式
$$\frac{2u_{1n} - u_{2n}}{h_1^2} + \frac{2u_{1n} - u_{1,n+1} - u_{1,n-1}}{h_2^2} = f_{1n} + \frac{\alpha(0, nh_2)}{h_1^2} \equiv \varphi_{1n}.$$
方程组 (5) 中方程个数与未知数个数相同. 因此, 方程组 (5) 的矩阵可以看作某个线性

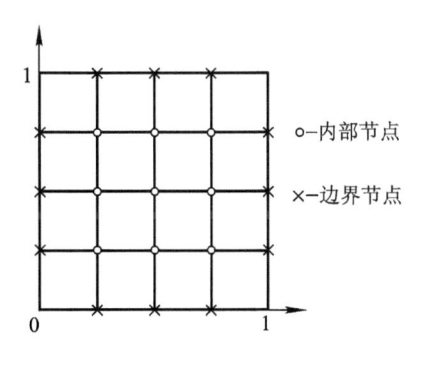

图 10.6.1

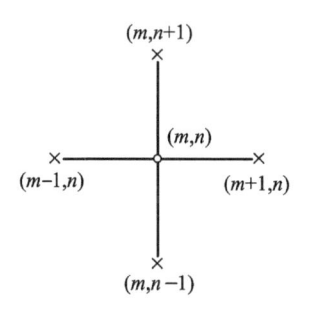

图 10.6.2 "十" 字形五点模板; × ——节点 (m, n) 邻域内的点.

算子, 它将定义在 Ω_h 上的网格函数构成的空间影射到自身.

我们来描述方程组 (5) 的矩阵当 $h_1 = h_2 = h$ 时的详细结构. 以 "自然的" 方式排列未知向量 $\mathbf{v}$ 的分量:

$$\mathbf{v} = (u_{11}, u_{21}, \cdots, u_{N_1-1,1}, u_{12}, \cdots, u_{N_1-1,N_2-1})^T$$

且在 (5) 式两边乘以 h^2. 那么, 线性方程组的矩阵有分块三对角矩阵形式

$$\begin{pmatrix} A_{11} & A_{12} & 0 & \cdots & \cdot & \cdot & 0 \\ A_{12} & A_{22} & A_{23} & \cdots & \cdot & \cdot & 0 \\ \cdot & \cdot & \cdot & & & & \\ 0 & \cdot & \cdot & \cdots & A_{N_1-2,N_2-3} & A_{N_1-2,N_2-2} & A_{N_1-2,N_2-1} \\ 0 & \cdot & \cdot & \cdots & 0 & A_{N_1-1,N_2-2} & A_{N_1-1,N_2-1} \end{pmatrix},$$

其中维数为 $(N_1-1) \times (N_1-1)$ 矩阵 A_{ij} 具有形式

$$A_{ii} = \begin{pmatrix} 4 & -1 & 0 & \cdots & \cdot & 0 \\ -1 & 4 & -1 & \cdots & \cdot & 0 \\ \cdot & \cdot & \cdot & & & \\ 0 & \cdot & \cdot & \cdots & 4 & -1 \\ 0 & \cdot & \cdot & \cdots & -1 & 4 \end{pmatrix}, \quad A_{i,i\pm 1} = \begin{pmatrix} -1 & 0 & \cdots & \cdot & 0 \\ 0 & -1 & \cdots & \cdot & 0 \\ \cdot & \cdot & & & \\ 0 & \cdot & \cdots & -1 & 0 \\ 0 & \cdot & \cdots & 0 & -1 \end{pmatrix}.$$

我们来估计格式 (3), (4) 的逼近误差. 当 $u \in C^4(\overline{\Omega})$ 时有关系式

$$\left.\frac{\delta_k^2 u}{h_k^2}\right|_{(m,n)} = \left.\frac{\partial^2 u}{\partial x_k^2}\right|_{(m,n)} + \left.\frac{h_k^2}{12}\frac{\partial^4 u}{\partial x_k^4}\right|_P, \quad k = 1, 2. \tag{6}$$

因此,

$$r_{mn} \equiv (-\Delta^h[u]_h)|_{(m,n)} - f_{mn} = -\left.\left(\frac{\delta_1^2 u}{h_1^2} + \frac{\delta_2^2 u}{h_2^2}\right)\right|_{(m,n)} - f_{mn}$$

$$= -\left(\left.\frac{h_1^2}{12}\frac{\partial^4 u}{\partial x_1^4}\right|_{(m,n)} + \left.\frac{h_2^2}{12}\frac{\partial^4 u}{\partial x_2^4}\right|_{(m,n)}\right) + o(h_1^2 + h_2^2) = O(h_1^2 + h_2^2).$$

当将精确解 u 代入 (4) 我们看到边界条件 (2) 精确满足, r^h 是差分格式的逼近误差. 从前面的讨论得出差分格式 (3), (4) 具有二阶逼近.

我们来研究方程组 (3), (4) 的可解性.

引理 1 (网格极大值原理) 设函数 v^h 定义在 $\overline{\Omega}_h$ 上且在 Ω_h 的节点处满足条件 $\Delta^h v^h \geqslant 0$. 那么, 至少在边界 $\partial \Omega_h$ 上的一个点处函数 v^h 达到最大值.

证明 假设相反, 即最大值在内部节点达到 (一般说来, 这样的节点可能有多个). 在这些节点中选择具有最大横坐标的节点, 即满足 $v_{mn} > v_{m+1,n}$ 和 $v_{mn} = \max\limits_{P \in \overline{\Omega}_h} v^h(P)$ 的节点 (m, n).

那么, 考虑点 (x_m, y_n) 处的 $\Delta^h v^h$ 得到

$$\Delta^h v_{mn} = \frac{v_{m-1,n} - 2v_{mn} + v_{m+1,n}}{h_1^2} + \frac{v_{m,n+1} - 2v_{mn} + v_{m,n-1}}{h_2^2}$$

$$= \frac{(v_{m-1,n} - v_{mn}) + (v_{m+1,n} - v_{mn})}{h_1^2} + \frac{(v_{m,n+1} - v_{mn}) + (v_{m,n-1} - v_{mn})}{h_2^2} < 0.$$

这与引理条件矛盾. 上面不等式成立是由于 $v_{m+1,n} - v_{mn} < 0$, 而其余圆括号内的表达式均非正, 因为 (x_m, y_n) 为最大值点. 于是, 最初的假设是不对的. 引理结论得证.

所证明的极大值原理对更一般类型的区域也是正确的.

类似地可以证明如下引理.

引理 2 设函数 v^h 定义在 $\overline{\Omega}_h$ 上且在 Ω_h 的节点处满足条件 $\Delta^h v^h \leqslant 0$. 那么, 至少在边界 $\partial \Omega_h$ 上的一个点处函数 v^h 达到最小值.

从引理 1 和 2 可以直接推出下列定理.

定理 1 设函数 v^h 定义在 $\overline{\Omega}_h$ 上且在 Ω_h 的节点处满足方程
$$\Delta^h v_{mn} = 0, \quad m = 1, \cdots, N_1 - 1, \quad n = 1, \cdots, N_2 - 1.$$
则 v^h 在边界 $\partial \Omega_h$ 上达到模最大的值.

定理 1 是与调和函数极大值原理类似的差分情况. 从中可以推出方程组 (3), (4) 当 $f_{mn} \equiv 0$ 且 $\alpha_{mn} \equiv 0$ 时仅有零解, 因为模最大的值 u_{mn} 等于零. 于是, 线性方程组 (3), (4) 的行列式 (方程组的个数等于未知量的个数) 不等于零, 从而方程组 (3), (4) 对任意 f^h 和 α^h 有唯一的解. 也注意到方程组 (5) 对任意右边部分 φ 唯一可解.

我们将本章 §1 中的描述具体化. 设 U^h, F^h 和 G^h 为某些定义在 $\overline{\Omega}_h$, Ω_h 和 $\partial \Omega_h$ 上的函数空间. 引入其范数, 它们与连续情况的相应空间中的范数相同. 由定义 (看§1) 如果存在与 h_1, h_2 无关的常数 c_1 使得对于方程组 (3), (4) 的解 u^h 有估计
$$\|u^h\|_{U^h} \leqslant c_1 \left(\|f^h\|_{F^h} + \|\alpha^h\|_{G^h} \right), \tag{7}$$
则差分问题 (3), (4) 是稳定的.

我们来研究格式 (3), (4) 的稳定性, 并估计 u^h 对 u 的近似. 设在 U^h, F^h 和 G^h 中的范数给定如下:
$$\|u^h\|_{U^h} = \max_{\overline{\Omega}_h} |u_{mn}|, \quad \|f^h\|_{F^h} = \max_{\Omega_h} |f_{mn}|, \quad \|\alpha^h\|_{G^h} = \max_{\partial \Omega_h} |\alpha_{mn}|.$$
由 (6), 对任意二次多项式 $Q(x_1, x_2)$ 满足等式
$$\Delta^h Q_{mn} = \Delta Q|_{(x_m, y_n)},$$
因为在 (6) 中的四阶导数变为零. 取 $R = \sqrt{2}/2 = (\operatorname{diam} \Omega)/2$ 且建立辅助函数
$$Q(x_1, x_2) = \frac{1}{4} \left[R^2 - \left(x_1 - \frac{1}{2} \right)^2 - \left(x_2 - \frac{1}{2} \right)^2 \right] \|f^h\|_{F^h} + \|\alpha^h\|_{G^h},$$
并考虑它在 $\overline{\Omega}_h$ 的网格节点处的值. 由上所述可推出在任意内部节点处
$$\Delta^h Q_{mn} = \Delta Q|_{(m,n)} = -\|f^h\|_{F^h}, \quad m = 1, \cdots, N_1 - 1, \quad n = 1, \cdots, N_2 - 1.$$
那么, 在 Ω_h 中节点处的差 $v^h = u^h - Q$ 满足不等式
$$\Delta^h v = f^h + \|f^h\|_{F^h} \geqslant 0.$$
由引理 1 函数 v^h 在边界 $\partial \Omega_h$ 上取最大值. 但在边界 $\partial \Omega_h$ 上成立关系式
$$v^h = \alpha^h - Q = \alpha^h - \|\alpha^h\|_{G^h} - \frac{1}{4} \left[R^2 - \left(x_1 - \frac{1}{2} \right)^2 - \left(x_2 - \frac{1}{2} \right)^2 \right] \|f^h\|_{F^h} \leqslant 0.$$

于是，$v^h \leqslant 0$，即在 $\overline{\Omega}_h$ 中 $u^h \leqslant Q$. 类似地，考察 Ω_h 中的函数 $v^h = u^h + Q$，我们建立
$$\Delta^h v^h \leqslant 0 \text{ 和 } v^h|_{\partial\Omega_h} \geqslant 0.$$
从而由引理 2 推出估计 $v^h \geqslant 0$ 或者 $u^h \geqslant -Q$. 于是，在 $\overline{\Omega}_h$ 中处处有不等式 $|u^h| \leqslant Q$，因此
$$\|u^h\|_{U^h} \leqslant \|Q\|_{U^h} \leqslant \frac{1}{4} R^2 \|f^h\|_{F^h} + \|\alpha^h\|_{G^h}. \tag{8}$$
将此不等式换成更强的形式
$$\|u^h\|_{U^h} \leqslant \|f^h\|_{F^h} + \|\alpha^h\|_{G^h},$$
得到估计 (7). 于是，差分格式 (3), (4) 在空间 C 的网格类似范数意义下是稳定的.

我们来估计差分格式 (3), (4) 的收敛性. 为此, 写出误差 $R^h(mh, nh) = R_{mn} = u(x_m, y_n) - u_{mn}$ 的方程:
$$-\Delta^h R_{mn} = -\Delta^h[u]_h|_{(m,n)} + \Delta^h u_{mn} = r_{mn},$$
其中 r_{mn} 为逼近的误差. 由于边界条件精确满足, 我们有
$$R^h|_{\partial\Omega_h} = 0.$$
因为区域 Ω 的半径 R 等于 $\sqrt{2}/2$, 则应用估计 (8) 得到
$$\|R^h\|_{U^h} \leqslant \frac{1}{8} \|r^h\|_{F^h} = O(h_1^2 + h_2^2).$$
于是, 网格问题 (3), (4) 的解以空间 C 的网格范数收敛于微分问题的精确解. 回顾所有的讨论都是在假设问题 (1), (2) 的解充分光滑的前提下进行的, 即假设 $u(x,y)$ 在 $\overline{\Omega}$ 中具有连续四阶导数.

从收敛性证明可以看出, 基本的步骤是得到刻画差分格式稳定性的估计 (8). 差分格式的收敛性也是逼近和稳定性的结果, 并且收敛速度的阶与逼近的阶相同. 差分格式的上述收敛性证明是菲利波夫定理的特殊情况.

所描述的方法给出了以速度 $O(h^2)$ 收敛于精确解的近似值. 类似于一维情况可以建立具有更高收敛阶的差分格式. 我们来粗略描述得到更精确格式的途径. 假定解 u 在闭区域 $\overline{\Omega}$ 中六次连续可微. 则代替 (6) 可以写出等式
$$\left.\frac{\delta_k^2 u}{h_k^2}\right|_{(m,n)} = \left.\frac{\partial^2 u}{\partial x_k^2}\right|_{(m,n)} + \frac{h_k^2}{12} \left.\frac{\partial^4 u}{\partial x_k^4}\right|_{(m,n)} + O(h_k^4).$$
(1) 式对 x 两次微分, 得到
$$\frac{\partial^4 u}{\partial x^4} = -\frac{\partial^4 u}{\partial x^2 \partial y^2} - \frac{\partial^2 f}{\partial x^2}.$$
于是,
$$\left.\frac{\delta_1^2 u}{h_1^2}\right|_{(m,n)} = \left.\frac{\partial^2 u}{\partial x^2}\right|_{(m,n)} - \frac{h_1^2}{12} \left.\left(\frac{\partial^4 u}{\partial x^2 \partial y^2} + \frac{\partial^2 f}{\partial x^2}\right)\right|_{(m,n)} + O(h_1^4).$$
等式右边用差分关系代替导数得到
$$\left.\frac{\delta_1^2 u}{h_1^2}\right|_{(m,n)} = \left.\frac{\partial^2 u}{\partial x^2}\right|_{(m,n)} - \frac{h_1^2}{12} \left.\left(\frac{\delta_1^2 \delta_2^2 u}{h_1^2 h_2^2} + \frac{\delta_1^2 f}{h_1^2}\right)\right|_{(m,n)} + O(h_1^4 + h_2^4).$$
类似地可以建立
$$\left.\frac{\delta_2^2 u}{h_2^2}\right|_{(m,n)} = \left.\frac{\partial^2 u}{\partial y^2}\right|_{(m,n)} - \frac{h_2^2}{12} \left.\left(\frac{\delta_1^2 \delta_2^2 u}{h_1^2 h_2^2} + \frac{\delta_2^2 f}{h_2^2}\right)\right|_{(m,n)} + O(h_1^4 + h_2^4).$$

两式相加得到
$$\left(\frac{\delta_1^2 u}{h_1^2} + \frac{\delta_2^2 u}{h_2^2}\right)\bigg|_{(m,n)} = \Delta u|_{(m,n)} - \frac{h_1^2 + h_2^2}{12} \cdot \frac{\delta_1^2 \delta_2^2 u}{h_1^2 h_2^2}\bigg|_{(m,n)}$$
$$-\frac{1}{12}\left(\delta_1^2 f + \delta_2^2 f\right)\big|_{(m,n)} + O(h_1^4 + h_2^4).$$

要寻找的四阶逼近差分格式具有形式
$$-\Delta^h u_{mn} - \frac{h_1^2 + h_2^2}{12} \cdot \frac{\delta_1^2 \delta_2^2 u}{h_1^2 h_2^2}\bigg|_{(m,n)} = f_{mn} + \frac{1}{12}\left(\delta_1^2 f_{mn} + \delta_2^2 f_{mn}\right), \quad (9)$$
$$m = 1, \cdots, N_1 - 1, \quad n = 1, \cdots, N_2 - 1.$$

不难看到格式 (9) 的模板由九个点构成 (图 10.6.3).

不同于一维情况, 更高阶的差分格式逼近的阶越高它所包含的节点数越多. 当区域 Ω 是边平行于坐标轴的单位矩形且 $h_1 = h_2$ 时, 对光滑的解所研究的格式具有四阶收敛性. 更准确地说, 如果原问题的解 u 在闭区域 $\overline{\Omega}$ 内有六阶有界导数, 则下列估计正确
$$\max_{\overline{\Omega}_h}|u_{mn} - u(x_m, y_n)| \leqslant ch^4,$$
其中 u_{mn} 为网格方程组 (9), (4) 的解.

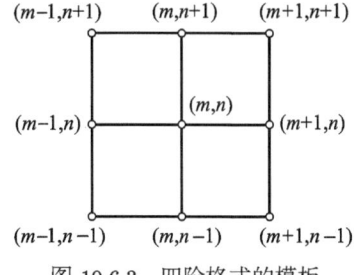

图 10.6.3 四阶格式的模板

设 Ω 是有限个边平行于坐标轴的矩形的并, 并且这些矩形的平行于坐标轴 x_1 的边位于直线 $x_2 = n_2 h_2$ 上, n_2 为整数, 而平行于坐标轴 x_2 的边在直线 $x_1 = n_1 h_1$ 上, n_1 为整数. 那么, 差分格式的建立和研究类似进行.

我们来研究在曲线边界的区域中最简单的边界条件逼近方法. 仅仅考虑等距步长情况, 即 $h_1 = h_2 = h$. 考虑直线 $x = mh, y = nh$ 的集合. 其相互间的交叉点以及与 $\partial\Omega$ 的交叉点叫作节点. 以 Γ_h 记位于 $\partial\Omega$ 上的节点, 而以 $\partial\Omega_h$ 记带有整数坐标 (m,n) 且位于 $\overline{\Omega}$ 中沿着某个坐标轴方向与边界 $\partial\Omega$ 的距离小于 h 的节点 (mh, nh), 其余的位于 Ω 中的节点记成 Ω_h. 那么, 在网格区域 Ω_h 中的每个节点 (m, n) 处 (即在带有坐标 (mh, nh) 的点处) 可以写出方程
$$-\Delta^h u_{mn} = f_{mn}, \quad (m, n) \in \Omega_h. \quad (10)$$

最简单的逼近边界条件的方法把边界条件放在 $\partial\Omega_h$ 的法点上, 即让
$$u_{mn} = \alpha(x, y), \quad (m, n) \in \partial\Omega_h, \quad (11)$$
其中 (x, y) 为最靠近节点 (m, n) 的边界点. 在此情况下, Ω_h 为网格区域的内部节点, 而 $\partial\Omega_h$ 为边界节点. 不难看出, 对于这样的确定边界条件的方法, 逼近阶为 $O(h)$. 差分格式 (10), (11) 的稳定性和收敛性研究与格式 (3), (4) 类似, 但此处得到的收敛阶为 $O(h)$. 这是边界条件相当粗略逼近的结果.

我们再来研究一个边界条件的逼近方法. 称节点 $\partial\Omega_h$ 为边境节点, 而 Γ_h 为网格区域的边界. 在节点 Ω_h 处方程 (1) 用方程 (10) 替代, 在 Γ_h 处令 $u^h|_{\Gamma_h} = \alpha^h$, 即在此情况下边界条件精确满足. 设 (m, n) 为 $\partial\Omega_h$ 节点. 为确定起见将认为节点 $(m+1, n)$, $(m, n+1)$, $(m, n-1)$ 不在 Γ_h 上 (它与节点 (m, n) 相连接的线段属于 Ω), 而节点 $(m-1, n)$ 位于

Γ_h 上 (在此情况下, 节点 $(m-1,n)$ 相应于点 $((m-1)h\theta, nh) \in \partial\Omega, 0 < \theta < 1$ (参看图 10.6.4)). 于是, 在边境节点 (m,n) 处的近似 (1) 取成如下形式

$$\Delta^h u_{mn} = \frac{1}{h}\left(\frac{u_{m+1,n} - u_{mn}}{h} - \frac{u_{mn} - u_{m-1,n}}{h^*}\right) + \frac{u_{m,n+1} - 2u_{mn} + u_{m,n-1}}{h^2}. \quad (12)$$

这里 h^* 为节点 $(m-1,n)$ 与 (m,n) 之间的距离. 类似地可以实现方程 (1) 在其他节点 $\partial\Omega_h$ 处的逼近.

因此, 在节点 Ω_h 处方程 (1) 按照通常方式逼近, 而在非均匀网格上的逼近则仅仅用于节点 $\partial\Omega_h$. 所以节点 Ω_h 称为正规的, 而节点 $\partial\Omega_h$ 称为非正规的. 在此情况下, 方程 (1) 在非正规节点处的逼近具有阶 $O(1)$.

对于所研究的格式有如下定理.

定理 2 (省略证明) 如果问题 (1) 的解 $u \in C^4(\overline{\Omega})$, 则在非正规节点处带有逼近 (12) 的差分格式 (10) 在空间 C 的网格范数下具有二次收敛阶, 即

$$\|u^h - u\|_{u^h} \leqslant ch^2.$$

注记 相当广泛应用的是方程 (1) 在非正规节点处的其他逼近方法. 亦即, 让 (参见图 10.6.4)

$$\Delta^h u_{mn} = \frac{2}{h + h^*}\left(\frac{u_{m+1,n} - u_{mn}}{h} - \frac{u_{mn} - u_{m-1,n}}{h^*}\right) + \frac{\delta_2^2 u_{mn}}{h^2}. \quad (13)$$

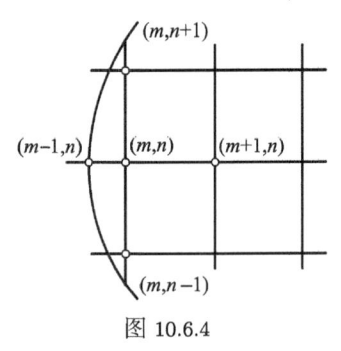

图 10.6.4

在此情况下这些节点处的逼近误差有阶 $O(h)$, 且定理 2 正确. 但是, 如果线性方程组按照边界值消元变成形式 (5), 则得到非对称矩阵的方程组. 于是, 在此情况下网格问题失去了原问题所固有的主要性质 —— 算子的对称性.

在研究带有另外一些边界条件和更一般类型的椭圆微分算子的边值问题, 以及偏微分方程组的边值问题时, 差分格式的稳定性和收敛性研究中使用的差分类似的极大值原理一般来说不存在. 此外, 常常不仅必须估计所得到的精确解的近似性, 也需要估计其导数的近似性. 所有这些都导致必须建立不使用极大值原理的差分格式研究方法. 与以前一样, 我们以矩形上的泊松方程 (1), (2) 的狄利克雷模型问题和相应的差分格式 (3), (4) 为例解释研究方法.

设 $h_1 = h_2 = h$. 从 (3) 中消去边界条件 (4) 得到方程组 (5). 以 H 记定义在 Ω_h 上的网格函数线性空间. 于是, H 中的元素可以看作维数为 $(N_1 - 1)(N_2 - 1)$ 的向量. 这些向量的分量是函数在 Ω_h 中节点处的值. 方程组 (5) 的矩阵 L_h 产生 H 中的非退化线性算子. 那么, 如果 $u^h = \{u_{mn}\}$, $\varphi^h = \{\varphi_{mn}\}$, 则方程组 (5) 可以写成算子形式

$$L_h u^h = \varphi^h, \quad (14)$$

这里 L_h 为相应于线性方程组 (5) 的矩阵的算子. 在 H 中引入数量积

$$(u,v) = \sum_{P \in \Omega_h} h^2 u(P) v(P), \quad u, v \in H. \quad (15)$$

数量积 (15) 与 $L_2(\Omega)$ 中函数的数量积相同, 即对 $L_2(\Omega)$ 中任意连续函数
$$\lim_{h\to 0}([g_1]_h,[g_2]_h) = \int_\Omega g_1 g_2 dx.$$

设 $\|v\|^2 = (v,v)$. 则有下列引理.

引理 3 算子 L_h 是 H 上对称正定算子, 且满足估计
$$\gamma_1\|v\|^2 \leqslant (L_h v, v) \leqslant \gamma_2\|v\|^2, \tag{16}$$
其中 $0 < a_1 \leqslant \gamma_1$, 而 $\gamma_2 \leqslant a_2 h^{-2}, a_i$ 与 h 不相关.

证明 首先注意到, 算子 L_h 的对称性从其相应的矩阵的对称性推出. 但是, 我们采用另外的方法证明这一事实. 设 $v \in H$, 以 $\tilde{v}$ 记在 Ω_h 上与 v 相同且在 $\partial\Omega_h$ 等于零的网格函数. 那么, 从 L_h 的定义可以写出
$$(L_h v)_{mn} = (-\Delta^h \tilde{v})_{mn}, \quad 1 \leqslant m, n \leqslant N-1.$$
将 L_h 表示成形式 $L_h = L_1 + L_2$, 其中
$$L_1 v|_{mn} = \frac{-\tilde{v}_{m+1,n} + 2v_{mn} - \tilde{v}_{m-1,n}}{h^2},$$
$$L_2 v|_{mn} = \frac{-\tilde{v}_{m,n+1} + 2v_{mn} - \tilde{v}_{m,n-1}}{h^2},$$
即 L_1, L_2 是相应于微分算子 $-\dfrac{\partial^2}{\partial x^2}$ 和 $-\dfrac{\partial^2}{\partial y^2}$ 的一维网格算子. 我们证明 L_k 是对称正定的. 为确定起见, 设 $k = 1$. 应用分部求和公式 (9.8.14) 得到
$$(L_1 v, w) = \sum_{m,n=1}^{N-1} h^2 \frac{-\tilde{v}_{m+1,n} + 2v_{mn} - \tilde{v}_{m-1,n}}{h^2} \tilde{w}_{mn}$$
$$= \sum_{n=1}^{N-1} h \left(\sum_{m=1}^{N-1} h \frac{-\tilde{v}_{m+1,n} + 2v_{mn} - \tilde{v}_{m-1,n}}{h^2} \tilde{w}_{mn} \right)$$
$$= \sum_{n=1}^{N-1} \sum_{m=1}^{N} h^2 \left(\frac{\tilde{v}_{mn} - \tilde{v}_{m-1,n}}{h} \right) \left(\frac{\tilde{w}_{mn} - \tilde{w}_{m-1,n}}{h} \right).$$

函数 $\tilde{v}$ 和 $\tilde{w}$ 以对称的方式出现在等式右边, 因此
$$(L_1 v, w) = \sum_{n=1}^{N-1} \sum_{m=1}^{N} h^2 \left(\frac{\tilde{v}_{mn} - \tilde{v}_{m-1,n}}{h} \right) \left(\frac{\tilde{w}_{mn} - \tilde{w}_{m-1,n}}{h} \right) = (L_1 w, v),$$
即算子 L_1 对称. 另一方面, 从嵌套定理的差分类似 (§9.8) 得到
$$(L_1 v, v) = \sum_{n=1}^{N-1} \sum_{m=1}^{N} h^2 \left(\frac{\tilde{v}_{mn} - \tilde{v}_{m-1,n}}{h} \right)^2$$
$$\geqslant \frac{1}{4} \sum_{n=1}^{N-1} h \max_{0 < m < N} |v_{mn}|^2 \geqslant \frac{1}{4}\|v\|^2.$$
对算子 L_2 应用类似的估计, 最后得到
$$(L_h v, v) \geqslant \frac{1}{2}\|v\|^2,$$
即证明了 (16) 式的左边部分.

另一边的估计可以更简单地得到. 因为 $(\tilde{v}_{mn} - \tilde{v}_{m-1,n})^2 \leqslant 2(\tilde{v}_{mn}^2 + \tilde{v}_{m-1,n}^2)$, 则
$$(L_1 v, v) \leqslant \sum_{n=1}^{N-1} \sum_{m=1}^{N} h^2 \frac{2(\tilde{v}_{mn}^2 + \tilde{v}_{m-1,n}^2)}{h^2} = \frac{4}{h^2} \|v\|^2,$$
由此得到
$$(L_h v, v) \leqslant \frac{4}{h^2} \|v\|^2.$$
引理得证.

习题 1 在边长 l_1 和 l_2 的矩形中证明算子 L_h 的最小和最大特征值分别为
$$\lambda_{\min} = 4 \left(\frac{\sin^2 \frac{\pi h_1}{2l_1}}{h_1^2} + \frac{\sin^2 \frac{\pi h_1^2}{2l_2}}{h_2^2} \right), \quad \lambda_{\max} = 4 \left(\frac{\cos^2 \frac{\pi h_1}{2l_1}}{h_1^2} + \frac{\cos^2 \frac{\pi h_1^2}{2l_2}}{h_2^2} \right).$$

于是, (16) 当 $\gamma_1 = \lambda_{\min}$ 和 $\gamma_2 = \lambda_{\max}$ 时满足, 从而当 $h_1 = h_2$ 时与上面得到的估计同阶.

从上面的讨论推出可以在空间 H 中引入范数
$$\|v\|_1^2 = (L_h v, v),$$
称之为能量范数. 与该名称相关的连续情况是, 当 u 为振动膜片位移的物理含义时且 $u|_{\partial\Omega} = 0$, 表达式 $\frac{1}{2}(Lu, u)$ 正比于膜片的势能.

我们来研究差分格式 (14) 在 H 中的稳定性. 对 (14) 两边用 u^h 做空间 H 中的数量积, 应用 (16) 得到
$$\|u^h\|_1^2 = (\varphi^h, u^h) \leqslant \|\varphi^h\| \|u^h\| \leqslant \gamma_1^{-1} \|\varphi^h\| \|u^h\|_1.$$
因此下列估计成立
$$\|u^h\|_1 \leqslant \gamma_1^{-1} \|\varphi^h\|, \tag{17}$$

这意味着差分格式是稳定的. 特别, 由此推出方程组 (14) 当 $\varphi^h \equiv 0$ 时仅仅有平凡解 $u^h \equiv 0$, 即我们再一次证明了 (14) 对任意右边部分唯一可解.

我们在能量范数下估计差分格式 (3), (4) 的收敛速度. 同以前一样, 假定微分边值问题 (1), (2) 的解 u 在闭区域中具有连续四阶导数. 那么, 误差 $R^h = [u]_h - u^h$ 将满足等式
$$L_h R^h = r \equiv L_h [u]_h - L_h u^h, \tag{18}$$
其中 $r = O(h^2)$ 为逼近误差. 应用估计 (17) 有
$$\|R^h\|_1 \leqslant \gamma_1^{-1} \|r\| = O(h^2).$$
于是, 所研究的差分格式在能量范数下具有 h 的二阶收敛性.

在能量范数下研究收敛速度时我们假定解具有连续四阶导数. 这个要求过高了, 当解在区域 $\overline{\Omega}$ 仅仅具有三阶连续导数时结论同样成立. 这与逼近误差具有的发散特性有关. 应用泰

§6. 椭圆型方程的差分逼近

勒公式, 得到

$$\frac{u(x_{m+1},y_n) - 2u(x_m,y_n) + u(x_{m-1},y_n)}{h^2}$$
$$= \frac{h}{6}\left[\left.\frac{\partial^3 u}{\partial x^3}\right|_{(\xi_{m+1},y_n)} - \left.\frac{\partial^3 u}{\partial x^3}\right|_{(\xi_m,y_n)}\right]$$
$$= \frac{h^2}{6}\left(\frac{\psi^{(1)}_{m+1,n} - \psi^{(1)}_{mn}}{h}\right), \quad m=1,\cdots,N-1,$$

其中 $x_{i-1} \leqslant \xi_i \leqslant x_i$. 对于第二个变量差的类似公式也可以得到. 于是, 误差满足方程 (18), 其中右边部分等于

$$r_{mn} = \frac{h^2}{6}\left(\frac{\psi^{(1)}_{m+1,n} - \psi^{(1)}_{mn}}{h} + \frac{\psi^{(2)}_{m,n+1} - \psi^{(2)}_{mn}}{h}\right).$$

对 (18) 两边在 R^h 的子空间 H 中做数量积, 应用分部求和公式, 右边部分变成

$$(r, R^h) = \frac{h^2}{6}\sum_{m,n=1}^{N-1} h^2\left(\frac{\psi^{(1)}_{m+1,n} - \psi^{(1)}_{mn}}{h}R_{mn} + \frac{\psi^{(2)}_{m,n+1} - \psi^{(2)}_{mn}}{h}R_{mn}\right)$$
$$= \frac{h^2}{6}\sum_{m,n=1}^{N-1} h^2\left(\frac{\tilde{R}_{mn} - \tilde{R}_{m-1,n}}{h}\psi^{(1)}_{mn} + \frac{\tilde{R}_{mn} - \tilde{R}_{m,n-1}}{h}\psi^{(2)}_{mn}\right).$$

于是,

$$|(r, R^h)| \leqslant \frac{h^2}{6}\|R^h\|_1\left(\|\psi^{(1)}\| + \|\psi^{(2)}\|\right) \leqslant ch^2\|R^h\|_1,$$

因此 $\gamma_1\|R^h\|_1^2 \leqslant ch^2\|R^h\|_1$, 由此推出 $\|R^h\|_1 = O(h^2)$.

在建立第二或第三类边界条件的方程 (1) 近似的差分格式时, 可以应用一维情况下所使用的方法. 为确定起见, 我们研究方程 (1) 带有第三类边界条件

$$\left(\frac{\partial u}{\partial n} + \theta u\right)\bigg|_{\partial\Omega} = \alpha, \quad \theta(s) \geqslant 0, \quad s \in \partial\Omega \tag{19}$$

时的问题. 注意到我们研究单位矩形作为区域 Ω. 为确定起见, 在一段边界 $x=1$ 上研究逼近条件 (19). 那么, 将 (19) 中的导数用差商代替得到

$$\frac{u_{Nn} - u_{N-1,n}}{h} + \theta_{Nn}u_{Nn} = \alpha_{Nn}. \tag{20}$$

我们来寻找逼近误差

$$\frac{u(1,nh) - u(1-h,nh)}{h} + \theta(1,nh)u(1,nh) - \alpha(1,nh)$$
$$= \left(\frac{\partial u}{\partial x} - \frac{h}{2}\frac{\partial^2 u}{\partial x^2} + \theta u - \alpha\right)\bigg|_{(1,nh)} + O(h^2)$$
$$= -\frac{h}{2}\left.\frac{\partial^2 u}{\partial x^2}\right|_{(1,nh)} + O(h^2).$$

于是, 边界条件 (20) 的逼近误差对 h 的阶为 1. 从方程 (1) 中表示出 $\frac{\partial^2 u}{\partial x^2}$, 得到

$$\frac{\partial^2 u}{\partial x^2} = -f - \frac{\partial^2 u}{\partial y^2}.$$

那么,
$$\left.\frac{\partial^2 u}{\partial x^2}\right|_{(1,nh)} = -\left(f + \frac{\partial^2 u}{\partial y^2}\right)\bigg|_{(1,nh)} = -f_{Nn} - \frac{u_{N,n+1} - 2u_{Nn} + u_{N,n-1}}{h^2} + O(h^2).$$
因此, 如果研究边界条件 (19) 的如下形式的逼近
$$\frac{u_{Nn} - u_{N-1,n}}{h} + \theta_{Nn} u_{Nn} - \alpha_{Nn} - \frac{h}{2}\left(f_{Nn} + \frac{u_{N,n+1} - 2u_{Nn} + u_{N,n-1}}{h^2}\right) = 0, \quad (21)$$
那么, 根据上面的描述得到关系式 (21) 以阶为 $O(h^2)$ 逼近边界条件 (19). 合并同类项, 将 (21) 变成
$$\frac{2u_{Nn} - u_{N-1,n} - 0.5(u_{N,n+1} + u_{N,n-1})}{h} + \theta_{Nn} u_{Nn} = \alpha_{Nn} + \frac{h}{2} f_{Nn}. \quad (22)$$
由此可知如何在 $\partial\Omega_h$ 另外的节点处写出边界条件的逼近. 特别, 借助于类似的讨论可以得到角点 $(N,0)$ 处的逼近:
$$\frac{2u_{N0} - u_{N-1,0} - u_{N1}}{h} + 2\theta_{N0} u_{N0} = 2\alpha_{N0} + h f_{N0}. \quad (23)$$
注意到在此情况下网格区域的边界包含角点.

边界条件 (19) 的其他逼近方法依赖于其他网格的选择. 我们来研究节点集合
$$\overline{\Omega}_h = \{x = (x_1, x_2) : x_k^j = jh - h/2, j = 0, \cdots, N+1\}, \quad h = N^{-1},$$
且令 Ω_h 为位于 Ω 中的网格节点的集合. 那么, 同前一样, 方程 (1) 可以以通常的五个点的网格在 Ω_h 中来逼近. 在此网格上的边界条件 (19) 将由如下方式逼近
$$\frac{u_{N+1,n} - u_{Nn}}{h}\theta(Nh, nh) + \frac{u_{N+1,n} + u_{Nn}}{2} = \alpha(Nh, nh). \quad (24)$$
假定微分问题的解可以保持光滑地延拓到区域 Ω 的边界. 那么, 表达式 (24) 以阶为 $O(h^2)$ 在一段边界 $x = 1$ 上逼近边界条件 (19). 这可以通过将解 u 代入 (24) 并且应用点 $(1, nh)$ 处的泰勒公式直接验证.

有限元方法. 到目前为止我们研究了泊松方程的狄利克雷问题, 它是采用在微分方程中将导数直接换成差分关系的途径建立的. 类似于常微分方程边值问题的情况, 我们研究建立离散近似的方法, 离散近似建立在变分和投影原理的基础上. 我们来研究齐次边界条件下的边值问题 (1), (2).

在连续可微且在边界 $\partial\Omega$ 的值为零的函数集合上引入范数
$$\|v\|_{H^1} = \left\{\int_\Omega \left[\left(\frac{\partial v}{\partial x}\right)^2 + \left(\frac{\partial v}{\partial y}\right)^2\right] dxdy\right\}^{1/2} = \left(\int_\Omega (\nabla v)^2 dxdy\right)^{1/2}. \quad (25)$$
在该范数下的函数构成的闭集合是希尔伯特空间, 记为 H^1 (以前将其记为 W_2^1).

我们来研究在函数空间 H^1 上寻找如下泛函极值的问题
$$\min_{v \in H^1} \Phi(v) = \min_{v \in H^1}\left\{\int_\Omega (\nabla v)^2 dxdy - 2\int_\Omega fv dxdy\right\}. \quad (26)$$
如果问题 (1), (2) 在 $\alpha \equiv 0$ 时的经典解 u 存在且属于 H^1, 则它给出了泛函 (26) 的最小值. 一般说来, 反之则不成立. 使泛函 (26) 在 H^1 上达到极小值的函数不一定具有二阶导数.

§6. 椭圆型方程的差分逼近

于是, 寻找 (1), (2) 解的问题可以替换成寻找二次泛函 (26) 在 H^1 上的极小值问题. 求泛函 (26) 在 H^1 上的极小值问题得到的解是边值问题 (1), (2) 的广义解.

应用里茨方法建立变分-差分格式, 以某个有限维子空间 V^h 近似 H^1. 在里茨方法中作为问题 (26) 的近似解取在子空间 V^h 上极小化泛函 (26) 的函数 $v \in V^h$.

子空间 V^h 按如下方式建立. 设

$$\overline{\Omega}_h = \{(x,y) : x = mh, y = mh; 0 \leqslant m, n \leqslant N\}.$$

将 $\overline{\Omega}$ 分成带有边为 h 且顶点为 $\overline{\Omega}_h$ 中节点的方形单元. 以通过顶点 (m,n), $(m+1,n+1)$ 的对角线将每个单元 $\Omega_{mn} = \{(x,y) : mh \leqslant x \leqslant (m+1)h, nh \leqslant y \leqslant (n+1)h\}$ 进行划分. 于是, 整个区域 $\overline{\Omega}$ 将分成直角边为 h 的直角三角形. 这些三角形称为基本三角形, 而将区域 $\overline{\Omega}$ 划分成三角形称为区域 $\overline{\Omega}$ 的三角剖分. 我们选择在 $\overline{\Omega}$ 中连续, 在每个基本三角形上线性且在边界 $\partial\Omega$ 上为零的函数空间作为 H^1 的子空间 V^h. V^h 中的每个函数由其在节点 $\overline{\Omega}_h$ 处的值唯一确定. 反之, 每一个在网格节点处取给定的值的网格函数唯一确定 V^h 中的函数. 并且 V^h 中的函数称为网格函数的分段线性补足. 于是, 在 H 和 V^h 之间存在相互一一对应的关系, 这里 H 为定义在 $\overline{\Omega}_h$ 上且在 $\partial\Omega_h$ 上值为零的网格函数空间. 函数 $\varphi_{mn}^h \in H$:

$$\varphi_{mn}^h = \begin{cases} 1, & (x,y) = (mh, nh), \\ 0, & (x,y) \neq (mh, nh) \end{cases}$$

构成 H 的基底. V^h 中相应的在节点 (m,n) 取值为 1 且在其余节点处取值为 0 的分段线性函数 φ_{mn} 构成 V^h 的基底.

作为问题 (26) 的近似解我们取函数 $v^h \in V^h$, 它在空间 V^h 上极小化泛函 (26), 即

$$\min_{v \in V^h} \Phi(v) = \Phi(v^h). \tag{27}$$

假定 v^h 存在, 将其表示为

$$v^h = \sum_{i,j=1}^{N-1} v_{ij} \varphi_{ij},$$

其中 v_{ij} 为表达式的未知系数. 注意到根据函数 φ_{ij} 的选择, v_{ij} 是 v^h 在点 (i,j) 处的值. 于是, 搜寻的近似解就在于确定系数 v_{ij}. 我们来写出确定这些系数的方程. 在函数 $\Phi(\sum v_{ij}\varphi_{ij})$ 的极小点处应该满足等式

$$\frac{\partial \Phi(\sum v_{ij}\varphi_{ij})}{\partial v_{mn}} = 0, \quad m, n = 1, \cdots, N-1.$$

计算这个关系式的左边部分:

$$\frac{\partial \Phi}{\partial v_{mn}} = \frac{\partial}{\partial v_{mn}} \int_{\Omega} \left[\left(\sum v_{ij} \frac{\partial \varphi_{ij}}{\partial x}\right)^2 + \left(\sum v_{ij} \frac{\partial \varphi_{ij}}{\partial y}\right)^2 - 2f \sum v_{ij}\varphi_{ij} \right] dxdy$$

$$= 2 \int_{\Omega} \left[\sum v_{ij} \left(\frac{\partial \varphi_{ij}}{\partial x} \frac{\partial \varphi_{mn}}{\partial x} + \frac{\partial \varphi_{ij}}{\partial y} \frac{\partial \varphi_{mn}}{\partial y} \right) - 2f\varphi_{mn} \right] dxdy.$$

于是, 关于 v_{ij} 的方程组有形式
$$\sum_{i,j=1}^{N-1} v_{ij} \int_\Omega \left(\frac{\partial \varphi_{ij}}{\partial x} \frac{\partial \varphi_{mn}}{\partial x} + \frac{\partial \varphi_{ij}}{\partial y} \frac{\partial \varphi_{mn}}{\partial y} \right) dxdy$$
$$= \int_\Omega f\varphi_{mn} dxdy, \quad m,n = 1, \cdots, N-1. \tag{28}$$

式 (28) 中方程的数量等于未知量的个数.

函数 φ_{mn} 仅仅在以节点 (m,n) 为顶点的基本三角形中不等于零. 因此, 在 (28) 的每个方程中积分不是在整个区域 Ω 中进行, 而是仅在这些三角形与 Ω 的交集上进行. 使 $\varphi_{mn} \neq 0$ 的点的集合构成六边形 (参看图 10.6.5). 以 S_{mn} 记这个六边形, 而其中的三角形记为 $\Delta_1, \cdots, \Delta_6$. 设
$$J_{mn}^1(i,j) = \int_\Omega \frac{\partial \varphi_{mn}}{\partial x} \frac{\partial \varphi_{ij}}{\partial x} dxdy,$$

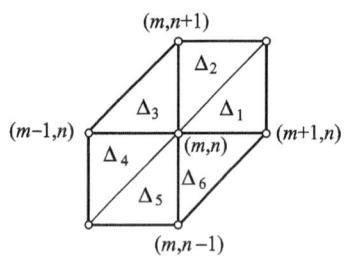

图 10.6.5 函数 φ_{mn} 的载体

因为在 Δ_2 和 Δ_5 中 $\frac{\partial \varphi_{mn}}{\partial x} \equiv 0$, 则
$$J_{mn}^1(i,j) = \int_\Omega \frac{\partial \varphi_{mn}}{\partial x} \frac{\partial \varphi_{ij}}{\partial x} dxdy$$
$$= \int_{\Delta_1 \cup \Delta_6} \frac{\partial \varphi_{mn}}{\partial x} \frac{\partial \varphi_{ij}}{\partial x} dxdy + \int_{\Delta_3 \cup \Delta_4} \frac{\partial \varphi_{mn}}{\partial x} \frac{\partial \varphi_{ij}}{\partial x} dxdy.$$

由此看出仅当 $j = n$ 且 $i = m-1, i = m, i = m+1$ 时 $J_{mn}^1 \neq 0$. 进行相应的计算得到
$$J_{mn}^1(m,n) = \int_{\Delta_1 \cup \Delta_6} \left(\frac{\partial \varphi_{mn}}{\partial x} \right)^2 dxdy + \int_{\Delta_3 \cup \Delta_4} \left(\frac{\partial \varphi_{mn}}{\partial x} \right)^2 dxdy = 2,$$
$$J_{mn}^1(m+1,n) = J_{mn}^1(m-1,n) = \int_{\Delta_3 \cup \Delta_4} \frac{\partial \varphi_{mn}}{\partial x} \frac{\partial \varphi_{m+1,n}}{\partial x} dxdy = -1.$$

类似地, 对于 $J_{mn}^2(i,j) = \int_\Omega \frac{\partial \varphi_{mn}}{\partial y} \frac{\partial \varphi_{ij}}{\partial y} dxdy$ 得到
$$J_{mn}^2(m,n) = 2, \ J_{mn}^2(m,n+1) = J_{mn}^2(m,n-1) = -1.$$
其余情况下 $J_{mn}^2(i,j) = 0$.

于是, 相应于节点 (m,n) 的方程写成
$$4v_{mn} - v_{m+1,n} - v_{m-1,n} - v_{m,n+1} - v_{m,n-1} = h^2 g_{mn},$$
其中 $g_{mn} = \frac{1}{h^2} \int_{\Omega_{mn}} f\varphi_{mn} dxdy$. 两边除以 h^2 得到网格方程组
$$L_h v_{mn} = g_{mn}, \quad 1 \leqslant m,n \leqslant N-1, \tag{29}$$
其结构完全与 (5) 相同. 唯一不同的是右边部分的计算. 如果近似计算 g_{mn}, 令
$$\frac{1}{h^2} \int_{\Omega_{mn}} f\varphi_{mn} dxdy \approx f_{mn} \frac{1}{h^2} \int_{\Omega_{mn}} \varphi_{mn} dxdy = f_{mn},$$

则得到完全与 (5) 相同的差分格式.

因为 (29) 的左边部分与 (5) 的左边部分相同, 则方程组 (29) 对任意 f 具有唯一的解. 下列不等式成立
$$\|u-u^h\|_{H^1} \equiv \|u-u^h\|_1 \leqslant c_1 h \|f\|_{L_2}, \quad \|u-u^h\|_{L_2} \leqslant c_1 h^2 \|f\|_{L_2}.$$
于是, 在描述的方法中对解的光滑性要求实际上要低于有限差分方法应用的情况.

当直接逼近边界条件产生困难时, 按照这种方式建立差分格式特别适合于自然边界条件的方程和方程组.

最近, 投影–差分方法 (有限元方法) 在求解边值问题时得到了广泛应用. 上面描述的借助于里茨方法的差分格式建立方法是有限元方法的一个变种.

我们以另一个模型问题 (看§9.11) 来粗略描述投影–差分方法的实质. 作为方法的基础, 常取用于确定广义解的积分恒等式. 因此, 假定要在矩形 $\overline{\Omega} = \{x = (x_1, x_2), 0 \leqslant x_1, x_2 \leqslant 1\}$ 中寻找如下边值问题的解
$$-\Delta u = f, \quad \left(\frac{\partial u}{\partial n} + \alpha u\right)\Big|_{\Gamma} = 0, \quad u|_{\partial\Omega\backslash\Gamma} = 0, \quad \alpha > 0, \tag{30}$$
其中 Γ 为位于直线 $x = 1$ 上的一段边界. 假设这个问题的经典解存在. 对 (30) 两边乘以函数 φ, 这个函数的偏导数分段连续且 $\varphi|_{\partial\Omega\backslash\Gamma} = 0$. 进行分部积分并应用边界条件得到
$$\int_{\Omega} \nabla u \nabla \varphi dxdy + \int_{\Gamma} \alpha(s) u(s) \varphi(s) ds = \int_{\Omega} f\varphi dxdy. \tag{31}$$

关系式 (31) 叫作积分恒等式. 它对任意函数 $\varphi \in H^1$ 成立, 其中 H^1 为在 $\partial\Omega\backslash\Gamma$ 上等于零的带有范数 (25) 的光滑函数的集合的闭包构成的空间. 如果 u 是问题 (30) 的经典解, 具有平方可积的导数, 则它满足 (31) 且 $u \in H^1$. 一般说来, 反之不成立. 可以指出函数 u 和 f, 它们满足 (31), 但问题 (30) 的经典解实际上不存在. 满足积分恒等式 (31) 的函数 $u \in H^1$ 叫作问题 (30) 的广义解. 从积分恒等式 (31) 定义的广义解与由如下泛函的极小化得到的广义解相同
$$\int_{\Omega} |\nabla v|^2 dxdy - 2\int_{\Omega} fv dxdy + \int_{\Gamma} \alpha(s) v^2(s) ds.$$

当原微分算子是对称正定时类似的情况总是成立. 如果这些条件不满足, 则确定典型解的问题不可能叙述为某个二次泛函的极小化形式, 但可以借助于形如 (31) 的积分恒等式来叙述.

我们来类似地讨论前面的情况. 将区域 $\overline{\Omega}$ 三角化且引入函数空间 V^h, 它由在基本三角形上分段线性且在 $\partial\Omega \setminus \Gamma$ 上等于零的函数构成. 称使得对任意 $\varphi \in V^h$ 满足等式
$$\int_{\Omega} \nabla u^h \nabla \varphi dxdy + \int_0^1 \alpha(y) u^h(1,y) \varphi(1,y) dy = \int_{\Omega} f\varphi dxdy \tag{32}$$
的函数 $u^h \in V^h$ 为问题 (31) 的近似解. 于是, 积分恒等式 (32) 与 (31) 相同, 其差别仅在于在 (32) 中解和实验函数取自空间 $V^h \subset H^1$.

函数 u^h 由其在网格节点处的值完全确定. u^h 满足 (32) 充分必要是 (32) 对 V^h 的任意基底函数 $\varphi \in V^h$ 成立. 我们取 V^h 中的在 $\Omega^h \cup \Gamma_h$ 中一个节点处等于 1, 在其

余节点处等于 0 的函数作为基底函数. 这给出网格方程组. 我们注意到这样的事实, 即作为基底的函数一般说来在 Γ 上不等于零.

表示 u^h 为形式 $u^h = \sum u_{mn}\varphi_{mn}$, 其中 u_{mn} 为未知系数. 将此表达式代入 (32), 得到

$$\sum_{m,n} u_{mn} \int_\Omega \nabla\varphi_{mn}\nabla\varphi_{ij}dxdy + \sum_{m,n} u_{mn} \int_0^1 \alpha(y)\varphi_{mn}(1,y)\varphi_{ij}(1,y)dy \\ = \int_\Omega f\varphi_{ij}dxdy, \quad 1 \leqslant i \leqslant N, \quad 1 \leqslant j \leqslant N-1. \tag{33}$$

关系式 (33) 的全体构成关于未知系数 u_{mn} 的线性代数方程组, 且产生某个投影–差分格式 (这个格式也可以如同变分–差分格式一样得到). 因为任意函数 $\varphi \in V^h$ 可以按函数 φ_{mn} 展开, 则当满足关系 (33) 时可以推出 (32) 的正确性. 于是, 表达式 (32) 和 (33) 是等价的.

为证明 (33) 的稳定性, 在 (32) 中令 $\varphi = u^h$. 那么

$$\|u^h\|_1^2 \leqslant \int_\Omega (\nabla u^h)^2 dxdy + \int_0^1 \alpha(y)[u^h(1,y)]^2 dy$$

$$\leqslant \left|\int_\Omega fu^h dxdy\right| = |(f, u^h)| \leqslant \|f\|_{-1} \cdot \|u^h\|_1,$$

其中

$$\|f\|_{-1} = \sup_{\varphi \in H^1} \frac{|(f,\varphi)|}{\|\varphi\|_1}.$$

于是, $\|u^h\|_1 \leqslant \|f\|_{-1}$. 这意味着投影–差分格式是稳定的, 即 f 在范数 $\|\cdot\|_{-1}$ 下小的变化相应于 u^h 在范数 $\|\cdot\|_1$ 下小的变化.

我们来研究方程组 (33) 的矩阵的结构. 如果 $1 \leqslant i \leqslant N-1$, 则 $\varphi_{ij}|_\Gamma = 0$, 因此 (33) 对 Γ 的积分等于零. 在此情况下, 表达式 (33) 与 (28) 相同, 于是关于 φ_{ij} 的方程具有形式

$$4u_{ij} - u_{i+1,j} - u_{i-1,j} - u_{i,j+1} - u_{i,j-1} = h^2 g_{ij},$$

其中

$$g_{ij} = \frac{1}{h^2} \int_\Omega f\varphi_{ij}dxdy.$$

在 Γ 中的点, 即在形如 (N,j) 的节点处有

$$\frac{2u_{Nj} - u_{N,j-1} - u_{N,j+1}}{2} + u_{Nj} - u_{N-1,j} \\ + (\alpha_{j-1}^j u_{N,j-1} + \alpha_j^j u_{Nj} + \alpha_{j+1}^j u_{N,j+1}) = h^2 g_{Nj}.$$

这里 $\alpha_n^j = \int_\Gamma \varphi_{Nj}\varphi_{Nn}\alpha(y)dy$, $h^2 g_{Nj} = \int_\Omega f\varphi_{Nj}dxdy$. 当 α_n^j 和 g_{ij} 不能显式计算时,

可以应用求积公式近似计算. 例如,
$$\alpha_n^j = \int_\Gamma \varphi_{Nj}\varphi_{Nn}\alpha(s)ds \approx \frac{\alpha(jh)+\alpha(nh)}{2}\int_\Gamma \varphi_{Nj}\varphi_{Nn}ds,$$
$$h^2 g_{ij} = \int_\Omega f\varphi_{ij}dxdy \approx h^2 f_{ij}.$$

最后简短地描述在曲线边界情况下的投影–差分格式的建立以及这个方法的可能的推广. 为简单起见假设研究泊松方程的狄利克雷问题, 且 Ω 为平面单连通区域, 其边界 $\partial\Omega$ 分段光滑, 即 $\partial\Omega$ 由有限个光滑弧段构成, 彼此相交的角度非零. 给定网格步长参数 h. 建立具有下列性质的折线 Γ_h:

a) Γ_h 所限定的区域 Ω_h 包含在 $\overline{\Omega}$ 中;

b) 在 $\partial\Omega$ 和 Γ_h 的点之间可以建立一对一的关系, 即存在一一对应的影射 $\varphi: \partial\Omega \to \Gamma_h$, 它具有分段连续导数 φ', $|\varphi'|, |(\varphi^{-1})'| \leqslant C$, 其中 C 与 h 无关;

c) 从 Γ_h 的点到 $\partial\Omega$ 的距离不超过值 $c_1 h^2$, 其中 $c_1 > 0$ 为某个与 h 无关的常数;

d) 折线环的长度有下界 $c_2 h$, $c_2 > 0$. 在关于区域所做的假设下这种情况总是可能的. 将区域 Ω_h 划分为三角形 (称为基本三角形) 使得

1) 三角形边的长度位于区间 $[c_3 h, c_4 h]$ 中, $c_i > 0$ 为与 h 无关的常数;

2) 三角形的面积在区间 $[c_5 h^2, c_6 h^2]$ 中;

3) 任意两个三角形或者不相交, 或者仅有一个公共边, 或者仅有一个公共顶点.

上面的描述称为区域 Ω 的准均匀三角分割. 三角形的顶点称为网格节点. 可以证明, 这样的三角分割存在. 设 H 为在基本三角形 Ω_h 上分段线性、在 Γ_h 上等于零的连续函数构成的空间. 对齐次边界条件 (2) 的问题 (1) 建立相应的投影–差分问题, 即寻找函数 $u^h \in H$ 使得对任意 $\varphi \in H$ 满足关系式

$$\int_{\Omega_h} \nabla u^h \nabla \varphi \, dxdy = \int_{\Omega_h} f\varphi \, dxdy. \tag{34}$$

函数 u^h 由其在节点处的值完全确定. 因此, 如果取空间 H 的基底函数 (在一个节点处的值等于 1, 在其余节点处等于零, 且在三角形 Ω_h 上分段线性) 作为 φ, 则 (34) 是关于 u^h 在节点处值的线性代数方程组. 稳定性的证明与前面一样进行. 研究收敛性时应该在 W_2^1 中补充估计解在边界带 $\Omega\backslash\Omega_h$ 中的范数. 考虑到这些估计可以得到如下关系

$$\|u - u^h\|_{W_2^1(\Omega_h)} \leqslant ch,$$

其中常数 c 与解在 $W_2^2(\Omega)$ 中的范数有关.

在建立投影–差分格式时可以应用更复杂的有限元方法, 由此可以得到更高的精确度. 例如, 除了网格节点以外, 也可以将三角形边的中点看作节点.

设 H 为在 Ω_h 中连续、在 $\partial\Omega_h$ 上等于零且在每个基本三角形 Ω_h 上为二次多项式的函数构成的空间. 令 $\partial\Omega_h = \partial\Omega$. 作为 H 的基底函数, 可以取在一个节点处等于 1, 在其余节点处等于 0, 并属于 H 的函数 (这里节点理解为三角形的顶点以及边的中点). 于是, 可以得到估计

$$\|u - u^h\|_{W_2^1(\Omega_h)} \leqslant ch^2.$$

类似地可以建立带有更高阶收敛速度投影-差分格式. 这就要应用在 §5.5 中研究过的插值方法. 注意到线性代数方程组的矩阵结构变差了, 即矩阵行中的非零元素变多且带宽变大了.

注意到在双调和方程和区域带有曲线边界情况时这样的方法需要进一步精确化, 因为得到的近似一般说来可能当 $h \to 0$ 时不收敛于问题的精确解.

我们简短地阐述问题的历史. 变分和投影方法在基底函数数量不是很大时在出现电子计算机之前一直在应用. 电子计算机的应用容许基底函数数量增加, 而且计算误差以及用平方求和近似积分时出现的误差的总影响增加.

这一情况限制了借助变分方法得到的解的精度. 曾经进行的理论研究表明, 为使变分方法稳定, 基底函数组实际上应该满足某种条件, 称之为强极小化条件. 在复杂形式区域的情况下构造满足这个条件的基底函数组有时是不简单的.

有限差分方法的理论与应用实践的快速发展是并行的. 如果对线性问题的求解应用经典变分方法时出现带有完全填充矩阵的线性方程组, 则在应用有限差分方程时出现这样的方程组, 其矩阵包含相当少量的非零元素. 这种情况容许以同样的时间消耗求解带有大量未知数的方程组. 但是, 在复杂形式区域的情况下有限差分方法的应用带来一定的不便, 其原因在于边界点处差分方程建立时的不一致性.

最近时期得到迅猛发展的有限元方法克服了所描述方法的一些不足: 在建立强极小化基底函数组时不要求花费特别的代价, 其应用时在边界附近简化了方程的表示. 线性方程组的矩阵包含相当少量的非零元素. 方法所具有的很大的"技巧性"使得在其基础上建立了一系列工业上求解边值问题的标准程序软件包, 特别是对于弹性理论问题. 这些软件包的应用不需要知道数值方法理论和编程细节. 研究者只需要给出区域的三角化, 而软件包自身常常也可以实现这个三角化. 与有限差分方法相比, 这个方法在更低的光滑性要求下收敛. 在准均匀三角化情况下方法的基底函数自动满足强极小化条件.

同时, 在计算方程组矩阵时工作量加大了. 因此, 在求解特大型问题时经常总是应用有限差分方法或者转向借助于极小化泛函 (或积分恒等式) (参看 §9.12) 的近似构成方程组.

传统上求解椭圆问题应用势论方法. 随着计算机的出现, 这些方法实际上被有限差分方法取代. 但是, 最近在计算实践中开始迅速出现的边界元方法, 这一方法具有势论方法的某些一般特征.

§7. 带有多个空间参数的抛物型方程求解

在求解抛物型方程时, 与椭圆型方程的情况一样, 由一维情况转向多维情况会带来本质上的困难. 因为从一个空间变量变成两个空间变量时, 所有原理上的困难都会出现, 所以今后将仅仅讨论两个空间变量的情况.

我们来建立和研究差分格式. 假设要求找到函数 u 使得它为方程
$$\frac{\partial u}{\partial t} = \Delta u + f(x,t) \tag{1}$$

在区域 $Q_T = \Omega \times [0,T], \overline{\Omega} = \{x; 0 \leqslant x_i \leqslant 1, i = 1, 2\}$ 中的解,且初始条件和边界条件为
$$u(x,0) = u_0(x), \quad u(x,t)|_{x \in \Gamma} = \alpha(x,t), \tag{2}$$
其中 $x = (x_1, x_2)$, $\Gamma = \partial \Omega \times [0,T]$.

我们来尝试用前面研究过的方法求解问题 (1), (2). 引入步长 $h = 1/M$ 的矩形网格
$$\overline{\Omega}_h = \{x; x = (ih, jh), 0 \leqslant i, j \leqslant M\},$$
而在区间 $[0,T]$ 上引入步长 $\tau = T/N$ 的网格. 将在离散节点
$$\overline{Q}_h = \{(x,t); x \in \overline{\Omega}_h, t = n\tau, n = 0, \cdots, N\}$$
处寻找问题 (1), (2) 的近似解. 集合 $\overline{Q}_h$ 称为网格区域,而点集
$$\overline{\Omega}_h^n = \{(x,t) \in \overline{Q}_h, x \in \Omega_h, t = n\tau\}$$
对固定的 $t = n\tau$ 叫作第 n 层.

同一维情况类似,我们建立问题 (1), (2) 的显式和隐式差分格式,且试图解释与一个空间变量情况原理上究竟有怎样的差别. 将 $\dfrac{\partial u}{\partial t}$ 替换成节点 (i,j,n) 处的差商 $\dfrac{u_{ij}^{n+1} - u_{ij}^n}{\tau}$ 或 $\dfrac{u_{ij}^n - u_{ij}^{n-1}}{\tau}$,而将 Δu 表示成 (参见§6)
$$\Delta^h u_{ij}^n = \frac{u_{i+1,j}^n + u_{i-1,j}^n + u_{i,j+1}^n + u_{i,j-1}^n - 4u_{ij}^n}{h^2},$$
我们得到显式差分格式
$$\begin{aligned}\frac{u_{ij}^{n+1} - u_{ij}^n}{\tau} &= \Delta^h u_{ij}^n + f_{ij}^n, \quad 1 \leqslant i,j \leqslant M-1, \\ u_{ij}^k &= \alpha(ih, jh, k\tau), \quad (ih, jh) \in \Gamma_h, u_{ij}^0 = u_0(ih, jh)\end{aligned} \tag{3}$$
或隐式差分格式
$$\begin{aligned}\frac{u_{ij}^{n+1} - u_{ij}^n}{\tau} &= \Delta^h u_{ij}^{n+1} + f_{ij}^{n+1}, \quad 1 \leqslant i,j \leqslant M-1, \\ u_{ij}^k &= \alpha(ih, jh, k\tau), \quad (ih, jh) \in \Gamma_h, \quad u_{ij}^0 = u_0(ih, jh).\end{aligned} \tag{4}$$

应用格式 (3) 时是按照显式公式进行的,即由 (3) 中已知的值 u_{ij}^n 寻找值 u_{ij}^{n+1}. 因此,算法在计算机上实现不会出现问题. 剩下仅需要研究这个格式的稳定性.

至于格式 (4) 的情况. 我们有关于 $u_{ij}^{n+1}, 1 \leqslant i,j \leqslant M-1$ 的线性代数方程组,即格式 (4) 为隐式的. 方程组 (4) 的矩阵结构与算子 $-\Delta^h$ (参看§6) 的矩阵结构相同. 因此,求解这个方程组会遇到与椭圆方程情况同样的困难. 回顾在一维情况下方程组在上层的数值解不会出现问题,因为可以应用追赶法.

我们来引入经济差分格式的概念. 一个时间的近似某个问题的差分格式称为经济的,如果它无条件稳定且从一层转到另一层所要求的算术运算量正比于一个层上的节点数. (有时在经济格式的定义中去掉无条件稳定性的条件.) 从定义得出一维热传导方程的隐式格式是经济的.

在建立经济差分格式之前,我们来研究一般情况下差分格式的稳定性.

引入定义在 Ω_h 上的函数空间 H, v_{ij} 为函数 $v \in H$ 在节点 (i,j) 处的值. 在 H 中

的数量积和范数定义为
$$(v,w) = \sum_{i,j=1}^{M-1} h^2 v_{ij} w_{ij}, \quad \|v\|^2 = (v,v).$$

上面考虑的差分格式 (3), (4) 将问题的近似解在两个相邻层 n 和 $n+1$ 上的值联系起来, 因此自然地称其为两层格式. 接下来我们研究如下形式的两层差分格式
$$B\frac{u^{n+1} - u^n}{\tau} + Au^n = \varphi^n, \tag{5}$$
其中 B 和 A 为将 H 映射到自身的对称正定算子. 与一维情况一样, 有时区分对初始条件的稳定性和对右边部分的稳定性.

记 $u_t^n = \dfrac{u^{n+1} - u^n}{\tau}$. 考虑到等式 $u^n = u^{n+1} - \tau u_t^n$, 将 (5) 变换成
$$(B - \tau A)u_t^n + Au^{n+1} = \varphi^n. \tag{6}$$
令 $D = B - \tau A$. 因为 $u^{n+1} = \dfrac{u^{n+1} + u^n}{2} + \dfrac{\tau}{2}u_t^n$ 且算子 D 对称, 则
$$2\tau(Du_t^n, u^{n+1}) = \tau(Du_t^n, u^{n+1} + u^n) + \tau^2(Du_t^n, u_t^n)$$
$$= (Du^{n+1}, u^{n+1}) - (Du^n, u^n) + (Du^{n+1}, u^n)$$
$$- (Du^n, u^{n+1}) + \tau^2(Du_t^n, u_t^n)$$
$$= (Du^{n+1}, u^{n+1}) - (Du^n, u^n) + \tau^2(Du_t^n, u_t^n).$$

因此, (6) 式两边按 H 中的数量积乘以 $2\tau u^{n+1}$, 得到
$$(u^{n+1}, u^{n+1})_D - (u^n, u^n)_D + \tau^2(u_t^n, u_t^n)_D + 2\tau\|u^{n+1}\|_A^2 = 2\tau(\varphi^n, u^{n+1}). \tag{7}$$
回顾数量积的定义 $(v,w)_D = (Dv, w)$, $\|v\|_A^2 = (Av, v)$.

我们将认为
$$D = B - \tau A > 0. \tag{8}$$
那么, (7) 可以改写成
$$\|u^{n+1}\|_D^2 - \|u^n\|_D^2 + \tau^2\|u_t^n\|_D^2 + 2\tau\|u^{n+1}\|_A^2 = 2\tau(\varphi^n, u^{n+1}). \tag{9}$$
关系式 (9) 是能量恒等式.

因为空间 H 为有限维的, 则存在常数 κ 使得对所有的 $v \in H$ 有 $(Dv, v) \leqslant \kappa(Av, v)$ 或者等价地有
$$D \leqslant \kappa A. \tag{10}$$
因为 $D = D^* > 0$, 则存在对称正定算子 (矩阵) $D^{1/2}$ 使得 $D^{1/2}D^{1/2} = D$. 以 $D^{-1/2}$ 记算子 $(D^{1/2})^{-1}$. 在所研究的情况中
$$\|u^{n+1}\|_A^2 \geqslant \kappa^{-1}\|u^{n+1}\|_D^2,$$
$$2\tau|(\varphi^n, u^{n+1})| = 2\tau|(D^{-1/2}\varphi^n, D^{1/2}u^{n+1})|$$
$$\leqslant 2\tau\|D^{-1/2}\varphi^n\|\,\|D^{1/2}u^{n+1}\|$$
$$= 2\tau\|\varphi^n\|_{D^{-1}}\|u^{n+1}\|_D$$
$$\leqslant \varepsilon\tau\|u^{n+1}\|_D^2 + \frac{\tau}{\varepsilon}\|\varphi^n\|_{D^{-1}}^2$$

且从 (9) 式推出不等式
$$\left(1 + \frac{2\tau}{\kappa} - \varepsilon\tau\right)\|u^{n+1}\|_D^2 \leqslant \|u^n\|_D^2 + \frac{\tau}{\varepsilon}\|\varphi^n\|_{D^{-1}}^2.$$
固定 ε, 例如让 $\varepsilon = \kappa^{-1}$, 由此得到关系式
$$\left(1 + \frac{\tau}{\kappa}\right)\|u^{n+1}\|_D^2 \leqslant \|u^n\|_D^2 + \tau\kappa\|\varphi^n\|_{D^{-1}}^2,$$
它将函数 u^n 在相邻层上的范数联系起来. 于是,
$$\|u^{n+1}\|_D^2 \leqslant \|u^n\|_D^2 + \tau\kappa\|\varphi^n\|_{D^{-1}}^2. \tag{11}$$
我们有一组不等式
$$\|u^{n+1}\|_D^2 \leqslant \|u^n\|_D^2 + \kappa\tau\|\varphi^n\|_{D^{-1}}^2 \leqslant \|u^{n-1}\|_D^2 + \kappa\sum_{k=n-1}^{n}\tau\|\varphi^k\|_{D^{-1}}^2$$
$$\leqslant \cdots \leqslant \|u^0\|_D^2 + \kappa\sum_{k=0}^{n}\tau\|\varphi^k\|_{D^{-1}}^2.$$
假定 κ 与网格步长 h 和 τ 无关, 当 $n\tau \leqslant T$ 时得到最终的关系式
$$\|u^n\|_D^2 \leqslant \|u^0\|_D^2 + c\sum_{k=0}^{n-1}\tau\|\varphi^k\|_{D^{-1}}^2 \leqslant \|u^0\|_D^2 + c\sum_{k=0}^{N-1}\tau\|\varphi^k\|_{D^{-1}}^2$$
$$\leqslant \|u^0\|_D^2 + cT\max_{0\leqslant k\leqslant N-1}\|\varphi^k\|_{D^{-1}}^2, \tag{12}$$
这意味着差分格式 (5) 对于初始数据和右边部分是稳定的. 于是, 条件 $D = B - \tau A > 0$ 是差分格式对于初始数据和右边部分稳定的充分条件.

注意到构成 (12) 右边的表达式 $\sum_{k=0}^{N-1}\tau\|\varphi^k\|_{D^{-1}}^2$ 是积分 $\int_0^T\|\varphi(t)\|_{D^{-1}}^2 dt$ 的求积公式, 而表达式 $\max_{0\leqslant k\leqslant N-1}\|\varphi^k\|_{D^{-1}}^2$ 是范数 $\max_{0\leqslant t\leqslant T}\|\varphi(t)\|_{D^{-1}}^2$ 的网格类似.

我们来寻找使得从一层到下一层的变换算子特征值不超过 1 的充分必要条件. 当满足这个条件时格式对初始数据稳定且误差范数不随层间转换而增加. 为此让 $\varphi^k \equiv 0$.

对 (5) 的两边乘以算子 $B^{-1/2}$ 得到
$$B^{1/2}u^{n+1} = B^{1/2}u^n - \tau B^{-1/2}Au^n.$$
记 $B^{1/2}u^n = y^n$. 那么, $u^n = B^{-1/2}y^n$, 于是上面最后一个等式变成
$$y^{n+1} = y^n - \tau B^{-1/2}AB^{-1/2}y^n = (E - \tau B^{-1/2}AB^{-1/2})y^n.$$
算子 $S = E - \tau B^{-1/2}AB^{-1/2}$ 对称, 因此 S 的特征值位于区间 $[\gamma_1, \gamma_2]$ 上, 其中
$$\gamma_1 = \min_{v\in H}\frac{(Sv, v)}{(v, v)}, \quad \gamma_2 = \max_{v\in H}\frac{(Sv, v)}{(v, v)}.$$
于是, 如果满足关系式
$$-1 \leqslant \frac{(Sv, v)}{(v, v)} \leqslant 1, \quad \forall v \in H, \tag{13}$$
则 S 的特征值不超过 1. 改变表达式 $(Sv, v)/(v, v)$ 且记 $v = B^{1/2}z$ 得到
$$\frac{(Sv, v)}{(v, v)} = \frac{(v, v) - \tau(B^{-1/2}AB^{-1/2}v, v)}{(v, v)} = \frac{(Bz, z) - \tau(Az, z)}{(Bz, z)}.$$
因此, (13) 具有形式
$$-1 \leqslant \frac{(Bz, z) - \tau(Az, z)}{(Bz, z)} \leqslant 1.$$

因为 $A, B > 0$, 上面不等式的右边部分总是满足, 左边部分等价于对任意 $z \in H, z \neq 0$ 满足不等式
$$2(Bz, z) - \tau(Az, z) \geqslant 0.$$
最后的不等式意味着
$$B \geqslant \frac{\tau}{2} A. \tag{14}$$

正如所看到的, 保证格式 (5) 稳定的条件 (14) 与 (8) 不同. 但是, 对于格式具有性质 (8) 足够了. 在一系列实际问题中方程 (1) 的积分区间 T 足够大或者要求计算一直进行到定常状态. 在这些情况中, 应当使用满足更强的稳定性估计 (15)($q < 1$ 的情况) 的差分格式.

记 $(1 + \tau/\kappa)^{-1} = q$ 且 $\tau\kappa = \gamma$. 那么, 由 (11) 有
$$\begin{aligned}\|u^{n+1}\|_D^2 &\leqslant q(\|u^n\|_D^2 + \gamma\|\varphi^n\|_{D^{-1}}^2) \\ &\leqslant q^2\|u^{n-1}\|_D^2 + q\gamma\|\varphi^n\|_{D^{-1}}^2 + \gamma q^2\|\varphi^{n-1}\|_{D^{-1}}^2 \\ &\leqslant \cdots \leqslant q^{n+1}\|u^0\|_D^2 + q\gamma(\|\varphi^n\|_{D^{-1}}^2 + q\|\varphi^{n-1}\|_{D^{-1}}^2 + \cdots + q^n\|\varphi^0\|_{D^{-1}}^2).\end{aligned}$$

设 $\|\varphi\|_\infty = \max_n \|\varphi^n\|_{D^{-1}} < \infty$. 那么, 从最后的不等式得到
$$\|u^n\|_D^2 \leqslant \gamma \frac{q}{1-q}\|\varphi\|_\infty^2 + q^n\|u^0\|_D^2. \tag{15}$$

由此推出, 当 $\|\varphi\|_\infty < \infty$ 时问题 (5) 的解在满足条件 (8) 时在无限时间区间上是有界的. 注意到, 一般来说从 (14) 不能推出当存在右边部分时解在无限时间区间上的有界性.

差分格式 (5) 可以看作求解方程
$$Au = \varphi$$
的迭代过程, 其中 $\varphi^n = \varphi$. 在此情况下满足条件 $B - \tau A > 0$ 保证了迭代过程的收敛性. 事实上, 写出关于误差 $z^n = u^n - u$ 的方程, 有
$$Bz_t^n + Az^n = 0, \quad z^0 = u^0 - u.$$
从条件 $D = B - \tau A > 0$ 推出 D 定义了 H 中的范数, 记为 $\|\cdot\|_D$. 那么, 从 (9) 得到
$$\|u^{n+1}\|_D^2 + 2\tau\|u^{n+1}\|_A^2 \leqslant \|u^n\|_D^2.$$
由此,
$$\left(1 + \frac{\tau}{\kappa}\right)\|u^{n+1}\|_D^2 + \tau\|u^{n+1}\|_A^2 \leqslant \|u^n\|_D^2. \tag{16}$$

引入范数 $\|u^n\|_1^2 = \|u^n\|_D^2 + \tau\left(1 + \frac{\tau}{\kappa}\right)^{-1}\|u^n\|_A^2$, 那么由 (16) 推出最后的估计
$$\|u^{n+1}\|_1^2 \leqslant \left(1 + \frac{\tau}{\kappa}\right)^{-1}\|u^n\|_1^2 \leqslant \cdots \leqslant \left(1 + \frac{\tau}{\kappa}\right)^{-n-1}\|u^0\|_1^2.$$

于是, 迭代方法 (5) 以几何级数速度收敛. 并且收敛速度由数值 τ 和 κ 以及条件 $D > 0$ 确定. 过程既以由算子 D 定义的范数收敛, 也以由算子 A 定义的范数收敛.

我们来解释在怎样的条件下格式 (3), (4) 稳定. 格式 (3) 具有 (4) 的形式, 并且

$B = E$, 而 $A = -\Delta^h$. 于是, 必须验证条件 $B \geqslant \dfrac{\tau}{2} A$ 满足. 我们有 (参看§6)

$$(Av, v) = -\sum_{i,j=1}^{M-1} h^2 \Delta^h v_{ij} v_{ij} = \sum_{i,j=1}^{M-1} h^2 \left[\left(\frac{\tilde{v}_{i+1,j} - \tilde{v}_{ij}}{h} \right)^2 + \left(\frac{\tilde{v}_{i,j+1} - \tilde{v}_{ij}}{h} \right)^2 \right]$$

$$\leqslant \frac{8}{h^2} \sum_{i,j=1}^{M-1} h^2 v_{ij}^2 = \frac{8}{h^2} (v, v).$$

于是, 为使 (14) 正确只需要满足不等式 $2/\tau \geqslant 8/h^2$, 即显式格式 (3) 当 $\tau \leqslant h^2/4$ 时条件稳定.

现在将隐式格式 (4) 表示成 (5) 的形式. 在此情况下

$$B = E - \tau \Delta^h, \quad A = -\Delta^h, \text{ 并且 } A > 0.$$

于是, 条件 (14) 与条件 (8) 一样对任意 τ 和 h 满足, 即隐式格式 (4) 无条件稳定.

如果对上层解的值求解方程组时应用所谓稳定形式的行进算法, 则从一层到下一层过渡所需的算术运算次数正比于未知量的个数. 那么, 隐式格式是经济的.

我们来研究方程 (1) 的另一些经济差分格式. 将研究问题 (1) 带有齐次边界条件的情况, 即 $\alpha \equiv 0$ 的情况. 设 Λ_1 和 Λ_2 为分别沿方向 x_1 和 x_2 的二阶差商, 即

$$\Lambda_1 v_{ij} = \frac{\tilde{v}_{i+1,j} - 2\tilde{v}_{ij} + \tilde{v}_{i-1,j}}{h^2}, \quad \Lambda_2 v_{ij} = \frac{\tilde{v}_{i,j+1} - 2\tilde{v}_{ij} + \tilde{v}_{i,j-1}}{h^2},$$

其中, 同以前一样, $\tilde{v}$ 表示这样的函数, 它在 Ω_h 上与 v 相同, 在 $\partial \Omega_h$ 上等于零.

习题 1 验证函数 $\varphi_j \sin(\pi m i h)$ 是算子 Λ_1 的特征函数, 而 $\psi_i \sin(\pi m j h)$ 是算子 Λ_2 的特征函数, 其中 φ_j 为变量 j 的任意函数, ψ_i 为变量 i 的任意函数.

习题 2 验证函数 $\varphi_{mn} = \sin(\pi m i h) \sin(\pi n j h)$ 构成算子 Λ_1 和 Λ_2 的完备特征函数系.

假设

$$B = (E - \mu \Lambda_1)(E - \mu \Lambda_2), \quad A = -\Delta^h.$$

算子 B 是对称正定的, 因为它作为对称正定且两两可交换算子的乘积. 这种类型的算子称为可分裂的. 算子 Λ_1 和 Λ_2 的可交换性可以直接验证. 此外, 它还可从这样的事实推出: 这些算子具有共同的完备特征函数系 (看习题 2), 于是可以写成

$$(E - \mu \Lambda_1) = C^{-1} M_1 C, \quad (E - \mu \Lambda_2) = C^{-1} M_2 C,$$

其中 M_1, M_2 为对角矩阵, 用于对角化的 C 为同一个矩阵.

我们来验证对怎样的 μ 满足条件 (14). 有

$$B = E - \mu(\Lambda_1 + \Lambda_2) + \mu^2 \Lambda_1 \Lambda_2 = E - \mu \Delta^h + \mu^2 \Lambda_1 \Lambda_2,$$

因此, 条件 (14) 变成

$$E - \mu \Delta^h + \mu^2 \Lambda_1 \Lambda_2 \geqslant -\frac{\tau}{2} \Delta^h.$$

因为算子 $E + \mu^2 \Lambda_1 \Lambda_2$ 正定, 则条件 $\mu \geqslant \tau/2$ 保证了 (14) 的满足, 即当 $\mu \geqslant \tau/2$ 时差分格式 (5) 对初始数据无条件稳定.

我们研究在此情况下实现格式 (5) 的算法. 记 $z = \dfrac{u^{n+1} - u^n}{\tau}$, 且将 (5) 表示成
$$(E - \mu\Lambda_1)(E - \mu\Lambda_2)z = \Delta^h u^n + \varphi^n.$$
我们将最后一个方程分解为两个:
$$(E - \mu\Lambda_1)y = \Delta^h u^n + \varphi^n, \quad (E - \mu\Lambda_2)z = y. \tag{17}$$
函数 $g = \Delta^h u^n + \varphi^n$ 可以在 Ω_h 的所有的点计算出, 即可以认为它是已知的. 将 (17) 中的第一个方程写成
$$y_{ij} - \mu \frac{y_{i+1,j} - 2y_{ij} + y_{i-1,j}}{h^2} = g_{ij}, \quad i = 1, \cdots, M-1, \quad j = 1, \cdots, M-1. \tag{18}$$
对固定的 j 关于未知量 $y_{1,j}, y_{2,j}, \cdots, y_{M-1,j}$ 的方程组 (18) 表示带有三对角矩阵的方程组, 它可以借助于追赶法在 $O(M)$ 次算术运算内求解. 对每个 $j = 1, \cdots, M-1$ 求解 (18), 在 Ω_h 中所有节点处求得函数 y. 由方程 (18) 关联的未知量群在图 10.7.1 中用符号 $\leftrightarrow$ 结合在一起.

注记 如果求解非齐次边值问题, 即 $u|_\Gamma \neq 0$, 则一般说来 $y = (E - \mu\Lambda_2)\dfrac{u^{n+1} - u^n}{\tau}$ 不满足边界条件 $y|_\Gamma = 0$, 且值 $y|_\Gamma$ 要求用特殊方式确定.

类似地, (17) 的第二个方程可写成
$$z_{ij} - \mu \frac{z_{i,j+1} - 2z_{ij} + z_{i,j-1}}{h^2} = y_{ij}, \quad j = 1, \cdots, M-1, \quad i = 1, \cdots, M-1. \tag{19}$$
对固定的 i 方程 (19) 是未知量 $(z_{i,1}, z_{i,2}, \cdots, z_{i,M-1})$ 的带有三对角矩阵的方程组. 于是, 函数 z 可以由 (19) 中在 $O(M^2)$ 次算术运算内求得. 由方程 (19) 关联的未知量群在图 10.7.2 中用符号 $\updownarrow$ 结合在一起. 值 u^{n+1} 按如下显式公式求得:
$$u^{n+1} = u^n + \tau z. \tag{20}$$
于是, 所提出的算法的实质在于: 对每个 j 解带有三对角矩阵的方程组 (18). 并且 i 的改变相应于横坐标的改变. 因此, i 有时称为函数 y 的 "水平" 变量. 进一步, 应用找到的函数值 y, 对每个 i 求解方程组 (19). 在此情况下变量 j 相应地叫作 "垂直" 变量. 然后由公式 (20) 求得 u^{n+1}.

所描述的算法常常称为分解方法.

我们已看到这个思想的基础在于建立算子使得对时间的导数做差分时这个算子是两个算子的乘积 $B = B_1 B_2$, 其中每个算子仅仅在一个方向上起作用, 且得到的格式逼

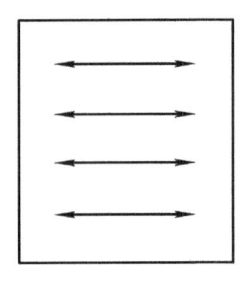

图 10.7.1 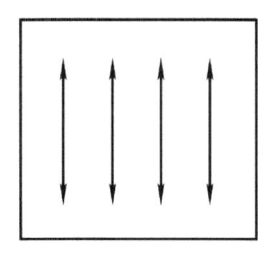   图 10.7.2

近于原问题. 在给定的情况中 $B_i = E - \mu \Lambda_i$.

习题 3 证明对所研究的格式当解充分光滑时有逼近阶 $O(\mu + \tau + h^2)$. 于是, 当 $\mu = \tau/2$ 时逼近误差有阶 $O(\tau + h^2)$ 且格式绝对稳定.

结构上相近的方法是交替方向方法. 其实质是按如下公式从 u^n 到 u^{n+1} 的转换

$$\frac{u^{n+1/2} - u^n}{0.5\tau} = \Lambda_1 u^{n+1/2} + \Lambda_2 u^n + \varphi^n,$$
$$\frac{u^{n+1} - u^{n+1/2}}{0.5\tau} = \Lambda_1 u^{n+1/2} + \Lambda_2 u^{n+1} + \varphi^n. \tag{21}$$

这里引入了中间未知向量 $u^{n+1/2}$. (21) 的第一个方程应用按照对轴 x_1 的追赶法求解, 而第二个方程则应用按照对轴 x_2 的追赶法求解.

在上一层建立带有分离算子的方法在 k 维情况下可以按同样的格式进行. 设 $A = A_1 + A_2 + \cdots + A_k$, 其中 A_i 为在 i 方向上的一维算子. 让 $B = (E + \mu A_1) \cdots (E + \mu A_k)$. 需要的差分格式将具有形式

$$(E + \mu A_1) \cdots (E + \mu A_k) \frac{u^{n+1} - u^n}{\tau} + A u^n = \varphi^n. \tag{22}$$

这个方法的实现按照与上述同样的算法进行. 参数 μ 和 τ 从稳定性条件和差分格式的逼近来选择.

我们来研究当区域 Ω 具有相当任意的形式时抛物型方程的求解方法. 在此情况下, 上面描述的基于算子 B 在上层表示成一维算子乘积的实现遇到本质上的困难. 但是, 可以应用格式 (21).

另一个差分格式可以从如下表示得到. 将 A 表示成 $A = R_1 + R_2$, 其中 $R_1^T = R_2$, R_1 和 R_2 为右三角矩阵和左三角矩阵. 特别, 如果 $A = -\Delta^h$, 则 R_1 和 R_2 可以按如下方式写出

$$R_1 v|_{(i,j)} = \frac{2\tilde{v}_{ij} - \tilde{v}_{i+1,j} - \tilde{v}_{i,j+1}}{h^2}, \quad R_2 v|_{(i,j)} = \frac{2\tilde{v}_{ij} - \tilde{v}_{i-1,j} - \tilde{v}_{i,j-1}}{h^2}. \tag{23}$$

我们来研究差分格式

$$(E + \sigma\tau R_1)(E + \sigma\tau R_2) \frac{u^{n+1} - u^n}{\tau} + A u^n = \varphi^n. \tag{24}$$

算子 $B = (E + \sigma\tau R_1)(E + \sigma\tau R_2)$ 是对称正定的. 因此要使差分格式对初始数据稳定只需验证条件 (14) 满足. 参数 σ (加权因子) 可以选择使得格式是稳定的且逼近原始方程.

作为例子我们来研究带有零边界条件的矩形中的方程 (1). 在此情况下, $A = -\Delta^h$, R_1 和 R_2 由公式 (23) 定义. 那么, $B = (E + \sigma\tau R_1)(E + \sigma\tau R_2) = E - \sigma\tau\Delta^h + \sigma^2\tau^2 R_1 R_2$. 算子 $R_1 R_2$ 是正定的, 因此 $B = B^* > 0$. 在此情况下条件 $B \geqslant \frac{\tau}{2} A$ 当 $\sigma \geqslant 0.5$ 时满足. 于是, 条件 $\sigma \geqslant 0.5$ 保证格式 (24) 的无条件稳定.

我们来寻找差分格式 (24) 的逼近阶. 因为

$$R_1 v = \frac{2v_{ij} - v_{i+1,j} - v_{i,j+1}}{h^2} = \frac{1}{h}\left(\frac{v_{ij} - v_{i+1,j}}{h}\right) + \frac{1}{h}\left(\frac{v_{ij} - v_{i,j+1}}{h}\right),$$

则应用泰勒公式得到

$$R_1[u] = -\frac{1}{h}\left(\frac{\partial u}{\partial x_1} + \frac{\partial u}{\partial x_2} + \frac{h}{2}\frac{\partial^2 u}{\partial x_1^2} + \frac{h}{2}\frac{\partial^2 u}{\partial x_2^2}\right) + O(h).$$

对算子 R_2 的逼近应用类似的误差估计得出结论: 表达式 $B = E - \sigma\tau\Delta^h + \sigma^2\tau^2 R_1 R_2$ 以阶 $O(\sigma\tau + \sigma\tau^2/h^2)$ 逼近于单位算子 E. 如果认为 $\sigma \geqslant 0.5$ 与 1 同阶, 则格式 (24) 以阶 $O(h^2 + \tau + \tau^2/h^2)$ 逼近于原方程 (1). 于是, 值 τ/h 应该充分小. 但是, 格式 (24) 总是优于显式格式. 对于显式格式的稳定性要求满足条件 $\tau \leqslant h^2/4$, 同时当 $\sigma \geqslant 0.5$ 时格式 (24) 无条件稳定且时间步长 τ 实际上可以选得很大. 例如, 可以取 $\tau = ah^2$ 或者 $\tau = ah^{3/2}$. 在这些情况中, 按时间的逼近误差相应地有阶 $O(h^2)$ 和 $O(h)$. 但是, 应该注意到抛物型方程的解对 t 具有足够高次的导数且这些导数当 $t \to \infty$ 时趋近于零. 这证明格式 (24) 可应用于非定常问题, 因为时间步长可以取得足够大.

我们来描述对应于差分格式 (24) 的算法. 以 y 记 $(E + \sigma\tau R_2)z$. 则求解方程
$$(E + \sigma\tau R_1)y = -Au^n + \varphi^n, \tag{25}$$
可以得到 y 的显式公式. 实际上, 当 Ω 为矩形 (这不是本质的要求) 时, 方程 (25) 在节点 (i, j) 处有形式
$$y_{ij} + \frac{\sigma\tau}{h^2}(2y_{ij} - y_{i+1,j} - y_{i,j+1}) = (-Au^n + \varphi^n)_{i,j}. \tag{26}$$
按照已知的 $y_{iM}, y_{Mj}, i, j = 1, \cdots, M$, 从 (26) 按照显式公式可以找到 $y_{i,M-1}$ 和 $y_{M-1,j}$, $i, j = 1, \cdots, M-1$. 按照同样的公式可以找到 $y_{i,M-2}, y_{M-2,j}$ 等.

计算 y_{ij} 要求算术运算次数与网格步长无关. 因此, 计算函数 y 在所有节点处值要用 $O(M^2)$ 次算术运算, 这与层上节点数有相同量级. 类似地, 在 $O(M^2)$ 次算术运算内求解方程
$$(E + \sigma\tau R_2)z = y,$$
找到 z. 解 u^{n+1} 按如下简单公式求得
$$u^{n+1} = u^n + \tau z.$$
于是, 在格式 (24) 中从 u^n 求 u^{n+1} 要求的算术运算次数正比于层上的网格节点数, 即格式 (24) 是经济的.

如果格式 (24) 被看作是求解定常问题 $Au = \varphi$ 的迭代方法, 则它是最有效的. 在此情况下, 对时间 t 逼近的要求不起作用, 且参数 τ 可以仅从使迭代方法收敛速度最快的观点来选择. 通常选择 $\tau = O(h)$ 且 $\sigma = 1$ 使得 (8) 满足. 那么, 算子 B 和 A 满足如下关系
$$\gamma_1 hA \leqslant B \leqslant \gamma_2 A, \tag{27}$$
其中 $\gamma_1, \gamma_2 > 0$ 与 h 无关, 且借助于迭代公式 (24) 求解定常问题在 $O(h^{-3}\ln(\varepsilon^{-1}))$ 次算术运算内得到精度为 ε 的解.

习题 4 证明当 $\sigma = 1, \tau = O(h)$ 时的估计式 (27).

习题 5 证明对任意 $\sigma, \tau > 0$ 比值 γ_2/γ_1 有不等于零的常值下界.

如果固定 B, 然后按照变化的方式选择参数 τ, 则迭代过程可以加快. 特别, 如果按照 §6.6 中指出的方式选择 τ_k, 则定常问题带有精度 ε 的解可以在 $O(h^{-5/2}\ln(\varepsilon^{-1}))$ 次算术运算内得到.

§7. 带有多个空间参数的抛物型方程求解

还存在另一些方法能求解当区域具有相当一般形式的抛物型方程. 我们来研究一个方法, 它将原问题转化为求解一系列一维问题. 我们以方程 (1) 的例子来阐述这个方法.

将算子 Δ 表示成一维算子和的形式
$$\Delta = L_1 + L_2 \equiv \frac{\partial^2}{\partial x^2} + \frac{\partial^2}{\partial y^2},$$
而右边部分的 f 表示成右边部分和: $f = f_1 + f_2$. 方程 (1) 的左右两边等于方程
$$\frac{1}{2}\frac{\partial u}{\partial t} - L_1 u = f_1, \quad \frac{1}{2}\frac{\partial u}{\partial t} - L_2 u = f_2 \tag{28}$$
左右两边的和. 我们来描述从 n 层到 $n+1$ 层的转换. 按如下方式逼近 (28) 的第一个方程:
$$P_h^1 u_{ij}^n \equiv \frac{u_{ij}^{n+1/2} - u_{ij}^n}{\tau} - \frac{u_{i+1,j}^{n+1/2} - 2u_{ij}^{n+1/2} + u_{i-1,j}^{n+1/2}}{h^2} - f_{1,ij}^{n+1/2} = 0. \tag{29}$$
(28) 的第二个方程替换成
$$P_h^2 u_{ij}^{n+1/2} \equiv \frac{u_{ij}^{n+1} - u_{ij}^{n+1/2}}{\tau} - \frac{u_{i,j+1}^{n+1} - 2u_{ij}^{n+1} + u_{i,j-1}^{n+1}}{h^2} - f_{2,ij}^{n+1} = 0. \tag{30}$$
于是, 算法归结为依次求解方程 (29) 和 (30). 并且计算的函数值是下一个方程的初始条件.

显然, 方程 (29), (30) 中的每一个不是原问题的逼近. 我们来寻找逼近误差, 有
$$P_h^1[u] = \frac{1}{2}\frac{\partial u}{\partial t} - \frac{\partial^2 u}{\partial x^2} - f_1 + O(h^2 + \tau),$$
$$P_h^1[u] - \left[\frac{\partial u}{\partial t} - \Delta u - f\right] = -\frac{1}{2}\frac{\partial u}{\partial t} + \frac{\partial^2 u}{\partial y^2} + f_2 + O(h^2 + \tau) \equiv \psi_1.$$
类似地
$$P_h^2[u] = \frac{1}{2}\frac{\partial u}{\partial t} - \frac{\partial^2 u}{\partial y^2} - f_2 + O(h^2 + \tau),$$
$$P_h^2[u] - \left[\frac{\partial u}{\partial t} - \Delta u - f\right] = -\frac{1}{2}\frac{\partial u}{\partial t} + \frac{\partial^2 u}{\partial x^2} + f_1 + O(h^2 + \tau) \equiv \psi_2.$$
一般情况下 $\psi_i = O(1)$, 因此方程 (29), (30) 以阶 $O(1)$ 逼近 (1). 但是,
$$\psi_1 + \psi_2 = -\frac{\partial u}{\partial t} + \Delta u + f + O(h^2 + \tau) = O(h^2 + \tau).$$
在此情况下, 说格式 (29), (30) 在整体 (或弱的) 意义下逼近问题 (1), 亦即虽然方程 (29), (30) 中的每一个都不逼近于原问题, 这些方程的逼近误差和也是 $O(h^2 + \tau)$.

实现 (29), (30) 在每一步需要求解三对角矩阵的方程. 于是, 我们采用这个方法求解方程 (1) 当区域 Ω 具有相当一般形状的情形. 余下的仅仅需要解释其稳定性和收敛性. 我们有如下定理.

定理 (省略证明) 格式 (29), (30) 在空间 C 的网格范数意义下稳定, 且当解足够光滑时有
$$\|u^n - u(n\tau)\|_{C(\Omega_h)} \leqslant C_1(h^2 + \tau),$$
其中 C_1 与 h 和 τ 无关, 而 $u(n\tau)$ 为解 $u(x,\tau)$ 在第 n 层上的值.

所研究的获得差分格式的方法叫作碎步方法或者求和近似方法. 它不仅可以应用于线性问题, 而且也可以应用于非线性问题.

在一般情况下求解方程

$$\frac{\partial u}{\partial t} = P^1(u) + \cdots + P^k(u) \tag{31}$$

的碎步方法的格式如下, 其中算子 $P^i(u)$ 一般来说是非线性的且不一定是一维的. 在每一步求解方程 (31) 转换成依次在每一步求解方程

$$\frac{1}{k}\frac{\partial u_i}{\partial t} = P^i(u_i), \quad i = 1, \cdots, k.$$

并且取从前一个方程得到的值作为各个方程在下一步的初始条件.

上面描述的求解多维非定常问题的经济方法是由 Е. Г. 基扬科诺夫 (Е. Г. Дьяконов), Г. И. 马尔丘克 (Г.И. Марчук), А. А. 萨马尔斯基 (А.А. Самарский) 和 Н. Н. 杨连科 (Н.Н. Яненко) 等奠定的基础.

§8. 网格椭圆方程的求解方法

本节将研究网格椭圆方程组的求解方法. 我们来研究简单的例子 (参看 §6). 设

$$-\frac{u_{m+1,n} - 2u_{mn} + u_{m-1,n}}{h_1^2} - \frac{u_{m,n+1} - 2u_{mn} + u_{m,n-1}}{h_2^2} = \varphi_{mn},$$
$$u_{m0} = u_{mN} = 0, \quad u_{0,n} = u_{M,n} = 0, \quad m = 1, \cdots, M-1, \quad n = 1, \cdots, N-1 \tag{1}$$

是关于未知量 $u_{mn}, 0 \leqslant m \leqslant M, 0 \leqslant n \leqslant N$ 的网格方程组, 它是从泊松方程的狄利克雷边值问题在矩形 $\overline{\Omega} = \{x = (x_1, x_2), 0 \leqslant x_i \leqslant 1\}$ 内的逼近得到的结果. 为简单起见, 将假定 $h_1 = h_2 = h = 1/N$. 有许多方法可用来求解方程组 (1). 因此, 必须选择一个或几个判据来对这些方法进行比较. 限于考虑运算量作为方法性质的判据, 这些判据对于获得精确解或者有某个给定精度的解是必要的. 因为常常不能成功计算运算次数的精确数, 或者估算这个要花费很大的代价, 常常仅估计运算次数相对于网格节点数的阶.

首先注意到所研究的方程组的特性. 第一, 其阶很高 (方程组含有大量未知数). 这是由于期望以需要的精度得到原微分问题的解要求充分小的网格步长. 第二, 在矩阵的每行中仅有有限个元素不等于零. 特别, 在 (1) 中每行的非零元素的数量不超过 5 个. 考虑到这类方程组的特殊性, 要求研究特殊的有效方法.

我们首先描述用经典的高斯方法求解方程组 (1). 假定边界节点不包含在方程组中. 那么, 未知向量是内部节点的函数值, 它具有阶为 $(N-1)^2$. 因此, 直接应用高斯法求解方程组 (1) 要求 $2/3(N-1)^6 + O(N^4)$ 次算术运算. 此外, 方程组矩阵的存储容量要求 $O(N^4)$ 的计算机字节.

但是, 注意到大部分的算术运算是无内容的, 亦即对矩阵零元素的运算. 我们来解释, 如果仅仅对非零元素进行计算, 则需要怎样的算术运算量. 回顾方程组 (1) 的矩阵 A 在未知向量 $(u_{11}, u_{12}, \cdots, u_{1,N-1}, u_{21}, \cdots, u_{N-1,N-1})$ 的元素的 "自然" 编号情况下具

§8. 网格椭圆方程的求解方法

有形式 (精确到因子 h^{-2})

$$A = \begin{pmatrix} A_{11} & A_{12} & \cdot & \cdots & \cdot & & 0 \\ A_{21} & A_{22} & A_{23} & \cdots & & \cdot & \\ \cdot & \cdot & \cdot & \cdots & & \cdot & \\ \cdot & & & & \cdot & & A_{N-2,N-1} \\ 0 & \cdot & \cdot & \cdots & A_{N-1,N-2} & A_{N-1,N-1} \end{pmatrix},$$

其中

$$A_{ii} = \begin{pmatrix} 4 & -1 & 0 & \cdots & & \cdot & 0 \\ -1 & 4 & -1 & 0 & \cdots & \cdot & \\ \cdot & \cdot & \cdot & & & & \\ 0 & \cdot & \cdot & \cdots & & 4 & -1 \\ 0 & \cdot & \cdot & \cdots & & -1 & 4 \end{pmatrix},$$

而 $A_{i,\,i\pm1}$ 为对角矩阵，其对角线上元素等于 -1. 矩阵 A_{ii} 具有维数 $(N-1)\times(N-1)$.

于是，矩阵 A 是分块对角矩阵且在矩阵的每一个行中非零元素不超过 5 个. 此外，矩阵 A 是带状的，其带宽等于 $(2N-1)$, 当 $|i-j| \geqslant N$ 时所有元素 $a_{ij}=0$. 方程组 (1) 的求解问题是下列带有 $(2s-1)$-对角线矩阵的 m 个方程 m 个未知量的方程组求解的特殊情况：

$$A\mathbf{x} = \mathbf{b}. \tag{2}$$

求解这个方程组可以应用譬如高斯法、平方根法、在所有情况中带有消除无内容运算的反射和追赶法等. 按下列形式消除无内容运算. 因为 $|i-j|>s$ 时 $a_{ij}=0$, 则不应该对这些元素进行化零运算. 因此, 仅仅对 $O(ms)$ 个元素进行化零运算. 此外, 每一步化零实现时所有 $|i-j|>s$ 元素 $a_{ij}=0$, 因此每一步要求 $O(s)$ 次算术运算. 于是, 求解方程组 (2) 的总的运算次数达到 $O(ms^2)$ 次. 在此情况下, $m=(N-1)^2, s=N-1$, 因此总的算术运算次数为 $O(N^4)$. 矩阵 A 是对称正定的. 正如前面所提到的一样, 当 $A>0$ 时实现这些方法不会出现除以零的运算.

求解这个方程组的另一个可能的方法是分块形式的追赶法. 原方程组写成

$A_{11}\mathbf{u}_1 + A_{12}\mathbf{u}_2 = \mathbf{f}_1,$

$A_{21}\mathbf{u}_1 + A_{22}\mathbf{u}_2 + A_{23}\mathbf{u}_3 = \mathbf{f}_2,$

....

$A_{N-2,N-3}\mathbf{u}_{N-3} + A_{N-2,N-2}\mathbf{u}_{N-2} + A_{N-2,N-1}\mathbf{u}_{N-1} = \mathbf{f}_{N-2},$

$A_{N-1,N-2}\mathbf{u}_{N-2} + A_{N-1,N-1}\mathbf{u}_{N-1} = \mathbf{f}_{N-1},$

其中 $\mathbf{u}_k$ 为带有分量 $u_{k,1}, u_{k,2}, \cdots, u_{k,N-1}$ 的向量.

进一步依次消去向量 $\mathbf{u}_1, \mathbf{u}_2, \cdots, \mathbf{u}_{N-2}$ 且得到类似于追赶法的递推公式. 这些公式实现时要进行 $N-1$ 阶矩阵的 cN 次相乘和求逆操作，这要求总共 $2cN^4$ 次算术运算. 还需要进行 $O(N)$ 次矩阵与向量的乘法和向量的加法运算，这要求 $O(N^3)$ 次算术运算. 于是，总的计算耗费算术运算阶为 $2cN^4$.

上面描述的方法直接应用到有任意变系数的椭圆方程或方程组, 且在所有这些情况都要求 $O(N^4)$ 次算术运算.

在方程组 (2) 中当 $N = 2^l$ 时, 可以提出要用 $O(N^3 \ln N)$ 次算术运算的方法. 为此应该应用按照下列未知量消元顺序的向量形式的高斯方法: 首先消去向量 $\mathbf{u}_1, \mathbf{u}_3, \mathbf{u}_5, \cdots$, 即所有向量 $\mathbf{u}_{2k+1}$, 然后消去向量 $\mathbf{u}_2, \mathbf{u}_6, \mathbf{u}_{10}, \cdots$, 即所有向量 $\mathbf{u}_{2(2k+1)}$, 接下来消去 $\mathbf{u}_4, \mathbf{u}_{12}, \mathbf{u}_{20}, \cdots$, 即所有向量 $\mathbf{u}_{4(2k+1)}$, 等等. 按照这种消元方法恰好多次重复对同一个矩阵进行乘积和求逆运算. 如果不存储相应矩阵的积, 则总的运算次数是 $O(N^3 \log N)$.

所描述的方法为存储带状矩阵一般要求 $O(N^3)$ 计算机存储单元.

习题 1 证明当对未知量编号为

$$u_{11}, u_{12}, u_{21}, \cdots, u_{1,N-1}, u_{2,N-2}, \cdots, u_{N-1,1}, \cdots, u_{N-1,N-1}$$

时高斯方法的算术运算量同样也为 $O(N^4)$ 阶.

习题 2 对于任意二维区域中的拉普拉斯方程的差分逼近, 指出未知量的消元顺序使得在 $O(M^{3/2})$ 次算术运算内获得方程组的解, 这里 M 为总的节点数.

我们来研究求解方程组 (1) 的直接方法, 这个方法是基于在矩形情况下的应用离散傅里叶变换. 这里我们不假定 $M = N$. 首先将方程组 (1) 变成算子形式. 设 $u(mh_1, nh_2)$ 为相应于方程 (1) 的解的网格函数, 其中 $0 \leqslant m \leqslant M, 0 \leqslant n \leqslant N$, 即 $u(mh_1, nh_2) = u_{mn}$. 类似地, $\varphi(mh_1, nh_2) = \varphi_{mn}, \varphi_{0n} = \varphi_{Mn} = \varphi_{m0} = \varphi_{mN} = 0$ 为相应于方程 (1) 右边部分的网格函数. 以 Λ_k 记算子

$$(\Lambda_1 v)_{mn} = \begin{cases} \dfrac{v_{m+1,n} - 2v_{mn} + v_{m-1,n}}{h_1^2}, & 1 \leqslant m \leqslant M-1, \quad 1 \leqslant n \leqslant N-1, \\ 0, & \text{其他情况}, \end{cases}$$

$$(\Lambda_2 v)_{mn} = \begin{cases} \dfrac{v_{m,n+1} - 2v_{mn} + v_{m,n-1}}{h_2^2}, & 1 \leqslant m \leqslant M-1, \quad 1 \leqslant n \leqslant N-1, \\ 0, & \text{其他情况}. \end{cases}$$

那么, 方程组 (1) 可以表示成算子形式

$$Au \equiv -(\Lambda_1 + \Lambda_2)u = \varphi. \tag{3}$$

为确定起见设 $Mh_1 = 1$. 注意通过在 (1) 式两边乘以相应的系数总是可以做这样的假定. 函数 u 作为第一个变量 m 的函数可以表示成变量 m 的离散傅里叶和的形式 (参看 §4.3):

$$u(mh_1, nh_2) = \sum_{j=1}^{M-1} u_j(nh_2) \sin(\pi j m h_1),$$
$$u_j(nh_2) = 2 \sum_{k=1}^{M-1} h_1 u(kh_1, nh_2) \sin(\pi j k h_1). \tag{4'}$$

类似地，将 φ 表示成如下形式
$$\varphi(mh_1, nh_2) = \sum_{j=1}^{M-1} \varphi_j(nh_2) \sin(\pi j m h_1), \tag{4''}$$
$$\varphi_j(nh_2) = 2 \sum_{k=1}^{M-1} h_1 \varphi(kh_1, nh_2) \sin(\pi j k h_1).$$

将所得到的表达式代入 (3)，得到
$$-(\Lambda_1 + \Lambda_2) u_{mn} = -\sum_{j=1}^{M-1} (u_j(nh_2) \Lambda_1 \sin(\pi j m h_1) + \sin(\pi j m h_1) \Lambda_2 u_j(nh_2)) \tag{5}$$
$$= \sum_{j=1}^{M-1} \varphi_j(nh_2) \sin(\pi j m h_1).$$

回顾函数 $\sin(\pi j x)$ 是算子 Λ_1 的特征值：
$$\Lambda_1 \sin(\pi j m h_1) = \frac{\sin(\pi j (m+1) h_1) - 2\sin(\pi j m h_1) + \sin(\pi j (m-1) h_1)}{h_1^2}$$
$$= -\frac{4 \sin^2 \dfrac{\pi j h_1}{2}}{h_1^2} \sin(\pi j m h_1) \equiv -\lambda_j \sin(\pi j m h_1).$$

因此表达式 (5) 可以替换为等价的式子
$$\sum_{j=1}^{M-1} \left(\lambda_j u_j(nh_2) + \frac{2 u_j(nh_2) - u_j((n-1)h_2) - u_j((n+1)h_2)}{h_2^2} \right) \sin(\pi j m h_1) \tag{6}$$
$$= \sum_{j=1}^{M-1} \varphi_j(nh_2) \sin(\pi j m h_1).$$

函数 $\sin(\pi j m h_1), j = 1, \cdots, M-1$ 在数量积
$$(v, w) = \sum_{i=1}^{M-1} h_1 v_i w_i$$
意义上是正交的。因此，(6) 代表相互独立的方程组
$$\lambda_j u_j(nh_2) + \frac{2 u_j(nh_2) - u_j((n-1)h_2) - u_j((n+1)h_2)}{h_2^2} = \varphi_j(nh_2), \tag{7}$$
$$1 \leqslant n \leqslant N-1, \quad u_j(0) = u_j(Nh_2) = 0, \quad j = 1, \cdots, M-1.$$

方程组 (7) 也可以从 (8) 通过两边按数量积方式乘以 $\sin(\pi j m h_1), j = 1, \cdots, M-1$ 得到。表达式 (7) 对于固定的 j 表示关于未知量 $u_j(h_2), u_j(2h_2), \cdots, u_j((N-1)h_2)$ 的带有三对角矩阵的线性代数方程组，它可以应用如追赶法等求解。

于是，问题 (1) 的求解算法可以归结如下：

a) 对每个 $n, 0 < n < N$ 由 (4'') 寻找系数 $\varphi_j(nh_2), j = 1, \cdots, M-1$;

b) 对每个 $j = 1, \cdots, M-1$ 用追赶法求解方程组 (7)。结果得到函数 $u_j(nh_2), j = 1, \cdots, M-1$;

c) 当 $m = 1, \cdots, M-1, n = 1, \cdots, N-1$ 时从公式 (4') 计算函数值 $u(mh_1, nh_2)$。

我们来估计耗费的算术运算量。设 $M = 2^q$。在此情况下，应用快速离散傅里叶变换算法在 $O(MN \log_2 M)$ 次算术运算内找到所有值 φ_j。寻找系数 u_j 需要 $O(MN)$ 次运算。

最后, 应用快速离散傅里叶变换从 (4′) 计算 u 要 $O(MN\log_2 M)$ 次运算. 因此, 求解所需要的总的算术运算量的阶等于 $O(MN\log_2 M)$. 特别, 当 $M=N$ 时得到 $O(N^2\log_2 N)$.

所研究的方法比高斯法求解要快得多. 但是, 我们仅应用这个方法于当原区域是矩形的情况, 可是我们可以把高斯方法应用于更一般形状的区域.

对矩形情况, 也存在另一些求解方法, 它们具有类似的运算次数. 如我们已提到的, 一种带有可接受的计算误差的进行算法当 $N=M=2^k$ 时可以在 $O(N^2)$ 次算术运算内求解问题.

我们来研究另一些求解方程组 (1) 的近似方法, 这些方法可以推广到比矩形情况更一般的区域. 作为这些方法的基础, 我们指出方程组 (1) 这样的性质: 方程组矩阵与向量乘积的结果按照简单公式计算且不需要存储矩阵. 矩阵与向量乘积的计算所耗费的算术运算量的阶为 $O(MN)$, 即正比于向量的长度. 前面已指出, 方程组 (1) 的矩阵 A 是对称正定的, 在所研究的情况中其特征值 $\lambda_{mn}, 0<m<M, 0<n<N$ 位于区间

$$\lambda_{\min}=\frac{4\sin^2\frac{\pi h_1}{2}}{h_1^2}+\frac{4\sin^2\frac{\pi h_2}{2}}{h_2^2}\leqslant\lambda_{mn}\leqslant\frac{4\cos^2\frac{\pi h_1}{2}}{h_1^2}+\frac{4\cos^2\frac{\pi h_2}{2}}{h_2^2}=\lambda_{\max}.$$

因此, 对于方程组

$$Au=\varphi$$

可以应用简单迭代法, 例如

$$\frac{u^{l+1}-u^l}{\tau}+Au^l=\varphi,\quad u^0=v,\tag{8}$$

其中 v 为初始近似向量. 由 §6.6 参数 τ 可以从关系式

$$\tau=\tau_{opt}=\frac{2}{\lambda_{\max}+\lambda_{\min}}$$

来选择. 同时方法 (8) 以几何级数收敛且方法的收敛速度指数等于

$$q=\frac{\lambda_{\max}-\lambda_{\min}}{\lambda_{\max}+\lambda_{\min}}=1-\frac{2\lambda_{\min}}{\lambda_{\max}+\lambda_{\min}}.$$

当 $h=h_1=h_2$ 时有 $\lambda_{\min}/\lambda_{\max}=\pi^2h^2/4+O(h^4)$, 因此

$$q=1-\frac{\pi^2h^2}{2}+O(h^4).$$

设 ε 为方程组 (1) 所要求的解的精度. 在网格层上的误差 $z^n=u-u^n$ 和 $z^{n-1}=u-u^{n-1}$ 的范数有如下关系式

$$\|z^n\|\leqslant q\|z^{n-1}\|\leqslant\cdots\leqslant q^n\|z^0\|.$$

习题 3 证明当 $\tau=\tau_{opt}$ 时, 与矩形情况一样, 对于一般形式的区域, 计算公式 (8) 也变成形式:

$$u_{mn}^{l+1}=\frac{1}{4}\left(u_{m+1,n}^l+u_{m-1,n}^l+u_{m,n+1}^l+u_{m,n-1}^l\right)+\frac{h^2}{4}\varphi_{mn}.$$

因此, 为满足不等式 $\|z^n\|\leqslant\varepsilon\|z^0\|$ 只需要选择 n 使得不等式 $q^n\leqslant\varepsilon$ 成立. 由此可得 $n|\ln q|\geqslant\ln(\varepsilon^{-1})$. 因为 $q=1-\pi^2h^2/2+O(h^4)$, 则

$$|\ln q|=|\ln(1-\pi^2h^2/2+O(h^4))|=\pi^2h^2/2+O(h^4).$$

对于小的 h 我们要求
$$n \geqslant \frac{2}{\pi^2 h^2} \ln(\varepsilon^{-1}). \tag{9}$$

因为我们对小的 ε, 即对解的精度充分高的情况感兴趣, 那么 (9) 的右边部分中的第二项可以去掉. 因此, 迭代次数 n 的阶可以等于 $O(h^{-2}\ln(\varepsilon^{-1}))$.

在迭代过程的每一步, 矩阵与向量相乘. 由此可能想到有必要储存矩阵 A. 事实上不需如此. 我们仅需要用到矩阵 A 与向量 v 的按如下公式的运算结果
$$(Av)_{mn} = \frac{4v_{mn} - v_{m+1,n} - v_{m-1,n} - v_{m,n+1} - v_{m,n-1}}{h^2}.$$
因此不必储存矩阵 A.

为计算 Av 在某点的函数值 (向量的分量) 要求有限次的算术运算, 因此在迭代过程 (8) 的每一步中花费 $O(h^{-2})$ 次算术运算. 于是, 为得到精度为 ε 的解所需的总的算术运算量等于 $O(h^{-4}\ln(\varepsilon^{-1})) = O(N^4|\ln\varepsilon|)$.

在此情况下描述了应用简单迭代方法求解网格椭圆方程组 (1) 的求解格式, 这个网格方程在矩形区域内逼近原问题. 但是, 如果等间隔地选择网格, 而边界条件由其在网格边界的临近节点处的 "偏差" 近似, 则所有的讨论对于任意区域也是正确的. 应该注意到, 一般说来方程组矩阵谱的精确上下界 $\lambda_{\min}, \lambda_{\max}$ 是未知的. 例如, 这些值可以估计如下. 设带有边 l'_1 和 l'_2 的网格矩形 K' 包含在区域 $\overline{\Omega}_h$ 中, 而带有边 l''_1 和 l''_2 的网格矩形 K'' 包含区域 $\overline{\Omega}_h$. (K' 的节点是 $\overline{\Omega}_h$ 的节点, 且 $\overline{\Omega}_h$ 的节点是 K'' 的节点.) 那么, 有关系式
$$\lambda'_{\min} \leqslant \lambda_{kl} \leqslant \lambda''_{\max},$$
其中 $\lambda'_{\min}$ 为矩形 K' 中的狄利克雷网格问题的最小特征值, 而 $\lambda''_{\max}$ 为矩形 K'' 中的狄利克雷网格问题的最大特征值. 让 $\tau = 2/(\lambda'_{\min} + \lambda''_{\max})$, 可以用与矩形情况具有同样大算术运算量的迭代方法寻找到方程组 (1) 的解.

习题 4 证明带有切比雪夫参数组的迭代过程要求的运算量为 $O(N^3|\ln\varepsilon|)$.

习题 5 对于最优线性迭代过程, 推导其同样的运算量估计.

习题 6 对于带固定迭代参数 ω 的三层迭代过程 (参见第六章 §6 中的习题 3), 得出同样的运算次数估计.

习题 7 证明带固定迭代参数 ω 的三层迭代过程 (参见第六章 §6) 的平均困难程度在考虑如下情况后可以降低一半. 在 l 为偶数时, 寻找 u^l 仅仅需要计算和存储带有偶数和式 $m+n$ 的节点处的值, 而在 l 为奇数时, 则仅仅需要计算和存储带有奇数和式 $m+n$ 的节点处的值.

注意到在矩形情况中, 交替向方法 (21) (如果它可以看作迭代方法) 可以给出对时间的变步长序列, 在此序列下的运算次数等于 $O(N^2 \ln N |\ln\varepsilon|)$.

注意到上面描述的方法可以通过定常化列入求解定常方程的一般格式. 特别, 两层

迭代方法可以看作方程
$$\frac{\partial u}{\partial t} = \Delta u + f$$
的逼近, 而三层迭代方法可以看作方程
$$\frac{\partial^2 u}{\partial t^2} + \gamma \frac{\partial u}{\partial t} = \Delta u + f$$
的逼近. 在必要的情况下, 对于偏微分方程的更复杂的定常问题的求解常常按这样的途径进行. 建立收敛于问题解的非定常的过程, 然后取这个非定常过程的离散逼近作为迭代过程. 例如, 对于方程 $\Delta u + f = 0$, 这样的一个过程可以描述为方程
$$\frac{\partial^2 u}{\partial t \partial x} + \frac{\partial^2 u}{\partial t \partial y} + \gamma \frac{\partial u}{\partial t} = \Delta u + f.$$

习题 8 证明当步长 t, x, y 满足一定的关系时, 这个方程的网格逼近变成求解网格方程 $\Delta^h u + f = 0$ 的超松弛方法. 当区域 G 为矩形且 $h_1 = h_2 = h$ 时指出迭代参数 γ 使得以精度 ε 得到解的运算量的阶等于 $\frac{2}{\pi} h^{-1} \ln(\varepsilon^{-1})$.

求解网格椭圆方程的有效的方法是最近迅速发展的固定分量方法和多重网格方法. 本质上它们也可以扩展成建立迭代方法的一般格式, 且问题归结为选择相应的改变.

在固定分量迭代方法中, 要求解任意形状区域中的泊松网格方程, 在迭代过程的每一步必须在某个包含这个区域在内的矩形区域中求解泊松方程的第一类边界问题. 如果求解最后一个问题时应用某个有效方法 (例如, 进行算法), 则对任意 p 在解的精度达到 $O(h^p)$ 时要求 $O(h^{-2} |\ln h|)$ 次算术运算.

费多连科 (Fedorenko) 方法(也称为多重网格方法). 在求解椭圆网格问题 (包括纳维–斯托克斯方程组的边值问题) 的方法中最有效最广泛应用的方法是已延续了六十年历史的多重网格方法. 由于当时的程序不适合应用这类方法, 在开始时这个方法的实际应用具有偶然性特点.

这个方法的基本思想如下. 假设要求解网格边值问题 $L_h u_h = f_h$. 适当选择某个迭代过程使得少量的迭代次数就能保证误差具有一定平滑性. 于是, 原问题变成带有相对更光滑解的问题求解. 在以步长 h 的网格上求解带有光滑解的问题近似于在更大步长 (例如 $2h$) 的网格上求解问题. 假定在更大网格上求解误差方程, 然后通过插值到原网格得到解的本质上更好的近似. 应用类似的过程将步长为 $4h$ 的网格上的解转化成步长为 $2h$ 的网格上的近似解, 如此进行下去.

步长为 h 的网格上的一次迭代常常两次或三次应用所描述的过程转化成求解步长为 $2h$ 的网格上的问题.

我们以一个边值问题的例子来研究这个方法:
$$\text{当 } 0 < x < 1 \text{ 时 } -u'' = f, u(0) = u(1) = 0.$$
相应的网格边值问题 $L_h u_h = f^h$ 具有形式:
$$-\frac{u_{n+1} - 2u_n + u_{n-1}}{h^2} = f_n = f(nh), \quad n = 1, \cdots, N-1, \quad u_0 = u_N = 0.$$
设 $N = h^{-1}$ 为偶数. 进一步, 如无特殊说明, 通常假定所有研究的网格函数属于满足条件 $u_0 = u_N = 0$ 的函数子空间 U_k.

我们来详细描述步长为 h 的网格上的解转化成步长为 $2h$ 的网格上的解的过程. 研究如下迭代过程
$$u_h^{k+1} = u_h^k - \tau(L_h u_h^k - f^h), \quad k = 0, \cdots, m-1. \tag{10}$$
将其与等式
$$u_h = u_h - \tau(L_h u_h - f^h)$$
相减得到关于误差 $r_h^k = u_h - u_h^k$ 的方程:
$$r_h^{k+1} = (E - \tau L_h) r_h^k,$$
初始近似取为 $u_h^0 = 0$. 那么,
$$r_h^0 = u_h, \quad r_h^m = (E - \tau L_h)^m u_h.$$

进一步, 所谓减小误差是指减小解 u_h 的误差相对于近似 $u_h = 0$ 的误差.

函数 $\varphi_q(n) = \sqrt{2} \sin \dfrac{\pi q n}{N}, q = 1, \cdots, N-1$ 构成函数空间 U_k 的完备正交系, 函数空间的数量积定义为
$$(f,g)_h = h \sum_{n=1}^{N-1} f_n g_n,$$
且该函数组是算子 L_h 的特征函数:
$$L_h \varphi_q = \dfrac{2 - 2\cos \dfrac{\pi q}{N}}{h^2} \varphi_q.$$

因此,
$$(E - \tau L_h)\varphi_q = \left(1 - 4\tau h^{-2} \sin^2 \dfrac{\pi q}{2N}\right) \varphi_q. \tag{11}$$

由此看出, 迭代过程 (10) 当 $0 < \tau \leqslant h^2/2$ 时收敛. 如果 $\tau = \theta h^2$, 其中 $0 < \theta < 1/2$ 与 h 无关, 则相应于函数 φ_q, 其中 q 有 N 的数量级构成的误差, 即强振荡误差乘以远小于 1 的因子. 其结果也产生一定的误差平滑性.

进一步让 $\tau = h^2/2$, 则进行的计算具有更简单的形式. 特别,
$$(E - \tau L_h) u_h|_{nh} = Q_h u_h|_{nh}, \quad \text{其中 } Q_h u_h|_{nh} = \dfrac{u_{n+1} + 2u_n + u_{n-1}}{4},$$
且关系式 (11) 变成
$$Q_h \varphi_q = \dfrac{1 + \cos \dfrac{\pi q n}{N}}{2} \varphi_q.$$

记
$$c_q = \dfrac{1 + \cos \dfrac{\pi q n}{N}}{2} = \cos^2 \dfrac{\pi q}{2N}, \quad s_q = \dfrac{1 - \cos \dfrac{\pi q n}{N}}{2} = \sin^2 \dfrac{\pi q}{2N}.$$

于是,
$$Q_h \varphi_q = c_q \varphi_q, \quad Q_h^m \varphi_q = c_q^m \varphi_q.$$

定义从步长 h 的网格变换到步长 $2h$ 的网格的算子 Π_h^{2h}:
$$\Pi_h^{2h} g_h|_{nh} = \dfrac{g_{n+1} + 2g_n + g_{n-1}}{4}, \quad n \text{ 为偶数}$$

和从步长 $2h$ 的网格变换到步长 h 的网格的算子 Π_{2h}^h：

$$\Pi_{2h}^h g_{2h}|_{nh} = \begin{cases} g_n, & \text{当 } n \text{ 为偶数时,} \\ \dfrac{g_{n-1} + g_{n+1}}{2}, & \text{当 } n \text{ 为奇数时.} \end{cases}$$

引理 下列不等式是正确的

$$\|\Pi_h^{2h} g_h\|_{2h}^2 \leqslant \|g_h\|_h^2, \quad \|\Pi_{2h}^h g_{2h}\|_h^2 \leqslant \|g_{2h}\|_{2h}^2. \tag{12}$$

证明 写出关于向量 $(1/s, \cdots, 1/s)$ 和 $(a_1, \cdots, a_s)$ 的数量积的柯西-布尼亚科夫斯基不等式：

$$\left(\frac{a_1 + \cdots + a_s}{s}\right)^2 \leqslant \frac{a_1^2 + \cdots + a_s^2}{s}.$$

因此

$$\left(\frac{g_{n-1} + 2g_n + g_{n+1}}{4}\right)^2 = \left(\frac{g_{n-1} + g_n + g_n + g_{n+1}}{4}\right)^2 \leqslant \frac{g_{n-1}^2 + g_n^2 + g_n^2 + g_{n+1}^2}{4}.$$

如果 $g_n \in U_h$，则对偶数项 n 求和且乘以 $2h$ 得到引理的第一个结论.

类似地有

$$\left(\frac{g_{n-1} + g_{n+1}}{2}\right)^2 \leqslant \frac{g_{n-1}^2 + g_{n+1}^2}{2}.$$

对奇数项 n 求和且加上和式 $\sum_{j=1}^{N/2-1} g_{2j}^2$. 在乘以 h 后得到引理的第二个结论.

如果能成功精确求解方程

$$L_h r_h^m = Q_h^m f_h, \tag{13}$$

则将 r_h^m 添加进 u_h^m 得到问题的精确解 u_h.

假定已知方程

$$L_{2h} r_{2h} = g_{2h}$$

的近似解的算法使得近似解可以写成

$$\tilde{r}_{2h} = A_{2h}^{\varepsilon_1} g_{2h} = r_{2h} - S_{2h}^{\varepsilon_1} r_{2h},$$

其中 $A_{2h}^{\varepsilon_1}$ 和 $S_{2h}^{\varepsilon_1}$ 为某些线性算子, 且

$$\|S_{2h}^{\varepsilon_1} r_{2h}\|_{2h} \leqslant \varepsilon_1 \|r_{2h}\|_{2h}. \tag{14}$$

将 (13) 的第一部分转化到步长为 $2h$ 的网格上, 且应用这个算法到方程

$$L_{2h} r_{2h} = \Pi_h^{2h} Q_h^m f_h.$$

这个方程的精确解可以写成

$$r_{2h} = L_{2h}^{-1} \Pi_h^{2h} Q_h^m f_h = L_{2h}^{-1} \Pi_h^{2h} Q_h^m L_h u_h.$$

将所得到的近似解 $\tilde{r}_{2h} = r_{2h} - S_{2h}^{\varepsilon_1} r_{2h}$ 插值到带有步长 h 的网格上得到近似

$$\tilde{r}_h = \Pi_{2h}^h (r_{2h} - S_{2h}^{\varepsilon_1} r_{2h}).$$

令

$$u_h^1 = u_h^m + \tilde{r}_h.$$

所得近似的误差等于 $R_h^1 = r_h^m - \tilde{r}_h$. 通过原问题的解来表示这个误差, 得到
$$R_h^1 = z_h^1 + z_h^2,$$
其中
$$\begin{aligned} z_h^1 &= Q_h^m u_h - \Pi_{2h}^h r_{2h} = \left(Q_h^m - \Pi_{2h}^h L_{2h}^{-1} \Pi_h^{2h} Q_h^m L_h\right) u_h, \\ z_h^2 &= \Pi_{2h}^h S_{2h}^{\varepsilon_1} r_{2h} = \Pi_{2h}^h S_{2h}^{\varepsilon_1} L_{2h}^{-1} \Pi_h^{2h} Q_h^m L_h u_h. \end{aligned} \quad (15)$$

函数 φ_q 是算子 L_h 和 L_{2h} 的特征函数:
$$L_h \varphi_q = \frac{4\sin^2\dfrac{\pi q}{2N}}{h^2}\varphi_q = \frac{4s_q}{h^2}\varphi_q, \quad L_{2h}\varphi_q = \frac{4\sin^2\dfrac{\pi q}{N}}{(2h)^2}\varphi_q = \frac{4s_q c_q}{h^2}\varphi_q.$$

成立等式
$$\Pi_h^{2h}\varphi_{q2h} = c_q \varphi_{qh}.$$

因此
$$r_{2h} = L_{2h}^{-1}\Pi_h^{2h} L_h Q_h^m u_h = \sum_{k=1}^{N-1}\left(\frac{h^2}{4s_q c_q}\right)c_q\left(\frac{4s_q}{h^2}\right)c_q^m a_q \varphi_q = \sum_{q=1}^{N-1} c_q^m a_q \varphi_q.$$

函数 $L_{2h}^{-1}\Pi_h^{2h}L_h Q_h^m u_h$ 与 $Q_h^m u_h$ 在步长为 $2h$ 的网格节点处重合具有偶然特性, 且在其他情况下不会发生.

成立如下等式
$$\varphi_{N-q}(n) = \sin\frac{\pi(N-q)n}{N} = \begin{cases} \sin\dfrac{\pi q n}{N} = \varphi_q(n), & \text{当 } n \text{ 为奇数时}, \\ -\sin\dfrac{\pi q n}{N} = -\varphi_q(n), & \text{当 } n \text{ 为偶数时}, \end{cases}$$
$$\varphi_{N/2}(n) = 0, \quad \text{当 } n \text{ 为偶数时}, \qquad (16)$$
$$s_{N/2} = c_{N/2} = \frac{1}{2},$$
$$s_q + c_q = 1, \quad c_q = s_{N-q}, \quad s_q = c_{N-q}.$$

因此
$$r_{2h} = \sum_{q=1}^{N/2-1}(c_q^m a_q - s_q^m a_{N-q})\varphi_q.$$

由帕塞瓦尔 (Parseval) 等式
$$\|z_{2h}\|_{2h} = \sum_{q=1}^{N/2-1}(c_q^m a_q - s_q^m a_{N-q})^2, \quad \|u_h\|_h = \sum_{q=1}^{N-1} a_q^2.$$

从柯西-布尼亚科夫斯基不等式推出
$$(c_q^m a_q - s_q^m a_{N-q})^2 \leqslant (c_q^{2m} + s_q^{2m})(a_q^2 + a_{N-q}^2).$$

由 (16) 有
$$c_q^{2m} + s_q^{2m} \leqslant c_q + s_q = 1.$$

因此
$$(c_q^m a_q - s_q^m a_{N-q})^2 \leqslant a_q^2 + a_{N-q}^2.$$

对 q 求和后得到
$$\|z_{2h}\|_{2h}^2 \leqslant \|u_h\|_h^2.$$
由此以及 (12), (14) 得到估计
$$\|z_h^2\|_h = \|\Pi_{2h}^h S_{2h}^{\varepsilon_1} L_{2h}^{-1} \Pi_h^{2h} L_h Q_h^m\|_h \leqslant \varepsilon_1 \|u_h\|_h.$$
由等式
$$\Pi_{2h}^h \varphi_q|_{nh} = \begin{cases} \varphi_q(n), & \text{当 } n \text{ 为偶数时,} \\ \cos\dfrac{\pi q}{N}\varphi_q, & \text{当 } n \text{ 为奇数时} \end{cases}$$
和等式 (16), 适当选取 a_q 和 b_q 使得对所有的 n 满足等式
$$\Pi_{2h}^h \varphi_q|_{nh} = a_q \varphi_q(n) + b_q \varphi_{N-q}(n).$$
得到等式
$$a_q - b_q = 1 = c_q + s_q, \quad a_q + b_q = \cos\frac{\pi q}{N} = c_q - s_q,$$
于是 $a_q = c_q, b_q = -s_q$. 因此
$$\Pi_{2h}^h r_{2h} = \sum_{q=1}^{N-1} c_q^m a_q (c_q \varphi_q - s_q \varphi_{N-q}) = \sum_{q=1}^{N-1} (c_q^{m+1} a_q - s_q^m c_q a_{N-q}) \varphi_q.$$
将这个表达式代入 (15) 得到等式
$$z_h^1 = Q_h^m - \Pi_{2h}^h r_{2h}$$
$$= \sum_{q=1}^{N-1} (c_q^m a_q - (c_q^{m+1} a_q - s_q^m c_q a_{N-q}))\varphi_q$$
$$= \sum_{q=1}^{N-1} (c_q^m s_q a_q + s_q^m c_q a_{N-q})\varphi_q.$$
由柯西-布尼亚科夫斯基不等式
$$(c_q^m s_q a_q + s_q^m c_q a_{N-q})^2 \leqslant (c_q^{2m} s_q^2 + s_q^{2m} c_q^2)(a_q^2 + a_{N-q}^2).$$
第一个因子写成
$$g_m(y) = (1-y)^{2m} y^2 + y^{2m}(1-y)^2, \text{ 其中 } y = s_q.$$
如果引入记号 $\overline{g}_m = \max\limits_{[0;1]} g_m(y)$, 则对所有的 q 将成立不等式
$$(c_q^m s_q a_q + s_q^m c_q a_{N-q})^2 \leqslant \overline{g}_m (a_q^2 + a_{N-q}^2),$$
因此
$$\|z_h^1\|_h^2 = \sum_{q=1}^{N-1} (c_q^m s_q a_q + s_q^m c_q a_{N-q})^2$$
$$\leqslant \overline{g}_m \sum_{q=1}^{N-1} (a_q^2 + a_{N-q}^2) \leqslant 2\overline{g}_m \sum_{q=1}^{N-1} a_q^2 = 2\overline{g}_m \|u_h\|_h^2.$$
由此得到估计 $\|z_h^1\|_h \leqslant G_m \|u_h\|_h$, 其中 $G_m = \sqrt{2\overline{g}_m}$.

由这个估计以及对 $\|z_h^1\|$ 的估计推出
$$\|R_h^1\|_h \leqslant (G_m + \varepsilon_1)\|R_h^0\|_h. \tag{17}$$

这里 $R_h^0 = u_h$ 为初始近似的误差: $u_h^0 = 0$.

我们来估计值 G_2. 成立等式 $g_2(y) = (1-2u)u^2$, 其中 $u = y(1-y)$. 由复合函数的微分公式
$$\frac{dg_2(y)}{dy} = u(2-6u)(1-2y).$$

由此得到 $g_2(y)$ 的导数在点 $0, 1/2, 1, 1/2 \pm \mathbf{i}\sqrt{1/12}$ 处等于零. 因此, 应用函数 $g_2(y)$ 的图像得到 $\bar{g}_2 = g_2(1/2) = 1/32, G_2 = 0.25$.

习题 9 证明, 当 $m > 2$ 时
$$G_m < \sqrt{\frac{2}{e^2 m^2} + \frac{1}{2 \cdot 4^m}} < 0.59/m.$$

总结上面的描述如下. 以初始近似 $u_h^0 = 0 = u_h - u_h$ 开始, 我们得到第一个近似 $u_h^1 = u_h - S_h^{\varepsilon_0} u_h$, 其中 $\varepsilon_0 = G_m + \varepsilon_1$,
$$S_h^{\varepsilon_0} = Q_h^m - \Pi_{2h}^h L_{2h}^{-1} \Pi_h^{2h} Q_h^m L_h + \Pi_{2h}^h S_{2h}^{\varepsilon_1} L_{2h}^{-1} \Pi_h^{2h} Q_h^m L_h.$$

于是, 应用在步长 $2h$ 的网格上误差减小 $1/\varepsilon_1$ 倍的算法, 且进行附加的 $O(mN)$ 次算术运算, 我们在步长为 h 的网格上获得的误差减小了 $1/\varepsilon_0$ 倍, 其中 $\varepsilon_0 = G_m + \varepsilon_1$.

进一步, 固定 $m = 2$ 且取 $\varepsilon_1 = 0.25$. 从估计 (17) 推出当应用所描述的过程时, 在步长 h 的网格上解的误差范数乘以不大于 0.5 的因子. 在重复应用这一过程后在步长 h 的网格上解的误差范数乘以不大于 0.25 的因子.

总之, 在步长 $2h$ 的网格上两次应用误差减小 4 倍的算法, 其增加的运算次数不超过 $C(2)N$, 我们得到步长为 h 的网格上的算法, 其误差减小了 4 倍.

以 $Z(l)$ 记在步长 $h_l = 2^{-l}$ 的网格上为达到误差减小 4 倍所需要的算术运算次数. 上面得到的结果可以写成下面不等式形式
$$Z(l) \leqslant 2Z(l-1) + C(2)2^l.$$

函数 $W(l) = C(2)l 2^l$ 满足方程
$$W(l) = 2W(l-1) + C(2)2^l.$$

当 $l = 1$ 时可以通过不超过 3 次算术运算求解所研究的网格问题. 因为 $C(2) > 2$, 则 $Z(1) \leqslant W(1)$.

对 l 应用归纳法可以得到估计: 当 $N = 2^l$ 时 $Z(l) \leqslant W(l) = O(N \log_2 N)$.

如果要求误差减小 M 倍, 则只需要 $[1 + \log_4 M]$ 次迭代, 于是求解问题所需要的运算次数总的为 $O(N \log_2 N \log_2 M)$.

这个估计比追赶法或打靶法的运算次数估计 $O(N)$ 要差.

但是, 在所研究的方法中可以减小算术运算次数. 首先, 可以证明, 对迭代公式 (10) 进行某种变形后在步长 h 的网格上求解问题时仅需要一次就可以转换成在步长 $2h$ 的网格上求解问题.

结果, 为使在步长 h 的网格上的误差范数减小 4 倍所要求的运算次数减小到 $O(N)$.

可以提出其他的方式来减小误差范数, 例如, 将在步长 $h = 2^{-l}$ 的网格上带有 $O(N)$

次算术运算的误差范数减小 4 倍. 设当 $j = 1, \cdots, m_l$ 时 $\eta_j = 1/(4(l-j+1))$, $m_j = [4(l-j+1)(l-j+2)0.59] + 1$. 应用上面描述的算法依次将在步长 $h_j = 2^{-j}$ 的网格上的问题求解转化成在步长 $h_j = 2^{-(j-1)}$ 的网格上的问题求解. 并且对每个 $j = l, \cdots, 2$ 按公式 (10) 当 $\tau = \tau_j = h_j^2/4$ 时进行 m_j 次迭代. 在步长 $h_1 = 1/2$ 的网格上问题可以精确求解.

习题 10 证明, 如此选择 η_j 和 m_j 后在步长 $h = 2^{-l}$ 的网格上解的误差减小 4 倍, 并且为此消耗的总的算术运算次数是 $O(N)$.

在求解问题时实际上应用了条件: 对所有的 j 满足不等式 $\eta_j \geq \eta_{j-1} + 0.59/m_j$.

第二, 可以注意下列情况. 在两次微分 $f(x)$ 时在步长 2^{-l} 和 $2^{-(l-1)}$ 的网格上问题的解相差 $O(2^{-2l})$. 因此, 可以按照如下方式进行.

给定某个递减序列 $\delta_l = \text{const} \cdot 2^{-2l}$. 依次在步长 $h_l = 2^{-(l-1)}$ 的网格上以迭代过程误差阶为 δ_{l-1} 求解问题, 且得到的近似将取作在步长 $h_l = 2^{-l}$ 的网格上迭代的数据. 由此对每个 l, 上面描述的迭代仅仅要求有限次. 结果, 原网格问题的解将以误差 $O(1/N^2)$ 得到, 总的算术运算次数为 $O(N)$.

在所研究的情况中, 当对迭代过程 (10) 进行某种变形后一次完整迭代的结果 —— 从步长 $h = 2^{-l}$ 下降到步长 $h = 2^{-1}$, 再上升到步长 $h = 2^{-l}$, 花费总的算术运算次数 $O(N)$, 得到网格问题的精确解. 但是这个事实具有偶然特征, 且与更复杂问题无关.

我们来研究问题的维数 $s > 1$ 的情况. 假设应用所讨论的算法将步长 h 的网格上问题的解转化为步长 $2h$ 的网格上问题的解, 在每一步这些转化的数量等于 $q > 1$.

对于相当广泛的一类问题可以证明存在 $\varepsilon(q) > 0$ 和 $m(q) < \infty$, 它们满足如下关系式. 应用上面描述的过程 q 次, 其中按 (10) 进行 $m(q)$ 次迭代, 转化成步长 $2h$ 的网格问题, 借助于算法 $S_{2h}^{\varepsilon(q)}$ 在这个网格上的求解, 并转化到步长 h 的网格上, 完成这些步骤后在步长 h 的网格上问题解的误差范数减小 $1/\varepsilon(q)$ 倍.

自然, 从一个网格向另一个网格转化的算子 Π_h^{2h} 和 Π_{2h}^h 不同于上面的算子.

以 $Z(l)$ 记为在步长 $h = 2^{-l}$ 的网格上将误差减小 $1/\varepsilon(q)$ 倍所要求的运算次数. 则成立不等式

$$Z(l) \leq qZ(l-1) + C_0(s,q)2^{sl}.$$

因此, 当 $q < 2^s$ 时可以得到不等式 $Z(l) \leq C_1(s,q)2^{sl}$.

于是, 为在步长 h 的网格上将误差减小 $1/\varepsilon(q)$ 倍所要求的运算次数为 $O(h^{-s})$, 即为阶 $O(N)$, 其中 N 为网格问题的总的节点数.

上述结论对于有限元方法的近似情况也正确.

参考文献

1. Бахвалов Н.С.О сходимости одного релаксационного метода при естественных

ограничениях на эллиптический оператор. // ЖВМиМФ — 1966, т. 6, N 5, с. 861–883.

2. Березин И.С., Жидков Н.П. Методы вычислений. Т. 2. — М.: Физматгиз, 1962.
3. Воеводин В.В., Кузнецов Ю.А. Матрицы и вычисления. — М.: Наука, 1984.
4. Годунов С.К., Рябенький В.С. Введение в теорию разностных схем. — М.: Наука, 1962.
5. Годунов С.К., Рябенький В.С. Разностные схемы. — М.: Наука, 1977.
6. Годунов С.К., Забродин А.В. и др. Численное решение многомерных задач газовой динамики. — М.: Наука, 1976.
7. Денисов А.М. Введение в теорию обратных задач — М.: Изд-во МГУ, 1994.
8. Джордж А., Лю Д. Численное решение больших разреженных систем уравнений. — М.: Мир, 1984.
9. Дьяконов Е.Г. Минимизация вычислительной работы. Асимптотически оптимальные алгоритмы для эллиптических задач. — М.: Наука, 1989.
10. Зенкевич О., Морган К. Конечные элементы и аппроксимация. — М.: Мир, 1980.
11. Кобельков Г.М. Решение задачи о стационарной свободной конвекции. // ДАН СССР. — 1980, **225**, N 2, с. 277–282.
12. Кобельков Г.М. О методах решения уравнений Навье-Стокса. // Вычислительные процессы и системы. — М.: Наука, 1991, вып. 8, с. 204–236.
13. Крылов В.И., Бобков В.В., Монастырный П.И. Начала теории вычислительных методов. Уравнения в частных производных. — Минск: Наука и техника, 1982.
14. Локуциевский О.В., Гавриков М.Б. Начала численного анализа. — М.: ТОО 《Янус》, 1995.
15. Марчук Г.И. Методы вычислительной математики. — М.: Наука, 1980.
16. Марчук Г.И., Агошков В.И. Введение в проекционно-разностные методы. — М.: Наука, 1981.
17. Марчук Г.И., Лебедев В.И. Численные методы в теории переноса нейтронов. — М.: Атомиздат, 1981.
18. Марчук Г.И., Шайдуров В.В. Повышение точности решений разностных схем. — М.: Наука, 1979.
19. Марчук Г.И., Яненко Н.Н. Применение метода расщепления (дробных шагов) для решения задач математической физики. — В кн.: Некоторые вопросы вычислительной и прикладной математики. — Новосибирск: Наука, 1966.
20. Рябенький В.С., Филиппов А.Ф. Об устойчивости разностных уравнений. — М.: Гостехиздат, 1956.
21. Самарский А.А. Теория разностных схем. — М.: Наука, 1982.
22. Самарский А.А., Андреев В.Б. Разностные методы для решения эллиптических уравнений. — М.: Наука, 1976.
23. Самарский А.А., Гулин А.В. Устойчивость разностных схем. — М.: На- ука,

1973.

24. Самарский А.А., Николаев Е.С. Методы решения сеточных уравнений. — М.: Наука, 1978.
25. Самарский А.А., Попов Ю.П. Разностные методы решения задач газовой динамики. — М.: Наука, 1980.
26. Самарский А.А., Капорин И.Е., Кучеров А.Б., Николаев Е.С. Некоторые современные методы решения сеточных уравнений. // Изв. вузов. Сер. мат., 1983, N 7(254). С. 3–12.
27. Саульев В.К. Интегрирование уравнений параболического типа методом сеток. — М.: Физматгиз, 1960.
28. Стрэнг Г., Фикс Дж. Теория метода конечных элементов. — М.: Мир, 1977.
29. Федоренко Р.П. Релаксационный метод решения разностных эллиптичес- ких уравнений. // ЖВМиМФ — 1961. т.1, N 5. С. 922–927.
30. Федоренко Р.П. Введение в вычислительную физику. — М.: Изд-во МФТИ, 1994.
31. Шайдуров В.В. Многосеточные методы конечных элементов. — М.: Наука, 1989.
32. Яненко Н.Н. Метод дробных шагов решения многомерных задач математ- ической физики. — Новосибирск: Наука, 1967.
33. Hackbusch W. Multi-Grid Methods and Applications. — Springer-Verlag, Berlin — Heidelberg, 1985.

第十一章　求解积分方程的数值方法

在这一章中我们简短地描述求解积分方程的算法,不详细探讨误差估计问题.

积分方程求解问题来源于偏微分方程边值问题求解出现的辅助问题,也来源于核反应研究、地球物理学中的所谓逆问题、观测结果的研究等实际问题. 我们仅限于研究带有一个未知函数和一个未知变量的积分方程情况.

§1. 替换为求积和式的积分方程求解方法

在求解积分方程的数值方法理论中,研究如下典型问题. 寻找下列几类积分方程的解:
第一类弗雷德霍姆积分方程
$$Gy = \int_a^b K(x,s)y(s)ds = f(x), \tag{1}$$
第二类弗雷德霍姆积分方程
$$y - \lambda Gy = y - \lambda \int_a^b K(x,s)y(s)ds = f(x), \tag{2}$$
第一类沃尔泰拉积分方程
$$Gy = \int_a^x K(x,s)y(s)ds = f(x), \tag{3}$$
第二类沃尔泰拉积分方程
$$y - \lambda Gy = y - \lambda \int_a^x K(x,s)y(s)ds = f(x) \tag{4}$$
以及特征值问题
$$Gu = \lambda u \tag{5}$$
的解.

在最后的问题中要寻找数 λ 使得问题 (5) 具有非零解.

应用某个数值积分公式
$$J(\psi) = \int_a^b \psi(x)dx \approx S_m(\psi) = \sum_{j=1}^m c_j \psi\left(x_j^{(m)}\right), \tag{6}$$

其中 c_j 一般说来与 m 有关. 我们有等式
$$J(\psi) = S_m(\psi) + R_m(\psi), \tag{7}$$
其中 $R_m(\psi)$ 为求积公式 (6) 的余项.

作为例子我们研究第二类弗雷德霍姆积分方程 (2). 借助于关系式 (7) 可以将它写成
$$y(x) - \lambda \sum_{j=1}^{m} c_j K\left(x, x_j^{(m)}\right) y\left(x_j^{(m)}\right) - R_m(\lambda Ky) = f(x). \tag{8}$$

在借助于求积公式 (6) 计算积分 $\lambda \int_a^b K(x,s)y(s)ds$ 时余项 $R_m(\lambda Ky)$ 是变量 x 的函数. 在 (8) 中令 $x = x_i^{(m)}, i = 1, \cdots, m$, 得到方程组
$$y\left(x_i^{(m)}\right) - \lambda \sum_{j=1}^{m} c_j K\left(x_i^{(m)}, x_j^{(m)}\right) y\left(x_j^{(m)}\right) = f\left(x_i^{(m)}\right) + R_m(\lambda Ky)|_{x_i^{(m)}}.$$
去掉余项, 转化成线性代数方程组
$$y_i - \lambda \sum_{j=1}^{m} c_j K\left(x_i^{(m)}, x_j^{(m)}\right) y_i = f_i, \quad f_i = f\left(x_i^{(m)}\right), \quad i = 1, \cdots, m. \tag{9}$$
可以应用线性代数方程组求解的标准方法来求解这个问题.

我们来研究 $K(x,s)$ 和 $f(x)$ 为实的情况. 将注意力放在下列情况上. 如果积分算子 G 的核 $K(x,s)$ 对称 (即 $K(s,x) \equiv K(x,s)$), 则原方程 (2) 的左边部分的算子 $E-G$ 也是对称的.

但是, 方程组 (9) 的矩阵不一定对称. 我们先前已看到求解带有对称矩阵的方程组在一定意义下比求解带有非对称矩阵的方程组更具优势: 有类型广泛的精确方法和迭代方法可以用来求解这类方程组.

方程组 (9) 可以变成为对称矩阵的方程组. 为此, 方程组 (9) 中第 i 个方程乘以 c_i, 得到方程组
$$c_i y_i - \lambda \sum_{j=1}^{m} c_i c_j K(x_i^{(m)}, x_j^{(m)}) y_j = c_i f_i, \quad i = 1, \cdots, m, \tag{10}$$
这个方程组已带有对称矩阵.

另一个可能的对称化方法如下. 方程组 (9) 中第 i 个方程乘以 $\sqrt{c_i}$, 且让 $\sqrt{c_i} y_i = z_i$ 得到方程组
$$z_i - \lambda \sum_{j=1}^{m} \sqrt{c_i}\sqrt{c_j} K(x_i^{(m)}, x_j^{(m)}) z_j = \sqrt{c_i} f_i, \quad i = 1, \cdots, m. \tag{11}$$

在 $c_i > 0$ 的情况下, 第二个对称化方法更有优势, 因为方程组 (11) 的矩阵的特征值分散度通常小于方程组 (10) 中矩阵的特征值分散度.

注意到, 当在求积公式 (6) 中所有权值相同时, 即
$$c_1^{(m)} = \cdots = c_m^{(m)} = (b-a)/m, \tag{12}$$
则不必再进行对称化.

习题 1 考虑复自共轭对称核的情况 $K(x,s) = \overline{K(x,s)}$. 验证在这种情况下应用所描述的方法时得到带有自共轭对称核的方程组.

当然, 正如对任意线性代数方程组求解一样, 在应用高斯法或者平方根法时在计算过程中可能出现除以零的运算或者溢出.

习题 2　考虑当满足 (12) 和常数核
$$K(x,s) \equiv K = \mathrm{const}$$
的情况下的矩形公式. 应用高斯消元法以自然顺序消去未知量 $y_1, \cdots, y_m$ 来求解方程组 (9). 证明当 $1 - \lambda K(b-a) \geqslant \varepsilon > 0$ 时, 在按高斯法 (§6.1) 消元的过程中所有遇到的元 a_{ij}^l 的绝对值一致存在某个常值上界 $\kappa(\varepsilon)$, 它仅仅与 ε 有关而与 m 无关:
$$\left|a_{ij}^l\right| \leqslant \kappa(\varepsilon) < \infty.$$
证明当 $1 - \lambda K(b-a) < 0$ 时有
$$\varlimsup_{m \to \infty} \sup_{i,j,l} \left|a_{ij}^l\right| = \infty.$$

习题 3　证明, 在条件
$$|\lambda| \sum_{j=1}^m \left| c_j K\left(x_i^{(m)}, x_j^{(m)}\right) \right| \leqslant 1 - \varepsilon, \quad \varepsilon > 0 \tag{13}$$
之下当应用高斯法求解方程组 (9) 时总有

对任意 m, i, j, l 成立 $\left|a_{ij}^l\right| \leqslant \kappa_1(\varepsilon) < \infty.$

研究特征值问题 (5) 时用求积公式 (6) 进行积分近似产生代数特征值问题:
$$\sum_{j=1}^m c_j K\left(x_i^{(m)}, x_j^{(m)}\right) y_j = \lambda y_i. \tag{14}$$
其求解可以应用标准的特征值问题求解方法.

在 $c_j > 0$ 和对称核 $K(x,s)$ 的情况下, 同上面一样, 特征值问题可以借助于引入新的变量 $\sqrt{c_i} y_i = z_i$ 而转换成对于对称矩阵的特征值问题.

习题 4　假设所有 $c_j K\left(x_i^{(m)}, x_j^{(m)}\right) \geqslant 0$ 且其中存在非零的数. 证明问题 (14) 的模最大的特征值 λ_1 为正数. 证明, 相应于这个特征值的特征向量中存在这样的向量, 其所有分量非负.

提示　问题求解的一个可能的途径是研究迭代过程 (第六章)
$$y_i^{(m+1)} = \sum_{j=1}^m c_j K\left(x_i^{(m)}, x_j^{(m)}\right) y_j^{(m)}$$
在带有正的分量 $y_i^{(0)}$ 的初始条件 $(y_1^{(0)}, \cdots, y_m^{(0)})^T$ 下寻找特征向量.

第二类沃尔泰拉积分方程 (4) 可以写成
$$y(x) - \lambda \int_a^b \tilde{K}(x,s) y(s) ds = f(x),$$
其中核
$$\tilde{K}(x,s) = \begin{cases} K(x,s), & \text{当 } s \leqslant x, \\ 0, & \text{当 } s > x, \end{cases}$$

且应用上面描述的求解第二类弗雷德霍姆积分方程的方法.

但是, 按照这样的途径我们可能得到的方法当 $m \to \infty$ 时的收敛性不好: 求积公式 (6) 的误差可能大, 因为 $s > x$ 时被积函数等于零且在整个区间 $[a,b]$ 上间断 (如果 $K(x,s) \neq 0$) 或者没有高的光滑性.

因此按照如下方式进行更恰当. 给定一组点 $a \leqslant x_1^{(1)} < \cdots < x_m^{(m)} \leqslant b$. 写出关系式
$$y\left(x_i^{(m)}\right) - \lambda \int_a^{x_i^{(m)}} K(x_i^{(m)}, s) y(s) ds = f\left(x_i^{(m)}\right)$$
且应用某个充分高精度的求积公式计算积分
$$\int_a^{x_i^{(m)}} K(x_i^{(m)}, s) y(s) ds, \tag{15}$$
其中使用被积函数在点 $x_1^{(m)}, \cdots, x_m^{(m)}$ 的值. 如果计算积分时仅仅使用了被积函数在点 $x_1^{(m)}, \cdots, x_i^{(m)}$ 的值, 则方程组 (9) 的矩阵将为左三角矩阵且方程组 (9) 的求解实质上更简单了.

我们来研究下列求解问题 (4) 的方法. 假设 $K(x,s)$ 和 $f(s)$ 均 l 次可微. 可以证明解也 l 次可微. 令 $x_i^{(m)} = a + (i-1)H, H = (b-a)/(m-1)$. 为计算积分 $\int_a^{x_i^{(m)}} K(x,s) f(s) ds$ 应用精度为 $O(H^l(x_i^{(m)} - a))$ 格雷戈里公式. 这些公式当 $i \geqslant l$ 时有定义. 当 $i < l$ 时应用某个精度为 $O(H^l)$ 或 $O(H^{l+1})$ 的按照节点 $x_0^{(m)}, \cdots, x_{l-1}^{(m)}$ 的求积公式. 最终得到方程组 (9), 其中在主对角线上方的非零元素只可能位于前 l 行和列. 解方程组 (9) 中关于 l 个未知量 $y_1, \cdots, y_l$ 的前 l 个方程, 然后解带有左三角矩阵的方程组得到其余的 y_i.

如果核 $K(x,s)$ 和右边部分 $f(s)$ 为解析函数, 则应用众所周知的求解微分方程的巴切尔 (Batcher) 方法的思想有时更适合. 在此情况下得到完全填满的矩阵方程组, 但同时解的误差按照 q^m 减小, 其中 $q < 1$.

如果 $K(x,x) \neq 0$, 则第一类沃尔泰拉方程 (3) 对 x 微分, 将其求解转化为求解第二类沃尔泰拉积分方程
$$K(x,x) y(x) + \int_a^x K_x(x,s) y(s) ds = f_x(x). \tag{16}$$

§2. 借助于核退化变换求解积分方程

另外的用于问题 (1.2), (1.4) 的求解积分方程的经典方法在于积分算子核 $K(x,s)$ 的退化变换.

表示成如下有限和式的核称为退化的
$$K(x,s) = \sum_{j=1}^q c_j(x) d_j(s), \quad q < \infty.$$
设
$$K(x,s) \approx K^0(x,s) = \sum_{j=1}^q c_j(x) d_j(s). \tag{1}$$
为确定起见将假定 $c_1(x), \cdots, c_q(x)$ 线性无关且 $d_1(s), \cdots, d_q(s)$ 也线性无关. 否则可以将核 $K^0(x,s)$ 写成 (1) 式但其中的 q 更小.

§2. 借助于核退化变换求解积分方程

在情况 (1) 中有理由期望方程 (1.2) 的解近似于下列方程的解

$$y(x) - \lambda \int_a^b K^0(x,s)y(s)ds = f(x). \tag{2}$$

将 $K^0(x,s)$ 的表达式代入 (2) 得到等式

$$y(x) = f(x) + \lambda \int_a^b \sum_{j=1}^q c_j(x)d_j(s)y(s)ds. \tag{3}$$

于是,

$$y(x) = f(x) + \lambda \sum_{j=1}^q A_j c_j(x), \tag{4}$$

其中

$$A_j = \int_a^b d_j(s)y(s)ds.$$

这样, 求解方程 (2) 变成确定系数 A_j.

将 $y(x)$ 的表达式 (4) 代入 (3) 得到方程

$$\lambda \sum_{i=1}^q A_i c_i(x) - \lambda \int_a^b \sum_{i=1}^q c_i(x)d_i(s)\left(f(s) + \lambda \sum_{j=1}^q A_j c_j(s)\right)ds = 0.$$

在两种情况中得到这个方程时将求和标号 j 换成了 i. 最后这个方程可以改写成

$$\sum_{i=1}^q B_i c_i(x) = 0,$$

其中

$$B_i = A_i - \int_a^b d_i(s)f(s)ds - \lambda \sum_{j=1}^q A_j \int_a^b d_i(s)c_j(s)ds.$$

由函数 $c_i(x)$ 的线性无关性有 $B_i = 0$. 于是, 得到关于 A_i 的方程组:

$$A_i - \lambda \sum_{j=1}^q (d_i, c_j)A_j = (d_i, f), \tag{5}$$

其中 $(g,f) = \int_a^b g(x)f(x)dx$ 为数量积. 解这个方程组得到问题的近似解有如下形式

$$y(x) \approx f(x) + \lambda \sum_{j=1}^q A_j c_j(x).$$

如果应用 §1 中的方法, 则对于大的 m 由于相当大的运算量 (m^3 量级) 不可能应用高斯法求解方程组 (1.9).

如果

$$\sum_{j=1}^m \left|\lambda c_j K\left(x_i^{(m)}, x_j^{(m)}\right)\right| \leqslant q < 1, \tag{6}$$

则可以应用简单迭代方法求解方程组 (1.9)

$$y_i^{n+1} = \lambda \sum_{j=1}^m c_j K\left(x_i^{(m)}, x_j^{(m)}\right) y_j^n + f_i. \tag{7}$$

如果将这个迭代过程改写成向量形式

$$\mathbf{y}^{n+1} = B\mathbf{y}^n + \mathbf{f},$$

则由 (6) 有 $||B||_\infty \leqslant q < 1$, 且迭代过程的误差按照 $O(q^n)$ 减小. 如果 q 不非常接近于 1, 则迭代过程 (7) 比高斯法更合理.

如果迭代过程收敛很慢或者不收敛, 则可以应用下列方法. 在方程 (1.2) 中引入新的未知函数

$$z(x) = y(x) - \lambda \int_a^b K^0(x,s) y(s) ds$$

且将其变成形式

$$z(x) - \int_a^b H(x,s) z(s) ds = g(x). \tag{8}$$

如果 $||K^0(x,s) - K(x,s)||_\infty \to 0$, 则有 $||H(x,s)||_\infty \to 0$. 因此对充分小的值 $||K^0(x,s) - K(x,s)||_\infty$ 和适当选择的求积公式, 相应于方程 (8) 的方程组 (1.9) 满足条件 (6), 且迭代过程 (7) 快速收敛.

研究另一个方法来获得带有小的 $||H||_\infty$ 的形如 (8) 的方程. 定义积分算子

$$Q_0 g = \int_a^b K_0(x,s) g(s) ds.$$

以 G_0 记算子 $E - \lambda Q_0$ 的逆算子, 即 $G_0 f$ 等于方程 $y - \lambda Q_0 y = f$ 的解. 对 (1.2) 应用算子 G_0 得到方程

$$G_0(E - \lambda Q) y = G_0 f,$$

它可以写成

$$y(x) - \int_a^b R(x,s) y(s) ds = h(x), \tag{9}$$

其中当 $||K - K_0||_\infty \to 0$ 时有 $||R||_\infty \to 0$.

在实际计算中最常用的是所述方法的离散情况. 类似于退化核的情况可以定义一类退化矩阵. 设 M_q^m 为表示成如下形式的 m 阶方阵的集合

$$S = \sum_{j=1}^q \mathbf{c}_j \mathbf{d}_j^T,$$

其中矩阵 $\mathbf{c}_j \mathbf{d}_j^T$ 是秩等于 1 的 m 阶方阵.

类似于求解第二类弗雷德霍姆积分方程的方法可以建立求解有 "退化" 矩阵的代数方程组

$$\mathbf{y} = \lambda S \mathbf{y} + \mathbf{f}, \quad S \in M_q^m$$

的方法, 其中向量 $\mathbf{y}$ 按形式 $\mathbf{y} = \mathbf{f} + \sum_{j=1}^q A_j \mathbf{c}_j$ 寻找. 得到关于未知量 A_j 的方程组 (5), 其中 $(\cdot,\cdot)$ 为通常的向量数量积.

考虑简单的情况. 假设在 (1.6) 中应用矩形公式

$$\int_a^b \psi(x) dx \approx \sum_{i=1}^m \frac{1}{m} \psi\left(x_i^{(m)}\right), \quad x_i^{(m)} = a + \frac{2i-1}{2m}(b-a).$$

方程组 (1.9) 有形式
$$y_i - \frac{\lambda}{m}\sum_{j=1}^{m} K\left(x_i^{(m)}, x_j^{(m)}\right) y_j = f_i \tag{10}$$

或者写成向量形式
$$\mathbf{y} - \lambda K^{(m)}\mathbf{y} = \mathbf{f}.$$

设 $m = sl$, l 为整数, s 为奇数. 按如下规则定义 $m \times m$ 阶矩阵 S: 其元素 s_{ij} 等于
$$\frac{1}{m} K\left(x_{\alpha(m,i,j)}^{(l)}, x_{\beta(m,i,j)}^{(l)}\right),$$

其中 $\left(x_{\alpha(m,i,j)}^{(l)}, x_{\beta(m,i,j)}^{(l)}\right)$ 为从点 $(x_\alpha^{(l)}, x_\beta^{(l)})$ 近似于 $\left(x_i^{(m)}, x_j^{(m)}\right)$ 的点. 近似性以第一和第二个分量之差的模最大来度量. 于是,
$$\left|x_{\alpha(m,i,j)}^{(l)} - x_i^{(m)}\right| < \frac{b-a}{2l}, \quad \left|x_{\beta(m,i,j)}^{(l)} - x_j^{(m)}\right| < \frac{b-a}{2l}$$

(注意: s 为奇数).

习题 1　证明 $S \in M_l^m$.

进一步引入新的未知向量 $\mathbf{z} = \mathbf{y} - \lambda S\mathbf{y}$ (类似于方程 (8) 的变换) 或者方程组 (10) 两边左乘矩阵 $(E - \lambda S)^{-1}$ (类似于方程 (9) 的变换). 在两种情况下得到新的方程组
$$\mathbf{u} - P\mathbf{u} = \mathbf{g}. \tag{11}$$

下列结论正确.

如果核 $K(x,s)$ 连续, 则
$$\|P\|_\infty \leqslant \omega(l), \text{ 当 } l \to \infty \text{ 时 } \omega(l) \to 0.$$

于是, 得到可以有效地用简单迭代方法求解的方程组.

在实际求解问题时方程组 (8), (9), (11) 通常不能显式地写出. 在每一步有必要重新计算辅助值, 例如在 (11) 中对各个 $\mathbf{h}$ 的向量值 $(E - \lambda S)^{-1}\mathbf{h}$ 的计算. 其结果使得方法的困难性恰好相当小.

例如, 研究方程组 (9) 变换的离散情况. 有方程组
$$(E - \lambda S)^{-1}(E - \lambda K^{(m)})\mathbf{y} = (E - \lambda S)^{-1}\mathbf{f}.$$

迭代过程写成形式
$$\mathbf{y}^{n+1} = \mathbf{y}^n - (E - \lambda S)^{-1}((E - \lambda K^{(m)})\mathbf{y}^n - \mathbf{f}).$$

向量 $\mathbf{w}^n = (E - \lambda K^{(m)})\mathbf{y}^n - \mathbf{f}$ 的计算要求 $O(m^2)$ 次算术运算.

通过求解带有矩阵 $S \in M_l^m$ 的方程组
$$\mathbf{z} - \lambda S\mathbf{z} = \mathbf{w}^n$$

找到每次迭代中的向量 $\mathbf{z}^n = (E - \lambda S)^{-1}\mathbf{w}^n$.

方程组 (5) 的系数的计算要求 $O(l^2 m)$ 次运算, 且在 A_j 已知的情况下 $\mathbf{z}$ 的计算要求 $O(lm)$ 次运算. 于是, 当 $l = O(\sqrt{m})$ 时在每一步要进行 $O(m^2)$ 次运算, 按量级来说与简单迭代方法一样.

§3. 第一类弗雷德霍姆积分方程

第一类弗雷德霍姆积分方程
$$Qy = \int_a^b K(x,s)y(s)ds = f(x) \tag{1}$$
的求解问题属于不适定问题.

我们来解释其含义. 假设核 $K(x,s)$ 是实对称的, 即 $K(s,x) = K(x,s)$. 也假设 $K(x,s)$ 和 $f(x)$ 连续. 则算子 Q 存在完全正交特征函数组 φ_n:
$$Q\varphi_n = \int_a^b K(x,s)\varphi_n(s)ds = \lambda_n \varphi_n(x),$$
$$(\varphi_i, \varphi_j) = \int_a^b \varphi_i(s)\varphi_j(s)ds = \delta_i^j,$$
其中 δ_i^j 为克罗内克符号. 并且
$$K(x,s) = \sum_{n=1}^{\infty} \lambda_n \varphi_n(x)\varphi_n(s),$$
右边部分级数的收敛性理解为在如下范数意义下的收敛性:
$$\|F(x,s)\| = \sqrt{\int_a^b \int_a^b |F(x,s)|^2 dxds}.$$
从前面的关系推出
$$\|K\|^2 = \sum_{n=1}^{\infty} |\lambda_n|^2,$$
从而当 $n \to \infty$ 时 $\lambda_n \to 0$.

考虑当 $1 \leqslant n \leqslant n_0$ 时 $\lambda_n \neq 0$, 当 $n > n_0$ 时所有的 $\lambda_n = 0$ 的情况. 于是核有形式
$$K(x,s) = \sum_{n=1}^{n_0} \lambda_i \varphi_n(x)\varphi_n(s),$$
即它是退化的. 在退化核的情况下
$$\int_a^b K(x,s)y(s)ds = \sum_{n=1}^{n_0} \lambda_n \int_a^b \varphi_n(x)\varphi_n(s)y(s)ds = \sum_{n=1}^{n_0} \lambda_n (\varphi_n, y)\varphi_n(x) = f(x).$$
于是, 问题 (1) 仅仅当 $f(x)$ 是 $\varphi_1(x), \cdots, \varphi_{n_0}(x)$ 的线性组合时, 即 $f(x)$ 写成
$$f(x) = \sum_{n=1}^{n_0} f_n \varphi_n(x)$$
时有解.

习题 1 验证这个解是
$$y(x) = y_0(x) = \sum_{n=1}^{n_0} \frac{f_n}{\lambda_n} \varphi_n(x).$$

习题 2 验证可以表示成
$$y(x) = y_0(x) + \sum_{n=n_0+1}^{\infty} c_n \varphi_n(x)$$

的任意函数 $y(x)$ 也是方程 (1) 的解，其中 $\sum_{n=n_0+1}^{\infty} |c_n|^2 < \infty$.

于是，在所研究的情况下，问题 (1) 可能没有解，当它有解时这个解也不唯一.

考虑所有 $\lambda_n \neq 0$ 的情况. 如果 $\|f\| = \sqrt{\int_a^b |f(x)|^2 dx} < \infty$，则 $f(x)$ 表示成按空间 L_2 的范数收敛的傅里叶级数

$$f(x) = \sum_{n=1}^{\infty} c_n \varphi_n(x), \quad c_n = (f, \varphi_n), \quad \sum_{n=1}^{\infty} c_n^2 = \|f\|^2.$$

此后级数的收敛性理解为在 L_2 空间范数意义下的收敛. 让 $S = \sum_{n=1}^{\infty} \left|\dfrac{c_n}{\lambda_n}\right|^2$.

习题 3 证明当 $S < \infty$ 时函数 $y(x) = \sum_{n=1}^{\infty} \dfrac{c_n}{\lambda_n} \varphi_n(x)$ 是方程 (1) 的解.

习题 4 证明当 $S = \infty$ 时问题 (1) 无解.

习题 5 假设所有的 $\lambda_n \neq 0$. 证明不可能有两个不同的解 (在测度为零的集合上不同的解被认为是相同的).

于是，可能有下列情况. 问题 (1) 可能至多有一个解，但同时仅仅当右边部分函数在满足条件 $S < \infty$ 的集合中存在解.

习题 6 当存在无限多个不等于零的 λ_n 和无限多个等于零的 λ_n 时，考虑用上述描述的方法研究方程 (1) 的解.

研究许多问题时，特别是在解释观测结果的问题中，或者如通常所说的，在处理观测结果的问题中，经常会出现下列情况. 存在某个函数 $y(x)$，我们观察到的不是它，观测到的是某个函数 $f(x) = \int_a^b K(x,s)y(s)ds$，并且在这个函数的值中带有扰动 $\delta f(x)$.

于是，问题

$$\int_a^b K(x,s)y(s)ds = f(x)$$

有解，但我们实际上要求求解问题

$$\int_a^b K(x,s)\tilde{y}(s)ds = \tilde{f}(x), \tag{2}$$

其中 $\tilde{f}(x) = f(x) + \delta f(x)$. $f(x)$ 的测量误差 δf 的范数很小：

$$\|\delta f(x)\| \leqslant \varepsilon. \tag{3}$$

问题 (2) 和 (1) 的解之间的差可以写成 $\delta y(x) = \tilde{y}(x) - y(x)$，它是如下积分方程的解

$$\int_a^b K(x,s)\delta y(s)ds = \delta f(x). \tag{4}$$

假设 $\delta f(x) = \sum_{n=1}^{\infty} \alpha_n \varphi_n(x)$. 条件 (3) 意味着 $\sum_{n=1}^{\infty} |\alpha_n|^2 \leqslant \varepsilon^2$.

首先研究当所有的 $\lambda_n \neq 0$ 的情况. 如果级数 $\sum_{n=1}^{\infty} \left|\dfrac{\alpha_n}{\lambda_n}\right|^2$ 发散, 则方程 (4) 无解. 即使这个级数收敛, 也不能保证当 $\varepsilon \to 0$ 时误差 $\delta y(x)$ 趋近于零.

实际上, 在所有满足 $\|\delta f\| \leqslant \varepsilon$ 的右边部分中存在有 $\delta f_n = \varepsilon \varphi_n(x)$, 它相应于使得 $|\lambda_n| \leqslant \varepsilon$ 的 n. 于是, $\delta y = \dfrac{\varepsilon}{\lambda_n} \varphi_n(x)$, 即 $\|\delta y\| = \varepsilon / |\lambda_n| > 1$.

为求解所研究的问题可以应用吉洪诺夫 (Tihonov) 正规化方法. 任何人都不会责成我们直接求解带有扰动右边部分的问题 (2). 可以尝试将这个问题替换为某个 "相近的" 问题, 其解 "靠近" $y(x)$.

我们已经以线性方程组的求解为例研究了某些正规化方法.

在求解第一类弗雷德霍姆积分方程时作为近似于 (1) 的问题我们研究方程
$$\mu y_\mu(x) + \int_a^b K(x,s) y_\mu(s) ds = \tilde{f}(x), \quad \mu > 0. \tag{5}$$
参数 μ 有时叫作正规化参数.

定理 1　假设所有的 $\lambda_n > 0$,
$$y(x) = \sum_{n=1}^{\infty} y_n \varphi_n(x), \quad \|y\|^2 = \sum_{n=1}^{\infty} |y_n|^2 < \infty.$$
则下列不等式成立
$$\|y_\mu - y\| \leqslant \omega(\varepsilon, \mu),$$
其中当 $\varepsilon/\mu, \mu \to 0$ 时 $\omega(\varepsilon, \mu) \to 0$ (一般说来 $\omega(\varepsilon, \mu)$ 与 $y(x)$ 有关).

证明　比较方程组 (5) 的解与问题 (1) 的解. 我们有
$$f(x) = \sum_{n=1}^{\infty} \lambda_n y_n \varphi_n(x) = \sum_{n=1}^{\infty} f_n \varphi_n(x),$$
其中 $f_n = \lambda_n y_n$, $y_n = (y(x), \varphi_n(x))$ 且
$$\tilde{f}(x) = \sum_{n=1}^{\infty} (f_n + \alpha_n) \varphi_n(x).$$
将 $y_\mu(x) = \sum_{n=1}^{\infty} y_n^\mu \varphi_n(x)$ 代入 (5) 得到
$$\sum_{n=1}^{\infty} (\mu + \lambda_n) y_n^\mu \varphi_n(x) = \sum_{n=1}^{\infty} (f_n + \alpha_n) \varphi_n(x).$$
于是,
$$y_n^\mu = \frac{f_n + \alpha_n}{\mu + \lambda_n}, \quad y_\mu(x) = \sum_{n=1}^{\infty} \frac{f_n + \alpha_n}{\mu + \lambda_n} \varphi_n(x) = \sum_{n=1}^{\infty} \frac{\lambda_n y_n + \alpha_n}{\mu + \lambda_n} \varphi_n(x).$$
研究差
$$R_\mu(x) = y_\mu(x) - y(x) = \sum_{n=1}^{\infty} \left(\frac{\lambda_n y_n + \alpha_n}{\mu + \lambda_n} - y_n \right) \varphi_n(x).$$
有等式
$$\frac{\lambda_n y_n + \alpha_n}{\mu + \lambda_n} - y_n = \frac{\alpha_n - \mu y_n}{\mu + \lambda_n}.$$

于是, 误差 $R_\mu(x)$ 可以表示成两项 $R_\mu^1(x)$ 和 $R_\mu^2(x)$ 之和:
$$R_\mu(x) = R_\mu^1(x) + R_\mu^2(x), \tag{6}$$
其中
$$R_\mu^1(x) = \sum_{n=1}^\infty \frac{\alpha_n}{\mu+\lambda_n}\varphi_n(x), \quad R_\mu^2(x) = \sum_{n=1}^\infty \frac{-\mu y_n}{\mu+\lambda_n}\varphi_n(x).$$
由函数 $\varphi_n(x)$ 的正交性有
$$\|R_\mu^1\| = \sqrt{\sum_{n=1}^\infty \left|\frac{\alpha_n}{\mu+\lambda_n}\right|^2}, \quad \|R_\mu^2\| = \sqrt{\sum_{n=1}^\infty \left|\frac{-\mu y_n}{\mu+\lambda_n}\right|^2}.$$
因为 $\mu, \lambda_n \geqslant 0$, 则 $\mu+\lambda_n \geqslant \mu$, 因此
$$\|R_\mu^1\| \leqslant \sqrt{\sum_n \left|\frac{\alpha_n}{\mu}\right|^2} = \frac{1}{\mu}\|\delta f\| \leqslant \frac{\varepsilon}{\mu}. \tag{7}$$
我们转到估计 $\|R_\mu^2\|$. 首先研究更简单的且相对更经常遇到的情况, 即补充满足条件
$$\sqrt{\sum_{n=1}^\infty \left|\frac{y_n}{\lambda_n}\right|^2} = F_0 < \infty. \tag{8}$$
于是有
$$\|R_\mu^2\| \leqslant \sqrt{\sum_{n=1}^\infty \left|\frac{\mu y_n}{\lambda_n}\right|^2} = \mu F_0. \tag{9}$$
从关系式 (6), (7), (9) 推出
$$\|R_\mu\| \leqslant \omega(\varepsilon,\mu) = \frac{\varepsilon}{\mu} + \mu F_0. \tag{10}$$
于是, 在补充假定 (8) 之下, 定理得证, 因为
$$\|R_\mu\| \leqslant \omega(\varepsilon,\mu) = \frac{\varepsilon}{\mu} + \mu F_0$$
且当 ε/μ, $\mu \to 0$ 时 $\omega(\varepsilon,\mu) \to 0$.

于是, 对充分小的 ε/μ, μ 我们得到问题带有小的误差的解.

为得到最好的误差趋向于零的估计我们寻找 $\min_\mu \omega(\varepsilon,\mu)$. 在极小值点 μ_0 有 $\omega'_\mu = -\frac{\varepsilon}{\mu_0^2} + F_0 = 0$, 即 $\mu_0 = \sqrt{\varepsilon/F_0}$. 由 (10) 得到当 $\mu = \sqrt{\varepsilon/F_0}$ 时
$$\|R_\mu\| \leqslant 2\sqrt{\varepsilon F_0} \to 0.$$
现在在没有假定 (8) 时证明定理.

将表达式 $\|R_\mu^2\|$ 表示成
$$\|R_\mu^2\| = \sqrt{R_{\mu,N}^1 + R_{\mu,N}^2},$$
其中
$$R_{\mu,N}^1 = \sum_{n=1}^N \left|\frac{-\mu y_n}{\mu+\lambda_n}\right|^2, \quad R_{\mu,N}^2 = \sum_{n=N+1}^\infty \left|\frac{-\mu y_n}{\mu+\lambda_n}\right|^2.$$
成立如下估计
$$R_{\mu,N}^1 \leqslant \sum_{n=1}^N \left|\frac{\mu y_n}{\lambda_n}\right|^2 = \mu^2 F_1^2(N),$$

其中
$$F_1^2(N) = \sum_{n=1}^{N} \left|\frac{y_n}{\lambda_n}\right|^2$$
且
$$R_{\mu,N}^2 \leqslant \sum_{n=N+1}^{\infty} |y_n|^2.$$

我们来证明当 $\mu \to 0$ 时 $\|R_\mu^2\| \to 0$. 为此只需要证明对于任意的 $\delta > 0$ 存在 $\mu(\delta)$ 使得
$$\text{当 } \mu \leqslant \mu(\delta) \text{ 时 } \|R_\mu^2\| \leqslant \delta.$$

取任意 $\delta > 0$. 因为级数 $\sum_{n=1}^{\infty} |y_n|^2$ 收敛, 则存在 $N(\delta)$ 使得
$$\sum_{n=N(\delta)+1}^{\infty} |y_n|^2 \leqslant \frac{\delta^2}{2}.$$

如果 $\mu^2 \leqslant (\mu(\delta))^2 = \delta^2/(2(F_1(N(\delta)))^2)$, 则 $R_{\mu,N}^1 \leqslant \delta^2/2$ 且
$$\|R_\mu^2\| = \sqrt{R_{\mu,N}^1 + R_{\mu,N}^2} \leqslant \sqrt{\delta^2/2 + \delta^2/2} = \delta.$$

于是, 有
$$\|R_\mu\| \leqslant \|R_\mu^1\| + \|R_\mu^2\|, \quad \|R_\mu^1\| \leqslant \varepsilon/\mu, \text{ 当 } \mu \to 0 \text{ 时 } \|R_\mu^2\| \to 0.$$

这样, 定理的结论在没有假设 (8) 的情况下也正确.

上面描述的正规化方法也应用于当某些 λ_n 可能等于零的情况.

假设 N_1 为使得 $\lambda_n > 0$ 的标号 n 的集合, N_0 为使得 $\lambda_n = 0$ 的标号 n 的集合. (每个集合可能有限也可能无限. 但不可能同时有限)

如果 $y(x) = \sum_n y_n \varphi_n(x), \sum_n |y_n|^2 < \infty$ 为方程 (1) 的解, 则在 $\sum_{n \in N_0} |a_n|^2 < \infty$ 时函数 $\sum_n (y_n + a_n) \varphi_n(x)$ 也是方程 (1) 的解. 假定 $y^0(x) = \sum_{n \in N_1} y_n \varphi_n(x)$. 由上所述 $y^0(x)$ 也是方程 (1) 的解.

习题 7 假设 $y(x) \neq y^0(x)$ 为方程 (1) 的解. 证明
$$\|y\| > \|y^0\|. \tag{11}$$

方程 (1) 的带有最小范数的解 (在解不唯一的情况下) 叫作标准的. 由 (11) 推出 $y^0(x)$ 是问题的标准解.

定理 2 假设 $y^0(x) = \sum_{n \in N_1} y_n \varphi_n(x), \|y^0\|^2 = \sum_{n \in N_1} |y_n|^2 < \infty$ 为方程 (1) 的解. 则成立不等式 $\|y_\mu - y^0\| \leqslant \omega(\varepsilon, \mu)$, 其中当 $\varepsilon/\mu, \mu \to 0$ 时 $\omega(\varepsilon, \mu) \to 0$.

证明 与上面所有 $\lambda_m > 0$ 的情况没有本质的不同. 问题 (1) 的解 $y^0(x)$ 写成
$$y^0(x) = \sum_{n \in N_1} y_n^0 \varphi_n(x) = \sum_{n=1}^{\infty} Y_n \varphi_n(x),$$

其中

$$Y_n = \begin{cases} y_n^0, & \text{当 } n \in N_1, \\ 0, & \text{当 } n \in N_0. \end{cases}$$

误差 $y_\mu(x) - y^0(x)$ 写成

$$y_\mu(x) - y^0(x) = \sum_{n=1}^{\infty} \left(\frac{Y_n + \alpha_n}{\mu + \lambda_n} - Y_n \right) \varphi_n = S_1 + S_2,$$

其中

$$S_1 = \sum_{n \in N_1} \left(\frac{y_n + \alpha_n}{\mu + \lambda_n} - y_n \right) \varphi_n, \quad S_2 = \sum_{n \in N_0} \frac{\alpha_n}{\mu} \varphi_n.$$

项 S_2 的估计有形式

$$\|S_2\| = \left\| \sum_{n \in N_0} \frac{\alpha_n}{\mu} \varphi_n \right\| = \sqrt{\sum_{n \in N_0} \left| \frac{\alpha_n}{\mu} \right|^2} \leqslant \frac{1}{\mu} \sqrt{\sum_{n=1}^{\infty} |\alpha_n|^2} = \frac{\varepsilon}{\mu}.$$

对 S_1 的估计同定理前面的证明情况一样.

正规化方法也被用来求解各种各样的问题,特别是非线性问题.

我们来考虑核 $K(x,s)$ 为非对称情况. 由如下关系式定义算子 Q^*:

$$Q^* y = \int_a^b K(s,x) y(s) ds.$$

以 $y_\mu(x)$ 记方程

$$\mu y_\mu(x) + Q^* Q y_\mu = Q^* \tilde{f}(x)$$

的解. 从条件

$$\|Q y_{\mu(\varepsilon)} - \tilde{f}\| = \varepsilon$$

选择参数 $\mu = \mu(\varepsilon)$. 如下定理正确.

定理 3 (省略证明) 假设方程 (1) 可解, 且 $y^0(x)$ 为方程 (1) 的标准解, 即带有最小范数的解. 则当 $\varepsilon \to 0$ 时 $\|y_{\mu(\varepsilon)} - y^0\| \to 0$.

参考文献

1. Березин И.С. Жидков Н.П. Методы вычислений. Т. 2. — М.: Физматгиз, 1962.
2. Крылов В.И., Бобков В.В., Монастырный П.И. Начала теории вычислительных методов. Интегральные уравнения, некорректные задачи и улучшение сходимости. — Минск: Наука и техника, 1984.
3. Морозов В.А. Регулярные методы решения некорректно поставленных зад- ач. — М.: Наука, 1987.
4. Романов В.Г. Обратные задачи математической физики. — М.: Наука, 1984.
5. Тихонов А.Н., Арсенин В.Я. Методы решения некорректных задач. — М.: Наука, 1986.
6. Денисов А.М. Введение в теорию обратных задач — М.: Изд-во МГУ, 1994.

结束语

我们已结束了关于数值方法理论中传统问题的讨论. 在前面的讨论中, 我们可能把过多注意力放在了应用各种方法时所遇到的"暗礁"上. 读者可能会产生这样的错觉, 即应用数值方法来求解实际问题是如此复杂无望的任务, 以至于应该拒绝它. 为了纠正这样的印象, 我们以优化的观点来看待这个问题.

人们对大量问题已经开发出很好的数值方法, 并在此基础上建立了求解问题的标准程序.

解决许多类型的实际问题的标准程序是数学软件的一部分, 与计算机一起提供给用户.

如果你们首次遇到单一问题, 则通常最好应用标准程序或者自己基于简单求解方法编写程序. 在求解要求适当计算量的一组单一问题时, 为了快一些得到结果, 通常也借助于标准程序或者能够迅速编写为程序并完成调试的算法, 尽管其计算量同最有效的方法相比常常增加 100 倍以上.

在实践中经常遇到无法用标准程序求解的多变量函数最小化问题. 尽管如此, 作者们的经验表明, 求解新问题时仍然应该从尝试应用标准程序开始. 例如, 如果在 30% 的情况下采用标准程序有效, 则其至当标准程序不给出肯定结果的情况下, 也可以认为它们的应用是合理的. 利用标准程序可以建立大量的最终程序模块, 并且经常能够积累关于极小化函数性质的有益信息.

计算技术应用的一部分"开拓者"相信, 别人的标准程序不能应用, 永远应该自己重新写程序. 这样的判断在计算机应用的最初阶段是正确的, 那时数值方法理论的发展不够充分, 据此建立的算法常常不可靠. 鉴于数值方法理论已经发展到现代水平, 并且对程序测试已有严格要求, 这样的观点不再被认可.

我们来考虑需要用数值实验的方法研究某个物理过程的情况. 常常在许多大人物冥思苦想并且有时耗费几年时间来计算复杂模型之后, 最初的研究者才开始明白, 最好还是从最简单的模型出发进行计算, 并借助于最简单的经过检验的方法来研究它, 虽然这些方法有时需要更高的计算量. 只有在完全相信问题提法的情况下才有意义应用结构复杂的方法对复杂模型进行计算.

于是, 在研究问题的初期阶段, 我们通常处理简单模型, 并应用通常基于标准程序的简单求解方法. 如果我们从复杂模型开始研究问题, 就很可能在某个地方出错. 更恰当的做法是, 先用一些最简单方法求解一些最简单的问题, 在获得经验后再研究更复杂的问题并应用更复杂的方法, 因为按这样的顺序来应用更复杂的数值方法就不会过于困难.

由数学家本身从源头和最简单的模型出发提出实际问题的数学提法并进行研究, 其重要性与一线情况有关. 为了让问题尽量 "满足" 数值求解的要求, 不了解数值方法和计算机计算能力的专家经常只会从数学提法的外在复杂性出发, 其结果有时导致:

a) 原始问题被替换为与之无关的问题;

b) 能够用现代计算机求数值解的问题变成不能用现代计算机求数值解的问题.

更全面地研究问题的提法还有如下所述的理由. 在建立最简单模型的过程中, 我们常常得到关于问题的求解方法和程序将在哪个方向上变得复杂的信息. 于是, 我们就能够修改用来研究简单模型的原始程序, 使它有可能变得越来越复杂.

在所有的情况下都最好采用模块化方式编写程序. 事实上, 在求解稍微复杂一些的问题时, 我们常常无法预先说出所选择的方法是否适用于求解这个问题.

例如, 在求解微分方程边值问题时, 我们可能不相信在内点或者接近边界处的差分格式选择的合理性. 在内点和接近边界处的计算是按照不同公式进行的, 因此更好的方式是将其分割为单独的模块, 以便独立地进行方法调试. 能够预先设计一种机制来快速且方便地改变问题的参数也很重要, 例如求解微分方程时的网格步长或求积公式的节点数都是这样的参数. 在节点数不大的情况下, 程序调试和问题求解方法的检验更为快捷, 从而能够更好地使用计算机的计算能力. 例如, 在节点数不大时可以更快地检验迭代过程的收敛性.

有时, 专业程序员建议借助于测试来调试程序. 取可能的最小节点数, 使所有程序模块 (和所有循环) 都运行起来. 在这样的节点数下, 首先不借助于所编写的程序来求解问题, 然后把计算结果与计算机上的计算结果进行比较. 对于求解微分方程的典型的有限差分方法, 要想使所有程序模块和循环都运行起来, 每一个坐标轴上的最小节点数应介于 2 和 5 之间.

在调试程序的过程中, 可以在程序中加入附加的显示或者打印指令来输出中间数据, 以便与先前完成的测试进行对比. 这样的调试方法对于初学编程者尤其方便.

具有丰富的计算机使用经验的专家更喜欢利用大模块来调试程序, 他们将程序调试与方法质量检验 (方法调试) 结合在一起. 为此就要尽量这样来编写求解程序, 使它在参数取确定值时转化成带有已知解的问题的求解程序.

例如, 雪崩运动方程在一定的参数值下转化成浅水方程, 这个方程在分段常数初值情况下具有已知的精确解 (称为间断分解问题的解). 将计算得到的解与精确解比较, 就可以讨论程序的正确性和方法的质量.

构造间断分解问题的解本身要求相对很大的辅助工作. 对给定的方程组, 常常按如下方式处理, 而不直接构造解.

以任意参数代替方程组系数的具体值, 同时选取这些参数和可能是间断分解问题的解的函数. 结果得到某个具有已知解的问题, 它仅仅在参数数值上不同于我们感兴趣的问题. 在这个问题上, 我们可以调试方法和程序中的所有最本质的因素.

我们以微分方程为例来解释构造具有已知特解的问题的方法.

设需要求解矩形 $G: 0 < x, y < 1$ 上的边值问题
$$L(u) = \frac{\partial}{\partial x}\left((1 + \gamma u^2)\frac{\partial u}{\partial x}\right) + \frac{\partial}{\partial y}\left((1 + \gamma)\frac{\partial u}{\partial y}\right) - e^{x+y} = 0,$$
在矩形的边界 Γ 上给出边界条件
$$\left(\frac{\partial u}{\partial n} + \sigma u - g\right)\bigg|_\Gamma = 0.$$
取某个函数 $u^0(x, y)$ 并计算函数
$$f^0(x, y) = L(u^0(x, y)), \quad g^0|_\Gamma = \left(\frac{\partial u^0}{\partial n} + \sigma u^0 - g\right)\bigg|_\Gamma.$$
边值问题
$$L(u) - f^0(x, y) = 0, \quad \left(\frac{\partial u}{\partial n} + \sigma u - g - g^0\right)\bigg|_\Gamma = 0$$
就是具有已知精确解 $u = u^0(x, y)$ 的问题.

处理具有已知精确解的网格问题常常是最理想的. 例如, 如果按照简单显式公式求解柯西问题, 则这样的解容易直接计算.

按下列方式处理常常是合适的. 取某个网格函数 u_h^0 并计算
$$f_h^0 = L_h(u_h^0), \quad g_h^0 = l_h(u_h).$$
问题
$$L_h(u_h) = f_h^0, \quad l_h(u_h) = g_h^0$$
是具有已知精确解 $u_h = u_h^0$ 的网格问题.

有时必须处理具有大节点数和精确解的网格问题. 在这种情况下, 由计算机来计算 f_h^0 和 g_h^0 是方便的. 为得到这个问题, 常常取某个非高次 (通常 1~4 次) 多项式在网格节点的值的集合作为 u_h^0. 在许多情况下, 多项式的次数由微分方程问题的网格近似误差等于零这一条件选取.

我们再次强调上述检测方法的基本思想. 不必直接对原始问题进行测试 (按照给定的右边表达式构造解), 而是对反问题进行测试 (按照给定的解构造右边表达式), 后者是对结构相同但带有其他数值数据的正问题的测试.

应用这个方法通常能显著减少建立测试的消耗.

参考文献

1. Абрамов А.А. О численном решении некоторых алгебраических задач, возникающих в теории устойчивости // ЖВМ и МФ. — 1984. — **24**, N 3. — С. 339–347.
2. Бахвалов Н.С. Об оптимальных оценках скорости сходимости квадратурных процессов и методов интегрирования типа Монте-Карло На классах функций // Численные методы решения дифференциальных и интегральных уравнений и квадратурные формулы. — М.: Наука, 1964. — С. 5–63.
3. Бахвалов Н.С., Лапин А.В., Чижонков Е.В. Численные методы в задачах и упражнениях. — М.: Высшая школа, 2000.
4. Бахвалов Н.С. Численные методы. — М.: Наука, 1975.
5. Бахвалов Н.С., Жидков Н.П., Кобельков Г.М. Численные методы. — М.: Наука, 1987.
6. Бахвалов Н.С., Кобельков Г.М., Поспелов В.В. Сборник задач по методам вычислений. — М.: Изд-во МГУ, 1989.
7. Бейкер Дж. Грейвс—Моррис П. Аппроксимации Паде. — М.: Мир, 1986.
8. Березин И.С. Жидков Н.П. Методы вычислений. Т. 1. — М.: Наука, 1966.
9. Березин И.С. Жидков Н.П. Методы вычислений. Т. 2. — М.: Физматгиз, 1962.
10. Васильев Ф.П. Численные методы решения экстремальных задач. — М.: Наука, 1980.
11. Васильев Ф.П. Методы решения экстремальных задач. — М.: Наука, 1981.
12. Винокуров В.А., Ювченко Н.В. Полуявные численные методы решения жестких задач // ДАН. — 1985. — **284**, N 2, С. 272–277.
13. Воеводин В.В. Численные методы алгебры. Теория и алгоритмы. — М.: Наука, 1966.
14. Воеводин В.В. Вычислительные основы линейной алгебры. — М.: Наука, 1977.
15. Воеводин В.В., Кузнецов Ю.А. Матрицы и вычисления. — М.: Наука, 1984.
16. Воеводин В.В., Арушанян О.Б. Структура и организация бмблиотеки численного

анализа НИВЦ МГУ // Численный анализ на ФОРТРАНе. Вычислительные методы и инструментальные системы. — М.: Изд-во МГУ, 1979.

17. Волков Е.А. Численные методы. — М.: Наука, 1982.
18. Годунов С.К., Забродин А.В. О разностных схемах второго порядка точности для многомерных задач // ЖВМ и МФ. — 1962. —**2**, N 4. — С. 706–708.
19. Годунов С.К., Рябенький В.С. Введение в теорию разностных схем. — М.: Наука, 1962.
20. Годунов С.К., Рябенький В.С. Разностные схемы. — М.: Наука, 1977.
21. Годунов С.К., Забродин А.В. и др. Численное решение многомерных задач газовой динамики. — М.: Наука, 1976.
22. Годунов С.К. Решение систем линейных уравнений. — Новосибирск: Наука, 1980.
23. Деммель Дж. Вычислительная линейная алгебра. Теория и приложения. — М.: Мир, 2001.
24. Дробышевич В.И., Дымников В.П., Ривин Г.С. Задачи по вычислительной математике. — М.: Наука, 1980.
25. Дьяконов Е.Г. Минимизация вычислительной работы. — М.: Наука, 1989.
26. Дьяконов Е.Г. О некоторых модификациях проекционно-разностных методов // Вестник МГУ. Сер. вычислит. мат. и киберн. — 1977. — **1**, N 2. — С. 13–19.
27. Завьялов Ю.С., Квасов Б.И., Мирошниченко В.Л. Методы сплайнфункций. — М.: Наука, 1980.
28. Зенкевич О., Морган К. Конечные элементы и аппроксимация. — М.: Мир, 1980.
29. Икрамов Х.Д. Численное решение матричных уравнений. — М.: Наука, 1984.
30. Карманов В.Г. Математическое программирование. — М.: Наука, 1986.
31. Кобельков Г.М. Решение задачи о стационарной свободной конвекции // ДАН СССР. — 1980. — **225**, N 2. С. 277–282.
32. Кобельков Г.М. О методах решения уравнений Навье-Стокса // Вычислительные процессы и системы. — М.: Наука, 1991, вып. 8. С. 204–236.
33. Колмогоров А.Н., Тихомиров В.М. ε-энтропия и ε-емкость множеств в функциональных пространствах // УМН. — 1959. — **14**, вып. 2. С. 3–86.
34. Копченова Н.В., Марон И.А. Вычислительная математика в примерах и задачах. — М.: Наука, 1972.
35. Крылов В.И., Бобков В.В., Монастырный П.И. Начала теории вычислительных методов. Дифференциальные уравнения. — Минск: Наука и техника, 1982.
36. Крылов В.И., Бобков В.В., Монастырный П.И. Начала теории вычислительных методов. Уравнения в частных производных. — Минск: Наука и техника, 1982.
37. Крылов В.И., Бобков В.В., Монастырный П.И. Начала теории вычислительных методов. Линейная алгебра и нелинейные уравнения. — Минск: Наука и техника, 1982.
38. Крылов В.И., Бобков В.В., Монастырный П.И. Начала теории вычислительных

методов. Интегральные уравнения, некорректные задачи и улучшение сходимости. — Минск; Наука и техника, 1984.

39. Крылов В.И., Бобков В.В., Монастырный П.И. Начала теории вычислительных методов. Интерполирование и интегрирование. — Минск: Наука и техника, 1983.
40. Крылов В.И., Шульгина А.Т. Справочная книга по численному интегрированию. — М.: Наука, 1966.
41. Крылов В.И., Бобков В.В., Монастырный П.И. Вычислительные методы. Т. 1. — М.: Наука, 1976.
42. Крылов В.И., Бобков В.В., Монастырный П.И. Вычислительные методы. Т. 2. — М.: Наука, 1977.
43. Ланцош К. Практические методы прикладного анализа. — М.: ГИФМЛ, 1961.
44. Лебедев В.И. Функциональный анализ и вычислительная математика. — М.: ФИЗМАТЛИТ, 2000.
45. Лебедев В.И. Как решать явными методами жесткие системы дифференциальных уравнений // Вычислительные процессы и системы. — М.: Наука, 1991, вып. 8. С. 237–291.
46. Лоусон Ч., Хентон Р. Численное решение задач метода наименьших квадратов. — М.: Наука, 1986.
47. Мак-Кракен Д., Дорн У. Численные методы и программирование на ФОРТРАНе. — М.: Мир, 1977.
48. Марчук Г.И. Методы вычислительной математики. — М.: Наука, 1980.
49. Марчук Г.И., Агошков В.И. Введение в проекционно-разностные методы. — М.: Наука, 1981.
50. Марчук Г.И., Лебедев В.И. Численные методы в теории переноса нейтронов. — М.: Атомиздат, 1981.
51. Марчук Г.И., Шайдуров В.В. Повышение точности решений разностных схем. — М.: Наука, 1979.
52. Марчук Г.И., Яненко Н.Н. Применение метода расщепления (дробных шагов) для решения задач математической физики. — В кн.: Некоторые вопросы вычислительной и прикладной математики. — Новосибирск: Наука, 1966.
53. Мысовских И.П. Интерполяционные кубатурные формулы. — М.: Наука, 1981.
54. Никифоров А.Ф., Суслов С.К., Уваров В.Б. Классические ортогональные полиномы дискретной переменной. — М.: Наука, 1985.
55. Никифоров А.Ф., Уваров В.Б. Специальные функции. — М.: Наука, 1979.
56. Никольский С.М. Квадратурные формулы. — М.: Наука, 1979.
57. Парлетт Б. Симметричная проблема собственных значений. — М.: Мир, 1983.
58. Ракитский Ю.В., Устинов С.М., Черноруцкий И.Г. Численные методы решения жестких систем. — М.: Наука, 1979.
59. Романов В.Г. Обратные задачи математической физики. — М.: Наука, 1984.

60. Рябенький В.С., Филиппов А. Ф. Об устойчивости разностных уравнений. — М.: Гостехиздат, 1956.

61. Самарский А.А. Теория разностных схем. — М.: Наука, 1982.

62. Самарский А.А., Андреев В.Б. Разностные методы для решения эллиптических уравнений. — М.: Наука, 1976.

63. Самарский А.А., Гулин А.В. Устойчивость разностных схем. — М.: Наука, 1973.

64. Самарский А.А., Капорин И.Е., Кучеров А.Б., Николаев Е.С. Некоторые современные методы решения сеточных уравнений // Изв. вузов. Сер. мат., 1983, N 7(254). с. 3–12.

65. Самарский А.А., Николаев Е.С. Методы решения сеточных уравнений. — М.: Наука, 1978.

66. Самарский А.А., Попов Ю.П. Разностные методы решения задач газовой динамики. — М.: Наука, 1980.

67. Саульев В.К. Интегрирование уравнений параболического типа методом сеток. — М.: Физматгиз, 1960.

68. Соболев С.Л. Введение в теорию кубатурных формул. — М.: Наука, 1974.

69. Современные численные методы решения обыкновенных дифференциальных уравнений // Под ред. Дж. Холла, Дж. Уатта. — М.: Мир, 1979.

70. Стечкин С.Б., Субботин Ю.Н. Сплайны в вычислительной математике. — М.: Наука, 1976.

71. Стрэнг Г., Фикс Дж. Теория метода конечных элементов. — М.: Мир, 1977.

72. Тихонов А.Н., Арсенин В.Я. Методы решения некорректных задач. — М.: Наука, 1986.

73. Уилкинсон Дж., Райни К. Справочник алгоритмов на языке Алгол. Линейная алгебра. — М.: Машиностроение, 1976.

74. Фаддеев Л.К., Фаддеева В.Н. Вычислительные методы линейной алгебры. — М.: Физматгиз, 1963.

75. Форсайт Дж. и др. Машинные методы математических вычислений. — М.: Мир, 1980.

76. Яненко Н.Н. Метод дробных шагов решения многомерных задач математической физики. — Новосибирск: Наука, 1967.

77. Axelsson O. Numerical linear algebra. — Cambrige, 1996.

78. Dahlquist Y. Stability and error bounds in the numerical integration of ordinary differential equations. — Uppsala, Almqyist & Wiksells boktr 130 (1959). P. 5–92.

79. Butcher I.G. A modified multistep method for the numerical integration of ordinary differential equations // J. Assoc. Comput. Math. — 1965. — **12**, NO. 1. — P. 124–135.

80. Stroud A.H. and Secrest D. Gaussian Quadrature Formulas. — Englewood Cliffs, N. Y.: Prentice-Hall, 1966.

名词索引

δ^2-过程, 194
ε-不等式, 396

A
埃特金方法, 23
按量级最优迭代过程, 20
按坐标下降法, 205

B
变分, 385
标准程序, 24
标准正交函数系, 65
补足, 411
不等式
  贝塞尔 ~, 115
  切比雪夫 ~, 164
不确定性方法, 170
不适定问题, 148
不稳定性, 15

C
层, 391
插值, 16
  二次 ~, 43
  线性 ~, 43
插值多项式
  具有多重节点的 ~, 25
  拉格朗日 ~, 19
  牛顿 ~, 23

插值法, 16
  三角 ~, 118
插值公式
  向后 ~, 41
  向前 ~, 41
差分
  高阶 ~, 39
  后向 ~, 39
  前向 ~, 39
  中心 ~, 39
差分表, 22
差分格式, 273
  ~ 的发散性, 389
  ~ 精度阶的提高, 400
  经济 ~, 417

D
大数, 5
带状结构, 181
单向数值微分公式, 49
定理
  库朗 ~, 368
  切比雪夫 ~, 123
  瓦利-巴森 ~, 122
冻结系数原理, 384
多处理系统, 231
多项式
  埃尔米特 ~, 68

第二类切比雪夫 ~, 68
第一类切比雪夫 ~, 68
拉盖尔 ~, 68
勒让德 ~, 68
偏离零点最小的 ~, 34
切比雪夫 ~, 33
雅可比 ~, 67

F

反向插值, 46
范数
    等价 ~, 188
    矩阵和向量的 ~, 176
方程组对称化, 196
方法
    阿布拉莫夫 ~, 333
    变分–差分 ~, 352
    插值 ~, 273
    打靶 ~, 314, 330
    待定系数 ~, 18
    多网格 ~, 432
    罚函数 ~, 245
    费多连科 ~, 432
    戈东诺夫 ~, 332
    割线 ~, 241
    简单迭代 ~, 234
    交叉 ~, 242
    里茨 ~, 351
    龙贝格 ~, 100
    龙格–库塔 ~, 265
    蒙特卡罗 ~, 163
    牛顿 ~, 238
    欧拉 ~, 264
    抛物线 ~, 242
    平方根 ~, 183
    求和近似 ~, 425
    赛德尔迭代 ~, 203
    上边松弛 ~, 206
    试射 ~, 314
    松弛 ~, 206

    投影–差分 ~, 413
    外推 ~, 273
    峡谷 ~, 247
    下降 ~, 242
    循环追赶 ~, 319
    亚当斯 ~, 275
    有限元 ~, 410
    正规化 ~, 143, 221
    追赶 ~, 315
    最优 ~, 37
方法的逆过程
    高斯 ~, 179
    追赶 ~, 316
方法的正过程
    高斯 ~, 179
    追赶 ~, 316
菲利波夫, 96
非饱和算法, 38
非常大数, 5
非正规闭合, 321
傅里叶变换
    快速 ~, 120
    离散 ~, 116

G

刚性微分方程组, 290
高斯消元法, 179
公式
    阿贝尔 ~, 343
    埃尔米特 ~, 73
    带多重节点的矩阵 ~, 62
    菲朗 ~, 78
    高斯 ~, 70
    格雷戈里 ~, 95
    矩形 ~, 54
    默勒 ~, 73
    切比雪夫求积 ~, 63
    数值微分 ~, 46
    梯形 ~, 54

名词索引

显式亚当斯 ∼, 275
辛普森 ∼, 55
亚当斯 ∼, 264
隐式亚当斯 ∼, 275

共轭梯度法, 209
广义解, 413

H

函数表的步长, 38
函数类上的保证性误差估计, 163
好制约性, 219
坏制约性, 219

J

基本三角形, 411
积分
    方程组 ∼, 289
    振荡函数 ∼, 77
简单迭代法, 187
阶
    逼近的 ∼, 277
    方法的 ∼, 237
节点
    边界 ∼, 401
    边境 ∼, 401
    插值 ∼, 16
    非正规 ∼, 406
    内部 ∼, 401
    网格 ∼, 401
    正规 ∼, 406
近似特征值, 192
矩阵
    ∼ 的条件数, 218
    反射 ∼, 185
    格拉姆 ∼, 114
    正交化 ∼, 65

K

可分裂算子, 421
可靠数字, 5

L

拉格朗日公式余项, 21
离散傅里叶级数, 118
离散傅里叶系数, 145

M

模板, 374

N

能量不等式, 397
能量范数, 408
能量恒等式, 396

O

欧拉求积公式序列, 95

Q

齐次格式, 345
强化差分方程, 359
强增长函数, 5
切比雪夫交替点, 123
求积公式
    菲朗 ∼, 78
    复合 ∼, 81
    高斯 ∼, 70
    格雷戈里 ∼, 95
    广义 ∼, 81
    矩形 ∼, 54
    洛巴托 ∼, 73
    牛顿–科茨 ∼, 60
    梯形 ∼, 54
    辛普森 ∼, 55
区域
    方法的收敛 ∼, 260
    依赖 ∼, 368
权函数, 56

S

三角剖分, 411
实验设计, 16
收敛性, 369

数值微分, 46
算术运算量, 19

T
特征方程, 30
  差分格式的 ∼, 280
特征值问题
  局部 ∼, 243
  完全 ∼, 225
条件
  α ∼, 281
  强极小化 ∼, 416
条件良好的边值问题, 329
条件数
  方程组的 ∼, 218
  方程组矩阵的 ∼, 218

W
外推法, 16
网格格林函数, 310
稳定性, 370
  ∼ 的谱特征, 380
  对初始数据的 ∼, 394
  条件 ∼, 392
  无条件 ∼, 392
误差
  ∼ 的线性估计, 9
  ∼ 主项, 94
  数字模型 ∼, 1
  不可消除 ∼, 1
  方法 ∼, 1
  极限绝对 ∼, 8
  极限相对 ∼, 8
  计算 ∼, 1
  绝对 ∼, 5
  求积公式在函数类上的 ∼, 86
  相对 ∼, 5

X
显式方法, 273
显式格式, 273, 391
线性差分方程, 27
相容范数, 369

Y
压缩映射, 235
严格赋范空间, 112
样条函数, 132
  插值 ∼, 136
  局部 ∼, 137
一步法, 270
隐式方法, 273
隐式格式, 273, 391
应用等效谱算子的迭代方法, 215
有限差分方程, 27
有限差分方法, 273
有限差分格式, 273
有限差分算子, 40
有效数字, 5
预处理因子, 215

Z
正规闭合, 321
正规化参数, 450
正交多项式, 65
正交函数系, 64
最佳逼近元素, 111
最佳一致逼近, 122
最佳一致逼近多项式, 122
最速下降法, 207
最优化
  插值节点分布的 ∼, 87
  迭代过程收敛速度的 ∼, 195
  方法 ∼, 37
  误差估计 ∼, 37
最优求积公式, 86
最优线性迭代过程, 198, 201

相关图书清单

序号	书号	书名	作者
1	9787040183030	微积分学教程（第一卷）（第8版）	[俄] Г. М. 菲赫金哥尔茨
2	9787040183047	微积分学教程（第二卷）（第8版）	[俄] Г. М. 菲赫金哥尔茨
3	9787040183054	微积分学教程（第三卷）（第8版）	[俄] Г. М. 菲赫金哥尔茨
4	9787040345261	数学分析原理（第一卷）（第9版）	[俄] Г. М. 菲赫金哥尔茨
5	9787040351859	数学分析原理（第二卷）（第9版）	[俄] Г. М. 菲赫金哥尔茨
6	9787040287554	数学分析（第一卷）（第7版）	[俄] В. А. 卓里奇
7	9787040287561	数学分析（第二卷）（第7版）	[俄] В. А. 卓里奇
8	9787040183023	数学分析（第一卷）（第4版）	[俄] В. А. 卓里奇
9	9787040202571	数学分析（第二卷）（第4版）	[俄] В. А. 卓里奇
10	9787040345247	自然科学问题的数学分析	[俄] В. А. 卓里奇
11	9787040183061	数学分析讲义（第3版）	[俄] Г. И. 阿黑波夫 等
12	9787040254396	数学分析习题集（根据2010年俄文版翻译）	[俄] Б. П. 吉米多维奇
13	9787040310047	工科数学分析习题集（根据2006年俄文版翻译）	[俄] Б. П. 吉米多维奇
14	9787040295313	吉米多维奇数学分析习题集学习指引（第一册）	沐定夷、谢惠民 编著
15	9787040323566	吉米多维奇数学分析习题集学习指引（第二册）	谢惠民、沐定夷 编著
16	9787040322934	吉米多维奇数学分析习题集学习指引（第三册）	谢惠民、沐定夷 编著
17	9787040305784	复分析导论（第一卷）（第4版）	[俄] Б. В. 沙巴特
18	9787040223606	复分析导论（第二卷）（第4版）	[俄] Б. В. 沙巴特
19	9787040184075	函数论与泛函分析初步（第7版）	[俄] А. Н. 柯尔莫戈洛夫 等
20	9787040292213	实变函数论（第5版）	[俄] И. П. 那汤松
21	9787040183986	复变函数论方法（第6版）	[俄] М. А. 拉夫连季耶夫 等
22	9787040183993	常微分方程（第6版）	[俄] Л. С. 庞特里亚金
23	9787040225211	偏微分方程讲义（第2版）	[俄] О. А. 奥列尼克
24	9787040257663	偏微分方程习题集（第2版）	[俄] А. С. 沙玛耶夫
25	9787040230635	奇异摄动方程解的渐近展开	[俄] А. Б. 瓦西里亚娃 等
26	9787040272499	数值方法（第5版）	[俄] Н. С. 巴赫瓦洛夫 等
27	9787040373417	线性空间引论（第2版）	[俄] Г. Е. 希洛夫
28	9787040205251	代数学引论（第一卷）基础代数（第2版）	[俄] А. И. 柯斯特利金
29	9787040214918	代数学引论（第二卷）线性代数（第3版）	[俄] А. И. 柯斯特利金
30	9787040225068	代数学引论（第三卷）基本结构（第2版）	[俄] А. И. 柯斯特利金
31	9787040502343	代数学习题集（第4版）	[俄] А. И. 柯斯特利金
32	9787040189469	现代几何学（第一卷）曲面几何、变换群与场（第5版）	[俄] Б. А. 杜布洛文 等

(续表)

序号	书号	书名	作者
33	9787040214925	现代几何学（第二卷）流形上的几何与拓扑（第5版）	[俄] Б.А. 杜布洛文 等
34	9787040214345	现代几何学（第三卷）同调论引论（第2版）	[俄] Б.А. 杜布洛文 等
35	9787040184051	微分几何与拓扑学简明教程	[俄] А.С. 米先柯 等
36	9787040288889	微分几何与拓扑学习题集（第2版）	[俄] А.С. 米先柯 等
37	9787040220599	概率（第一卷）（第3版）	[俄] А.Н. 施利亚耶夫
38	9787040225556	概率（第二卷）（第3版）	[俄] А.Н. 施利亚耶夫
39	9787040225549	概率论习题集	[俄] А.Н. 施利亚耶夫
40	9787040223590	随机过程论	[俄] А.В. 布林斯基 等
41	9787040370980	随机金融数学基础（第一卷）事实·模型	[俄] А.Н. 施利亚耶夫
42	9787040370973	随机金融数学基础（第二卷）理论	[俄] А.Н. 施利亚耶夫
43	9787040184037	经典力学的数学方法（第4版）	[俄] В.Н. 阿诺尔德
44	9787040185300	理论力学（第3版）	[俄] А.П. 马尔契夫
45	9787040348200	理论力学习题集（第50版）	[俄] И.В. 密歇尔斯基
46	9787040221558	连续介质力学（第一卷）（第6版）	[俄] Л.И. 谢多夫
47	9787040226331	连续介质力学（第二卷）（第6版）	[俄] Л.И. 谢多夫
48	9787040292237	非线性动力学定性理论方法（第一卷）	[俄] L.P. Shilnikov 等
49	9787040294644	非线性动力学定性理论方法（第二卷）	[俄] L.P. Shilnikov 等
50	9787040355338	苏联中学生数学奥林匹克试题汇编（1961—1992）	苏淳 编著
51	9787040533705	苏联中学生数学奥林匹克集训队试题及其解答（1984—1992）	姚博文、苏淳 编著
52	9787040498707	图说几何（第二版）	[俄] Arseniy Akopyan

购书网站：高教书城（www.hepmall.com.cn），高教天猫（gdjycbs.tmall.com），京东，当当，微店

其他订购办法：
各使用单位可向高等教育出版社电子商务部汇款订购。书款通过银行转账，支付成功后请将购买信息发邮件或传真，以便及时发货。购书免邮费，发票随书寄出（大批量订购图书，发票随后寄出）。

单位地址：北京西城区德外大街4号
电　　话：010-58581118
传　　真：010-58581113
电子邮箱：gjdzfwb@pub.hep.cn

通过银行转账：
户　　名：高等教育出版社有限公司
开户行：交通银行北京马甸支行
银行账号：110060437018010037603

郑重声明

高等教育出版社依法对本书享有专有出版权。任何未经许可的复制、销售行为均违反《中华人民共和国著作权法》，其行为人将承担相应的民事责任和行政责任；构成犯罪的，将被依法追究刑事责任。为了维护市场秩序，保护读者的合法权益，避免读者误用盗版书造成不良后果，我社将配合行政执法部门和司法机关对违法犯罪的单位和个人进行严厉打击。社会各界人士如发现上述侵权行为，希望及时举报，本社将奖励举报有功人员。

反盗版举报电话　　(010) 58581999　58582371　58582488
反盗版举报传真　　(010) 82086060
反盗版举报邮箱　　dd@hep.com.cn
通信地址　　　　　北京市西城区德外大街 4 号
　　　　　　　　　高等教育出版社法律事务与版权管理部
邮政编码　　　　　100120